普通高等学校土建类“十二五”应用型规划教材

土木工程材料

主　编　牛季收
副主编　孙成城　陈渊召
主　审　邢振贤

黄河水利出版社
·郑州·

内容提要

本教材根据最新国家标准和行业规范、规程，涵盖高等学校土木工程等专业本科教育中工程材料课程教学大纲的要求，结合实际教学经验编写而成，主要内容包括土木工程材料的基本性质、气硬性胶凝材料、水泥、混凝土、建筑砂浆、墙体及屋面材料、金属材料、纤维及纤维增强材料、木材、沥青、高分子合成材料、建筑功能材料、土木工程材料试验。本书兼顾各专业知识的融合，注重理论联系实际和综合技能的培养，在传统建筑材料教材的基础上较好地处理了深度和广度的关系，同时本书章节结构合理，内容丰富，时代性强，有利于开阔新思路、教师教学和学生阅读。

本书适合作为高等学校土木建筑类专业教材，亦可供土建类工程技术人员学习参考。

图书在版编目(CIP)数据

土木工程材料/牛季收主编.—郑州:黄河水利出版社，2010.10

普通高等学校土建类“十二五”应用型规划教材

ISBN 978-7-80734-896-2

Ⅰ.①土… Ⅱ.①牛… Ⅲ.①土木工程-建筑材料-高等学校-教材 Ⅳ.①TU5

中国版本图书馆 CIP 数据核字(2010)第 180093 号

策划编辑:李洪良 马广州 电话:0371-66024331 邮箱:hongliang0013@163.com

出 版 社:黄河水利出版社

地址:河南省郑州市顺河路黄委会综合楼 14 层　　邮政编码:450003

发行单位:黄河水利出版社

发行部电话:0371-66026940、66020550、66028024、66022620(传真)

E-mail:hhslcbs@126.com

承印单位:黄河水利委员会印刷厂

开本:787 mm×1 092 mm　1/16

印张:25.5

字数:589 千字　　印数:1—4 100

版次:2010 年 10 月第 1 版　　印次:2010 年 10 月第 1 次印刷

定价:45.00 元

前 言

中华民族是一个具有悠久文化传统的伟大民族，它创造出许多灿烂的文化，而土木工程是一个民族文明程度的极其重要的标志，中华建筑从其起源意义上的材料选择开始，就走上了土木结构这条独特的文化发展之路。进入21世纪以来，人类共同关注的主题是可持续发展，对生存空间及环境的要求达到了前所未有的高度，这对土木工程的物质基础——材料的生产、研究、使用和发展提出了更高的要求和挑战。

土木工程材料作为土木工程等专业的专业基础课，通过学习可使学生掌握必要的材料理论、培养基本技能和工程素质，为后续的专业课程的学习奠定坚实的基础。随着高等教育改革的不断深入，质量是高等学校的生命线，教材是体现教学内容和教学要求的知识载体，是进行教学的基本工具，是提高教学质量的重要保证。因此，特集中一批有教学、科研和工程实践经验的专家、学者，按照以培养目标和就业为导向，以素质教育和能力培养为根本的编写指导思想，本着科学性、先进性、系统性和适用性的原则编写了这本教材。

本书主要介绍土木工程材料的基本性质、气硬性胶凝材料、水泥、混凝土、建筑砂浆、墙体及屋面材料、金属材料、纤维及纤维增强材料、木材和沥青、高分子合成材料等目前工程中常用土木工程材料的基本组成、性能、技术性质、检验和应用，以及土木工程材料基本的试验理论方法和具体试验等内容。本书在编写过程中，力求符合新规范、新标准和有关技术规程，结合时代发展和工程实际，力求涵盖面宽、知识面广、系统性强，注重理论联系实际和综合技能的培养，在传统建筑材料教材的基础上较好地处理深度和广度的关系，取材上力求反映国内外先进材料的技术水平，叙述上深入浅出，图文并茂，通俗易懂；在保证全面、系统的同时，体现适用性、完整性和时代特征。

参加编写的人员有：河南城建学院牛季收（第一章、第十四章），河南工业大学王军（第二章、第四章），洛阳理工学院孙成城（第三章、第七章），天津城市建设学院张磊（第五章、第九章），许昌学院王俊（第六章、第八章），黄河科技学院郭艳芹（第十章、第十一章），河南理工大学张敏霞（第十二章、第十三章），长安大学陈渊召（第十四章）。全书由河南城建学院牛季收任主编并统稿，洛阳理工学院孙成城和长安大学陈渊召任副主编。

本书在编写过程中，参考了近几年来出版的土木工程材料教材和有关论著，在此表示诚挚的谢意！同时感谢黄河水利出版社李洪良等同仁的大力支持和帮助。

由于时间仓促，涉及国家规范较多，土木工程材料品种繁杂，虽经编者努力，但书中内容难免有不妥之处，敬请各位读者批评指正，不胜感激！

编 者

2010年8月

目　录

第一章　绪　论

第一节　土木工程材料的定义和分类

材料是构成各种土木工程建筑物的物质基础，其性能表现对于建筑物的各种性能具有重要影响。因此，材料不仅是工程建设的物质基础，而且是决定工程质量和使用性能的关键因素。为使建筑物获得结构安全、性能可靠、耐久、美观、经济适用的综合品质，必须合理选择与正确使用材料。土木工程材料课程就是通过介绍有关材料的知识，力求使学生通过学习与掌握这些知识，从而在后续专业课程学习中，能够深入领会对材料性能及使用方法所作要求的意图；通过掌握与科学运用材料知识，为在将来的土木工程建设工作中，提高工程质量、促进技术进步和降低工程成本奠定理论基础。

一、土木工程材料的定义

土木工程材料是土木工程专业学生必修的专业基础课，学习的目的是配合后续专业课程的学习，为专业设计、施工和科研工作提供合理选择和使用材料的基本知识。

这门课讨论的对象是“土木工程材料”，所谓土木工程材料，是指在土木工程建设中用于构成建筑物或构筑物的各种材料的总称。水泥、钢材、木材、混凝土、石材、砌墙砖、石灰、石膏、建筑塑料、沥青、玻璃、建筑陶瓷等是我们常见的土木工程材料，实际上土木工程材料远不止这些，其品种达数千种之多。

二、土木工程材料的分类

在土木工程建设过程中，建筑物实体是由材料堆砌或联结而成的，建筑物的许多性质也都是以材料作为基本载体体现出来的。因此，选择与使用材料是各项土木工程建设的首要任务。土木工程材料种类繁多、性能各异、用途不同，几乎涵盖了自然界中的所有材料。为了方便使用和研究，常按一定的原则对土木工程材料进行分类。

（一）按材料的化学成分分类

按材料的化学成分分为无机材料、有机材料和复合材料三大类，如表1-1所示。

（二）按材料的使用功能分类

按使用功能来分，分为结构材料、墙体材料和功能材料三大类。

（1）结构材料，主要是指构成结构物受力构件、用于承受荷载的材料。如：梁、板、柱、基础、框架及其他受力构件和结构等所用的材料，具体包括水泥、混凝土、石材、钢材以及砖混结构用于砌筑承重墙的砖。现阶段，钢材、水泥以及钢筋混凝土和预应力钢筋混凝土仍是我国土木工程中所采用的主要结构材料。

（2）墙体材料，是指建筑物内、外及分隔墙体所采用的材料，有承重和非承重两类。

目前,我国大量采用的墙体材料为砌墙砖、混凝土砌块及加气混凝土砌块等。此外,还有混凝土墙板、石膏板、金属板材和复合墙体等,特别是轻质多功能的复合墙板发展较快。

表 1-1 土木工程材料按化学成分分类

土木工程材料	无机材料	金属材料	钢、铁及其合金、铝及铝合金	
		非金属材料	天然石材	砂、石及石材制品
			烧土制品	砖、瓦、玻璃及陶瓷制品
			胶凝材料及其制品	石灰、石膏、水泥、砂浆、混凝土及硅酸盐制品
	有机材料	植物材料	木材、竹材	
		沥青材料	石油沥青、煤沥青及其制品	
		合成高分子材料	塑料、涂料、胶粘剂、合成橡胶、部分混凝土外加剂、土工合成材料	
	复合材料	有机材料与无机非金属材料复合	聚合物混凝土、玻璃纤维增强塑料等	
		金属材料与无机非金属材料复合	钢筋混凝土、钢纤维混凝土等	
		金属材料与有机材料复合	有机涂层铝合金板、塑钢门窗等	

(3)功能材料,是指具有某些特殊功能的材料,用于满足建筑物或构筑物的适用性。如防水材料、保温材料、隔声吸声材料、装饰材料、耐火材料、耐腐蚀材料以及防辐射材料等。这类材料品种繁多,形式多样,功能各异,正越来越多地应用于各种建筑物或构筑物。

一般来说,建筑物或构筑物的安全可靠程度,主要取决于由结构材料组成的构件和结构体系,而结构物的使用功能,则主要取决于功能材料。有时,一种材料可能会具有多种功能。

除以上两种分类外,根据材料来源,可分为天然材料和人工材料;根据材料在土木工程中的使用部位,可分为墙体材料、屋面材料、地面材料、饰面材料等。

第二节 土木工程材料在工程中的地位和作用

一、土木工程材料在工程中的地位

任何一种建筑物或构造物都是用土木工程材料按某种方式组合而成的,没有土木工程材料,就没有土木工程,因此土木工程材料是一切土木工程的物质基础。土木工程材料在土木工程中应用量巨大,材料费用占工程总造价的 40% ~70%,如何从品种门类繁多的材料中选择物优价廉的材料,对降低工程造价具有重要意义。土木工程材料的性能影响到土木工程的坚固、耐久和适用,不难想象木结构、砌体结构、钢筋混凝土结构和砖混结构的建筑物性能之间的明显差异,例如砖混结构的建筑物,其坚固性一般优于木结构和砌体结构建筑物,而舒适性不及后者。对于同类材料,性能也会有较大差异,例如用矿渣水泥制作的污水管较用普通水泥制作的污水管耐久性好。因此,选用性能相适宜的材料是土木工程质量的重要保证。

任何一个土木工程都由建筑、材料、结构、施工四个方面组成。这里的“建筑”指建筑物(构筑物),它是人类从事土木工程活动的目的,“材料”、“结构”、“施工”是实现这一目的的手段。其中,材料决定了结构形式,如木结构、钢结构、钢筋混凝土结构等,结构形式一经确定,施工方法也随之而定。土木工程中许多技术问题的突破,往往依赖于土木工程材料问题的解决。新材料的出现,将促使建筑设计、结构设计和施工技术革命性的变化。例如黏土砖的出现,产生了砖木结构;水泥和钢筋的出现,轻质高强材料的出现,推动了现代建筑向高层和大跨度方向发展,产生了钢筋混凝土结构;轻质材料和保温材料的出现对减轻建筑物的自重、提高建筑物的抗震能力、改善工作与居住环境条件等起到了十分有益的作用,并推动了节能建筑的发展;新型装饰材料的出现使得建筑物的造型及建筑物的内外装饰焕然一新,生机勃勃。总之,新材料的出现远比通过结构设计与计算和采用先进施工技术对土木工程的影响大,土木工程归根到底是围绕着土木工程材料来开展生产活动的。土木工程材料是土木工程的基础和核心,主要体现在以下几个方面:

(1)经济合理地使用材料对于降低工程造价、节省基本建设投资意义重大。

(2)土木工程材料的性能和质量会影响和制约建筑设计与结构体系以及施工方法,如在钢筋混凝土材料出现以前,结构体系主要是砖石结构和木结构。新材料的出现与发展,会促使建筑形式、结构设计和施工方法产生新的突破和革新,如钢铁材料的生产和使用以及钢筋混凝土的出现使得高层和大跨度建筑成为现实,高效减水剂的使用使得泵送混凝土施工得以推广应用。特别是近年来高强度钢材和高性能混凝土的出现使得土木工程技术水平继续向前迈进,如有了钢材 Q460E,我们才会看到国家体育场鸟巢的雄姿。建筑设计师总是把他的艺术风格与材料的品质和特点紧密结合来构思;结构设计师根据材料的力学性能合理进行结构选型,确定构件尺寸;建造师充分了解各种材料的性能,才能在施工中合理组织、合理使用,确保工程质量。

(3)土木工程材料的性能、质量和价格直接影响整个土木工程的质量和造价,是土木工程相关专业的基础,是学生毕业以后执业的基础,所以材料在土木工程建设中的地位是非常重要的。

二、土木工程材料在土木工程建设中的作用

土木工程建筑物形成的过程,主要是根据材料性能设计适当的结构形式,并按照设计要求将材料进行构筑或组合的过程。在此过程中,材料的选择是否正确,材料的使用是否科学,材料的构筑或组合是否合理,不仅直接决定了建筑物的质量或使用性能,而且直接影响工程的成本。因此,材料的性能直接决定了工程的设计方法和准则,也决定着工程的建造技术与构筑方式,对土木工程建设各方面都具有重要的影响。

(一)材料对土木工程质量的影响

工程质量是土木工程建设追求的第一目标,而工程质量的优劣与所采用材料的质量水平以及使用的合理与否具有直接关系。通常,材料的品种、组成、构造、规格及使用方法等对土木工程的结构安全性、坚固耐久性及适用性等工程质量指标有直接影响。以往的工程实践表明,从材料的选择、生产、使用、检验评定,到材料的储运、保管等环节都必须做到科学合理;否则,任何环节的失误都可能造成工程的质量缺陷,甚至是重大质量事故。国内外土木工程的重大质量事故多与材料的质量不良或使用不当有关。

鉴于土木工程材料品种繁多、构成和性质复杂、使用环境多变等方面的特点,在工程建设中要获得高质量的建筑物,就必须准确熟练地掌握有关材料的知识,正确地选择和使用材料。此外,工程建设的许多质量信息都是通过材料的表现来传递的,通常是根据对材料在工程中性能表现的评价,来客观地评定工程的质量状态。

(二)材料对土木工程造价及资源消耗的影响

在一般土木工程的总造价中,与材料直接有关的费用占50%以上。在工程建设过程中,材料的选择、使用与管理是否合理,对其工程成本的影响很大。在有些工程或工程的某些部位,可选择的材料品种很多,即使同一种材料也可以采用多种不同的使用方法。虽然采用不同的材料或不同的使用方法在工程中最终所体现的效果相近,但是所需要的成本及其所消耗的资源或能源差别可能很大。为此,正确掌握并准确熟练地应用土木工程材料知识,可以通过优化选择和正确使用材料,充分利用材料的各种功能,在满足工程各项使用要求的条件下,降低材料的资源消耗或能源消耗,节约与材料有关的费用。因此,从工程技术经济及可持续发展的角度来看,正确选择和使用材料,在土木工程建设中对于创造良好的经济效益与社会效益具有十分重要的意义。

(三)材料对土木工程技术的影响

土木工程建设过程中,工程的设计方法、施工方法往往与材料密切相关,材料的性能直接决定了工程所采用的结构形式、使用方法或操作技术工艺等。通常情况下,结构设计形式或设计方法的变革都必须以适应发挥材料的性能为前提。在施工过程中,要最大程度地实现设计意图,就必须选择最为适当的材料品种与规格,并结合所选材料的特性,确定最佳的使用方法或工艺,以便最大限度地满足人们对工程性能的要求。因此,对于某一具体的工程来说,采用性能不同的材料,就可能决定采用不同的最佳施工工艺与方法;相反,若材料性能得不到充分发挥或使用方法不当,也会妨碍施工技术优势的发挥。实际上,工程施工过程中许多技术问题的解决或问题的突破往往依赖于材料问题的解决。

从土木工程发展的历史来看,材料品种或性能的变迁,往往是土木工程技术发展的动力和变革工程建造方法的基础。新的土木工程材料的出现,也会使工程设计方法及施工技术产生显著的变革或进步。在现代土木工程建设中,所用材料品种更是决定工程结构设计理论和施工技术水平的最主要因素之一。

第三节 土木工程材料的发展及趋势

一、土木工程材料的发展历史

土木工程材料是随着社会生产力和科学技术水平的发展而发展的。古代土木工程起源于新石器时代,最初完全采用天然材料。如我国西安半坡遗址,房屋室内都采用木骨架和草泥抹墙来建造。古埃及新石器时代的住宅是用木材或卵石做墙基、木构架、芦苇束编墙或土坯砌墙,用圆木或芦苇束做屋顶。可见,当时都是采用取自当地的天然材料,如茅草、竹、芦苇、树枝、树皮和树叶、砾石、泥土等。当人类掌握了煅烧加工技术以后,就使用红烧土、白灰粉、土坯等建房,并逐渐懂得使用草筋泥、混合土等复合材料。大约自公元前

3 000 年,开始出现经过烧制加工的瓦砖,中国在西周时代已出现陶制的瓦。此外,中国古代还曾利用黄土高原的黄土做材料建造夯土墙和夯土基础。中国古代房屋建筑主要是木结构,后来发展到砖石结构,如河北的著名石拱桥——赵州桥和河南登封县的密檐砖塔——嵩岳寺塔就是典型例证。欧洲古代房屋建筑则主要以石材来建造,如古希腊的雅典卫城巴台农神庙就是全部用白色大理石砌筑。此外,古罗马人还用石灰和火山灰混合物做胶凝材料制成天然混凝土,用于下水道、隧道、渡槽等土木工程的建造。

从 17 世纪中叶到 20 世纪中叶的 300 年间,土木工程迅猛发展。在材料方面,表现为由木材、石料、砖瓦为主,到开始并日益广泛地使用铸铁、钢材、混凝土、钢筋混凝土,直至早期的预应力混凝土。18 世纪下半叶,产业革命的发展促使土木工程以空前的速度向前迈进,土木工程新材料接连问世。英国人阿斯普丁于 1824 年发明了波特兰水泥。英国发明家贝塞麦于 1856 年发明转炉炼钢法,使得钢材越来越多地被应用于土木工程。法国人莫尼埃于 1867 年用铁丝加固混凝土制成花盆,并将该技术应用于工程中,建造了一座长 16 m 的钢筋混凝土桥,从此创造了钢筋混凝土在工程中应用的开端。法国于 1889 年建成高 300 m 的巴黎埃菲尔铁塔,使用熟铁 8 000 t。19 世纪,美国人杰克逊首次制作了预应力混凝土构件。法国工程师弗雷西内把高强钢丝用于预应力混凝土,并和比利时工程师马涅尔先后分别对预应力钢筋张拉和锚固技术进行了改进,使得预应力混凝土广泛应用于土木工程领域。与此同时,道路、桥梁的大规模建设使得沥青和混凝土开始用于高级路面工程。随着钢铁质量和产量的不断提高,使得建造大跨桥梁、工业厂房和高层建筑成为现实。

第二次世界大战结束后,社会生产力出现了新的飞跃。土木工程的发展也进入一个新时代。体现在材料方面,进一步实现轻质化和高强化。用低合金钢制成的高强度钢丝、钢绞线和粗钢筋得以大量生产和使用,这大大节约了用钢量,并改善了结构性能。同时,高强度的水泥已在工程中普遍应用。轻集料混凝土和加气混凝土也已用于高层建筑。近年来,采用"双掺"技术配制的高性能混凝土正广泛应用于土木工程各领域,如澳大利亚、加拿大、日本、挪威和美国就采用高性能轻混凝土建造了海上钻井平台,日本采用自密实免振混凝土建造了明石大桥,加拿大和美国还在两座高层建筑中分别采用了 90 MPa 和 120 MPa 强度的高性能混凝土。我国上海、北京、沈阳已能供应 C80 以上的商品预拌混凝土,这些成就都标志着混凝土技术正向着高性能方向发展。此外,铝合金、镀膜玻璃、石膏板、合成高分子建材等工程材料发展迅速。特别是伴随着我国经济的崛起和奥运会的主办,土木工程领域新材料、新技术正不断迈上新的台阶。如 2008 年 6 月 30 日,拥有 1 088 m世界第一跨径的苏通大桥正式通车,这是迄今中国建桥史上建设标准最高、技术最复杂、科技含量最高的特大型桥梁工程,创造了四项世界纪录,其中,大桥的斜拉索采用的近 7 000 t 高强镀锌钢丝全部采用国产钢丝,钢丝在力学韧性、抗拉强度、纯净度等综合指标上达到或超过了进口产品水平;国家体育场"鸟巢"作为世界最大的钢结构工程,其外部钢结构的钢材用量为 4.2 万 t,整个工程包括混凝土中的钢材、螺纹钢等,总用钢量达到了 11 万 t,全部为国产钢,其中,大厚度 Q460E - Z35 钢板属世界首创;奥运游泳馆"水立方"采用了国际上最先进的 ETFE 膜(乙烯 - 四氟乙烯共聚物)材料等。

但是,我国建材工业的发展在很大程度上是以能源、资源的过度消耗和环境污染为代价的。随着人类社会的进步和发展，更有效地利用地球上的有限资源和能源，改善人类的生存环境和空间，从根本上改变长期以来我国建材工业存在的高投入、高污染、低效益的粗放式生产方式，选择资源节约型、污染最低型、质量效益型、科技先导型的发展方式，将建材工业的发展与保护生态环境、污染治理有机地结合起来，是21世纪我国建材工业的战略目标。

二、土木工程材料的发展阶段

土木工程材料是随着社会生产力和科学技术水平的发展而发展的，根据建筑物所用的结构材料，归纳起来可分为三个阶段。

(1)天然材料。天然材料是指取之于自然界，进行物理加工的材料，如天然石材、木材、黏土、茅草等。早在原始社会时期，人们为了抵御雨雪风寒和防止野兽的侵袭，居于天然山洞或树巢中，即所谓"穴居巢处"。进入石器、铁器时代以后，人们开始利用简单的工具砍伐树木和苇草，搭建简单的房屋，开凿石材建造房屋及纪念性构筑物，比天然巢穴进了一步。进入青铜器时代，出现了木结构建筑及"板筑建筑"(指墙体用木板或木棍作边框，然后在框内浇筑黏土，用木杵夯实之后将木板拆除的建筑物)，建造出了舒适性较好的建筑物。仅就建筑材料发展历史而言，人类敢于使用天然材料构筑自己的"房屋"，这是建筑材料史上的第一个里程碑，从某种意义上说这一重大变革才是人类真正进入古文明的发展阶段。正像《易·系辞》上说："上古穴居而野处，后世圣人易入之以宫室，上栋下宇，以避风雨。"

(2)烧土制品。到了人类能够用黏土烧制砖、瓦，用石灰岩烧制石灰之后，土木工程材料才由天然材料进入了人工生产阶段。烧土制品的应用是人类史上一大壮举，也是建筑材料史上第二个里程碑，陶器是人类从天然材料到人工材料的第一次飞跃。恩格斯认为："陶器是人类从蒙昧时代到野蛮时代的标志。"在封建社会，虽然我国古代建筑有"秦砖汉瓦"、描金漆绘装饰艺术、造型优美的石塔和石拱桥的辉煌，但实际上在这一时期，生产力发展停滞不前，使用的结构材料只有砖、石和木材而已。

(3)钢筋混凝土。18、19世纪，资本主义的兴起，大跨度厂房、高层建筑和桥梁等土木工程建设的需要，旧有材料在性能上满足不了新的建设要求，土木工程材料在其他有关科学技术的配合下，进入了一个新的发展阶段，1824年以后相继出现了波特兰水泥、混凝土、钢筋混凝土和预应力混凝土及其他材料，是建筑材料史上第三个里程碑。近几十年来，随着科学技术的进步和土木工程发展的需要，一大批新型土木工程材料应运而生，出现了塑料、涂料、新型建筑陶瓷与玻璃、新型复合材料(纤维增强材料、夹层材料等)；随着石油化工工业突飞猛进的发展，使用有机高分子聚合物材料逐渐成为建筑材料领域的第四个里程碑。

三、土木工程材料的发展现状

(一)当代土木工程材料的发展与应用现状

在人类历史的发展过程中，材料往往成为一个时代的标志。随着人类文明及科学技术的不断进步，土木工程所用材料也在不断进步与更新换代。在现代土木工程建设中，尽管传统的土、石等材料仍在基础工程中广泛应用,砖瓦、木材等传统材料在工程的某些方面应用也很普遍,但是,这些传统的材料在土木工程中的主导地位已逐渐被新型材料所取代。目前,水泥混凝土、钢材、钢筋混凝土已是不可替代的结构材料;新型合金、陶瓷、玻璃、化学有机材料及其他人工合成材料、各种复合材料等在土木工程中已占有愈来愈重要的位置。

从土木工程材料性能改进方面来看,与以往相比,当代土木工程材料的物理力学性能已经获得明显的改善与提高,应用范围也有明显的变化。例如,与20世纪70年代相比,水泥和混凝土的强度、耐久性及其功能均有显著的改善;随着现代陶瓷与玻璃的性能改进,其应用范围与使用功能已经大大拓宽。此外,随着技术的进步,传统材料的应用方式也发生了较大的变化,现代施工技术与设备的应用也使得材料在工程中的性能表现比以往更好,这些进步为现代土木工程的发展奠定了良好的基础。

(二)当代土木工程发展对材料的要求

尽管目前土木工程材料在品种与性能方面已有很大的进步,但是与人们对材料的期望相比还有很大的差距。

首先,从其来源来看,鉴于土木工程材料的用量太大,尤其是经过长期使用的不断消耗,单一品种或数个品种的原材料来源已不能满足其持续不断的需要。尤其是历史发展到今天,以往大量采用的木材、黏土砖瓦和天然石材等已经为社会的可持续发展造成了沉重的负担。其次,由于人们对于各种建筑物性能要求的不断提高,传统材料的性能也越来越难以满足土木工程发展的要求。为此,以天然材料为主导材料的时代即将结束,取而代之的将是各种人工材料。从其来源特征方面来看,这些人工材料将会向着再生化、多元化、利废化、节能化和绿色化方向发展。

从土木工程技术水平的发展方面来看,对材料技术性能的要求越来越高,所要求的技术指标也越来越多,从而表现为未来土木工程的发展更需要具有多功能和高性能等综合性能优良的材料。具体来说,未来土木工程材料应该向着轻质高强、高耐久性、良好的工艺性、多功能性以及智能化等方向发展。

从土木工程材料使用方式的变化来看,为满足现代土木工程结构性能和施工技术的要求,材料的使用必然向着机械化与自动化的方向发展,材料的供应向着成品或半成品的方向延伸。例如,水泥混凝土等结构材料向着预制化和商品化的方向发展。此外,材料的加工、储运、使用及其施工操作的机械化、自动化水平也在不断提高,劳动强度逐渐下降。这不仅改变着材料在使用过程中的使用方式,也在逐渐改变人们对于土木工程及其材料的认识观念。

四、土木工程材料的发展趋势

随着社会的进步、建筑结构的发展以及环境保护和节能降耗的需要,土木工程材料面临着更高、更多的要求。因而,今后一段时间内,土木工程材料将向以下几个方向发展。

(1)利用废渣。在原材料方面,应尽可能少用天然资源,提倡使用那些可以循环使用、重复使用、再生使用的材料,充分利用工业废渣、生活废渣、建筑垃圾生产土木工程材料,将各种废渣尽可能资源化,以减少资源浪费,保护环境、节约自然资源,使人类社会可持续发展。

(2)轻质高强。现今钢筋混凝土结构材料自重大(每立方米重约2 500 kg),限制了建筑物向高层、大跨度方向进一步发展。通过减轻材料自重,以尽量减轻结构物自重,可提高经济效益。目前,世界各国都在大力发展高强混凝土、特种混凝土、轻骨料混凝土、空心砖、石膏板等材料,以适应土木工程向高空、地下和大跨度方向发展的需要,必将研究开发出千米承压、千米跨度的材料。

(3)复合与多功能化。利用复合技术生产多功能材料、特殊性能材料及高性能材料,对提高建筑物的使用功能、经济性及加快施工速度等有着十分重要的作用。在性能方面,研究和开发高性能材料,如高耐久性、多功能、智能化材料。在工程中使用高强度水泥、高性能混凝土以及高强度钢材;对于装修材料,采用复合技术将环保、美观、耐用、易维护、施工简便等功能集于一身。

(4)智能化。所谓智能化材料,是指材料本身具有自我诊断和预告破坏、自我修复的功能,以及可重复利用性。智能化是将材料和产品的加工制造同以微电子技术为主体的高科技嫁接,从而实现各种功能的可控与可调。土木工程材料向智能化方向发展,是人类社会向智能化社会发展过程中降低成本的需要。

(5)节约能源。土木工程材料的生产能耗和建筑物使用能耗,在国家总能耗中一般占20% ~35%,研制和生产低能耗的新型节能土木工程材料,是构建节约型社会的需要。

(6)生产方式。在产品形式方面积极发展预制技术,逐步提高构件化、单元化的水平。

(7)绿色化。产品的设计是以改善生产环境,提高生活质量为宗旨,产品具有多功能,不仅无损而且有益于人的健康;产品可循环或回收再利用,或形成无污染的废弃物。生产材料所用的原料尽可能少用天然资源,大量使用尾矿、废渣、垃圾、废液等废弃物;采用低能耗制造工艺和对环境无污染的生产技术;产品配制和生产过程中,不使用对人体和环境有害的污染物质。因此,要大力发展绿色建材,保护人类健康。绿色建材又称生态建材、环保建材和健康建材等。它是指采用清洁生产技术、少用天然资源和能源、大量使用工业或城市固态废弃物生产的无毒害、无污染、无放射性、有利于环境保护和人体健康的建筑材料。

第四节　土木工程材料的技术标准和质量控制

一、土木工程材料的技术标准

世界各国对材料的标准化都很重视,均制定了各自的标准。我国加入世界贸易组织后,材料的进出口应该遵守国际标准。如美国的材料试验协会标准(ASTM)、英国标准(BS)、德国工业标准(DIN)、日本工业标准(JIS)、国际通用标准(ISO)等。目前,我国绝大多数土木工程材料都有相应的技术标准,这些技术标准涉及产品规格、分类、技术要求、验收规则、代号与标志、运输与储存及抽样方法等内容。

土木工程材料技术标准是对土木工程材料生产、使用及流通中需要协调统一的技术事项所制定的技术规定。它是从事材料生产、工程建设及商品流通的一种共同遵守的技术依据。对于生产企业,必须按照标准生产,控制其质量,同时它可促进企业改善管理,提高生产技术和生产效率。对于使用部门,则按照标准选用、设计、施工,并按标志验收产品。它具体包括:原材料质量、产品规格、等级分类、技术要求、检验方法、验收规则、包装及标志、运输和储存等内容。产品标准化,可以使设计、施工也相应标准化,既能合理选用材料,又能促进企业改善管理,提高生产技术水平和生产效率,有利于加快施工进度,降低工程造价。

我国常用的标准主要有国家标准、行业(或部级)标准、地方标准和企业标准四类。各个标准分别由相应的标准化管理部门批准并颁布。国家标准由国家标准局发布,行业标准由主管生产部门(或总局)发布,两者都是国家指令性技术文件,全国通用。地方标准是由地方主管部门制定和发布的地方性指导技术文件,适用于本地区。

各类标准的技术要求和指标控制是不同的,其要求严格程度是:企业标准高于地方标准,地方标准高于行业标准,行业标准高于国家标准。凡是没有相应的国家标准、行业标准和地方标准的产品生产,其企业均应制定企业标准。

我国常用的标准分三大类。

(一)国家标准

GB——国家强制性标准,全国必须执行。产品的技术指标都不得低于标准中规定的要求。GB/T——国家推荐性标准。

(二)行业(或部颁)标准

如中国建筑工业行业标准(代号 JG)、中国建筑材料行业标准(代号 JC)、中国黑色冶金行业标准(代号 YB)、中国建筑工程标准(代号 JZ)、中国测绘行业标准(代号 CH)、中国石油化工行业标准(代号 SH)、交通行业标准(代号 JT)等。

(三)地方标准(代号 DB)和企业标准(代号 QB)

技术标准代号按标准名称、部门代号、编号和批准年份的顺序编写,按要求执行的程度分为强制性标准和推荐标准(在部门代号后加"/T"表示"推荐")。例如,1999 年制定的国家强制性 175 号硅酸盐水泥及普通硅酸盐水泥的标准为《通用硅酸盐水泥》(GB 175—2007),2001 年制定的国家推荐性 14685 号建筑用卵石、碎石标准为《建筑用卵石、碎石》(GB/T 14685—2001),又如建设部 2000 年制定的 55 号行业标准为《普通混凝土配合比设计规程》(JTJ 55—2000)。

随着我国对外开放和加入世界贸易组织(WTO),常常还会涉及一些与土木工程材料相关的标准,具体内容见表 1-2。

现行部分建材行业标准号中有两个年份,第一个年份为批准年份,随后括号中的年份为重新校对年份,如《粉煤灰砖》(JC 239—91(96))。

技术标准是根据一定时期的技术水平制定的,因而随着技术的发展与使用要求的不断提高,需要对标准进行修订,修订标准实施后,旧标准自动废除。如国家标准《硅酸盐水泥、普通硅酸盐水泥》(GB 175—1992)已废除。

表 1-2　常用标准名称及代号

标准名称	标准代号	标准名称	标准代号
国际标准化组织标准	ISO	意大利国家标准	UNI
国际标准化组织建议标准	JSO/R	欧洲标准化委员会标准	EN
美国材料试验协会标准	ASTM	俄罗斯国家标准	GOST
美国国家标准	ANSI	欧洲无损检测联盟标准	EFNDT
法国国家标准	NF	澳大利亚国家标准	AS
美国混凝土学会标准	ACI	台湾工业标准	CNS
日本标准	JSA	加拿大国家标准	CSA STD

目前,主要建筑材料标准内容大致包括材料质量要求和检验两大方面。有的二者合在一起,有的则分开订立标准。在现场配制的一些材料(如钢筋混凝土等),其原材料(钢筋、水泥、石子、砂等)应符合相应的材料标准要求,而其制成品(如钢筋混凝土构件等)的检验及使用方法,常包含于施工验收规范及有关的规程中。由于有些标准的分工细,且相互渗透、关联,有时一种材料的检验要涉及多个标准、规范等。

工程中使用的土木工程材料除必须满足产品标准外,有时还必须满足有关的设计规范、施工及验收规范或规程等的规定。这些规范或规程对土木工程材料的选用、使用、质量要求及验收等还有专门的规定(其中有些规范或规程的规定与土木工程材料产品标准的要求相同)。

无论是国家标准还是部门行业标准,都是全国通用标准,属国家指令性技术文件,均必须严格遵照执行,尤其是强制性标准。在学习有关标准时应注意黑体字条文为强制性条文。

三、土木工程材料的质量控制

(一)土木工程材料的质量

质量是材料技术性能指标的综合体现。基于材料性能对工程的影响,材料的质量对土木工程的质量与技术水平会产生十分重要的影响。因此,掌握与控制好材料的质量对于保证工程质量具有决定性的作用。然而,不同类型的工程或工程所处的部位不同,对于材料的技术指标类型或其标准要求会有所差别,这就需要我们针对不同的工程要求确定相适应的技术指标或质量等级。

材料的技术指标取决于材料的组成与结构,而且形成于生产、储运、使用等过程中。正确地选择和使用质量合格的材料,不仅要熟悉工程对其质量的具体要求,而且要了解材料的质量形成过程,并且正确掌握检测或鉴别材料质量的方法。为了在土木工程建设过程中做好工程质量管理,还应正确掌握与应用材料相关的技术标准。

(二)土木工程材料的质量控制

在材料质量控制与管理工作中,了解与确定材料技术性质的最主要方法就是试验检测,通过试验检测可以获得质量信息,从而判断其质量水平。为了客观地反映材料的实际质量状况，其检测方法也必须遵守相应的试验标准（或试验规程），只有采用标准方法检测所得的技术指标，才能与相应的技术标准相对照，从而对材料的质量水平作出正确的评价。在材料的储运、使用方面，国家也规定了相应的标准。在各种土木工程建设中，掌握与正确使用这些标准，对于管理与使用好材料具有重要的实际意义。

为满足工程设计要求的技术性能及使用条件，使工程适应其使用环境，所用材料的技术性质必须达到相应的技术要求。因此，土木工程材料在选择或使用过程中，必须对其质量进行严格控制。工程实际中对材料进行质量控制的方法主要有：①通过对材料有关质量文件的书面检验初步确定其来源及基本质量状况；②对工程拟采用的材料进行抽样验证试验，根据检验所测得的技术指标来判定其实际质量状况，只有相关指标达到相应技术标准规定的要求时，才允许其在工程中使用；③在使用过程中，通过监测材料的使用性能、成品或半成品的技术性能，从而评定材料在工程中的实际技术性能表现；④在使用过程中材料技术性能出现异常时，应根据材料的有关知识判定其原因，并采取措施避免其对工程质量的不良影响。

第五节 本课程教学目的和学习方法

《土木工程材料》是土木工程、建筑工程技术、道路桥梁工程技术、建筑施工与管理、工程管理、工程造价、村镇建设、建筑企业管理等专业的一门重要课程，学习目的是为后续课程房屋建筑学、混凝土结构原理以及土木工程施工技术等专业课程的学习提供材料方面的基础知识，并为今后从事设计、施工、工程管理及材料检测等技术工作提供合理选择和使用土木工程材料方面的基本理论和基本技能。

本课程的任务是使学生通过学习，获得有关土木工程材料的技术性质及应用的基础知识和必要的基础理论，并获得主要土木工程材料性能检测和试验方法的基本技能训练；同时对土木工程材料的储运和保护也有所了解，以便在今后的工作实践中能正确选择与合理使用土木工程材料。

本书各章节分别讲述各类土木工程材料的品种、基本组成、配制、性能和用途。为了教学方便，将按下述顺序对各种常用的土木工程材料进行讲授：土木工程材料的基本性质，气硬性胶凝材料，水泥，混凝土，建筑砂浆，墙体及屋面材料，金属材料，纤维及纤维增强材料，木材，沥青，高分子合成材料，建筑功能材料，土木工程材料试验等。

本课程所涉及的材料种类繁多，内容庞杂，且各种材料自成体系。对于初学者来说常常感到抓不住重点，不好掌握。针对本课程的内容特点，要想系统掌握，必须抓住重点，即材料的性能与应用。由于不同材料其组成、结构不同而导致性能各异，所以在学习时必须要注意区分把握不同材料之间所具有的共性和个性，了解决定材料性能的内在因素和影响材料性能的外部环境条件，把握变化规律，有效采取应对措施；还要学习和掌握材料检测技能和评定方法，培养和锻炼动手能力；还要结合当前形势把科学发展观理念融入课堂，从材料的生产、检测到工程应用，各个环节都力求降低资源和能源消耗，尽量利用工矿业或农业废料，做到产品的生产和使用对环境和人体无害，材料可以循环利用。

一、土木工程材料课程的性质与教学目的

土木工程材料是土木工程专业的专业技术基础课,通过对该课程内容的学习,力图使学生掌握有关材料的基本理论和基础知识,为后续专业课程的学习,以及将来在从事土木工程建设中正确选择与使用材料奠定一定的理论基础。

根据该课程的特点与要求,在学习中应重视对土木工程材料基本性质的掌握与应用;了解当前土木工程中常用材料的组成、结构及其形成机理;熟悉这些材料的主要性能与正确的使用方法,以及这些材料技术性能指标的试验检测和质量评定方法;通过对常用材料基本特点和正确使用实例的分析,引导学生学会利用有关理论和知识来分析与评定材料的方法,掌握解决工程实际中有关材料问题的一般规律,以便在将来工作中能够正确认识和使用新的材料。

二、土木工程材料课程的学习方法与要求

土木工程材料课程具有内容繁杂、涉及面广、理论体系不够完善等特点,学生在初学时正确理解与全面掌握这些知识的难度较大。因此,在理论学习方面,应在首先掌握材料基本性质和相关理论的基础上,再熟悉常用材料的主要性能、技术标准及应用方法。

工程实际中,材料问题的处理或某些工程技术问题的接洽,主要依靠对材料知识的灵活运用。为达到正确运用材料知识的目的,在学习过程中还应了解某些典型材料的生产工艺原理和技术性能特点,较清楚地认识材料的组成、结构、构造及性能。在此基础上能够利用已掌握的理论知识对材料进行分析,学会判断材料的使用性能和使用方法,掌握土木工程材料的结构、组成、性能及应用等方面的相互关系。

在学习典型材料的有关知识方面,要求学生必须熟悉常用土木工程材料的主要品种和规格、选择及应用、储运与管理等方面的知识,掌握这些材料在工程使用过程中的基本规律,以便于对后续课程内容的学习与理解,并为以后的工作积累材料应用方面的知识。

三、土木工程材料试验课的学习任务

土木工程材料试验是检验土木工程材料性能、鉴别其质量水平的主要手段,也是土木工程建设中质量控制的重要措施之一。此外,土木工程材料试验课的学习与实践也是打好专业基础的重要环节。通过试验课的学习,可以使学生加深对理论知识的理解,掌握材料基本性能的试验检验和质量评定方法,培养学生的实践技能。因此,在试验课学习过程中,要求学生必须具备严谨的科学态度和实事求是的工作作风;通过亲自试验操作来增加对材料的感性认识,并结合试验操作与结果评定的过程,检验对已学有关材料的基本知识、检验和评定材料质量方法的掌握情况。

本课程具有很强的理论性和实践性,除应抓住重点,学好理论知识以外,还应重视实践环节,为此,本课程开设有多个学时的试验课,旨在通过动手实践,加深和巩固对理论知识的理解,培养和训练学生对土木工程材料的检测技能,培养应用型人才。

在学习过程中,应注意做到以下几点:

(1)土木工程材料与物理、化学、数学、力学等课程密切联系,学习与运用这些基本知

识,分析和解决有关问题。

(2)注意理解材料的主要技术性质,通过掌握材料的性质,达到正确选择和应用的目的。

(3)土木工程材料试验是鉴定材料质量和熟悉材料主要技术性能的手段,通过试验或检测实训,掌握材料性能检测技术。

(4)充分利用到工厂、工地参观和实习的机会,了解材料的品种、规格、使用和储存情况。

(5)阅读有关的报刊、杂志和标准,了解土木工程材料的新产品、新标准及发展方向。

本章小结

土木工程材料是指在土木工程建设中用于构成建筑物或构筑物的各种材料的总称。按材料的化学成分来分,可分为无机材料、有机材料和复合材料三大类。

土木工程材料是土木工程的物质基础。土木工程材料的性能、质量及价格直接影响建筑设计、结构体系、施工方法以及工程造价。土木工程材料是随着社会生产力和科学技术水平的发展而发展的。近年来,土木工程材料发展迅速,新材料层出不穷,正日益向着轻质、高强、多功能、低消耗、低污染、绿色环保方向发展。

本课程的任务是使学生掌握土木工程材料的基础知识及提高合理选择和使用的能力,并获得主要材料的检测和试验方法的基本技能训练。

第二章 土木工程材料的基本性质

第一节 材料的组成与结构

材料的组成和结构是决定材料性质的内在因素，因此要了解土木工程材料的基本性质，应先了解材料的组成与结构对其性质的影响。

一、材料的组成及其对材料性能的影响

材料的组成是指材料的化学组成和矿物组成。它不仅影响着材料的化学性质，而且也是决定材料各种性质的最基本因素。建筑材料的组成有些比较简单，有些则非常复杂，但大多数建筑材料都可以从化学组成或矿物组成方面分析材料组成与性能之间的关系。

（一）化学组成的影响

化学组成是指构成材料的化学元素及化合物的种类与数量。材料按化学组成可以分为无机材料、有机材料和复合材料。无机材料又包括金属材料（如钢、铁、铜、铝等）和非金属材料（如玻璃、陶瓷、混凝土等）；有机材料主要含有碳、氢、氧、硫、氮、磷等元素，例如木材、沥青等；复合材料是指由几种不同化学组成的物质构成的材料，如混凝土由水泥、砂子、石子和水组成，是由无机非金属材料复合而成。材料的化学组成不同则表现出的性质也不同，如钢材等金属材料容易发生锈蚀、木材遇到火焰时会燃烧等。材料在各种作用下表现出的性质都是由其化学组成所决定的。但是，有时即使材料的化学组成相同，性质也不尽相同，例如，由相同材料配制的混凝土，由于施工工艺和养护条件的不同，混凝土的抗压强度也有很大不同。

（二）矿物组成的影响

矿物组成是指构成材料的矿物的种类和数量。这里的矿物是指无机非金属材料中具有特定的晶体结构、特定的物理力学性能的组织结构，包括天然矿物和人造矿物。组成矿物的物质是各种氧化物和无机盐类。每一种矿物都具有一些特殊性质。无机非金属材料的性质主要取决于组成该材料的各种矿物的相对含量。例如，硅酸盐水泥中，熟料矿物铝酸三钙含量高，则该水泥硬化速度快，甚至会产生瞬凝现象。

从组成的层次讲，人工复合的材料如混凝土、建筑砂浆等是由各种原材料配合而成的，因此影响这类材料性质的主要因素是其原材料矿物的品质及配合比例。

二、材料的结构及其对材料性能的影响

材料的结构分为宏观结构、亚微观结构和微观结构，材料的结构往往反映材料自身固有的特性，它是影响材料各种性质的重要因素。

(一)宏观结构

材料的宏观结构是指用肉眼或放大镜就能观察到的外部和内部的结构。土木工程材料常见宏观的结构形式按孔隙特征可分为致密结构、微孔结构、多孔结构。

1. 按孔隙特征分

(1)致密结构。致密结构指不吸水或吸水性很小的材料结构。这类材料内部基本上无孔隙,结构致密。这类材料的特点是:一般密度较大,强度和硬度较高,吸水性小,抗渗和抗冻性较好。如钢材、致密的天然石材、玻璃钢等。

(2)微孔结构。微孔结构指材料内部有分布较均匀的孔隙的结构。这类材料的特点是:一般密度较小,吸水率高、抗渗性差,但绝热、吸声性能好,如建筑石膏等。

(3)多孔结构。多孔结构的材料指其内部存在粗大孔隙的结构,孔隙率较高。具有多孔结构的材料,其性质取决于孔隙的特征、多少、大小及分布情况。一般来说,这类材料的强度较低,抗渗性和抗冻性较差,绝热性较好,如加气混凝土等。

2. 按构造特征分

按构造特征可分为层状结构、散粒结构、纤维结构和聚集结构。

(1)层状结构。层状结构的材料指具有叠合结构的材料,有天然形成的和人工合成的。将不同的片材或具有各向异性的片材胶合而成整体,其每一层的材料性质可能不同,但叠合成层状结构的材料后,可获得平面各向同性,更重要的是可以显著提高材料的强度、硬度、绝热等性质,扩大其使用范围,如胶合板、纸面石膏板、夹芯板等。

(2)散粒结构。散粒结构指呈松散颗粒状的材料,如砂子、石子、陶粒、膨胀珍珠岩等。粒状结构的材料颗粒间存在大量的空隙,其空隙率主要取决于颗粒大小的搭配。用做混凝土集料时,要求紧密堆积,轻质多孔粒状材料用做保温填充料时,则希望空隙率大一些。

(3)纤维结构。纤维结构的材料指由天然或人工合成纤维物质构成的结构。内部组成有方向性,纵向较紧密而横向疏松,组织中存在相当多的孔隙,这类材料的性质具有明显的方向性,一般平行纤维方向的强度较高,如木材、竹、玻璃纤维、矿棉等。

(4)聚集结构。聚集结构指由集料与胶凝材料胶结而成的结构,如混凝土、砂浆等。

(二)细观结构

细观结构是指用光学显微镜和一般扫描透射电子显微镜所能观察到的结构,是介于宏观和微观之间的结构。其尺度范围为 $10^{-6} \sim 10^{-3}$ m。土木工程材料的细观结构,应根据具体材料分类研究。对于混凝土,可以研究水泥石以及孔隙组织;对于金属材料,可以研究晶粒粗细及晶界等。材料在细观结构层次上的差异对材料的性能有着显著的影响。例如,混凝土中毛细孔的数量减少、孔径封闭,将使混凝土的强度和抗渗性等提高。因此,对于土木工程材料而言,从显微结构层次上研究并改善材料的性能十分重要。

(三)微观结构

材料的微观结构是指用电子显微镜、X 射线衍射仪等手段来分析研究材料物相的种类、形态、大小及其分布特征。其尺度范围为 $10^{-10} \sim 10^{-6}$ m。它与材料的强度、硬度、弹塑性、熔点、导电性、导热性等重要性质有着密切的关系。土木工程材料基本上可分为晶体、非晶体(如玻璃体、胶体)两类,不同结构的材料,各具不同特性。

1. 晶体

构成晶体的质点(原子、离子、分子)是按一定的规则在空间重复排列。质点按照在空间的排列规则不同而构成不同的晶格形式。材料的晶格不同,其性质也有差异。单晶体具有几何外形规则、熔点固定、各向异性、化学稳定性好等特点。这些性能特点与单晶体中质点种类及相互作用力、排列方式、密集程度、质点的结构特征有必然联系。质点之间的相互作用根据质点种类的不同有离子键、共价键、金属键和氢键等,不同的键结合力也不同。质点密集程度较高的材料密度较大,强度较高,硬度也较高。

实际上,多数晶体材料是由很多微小晶体杂乱堆积而成的多晶体,因而其性能特点是大致各向同性,且具有固定的熔点和稳定的化学性质。

2. 玻璃体

将熔融的物质进行迅速冷却(急冷),使其内部质点来不及作有规则的排列就凝固,这时形成的物质结构即为玻璃体,又称无定形体。玻璃体无固定的几何外形,各向同性,破坏时也无清楚的解理面,加热时无固定的熔点,只出现软化现象。同时,因玻璃体是在快速急冷下形成的,故内应力较大,具有明显的脆性。玻璃体是化学不稳定结构,易与其他物质发生化学反应。

3. 胶体

胶体是指物质以极微小的质点分散于介质中所形成的结构。由于胶体中的分散质与分散介质带相反电荷,胶体能保持稳定。分散质颗粒细小,有较大的表面积,表面能大,吸附能力强,使胶体具有黏性。胶体由于脱水作用或加入电解质,会形成凝胶。凝胶具有固体性质,在长期应力作用下,又具有黏性液体流动性质。可见,胶体是有别于晶体和玻璃体的一种特殊现象。胶体在建筑材料中有广泛应用,如涂料、液体沥青、硬化水泥浆体就是胶体结构。

第二节　材料的物理性质

土木工程材料是建筑工程的物质基础。由于工程性质、结构部位和环境条件的不同,对材料的性能要求也不同。为了能够合理使用材料,必须了解材料的各种性质。一般而言,土木工程材料的基本性质主要包括物理性质、化学性质、力学性质和耐久性质。本章主要研究土木工程材料的一些基本的共有性质,材料的特性在后面的相关章节中讨论。

一、材料的基本物理性质参数

(一)密度

密度是指材料在绝对密实的状态下单位体积的质量。按式(2-1)计算:

$$\rho = \frac{m}{V} \tag{2-1}$$

式中　ρ——材料的密度,kg/m^3 或 g/cm^3;

m——材料的质量(干燥至恒重),kg 或 g;

V——材料在绝对密实状态下的体积,m^3 或 cm^3。

材料在绝对密实状态下的体积，也称密实体积，是指不包括孔隙在内的固体物质部分体积。除钢材、玻璃等少数材料外，绝大多数材料内部都有一些孔隙。在测定有孔隙材料（如砌块）的密度时，应把材料磨成粒径小于0.20 mm的细粉，干燥后，用李氏瓶测定其绝对密实体积。材料磨得越细，测得的密实体积数值就越精确。

另外，工程上还经常用到相对密度，是指材料的密度与4 ℃纯水密度相比。

（二）表观密度

表观密度是指在自然状态下，单位体积材料的质量。按式(2-2)计算：

$$\rho_0 = \frac{m}{V_0} \tag{2-2}$$

式中　ρ_0——材料的表观密度，kg/m³ 或 g/cm³；

m——材料的质量，kg 或 g；

V_0——材料在自然状态条件下的体积，m³ 或 cm³。

材料在自然状态下的体积包括材料的密实体积和孔隙体积。对于外形规则的块体材料，测其外观尺寸就可得到自然体积；对于外形不规则的材料可采用排液法测定，但表面应用薄蜡密封。

（三）堆积密度

堆积密度是指散粒状材料单位堆积体积在自然状态下的质量，可按式(2-3)计算：

$$\rho_1 = \frac{m}{V_1} \tag{2-3}$$

式中　ρ_1——材料的堆积密度，kg/m³ 或 g/cm³；

m——材料的质量，kg 或 g；

V_1——材料的堆积体积，m³ 或 cm³。

材料的堆积体积指在自然、松散状态下，按一定方法装入一定容器的体积，包括材料绝对体积、内部所有孔体积和颗粒间的空隙体积。材料的堆积密度反映散粒结构材料堆积的紧密程度及材料可能的堆积空间。

表2-1列举了几种常用土木工程材料的密度、表观密度、堆积密度。

表2-1　几种常用土木二程材料的密度、表观密度及堆积密度

材料名称	密度(g/cm³)	表观密度(kg/m³)	堆积密度(kg/m³)
钢	7.85	7 850	—
砂	2.50~2.60	—	1 450~1 650
水泥	2.80~3.10	—	1 250~1 600
普通混凝土	—	1 950~2 500	—
花岗岩	2.70~3.00	2 500~2 900	—
黏土	2.50~2.70	—	1 600~1 800
木材	—	400~800	—

二、材料的基本结构参数

(一)孔隙率与密实度

材料的孔隙率是指材料内部孔隙体积占材料自然状态下总体积的百分率,以 P 表示。孔隙率按式(2-4)计算:

$$P = \frac{V_0 - V}{V_0} \times 100\% = \left(1 - \frac{\rho_0}{\rho}\right) \times 100\% \tag{2-4}$$

密实度是指材料体积内被固体物质充实的程度,用符号 D 表示,按式(2-5)计算:

$$D = \frac{V}{V_0} \times 100\% = \frac{\rho_0}{\rho} \times 100\% \tag{2-5}$$

密实度是与孔隙率相对的概念,它们是从两个不同的侧面来反映材料的致密程度,同一种材料的密实度和孔隙率两者相加为 100%,但通常用孔隙率的大小直接反映。材料的许多性质如强度、热工性质、声学性质、吸水性、吸湿性、抗渗性、抗冻性等都与孔隙有关。这些性质不仅与材料的孔隙率大小有关,而且与材料的孔隙特征有关。孔隙按构造可分为开口孔隙和闭口孔隙两种。开口孔隙指材料内部孔隙不仅彼此连通,并且与外界相连。闭口孔隙指材料内部孔隙彼此不连通,而且与外界隔绝。两种孔隙特征对材料的性质有很大的影响,开口孔隙对吸水、吸声有利,对材料的强度、抗冻、抗渗、耐久性有不利影响;闭口孔隙可降低材料的表观密度和导热系数,使材料有轻质绝热的性质,对材料的耐久性有所提高。两种孔隙在材料中占的数量和比例不同,对材料的性质有较大的影响。

对应于开口孔和闭口孔的孔隙率分别称为开口孔隙率 P_k 和闭口孔隙率 P_b,可按式(2-6)和式(2-7)计算。

$$P_k = \frac{V_k}{V_0} \times 100\% \tag{2-6}$$

$$P_b = P - P_k \tag{2-7}$$

式中　V_k——开口孔的体积。

(二)材料的空隙率与填充率

材料空隙率是指散粒或粉状材料在堆积体积状态下颗粒固体物质间空隙体积占自然堆积体积的百分率,它以符号 P' 表示。空隙率可按式(2-8)计算:

$$P' = \frac{V_1 - V_0}{V_1} \times 100\% = \left(1 - \frac{\rho_1}{\rho_0}\right) \times 100\% \tag{2-8}$$

空隙率的大小反映了散粒材料的颗粒相互充填的致密程度。在配制混凝土时可作为控制砂、石级配与计算配合比的重要依据。

与空隙率相对应的是填充率,填充率是指散粒状材料在自然堆积状态下,其中的颗粒体积占自然堆积状态下的体积的百分率,用符号 D' 表示,按式(2-9)计算:

$$D' = \frac{V_0}{V_1} \times 100\% = \frac{\rho_1}{\rho_0} \times 100\% \tag{2-9}$$

同一种材料的填充率和空隙率两者相加为 100%。

三、材料与水有关的性质

(一)亲水性与憎水性

材料在使用过程中,常与水接触,水与不同固体材料表面之间相互作用的情况是不同的。在材料、水和空气三相交点处,沿水表面的切线与水和固体接触面所成的夹角 θ 称为湿润角。θ 越小,浸润性越好。当湿润角 $\theta \leq 90°$ 时,水分子之间的内聚力小于水分子与材料之间的相互吸引力,这种性质称为材料的亲水性。当湿润角 $>90°$ 时,水分子之间的内聚力大于水分子与材料分子之间的吸引力,则材料表面不会被水浸润,这种性质称为材料的憎水性。具有亲水性性质的材料称为亲水性材料。具有憎水性性质的材料称为憎水性材料。建筑材料大多属于亲水性材料,如水泥制品、玻璃、陶瓷、金属材料、石材等;少数材料如沥青、油漆、塑料、防水油膏等为憎水性材料。憎水性材料常被用做防潮、防水材料,或覆盖在亲水性材料表面,以提高其防水、防潮性能。

(二)材料的吸水性与吸湿性

1. 吸水性

材料的吸水性是指材料在水中吸收水分的性质,材料吸水性的大小用吸水率表示。吸水率有质量吸水率和体积吸水率两种表示方法。

(1)质量吸水率是指材料吸水饱和时,所吸收水分的质量占干燥材料质量的百分数,用式(2-10)表示:

$$W_m = \frac{m_{饱} - m}{m} \times 100\% \tag{2-10}$$

式中 W_m——质量吸水率,%;

m——材料在干燥状态下的质量,g;

$m_{饱}$——材料在吸水饱和状态下的质量,g。

(2)体积吸水率是指材料吸水饱和时,所吸水分的体积占干燥材料体积的百分数。用式(2-11)表示:

$$W_V = \frac{m_{饱} - m}{V_0} \frac{1}{\rho_w} \times 100\% \tag{2-11}$$

式中 W_V——体积吸水率,%;

ρ_w——水的密度,常温下取 $\rho_w = 1\ g/cm^3$。

材料吸水率的大小主要取决于材料的孔隙率及空隙特征。常用的建筑材料,其吸水率一般采用质量吸水率。体积吸水率可用于说明材料内部孔隙被水充满的程度,对于某些轻质材料,如木材等,由于其质量吸水率往往超过100%,一般采用体积吸水率法。

具有细微而连通空隙且孔隙率大的材料吸水率较大;具有粗大空隙的材料,虽然水分容易渗入,但仅能润湿孔壁表面而不宜在空隙内存留,所以其吸水率并不高;密实材料以及仅有封闭空隙的材料吸水率也较小。各种材料的吸水率相差很大,如花岗岩等致密岩石的吸水率仅为0.5%~0.7%,普通混凝土为2%~3%,黏土砖为8%~20%,而木材或其他轻质材料吸水率可大于100%。材料含水后,不但使自重增加,而且会使强度、保温性能降低,抗冻性变差,有时还会发生明显的体积膨胀。

2. 吸湿性

材料的吸湿性指材料在潮湿的空气中吸收水分的性质。吸湿性的大小以含水率表示。吸湿作用一般是可逆的,也就是说材料既可吸收空气中的水分,又可向空气中释放水分。

含水率是指材料中所含水的质量与干燥状态下材料的质量之比。按式(2-12)计算:

$$W_{含} = \frac{m_{含} - m}{m} \times 100\% \tag{2-12}$$

式中 $W_{含}$——材料的含水率,%;

材料的含水率受环境影响,随空气的温度和湿度的变化而变化。当材料中的湿度与空气湿度达到平衡时的含水率称为平衡含水率,此时的含水状态称气干状态。一般来说,材料的含水率多指平衡含水率。影响材料吸湿性的因素较多,除环境温度和湿度的影响外,材料的亲水性、孔隙率与孔隙特征等对吸湿性都有影响。亲水性材料比憎水性材料有更强的吸湿性,材料中孔对吸湿性的影响与其对吸水性的影响相似。

3. 耐水性

材料的耐水性是指材料长期在水的作用下不破坏,而且强度也不显著降低的性质。水对材料的破坏是多方面的,对材料的力学性质、光学性质、装饰性质等都会产生破坏作用。对于结构材料,耐水性主要指保持强度不变的能力;对于装饰材料,则主要指颜色和形状的变化。不同的材料,耐水性不同,表示方法也不同。结构材料耐水性用软化系数 K_r 表示,按式(2-13)计算:

$$K_r = \frac{f_{饱}}{f} \tag{2-13}$$

式中 $f_{饱}$——材料在吸水饱和状态下的抗压强度,MPa;

f——材料在干燥状态下的抗压强度,MPa。

软化系数的大小反映材料在浸水饱和后强度降低的程度。一般材料随着含水量的增加,会减弱其内部的结合力,从而导致强度下降。如花岗岩长期浸泡在水中强度将下降3%。普通黏土砖和木材受影响更为显著。软化系数的范围为0~1。通常将软化系数大于0.85的材料看做是耐水材料。软化系数的大小,有时成为选择材料的重要依据。对于受水浸泡或长期处于潮湿环境的重要建筑物或构筑物所用的材料的软化系数不应低于0.85。

4. 抗渗性

抗渗性是指材料抵抗压力水渗透的性质。材料的抗渗性常用渗透系数或抗渗等级来表示。渗透系数按式(2-14)计算:

$$K_s = \frac{Qd}{AtH} \tag{2-14}$$

式中 K_s——渗透系数,cm/h;

Q——透水量,cm^3;

d——试件厚度,cm;

A——透水面积,cm^2;

t——时间，h；

H——水头高度（水压），cm。

渗透系数 K_s 的物理意义是一定时间内，在一定的水压作用下，单位厚度的材料在单位截面面积上的透水量。渗透系数越小的材料表示其抗渗性越好。

土木工程中，常用抗渗等级来评价材料的抗渗性。抗渗等级是指以规定的试件，在规定试验条件下，材料所承受的最大水压力。材料的抗渗等级越高，材料的抗渗性越好。

材料抗渗性的好坏与材料的孔隙率和空隙特征及裂缝缺陷有密切的关系。材料越密实，闭口孔越多，孔径越小，裂缝缺陷越少，越难渗水；具有较大孔隙率，且孔连通、孔径较大、裂缝缺陷较多的材料抗渗性较差。工程中常采用降低孔隙率、改善孔隙特征等方法来提高材料的抗渗性。对于地下建筑、屋面、外墙及水工构筑物等，因常受到水的作用，所以要求材料具有一定的抗渗性。

5. 抗冻性

抗冻性是指材料在吸水饱和状态下，能经受多次冻结和融化作用（冻融循环）而不破坏，强度又不显著降低的性质。

材料在吸水后，如果在负温下受冻，水在材料毛细孔内结冰，体积将膨胀（约增大9%），对孔壁造成很大的冻胀应力。如果此应力超过材料的抗拉强度时，孔壁将产生局部开裂。随着冻结和融化的循环，表面将出现裂纹、剥落等现象，造成强度降低、质量损失。这是由于材料内部空隙中的水分结冰时体积增大对孔壁产生很大的压力，冰融化时压力又骤然消失所致。无论是冻结还是融化过程都会在材料冻融交界层间产生明显的压力差，并作用于孔壁使之损坏。

材料的抗冻性用抗冻等级来表示。抗冻等级表示吸水饱和后的材料经过规定的冻融循环次数，其试件的质量损失或相对动弹性模量下降符合有关规定值。混凝土的抗冻等级以符号 F 表示，后面加表示可经受冻融循环次数的数字，记为 F50、F100、F200、F500 等。如 F100 表示所能承受的最大冻融循环次数不少于 100 次，试件的相对动弹性模量下降至≤60% 或质量损失不超过 5%。

材料的抗冻性与其强度、孔隙率大小及特征、含水率等因素有关。材料强度越高，抗冻性越好；如果孔隙未充满水，即使受冻，因为具有足够的自由空间，也不致产生很大的冻胀应力。极细的毛细孔隙，虽然可充满水，但因孔壁对水的吸附力极大，吸附在孔壁上的水冰点很低，在一般负温下不会结冰。粗大孔隙，一般水不会将其充满，所以对冻胀有很大的缓冲作用。毛细管孔隙易充满水分，在负温下又容易结冰，对材料的冻结破坏影响最大。

从冻融破坏的外界条件上看，材料受冻融作用破坏的程度与冻融温度、结冰速度、冻融频繁程度有关。材料所处环境温度越低、降温速度越快、冻融越频繁，材料破坏越严重。

抗冻性良好的材料，具有较强的抵抗温度变化、干湿交替等风化作用的能力，在寒冷地区进行结构设计和材料选用时，材料的抗冻性是需要考虑的一项重要指标。

四、材料的热工性质

（一）导热性

导热性是指材料传导热量的能力。当材料两侧存在温度差时，热量将由温度高的一侧通过材料传递到温度低的一侧。材料的导热性可用导热系数(导热率)来表示。导热系数的物理意义是:厚度为 1 m 的材料,当温度每改变 1 K 时,在 1 s 时间内通过 1 m^2 面积的热量。用式(2-15)表示为:

$$\lambda = \frac{Qa}{(t_1 - t_2)AZ} \tag{2-15}$$

式中　λ——材料的导热系数,W/(m·K);

Q——传导的热量,J;

a——材料的厚度,m;

A——材料传热的面积,m^2;

Z——传热时间,s;

$t_1 - t_2$——材料两侧温度差,K。

材料的导热系数越小,表示其绝热性能越好。各种材料的导热系数差别很大,这与材料的组成有关,还与材料内部孔隙率和孔隙特征有密切关系。一般来说,金属材料的导热系数要大于非金属材料,无机材料的导热系数要大于有机材料,晶体材料的导热系数要大于玻璃体或胶体结构的材料。由于密闭空气的导热系数很小,所以具有密闭孔隙且孔隙率较大的材料其导热系数较小,但当材料内部含有较多粗大、连通的孔隙时,空气会产生对流作用,使其导热性大大提高。材料受潮以后,水分进入孔隙,水的导热系数比空气的导热系数高很多,从而使材料的导热性大大增加,材料若受冻,水结成冰,冰的导热系数比水的导热系数大得多,材料的导热性能将进一步增加,因此保温材料在使用过程中要防潮防冻。

工程中通常把 $\lambda < 0.23$ W/(m·K)的材料称为绝热材料。常用绝热材料有矿棉、膨胀珍珠岩、泡沫塑料等。材料的导热系数和热容量是设计建筑物围护结构(墙体、屋盖)进行热工计算时的重要参数,以使建筑物保持室内温度的稳定性。同时,导热系数也是工业窑炉热工计算和确定冷藏库绝热层厚度时的重要数据。

(二)热容量和比热

材料的热容量是指材料在温度变化时吸收和放出热量的能力。比热也叫比热容,材料比热容的物理意义是指质量为 1 kg 的材料,在温度每改变 1 K 时吸收或放出的热量。其计算式如下:

$$Q = mc(t_1 - t_2) \tag{2-16}$$

$$c = \frac{Q}{m(t_1 - t_2)} \tag{2-17}$$

式中　Q——材料的热容量,kJ;

m——材料的质量,kg;

$t_1 - t_2$——材料受热或冷却前后的温度差,K;

c——材料的比热容,kJ/(kg·K)。

材料的热容量值等于材料的比热容与质量的乘积。材料的热容值大小将直接影响建筑物构造及建筑物内部空间温度变化率,对保持室内温度的稳定、减少能耗等有很重要的作用。

比热是反映材料的吸热和放热能力大小的物理量，比热大的材料，能在热流变动或采暖设备供热不均匀时，缓和室内温度波动。

(三)耐燃性

材料对火焰和高温的抵抗能力称为材料的耐燃性，是影响建筑物防火、建筑结构耐火等级的一项因素。据此可把建筑材料分为三类。

(1)非燃烧材料，在空气中受到火烧或高温高热作用不起火、不碳化、不微燃的材料。无机材料均为非燃烧材料，如钢铁、混凝土、砖石等。但是，钢铁、铝、玻璃等材料受到火烧或高热作用会发生变形、熔融，所以虽然是非燃烧材料，但不是耐火材料。

(2)难燃材料，在空气中受到火烧或高温热作用时难起火、难碳化，当火源移走后，已有的燃烧或微燃立即停止的材料。这类材料有石膏板、水泥石棉板等，它们可以推迟发火时间或缩小火势的蔓延。

(3)易燃材料，在空气中受到火烧、高温高热作用时立即起火或微燃，且火源移走后仍继续燃烧的材料，如木材。用这种材料制作的构件称为燃烧体，使用时应作防燃处理。

第三节　材料的力学性质

一、强度与比强度

(一)强度

强度指材料抵抗外力破坏的能力。当材料承受外力作用时，内部就产生抵抗外力的内力，单位面积上所产生的内力称为应力。外力逐渐增加，应力也相应加大。直到材料内部质点间的作用力不再能够承受时，材料即发生破坏。材料破坏时，达到应力极限，此时极限应力值就是材料的强度，又称极限强度。

强度的大小直接反映材料承受荷载的能力大小。根据荷载作用方式的不同，材料强度有抗压强度、抗拉强度、抗弯强度及抗剪强度等。材料的抗压、抗拉及抗剪强度按式(2-18)计算：

$$f = \frac{P}{A} \tag{2-18}$$

式中　f——材料强度，MPa；

P——破坏时最大荷载，N；

A——受力截面面积，mm^2。

材料的抗弯强度与受力情况有关，当外力是作用于构件中央一点的集中荷载，且构件有两个支点，材料截面为矩形时，抗弯强度按式(2-19)计算：

$$f_m = \frac{3FL}{2bh^2} \tag{2-19}$$

式中　f_m——材料抗弯强度，MPa；

F——材料所受的荷载，N；

L——两质点间距离，mm；

b——试件截面宽度，mm；

h——试件截面高度，mm。

有时抗弯强度试验的方法是在跨度的 1/3 点上作用两个相等的集中荷载，这时材料的抗弯强度按式(2-20)计算：

$$f_m = \frac{FL}{bh^2} \tag{2-20}$$

材料的强度与其组成和构造有关。不同种类的材料具有不同的抗外力作用的能力，即使是相同种类的材料，由于其内部的构造不同，其强度也有很大的差异。空隙率越大，材料强度越低。

大部分建筑材料是根据其强度的大小，将材料划分为若干等级，即材料的强度等级。将建筑材料划分为若干强度等级，对掌握材料性质、合理选用材料、正确进行设计和控制工程质量都是非常重要的。同种材料抵抗不同类型外力的能力也不同，如砖、石材、混凝土和铸铁等材料的抗压强度较高，而其抗拉及抗弯强度很低；钢材的抗拉、抗压强度很高等。对于混凝土、砌筑砂浆、普通砖、石材等脆性材料，由于主要用于抗压，因此以其抗压强度来划分等级，而建筑钢材主要用于抗拉，如低合金高强度合金钢，以其屈服点作为划分等级的依据。

另外，在进行材料强度试验时，试件的形状和大小、加荷速度、温度、含水情况、表面状况都会影响试验结果。一般来说，大试件的强度往往小于小试件的强度，棱柱体试件的强度要小于同样尺寸立方体试件的强度；强度试验时，加荷速度越快，所测强度值越高；试件温度越高，所测强度值越低（钢材在某一负温下，强度会突然下降）；含水试件的强度往往低于干燥的试件；材料在试验时，承压板与试件间摩擦越小，所测强度越低。

(二)比强度

比强度指材料强度与其表观密度的比。它是评价材料是否轻质高强的指标。木材的强度值虽比混凝土低，但其比强度却高于混凝土。材料比强度越大，越轻质高强。选用比强度大的材料或者提高材料的比强度，对增加建筑物强度、减轻结构自重、降低工程造价有重大意义。

二、弹性和塑性

材料在外力作用下或外力发生改变时，都会发生变形。弹性和塑性是材料的变形性能，它们主要描述的是材料变形的可恢复特性。弹性指材料在外力作用下产生变形，当外力取消后，能够完全恢复原来形状的性质。这种可以完全恢复的变形称为弹性形变。弹性形变的形变量与对应的应力大小成正比，其比例系数用弹性模量 E 来表示。在材料的弹性范围内，弹性模量是一不变的量，按下式计算：

$$E = \frac{\sigma}{\varepsilon} \tag{2-21}$$

式中　σ——材料所受的应力，MPa；

ε——材料在应力作用下产生的应变，量纲为一。

弹性模量是衡量材料抵抗变形能力的指标之一，弹性模量越大，材料在荷载作用下越不易变形。

在外力作用下材料产生变形,外力取消后,仍保持变形后的形状和尺寸,这种不能回复的变形称为塑性变形。完全的弹性材料是没有的,大部分材料是弹性、塑性分阶段发生的,如钢材,在受力不大的情况下,表现为弹性变形,但受力超过一定限度后,则表现为塑性变形;有的材料在受力后,弹性形变及塑性变形同时发生,如果取消外力,则弹性变形部分可以恢复,而塑性变形部分则不能恢复,如混凝土。

三、脆性和韧性

脆性指材料在外力作用下,无明显塑性变形而突然破坏的性质,有这种性质的材料称为脆性材料。脆性材料的力学性质特点是抗压强度远大于其抗拉强度,破坏时的极限应变值很小。砖、石材、陶瓷、玻璃、混凝土、铸铁等都属于脆性材料。它们承受振动作用和抵抗冲击荷载是相当不利的。

韧性指在冲击或振动荷载作用下,材料能够吸收较大的能量,同时也能产生一定的变形而不破坏的性质。低碳钢、木材等属于韧性材料。材料的韧性是用冲击试验来检验的,因而又称为冲击韧性,它用材料受荷载达到破坏时所吸收的能量来表示。土木工程中,对于要求承受冲击荷载和有抗震要求的结构,如路面、桥梁、吊车梁等,在选择材料时都要考虑到材料的韧性。

四、硬度和耐磨性

硬度是指材料表面抵抗其他物体压入或刻划的能力。测定硬度的方法很多,常用的有刻划法和压入法。金属材料等的硬度常用压入法测定,是以单位压痕面积上的压力来表示。矿物、陶瓷等材料常用刻划法测定。工程中有时用硬度来间接推算材料的强度,如回弹法用于测定混凝土表面硬度,间接推算混凝土强度,常用的测试方法有莫氏硬度、布氏硬度、洛氏硬度。

耐磨性是材料表面抵抗磨损的能力。材料的耐磨性与材料的组成结构及强度、硬度有关,一般情况下硬度大的材料强度高,越致密,耐磨性较强。在土木工程中,道路路面、工业地面等受磨损的部位,选择材料需考虑其耐磨性。

第四节　材料的化学性质和耐久性

土木建筑的各种性质都与其所用材料的化学组成及化学结构有关,材料的组成结构在使用中发生的变化,影响其使用功能,甚至造成工程结构的破坏。材料的化学性质说明材料与它所处外界环境的物质进行化学反应的能力,或者惰性环境的条件下保持其组成及结构稳定的能力。上述两种情况都能改变材料原来的基本性质,使其性质改善或恶化。例如,液体水玻璃在空气中吸收二氧化碳,形成固体性质的凝胶,将集料黏结在一起,获得较高的强度;但混凝土在流动水作用下,一些组分被溶解析出,最终导致水泥石破坏。

材料的化学性质范畴很广,就其在土木建筑工程中的应用来说,主要关心其使用中的化学变化和稳定性。化学稳定性是指材料抵抗有害介质作用的性质。材料在侵蚀性介质

（酸、碱、盐溶液，气体）作用下将引起破坏。破坏程度取决于许多因素，首先是材料的组成和密实度。化学稳定性可通过材料的化学分析来评定。为了近似地评定材料在酸或碱介质中的化学稳定性，可利用材料化学组成的碱性率。在无机材料化学组成中，酸性氧化物占优势，即碱性率较低时，材料有较高的耐酸度；如果材料碱性氧化物占优势，即碱性率相当高时，材料不耐酸，但在碱的作用下不易破坏。但是，大部分材料在侵蚀性的介质作用下将受到腐蚀，要求有防腐措施，例如在材料表面加做一层耐腐蚀介质材料如陶瓷、涂料等。

建筑材料除应满足各项物理、力学功能要求外，还应经久耐用。材料在长期使用过程中，在环境因素作用下，能不变质、不破坏保持其原有性能的性质，统称为耐久性。材料在使用过程中，除受到各种外力作用外，还要受到环境中各种自然因素的破坏作用，这些破坏作用可分为物理作用、化学作用和生物作用。

物理作用可有干湿变化、温度变化及冻融变化等。这些作用将使材料发生体积的胀缩，或导致内部裂缝的扩展，时间长久之后即会使材料逐渐破坏。在寒冷冰冻地区，冻融变化对材料有显著的破坏作用。在高温环境下，经常处于高温状态的建筑物或构筑物，选用建筑材料要具有耐热性能。在民用和公共建筑中，考虑安全防火要求，须选用具有抗火性能的难燃或不燃材料。

化学作用主要是指材料受到酸、碱、盐等物质的水溶液或有害气体的侵蚀作用，使材料的组成成分发生质的变化，而引起材料的破坏，如钢材的锈蚀等。

生物作用主要是指材料受到虫蛀或菌类的腐朽作用而产生的破坏，生物作用既有植物方面的，也有动物方面的，如白蚁对建筑物的破坏。

材料在长期使用过程中的破坏是多方面因素共同作用的结果，即耐久性是一种综合性质，它包括抗渗性、抗冻性、耐蚀性、抗老化性、耐热性、耐磨性等。

当然，不同的材料有不同的耐久性特点，如混凝土要考虑抗冻、有害气体等作用的损坏；钢材主要考虑化学腐蚀作用的损坏；木材主要考虑生物作用带来的损坏；沥青主要考虑大气稳定性和温度敏感性的损坏。另外，不同工程环境对材料的耐久性也有不同的要求，如寒冷地区室外工程的混凝土应考虑其抗冻性；处于有压力水作用下的水工工程及地下工程所用的混凝土应有抗渗性要求。要根据材料所处的结构部位和作用环境等因素，综合考虑其耐久性，并根据各种材料的耐久性特点，合理地选用。对土木工程而言，结构耐久性是基于材料耐久性的进一步深化。结构在自然环境和使用条件下，随着时间的推移，材料逐渐老化和结构性能劣化，出现损伤甚至损坏，是一个不可逆的过程。它不是直接由力学因素引起的，首先是材料的物理化学作用的结果，经过积累，继而影响到建筑物的使用功能和结构的承载力，最终会影响整个结构的安全。最明显的病害损伤事例是混凝土结构受到有害介质的侵蚀，而导致钢筋锈蚀。严重的锈蚀会使混凝土开裂，不仅影响使用功能和外观，甚至使钢筋截面削弱，使结构构件承载力下降，结构安全性受到威胁。

材料耐久性的测定需长期全面的观测，但这往往满足不了工程的需求。所以，工程上常常根据使用要求，用一些短时间可在实验室测定的指标来表达，反映材料的耐久性。例如，用冻融循环试验来反映材料的抗冻性。

本章讨论的材料的各种基本性质是全书的重点，通过学习，掌握和了解这种性质对于研究建筑材料具有极为重要的意义。

本章小结

掌握材料的密度、表观密度、堆积密度、孔隙率和密实度,材料的亲水性与憎水性,材料的吸水性,材料的强度、弹性和塑性、脆性和韧性等概念。了解材料各种基本性质的计算。理解材料的组成结构、材料的导热性、材料的耐久性。了解材料的热容量和比热、耐燃性,材料的化学性质,材料的硬度和耐磨性。

思考题

2-1　名词解释

(1)密度;(2)表观密度;(3)堆积密度;(4)孔隙率;(5)密实度;(6)吸水率;(7)吸湿性;(8)耐水性;(9)抗渗性;(10)抗冻性;(11)导热性;(12)强度;(13)弹性;(14)塑性;(15)脆性材料;(16)胶体;(17)玻璃体。

2-2　材料的密度、表观密度及堆积密度有何区别?

2-3　材料的空隙率及孔隙特征对材料的吸水性、抗渗性有何影响?

2-4　有一卵石干试样,质量为 300 g,把它浸水,吸水饱和排水体积为 126 cm^3,将其取出擦干表面,再次放入水中排出水体积 132 cm^3,若卵石无膨胀,求此卵石的表观密度和质量吸水率。

2-5　有一块烧结普通砖,在吸水饱和状态下为 2 950 g,其烘干质量 2 580 g。砖的尺寸为 240 mm × 115 mm × 53 mm,经干燥并磨成细粉后取 50 g,用李氏瓶测得绝对密实体积 18.35 cm^3,计算砖的吸水率、密度、表观密度、孔隙率。

第三章　气硬性胶凝材料

在土木工程中将能够把散粒状材料（如砂、石等）和块状材料（如砖、砌块等）黏结成为一个整体的材料，统称为胶凝材料。胶凝材料按照化学成分不同分为无机胶凝材料和有机胶凝材料两大类。有机胶凝材料是以高分子化合物为主要成分的胶凝材料。无机胶凝材料按其硬化条件不同，又分为气硬性胶凝材料和水硬性胶凝材料。如图3-1所示。

胶凝材料
- 无机胶凝材料
  - 气硬性胶凝材料：石灰、石膏、水玻璃、菱苦土等
  - 水硬性胶凝材料：各类水泥
- 有机胶凝材料：沥青、树脂、橡胶等

图3-1　胶凝材料的种类

气硬性胶凝材料只能在空气中凝结硬化，也只能在空气中保持和发展强度。水硬性胶凝材料不仅能在空气中硬化，而且能更好地在水中硬化，并保持和发展强度。

根据各类胶凝材料的硬化特点，它们在土木工程中也有不同的应用范围。气硬性胶凝材料只能在空气中硬化，一般只适用于地上或干燥环境，不适宜用于潮湿环境，更不可用于水中。水硬性胶凝材料可以在空气或水中硬化，既可用于地上，也可用于地下或水中。

第一节　石　灰

一、石灰的原料与生产

石灰是一种传统的土木工程材料。由于生产石灰的原材料广泛，生产工艺简单，成本低，使用方便，故石灰在土木工程中一直得到广泛应用。

生产石灰的原料有石灰石（又称石灰岩）、白云石、白垩、贝壳等，也可以采用其他含有碳酸钙成分的天然物质或化工副产品。这些原料的主要成分是碳酸钙（$CaCO_3$），另外还有少量的碳酸镁（$MgCO_3$）和黏土杂质（SiO_2、Al_2O_3）等。

石灰的生产方法是：将石灰石在高温下煅烧，即得块状生石灰。其煅烧反应式如下：

$$CaCO_3 \xrightarrow{900\sim1\,000\ ^\circ\mathrm{C}} CaO(\text{生石灰}) + CO_2\uparrow$$

生石灰主要成分是CaO，另外还有少量MgO等杂质。在正常温度下煅烧良好的块状石灰，质轻色白，呈疏松多孔结构，CaO含量高。

生产石灰时，由于煅烧时间或煅烧温度控制不均匀，常会出现欠火石灰或过火石灰。欠火石灰是由于煅烧温度过低或煅烧时间不足，石灰石中的$CaCO_3$尚未完全分解，生产出的石灰CaO含量低，降低了石灰的利用率。过火石灰是由于煅烧温度过高或煅烧时间过长，石灰石中的杂质发生熔结，生产出的石灰颜色较深、颗粒粗大、结构致密，熟化速度十分缓慢，对石灰的利用极为不利。

二、石灰的消化与硬化

(一)石灰的消化

生石灰与水发生反应生成熟石灰的过程,称为石灰的消化(又称消解或熟化)。熟化后的石灰称为熟石灰,主要成分为 $Ca(OH)_2$,其反应式如下:

$$CaO + H_2O \longrightarrow Ca(OH)_2 + 64.8\ kJ$$

生石灰熟化过程放出大量的热,且体积迅速膨胀 1~2.5 倍。煅烧良好、氧化钙含量高的生石灰熟化快、放热量多、体积增大多,因此产浆量高。

在建筑工程中,生石灰必须经充分熟化后方可使用。这是因为块状生石灰中常含有过火石灰,过火石灰熟化十分缓慢,如果没有充分熟化而直接使用,过火石灰就会吸收空气中的水分继续熟化,体积膨胀使构件表面凸起、开裂或局部脱落,严重影响施工质量。为了保证生石灰充分熟化,一般在工地上将块状生石灰磨碎后放在化灰池内,加水经过两周以上时间的消化,这个过程称为生石灰的熟化处理,亦称"陈伏"。在陈伏期间,石灰浆表面应保持有一层水覆盖,使其与空气隔绝,避免 $Ca(OH)_2$ 与 CO_2 发生碳化反应。

(二)石灰的硬化

石灰浆体的硬化包含干燥、结晶和碳化三个交错进行的过程。

在干燥过程中,石灰浆体中由于多余水分的蒸发或被砌体吸收使 $Ca(OH)_2$ 的浓度增加,石灰颗粒紧密接触,获得一定的强度。

在结晶过程中,随着水分继续减少,$Ca(OH)_2$ 逐渐从溶液中结晶出来,使强度继续增加。

在碳化过程中,$Ca(OH)_2$ 与潮湿空气中的 CO_2 反应生成 $CaCO_3$(称为碳化),其反应式如下:

$$Ca(OH)_2 + CO_2 + nH_2O \longrightarrow CaCO_3 + (n+1)H_2O$$

新生成的 $CaCO_3$ 晶体相互交叉连生或与 $Ca(OH)_2$ 共生,构成紧密交织的结晶网,使浆体的强度进一步提高。由于空气中的 CO_2 浓度低,且碳化过程主要发生在与空气接触的表层,表面形成碳化层后,CO_2 较难深入内部,还阻碍了内部水分的蒸发,所以自然状态下碳化过程是十分缓慢的。从石灰浆体的硬化过程可以看出,石灰浆体硬化速度慢,硬化后由于多余水分蒸发而留下大量孔隙使硬化石灰体密实度小、强度低、耐水性差。

三、石灰的品种与技术要求

(一)根据成品加工工艺不同分类

(1)块状生石灰。块状生石灰是由原料直接煅烧而成的原产品,主要成分为 CaO。

(2)生石灰粉。生石灰粉是由块状生石灰经磨细而成的粉状产品,其主要成分也为 CaO。

(3)消石灰粉。消石灰粉是将生石灰用适量的水消化而成的粉末,也称熟石灰粉,其主要成分为 $Ca(OH)_2$。

(4)石灰膏。石灰膏是将块状生石灰加石灰体积 3~4 倍的水消化而成,或将消石灰粉和水拌和而成，也可以将在储灰坑中"陈伏"到期的熟石灰除去上层水分后，制成石灰膏，其主要成分为 $Ca(OH)_2$ 和水。石灰膏多用于配制石灰砂浆和水泥石灰混合砂浆。

(5)石灰浆。由生石灰加大量水消化而成的一种白色悬浮液，称为石灰浆（或石灰乳），其主要成分为 $Ca(OH)_2$ 和水。石灰浆主要用于简单粉刷。

(二)根据石灰中氧化镁的含量分类

根据现行建材行业标准《建筑生石灰》(JC/T 479—92)的规定，按氧化镁含量的多少，建筑石灰分为钙质和镁质两类。当生石灰中 MgO 含量小于或等于5%时，称为钙质石灰；当生石灰中 MgO 含量大于5%时，称为镁质石灰。镁质石灰熟化较慢，但硬化后强度较高。《建筑生石灰》(JC/T 479—92)、《建筑生石灰粉》(JC/T 480—92)规定了生石灰和生石灰粉的技术指标，见表3-1和表3-2。

表3-1　建筑生石灰的技术指标(JC/T 479—92)

项目	钙质生石灰			镁质生石灰		
	优等品	一等品	合格品	优等品	一等品	合格品
CaO + MgO 含量(%)，不小于	90	85	80	85	80	75
未消化残渣含量(5 mm 圆孔筛余量)(%)，不小于	5	10	15	5	10	15
CO_2(%)，不大于	5	7	9	6	8	10
产浆量(L/kg)，不小于	2.8	2.3	2.0	2.8	2.3	2.0

表3-2　建筑生石灰粉的技术指标(JC/T 480—92)

项目		钙质生石灰粉			镁质生石灰粉		
		优等品	一等品	合格品	优等品	一等品	合格品
CaO + MgO 含量(%)，不小于		85	80	75	80	75	70
CO_2 含量(%)，不大于		7	9	11	8	10	12
细度	0.90 mm 筛筛余(%)，不大于	0.2	0.5	1.5	0.2	0.5	1.5
细度	0.125 mm 筛筛余(%)，不大于	7.0	12.0	18.0	7.0	12.0	18.0

按《建筑消石灰粉》(JC/T 481—92)的规定，建筑消石灰粉按氧化镁含量分为钙质消石灰粉（MgO 含量小于或等于4%）、镁质消石灰粉（MgO 含量小于24%，大于4%）、白云石消石灰粉（MgO 含量小于30%，大于24%），JC/T 481—92 规定的技术指标见表3-3。

四、石灰的特性及应用

(一)石灰的特性

(1)可塑性和保水性好。生石灰熟化为石灰浆时，石灰浆是球状、细颗粒、高度分散的氢氧化钙胶体，氢氧化钙颗粒极其微小，颗粒表面附有较厚的水膜，降低了颗粒之间的摩擦力，颗粒间的滑移较易进行，故可塑性和保水性好，易铺摊成均匀的薄层，浆体不易分层离析。用石灰调成的石灰砂浆具有良好的可塑性，在水泥砂浆中加入石灰膏，可显著提高砂浆的可塑性和保水性。

表 3-3　建筑消石灰粉的技术指标(JC/T 481—92)

项目		钙质消石灰粉			镁质消石灰粉			白云石消石灰粉		
		优等品	一等品	合格品	优等品	一等品	合格品	优等品	一等品	合格品
CaO + MgO 含量(%)，不小于		70	65	60	65	60	55	65	60	55
游离水(%)		0.4～2.0			0.4～2.0			0.4～2.0		
体积安定性		合格	合格	—	合格	合格	—	合格	合格	—
细度	0.90 mm 筛筛余(%)，不大于	0	0	0.5	0	0	0.5	0	0	0.5
	0.125 mm 筛筛余(%)，不大于	3	10	15	3	10	15	3	10	15

(2)生石灰水化时水化热大，体积增大。由生石灰的熟化过程可知，生石灰水化时放出大量水化热，同时体积增大 1～2.5 倍。对于未经充分熟化的过火石灰，要有 2～3 周的“陈伏”时间，才能用于工程，以避免出现墙体表面凸起、开裂或局部脱落等工程质量事故。

(3)硬化缓慢。由熟石灰的硬化过程可知，熟石灰的硬化过程要经过干燥、结晶和碳化三个交错进行的过程。由于表层首先形成碳化层，CO_2 较难深入内部继续碳化，内部水分的蒸发也受到碳化层的阻碍，所以自然状态下碳化过程是十分缓慢的。在工程应用中，可以通入高浓度二氧化碳进行人工碳化。

(4)硬化时体积收缩大。由于石灰浆中存在大量的游离水分，硬化时水分大量蒸发，引起内部毛细管失水紧缩，引起显著的体积收缩变形，使硬化的石灰浆体出现干缩裂缝。在工程应用上，一般只有用做薄层粉刷时，石灰乳才可以单独使用，多数情况下要掺入适量的细骨料(砂子等)或纤维材料(麻刀、纸筋等)，以石灰浆体的抗拉强度，抵抗裂缝的开展。

(5)硬化后强度低。生石灰消化时的理论用水量为生石灰质量的32.13%，在使用时为了保证石灰浆有一定的可塑性，同时也为了弥补由于生石灰熟化时产生的水化热导致的水分蒸发量，所以使用时用水量很大，其中的非水化用水蒸发留下大量孔隙，致使硬化后的石灰浆体密度小，强度低。

(6)耐水性差。由于石灰浆硬化速度慢、浆体密实度小，在硬化的石灰体中仍存在大量未碳化、易溶于水的 $Ca(OH)_2$。这种构造使硬化石灰体遇水后易溃散，所以石灰不宜用于潮湿环境。

(7)耐酸性差。由于石灰硬化后的组分 $CaCO_3$、$Ca(OH)_2$、CaO 均易与酸性物质发生反应，导致石灰体解体，所以石灰不宜用于酸性环境。

(二)石灰的应用

(1)配制石灰乳涂料。用消石灰粉或熟化好的石灰膏加水稀释成为石灰乳涂料,可用于内墙和天棚粉刷。为了改善石灰乳涂料的性能,还可以掺入不同的改性材料,例如掺入少量佛青颜料,可以使石灰乳涂料呈纯白色;掺入107胶改善粉刷层的防水性;掺入彩色耐酸颜料可以获得更好的装饰效果。

(2)配制砂浆。用石灰膏或消石灰粉可以与砂、水配制成石灰砂浆,也可以与水泥、砂、水配制成水泥石灰混合砂浆,可用来砌筑墙体,也可用于墙面、柱面、顶棚等的抹灰。

(3)拌制灰土和三合土。消石灰粉和黏土按一定比例配合称为灰土,灰土通常按石灰和黏土的体积比拌制成三七灰土(石灰: 黏土 =3:7)。灰土拌制时再加入炉渣、砂、石等填料,即成三合土。灰土和三合土经夯实后强度高、耐水性好,且操作简单、价格低廉,广泛应用于建筑物、道路等的垫层和基础。

在石灰土和三合土中,由于石灰改善了黏土的和易性,在夯实和压实之下,大大提高了土的密实度。而且,在潮湿环境中,黏土颗粒表面的少量活性氧化硅和氧化铝与氢氧化钙起化学反应,生成了水硬性的水化硅酸钙和水化铝酸钙,将黏土颗粒黏结起来,从而提高了土的强度和耐水性。

(4)制作硅酸盐制品。将磨细生石灰或消石灰粉与硅质材料(如粉煤灰、火山灰、炉渣等)按一定比例配合,经成型、蒸压或蒸养等工序制造的人造建筑材料,称为硅酸盐制品。常用的有粉煤灰砖、粉煤灰砌块、灰砂砖等。

(5)制作碳化石灰板。将磨细生石灰、纤维状填料或轻质骨料和水按一定比例搅拌成型,然后通入高浓度二氧化碳经人工碳化(12 ~24 h)而成的轻质板材称为碳化石灰板。为减轻自重、提高碳化效果,碳化石灰板常做成薄壁空心板。这种板材能锯、刨、钉,适合用于非承重内墙板、天花板等。

(6)配制无熟料水泥。将粉煤灰、煤矸石灰渣、粒化高炉矿渣等具有一定活性的材料,按适当比例与石灰配合,经共同磨细,可得到具有水硬性的胶凝材料,即为无熟料水泥。

第二节 石 膏

石膏是以硫酸钙为主要成分的气硬性胶凝材料。我国的石膏资源分布很广,有自然界存在的天然二水石膏($CaSO_4 \cdot 2H_2O$,又称生石膏或软石膏)、天然无水石膏($CaSO_4$,又称硬石膏)以及各种工业副产品或废料(又称化工石膏)。二水石膏是生产水泥不可缺少的原料,由二水石膏生产出的建筑石膏($CaSO_4 \cdot \frac{1}{2}H_2O$)及其制品具有质量轻、耐火性好、隔音性好、绝热性好、吸湿性好、装饰性好、容易加工等优点,是建筑工程中常用的胶凝材料。

一、石膏的生产与分类

生产建筑石膏的主要原料是天然二水石膏矿石或含有硫酸钙的化工石膏。将原料通过破碎、加热煅烧、脱水和磨细即生产出石膏胶凝材料。由于加热方式和温度的不同,可生产出不同性质的石膏产品。

(一)建筑石膏(又称熟石膏)

将天然二水石膏在常压下加热到107~170 ℃时,二水石膏脱水可生产出β型半水石膏,再经磨细得到的白色粉状物,称为建筑石膏。其反应式为:

$$CaSO_4 \cdot 2H_2O \xrightarrow{107\sim170\ ℃} CaSO_4 \cdot \frac{1}{2}H_2O(\beta\text{ 型半水石膏}) + 1\frac{1}{2}H_2O$$

建筑石膏晶体较细,调制成一定稠度的浆体时,需水量大,所以硬化后的建筑石膏制品孔隙率大,强度较低。

(二)高强石膏

将天然二水石膏在125 ℃、0.13 MPa压力的条件下蒸炼脱水,可得到α型半水石膏,磨细即为高强石膏。其反应式为:

$$CaSO_4 \cdot 2H_2O \xrightarrow{125\ ℃、0.13\ MPa} CaSO_4 \cdot \frac{1}{2}H_2O(\alpha\text{ 型半水石膏}) + 1\frac{1}{2}H_2O$$

高强石膏晶体粗大,比表面积较小,调制成塑性浆体时需水量只有建筑石膏的一半左右,因此硬化后具有较高的强度和密实度,3 h强度可达到9~24 MPa,7 d强度可达到15~40 MPa。高强石膏用于强度要求较高的抹灰工程、装饰制品和石膏板。在高强石膏中加入防水剂,还可生产出高强防水石膏及制品,用于湿度较高的环境中。

(三)可溶性硬石膏

当加热温度为170~200 ℃时,石膏继续脱水,生成可溶性硬石膏($CaSO_4$ Ⅲ),与水搅拌后仍能很快凝结硬化;当温度升高到200~250 ℃时,石膏中残留很少的水分,凝结硬化非常缓慢,但遇水后还能生成半水石膏直至二水石膏。

(四)不溶性硬石膏

当加热温度高于400 ℃时,完全失去水分,形成不溶性硬石膏($CaSO_4$ Ⅱ,也称死烧石膏)。不溶性硬石膏难溶于水,失去凝结硬化能力,但加入石灰、各种硫酸盐、粒化高炉矿渣等材料混合磨细后,则重新具有水化硬化能力,成为无水石膏水泥(也称硬石膏水泥),强度可达5~30 MPa,用于制造石膏板和其他制品。

(五)高温煅烧石膏

在温度高于800 ℃时,部分石膏分解出CaO,得到高温煅烧石膏,由于其中CaO的激发作用,煅烧石膏经水化后能获得较高的强度、耐磨性和耐水性。

二、建筑石膏的凝结硬化

建筑石膏与适量的水拌和后,形成流动的可塑性凝胶体,并开始溶解于水中,很快形成饱和溶液,溶液中的半水石膏重新水化放热生成二水石膏,这个化合反应过程的反应式如下:

$$CaSO_4 \cdot \frac{1}{2}H_2O + 1\frac{1}{2}H_2O \rightarrow CaSO_4 \cdot 2H_2O$$

该化合反应过程如图3-2所示。

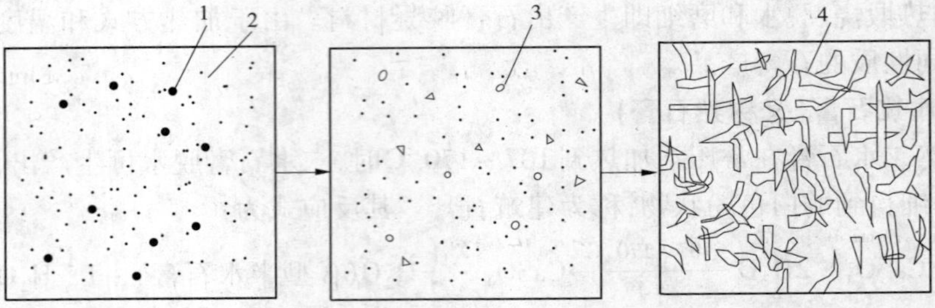

图 3-2　建筑石膏凝结硬化示意图

1—半水石膏;2—二水石膏胶体微粒;3—二水石膏晶体;4—交错的晶体

由于二水石膏常温下在水中的溶解度仅为半水石膏溶解度的 1/5 左右,所以半水石膏的水化产物二水石膏胶体微粒在过饱和溶液中沉淀并结晶析出,致使液相中原有的平衡浓度破坏,导致半水石膏进一步溶解、水化,直至完全变成二水石膏。在这个过程中,浆体中的水分因水化和蒸发而逐渐减少,浆体变稠而失去流动性,可塑性也开始下降,称为石膏的初凝。随着水分蒸发和水化的继续进行,微粒间摩擦力和黏结力逐渐增大,浆体完全失去可塑性,开始产生结构强度,称为终凝。随着晶体颗粒不断长大、连生、交错,使浆体逐渐变硬产生强度,称为硬化。

三、建筑石膏的技术要求

建筑石膏呈洁白粉末状,密度为 2.60 ~ 2.75 g/cm^3,堆积密度为 800 ~ 1 100 kg/cm^3。根据国家标准《建筑石膏》(GB 9776—88),建筑石膏按强度、细度和凝结时间分为优等品、一等品和合格品三个等级,其技术要求见表 3-4。

表 3-4　建筑石膏的技术标准(GB 9776—88)

技术指标		优等品	一等品	合格品
强度(MPa)	抗折强度	2.5	2.1	1.8
	抗压强度	4.9	3.9	2.9
细度	0.2 mm 方孔筛筛余,不大于	5%	10%	15%
凝结时间(min)	初凝时间		6	
	终凝时间		30	

注:指标中有一项不合格者,应予降级或报废。

建筑石膏易受潮吸湿,凝结硬化快,所以建筑石膏在储运过程中必须防潮防水。石膏长期存放,强度会降低。一般储存 3 个月后,强度下降 30% 左右,所以储存时间不宜过长,一般不超过 3 个月。若超过 3 个月,应重新检验并确定其等级。

四、建筑石膏的特性及应用

(一)建筑石膏的特性

(1)凝结硬化快。由建筑石膏的凝结硬化过程可以看出,建筑石膏的初凝和终凝时间都很短，加水后 6 min 可达到初凝，30 min 可达到终凝。在室内自然干燥条件下，一星期左右可完全硬化。为了有足够的时间进行搅拌等施工操作，可掺入缓凝剂来延长凝结时间。常用的石膏缓凝剂有硼砂、动物胶、酒精、纸浆废液等。

(2)硬化时体积微膨胀。水泥和石灰等胶凝材料硬化时往往产生收缩而引起开裂，但石膏浆体凝结硬化后体积不会出现收缩，反而略有膨胀（体积膨胀率为 0.05% ~ 0.15%），具有微膨胀性，干燥时不产生收缩裂缝。石膏的这一性质使得石膏制品形体饱满，尺寸精确，加之石膏质地细腻，颜色洁白，特别适合制作建筑装饰品及石膏模型。

(3)硬化后孔隙率较大，表观密度小，强度较低。石膏水化时的理论需水量为 18.6%，但在生产石膏制品时，为满足必要的可塑性，通常要加过量的水，实际加水量为 60% ~80%。凝结硬化后，由于大量多余水分被蒸发，使石膏制品的孔隙率达 50% ~ 60%。由于硬化体的多孔结构特点，使石膏制品的孔隙率较大，所以石膏制品的表观密度小，强度低。

(4)隔热、吸声性良好。石膏硬化体孔隙率较高，且孔隙均为微细的毛细孔，所以石膏的导热系数小，一般为 0.121 ~0.205 W/(m·K)，较小的导热系数使石膏具有良好的绝热能力。石膏中存在的大量微孔，特别是表面微孔使声音传导或反射的能力下降，使石膏具有较强的吸声性能。

(5)防火性能良好。石膏制品遇火时，水化产物的主要成分二水石膏中的结晶水被蒸发并吸收热量，在制品表面蒸发形成水蒸气带，可有效地阻止火的蔓延，具有良好的防火效果。

(6)一定的调温调湿功能。由于石膏制品具有多孔结构的特点，使石膏的热容量大、吸湿性强，从而具有“呼吸”性，当室内温度和湿度变化时，能对环境温度和湿度起到一定的调节作用。

(7)耐水性、抗冻性较差。从建筑石膏的凝结硬化过程可以得知，建筑石膏只有在空气中才能较好地凝结硬化。所以，在潮湿环境中，建筑石膏晶体粒子间的结合力会被削弱，在水中还会使二水石膏溶解而引起溃散，所以耐水性差。同时，由于石膏制品的多孔结构，石膏制品的吸湿性强，吸收的水分冻结后由于冰胀应力的影响会产生崩裂，所以抗冻性较差。

(8)可加工性能好。建筑石膏硬化后具有微孔结构，硬度也较低，使得石膏制品可锯、可刨、可钉，易于连接，为安装施工提供了很大的方便。

(二)建筑石膏的应用

由于我国石膏资源丰富，同时建筑石膏又拥有许多良好的建筑功能性和适用性，所以石膏在建筑中的应用十分广泛。

(1)配制粉刷石膏。粉刷石膏是由建筑石膏或建筑石膏和不溶性硬石膏（$CaSO_4$ Ⅱ）混合后再掺入外加剂、细骨料等制成的气硬性胶凝材料，可用于室内抹灰。抹灰后的墙面光滑、细腻、洁白美观，给人以舒适感。另外，建筑石膏加水及缓凝剂，拌和成石膏浆体，可作为室内的粉刷涂料。

(2)制作建筑石膏制品。由建筑石膏等制成的石膏板具有质量轻、保温、隔热、吸声、防火、调湿、尺寸稳定、可加工性好、成本低等优良性能，是一种很有发展前途的新型板材，可作良好的室内装饰材料。石膏板可用于建筑物的内墙、顶棚等部位，常用的石膏板有纸面石膏板、石膏纤维板、石膏刨花板、石膏空心板等。

建筑石膏配以纤维增强材料、黏结剂等，还可以制作各种石膏线脚、线板、罗马柱、雕塑等艺术装饰制品。

(3)作为外加剂使用。石膏可以作为重要的外加剂，广泛应用于水泥、水泥制品及硅酸盐制品中。例如，在硅酸盐水泥熟料中掺入二水石膏，可以起到延缓水泥凝结的作用。

第三节　水玻璃

一、水玻璃的组成

水玻璃俗称泡花碱，是由不同比例的碱金属氧化物和二氧化硅组成的能溶于水的硅酸盐物质。其化学通式为 $R_2O \cdot nSiO_2$，式中的 R_2O 为碱金属氧化物；n 为 SiO_2 和 R_2O 的摩尔比值，$n=\frac{SiO_2\text{的摩尔数}}{R_2O\text{的摩尔数}}$，称为水玻璃模数，一般为1.5～3.5。

水玻璃的模数越大，胶体组分越多，越难溶于水，胶结能力越强。同一模数的水玻璃，浓度越高，则密度越大，黏结力越强。固体水玻璃在水中溶解的难易程度随模数而变。当 n 为1时能溶于常温水中，n 增大则只能在热水中溶解，当 n 大于3时要在0.4 MPa以上的蒸汽中才能溶解。液体水玻璃可以以任何比例加水混合成不同浓度或密度的溶液。工程中常用水玻璃的模数为2.6～2.8，密度为1.3～1.4 g/cm³。

二、水玻璃的硬化

水玻璃溶液在空气中吸收二氧化碳，发生如下反应：

$$Na_2O \cdot nSiO_2 + CO_2 + mH_2O \longrightarrow Na_2CO_3 + nSiO_2 \cdot mH_2O$$

上述反应生成的 $nSiO_2 \cdot mH_2O$ 为无定形硅酸胶，并逐渐干燥而硬化，同时在表面覆盖一层致密的碳酸钠薄膜。由于上述反应进行得非常缓慢，所以常常加入促硬剂氟硅酸钠(Na_2SiF_6)，以加速硅酸凝胶析出。其反应式为：

$$2(Na_2O \cdot nSiO_2) + Na_2SiF_6 + mH_2O \longrightarrow 6NaF + (2n+1)SiO_2 \cdot mH_2O$$

氟硅酸钠的适宜掺量为水玻璃质量的12%～15%。如果掺量太少，不但硬化慢、强度低，而且未经反应的水玻璃易溶于水，导致耐水性差；但如果掺量过多，又会引起凝结过速，使施工困难，而且渗透性大，强度低。氟硅酸钠有毒，操作时应注意安全。

三、水玻璃的性质与应用

(一)水玻璃的性质

(1)黏结力强，有抗渗作用。水玻璃硬化后有较高的强度，具有良好的黏结性能。水玻璃的模数和浓度对其黏结力有影响。比如水玻璃胶泥的抗拉强度大于2.5 MPa，水玻璃混凝土的抗压强度为15～40 MPa。水玻璃硬化时析出的硅酸凝胶能堵塞毛细孔隙，起到阻止水分渗透的作用。

(2)耐酸性好。硬化后的水玻璃的主要成分是 SiO_2,能抵抗多数无机酸和有机酸的作用。但水玻璃类材料不耐氢氟酸、热磷酸及碱性介质的侵蚀。

(3)耐热度高。水玻璃硬化后形成 SiO_2 空间网状结构,具有良好的耐热性能。水玻璃耐热温度可达 1 200 ℃,在高温下不燃烧,不分解,强度不降低,甚至有所增加。

(二)水玻璃的应用

由于水玻璃黏结力强、可抗渗、耐酸性好、耐热度高的特点,在土木工程中有很多用途。

(1)配制耐酸砂浆和耐酸混凝土。以水玻璃为胶结料,加入氟硅酸钠促硬剂和一定级配的耐酸粉料和耐酸粗、细集料配制成的耐酸浆体、耐酸砂浆和耐酸混凝土,广泛应用于化学、冶金、金属等防腐蚀工程。如配制用于抹耐酸整体面层的耐酸砂浆,用于浇注有耐酸要求的池、罐、贮槽的耐酸混凝土等。

(2)配制耐热砂浆和耐热混凝土。用水玻璃加促硬剂,与耐热的黏土熟料、铬铁矿等磨细填料或耐热的粗、细集料可配制成耐热砂浆和耐热混凝土,用于高炉基础、热工设备基础等耐热工程。

(3)加固地基。将模数为 2.5 ~ 3 的液态水玻璃与氯化钙溶液交替注入土壤中,二者反应析出的硅酸胶体起到胶结和填充孔隙的作用,能阻止水分渗透,提高土壤的密实度和强度。

(4)涂刷或浸渍材料。用液体水玻璃涂刷在天然石材、黏土砖、混凝土等建筑材料表面,能提高材料的密实性、抗水性和抗风化能力,增加材料的耐久性。用水玻璃浸渍多孔材料,可使其密实度、强度、抗渗性均有提高。但石膏制品表面不能涂刷水玻璃,因为硅酸钠与硫酸钙反应生成体积膨胀的硫酸钠,会导致制品胀裂破坏。

(5)修补裂缝、堵漏。将液体水玻璃、粒化矿渣粉、砂和氟硅酸钠按一定比例配制成砂浆,可以填补进砖墙等的裂缝中,起到黏结和增强的效果。在水玻璃中加入 2 ~ 5 种矾,可配制成各种快凝防水剂,掺入水泥砂浆或混凝土中,可用于堵塞漏洞、填缝、局部抢修等。

第四节　菱苦土

菱苦土(又称苛性苦土)是镁质胶凝材料的一种,是以 MgO 为主要成分的气硬性胶凝材料。

一、菱苦土的生产

菱苦土的生产是将菱镁矿($MgCO_3$)或天然白云石($CaMg(CO_3)_2$)经过煅烧、磨细而成。煅烧时的反应式如下:

$$MgCO_3 \xrightarrow{600 \sim 650\ ℃} MgO(菱苦土) + CO_2\uparrow$$

实际生产时的煅烧温度为 800 ~ 850 ℃。

白云石的分解分为两步，第一步是复盐分解为碳酸镁，第二步碳酸镁分解为菱苦土。其反应式如下：

第一步：$$CaMg(CO_3)_2 \xrightarrow{650\sim750\ ℃} MgCO_3 + CaCO_3$$

第二步：$$MgCO_3 \longrightarrow MgO(\text{菱苦土}) + CO_2\uparrow$$

生产菱苦土时的煅烧温度对其质量有重要影响。煅烧温度过低时，$MgCO_3$ 分解不完全，容易出现“生烧”而降低凝胶性能；煅烧温度过高时，MgO 烧结收缩，颗粒变得坚硬，称为“过烧”，凝胶性能同样很差。

煅烧质量合格的菱苦土为白色或浅黄色粉末，密度为 3.1 ~ 3.4 g/cm^3，堆积密度为 800 ~ 900 kg/m^3。煅烧时所得菱苦土磨得越细，使用时强度越高；相同细度时，MgO 含量越高，质量越好。

二、菱苦土的水化硬化

菱苦土加水拌和后，其中的 MgO 将发生水化反应，生成 $Mg(OH)_2$，其反应式为：

$$MgO + H_2O \longrightarrow Mg(OH)_2$$

浆体凝结硬化很慢，生成的 $Mg(OH)_2$ 结构疏松，凝胶性差，硬化后强度很低。为了改善其性能，通常用 $MgCl_2$、$MgSO_4$、$FeCl_3$ 或 $FeSO_4$ 等盐类的水溶液来拌和。其中，用 $MgCl_2$ 溶液拌和最好，其硬化浆体的主要产物为氯氧化镁水化物（$xMgO \cdot yMgCl_2 \cdot zH_2O$）和氢氧化镁等。水化产物中 x,y,z 的大小与煅烧温度、$MgCl_2$、溶液用量、初始配比、养护条件有关。

用 $MgCl_2$ 溶液拌和的浆体硬化较快，强度高（可达 40 ~ 60 MPa）。但硬化体吸湿性强，同时由于水会溶解其中的可溶性盐类，使其耐水性差。

水化产物是针状结晶，彼此交错搭接，机械咬合，并相互连生、长大，形成致密的结构，使浆体凝结硬化。提高温度，可使硬化速度加快。

三、菱苦土的性质与应用

从菱苦土的水化硬化过程来看，用水直接调和的菱苦土水化极慢。改用 $MgCl_2$ 溶液拌制，可以加速水化，提高强度，但其水化物吸湿性强，耐水性差。所以，菱苦土制品只能用于干燥环境中，不适用于受潮、遇水的环境。由于菱苦土水化产物的弱碱性，也不适用于酸性环境。菱苦土可以吸收空气中的水分而转化为 $Mg(OH)_2$，再碳化为 $MgCO_3$，所以菱苦土的运输和储存应该避免受潮，同时也不能久存。

菱苦土能与木质材料很好的黏结，同时碱性较弱，不会腐蚀有机纤维，但对铝、铁等金属有腐蚀作用，不能与这些金属物质直接接触。在土木工程中将菱苦土与木屑、木丝、刨花混合后，制成木屑地板、木丝板和刨花板等，作为建筑室内装饰材料，也可压制成各种零件用做窗台板、门窗框、楼梯扶手等。用膨胀珍珠岩代替木屑可制成轻质、阻燃型的室内装饰板材。

将菱苦土与木屑按 1:(0.7 ~ 4)的比例配合，用相对密度为 1.14 ~ 1.24 的氯化镁溶液搅拌铺设，可制成菱苦土木屑地面。为了改善菱苦土木屑地面的性能，可以掺加适量滑石粉、石英砂和石屑等来提高地面的强度和耐磨性;还可以掺入粉煤灰等活性混合材料,使活性材料中的活性氧化硅和氧化铝与氢氧化镁起化学反应,生成水硬性的物质,以提高菱苦土木屑地面的耐水性;若掺入耐碱矿物颜料还可使地面着色。这种地面富有弹性,能防爆(碰撞时不发出火星)、防火、导热性小,表面光洁,不产生噪声与尘土,特别适用于纺织车间、加油站等需防爆、防火的地面。

本章小结

本章讲述了气硬性胶凝材料的种类及其生产过程、凝结硬化过程、技术要求、特性和应用。气硬性胶凝材料只能在空气中凝结硬化,也只能在空气中保持和发展强度。本章介绍了石灰、石膏、水玻璃和菱苦土等四种常用的气硬性胶凝材料。

将石灰石在高温下煅烧,即得生石灰,经与水发生反应生成熟石灰,其主要成分为 $Ca(OH)_2$。熟石灰浆体经过干燥、结晶和碳化三个交错进行的过程,新生成的 $CaCO_3$ 晶体相互交叉连生或与 $Ca(OH)_2$ 共生,构成紧密交织的结晶网,使石灰硬化体有一定的强度。其最大的特点是具有很强的可塑性和保水性,是最常用的传统气硬性材料。

石膏是一种以硫酸钙为主要成分的气硬性胶凝材料,有着许多优良的建筑性能,如具有良好的隔热性能、吸声性能、防火性能,装饰性和加工性能好,并具有一定的调温调湿性能,尤其适合作为室内的装饰装修材料,也是一种具有节能意义的新型轻质墙体材料。

建设上常用的水玻璃为硅酸钠($Na_2O \cdot nSiO_2$)溶液。SiO_2 与 R_2O 的摩尔数的比值 n,称为水玻璃的模数。工程中常用的水玻璃模数为2.6~2.8。水玻璃的特性与应用主要有:耐酸性好,用做耐酸材料;耐热性好,用做耐热材料,黏结力大,用于粘贴耐酸或耐热材料等。

菱苦土是以氧化镁(MgO)为主要成分的白色或淡黄色粉末,它通常由含 $MgCO_3$ 为主的菱铁矿经煅烧、磨细而成。常以菱苦土为胶凝材料,以木屑、木丝、刨花为原料来生产各种板材,如木屑地板、木丝板、刨花板等。

思考题

3-1　气硬性胶凝材料和水硬性胶凝材料有何区别?

3-2　简述石灰的消化和硬化过程及特点。

3-3　何谓陈伏?石灰在使用前为什么要进行陈伏?

3-4　试述建筑石膏的特性及用途。

3-5　为什么将水玻璃和菱苦土归类为气硬性胶凝材料?

3-6　试述水玻璃的特性及用途。

3-7　菱苦土可以用水拌和使用吗?菱苦土在工程中有何用途?

第四章　水　泥

第一节　通用硅酸盐水泥

现行国家标准《通用硅酸盐水泥》(GB 175—2007)定义:通用硅酸盐水泥是以硅酸盐水泥熟料和适量的石膏及规定的混合材料制成的水硬性胶凝材料。通用硅酸盐水泥按混合材料的品种和掺量分为硅酸盐水泥、普通硅酸盐水泥、矿渣硅酸盐水泥、火山灰质硅酸盐水泥、粉煤灰硅酸盐水泥和复合硅酸盐水泥。

一、硅酸盐水泥的生产及矿物组成

(一)硅酸盐水泥生产工艺

凡是由硅酸盐水泥熟料、0~5%石灰石或粒化高炉矿渣、适量石膏磨细制成的水硬性胶凝材料,称为硅酸盐水泥(国外通称波特兰水泥,即 Portland Cement)。不掺加混合材料的称Ⅰ型硅酸盐水泥,代号P·Ⅰ。在硅酸盐水泥熟料粉磨时掺加不超过水泥质量5%的石灰石或粒化高炉矿渣混合材料的称Ⅱ型硅酸盐水泥,代号为P·Ⅱ。

硅酸盐水泥熟料,指以适当成分的生料烧至部分熔融所得以硅酸钙为主要成分的产物,硅酸盐水泥熟料的基本组成是硅酸钙,所以生产水泥用的原料必须以适当的形式和比例提供硅和钙。水泥厂常用天然硅酸钙材料如石灰石、白垩、泥灰岩和贝壳作为钙的来源,但常含黏土和白云石($CaCO_3 \cdot MgCO_3$)为主要杂质。虽然石英岩或砂岩中含有较多的 SiO_2,但其为石英化的二氧化硅,较难参与烧成反应,因此水泥厂多采用黏土或页岩作为水泥生产的硅质原材料。在黏土中,一般含有氧化铝、氧化铁和钾、钠。

水泥生产工艺过程可概括为"两磨一烧":钙质原料和硅质原料按适当的比例配合,有时为了改善烧成反应过程,还加入适量的铁矿粉和矿化剂,将配合好的原材料在磨机中磨成生料,然后将生料入窑煅烧成熟料。熟料配以适量的石膏,或根据水泥品种组成要求掺入混合材料,入磨机磨至适当细度,即制成水泥成品。如图4-1所示。

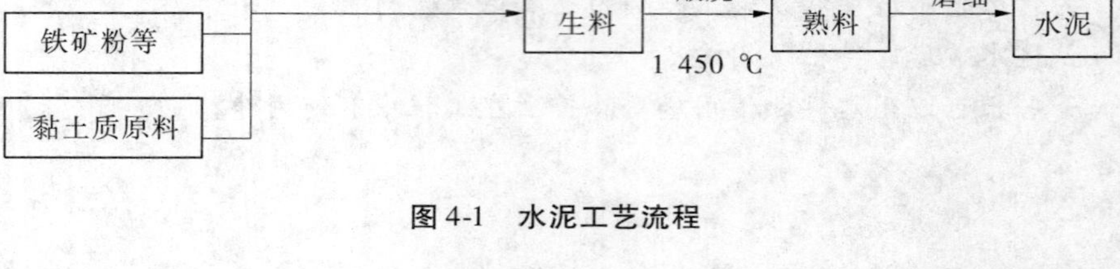

图4-1　水泥工艺流程

（二）硅酸盐水泥矿物组成

1. 熟料

水泥的性能主要决定于熟料质量，优质熟料应该具有合适的矿物组成和良好的岩相结构。熟料品质与矿物组成密切相关，水泥厂常规的化学分析结果却是用各种元素的氧化物来表示，然后根据氧化物分析结果计算出水泥熟料的矿物组成。在水泥行业通常习惯按表4-1简写形式来表示各种氧化物和熟料矿物。

表4-1　各种氧化物和熟料矿物的简写形式及特性

矿物名称	简写	含量（%）	强度	水化速度	水化放热量	耐化学侵蚀	干缩性
$3CaO \cdot SiO_2$	C_3S	36～60	高	快	大	中	中
$2CaO \cdot SiO_2$	C_2S	15～37	早期高、后期低	慢	小	良	小
$3CaO \cdot Al_2O_3$	C_3A	7～15	低	最快	最大	差	大
$4CaO \cdot Al_2O_3 \cdot Fe_2O_3$	C_4AF	10～18	低	快	中	优	小

2. 矿物特性

（1）硅酸三钙（C_3S）。硅酸三钙是硅酸盐水泥熟料的主要矿物之一，其含量通常为50%左右。C_3S早期强度高，强度发展比较快，且强度增进率较大，28 d强度可达一年强度的70%～80%，就28 d或一年的强度来说，在表4-1的四种矿物中最高。C_3S水化凝结时间正常，水化热较高。

（2）硅酸二钙（C_2S）。硅酸二钙在熟料中以β型存在，其含量一般为20%左右。$\beta-C_2S$水化较慢，28 d龄期仅水化20%左右，凝结硬化较慢，早期强度较低，但28 d以后仍能继续较快增长，在一年后可以超过C_3S，$\beta-C_2S$水化热较小。

（3）铝酸三钙（C_3A）。熟料中的C_3A含量为7%～15%。C_3A水化迅速，硬化也很快，放热量大，C_3A的强度3 d就大部分发挥出来，故早期强度较高，但绝对值不高，以后几乎不再增长，甚至倒缩。凝结时间很快，如不加石膏做缓凝剂，易使水泥速凝。C_3A含量高的水泥浆体干缩变形大，抗硫酸盐性能差。

（4）铁铝酸四钙（C_4AF）。铁铝酸四钙是熟料中铁相连续固溶体的代称，含量为10%～18%。C_4AF的强度类似铝酸三钙，但后期还能增长，类似于C_2S。水化速度在早期介于C_3A与C_3S之间，但随后的发展不如C_3S。C_4AF的抗硫酸盐性能较好，水化热较C_3A低。

二、硅酸盐水泥的水化、凝结硬化

水泥与水接触时，水泥中的各组分与水的反应称为水化。各种矿物水化反应式如下所示：

$$2(3CaO \cdot SiO_2) + 6H_2O \longrightarrow \underset{\text{水化硅酸钙}}{3CaO \cdot 2SiO_2 \cdot 3H_2O} + 3Ca(OH)_2$$

$$2(2CaO \cdot SiO_2) + 4H_2O \longrightarrow \underset{\text{水化硅酸钙}}{3CaO \cdot 2SiO_2 \cdot 3H_2O} + Ca(OH)_2$$

$$3CaO \cdot Al_2O_3 + 6H_2O \longrightarrow \underset{\text{水化铝酸三钙}}{3CaO \cdot Al_2O_3 \cdot 6H_2O}$$

$$4CaO \cdot Al_2O_3 \cdot Fe_2O_3 + 7H_2O \longrightarrow \underset{\text{水化铝酸三钙}}{3CaO \cdot Al_2O_3 \cdot 6H_2O} + \underset{\text{水化铁酸钙}}{CaO \cdot Fe_2O_3 \cdot H_2O}$$

在熟料矿物中，C_3A 与水反应速度极快，C_3S 和 C_4AF 水化较快，C_2S 水化最慢。C_3A 水化反应析出大量的水化铝酸三钙立方晶体，该晶体在氢氧化钙饱和溶液中能与氢氧化钙反应生成六方片状的水化铝酸四钙（$4CaO \cdot Al_2O_3 \cdot Fe_2O_3$）造成水泥速凝。为了调节水泥的凝结时间，水泥中掺有适量石膏。在有石膏存在的情况下，C_3A 与石膏和水反应，生成针状的三硫型水化硫铝酸钙晶体（俗称钙矾石，$3CaO \cdot Al_2O_3 \cdot CaSO_4 \cdot 31H_2O$）。以后由于不断地生成三硫型水化硫铝酸钙，使液相中 SO_4^{2-} 逐渐耗尽后，C_3A 与 C_4AF 和三硫型水化硫铝酸钙作用生成单硫型水化硫铝酸钙（$3CaO \cdot Al_2O_3 \cdot CaSO_4 \cdot 12H_2O$）。生成的 $3CaO \cdot Al_2O_3 \cdot CaSO_4 \cdot 12H_2O$ 可再和 $4CaO \cdot (Al_2O_3, Fe_3O_4) \cdot 13H_2O$ 形成固溶体，如果石膏掺量不足，还有 C_3A 或 C_4AF 剩余，则会生成单硫型水化硫铝酸钙和 $C_4(AF)H_{13}$ 的固溶体，甚至形成单独的 $C_4(AF)H_{13}$，而后再逐渐变成稳定的等轴晶体 $C_3(AF)H_6$。C_3S 水化生成的水化硅酸钙（C - S - H）几乎不溶于水，而立即以胶体微粒析出，并逐渐凝聚成为凝胶。水化生成的氢氧化钙在溶液中的浓度很快达到过饱和，呈六方晶体析出。

水泥的水化反应受水泥的矿物组成、细度、加水量、养护条件等一系列因素的影响。水泥加水拌和后，成为可塑性的水泥浆，随着水化反应的进行，水泥将逐渐变稠失去流动性而具有一定的塑性强度，成为水泥的“凝结”；随着水化进程的推移，水泥浆凝固具有一定的机械强度并逐渐发展成为坚固的水泥石，这一过程称为“硬化”。凝结与硬化是一个连续复杂的物理化学过程。

三、硅酸盐水泥的技术要求

（一）凝结时间

凝结时间是水泥从加水开始，到水泥浆失去塑性的时间。凝结时间分为初凝时间和终凝时间。初凝时间是从水泥加水开始到水泥浆失去塑性的时间，即水泥加水拌和始至标准稠度净浆开始失去可塑性所经历的时间；终凝时间是水泥加水开始到水泥浆完全失去塑性的时间，即浆体完全失去塑性并开始产生强度所经历的时间。

水泥浆的凝结时间对工程施工具有重要意义。根据国家标准 GB/T 1346—2001 的规定，凝结时间用维卡仪进行测定。国家标准规定：硅酸盐水泥、普通硅酸盐水泥、矿渣水泥、火山灰水泥、粉煤灰水泥、复合水泥初凝时间不得早于 45 min；终凝时间：硅酸盐水泥不得迟于 390 min，其他品种都不得迟于 10 h。初凝时间不合规定的水泥为废品，严禁在工程中使用；终凝时间不符合要求的水泥为不合格品。

混凝土搅拌、运输、浇捣需要一定的时间，这些过程应在初凝之前完成。因此，水泥初凝时间不宜过短；当施工完毕，则要求尽快硬化并具强度，故终凝时间不宜太长。

影响水泥凝结时间有很多因素，水泥品种不同，凝结时间不同，掺混合材料的水泥凝结速度比较缓慢。环境温度对凝结时间也有很大影响，温度升高，水化反应加速，凝结时间缩短。所以，在炎热季节或高温条件下施工时，须注意凝结时间的变化。

（二）强度

水泥强度是评价水泥质量的重要指标。水泥强度检验是根据《水泥胶砂强度检验方法（ISO）》（GB/T 17671—1999）规定，将按质量计的一份水泥、三份中国 ISO 标准砂，用 0.5 的水灰比拌制的一组塑性胶砂，按规定的方法制成尺寸 40 mm × 40 mm × 160 mm 棱柱体试体，试体成型后连模一起在（20 ± 1）℃湿气中养护 24 h，然后脱模在（20 ± 1）℃水中养护。硅酸盐水泥测定其 3 d 和 28 d 强度见表 4-2。水泥的强度除了与水泥本身的性质有关，还与水灰比、试件制作方法、养护条件和时间等有关。

表 4-2　硅酸盐水泥的强度指标

强度等级	抗压强度（MPa）		抗折强度（MPa）	
	3 d	28 d	3 d	28 d
42.5	≥17.0	≥42.5	≥3.5	≥6.5
42.5R	≥22.0		≥4.0	
52.5	≥23.0	≥52.5	≥4.0	≥7.0
52.5R	≥27.0		≥5.0	
62.5	≥28.0	≥62.5	≥5.0	≥8.0
62.5R	≥32.0		≥5.5	

（三）细度

细度是指粉状物料的粗细程度，通常以标准筛的筛余、比表面积表示。水泥的细度对水泥安定性、需水量、凝结时间及强度有较大的影响。水泥颗粒粒径越细，与水起反应的表面积越大，接触越充分，水化较快，其早期强度和后期强度都较高。但粉磨能耗增大，成本高，需水量大，硬化收缩大，因此应控制水泥在合理的细度范围。

《通用硅酸盐水泥》（GB 175—2007）标准把细度指标作为选择性指标，其中规定硅酸盐水泥和普通硅酸盐水泥以比表面积表示，不小于 300 m^2/kg；矿渣硅酸盐水泥、火山灰质硅酸盐水泥、粉煤灰硅酸盐水泥和复合硅酸盐水泥以筛余表示，80 μm 方孔筛筛余不大于 10% 或 45 μm 方孔筛筛余不大于 30%。

筛分析法有水筛、干筛和负压筛法，当三种方法结果有争议时，以负压法为准。

（四）体积安定性

体积安定性是指水泥浆体在硬化后体积变化的稳定性。体积安定性不良是指已硬化水泥石产生不均匀的体积变化现象。它会使构件产生膨胀裂缝，降低建筑物质量。引起体积安定性不良的原因是多方面的，由于熟料烧成工艺上的原因，使熟料中含有较多的过烧游离 CaO、MgO（f－CaO、f－MgO），其水化活性低，在水泥硬化后才进行水化反应，该反应固相体积膨胀很大，引起不均匀的体积变化会导致水泥石开裂。水泥中掺石膏作为调凝剂或作为混合材的活性激发剂，当石膏掺量过多时，在水泥硬化后继续与固态水化铝酸钙反应生成高硫型水化硫铝酸钙，体积约增大 1.5 倍，也会引起体积安定性不良。

(五)水化热

水泥水化过程放出的热称为水泥的水化热,通常以 kJ/kg 表示。水泥的水化放热量及放热速率与水泥的矿物组成、混合材料的品种和数量、水泥细度和养护条件有关。对于硅酸盐水泥,在水化 3 d 龄期内水化放热量大致为总放热量的 50%,7 d 龄期为 75%,而 3 个月可达 90%。由此可见,水泥的水化放热量大部分在 3 ~ 7 d 内放出,以后逐渐减少。各水泥矿物的水化热及放热速率比较如下:

$$C_3A > C_3S > C_4AF > C_2S$$

水泥的水化热对混凝土工艺有多方面意义。冬季施工,水化热有利于水泥的硬化,防止冻害;而大体积混凝土施工高水化热是有害的因素,大体积混凝土由水化热积蓄在内部,造成内外温差,形成不均匀应力导致开裂。

(六)石膏掺量

一般水泥熟料磨成细粉与水拌和会产生速凝现象,掺入适量石膏不仅可调节凝结时间,同时还能提高早期强度,降低干缩变形,改善耐久性、抗渗性等一系列性能。对于掺混合材的水泥,石膏还对混合材料起活性激发剂作用。水泥中石膏最佳掺量与熟料的 C_3A 含量有关,并且与混合材料的种类有关。一般地说,熟料中 C_3A 愈多,石膏需多掺;掺混合材料的水泥应比硅酸盐水泥多掺石膏。石膏掺量以水泥中 SO_3 含量作为控制指标,国标对不同种类的水泥有具体的 SO_3 限量指标。石膏掺量过少,不能合适地调节水泥正常的凝结时间,但掺量过多,则可能导致水泥体积安定性不良。

(七)水泥化学品质指标

1. 氧化镁

《通用硅酸盐水泥》(GB 175—2007)规定硅酸盐水泥、普通硅酸盐水泥的 MgO 含量必须≤5.0%,若水泥压蒸安定性合格允许 MgO 含量≤6.0%;矿渣水泥 P. S. A、火山灰质水泥、粉煤灰水泥和复合水泥中的 MgO 含量必须≤6.0%,若水泥中 MgO 大于 6.0%,则水泥压蒸安定性必须合格。

2. SO_3

硅酸盐水泥 SO_3 含量不得超过 3.5%。

3. 碱含量

若水泥中碱含量高,当选用含活性 SiO_2 的集料配置混凝土时,会产生碱集料反应,严重时会导致混凝土不均匀膨胀破坏。由此造成的危害,越来越引起人们的重视,因此国家标准将碱含量亦列入技术要求。根据我国的实际情况,国家标准规定:水泥中碱含量按 $Na_2O + 0.658K_2O$ 计算值来表示,若使用活性集料,用户要求提供低碱水泥,则水泥中的碱含量应不大于 0.60% 或由双方商定。

4. 氯离子含量

《通用硅酸盐水泥》(GB 175—2007)规定各类硅酸盐水泥中氯离子含量不得超过水泥的 0.06%。

5. 烧失量

Ⅰ型硅酸盐水泥烧失量不得大于 3.0%,Ⅱ型硅酸盐水泥不得大于 3.5%,普通硅酸盐水泥不得大于 5.0%。

四、水泥石的腐蚀与防止

(一)水泥石的腐蚀

1. 溶出性(软水)侵蚀

雨水、雪水、蒸馏水、含碳酸盐甚少的河水和湖水都属于软水。硅酸盐水泥属于水硬性胶凝材料,当水泥石长期处于软水环境时,其中一些水化产物如 $Ca(OH)_2$ 等将按照溶解度的大小,依次逐渐被水溶解,产生溶出性侵蚀,最终会导致水泥石损坏。

在各种水化产物中, $Ca(OH)_2$ 的溶解度最大(约为 1.3 g/L),所以首先被溶解。如静水环境下,水中 $Ca(OH)_2$ 的浓度很快就达到了饱和程度,溶出也就停止。但在流动水中,特别在有水压作用且混凝土的渗透性较大的情况下,水流就不断将 $Ca(OH)_2$ 溶出并带走,不仅增加了孔隙率,使水更容易渗透,而且由于液相中 $Ca(OH)_2$ 浓度降低,还会使其他水化物发生分解。

水泥的水化产物都必须在一定浓度的 CaO 液相中才稳定存在,随着 CaO 的溶出,首先是 $Ca(OH)_2$ 晶体被溶解,其次高碱性的水化硅酸盐、水化铝酸盐分解而成为低碱性的水化物,从而造成水泥石的破坏。对于抗渗性良好的混凝土、水泥石,软水溶出过程一般发展很慢,几乎可以忽略不计。

2. 酸与酸性水

工业废水、地下水中,常含有一些无机酸或有机酸,和水泥石接触,发生化学反应,生成易溶盐类,侵蚀明显加速,酸类产生的 H^+ 和酸根 R^-,分别与水泥石所含 $Ca(OH)_2$, OH^- 和 Ca^{2+} 组合生成水和钙盐:

$$2H^+ + OH^- = 2H_2O$$

$$Ca^{2+} + 2R^- = CaR_2$$

所以,酸性水侵蚀作用的强弱,取决于水中氢离子浓度。如 pH 值小于 6,水泥石就可能受到侵蚀。pH 值越小, H^+ 越多,侵蚀就越强烈,当 H^+ 达到足够浓度时,还能直接与水化硅酸钙、水化铝酸钙甚至与未水化的硅酸钙、铝酸钙等起作用,使水泥石结构遭到严重破坏。

在多数天然水中,溶有大气中的 CO_2,形成碳酸,与水泥石反应,产生碳酸侵蚀。

碳酸与水泥石相遇时,首先与 $Ca(OH)_2$ 作用,生成不溶于水的碳酸钙。但是水中碳酸还要进一步与碳酸钙作用,生成易溶于水的碳酸氢钙:使氢氧化钙不断溶出,从而引起水泥石的解体。

3. 硫酸盐

绝大部分硫酸盐对水泥石都有显著的侵蚀作用。在一般的河水和湖水中,硫酸盐含量不多,但海水中 SO_4^{2-} 的含量比较高。

硫酸钠、硫酸钾等多种硫酸盐都能与水泥石所含氢氧化钙作用生成硫酸钙,再和水化铝酸钙反应生成钙矾石,从而使固相体积增加很多,分别为 124% 和 94%,产生相当的结晶压力,造成膨胀开裂以致毁坏。以硫酸钠为例,其作用见下式:

$$Ca(OH)_2 + Na_2SO_4 \cdot 10H_2O = CaSO_4 \cdot 2H_2O + 2NaOH + 8H_2O$$

$$CaO \cdot Al_2O_3 \cdot 19H_2O + 3CaSO_4 \cdot 2H_2O + 8H_2O = CaO \cdot Al_2O_3 \cdot 3CaSO_4 \cdot 32H_2O + Ca(OH)_2$$

在海水和地下水中常含大量的硫酸镁，Mg^{2+}还会进入水化硅酸钙凝胶，使其胶结性能变差。而且反应生成的氢氧化镁饱和溶液其pH值低，会导致水化产物不稳定而离解。因此，硫酸镁溶液除产生硫酸盐侵蚀外，还有Mg^{2+}的严重危害，常称为“镁盐侵蚀”。

4. 含碱溶液

碱类浓度不大时，一般对水泥石是无害的。但如果长期处于较高浓度（>10%）的含碱溶液中，也会发生缓慢的破坏。温度升高时，侵蚀作用会加速。碱溶液侵蚀主要包括化学侵蚀反应和结晶侵蚀两方面作用。

化学侵蚀是碱溶液与硬化水泥浆组分之间产生化学反应，生成胶结力弱、易被碱溶液析出的产物，如：

$$2CaO \cdot SiO_2 \cdot nH_2O + 2NaOH = 2Ca(OH)_2 + Na_2SiO_3 + (n-1)H_2O$$

$$3CaO \cdot Al_2O_3 \cdot 6H_2O + 2NaOH = 3Ca(OH)_2 + Na_2O \cdot Al_2O_3 + 4H_2O$$

而结晶侵蚀则是因碱液渗入浆体空隙，然后蒸发呈结晶析出，产生结晶应力引起的胀裂。又如NaOH渗入后，再在空气中二氧化碳作用下形成含大量结晶水的碳酸钠（$Na_2CO_3 \cdot 10H_2O$），在结晶时也会造成浆体结构胀裂。

（二）腐蚀的防止

可采取以下防腐措施：

（1）根据侵蚀环境特点，合理选用水泥品种。当水泥石遭受软水侵蚀时，可用水化产物中氢氧化钙含量低的水泥。如水泥石处于硫酸盐腐蚀环境中，可用铝酸三钙含量低的抗硫酸盐水泥。掺入活性混合材料也可提高水泥的耐腐蚀性。

（2）减少水泥石的孔隙率，提高水泥石的密实度。合理进行配合比设计，降低水灰比，选择性能良好的集料，掺外加剂，改善施工工艺，加强养护。

（3）表面加保护层。一般可采用花岗岩板材、塑料、玻璃等耐蚀性高且不易透水的材料加做保护层，隔断侵蚀物质与水泥石的接触。

五、硅酸盐水泥的性质与应用

硅酸盐水泥的性质与应用有以下几点。

（一）凝结硬化快、强度高

硅酸盐水泥凝结硬化速度快、强度高，尤其是早期强度增长快，适用于预制和现浇的混凝土工程、冬季施工的高强混凝土和预应力钢筋混凝土工程。

（二）水化热大，抗冻性好

硅酸盐水泥中硅酸三钙和铝酸三钙含量高，水化热大，便于冬季施工，但不宜用于大体积混凝土工程；硅酸盐水泥经过合理的配合比和养护后，获得了较低孔隙率的水泥石，所以具有良好的抗冻性，适用于严寒地区和抗冻性要求高的混凝土工程。

（三）干缩小、耐磨性好

硅酸盐水泥在硬化过程中形成大量的水化硅酸钙凝胶体，使水泥石密实，游离水分少，不易起粉尘和干缩裂缝，所以硅酸盐水泥可用于干燥环境，因其强度高和耐磨性好，可用于道路与地面工程。

（四）抗碳化性好

碳化是指水泥石中的氢氧化钙与空气中的二氧化碳反应生成碳酸钙的过程。碳化会使水泥石内部碱度降低，从而使内部的钢筋发生锈蚀。而硅酸盐水泥水化后，形成较多的氢氧化钙，碳化时间碱度降低不明显，所以特别适合于重要的钢筋混凝土结构及二氧化碳浓度高的环境等。

（五）耐热性差

硅酸盐水泥中的一些重要成分在 300 ℃时会发生脱水或分解，使水泥石体积发生变化，温度达到 700～1 000 ℃时，强度下降很快，所以硅酸盐水泥不得用于耐热混凝土工程。

（六）耐腐蚀性差

硅酸盐水泥耐腐蚀性差的原因是在硅酸盐水泥水化产物中有较多的氢氧化钙和水化铝酸钙，二者的耐软水和耐化学腐蚀能力都很差，所以硅酸盐水泥不宜用于受流动软水和压力水作用的工程，也不宜用于受海水和其他腐蚀性介质作用的工程。

六、掺活性混合材料的硅酸盐水泥

（一）水泥混合材料

在生产水泥时，为改善水泥性能，调节水泥等级，而加入水泥中的人工和天然矿物材料，称为水泥混合材料。水泥混合材料通常分为活性混合材料和非活性混合材料两大类。

1. 活性混合材料

混合材料磨细后与石灰和石膏拌和，加水后能生成水硬性胶凝物质的称为活性混合材料。水泥中常用的活性混合材料有以下几种。

1）粒化高炉矿渣

粒化高炉矿渣是炼铁高炉的熔融矿渣经水淬急冷形成的疏松颗粒，其粒径为 0.5～5 mm。水淬粒化高炉矿渣物相组成大部分为玻璃体，具有较高的化学潜能，故在激发剂的作用下具有水硬性。

高炉矿渣的化学成分主要为 CaO、Al_2O_3、SiO_2，其含量一般达 90% 以上，另外还有 MgO、MnO、Fe_2O_3、CaO、FeS 及 TiO_2 等。以化学成分评定矿渣活性时，常用质量系数来表征。质量系数大于 1.2 的为活性矿渣，小于 1.2 的为非活性矿渣，用于制造矿渣水泥的矿渣质量系数应大于 1.2。

粒化高炉矿渣粉是粒化高炉矿渣经干燥、磨粉（或添加少量石膏一起粉磨）达到相当细度（比表面积不小于 350 m^2/kg）且符合相应活性指数的粉体。其活性指数 A 是通过测定试验样品（水泥和矿渣粉按质量比 1∶1组成）和对比样品（52.5 号硅酸盐水泥）同龄期胶砂抗压强度之比，一般分别测定 7 d、28 d 的 A_7、A_{28}，计算公式为：

$$A = R/R_0 \times 100$$

式中　A——活性指数，%；

R_0——对比样品抗压强度，MPa；

R——试验样品抗压强度，MPa。

国家标准《用于水泥和混凝土中的粒化高炉矿渣粉》（GB/T 18046—2000）中规定，按

7 d 和 28 d 活性指数将粒化高炉矿渣粉分为三级。粒化高炉矿渣粉作为优质的水泥混合材料，已经逐渐得到广泛应用。

2）火山灰质混合材料

火山灰质混合材料可分为天然的和人工的两类。天然火山灰质混合材料可分为火山生成的和沉积生成的两种。火山生成的主要有火山灰、火山凝灰岩、浮石等，沉积生成的主要有硅藻土、硅藻石及蛋白石等，这些物质不论其名称如何，化学成分都相似，含有大量的酸性氧化物，$SiO_2 + Al_2O_3$ 含量占 75% ~85%，甚至更高，而 CaO 和 Fe_2O_3 含量都较低；人工火山灰质混合材料主要有烧黏土、活性硅质渣、粉煤灰和烧页岩等，这类混合材料以煅烧分解形成的可溶性无定形 SiO_2 和 Al_2O_3 为主要活性成分。

3）粉煤灰

粉煤灰属于具有一定活性的火山灰混合材料，它是燃煤发电厂电收尘器收集得到的细灰。粉煤灰的主要化学成分为 SiO_2，Al_2O_3，Fe_2O_3 和 CaO，根据其 CaO 含量的高低可分为低钙粉煤灰和高钙粉煤灰。低钙粉煤灰的 CaO 含量低于 10%，一般是无烟煤燃烧所得的副产品；高钙粉煤灰的 CaO 含量典型的可达 15% ~30%，通常是褐煤和次烟煤燃烧所得的副产品。与低钙粉煤灰相比高钙粉煤灰通常活性较高，因为它所含的钙绝大部分是以活性结晶化合物形式存在的，如：C_3A，CS，此外其所含的钙离子量使铝硅玻璃的活性得到增强。不论是高钙粉煤灰还是低钙粉煤灰，都含有 60% ~85% 的玻璃体，以及 10% ~30% 的结晶化合物和 5% 左右的未燃尽碳。大部分粉煤灰颗粒为实心玻璃球状，也有的为空心球。

《用于水泥和混凝土中的粉煤灰》（GB/T 1596—2005）按煤种将粉煤灰分为 F 类和 C 类。C 类粉煤灰为由褐煤或次烟煤煅烧收集的粉煤灰，其氧化钙含量一般大于 10%。该标准按粉煤灰的细度、需水量比和烧失量等将粉煤灰分成Ⅰ级、Ⅱ级和Ⅲ级。

2. 非活性混合材料

磨细的石英砂、石灰石、慢冷矿渣等属于非活性混合材料。它们与水泥成分不起化学作用或化学作用很小。非活性混合材料掺入水泥中，仅起提高水泥产量，降低水泥等级，减小水化热等作用。

3. 活性混合材料的作用

粒化高炉矿渣、火山灰质混合材料和粉煤灰都属于活性混合材料，它们与水调和后，本身不会硬化或硬化极为缓慢，强度极低。但在氢氧化钙溶液中，就会发生显著的水化，而在饱和氢氧化钙溶液中水化更快。其水化反应一般认为是：

$$x\mathrm{Ca(OH)_2} + \mathrm{SiO_2} + m\mathrm{H_2O} \rightarrow x\mathrm{CaO} \cdot \mathrm{Al_2O_3} \cdot \mathrm{SiO_2} \cdot n\mathrm{H_2O}$$

式中，x 值取决于混合材料的种类、石灰和活性氧化硅的比例、环境温度以及作用所延续的时间等，其值一般为 1 ~2.5。

氢氧化钙与氧化硅相互作用的过程，是无定形的硅酸吸收了钙离子，开始形成不定成分的吸附系统，然后形成无定形的水化硅酸钙，再经过较长一段时间后慢慢转变成微晶体或结晶不完善的凝胶。

氢氧化钙与活性氧化铝的相互作用形成水化铝酸钙。

当液相中有石膏存在时，其将与水化铝酸钙反应生成水化硫铝酸钙。这些水化物能在空气中凝结硬化，并能在水中继续硬化，具有相当高的强度。可以看出，氢氧化钙和石膏的存在使活性混合材料的潜在活性得以发挥，即氢氧化钙和石膏起着激发水化，促进凝结硬化的作用，故称为激发剂。常用的激发剂有碱性激发剂和硫酸盐激发剂两类。一般作为碱性激发剂的有石灰和能在水化时析出氢氧化钙的硅酸盐水泥熟料。硫酸盐激发剂有二水石膏或半水石，并包含各种化学石膏。

(二)普通硅酸盐水泥

由硅酸盐水泥熟料、>5%且≤20%的混合材料和适量石膏磨细制成的水硬性凝胶，称为普通硅酸盐水泥(简称普通水泥)。

普通水泥由于混合材料掺量不多，与硅酸盐水泥相比，其性能与硅酸盐相似，但由于掺加了一定的混合材料，所以一些特性又与硅酸盐水泥有所不同。如抗冻性、耐磨性较硅酸盐水泥稍差，早期硬化速度稍慢等。普通水泥被广泛应用于混凝土和钢筋混凝土工程，是我国的主要水泥品种之一。

(三)矿渣硅酸盐水泥

矿渣硅酸盐水泥(简称矿渣水泥)是由硅酸盐水泥熟料、掺入>20%且≤70%的粒化高炉矿渣和适量石膏共同磨细而成。允许用不超过8%的石灰石、窑灰和火山灰质混合材料中的一种代替矿渣。

矿渣水泥与硅酸盐水泥相比，有以下特点。

1. 早期强度低，后期强度增长率大

矿渣水泥中熟料含量比硅酸盐水泥少许多，而且混合材料在常温下水化反应比较缓慢，因此凝结硬化较慢。早期(3 d)强度低，但在硬化后期(28 d以后)由于水化产物增多，使水泥石强度不断增长，最后甚至超过同强度等级的普通水泥。

2. 湿温敏感性大

矿渣水泥水化硬化过程对环境的温湿度条件较为敏感。为保证水泥强度稳步增长，需要较长时间的养护。采用蒸汽或压蒸养护等方法，可显著加速硬化速度，且不影响后期强度的增长。

3. 具有较强的抗溶出性侵蚀及抗硫酸盐侵蚀能力

矿渣水泥水化作用生成的氢氧化钙可与矿渣作用，生成较稳定的水化硅酸钙和水化铝酸钙，矿渣水泥石中氢氧化钙含量较少，水化产物碱度低，抗淡水、海水和硫酸盐侵蚀能力较强，宜用于水工和海港工程。矿渣水泥具有一定的耐热性，可用于耐热混凝土工程。

4. 水化热低

矿渣水泥中C_3A和C_3S含量相对较少，水化热低，适用于大体积混凝土。

5. 抗碳化能力差

用矿渣水泥拌和的混凝土碱度低，表层碳化作用进行较快，碳化深度也较大。

6. 干缩较大

水泥在空气硬化时，随着水分的蒸发，体积会有微小的收缩，称为干缩。矿渣水泥中混合材料掺量较多，其标准稠度用水量较大，但保持水分的能力较差，泌水性较强，且干缩性较大，容易使水泥石内部形成毛细管通道或粗大孔隙，且养护不当易产生裂纹。因此，矿渣水泥的抗冻性、抗渗性和抵抗干湿交替循环性能均不及硅酸盐水泥和普通水泥。

（四）火山灰质硅酸盐水泥

火山灰质硅酸盐水泥（简称火山灰水泥）由硅酸盐水泥熟料、掺入 >20% 且 ≤40% 的火山灰质混合材料和适量石膏组成。火山灰水泥强度发展与矿渣水泥相似，早期发展慢，后期发展较快，后期强度增长是由于混合材料中的活性 SiO_2 与 $Ca(OH)_2$ 作用形成比硅酸盐水泥更多的水化硅酸钙凝胶所致。养护温度对其强度发展影响显著，环境温度低，硬化显著变慢，所以不宜用于冬季施工，采用蒸汽养护或湿热处理时，硬化速度加快。

与矿渣水泥相似，火山灰水泥石 $Ca(OH)_2$ 含量低，也具有较高的抗硫酸盐侵蚀的性能。在酸性水中，特别在碳酸水中，火山灰水泥的抗蚀性较差，在大气中的二氧化碳长期作用下水化产物会分解，而使水泥石结构遭到破坏，因而这种水泥的抗大气稳定性较差。

根据火山灰水泥的特性，其主要用途如下。

（1）适宜用于地下水或水下工程，特别适用于需要抗渗、抗淡水或抗硫酸盐水侵蚀的工程，更具有优越性。由于抗冻性较差，不能用于受冻部分。

（2）水化热低，宜用于浇筑大体积混凝土工程。

（3）干缩性较大。掺软质混合材料的火山灰水泥由于干缩性大，不宜用于干燥地区。

（五）粉煤灰硅酸盐水泥

粉煤灰硅酸盐水泥（简称粉煤灰水泥）由硅酸盐水泥熟料、掺入 >20% 且 ≤40% 的粉煤灰混合材料和适量石膏组成。粉煤灰中的球形玻璃体颗粒表面比较致密且活性较低，不易水化，故粉煤灰水泥水化较慢，早期强度较低，但后期强度可以赶上甚至超过普通水泥。对于承受荷载较迟的工程，使用粉煤灰水泥很合适。

与火山灰水泥相似，其水化热较小，适用于大体积混凝土工程。与大多数火山灰质混合材料相比，由于粉煤灰颗粒结构比较致密，而且含有球状玻璃体颗粒，所以粉煤灰水泥的需水量小，配制成的混凝土和易性好。因此，该水泥干缩性小，抗裂性较好。

粉煤灰水泥抗硫酸盐侵蚀能力较强，但次于矿渣水泥，适用于水工和海港工程。粉煤灰水泥抗碳化能力差，抗冻性较差。

（六）复合硅酸盐水泥

复合硅酸盐水泥（简称复合水泥）是由硅酸盐水泥熟料、两种或两种以上混合材料和适量石膏组成。混合材料掺量 >20% 且 ≤50%，复合水泥的特性取决于其所掺两种混合材料的种类、掺量及相对比例，其特性与矿渣水泥、火山灰水泥、粉煤灰水泥有不同程度的相似之处，其适用范围可根据掺入的混合材料种类，参照其他混合材料水泥适用范围选用。

七、通用水泥的选用

通用水泥的选用具体见表4-3。

表4-3　通用水泥的选用

混凝土工程特点或所处的环境条件		优先选用	可以使用	不宜使用
普通混凝土	1. 在普通气候环境中的混凝土	普通水泥	矿渣水泥、火山灰水泥、粉煤灰水泥、复合水泥	
	2. 在干燥环境中的混凝土	普通水泥	矿渣水泥、复合水泥	粉煤灰水泥、火山灰水泥
	3. 在高湿环境中或永远处在水下的混凝土	矿渣水泥	普通水泥、火山灰水泥、粉煤灰水泥、复合水泥	
	4. 厚大体积的混凝土	矿渣水泥、火山灰水泥、粉煤灰水泥、复合水泥	普通水泥	硅酸盐水泥、快硬硅酸盐水泥
有特殊要求的混凝土	1. 要求快硬的混凝土	快硬硅酸盐水泥、硅酸盐水泥	普通水泥	矿渣水泥、火山灰水泥、粉煤灰水泥、复合水泥
	2. 高强混凝土	硅酸盐水泥	普通水泥、矿渣水泥	火山灰水泥、粉煤灰水泥
	3. 严寒地区的露天混凝土和处在水位升降范围内的混凝土	普通水泥	矿渣水泥	火山灰水泥、粉煤灰水泥
	4. 严寒地区处在水位升降范围内的混凝土	普通水泥		火山灰水泥、矿渣水泥、粉煤灰水泥
	5. 有抗渗要求的混凝土	普通水泥、火山灰水泥		矿渣水泥
	6. 有耐磨性要求的混凝土	硅酸盐水泥、普通水泥	矿渣水泥	火山灰水泥、粉煤灰水泥

八、通用水泥的储运

水泥的运输和储存，主要是防止受潮，不同品种、强度等级和出厂日期的水泥应分别储运，不得混杂，并且应该考虑先存先用，不可以储存过久。

水泥是水硬性胶凝材料，在储运过程中，不可避免地要吸收空气中的水分而受潮结块，丧失胶凝性，使强度大大的降低。水泥强度等级越高，细度越细，活性损失越快。在正常储运条件下，经过3个月后，水泥强度降低10%～25%；储存6个月降低25%～40%。

为此，储存水泥的库房必须干燥，库房地面应该高出地面30 cm。如果地面有良好的防潮层并以水泥砂浆抹面,可直接储存水泥;否则应该用木料垫离地面 20 cm。袋装水泥堆垛不宜过高,一般为 10 袋。袋装水泥垛一般应该离开墙壁和窗户 30 cm 以上。水泥垛应该设立标示牌,注明生产工厂、品种、强度等级、出厂日期等。应该尽量缩短水泥的储运期,通用水泥不宜超过 3 个月,铝酸盐水泥不宜超过 2 个月,快硬水泥不宜超过 1 个月,否则应该重新测定强度,按照实测强度使用。

散装水泥应该按照水泥品种、强度等级及出厂日期分库存放,储存应该密封良好、严格防潮。

第二节　其他品种的水泥

水泥品种繁多,如铝酸盐水泥、硫铝酸盐水泥、膨胀水泥、耐腐蚀水泥、装饰水泥、快硬水泥、油井水泥、防射线水泥等。目前我国能生产的水泥有五六十种,现选择生产和使用中较有代表性的几种水泥,概括地介绍其组成和主要性能。

一、快硬硅酸盐水泥

(一)概念

凡以硅酸盐水泥熟料加入适量石膏磨细制成的,生成具有早期强度增进率较高的水硬性胶凝材料,称为快硬硅酸盐水泥(简称快硬水泥)。快硬水泥以 3 d 强度确定强度等级。其制作过程与硅酸盐水泥基本相同,但适当增加了 C_3A 和 C_3S 的含量,两者总量不少于 60% 。

(二)技术要求

氧化镁含量同硅酸盐水泥;三氧化硫含量不得超过 4.0% ;细度 0.08 mm 方孔筛筛余不得超过 10% ;凝结时间、安定性与硅酸盐水泥相同。

(三)性能及用途

快硬硅酸盐水泥早期强度发展很快,后期强度持续增长,适用于紧急抢修工程、低温施工工程和高强度等级混凝土预制件等。用快硬水泥可以配置早强混凝土。与使用普通水泥相比,可加快施工进度,加快模板周转,提高工程和制品质量,具有较好的技术经济效益和社会效益。因水化放热比较集中,不宜用于大体积混凝土工程。

二、快硬硫铝酸盐水泥

(一)概念

建材行业标准《快硬硫铝盐酸水泥、快硬铁铝盐酸水泥》(JC 933—2003)规定:以适当成分的生料,经煅烧所得以无水硫铝酸钙和硅酸二钙为主要矿物成分的熟料,加入适量石膏和石灰石,磨细制成的早期强度高的水硬性胶凝材料,以 $3CaO \cdot 3Al_2O_3 \cdot CaSO_4$ 和 $2CaO \cdot SiO_2$(简写为 C_2S)为主要矿物组成的新品种水泥,称为快硬硫铝酸盐水泥。快硬硫铝酸盐水泥的等级以 3 d 抗压强度表示,分为 42.5,52.5, 62.5,72.5 四个等级。

(二)技术要求

快硬硫铝酸盐水泥比表面积不得低于 350 m^2/kg。凝结时间:初凝时间不得早于 25

min;终凝时间不得迟于 180 min,用户变动时,需要与生产商协商;各龄期强度不得低于表 4-4 中数值。

表 4-4　快硬硫铝酸盐水泥强度指标

强度等级	抗压强度(MPa)			抗折强度(MPa)		
	1 d	3 d	28 d	1 d	3 d	28 d
42.5	33.0	42.5	45.0	6.0	6.5	7.0
52.5	42.0	52.5	55.0	6.5	7.0	7.5
62.5	50.0	62.5	65.0	7.0	7.5	8.0
72.5	56.0	72.5	75.0	7.5	8.0	8.5

快硬硫铝酸盐水泥早期强度高,密度较硅酸盐水泥低得多,初凝时间为 30 ~ 50 min,终凝时间为 40 ~ 90 min。

(三)性能及用途

(1)可用于紧急抢修工程。如接缝、堵漏、喷锚、抢修飞机跑道、公路等。

(2)便于冬季施工。在低温(-25 ~ -15 ℃)下,仍可水化硬化,这对冬季施工的各种混凝土制品和现浇混凝土工程有重要意义。

(3)碱度低。可用来与耐碱玻璃纤维相匹配,生产耐久性好的玻璃纤维增强水泥制品。

三、白色与彩色硅酸盐水泥

(一)白色硅酸盐水泥

1. 概念

白色硅酸盐水泥由氧化铁含量少的硅酸盐水泥熟料、适量石膏及一些混合材料,磨细制成水硬性胶凝材料。白色硅酸盐水泥通常简称“白水泥”。白色硅酸盐水泥的熟料矿物的主要成分是硅酸盐,因此其性质与硅酸盐水泥相同。国家标准《白色硅酸盐水泥》(GB 2015—2005)规定:白色硅酸盐水泥分为 32.5,42.5,52.5 三个等级。

2. 技术指标

(1)细度。对于白色硅酸盐水泥的细度,标准均规定为 0.08 mm 方孔筛筛余不得超过 10%。

(2)凝结时间。在水泥凝结时间的规定方面,为初凝不得早于 45 min、终凝不得迟于 10 h。

(3)水泥白度。由于装饰功能的要求,白水泥产品的主要质量评价指标之一是其洁白鲜艳的程度,国家标准《白色硅酸盐水泥》(GB 2015—2005)规定水泥白度值不低于 87。

3. 性能及用途

白色硅酸盐水泥不仅是技术最成熟、生产规模最大的装饰水泥品种,而且目前国内外制造彩色水泥所采用的主要方法也还是以其为基本材料再配以各种颜料混合而成。因而对白色硅酸盐水泥产品特性和工艺技术的研究,在装饰水泥领域占有举足轻重的地位。

白色硅酸盐水泥是一种适应性广泛的建筑装饰材料，它一方面是保持普通硅酸盐水泥的胶凝特性和优良的物理力学性能，另一方面则须具有鲜明洁白的色泽。硅酸盐水泥的颜色主要是由于熟料中含有较多的 Fe_2O_3 所致，要有效提高水泥的洁白程度，就必须尽量降低熟料中的 Fe_2O_3 含量。在生产过程中，选用无灰烬的气体燃料或液体燃料（天然气、柴油、重油）；在粉磨生料和熟料时，采用高强陶瓷衬板，避免混入铁质。所以，白水泥成分中的 Fe_2O_3 含量仅为普通硅酸盐水泥的10%左右，熟料的 Fe_2O_3 含量一般控制在0.2%～0.5%。此外，硅酸盐水泥中还普遍存在的 MgO 及一些过渡金属氧化物，诸如 Mn_2O_3、TiO_2、Cr_2O_3 等，对水泥也有显著的着色效应，同样应严格控制其允许含量。与普通水泥相比，白水泥的 Fe_2O_3 含量是很低的，硅酸盐矿物变化不大，早强快凝矿物 C_3A 较高，表明白色硅酸盐水泥属于早强快凝型的水泥。

（二）彩色水泥

彩色水泥作为一种水泥基装饰材料，具有色调多样，使用方便，适合装修装饰工程，常用来配置彩色水泥浆、装饰混凝土、各种彩色砂浆。

就制造工艺而言，彩色水泥的生产方法基本可分为两种，一种是以白色水泥或普通水泥为基体，通过掺加颜料的方式配制彩色水泥；第二种方法是在水泥生料中配入一定量的着色物质经煅烧而直接获得彩色熟料，再经粉磨而成。颜料的品质是决定彩色水泥质量的本质因素，颜料选择应具备以下条件：不溶于水，分散性好；大气稳定性好，耐光性应在7级以上；抗碱性强，应具一级耐碱性，不受水泥本身高碱度的影响；染色力强，颜色浓，颜料掺加量少；不使水泥强度降低过大，对水泥的凝结、硬化性能无破坏作用。

常用颜料可分为无机颜料和有机颜料两大类。无机颜料稳定性较好，但染色能力较差；有机颜料则着色力强，色泽鲜艳，但不耐老化，易褪色。使用过程中应根据具体环境条件、色泽要求，选择适宜品种，扬长避短，充分发挥各自优点，以求得最佳效果。

四、道路硅酸盐水泥

（一）概念

由道路硅酸盐水泥熟料、适量石膏和混合材料磨细制成的水硬性胶凝材料，称为道路硅酸盐水泥（简称道路水泥）。

（二）技术要求

1. 化学组成要求

在道路水泥或熟料中含有下列有害成分须加以限制。

（1）氧化镁。道路水泥中氧化镁含量不得超过5.0%。

（2）三氧化硫。道路水泥中三氧化硫不得超过3.5%。

（3）烧失量。道路水泥中烧失量不得大于3.0%。

（4）含碱量。如用户提出要求，由供需双方商定。

2. 矿物组成要求

（1）铝酸三钙。道路水泥熟料中铝酸三钙的含量不得大于5.0%。

（2）铁铝酸四钙含量。道路水泥熟料中铁铝酸四钙含量不得小于16.0%。

3. 物理力学性质

(1)细度。按国标《水泥细度检验方法筛析法》(GB 1345—2005)水泥细度检验方法,80 μm 筛的筛余量不得大于10%;

(2)凝结时间。按国标《水泥标准稠度用水量、凝结时间、安定性检验方法》(GB 1346—2001)试验方法,初凝不得早于1.5 h,终凝不得迟于10 h;

(3)安定性。按国标《水泥标准稠度用水量、凝结时间、安定性检验方法》(GB 1346—2001)试验方法,安定性用沸煮法检验必须合格。

道路水泥按国标《道路硅酸盐水泥》(GB 13693—2005),各等级的抗压、抗折强度指标不得低于表4-5的数值。

表4-5　道路水泥的强度指标

强度等级	抗压强度(MPa)		抗折强度(MPa)	
	3 d	28 d	3 d	28 d
32.5	16.0	32.5	3.5	6.5
42.5	21.0	42.5	4.0	7.0
52.5	26.0	52.5	5.0	7.5

(三)道路水泥的特点及应用范围

道路水泥是一种专用水泥。这种水泥强度高,特别是抗折强度高,耐磨性好,干缩性小,抗冲击性好,抗冻性和抗硫酸性好。它适用于道路路面、机场跑道道面、城市广场等工程。由于道路水泥具有干缩性小、耐磨、抗冲击等特性,可大大减少水泥混凝土路面的裂缝和磨耗等病害,减少维修,延长路面使用年限。

1. 耐磨性好

道路水泥混凝土在使用过程中,承受的另一重要外力作用是各种车辆荷载千百万次反复的摩擦作用。若水泥的耐磨性不好,路面将在很短时间内磨耗露石,甚至损坏,因此道路水泥必须具有良好的耐磨性。作为横向比较,不同道路水泥的耐磨性能优劣可用磨耗量表示,规范规定28 d磨耗量不得大于3.00 kg/m^2;与同等级的硅酸盐水泥相比,其磨耗要低20% ~40%。

2. 强度高

道路水泥混凝土所受的外力主要是载重机动车辆的震动和冲击荷载,这使得混凝土的破坏形式主要是弯曲破坏,因此对道路水泥的抗折强度要求特别高。同时,要求水泥具有早强特性,目的在于加快施工速度,缩短建设周期,保证路面质量。道路水泥分为32.5、42.5和52.5三个强度等级,各强度等级3 d和28 d强度不得低于表4-5所列数值。道路水泥具有强度高及抗折强度高的特点,早期强度的增进率相当高或高于同强度等级的硅酸盐R型的增长率,且抗折强度的增进率高于抗折强度的增进率,28 d抗折强度指标高于同等级的R型硅酸盐水泥。

3. 干缩性小

混凝土道路直接暴露于自然环境中,各种引起物体热胀冷缩和干缩湿胀的条件都会对其产生作用，如果其胀缩程度过大，就会因荷载传递不畅而产生破坏性应力并损坏路面，所以要求道路水泥的胀缩率尽量小。与普通硅酸盐水泥相比平均降低程度在10%以上。道路硅酸盐水泥较强的抗干缩变形性能，可以减少由膨胀应力造成的内部裂缝，修筑时可减少预留收缩缝的数量，提高路面耐久性和平稳性。干缩稳定期短，施工时可以减少路面施工缝的数量，从而提高路面平整度和行车舒适度。

4. 水化热低、耐久性好

道路水泥的水化热可以达到硅酸盐水泥的要求，在冻融交替的环境下，具有良好的耐久性。

道路水泥最适宜各类混凝土路面工程，也适用于耐磨、抗干缩等性能要求较高的其他工程。

5. 抗冻和抗硫酸盐侵蚀性

如前所述，道路水泥混凝土必须承受各种自然环境条件，尤其是某些典型的恶劣条件，北方高寒地区严冬的冻融循环和一些沿海及高硫酸盐侵蚀地区的硫酸盐侵蚀等。实践证明，按国家标准规范生产的合格道路硅酸盐水泥具有良好的抗冻性和耐硫酸盐腐蚀能力。从抗冻性能指标(冻融循环次数)来看，道路水泥与普通硅酸盐水泥基本相当；抗硫酸盐侵蚀性的对比试验表明，道路水泥的抗蚀系数比普通硅酸盐水泥平均高出15%～20%。因此，在实际的工程应用中，道路对环境的侵蚀性介质具有较强的抵抗能力，使水泥混凝土路面耐久性良好。

五、铝酸盐水泥

(一)概念

以铝酸钙为主的铝酸盐水泥熟料，磨细制成的水硬性胶凝材料，称为铝酸盐水泥，代号CA。铝酸盐水泥是以矾土和石灰石作为原料，按适当比例配合进行烧结或熔融，再经粉磨而成。铝酸盐水泥按Al_2O_3百分数分为4类：

$$CA-50 \quad 50\% \leqslant Al_2O_3 < 60\%$$

$$CA-60 \quad 60\% \leqslant Al_2O_3 < 68\%$$

$$CA-70 \quad 68\% \leqslant Al_2O_3 < 77\%$$

$$CA-80 \quad 77\% \leqslant Al_2O_3$$

铝酸盐水泥的水化产物CAH_{10}与C_2AH_8属六方晶系，其晶体呈板块状或针状，互相交错攀附重叠结合，氢氧化铝凝胶填充于晶体骨架的空隙，使之能形成比较致密的结构，因此水泥石有较高的强度。在水化5～7 d后，水化产物的数量就很少增加，因此铝酸盐水泥硬化初期强度增长很快，以后则不显著。

铝酸盐水泥石中CAH_{10}和C_2AH_8是亚稳相，在温度高于30 ℃时逐渐转化为稳定相C_3AH_6，该转晶反应使固相体积减缩并析出游离水分，使水泥石孔隙率增大，而且C_3AH_6属立方晶系，基本上是等尺寸晶体，又常有较多的位错等缺陷存在，C_3AH_6晶体本身强度就较低，晶体之间的结合要比CAH_{10}，C_2AH_8的针、板状晶体差得多，因此转晶反应导致水泥石强度倒缩。

(二)技术要求

1. 细度

比表面积不小于300 m^2/kg,或0.045 mm方孔筛筛余不得超过20%。

2. 凝结时间

在水泥凝结时间的规定方面,初凝不得早于30 min(CA-60不得早于60 min)、终凝不得迟于6 h(CA-60不得早于18 h)。

3. 强度

铝酸盐水泥强度见表4-6。

表4-6 铝酸盐水泥各龄期强度指标

水泥类别	抗压强度(MPa)				抗折强度(MPa)			
	6 h	1 d	3 d	28 d	6 h	1 d	3 d	28 d
CA-50	20	40	50	—	3.0	5.5	6.5	—
CA-60	—	20	45	85	—	2.5	5.0	10.0
CA-70	—	30	40	—	—	5.0	6.0	—
CA-80	—	25	30	—	—	4.0	5.0	—

(三)性能及用途

1. 铝酸盐水泥凝结硬化速度快

其主要用于工期紧急的工程,如道路抢通等特殊抢修工程等。

2. 铝酸盐水泥水化热大,且放热量集中

1 d内放出的水化热为总量的70%~80%,使混凝土内部温度上升较高,可用于冬季施工的工程。

3. 抗硫酸盐腐蚀性能强

铝酸盐水泥在普通硬化条件下,由于水泥石中不含铝酸三钙和氢氧化钙,且密实度较大,因此具有很强的抗硫酸盐腐蚀作用。

4. 耐热性好

铝酸盐水泥具有较高的耐热性,如采用耐火粗、细集料(如铬铁矿等)可制成使用温度达1 300~1 400 ℃的耐热混凝土。

5. 长期强度及其他性能有降低的趋势

长期强度降低40%~50%,因此铝酸盐水泥不宜用于长期承重的结构及处在高温高湿环境的工程中,它只适用于紧急军事工程(筑路、桥)、抢修工程(堵漏等)、临时性工程,以及配制耐热混凝土等。

另外,铝酸盐水泥与硅酸盐水泥或石灰相混不但产生闪凝,而且由于生成高碱性的水化铝酸钙,使混凝土开裂,甚至破坏。因此,施工时除不得与石灰或硅酸盐水泥混合外,也不得与未硬化的硅酸盐水泥接触使用。

六、中、低热水泥

(一)概念

中热硅酸盐水泥和低盐硅酸盐水泥同属于水工水泥。它们的主要特点为低水化热,主要适用于大坝和大体积混凝土,在1989年前命名为大坝水泥,现在国家标准重新命名为现在的名称。

根据标准的规定,凡以适当成分的硅酸盐水泥盐料,加入适量的石膏,磨细制成的具有中等水化热的水凝性胶凝材料,称为中热硅酸盐水泥(简称中热水泥)。凡以适当成分的硅酸盐水泥盐料,加入适量的石膏,磨细制成的具有低水化热的水凝性胶凝材料,称为低热硅酸盐水泥(简称低热水泥)。

1. 原料

中低热硅酸盐水泥盐料的矿物组成与硅酸盐水泥无本质区别,只是在各矿物组成上有较大差异。

水泥熟料矿物的水化热(见表4-7)和放热速率具有下列顺序:

$$C_3A > C_3S > C_4AF > C_2S$$

因此,为了降低水泥水化热和放热速率,必须降低熟料 C_3A 和 C_3S 的含量,相应提高 C_4AF 和 C_2S 的含量。但是,C_2S 的早期强度很低,所以不宜增加过多,而 C_3S 的含量也不应过少,否则,水泥强度发展过慢。基于此,我们在设计热硅酸盐水泥熟料矿物组成时,首先应着重减少 C_3A 的含量,相应增加 C_4AF 的含量。

表4-7 水泥熟料矿物水化热 (单位:kJ/kg)

名称	龄期			
	3 d	7 d	28 d	90 d
C_3A	403.8	458.1	485.7	519.6
C_3S	221.3	103.2	165.5	183.5
C_4AF	597.4	658.8	871.9	926.7
C_2S	93.2	249.1	377.5	415.5

此外,在保证水泥强度的同时,适当控制 f - CAO 的含量、控制水泥的细度、控制水泥的储存期、控制混合材料的掺量等都对降低水泥水化热有益。

2. 生产过程

基本上与生产硅酸盐水泥和普遍硅酸盐水泥一致,只是在水泥细度控制方面较为严格。

(二)技术要求

1. 细度

比表面积不小于300 m^2/kg 或0.08 mm方孔筛筛余不得超过12%。

2. 凝结时间

在水泥凝结时间的规定方面,初凝不得早于60 min、终凝不得迟于12 h。

3. 强度

中低热硅酸盐水泥强度见表4-8

表 4-8 中低热水泥各龄期的强度指标

水泥品种	强度等级	抗压强度(MPa)			抗折强度(MPa)		
		3 d	7 d	28 d	3 d	7 d	28 d
中热水泥	42.5	12.0	22.0	42.5	3.0	4.5	6.5
低热水泥	42.5	—	13.0	42.5	—	3.5	6.5

4. 水化热上限值

中低热硅酸盐水泥水化热上限值见表 4-9。

表 4-9 中低热水泥各龄期的水化热上限值

水泥品种	强度等级	水化热(kJ/kg)	
		3 d	7 d
中热水泥	42.5	251	293
低热水泥	42.5	230	260

(三) 性能及用途

我们知道,水泥的水化反应是放热反应,这种放热反应所产生的水化热对一般工业和民用建筑来说,并没有太大的危害,甚至对冬期施工的工程还是有利的。然而,水泥水化热对大体积混凝土工程,尤其是大型水坝工程的影响是不能忽视的,它直接关系到工程质量和安全。这是由于水泥水化热在大体积混凝土内部积蓄,致使内部温度升高达 60 ℃以上,而大体积混凝土外部温度冷却较快,这就使大体积混凝土内外温度相差几十度,产生内应力,极易使产生裂缝造成工程隐患。而中低热水泥的水化热效低,恰恰便于大体积混凝土的施工。同时,中低热硅酸盐水泥中 C_3A 含量低,所以抗硫酸盐性能好,收缩小,耐磨性好。低热硅酸盐水泥与中热硅酸盐水泥,在大体积混凝土中的使用部位是不同的,内部一般使用前者,而靠外部和表层一般使用后者。

在中低热硅酸盐水泥应用过程中,应特别注意不能有活性集料,否则中热硅酸盐水泥中的碱成分就会与活性集料发生碱集料反应而危害混凝土的结构安全。

七、膨胀和自应力水泥

(一) 概念

普通硅酸盐水泥在空气中硬化,通常表现为收缩,混凝土成型后 7 ~ 60 d 内的收缩率较大,60 d 趋向缓慢。由于收缩,混凝土内部会产生分裂,这样不但使混凝土的整体性破坏,而且会使混凝土的一系列性能劣化。膨胀水泥和水混合硬化后,体积不但不收缩反而有所膨胀,当用膨胀水泥配制混凝土时,硬化过程中产生一定数值的膨胀,可以克服或改善普通混凝土所产生的缺点。

凡是有硅酸盐水泥熟料、高铝水泥熟料、硫铝酸盐水泥熟料,加入适量石膏和其他相关天然和粒化高炉矿渣、粉煤灰、石膏等材料,按照适当比例磨细制成的具有膨胀性的水硬性胶凝材料，在水化和硬化过程中产生体积膨胀的水泥属膨胀类水泥。

在钢筋混凝土中应用膨胀水泥，由于混凝土的膨胀，钢筋将产生一定的拉应力，而混凝土受到相应的压应力。这种预先具有的压应力来自水泥本身的水化，所以称为自应力，并以"自应力值(MPa)"表示混凝土所产生的压应力大小。自应力值小于 2 MPa 的水泥，属于膨胀水泥；自应力值不小于 2 MPa 的水泥，称为自应力水泥。

膨胀水泥由强度组分和膨胀组分组成。膨胀组分在水化初期生成具有膨胀性的水化物，在未加限制的情况下，使水泥石或混凝土产生显著膨胀。虽然有许多化学反应能使混凝土产生膨胀，但适合于制造膨胀水泥的主要有三种方法：①在水泥中掺入一定量的适当温度下烧制得到的氧化钙，氧化钙水化时产生体积膨胀；②在水泥中掺入一定量的适当温度下烧制得到的氧化镁，氧化镁水化产生体积膨胀；③在水泥石中形成钙矾石产生体积膨胀。

(二)种类及用途

膨胀水泥的第一种用途，是配制收缩补偿混凝土，用于要求防止混凝土收缩裂缝以及防止混凝土构件最初尺寸变化的场合。主要用于制造混凝土构件、堵漏工程、修补工程、大型机械基座固定等。膨胀水泥的第二种用途是配制自应力混凝土。这种混凝土所用的膨胀水泥通常膨胀值大，硬化后的混凝土有较大的自应力，即由化学应力而获得预加的压应力。主要用于制造需要低预应力值的构件，如管子、墙板、楼板、屋面板等。

常见的膨胀水泥及主要用途：

(1)硅酸盐膨胀水泥。主要是用于制造防水砂浆和防水混凝土。适用于加固结构、浇筑机器底座或固结地脚螺栓，并可用于接缝及修补工程。但禁止在有硫酸盐侵蚀的水中工程中使用。

(2)低热微膨胀水泥。主要用于较低水化热和要求补偿收缩的混凝土、大体积混凝土，也适用于要求抗渗和抗硫酸盐侵蚀的工程。

(3)硫铝酸盐膨胀水泥。主要用于浇筑构件节点及应用于抗渗和补偿收缩的混凝土工程中。

本章小结

通用硅酸盐水泥是一种水硬性胶凝材料，按混合材料的品种和掺量分为硅酸盐水泥、普通硅酸盐水泥、矿渣硅酸盐水泥、火山灰质硅酸盐水泥、粉煤灰硅酸盐水泥和复合硅酸盐水泥。

通过硅酸盐水泥熟料是由硅酸三钙、硅酸二钙、铝酸三钙和铁铝酸四钙等四种矿物所组成。这四种矿物组成的水化产物主要有：水化硅酸钙、氢氧化钙、水化铝酸钙、水化铁酸钙和水化硫铝酸钙等。水泥凝结硬化是一个非常复杂的过程，水泥经过水化、凝结和硬化过程，由可塑性的水泥浆体逐步凝结硬化成具有一定强度的水泥石。

通用硅酸盐水泥技术性质主要为：细度、凝结时间、安定性和强度。强度是评价水泥强度等级的依据。为提高水泥早期强度，我国水泥型号分为普通型和早强型。

此外，在土木工程中还经常用到的水泥有铝酸盐水泥、快硬硫铝酸盐水泥、道路硅酸盐水泥、中热铝酸盐水泥、低热硅酸盐水泥、膨胀水泥等。

思考题

4-1　硅酸盐水泥的主要矿物组成是什么？

4-2　硅酸盐水泥的主要水化产物是什么？

4-3　什么是水泥的初凝和终凝？

4-4　简述硅酸盐水泥腐蚀的原因及防治方法。

4-5　生产水泥时掺入石膏有何作用？为何要控制石膏的掺量？

4-6　水泥细度对其性质有何影响？

第五章　混凝土

第一节　概　述

一、混凝土的定义

混凝土是当代最主要的土木工程材料之一。它是由胶凝材料、集料按一定比例配合，与水拌和制成具有一定可塑性的流体，经水化、硬化而成的具有一定强度的人造石材。

二、混凝土的分类

混凝土的种类很多，从不同的角度考虑有以下几种分类方法。

（一）按表观密度分类

（1）重混凝土：干表观密度大于 2 600 kg/m^3 的称为重混凝土，采用重晶石、铁矿石或钢屑等作为集料制成。它主要用于核工业的屏蔽结构。

（2）普通混凝土：干表观密度为 1 950 ~ 2 600 kg/m^3 的称为普通混凝土，是用天然（或人工）砂、石作集料配制的。广泛应用于各种建筑工程中，其中表观密度在 2 400 kg/m^3 左右的最为常用。

（3）轻混凝土：干表观密度小于 1 950 kg/m^3 的称为轻混凝土。其中，用轻集料配制的轻混凝土称为轻集料混凝土；加入气泡代替集料的轻混凝土称为多孔混凝土，如泡沫混凝土、加气混凝土。轻混凝土多用于建筑工程的保温、结构保温或结构材料。

（二）按胶凝材料分类

按照胶凝材料的种类，混凝土可分为水泥混凝土、石膏混凝土、沥青混凝土、水玻璃混凝土、聚合物混凝土等。

（三）按用途分类

按混凝土在工程中的用途不同可分为结构混凝土、水工混凝土、海洋混凝土、道路混凝土、防水混凝土、补偿收缩混凝土、装饰混凝土、耐热混凝土、耐酸混凝土、防辐射混凝土等。

（四）按生产和施工方式分类

按生产方式可分为预拌混凝土和现场搅拌混凝土；按施工方式可分为碾压混凝土、喷射混凝土、泵送混凝土等。

（五）按强度等级分类

按强度等级可分为低强度混凝土（抗压强度小于 30 MPa）、中强度混凝土（抗压强度为 30 ~ 60 MPa）、高强度混凝土（抗压强度大于或等于 60 MPa）和超高强度混凝土（抗压强度大于或等于 100 MPa）。

（六）按流动性分类

按新拌混凝土流动性大小，可分为干硬性混凝土（坍落度小于 10 mm）、塑性混凝土（坍落度为 10～90 mm）、流动性混凝土（坍落度为 100～150 mm）和大流动性混凝土（坍落度大于或等于 160 mm）。

此外，还有掺加其他辅助材料的特种混凝土，如粉煤灰混凝土、纤维混凝土、硅灰混凝土、磨细高炉矿渣混凝土、硅酸盐混凝土等。

三、混凝土的特点

混凝土是目前用量最大的人造建筑材料，除原材料来源广泛、价格相对低廉（与金属、木材和塑料相比）、经久耐用、能耗较少外，它的优点还主要体现在以下几点：

（1）可根据不同要求，改变组成成分及其数量比例，配制出具有不同的物理力学性能的混凝土，以满足各种工程的不同要求；

（2）混凝土拌和物具有可塑性，便于浇筑成各种形状的构件或整体结构；

（3）混凝土表面可做成各种花饰，具有一定的装饰效果；

（4）混凝土能与钢筋牢固地结合成坚固、耐久、抗震且经济的钢筋混凝土结构；

（5）耐久性较好，维修费用低。

混凝土的主要缺点是抗拉强度低、自重大、脆性大，一般不用于承受拉力的结构；在温度、湿度变化的影响下，容易产生裂缝。此外，混凝土原材料品质和混凝土配合成分的波动以及混凝土运输、浇筑、养护等施工工艺，对混凝土质量有很大的影响，施工过程中需要严格质量控制。

第二节　普通混凝土的组成材料

普通混凝土（简称为混凝土）是以水泥为胶凝材料，以砂、石为集料加水拌和，经过浇筑成型、凝结硬化形成的固体材料。为了改变混凝土拌和物或硬化混凝土的性能，还常加入适量的掺合料和外加剂。

在混凝土中，砂、石的总含量占混凝土总体积的 70% 以上，填充于水泥浆中，主要起骨架作用，称为混凝土的集料，砂子称为细集料，石子称为粗集料。水泥与水形成水泥浆包裹在砂、石集料表面并填充集料之间的空隙。在硬化前，水泥浆起润滑作用，赋予拌和物一定的和易性，便于施工。当水泥浆凝结硬化形成水泥石后，可将砂、石集料胶结为一个整体，使混凝土产生强度，成为坚硬的人造石材。现代混凝土技术把外加剂和掺合料作为混凝土的第五组分和第六组分，外加剂起改性作用，掺合料起降低成本和改性作用，同时两者还可改善和提高混凝土的某些性能。普通混凝土的结构如图 5-1 所示。

混凝土的质量在很大程度上取决于组成材料的性质和用量，同时与混凝土的施工因素（如搅拌、振捣、养护等）有关。因此，必须首先了解混凝土组成材料的性质及其作用。

一、水泥

水泥在混凝土中起胶结作用，是混凝土中最重要的组成材料，是影响混凝土强度、耐

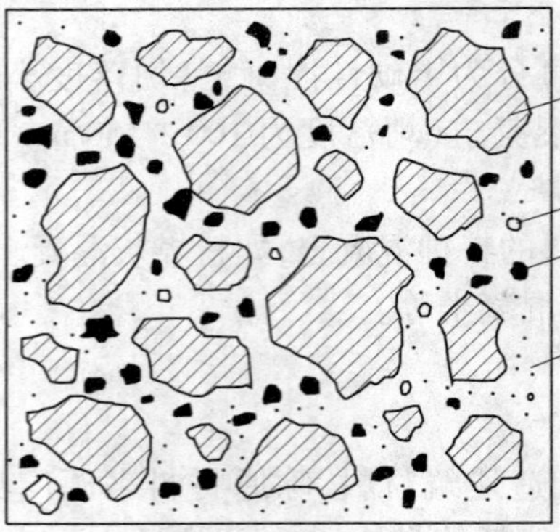

图 5-1　普通混凝土的结构

久性、经济性及其他性能的重要因素。正确合理地选择水泥品种和水泥强度等级，是保证混凝土性能和质量符合设计要求的前提。水泥的合理选用包括以下两个方面。

（一）水泥品种的选择

选用水泥时，应根据混凝土工程性质与特点、部位、工程所处环境条件及施工条件的要求等，参照有关规范规定选用适当的水泥品种。配制普通混凝土，一般可采用硅酸盐水泥、普通硅酸盐水泥、矿渣硅酸盐水泥、火山灰质硅酸盐水泥和粉煤灰硅酸盐水泥，有特殊需要时可采用快硬水泥、抗硫酸盐水泥、大坝水泥或其他水泥。常用水泥的选用原则，见本书有关内容。

（二）水泥强度等级的选择

水泥强度等级的选择，应与混凝土的设计强度等级相适应。原则上，配制高强度等级的混凝土，应选用高强度等级水泥；配制低强度等级的混凝土，应选用低强度等级水泥。水泥强度过高或过低，会导致混凝土内水泥用量过少或过多，对混凝土的技术性能及经济效果产生不利影响。根据经验，普通混凝土一般以选择的水泥强度等级标准值（以 MPa 为单位）为混凝土强度等级标准值的 1.5 ~ 2.0 倍为宜，对于高强混凝土可取 0.9 ~ 1.5 倍。

二、细集料

根据国家标准《建筑用砂》（GB/T 14684—2001）的规定，一般将粒径为 0.15 ~ 4.75 mm 的集料称为细集料。

（一）细集料的种类及其特性

普通混凝土所用的细集料，按产源主要分为天然砂和人工砂两种。

天然砂是由天然岩石经自然风化、水流搬运和分选等自然条件作用堆积而成的粒径小于 4.75 mm 的岩石颗粒。天然砂包括河砂、湖砂、山砂和淡化海砂，不包括软质岩、风化岩石的颗粒。河砂和海砂由于长期受水流的冲刷作用，颗粒表面比较圆滑、洁净，且分布广泛，质量较好，但海砂中常含有贝壳碎片及可溶盐等有害物质。山砂颗粒多具棱角，表面粗糙，砂中含泥量及有机质等有害杂质较多。建筑工程中一般多采用河砂作细集料。

人工砂是经过除土处理的机制砂和混合砂的统称。机制砂是由机械破碎、筛分制成的粒径小于4.75 mm的岩石颗粒，但不包括软质岩、风化岩石的颗粒。机制砂单纯由矿石、卵石或尾矿加工而成。其颗粒尖锐，有棱角，比较洁净，但片状颗粒及细粉含量较大，且成本较高。混合砂是由机制砂和天然砂混合制成的，其性能取决于原料砂的质量及其配制情况。一般在当地缺乏天然砂源时，采用人工砂。

砂按细度模数（M_x）大小分为粗、中、细三种规格；按技术要求分为Ⅰ类、Ⅱ类、Ⅲ类三种类别。Ⅰ类砂宜用于强度等级大于C60的混凝土；Ⅱ类砂宜用于强度等级为C30～C60的混凝土；Ⅲ类砂宜用于强度等级小于C30的混凝土和建筑砂浆等。

（二）细集料的技术质量要求

细集料质量的优劣，直接影响到混凝土各项性能的好坏。因此，为保证混凝土的质量，我国在国家标准《建筑用砂》（GB/T 14684—2001）中对混凝土用砂提出了明确的技术质量要求。

1. 含泥量和泥块含量

含泥量是指集料中粒径小于75 μm的颗粒含量。石粉含量是指人工砂中粒径小于75 μm的颗粒含量。泥块含量是指砂中原粒径大于1.18 mm，经水浸洗、手捏后小于600 μm的颗粒含量。

泥和泥块对混凝土是有害的。泥包裹于砂子的表面，隔断了水泥石与砂子之间的黏结，影响混凝土的强度。当含泥量过多时，会降低混凝土的强度和耐久性，并增加混凝土的干缩。泥块在混凝土内成为薄弱部位，引起混凝土强度和耐久性的降低。因此，对砂中泥和泥块含量必须严加限制。砂中的含泥量和泥块含量应符合表5-1的规定。

表5-1 砂中的含泥量和泥块含量限值

项目	指标		
	Ⅰ类	Ⅱ类	Ⅲ类
含泥量（按质量计，%）	<1.0	<3.0	<5.0
泥块含量（按质量计，%）	0	<1.0	<2.0

2. 有害物质含量

混凝土用砂不应混有草根、树叶、树枝、塑料、煤块和炉渣等杂物。但砂中常含有一些有害物质，如云母、轻物质、有机物、硫化物及硫酸盐、氯盐等。云母呈薄片状，表面光滑，与水泥浆黏结性较差，会降低混凝土拌和物的和易性，也会降低混凝土的强度和耐久性。有机物主要来自于动植物的腐殖质、腐殖土、泥煤和废机油等，会延缓水泥的水化硬化。硫化物及硫酸盐杂质对水泥有侵蚀作用。而氯化物中的氯离子对混凝土中的钢筋有锈蚀作用，钢筋锈蚀后体积膨胀和受力面减小，从而引起混凝土的开裂。因此，我国现行标准对混凝土用砂的有害物质含量规定见表5-2。

3. 粗细程度和颗粒级配

集料的级配是指集料中不同粒径颗粒的搭配分布情况。良好的级配不仅能减少水泥用量，而且能提高混凝土的密实度、强度等性能。集料的粗细程度，是指不同粒径的颗粒混合物的平均粗细程度。

表 5-2　砂中有害物质含量限值

项目	指标		
	Ⅰ类	Ⅱ类	Ⅲ类
云母(按质量计,%)	<1.0	<2.0	<2.0
轻物质(按质量计,%)	<1.0	<1.0	<1.0
有机物含量(比色法)	合格	合格	合格
硫化物及硫酸盐(按 SO_3 质量计,%)	<0.5	<0.5	<0.5
氯化物(按氯离子质量计,%)	<0.01	<0.02	<0.06

砂的颗粒级配,即表示砂大小颗粒的搭配情况。在混凝土中砂粒之间的空隙是由水泥浆所填充的,为达到节约水泥和提高强度的目的,就应尽量减少砂粒之间的空隙。若砂的粒径分布全在同一尺寸范围内,则会产生很大的空隙率,如图 5-2(a)所示;若砂的粒径分布在两种尺寸范围内,空隙率就会减小,如图 5-2(b)所示;若砂的粒径分布在更多的尺寸范围内,则空隙率更小,如图 5-2(c)所示。可见,只有适宜的粒径分布,才能达到良好级配的要求。

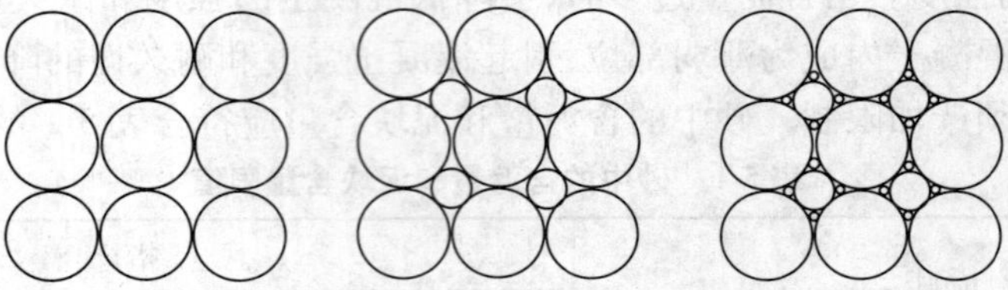

(a)　(b)　(c)

图 5-2　集料的颗粒级配

砂的粗细程度,是指不同粒径的砂粒混合在一起的总体的粗细程度。砂的粗细程度与其总表面积有直接关系,在相同质量条件下,粒径小,总表面积大,粒径大,总表面积小。混凝土中砂的表面被水泥浆包裹,大粒径的砂所需包裹其表面的水泥浆量就少,因此一般来说,用粗砂拌制混凝土比用细砂所需的水泥量少。

砂的级配和粗细程度用筛分析方法测定。用级配区表示砂的颗粒级配,用细度模数表示砂的粗细。砂的筛分析方法是用一套孔径为 4.75 mm、2.36 mm、1.18 mm、0.60 mm、0.30 mm 和 0.15 mm 的标准方孔筛,将抽样所得 500 g 干砂,由粗到细依次过筛,然后称取留在各筛上砂的质量,并计算出各筛上的分计筛余百分率 α_1、α_2、α_3、α_4、α_5、α_6(各筛上的筛余量占砂样总质量的百分率)及累计筛余百分率 A_1、A_2、A_3、A_4、A_5、A_6(各筛与比该筛粗的所有筛的分计筛余百分率之和)。

砂按 0.6 mm 筛孔的累计筛余百分率计,可分为三个级配区(见表 5-3),混凝土用砂的颗粒级配,应处于表 5-3 中的任何一个级配区内。以累计筛余百分率为纵坐标,以筛孔尺寸为横坐标,根据表 5-3 的规定数值可以画出砂的三个级配区上下限的筛分曲线,如图 5-3所示。配制混凝土时,宜优先选用 2 区砂;当采用 1 区砂时,应提高砂率,并保持足够的水泥用量,以满足混凝土的和易性;当采用3区砂时,宜适当降低砂率,以保证混凝土强度。

表5-3　砂的颗粒级配区

筛孔尺寸(mm)	级配区累计筛余(%)		
	1区	2区	3区
9.50	0	0	0
4.75	10~0	10~0	10~0
2.36	35~5	25~0	15~0
1.18	65~35	50~10	25~0
0.6	85~71	70~41	40~16
0.3	95~80	92~70	85~55
0.15	100~90	100~90	100~90

砂的粗细程度用细度模数表示,细度模数 M_x 的计算公式如下:

$$M_x = \frac{(A_2 + A_3 + A_4 + A_5 + A_6) - 5A_1}{100 - A_1} \quad (5\text{-}1)$$

细度模数越大,表示砂越粗。普通混凝土用砂的细度模数范围一般为3.7~1.6,其中 M_x 在3.7~3.1范围内为粗砂,M_x 在3.1~2.3内为中砂,M_x 在2.3~1.6范围内为细砂。配制普通混凝土时应优先选用中砂。M_x 在1.5~0.7范围内为特细砂,配制混凝土时要特殊考虑。砂的细度模数并不能反映其级配的优劣。细度模数相同的砂,级配可以很不相同。所以,配制混凝土必须同时考虑砂的颗粒级配和细度模数。

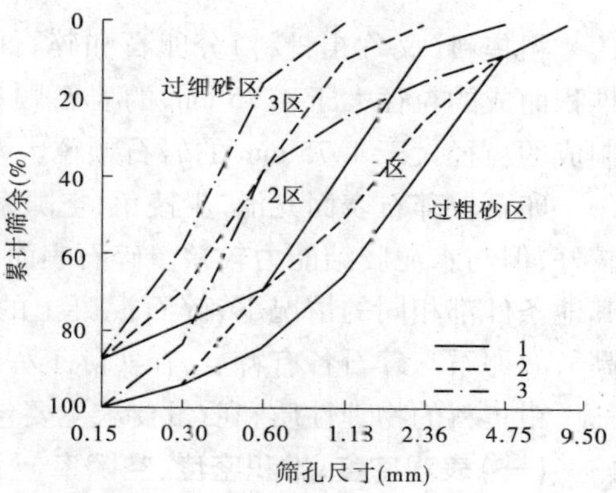

图5-3　砂的1、2、3级配区曲线

4. 坚固性

砂的坚固性是指砂在气候、环境或其他物理因素作用下抵抗破坏的能力。

天然砂的坚固性根据砂样在硫酸钠溶液中经5次浸泡循环后质量损失的大小来判定。国家标准规定,Ⅰ、Ⅱ类砂的质量损失应小于8%、Ⅲ类砂小于10%。

5. 含水状态

砂子的含水状态有如图5-4所示的四种形式。在100~105℃条件下烘至恒重时,称为全干状态。长期放在一定湿度的空气中会使砂子吸收或散失水分而达到稳定的含水状态,称为气干状态。当砂子颗粒表面干燥,而颗粒内部孔隙含水饱和时,称为饱和面干状态。当砂子不仅内部孔隙含水饱和,而且表面还吸附水分时,称为润湿状态。

当砂子含水量超过某一定值后,堆积体积显著增大。这是由于在砂粒表面包裹一层

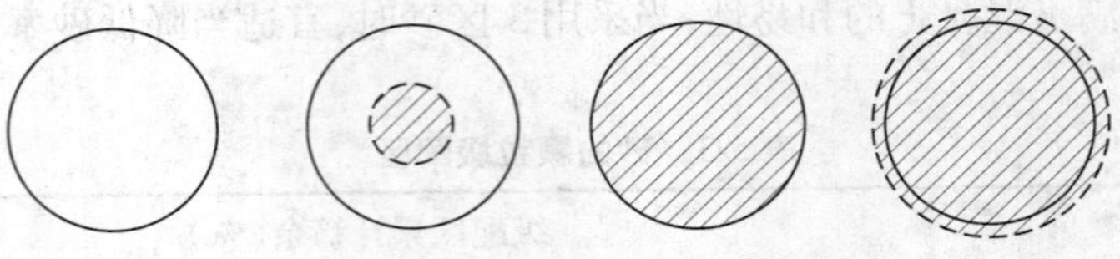

(a)干燥状态　(b)气干状态　(c)饱和面干状态　(d)湿润状态

图 5-4　砂的几种含水状态示意图

水膜,小颗粒被水膜吸附着,难以滑移至大颗粒间的空隙中,使颗粒的距离加大,堆积密度相应减小。一般情况下含水率达 5% ~8% 时,砂堆的体积可增加 20% ~30% 或更大。但若含水率再增大,水膜就会被破坏,堆积体积又会减小。

在拌制混凝土时,由于砂子的含水状态不同,将影响混凝土的用水量和砂子的用量。在施工过程中要经常测定集料的实际含水率,并及时调整混凝土组成材料的实际用量,从而可以保证混凝土的质量。

三、粗集料

粗集料(又称粗骨料)分卵石和碎石两种。卵石是指由自然风化,水流搬运和分选、堆积而成的粒径大于 4. 75 mm 的岩石颗粒;碎石是指天然岩石或卵石经机械破碎、筛分制成的粒径大于 4. 75 mm 的岩石颗粒。

卵石较碎石表面光滑,少棱角,空隙率及总表面积都较小,因而拌制的混凝土流动性较好,但与水泥胶结能力较差。碎石表面粗糙,有棱角,与水泥浆的黏结力较卵石好。在其他条件都相同的情况下,碎石混凝土的强度较卵石混凝土要高一些,但成本也比卵石高。故卵石与碎石各有特点,在实际工程中,应本着工程技术要求和经济的原则来选用。

粗集料的物理性质和质量要求主要包括以下内容。

(一)表观密度、堆积密度、空隙率

粗集料的表观密度与母岩的种类有关,一般石灰岩在 1 800 ~2 600 kg/m^3,花岗岩在 2 500 ~2 900 kg/m^3。一般建筑用粗集料的表观密度应大于 2 500 kg/m^3,堆积密度应大于 1 350 kg/m^3。空隙率的大小反映了颗粒级配的优劣,颗粒级配越好,空隙率越小,在拌和混凝土时越能节约水泥,建筑用的粗集料的空隙率一般应小于 47%。

(二)最大粒径 D_m

粗集料公称粒径的上限称为最大粒径,用 D_m 表示。最大粒径增大时,总表面积相对减小。采用最大粒径较大的集料不仅可以节约水泥用量,还有利于提高混凝土的密实度,减小混凝土的收缩。

研究表明,最佳的最大粒径取决于混凝土的水泥用量。对于水泥用量较少、水灰比较大的中、低强度混凝土,如果水泥用量不变,混凝土的强度会随着粗集料最大粒径 D_m 的增大而增大。另外,在保证混凝土强度不变的情况下,随着粗集料最大粒径 D_m 的增大可使水泥用量减少,尤其是最大粒径在 80 ~150 mm 时,水泥用量能显著减少。因此,中、低强度混凝土应尽可能选用最大粒径较大些的粗集料。对于水泥用量较多、水灰比较小的

混凝土，集料粒径大于40 mm并没有好处，特别是抗压强度大于60 MPa的高强混凝土，由于混凝土的强度主要取决于水泥石的强度和水泥石与集料的界面黏结强度，粗集料粒径的增大反而会削弱与水泥浆体的黏结，增加混凝土材料内部结构的不连续性，从而导致混凝土强度的降低。因此，高强混凝土的最大粒径一般小于或等于20 mm。

最大粒径的选用还受到结构截面尺寸、钢筋净间距及施工条件的限制。国家标准《混凝土结构工程施工及质量验收规范》（GB 50204—2002）规定，粗集料最大粒径不得超过混凝土结构截面最小尺寸的1/4，同时不得大于钢筋间最小净距的3/4；对于混凝土实心板，其最大粒径不大于干板厚的1/3，并不得超过40 mm。

从施工上考虑，当集料最大粒径过大时，对混凝土拌和物的搅拌、运输和振捣都会带来不便，对泵送混凝土易堵塞输送管等。因此，选择最大粒径还应考虑施工工艺及设备条件。

工业与民用建筑用混凝土和道路混凝土的最大粒径一般不大于40 mm，水利、海港等大型工程中最大粒径有时可达150 mm。

（三）颗粒级配

粗集料的颗粒级配也是通过筛分析法确定的。所用方孔标准筛一套12个，孔径依次为2. 36 mm、4. 75 mm、9. 50 mm、16. 0 mm、19. 0 mm、26. 5 mm、31. 5 mm、37. 5 mm、53. 0 mm、63. 0 mm、75. 0 mm和90. 0 mm。粗集料分计筛余与累计筛余的试验方法及计算方法都与细集料基本相同。

粗集料按公称粒径分为连续粒级和单粒粒级两种规格。连续粒级由大小不同的颗粒搭配而成，配制的混凝土拌和物的和易性较好，不易发生离析，应用比较广泛。连续粒级有6个，分别为5～10 mm、5～16 mm、5～20 mm、5～25 mm、5～31. 5 mm和5～40 mm。单粒粒级是将颗粒粒径限定在某一范围内，一般用于组合成具有规定级配的连续粒级，也可与连续粒级的碎石或卵石混合使用，以改善它们的级配或配制成较大粒度的连续粒级，单粒粒级有5个，分别为10～20 mm、16～31. 5 mm、20～40 mm、31. 5～63 mm和40～80 mm。

粗集料的颗粒级配应符合表5-4的规定。

（四）含泥量、泥块含量和针片状颗粒含量

含泥量是指卵石、碎石中粒径小于75 μm的颗粒含量，泥块含量是指卵石、碎石中原粒径大于4. 75 mm，经水浸洗、手捏后小于2. 36 mm的颗粒含量。针状颗粒是指长度大于该颗粒所属粒级的平均粒径2. 4倍的颗粒；片状颗粒是指厚度小于平均粒径0. 4倍的颗粒。平均粒径是指该粒级上、下限粒径的平均值。针片状颗粒不仅本身容易折断，影响混凝土的强度，而且还会增加集料的空隙率，影响混凝土拌和物的和易性，降低混凝土的质量，因此应控制针片状颗粒的含量。

国标《建筑用卵石、碎石》（GB/T 14685—2001）将粗集料按技术要求分Ⅰ、Ⅱ、Ⅲ三类。Ⅰ类粗集料宜用于强度等级大于C60的混凝土；Ⅱ类粗集料宜用于强度等级为C30～C60及抗冻、抗渗或其他要求的混凝土；Ⅲ类粗集料宜用于强度等级小于C30的混凝土，对卵石和碎石的质量要求指标见表5-5。

表 5-4　卵石和碎石的颗粒级配(GB/T 14685—2001)

公称粒径(mm)		累计筛余 按重量计(%) 筛孔尺寸(方孔筛,mm)											
		2.36	4.75	9.50	16.0	19.0	26.5	31.5	37.5	53.0	63.0	75.0	90.0
连续粒径	5~10	95~100	80~100	0~15	0								
	5~16	95~100	85~100	30~60	0~10	0							
	5~20	95~100	90~100	40~80	—	0~10	0						
	5~25	95~100	90~100	—	30~70	—	0~5	0					
	5~31.5	95~100	90~100	70~90	—	15~45	—	0~5	0				
	5~40	—	95~100	70~90	—	30~60	—	—	0~5	0			
单粒粒径	10~20		95~100	85~100		0~15	0						
	16~31.5		95~100		85~100			0~10	0				
	20~40			95~100		80~100			0~10	0			
	31.5~63				95~100			75~100	45~75		0~10	0	
	40~80					95~100			70~100		30~60	0~10	0

表 5-5　建筑用卵石、碎石的质量要求指标(GB/T 14685—2001)

项目	指标		
	Ⅰ类	Ⅱ类	Ⅲ类
含泥量(按质量计,%)	<0.5	<1.0	<1.5
泥块含量(按质量计,%)	0	<0.5	<0.7
针片状颗粒含量(按质量计,%)	<5	<15	<25

(五)有害物质含量

粗集料的有害物质包括混杂物、有机物、硫化物及硫酸盐。它们的危害作用与在细集料中相同。国家标准规定,粗集料中不应混有草根、树叶、树枝、塑料、煤块、炉渣等杂物,有机物、硫化物及硫酸盐应按表 5-6 的要求进行控制。

表 5-6　普通混凝土粗集料质量标准及检验方法(GB/T 14685—2001)

项目	指标		
	Ⅰ类	Ⅱ类	Ⅲ类
有机物(比色法)	合格	合格	合格
硫化物及硫酸盐(以 SO_3 质量计,%)	<0.5	<1.0	<1.0

(六)强度

粗集料在混凝土中起骨架作用,必须有足够的强度。粗集料的强度用抗压强度和压碎指标表示。

1. 岩石抗压强度

将碎石制成边长为50 mm的立方体或直径与高度均为50 mm的圆柱体试件，在水饱和状态下进行试验，火成岩试件的抗压强度不宜低于80 MPa，变质岩不宜低于60 MPa，水成岩不宜低于30 MPa。对普通混凝土，粗集料的极限抗压强度与设计要求的混凝土强度等级之比不应小于1.5，对路面混凝土不应小于2.0。碎石抗压强度一般在混凝土强度等级大于或等于C60时，宜用立方体抗压强度作检验。

2. 压碎指标

将风干后的粗集料筛除大于20 mm及小于10 mm的颗粒，并去除针片状颗粒，装入压碎测定仪（内径152 mm的圆筒）内，在3～5 min内均匀加荷到200 kN，稳定5 s。卸荷后称取试样的质量G_1，再用孔径为2.36 mm的筛进行筛分，称取试样的余量G_2，压碎指标Q_c按式(5-2)计算：

$$Q_c = (G_1 - G_2)/G_1 \times 100\% \tag{5-2}$$

压碎指标值越小，表明粗集料的强度越高。国家标准要求，粗集料的压碎指标应满足表5-7的规定。

表5-7　粗集料的压碎指标（GB/T 14685—2001）

项目	指标		
	Ⅰ类	Ⅱ类	Ⅲ类
碎石压碎指标(%)	<10	<20	<30
卵石压碎指标(%)	<12	<16	<16

(七)粗集料的坚固性

粗集料的坚固性是指在自然风化和其他物理化学因素作用下集料抵抗破坏的能力，粗集料的坚固性用试样在硫酸钠溶液中经5次浸泡循环后质量损失的大小表示。国家标准规定，Ⅰ类粗集料经5次硫酸钠溶液浸泡循环后的质量损失应小于5%；Ⅱ类粗集料小于8%；Ⅲ类粗集料小于12%。

(八)碱活性

若粗集料中夹杂着活性氧化硅矿物（如流纹岩、安山岩和凝灰岩），而且所用水泥的含碱量较大时，就可能发生碱集料反应，活性氧化硅矿物能与水泥中的碱分（K_2O或Na_2O）起反应，在集料表面生成一种复杂的碱－硅酸凝胶体，这种凝胶体吸水时，体积将会膨胀，使硬化后的混凝土产生裂缝。

经碱集料反应试验后，由卵石、碎石制备的试件应无裂缝、酥裂、胶体外溢等现象，在规定的试验龄期膨胀率小于规定值（试验龄期为6个月时，膨胀率小于0.05%；试验龄期为一年时，膨胀率小于0.1%）。

四、拌和用水

混凝土拌和用水不应含有影响水泥正常凝结与硬化的有害杂质，凡符合国家标准的生活饮用水和清洁的天然水，均可拌制和养护各种混凝土。海水可用于拌制素混凝土，但不得用于拌制钢筋混凝土和预应力混凝土,也不宜用海水拌制有饰面要求的素混凝土。

地表水、地下水以及经适当处理的工业废水,若水质符合国家有关规定要求,且不会对水泥凝结时间和强度产生明显影响,也可用于拌制混凝土。

五、混凝土外加剂

水泥、细集料、粗集料和水是混凝土的四种基本组成材料。外加剂是为了改善和调节混凝土的某些性能,在混凝土搅拌时加入的不超过水泥质量5%(特殊情况除外)的物质。目前,各类外加剂在混凝土工程中的应用已非常普遍,并成为制造高性能混凝土和特种混凝土的必备条件,所以现代混凝土把外加剂称为第五组分。

(一)混凝土外加剂的分类

1. 按主要功能分类

混凝土外加剂按其主要功能分为四类:

(1)调节混凝土拌和物流变性能的外加剂,如减水剂、泵送剂、引气剂等;

(2)调节混凝土凝结时间和硬化性能的外加剂,如早强剂、缓凝剂、速凝剂等;

(3)改善混凝土耐久性的外加剂,如引气剂、防水剂、防冻剂和阻锈剂等;

(4)改善混凝土其他性能的外加剂,如加气剂、膨胀剂、防冻剂、着色剂、脱模剂等。

2. 按主要化学成分分类

按外加剂主要化学成分可分为三类:

(1)无机化合物,多为电解质盐类;

(2)有机化合物,多为表面活性剂;

(3)有机和无机混合物。

(二)常用混凝土外加剂

1. 减水剂

减水剂是指在混凝土坍落度基本相同的条件下,能减少拌和用水的外加剂。按其减水率的大小可分为普通减水剂和高效减水剂两类。

1)减水剂的作用机理

减水剂多为表面活性剂。表面活性剂是指具有显著改变(通常为降低)液体表面张力或两相间界面张力的物质。其分子由亲水基团和憎水基团两个部分组成,亲水基团对水等极性分子有较强的亲和力,憎水基团对空气、油等非极性分子有较强的亲和力,在不同类型的界面上,表面活性剂分子会形成不同类型的吸附层。表面活性剂加入水溶液中后立即溶解于水溶液,并从溶液中向界面富集,作定向排列,其亲水基团指向溶液,憎水基团指向空气,形成定向吸附膜,从而降低水的表面张力和两相间的界面张力,这种现象称做表面活性。具有表面活性的物质,具有润湿、乳化、分散、润滑等作用。

当水泥加水拌和后,由于水泥分子间的引力、水泥颗粒在溶液中因热运动的互相碰撞、水泥矿物在水化过程中带有异性荷、水泥矿物水化后的溶剂化水膜产生某些缔合作用等原因,使水泥浆形成絮凝结构。在絮凝结构中包裹了许多拌和水(游离水),使水泥颗粒表面不能充分与水接触,浆体显得较干稠,流动性较小。在水泥浆体中加入减水剂后,由于减水剂的表面活性作用,其憎水基团定向吸附于水泥颗粒表面,亲水基团指向水溶液,在水泥颗粒表面形成一层吸附膜,使水泥颗粒表面带有相同电荷。在电性斥力作用下,使水泥颗粒互相分开,絮凝结构解体。一方面游离水被释放出来,增大了水泥颗粒与水的接触表面,从而增大了拌和物的流动性;另一方面不但水泥水化可更充分,有利于提高强度,而且由于水泥颗粒表面形成的溶剂化水膜的增厚,增加了水泥颗粒间的滑动能力,这就是减水剂的吸附分散、润湿、润滑作用的结果。

混凝土中掺用减水剂,可取得以下技术经济效果:①在配合比不变的条件下,即用水量及水灰比不变时,可以增加混凝土拌和物的流动性,且不影响混凝土的强度;②在保持流动性及水泥用量不变的条件下,可以减少拌和物用水量,从而降低水灰比,使混凝土的强度与耐久性得到提高;③在保持流动性及水灰比不变的条件下,可以减少拌和用水量,同时相应地减少水泥用量,降低混凝土成本,而且不改变混凝土的强度。

2)减水剂的掺入方法

减水剂的掺入方法对其作用效果影响很大,应根据减水剂的种类和形态及具体情况选用适宜的掺入方法,减水剂的掺入方法有先掺法、同掺法、滞水法和后掺法等四种。

先掺法:将减水剂与水泥混合后再与集料和水一起搅拌。优点是使用方便;缺点是减水剂中有粗粒子时,在拌和物中不易分散,影响质量且搅拌时间要长。因此,工程上不常采用。

同掺法:将减水剂先溶于水形成溶液后再加入拌和物中一起搅拌。优点是计量准且易搅拌均匀,使用方便;缺点是增加了溶解和储存工序。此法工程上经常使用。

后掺法:在混凝土拌和物运送到浇筑地点后,才加入减水剂再次搅拌均匀进行浇筑。优点是可避免混凝土在运输过程中的分层、离析和坍落度损失,提高减水剂使用效果和对水泥的适应性;缺点是需二次或多次搅拌。此法适用于有混凝土运输搅拌车的商品混凝土。

滞水法:在搅拌过程中减水剂滞后 1 ~ 3 min 加入。优点是能提高减水剂使用效果;缺点是搅拌时间长,生产效率低。一般不常用。

3)常用减水剂

工程上常用减水剂的种类有木质素系、萘系和水溶性树脂系三类,其主要成分、适宜掺量、减水率和早强效果如表 5-8 所示。

表 5-8 工程上的常用减水剂

类别	普通减水剂		高效减水剂	
	木质素系	糖蜜系	萘系(磺酸盐系)	水溶性树脂系
主要品种	木质素磺酸钙(木钙)	3FG	NNO、NF、FDN、UNF	SM、CRS
	木质素磺酸钠(木钠)	TF	JNMFSN - 2NHJ	
	木质素磺酸镁(木镁)	ST	SP - 1DHAF 键 1 型	

续表 5-8

类别	普通减水剂		高效减水剂	
	木质素系	糖蜜系	萘系(磺酸盐系)	水溶性树脂系
主要成分	木质素磺酸盐	糖渣、废蜜经石灰中和而成	芳香族磺酸盐甲醛缩合物	三聚氰胺甲醛树脂、磺化古马龙树脂
适宜掺量(占水泥质量,%)	0.2~0.3	0.2~0.3	0.2~1.0	0.5~2.0
减水率(%)	10 左右	6~10	15~25	18~30
早强效果			明显	明显

(1)木质素系减水剂。木质素系减水剂以木质素磺酸钙的应用最为普遍,木质素磺酸钙是由生产纸浆或纤维浆的废液,经发酵提取酒精后的残渣,再经磺化、石灰中和、过滤、喷雾干燥而制得的粉状物质。木质素磺酸钙的掺量一般为水泥质量的0.2%~0.3%,在维持混凝土坍落度和水泥用量不变情况下,减水率为10%~15%,可提高抗压强度10%~20%。除减水作用外,木质素磺酸钙对水泥还有缓凝作用,并可降低水泥水化的放热速率。当掺量为0.25%左右时,能使凝结时间延长1~3 h,对大体积混凝土夏季施工有利,但若掺量过大,将使混凝土的硬化过程变慢,甚至降低混凝土的强度。

(2)萘系减水剂。萘系减水剂是以煤焦油中分馏出的萘及萘的同系物为原料,经磺化、水解、缩聚而成。萘系减水剂的主要成分为萘及萘的同系物磺酸盐甲醛缩合物,其减水、增强、改善耐久性等效果均优于木质素系减水剂,属于高效减水剂。萘系减水剂对水泥有强烈的分散作用,减水率多在15%~25%以上,不仅没有缓凝作用,而且还有早强作用,掺萘系减水剂后,可将水灰比从0.5以上降至0.25~0.35,并且仍具有较大的流动性。萘系减水剂对水泥的适应性较强,主要用于配制要求早强、高强的混凝土及流态混凝土。

(3)水溶性树脂系减水剂。水溶性树脂系减水剂主要有三聚氰胺甲醛树脂(代号SM)和磺化古马龙树脂(代号CRS)。SM高效减水剂为早强、非引气型减水剂,其减水及增强效果比萘系减水剂更好,最高减水率可达30%,混凝土28 d强度可提高30%~60%,主要用来配制80~100 MPa的高强混凝土。CRS高效减水剂是炼油厂的副产品古马龙,经硫酸磺化而制得,也是非引气型减水剂,减水率为19%~29%,其价格和应用范围与萘系减水剂相似。

2. 引气剂

1)引气剂的类型

在混凝土搅拌过程中能引入大量均匀分布且稳定而封闭的微小气泡的外加剂,称为引气剂。主要有松香热聚物、松香皂及烷基苯碳酸盐引气剂等。其中松香热聚物的效果较好,应用最多。松香热聚物是由松香与硫酸、石碳酸起聚合反应,再经氢氧化钠中和而得到的憎水性表面活性物质,它不能直接溶解于水,使用时需先将其溶解在加热的氢氧化钠溶液中,再加水配制成一定浓度的溶液。

2)引气剂的作用机理

引气剂的作用机理与减水剂基本相似,区别在于减水剂分子是吸附在液-固界面,而引气剂分子是吸附在液-气界面。混凝土在搅拌过程中必然会混入一些空气,引气剂分子便吸附在液-气界面上,显著降低水的表面张力和界面能,在搅拌力的作用下产生大量气泡。引气剂分子定向排列在泡膜界面上,阻碍泡膜内水分子的移动,增加了泡膜的厚度及强度,使气泡不易破灭;水泥等微细颗粒吸附在泡膜上,水泥浆中的氢氧化钙与引气剂作用生成的钙皂沉积在膜壁表面,也提高了气泡的稳定性。

3)引气剂的主要作用

引气剂能改善混凝土拌和物的和易性。混凝土拌和物中引入大量气泡后,相对地增加了水泥浆体的体积;气泡还有润滑作用,可提高混凝土流动性。大量微小气泡的存在,可显著改善混凝土的黏聚性和保水性。

引气剂能显著提高混凝土的抗冻性和抗渗性。气泡不仅能隔断混凝土中毛细管通道,还对水泥石内水分结冰时所产生的水压力有缓冲作用。此外,气泡还可使混凝土弹性模量有所降低,对提高混凝土抗裂性有利。掺用引气剂是提高混凝土抗冻性的有效途径,有抗冻要求的混凝土一般都掺用引气剂。但缺点是使混凝土强度及耐磨性有所降低,所以掺量不宜过高。

3. 早强剂

1)早强剂的分类

加速混凝土早期强度发展的外加剂,称为早强剂。早强剂多用于冬季施工或紧急抢修工程以及要求加快混凝土强度发展的情况。常用的早强剂有:氯盐类、硫酸盐类、有机胺类以及它们组成的复合早强剂。

2)早强剂的作用机理

不同类型的早强剂,作用机理也各不相同。

氯化钙可加速水泥的凝结硬化,有时也称为促凝剂。氯化钙促进早强的机理是:$CaCl_2$ 能与水泥中的 C_3A 作用生成几乎不溶于水的水化氯铝酸钙($3CaO \cdot Al_2O_3 \cdot 3CaCl_2 \cdot 32H_2O$),又能与 $Ca(OH)_2$ 反应生成溶解度极小的氧氯化钙($3CaCl_2 \cdot 3Ca(OH)_2 \cdot 12H_2O$),水化氯铝酸钙和氧氯化钙固相早期析出,形成骨架,加速水泥浆体结构的形成;同时由于水泥浆中 $Ca(OH)_2$ 浓度的降低,有利于 C_3S 水化反应的进行,因此早期强度得以提高。氯化钙的一般掺量为 0.5% ~1%,混凝土 3 d 强度可提高 40% ~100%,7 d强度可提高 25%。氯化钙缺点是存在 Cl^-,易使钢筋锈蚀,故在钢筋混凝土结构中应慎用。

硫酸钠是促凝型早强剂,其早强作用机理是 Na_2SO_4 与 $Ca(OH)_2$ 反应生成 $CaSO_4 \cdot 2H_2O$,$CaSO_4 \cdot 2H_2O$ 与水泥中的 C_3A 反应迅速生成水化硫铝酸钙,从而加快了水化反应和凝结硬化速度,提高了早期强度。硫酸钠的适宜掺量为 0.5% ~2.0%,和其他早强剂复合使用效果更佳。硫酸钠对钢筋无锈蚀作用,适用于不允许掺用氯盐的混凝土。但严禁用于含有活性集料的混凝土中,以免发生碱集料反应。

三乙醇胺是一种络合剂,淡黄色透明油状液体,呈强碱性,其早强机理是:三乙醇胺能与 Fe^{3+} 和 Al^{3+} 等离子形成稳定的络离子,该络离子与水泥的水化产物作用生成溶解度很小的络盐并析出，有利于早期骨架的形成，从而使混凝土的早期强度提高。

4. 速凝剂与缓凝剂

能使混凝土迅速凝结硬化的外加剂称为速凝剂。多用于喷射混凝土及抢修堵漏工程。常用速凝剂主要是无机盐类的铝氧熟料，如红星 I 型（铝酸钠 + 碳酸钠 + 生石灰）、711 型（铝氧熟料 + 无水石膏）和 782 型（矾泥 + 铝氧熟料 + 生石灰）。掺入速凝剂可使混凝土初凝时间小于 5 min，终凝时间小于 10 min。速凝剂的作用机理是：作为速凝剂主要成分的铝酸钠、碳酸钠在碱性溶液中能迅速与水泥中的石膏反应生成硫酸钠，使石膏丧失其原有的缓凝作用，从而使 C_3A 迅速水化结晶，使水泥迅速凝结硬化。

缓凝剂是指能延长混凝土凝结时间而又不会显著降低混凝土后期强度的外加剂。常用的缓凝剂有木质素磺酸钙和糖蜜，这两种外加剂既是减水剂又是缓凝剂。缓凝剂的主要作用是延缓混凝土凝结时间和水泥水化热释放速度，多用于大体积混凝土，以及混凝土夏季施工或其他远距离运输的商品混凝土。

5. 防冻剂

防冻剂是能使混凝土在负温下硬化，并在规定养护条件下达到预期性能的外加剂。常用防冻剂是由多组分复合而成，其主要组分有防冻组分、减水组分、引气组分和早强组分等。防冻组分可分为三类：氯盐类（如氯化钙、氯化钠）；氯盐阻锈类（氯盐与阻锈剂复合，阻锈剂有亚硝酸钠、铬酸盐、磷酸盐等）；无氯盐类（硝酸盐、亚硝酸盐、碳酸盐、尿素、乙酸盐等）。减水、引气和早强组分则分别采用前面所述的各类减水剂、引气剂和早强剂。

防冻剂的防冻组分可改变混凝土液相浓度，降低冰点，保证了混凝土在负温下有液相存在，使水泥仍能继续水化；减水组分可减少混凝土拌和用水量，从而减少混凝土中的成冰量，并使冰晶粒度细小且均匀分散，减小对混凝土的破坏应力；引气组分引入一定量的微小封闭气泡，减缓冻胀应力；早强组分提高混凝土早期强度，增强混凝土抵抗冰冻的破坏能力，因此防冻剂的综合效果是能显著提高混凝土的抗冻性。

6. 膨胀剂

膨胀剂是能使混凝土产生一定体积膨胀的外加剂。工程上常用的膨胀剂有硫铝酸钙类、硫铝酸钙 - 氧化钙类、氧化钙类等。

硫铝酸钙类有明矾石膨胀剂（主要成分是明矾石与无水石膏或二水石膏）；CSA 膨胀剂（主要成分是无水硫铝酸钙）；U 形膨胀剂（主要成分是无水硫铝酸钙、明矾石、石膏）等。

氧化钙类膨胀剂有多种制备方法。其主要成分为石灰，再加入石膏与水淬矿渣或硬脂酸或者石膏与黏土，经一定的煅烧或混磨而成。

硫铝酸钙类膨胀剂加入混凝土中后，膨胀剂组分参与水泥矿物的水化或与水泥水化产物反应，生成高硫型水化硫铝酸钙（钙矾石），使固相体积大为增加，从而导致体积膨胀。氧化钙类膨胀剂的膨胀作用主要是由氧化钙晶体水化生成氢氧化钙晶体时的体积增大所导致的。

膨胀剂主要用于补偿收缩混凝土、自应力混凝土和有较高抗裂防渗要求的混凝土工程。

7. 其他外加剂

混凝土常用的其他外加剂还有泵送剂、防水剂、起泡剂(泡沫剂)、加气剂(发气剂)、阻锈剂、消泡剂、保水剂、灌浆剂、着色剂、养护剂、隔离剂(脱模剂)、碱集料反应抑制剂等。

六、混凝土掺合料

为了节约水泥、改善混凝土性能、调节混凝土强度等级,在混凝土拌和时加入的矿物粉质材料称为混凝土掺合料。常用的掺合料有粉煤灰、硅粉、沸石粉等。

(一)粉煤灰

粉煤灰是在燃烧煤粉的锅炉烟气中收集到的粉末,其颗粒多为球形,表面光滑。

粉煤灰有高钙粉煤灰和低钙粉煤灰之分,由褐煤燃烧形成,氧化钙含量大于 10% 的粉煤灰为高钙粉煤灰,具有一定的水硬性;由烟煤和无烟煤燃烧形成,氧化钙含量小于 10% 的粉煤灰为低钙粉煤灰,一般具有火山灰活性。我国的高钙粉煤灰较少,低钙粉煤灰来源比较广泛,是用量最大、使用范围最广的混凝土掺合料。

1. 粉煤灰的质量要求

粉煤灰的化学成分主要为 SiO_2 和 Al_2O_3,总含量在 60% 以上,它们是粉煤灰活性的来源。此外,其还含有少量的 Fe_2O_3、CaO、MgO 和 SO_3 等。

粉煤灰的矿物组成主要为硅铝玻璃体,呈实心或空心的微细球型颗粒,称为实心微珠或空心微珠。其中实心微珠颗粒最细,表面光滑,是粉煤灰中需水量最小,活性最高的有效成分。粉煤灰中还含有未燃尽碳粒、多孔玻璃体、玻璃体碎块和结晶体等。未燃尽碳粒颗粒较粗,会降低粉煤灰的活性,增大需水性,是有害成分之一。多孔玻璃体等非球型颗粒表面粗糙,粒径较大,会增大需水量,含量较多时会降低粉煤灰的品质。国家标准《用于水泥和混凝土的粉煤灰》(GB 1596—2005)根据粉煤灰的技术指标不同,将用于水泥和混凝土中的粉煤灰分为三个等级,如表 5-9 所示。

表 5-9 粉煤灰等级与质量指标(GB 1596—2005)

<table>
<tr><th colspan="2" rowspan="2">项目</th><th colspan="3">粉煤灰等级</th></tr>
<tr><th>Ⅰ级</th><th>Ⅱ级</th><th>Ⅲ级</th></tr>
<tr><td>细度(45 μm 方孔筛筛余,%)不大于</td><td rowspan="5">F 类粉煤灰
C 类粉煤灰</td><td>12.0</td><td>25.0</td><td>45.0</td></tr>
<tr><td>烧失量(%)不大于</td><td>5.0</td><td>8.0</td><td>15.0</td></tr>
<tr><td>需水量比(%)不大于</td><td>95.0</td><td>105.0</td><td>115.0</td></tr>
<tr><td>三氧化硫(%)不大于</td><td colspan="3">3.0</td></tr>
<tr><td>含水量(%)不大于</td><td colspan="3">1.0</td></tr>
<tr><td colspan="2">游离氧化钙(%)</td><td colspan="3">F 类粉煤灰≤1.0;C 类粉煤灰≤4.0</td></tr>
<tr><td colspan="2">安定性(雷氏夹沸煮后增加距离,mm)</td><td colspan="3">C 类粉煤灰≤5.0</td></tr>
</table>

细度是评定粉煤灰质量的重要指标,用 45 μm 方孔筛筛余的百分率来表示。一般来

说，细度越细，粉煤灰活性越好。

烧失量是指粉煤灰在950～1 000 ℃下，灼烧15～20 min至恒重时的质量损失，其大小反映未燃尽碳粒的多少。未燃尽碳粒是有害成分，其含量越小越好。

需水量比是水泥粉煤灰砂浆（水泥：粉煤灰 = 70：30）与纯水泥砂浆在达到相同流动度的情况下的需水量之比，是影响混凝土强度和拌和物流动性的重要参数。

Ⅰ级粉煤灰的品质最好，可以应用于各种混凝土结构、钢筋混凝土结构和跨度小于6 m的预应力混凝土结构。Ⅱ级粉煤灰细度较粗，适用于钢筋混凝土和无筋混凝土。Ⅲ级粉煤灰为火电厂的直接排出物，含碳量较高或粗颗粒含量较多，因此只能用于C30以下的中、低强度的无筋混凝土。

2. 粉煤灰的作用

在混凝土中掺入粉煤灰，有两方面的效果：

(1)节约水泥。一般可节约水泥10%～15%，有显著的经济效益。

(2)改善和提高混凝土的诸多技术性能。如改善混凝土拌和物的和易性、可泵性；降低大体积混凝土水化热；提高混凝土抗渗性、抗硫酸盐侵蚀性能和抑制碱集料反应等。

粉煤灰对混凝土性能的影响体现在两个方面。

(1)对新拌混凝土的影响：粉煤灰多为圆球形颗粒，在混凝土拌和物中起"滚珠"润滑作用，使各种颗粒间的摩擦力减小，从而提高混凝土的流动性。较细小的粉煤灰颗粒有助于水分充分地分散，提高保水性，并可以中断水泥浆体中泌水通道的连续性。

(2)对硬化混凝土的影响：粉煤灰具有火山灰活性，它的活性成分与水泥水化产物氢氧化钙反应生成硅酸钙凝胶，成为胶凝材料的一部分。同时，二次水化反应迟于水泥熟料，反应产物填充于水泥水化产物的孔隙中，使水泥石的孔隙细化，孔隙率减小，密实度增加，强度提高。

（二）硅灰

硅灰又称硅粉，是生产硅铁合金或硅钢等所排放的烟气中收集到的颗粒极细的烟尘，颜色呈浅灰到深灰。硅灰的颗粒是微细的玻璃球体，其粒径为0.1～1.0 μm，是水泥颗粒粒径的1/50～1/100，比表面积为18 500～20 000 m^2/kg，密度为2 100～2 200 kg/m^3。硅灰中无定形 SiO_2 的含量在85%～96%，具有很高的火山灰活性，其掺量一般为水泥用量的5%～10%，在配制超高强混凝土时，其掺量可达20%～30%。

硅灰掺入混凝土可以取得以下几个方面的效果：

(1)改善混凝土拌和物的黏聚性和保水性。由于硅灰具有很大的比表面积，在混凝土拌和物中的许多自由水都被硅灰粒子所约束，可以大大减少泌水量，改善混凝土拌和物的黏聚性和保水性。一方面硅灰可改善拌和物的黏聚性和保水性，另一方面会增加混凝土的需水量、降低拌和物的流动性。因此，将其作为混凝土掺合料时，必须同时掺入高效减水剂方可保证混凝土的和易性。

(2)提高混凝土的强度。硅灰能与部分水泥反应生成水化硅酸钙，均匀分布于水泥颗粒之间，形成密实的结构。由于硅灰的加入产生了火山灰反应和微填料效应，使水泥浆与集料界面过渡区明显改善，混凝土内部密实度提高，这些都会引起强度增加。掺入水泥质量5% ~10%的硅灰可配制出抗压强度达100 MPa以上的超高强混凝土。

(3)改善混凝土的孔结构,提高混凝土抗渗性、抗冻性及抗腐蚀性。硅灰的掺入虽然对混凝土的总孔隙率影响不大,但会使硬化孔结构细化,超细孔隙增加。因而掺入硅灰的混凝土抗渗性明显提高,抗冻及抗硫酸盐腐蚀能力也相应提高。

(4)抑制碱集料反应。掺入硅灰可抑制混凝土中的碱集料反应,因为硅灰粒子改善了水泥胶结材料的密封性,降低水分通过浆体的运动速度,使得碱集料反应所需的水分减少;另外,掺入硅灰时所形成的低钙硅比C-S-H凝胶,可以增加容纳外来离子(碱分子)的能力。

(三)沸石粉

沸石粉是天然的沸石岩经磨细而成,颜色为白色。沸石岩是一种火山灰质铝硅酸盐矿物,含有一定量活性二氧化硅和三氧化二铝,能与水泥水化析出的氢氧化钙反应生成胶凝物质。沸石粉具有很大的内表面积和开放性结构,其细度为80 μm筛筛余小于5%,平均粒径为5.0~6.5 μm。配制普通混凝土时,沸石粉的掺量为10% ~27%,配制高强混凝土时掺量一般为10% ~15%。

沸石粉用做混凝土掺合料可以提高混凝土强度,配制高强混凝土;也可以改善混凝土和易性及可泵性,配制流态混凝土及泵送混凝土。

(四)粒化高炉矿渣

粒化高炉矿渣是指将粒化高炉矿渣经干燥、磨细达到相当细度且符合相应活性指数的粉状材料。粒化高炉矿渣作为混凝土的掺合料,可等量取代水泥,而且能显著地改善混凝土的综合性能,如:改善混凝土拌和物的和易性,降低水化热的温升,提高混凝土的抗腐蚀能力和耐久性,增强混凝土的后期强度等。

(五)超细矿物掺合料

超细矿物掺合料是将高炉矿渣、粉煤灰或沸石粉等超细粉磨制成比表面积大于500 m^2/kg的超细微粒,用于配制高强、超高强混凝土。超细微粒矿物掺合料是高性能混凝土不可缺少的组分,掺入混凝土后可产生化学效应和物理效应。化学效应是指它们在水泥水化硬化过程中发生化学反应,产生凝胶性;物理反应是指它们具有微观填充作用,可填充水泥颗粒间的空隙,使结构致密化。

超细矿物掺合料的品种、细度和掺量都会影响混凝土的性能。一般具有以下几方面的效果,如:改善混凝土的和易性、提高混凝土的力学性能、改善混凝土的耐久性等。利用超细矿物掺合料是当今混凝土技术发展的趋势之一。

第三节　普通混凝土的技术性质

混凝土拌和物是由混凝土的组成材料拌和而成的尚未凝固的混合物,也称新拌混凝土。混凝土拌和物的性能不仅影响混合物的制备、运输、浇筑、振捣设备的选择,而且还影响硬化混凝土的性能。

一、混凝土拌和物的和易性

(一)和易性的概念

和易性是指混凝土拌和物在一定的施工条件下,便于施工操作(拌和、运输、浇筑、振捣)并能获得质量均匀、成型密实的混凝土的性能。混凝土拌和物的和易性是一项综合技术性质,它包括流动性、黏聚性及保水性三方面的含义。

(1)流动性。流动性指混凝土拌和物在自身质量或施工振捣的作用下产生流动,并均匀、密实地填满模型的性能。流动性的大小反映拌和物的稀稠,它关系着施工振捣的难易和浇筑的质量。

(2)黏聚性。黏聚性是指混凝土拌和物各组成材料之间有一定的黏聚力,在施工过程中不致出现分层和离析现象。黏聚性不好的拌和物,砂浆与石子容易分离,振捣后会出现蜂窝、空洞等现象,严重影响工程质量。

(3)保水性。保水性指混凝土拌和物具有一定的保持水分的能力,在施工过程不致出现严重的泌水现象。如果混凝土拌和物保水性差,浇筑振实后,一部分水分就从内部析出,水渗过的地方会形成毛细管孔隙,成为以后混凝土内部的渗水通道;在水分泌出过程中,一部分水还会停留在石子及钢筋的下面,减弱水泥浆与石子及钢筋的黏结能力。这些都将影响混凝土的密实性,并降低混凝土的强度和耐久性。

混凝土拌和物的流动性、黏聚性和保水性三者是相互联系的。一般来说,流动性大的拌和物,其黏聚性和保水性相对较差。所谓拌和物具有好的和易性,就是其流动性、黏聚性及保水性都较好地满足具体施工工艺的要求。

(二)和易性测定方法

由于和易性内涵比较复杂,到目前为止,还没有确切的指标能全面地反映混凝土拌和物的和易性。土木工程建设中,一般常用坍落度法或维勃稠度法来测定混凝土拌和物流动性的大小,并根据经验,通过对试验或现场的观察,定性地判断或评定混凝土拌和物黏聚性及保水性的优劣,从而综合判定其和易性。

通常对于较稀、在自重下具有可塑性或流动性的混凝土拌和物采用坍落度法测定其和易性,而对于较干硬的混凝土,采用维勃稠度法。

1. 坍落度法

坍落度的测定是将混凝土拌和物分三层装入标准截头圆锥筒内(每层高度为筒高的1/3左右),每层均匀插捣25次,抹平后将筒垂直提起,混凝土拌和物在自身质量作用下产生一定的坍落,如图5-5所示,坍落的毫米数称为坍落度。坍落度越大,表明混凝土拌和物的流动性越大。

在测定坍落度的同时,应检查混凝土的黏聚性及保水性。黏聚性的检查方法是用捣棒在已坍落的拌和物锥体一侧轻打,若轻打时锥体渐渐下沉,表示黏聚性良好;如果锥体突然倒塌、部分崩裂或发生石子离析,则表示黏聚性不好。保水性以混凝土拌和物中稀浆析出的程度评定。提起坍落筒后,如有较多稀浆从底部析出,拌和物锥体因失浆而集料外露,表示拌和物的保水性不良。如提起坍落筒后,无稀浆析出,或仅有少量稀浆自底部析出,混凝土锥体含浆饱满,则表示混凝土拌和物保水性良好。

低塑性混凝土的坍落度为10～40 mm，塑性混凝土坍落度为50～90 mm，流动性混凝土坍落度为100～150 mm，大流动性混凝土坍落度大于或等于160 mm。

坍落度试验方法不适用于集料最大粒径大于40 mm或坍落度值小于10 mm的混凝土拌和物。

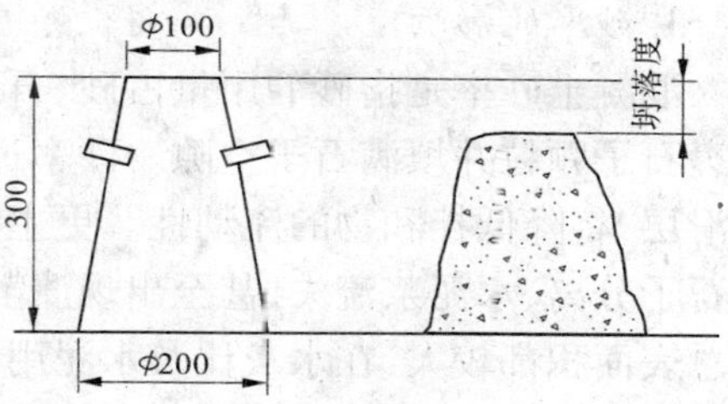

图5-5　坍落度测定图　（单位：mm）

2. 维勃稠度法

对于干硬性混凝土拌和物，采用维勃稠度（VB）作为和易性指标。将混凝土拌和物按标准方法装入维勃稠度仪容量桶中的坍落筒内，装满刮平后，缓慢垂直提起坍落筒，将透明圆盘置于拌和物锥体顶面；启动振动台，用秒表测出从开始振动到混凝土拌和物摊平，透明圆盘的底面完全为水泥浆布满所经历的时间（以s计），即为维勃稠度。维勃稠度代表拌和物振实所需的能量，时间越短，表明拌和物越易被振实。它能较好地反映混凝土拌和物在振动作用下便于施工的性能。

（三）影响混凝土拌和物和易性的因素

影响拌和物和易性的因素很多，主要有水泥浆含量、水泥浆的稀稠、含砂率的大小、原材料的种类以及外加剂等。

1. 水泥浆含量的影响

在水泥浆稀稠不变，也即混凝土的水用量与水泥用量之比（水灰比）保持不变的条件下，单位体积混凝土内水泥浆含量越多，拌和物的流动性越大。拌和物中除必须有足够的水泥浆包裹集料颗粒之外，还需要有足够的水泥浆以填充砂、石集料的空隙并使集料颗粒之间有足够厚度的润滑层，以减少集料颗粒之间的摩阻力，使拌和物有一定的流动性。但若水泥浆过多，集料不能将水泥浆很好地保持在拌和物内，混凝土拌和物将会出现流浆、泌水现象，使拌和物的黏聚性及保水性变差。这不仅增加水泥用量，而且还会对混凝土强度及耐久性产生不利影响。因此，混凝土内水泥浆的含量，以使混凝土拌和物达到要求的流动性为准，不应任意加大。

2. 水灰比的影响

在水泥用量、集料用量均不变的情况下，水灰比越小，水泥浆就越稠，混凝土拌和物的流动性就越小。当水灰比过小时，水泥浆干稠，混凝土拌和物的流动性过低，就会造成施工困难。水灰比增加，混凝土拌和物流动性增加，但若水灰比过大，又会造成混凝土拌和物的黏聚性和保水性不良，而产生流浆、离析现象。因此，混凝土拌和物的水灰比不能过小或过大，一般应根据混凝土强度和耐久性的要求合理选用。

水泥浆含量或水灰比对拌和物流动性的影响，实质上都是用水量的影响。因此，影响混凝土拌和物和易性的决定因素是单位体积用水量多少。根据试验，集料的最大粒径、混凝土单位用水量一定时，则水泥用量、集料级配即使有些变化，坍落度大体保持不变，这一规律通常称为固定用水量定则。这个定则用于混凝土配合比设计时，是比较方便的，即可以通过固定单位用水量、变化水灰比，而得到既满足拌和物和易性要求，又满足混凝土强度设计的要求。

3. 砂率的影响

混凝土砂率是指砂的用量占砂、石总用量(按质量计)的百分数。混凝土中的砂浆应包裹石子颗粒并填满石子空隙。砂率过小,砂浆量不足,不能在石子周围形成足够的砂浆润滑层,将降低拌和物的流动性。更主要的是严重影响混凝土拌和物的黏聚性及保水性,使石子分离、水泥浆流失,甚至出现溃散现象。砂率过大,石子含量相对过少,集料的孔隙及总表面积都较大,在水灰比及水泥用量一定的条件下,混凝土拌和物显得干稠,流动性显著降低;在保持混凝土流动性不变的条件下,会使混凝土的水泥浆用量显著增大。因此,混凝土含砂率不能过小,也不能过大,应取合理砂率。

合理砂率是在水灰比及水泥用量一定的条件下,使混凝土拌和物保持良好的黏聚性和保水性并获得最大流动性的砂率(见图5-6)。也即在水灰比一定的条件下,当混凝土拌和物达到要求的流动性,而且具有良好的黏聚性及保水性时,水泥用量最省的含砂率,如图5-7所示。

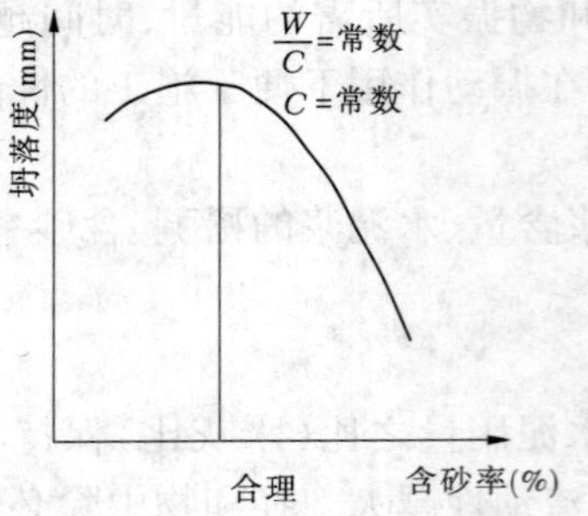

图5-6　含砂率与坍落度的关系曲线

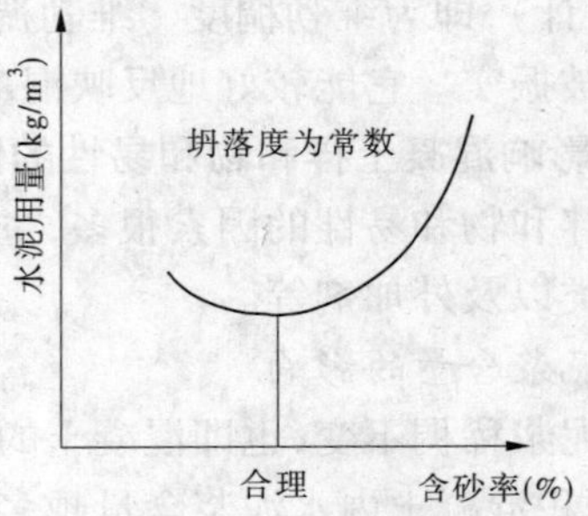

图5-7　含砂率与水泥用量的关系曲线

4. 其他因素的影响

除上述影响因素外,拌和物和易性还受水泥品种、掺合料品种及掺量、集料种类、粒级及级配、混凝土外加剂以及混凝土搅拌工艺和环境温度等条件的影响。

水泥需水量大者,拌和物流动性较小。使用矿渣水泥时,混凝土保水性较差。使用火山灰水泥时,混凝土黏聚性较好,但流动性较小。

掺合料的品质及掺量对拌和物的和易性有很大影响,当掺入优质粉煤灰时,可改善拌和物的和易性。掺入质量较差的粉煤灰时,往往使拌和物流动性降低。

粗集料的颗粒较大、粒形较圆、表面光滑,级配较好时,拌和物流动性较大。使用粗砂时,拌和物黏聚性及保水性较差;使用细砂及特细砂时,混凝土流动性较小。混凝土中掺入某些外加剂,可显著改善拌和物的和易性。

拌和物的流动性还受气温高低、搅拌工艺以及搅拌后拌和物停置时间的长短等施工条件影响,对于掺用外加剂及掺合料的混凝土,这些施工因素的影响更为显著。

(四)混凝土拌和物流动性指标的选择

正确选择拌和物流动性(坍落度)指标,对于保证混凝土的施工质量及节约水泥有着重要的意义。坍落度较小的拌和物虽然施工困难些,但水泥浆用量较少,节约水泥;坍落度较大的拌和物,施工容易些,但水泥用量较多,而且容易产生离析、泌水现象。因此,在选择坍落度指标时,原则上应在便于施工操作并能保证振捣密实的条件下,尽可能取较小的坍落度，以节约水泥并获得质量较高的混凝土。具体地说，应根据结构物的条件及施工方法而定。当构件截面尺寸较小或钢筋较密，或采用人工振捣时，坍落度可选择大些。反之，当构件截面尺寸较大或钢筋较疏，或采用振捣器振捣时，坍落度可选择小些。不同工程宜采用的坍落度值可参照有关规范。

二、硬化混凝土的强度

混凝土是主要用做承受荷载或抵抗各种作用力的结构材料，因此强度是混凝土最重要的力学性质。混凝土的强度分为抗压强度、抗拉强度、抗弯强度及抗剪强度等。其中以抗压强度最大，抗拉强度最小，故在结构工程中混凝土主要用于承受压力。

（一）混凝土抗压强度

1. 混凝土立方体抗压强度与强度等级

混凝土的抗压强度与其他强度及其他性能之间有一定的相关性，因此混凝土的抗压强度是结构设计的主要参数，也是评定和控制混凝土质量的重要指标。抗压强度用单位面积上所能承受的压力来表示。根据试件形状的不同，混凝土抗压强度分为轴心抗压强度和立方体抗压强度。

《普通混凝土力学性能试验方法》（GB/T 50081—2002）规定，以边长为 150 mm 的立方体试件为标准试件，按标准方法成型，在标准养护条件下（温度（20 ± 2）℃，相对湿度 90% 以上或置于水中），养护到 28 d 龄期，用标准试验方法测得的极限抗压强度，称为混凝土立方体抗压强度。在混凝土立方体抗压强度总体分布中，具有 95% 保证率的抗压强度，称为立方体抗压强度标准值。根据立方体抗压强度标准值（以 MPa 计）的大小，将混凝土划分为不同的强度等级：C7. 5、C10、C15、C20、C25、C30、C35、C40、C45、C50、C55、C60。如强度等级 C20 是指立方体抗压强度标准值为 20 MPa 的混凝土。建筑物的不同部位或承受不同荷载的结构应选用不同强度等级的混凝土。

工程实践中，为了检验结构物中的混凝土强度，有时需要测定非标准养护（如与构件同条件养护）的或非 28 d 龄期的混凝土抗压强度。

2. 混凝土轴心抗压强度

混凝土强度测定值与试件的形状有关，在实际工程中，混凝土构件的形式各异，混凝土的受力情况也各不相同，为使混凝土强度测定条件尽量与结构受力情况接近，在结构设计中，有时采用轴心抗压强度作为计算依据。

目前，我国以 150 mm × 150 mm × 300 mm 的棱柱体试件作为轴心抗压强度的标准试件。如有必要，也可用非标准尺寸的柱体试件，但其高与宽（或直径）之比应为 2 ~ 3。同一种混凝土的轴心抗压强度小于立方体抗压强度，且高宽比（或高直比）越大，轴心抗压强度越小。试验结果表明，普通混凝土标准试件的轴心抗压强度（f_{cp}）为标准立方体试件抗压强度（f_{cu}）的 0. 7 ~ 0. 8 倍。考虑到结构中混凝土强度与试件强度的差异，并假定混凝土立方体抗压强度离差系数与轴心抗压强度离差系数相等，混凝土轴心抗压强度标准值常取其等于 0. 67 倍的立方体抗压强度标准值。

（二）混凝土的抗拉强度

混凝土的抗拉强度很低，一般为抗压强度的 1/20 ~ 1/10，而且抗拉抗压强度比随着混凝土强度等级的提高而降低。混凝土抗拉强度 f_t(MPa)与抗压强度 f_{cu}(MPa)之间的关系可近似地用经验公式(5-3)表示,即

$$f_t = 0.23 f_{cu} \tag{5-3}$$

测定混凝土抗拉强度的方法,有轴心抗拉法和劈裂法。轴心抗拉试验比较麻烦,且试件缺陷或加荷时有很小的偏心就会严重影响试验结果,致使试验结果离散性较大,故一般多采用劈裂抗拉强度法。标准规定,劈裂抗拉强度采用边长 150 mm 的立方体试件,在试件的两个相对的表面上加上垫条。当施加均匀分布的压力时,就能在外力作用的竖向平面内产生均匀分布的拉应力。

(三)影响混凝土强度的因素

影响混凝土强度的因素很多,主要有水泥强度及水灰比、集料种类、养护条件及龄期和施工方法、施工质量等。

1. 水泥强度等级与水灰比

普通混凝土受力破坏一般首先出现在集料和水泥石的界面上,即所谓的黏结面破坏形式。当水泥石强度较低时,水泥石本身首先破坏也是常见的破坏形式。在普通混凝土中,集料首先破坏的可能性小。因为集料强度通常大大超过水泥石和黏结面的强度。所以,混凝土的强度主要取决于水泥石强度及其与集料的黏结强度,而它们又取决于水泥强度等级及水灰比的大小,即水泥强度与水灰比是影响混凝土强度的主要因素。拌制混凝土拌和物时,为了获得必要的流动性,常需用较大的水灰比。一般塑性混凝土的水灰比常为 0.40 ~0.75。而水泥完全水化所需的化学结合水一般只占水泥质量的 25% 左右。这样,混凝土中就常有多余的水分,它是使混凝土中产生毛细孔及微细裂缝的主要原因。水灰比大,水泥石的密实度小,孔隙也较多,水泥石的强度较低。同理,多余水分所造成的泌水多,混凝土的微细裂缝也多,水泥石与集料的黏结也弱。因此,水泥强度等级愈高,混凝土强度愈高;水灰比愈大,混凝土强度愈低。

试验证明,在原材料一定的条件下,混凝土强度随水灰比增大而降低的规律呈曲线关系,如图 5-8(a)所示;混凝土强度与灰水比(水灰比的倒数)则呈直线关系,如图 5-8(b)所示,需要指出的是,当水灰比过小时,水泥浆过分干稠,在一定振捣条件下,混凝土拌和物不能被振捣密实,反而导致混凝土强度降低,如图 5-8(a)中的虚线所示。

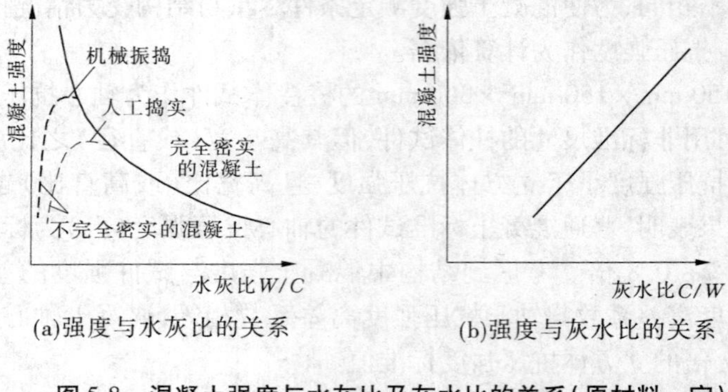

(a)强度与水灰比的关系　　(b)强度与灰水比的关系

图 5-8　混凝土强度与水灰比及灰水比的关系(原材料一定)

根据大量的试验,采用数理统计方法可以建立混凝土强度与水泥强度及水灰比间的

关系式,通常采用经验公式表示,即

$$f_{cu} = A \cdot f_{ce}(\frac{C}{W} - B) \tag{5-4}$$

式中　f_{cu}——混凝土 28 d 龄期的抗压强度,MPa;

f_{ce}——水泥 28 d 龄期的实际抗压强度,MPa;

C/W——混凝土的灰水比;

A、B——经验系数。

A、B 值随所用材料的品种、施工条件等因素而变化。因此,在条件许可时应结合工程实际,配制不同水灰比的混凝土进行强度试验,统计出本工程的经验系数(或绘制出如图 5-9的关系曲线)。在无条件进行系统试验时,可根据《普通混凝土配合比设计规程》(JGJ/T 55—2000)提供的 A、B 系数取用。

当集料含水以干燥状态为基准时,A、B 系数值可取下列经验值。

对于卵石混凝土:$A = 0.48$,$B = 0.33$;

对于碎石混凝土:$A = 0.46$,$B = 0.07$。

利用上述经验公式,可以初步解决以下问题:①当所采用的水泥强度等级或实际强度已知,欲配制某强度的混凝土时,可以估计应采用的水灰比值;②当已知所采用水泥的强度等级及水灰比值,可以估算出混凝土在标准条件下养护 28 d 龄期可能达到的强度。

2. 集料的种类及级配

集料本身的强度一般都比水泥石的强度高,所以不会直接影响混凝土的强度。但集料中有害杂质过多且品质低劣时,将降低混凝土的强度。表面粗糙并富有棱角的碎石集料,与水泥石的机械啮合力黏结较大,所以在水泥强度等级和水灰比相同的情况下,所配制混凝土的强度较卵石的强度高。但达到相同的流动性时,碎石拌制的混凝土比卵石拌制的混凝土用水量大,随着水灰比变大,强度变低。因此,当水灰比小于 0.4 时,用碎石配制的混凝土比卵石混凝土的强度约高 38%,随着水灰比增大,两者差别就不显著了。当集料级配良好,砂率适当时,砂石集料填充密实,也使混凝土获得较高的强度。

3. 养护条件

混凝土的强度受养护条件及龄期的影响很大。在干燥的环境中,混凝土强度发展会随水分的逐渐蒸发而减慢或停止。养护温度高时,硬化速度较快,养护温度低时,硬化比较缓慢。当温度低至 0 ℃以下时,混凝土停止硬化,且有冰冻破坏的危险。因此,混凝土浇捣完毕后,必须加强养护,保持适当的温度和湿度,以保证水化不断进行,强度不断增长。施工规范规定,混凝土浇筑完毕后,应在 12 h 内进行覆盖,以防止水分蒸发。在夏季施工时,要特别注意浇水保湿。使用硅酸盐水泥、普通硅酸盐水泥和矿渣水泥时,浇水保湿应不小于 7 d;使用火山灰水泥和粉煤灰水泥时,保湿养护应不小于 14 d。

4. 龄期

在正常养护条件下,混凝土的强度在最初几天发展较快。以后逐渐缓慢,28 d 以后更慢,如果能长期保持适当的温度和湿度,混凝土强度的增长可延续数十年之久。

混凝土强度是随龄期的延长而增长的,在设计中对非 28 d 龄期的强度提出要求时,必须说明相应的龄期。大坝混凝土常选用较长的龄期,利用混凝土的后期强度以便节约水泥。但也不能选取过长的龄期,以免造成早期强度过低,给施工带来困难。应根据建筑物形式、地区气候条件以及开始承受荷载的时间,选用 28 d、60 d、90 d 或 180 d 为设计龄期,最长不宜超过 365 d,在选用长龄期为设计龄期时,应同时提出 28 d 龄期的强度要求。施工期间控制混凝土质量一般仍以 28 d 强度为准。

5. 施工因素的影响

混凝土施工过程中若搅拌不均匀,振捣不密实或养护不良等,均会降低混凝土的强度。

混凝土拌和物的搅拌可分为机械搅拌和人工拌和。机械搅拌比人工拌和能使拌和物拌和得更均匀,从而可获得强度更高的混凝土。尤其是对于掺有减水剂或引气剂的混凝土,机械搅拌的作用更为突出。

混凝土振捣方法有人工捣实和机械振捣两种。采用机械振捣浇筑的混凝土比人工捣实的混凝土密实,强度也较高,对于低流态混凝土或干硬性混凝土,采用机械振捣法更为适宜。

三、混凝土的变形性能

硬化混凝土会因为各种物理、化学因素或在荷载作用下引起局部或整体的体积变化,即混凝土的变形。如果混凝土处于自由的非约束状态,那么体积变化一般不会产生不利影响。但是实际中混凝土结构受到基础及周围环境的约束时,混凝土的体积变化会在混凝土内引起拉应力,当拉应力超过混凝土自身抗拉强度时,就会引起混凝土的裂缝。比如大体积混凝土浇筑初期,水泥水化放热,使混凝土内部温度升高,产生内表温差,在混凝土表面产生拉应力,导致表面裂缝,当气温骤降时,这种裂缝更易发生。在硬化后期,混凝土温度逐渐降低而发生收缩,此时混凝土若受到基础或周围环境的约束,会产生深层裂缝。

混凝土的开裂主要是由于混凝土中拉应力超过了抗拉强度,或者说是由于拉伸应变达到或超过了极限拉伸值而引起的。混凝土的变形按其产生原因可分为荷载作用下的变形和混凝土的物理与化学变形等。

(一)混凝土的物理和化学变形

1. 化学收缩

混凝土在硬化过程中,由于水泥水化而引起的体积变比称为自生体积变形。普通水泥混凝土中,水泥水化生成物的体积较反应前物质的总体积小,这种体积收缩是由水泥水化反应所产生的固有收缩,亦称为化学减缩。混凝土的这一体积收缩变形是不能恢复的。其收缩量随着混凝土的龄期延长而增加,单化学收缩的收缩率一般很小。测定混凝土化学收缩的方法,是把成型的混凝土试件,立即用密封材料封闭,并置于 20 ℃环境中养护,记录应变计的初始读数及以后各龄期混凝土的应变值。在测定混凝土干缩率时,干缩变形中已经包括了混凝土的部分化学收缩,故有时不单独测定混凝土化学收缩。混凝土的化学收缩率虽然较小,在限制应力下不会对结构物产生破坏作用,但其收缩过程中可在混凝土内部产生微细裂纹,可能影响混凝土的受载性能和耐久性能。

2. 温度变形

混凝土具有热胀冷缩的性质。一般来说,室温变化对混凝土没有大的影响。但温度变化很大时，就会对混凝土产生严重影响。混凝土与温度有关的变形除取决于温度变化的程度外，还取决于其组成材料的热膨胀系数。温度变形的大小可用温度变形系数(α)表示，用式(5-5)计算，即

$$\alpha = \frac{\Delta L}{L\Delta T} \tag{5-5}$$

式中　L——试件长度；

ΔT——温度变比；

ΔL——温度变化 ΔT 时，长度的变化。

混凝土温度变形系数随集料种类及配合比的不同而改变。当温度变化引起集料颗粒体积变化与水泥石体积变化相差很大时，或者集料颗粒之间的膨胀系数有很大差别时，都会产生破坏性的内应力。当集料为石英岩、石英砂岩或花岗岩时，α 值较大；当集料为石灰岩、白云岩或玄武岩时，α 值较小。集料最大粒径较大的混凝土，其水泥浆较少，α 值较小。

当缺乏资料时，对石灰岩人工砂石集料混凝土，可取 α 为 $0.5\times10^{-5}\sim0.7\times10^{-5}$/℃；对硅质砂岩人工砂石集料或天然砂石集料的混凝土，常取 α 为 1.0×10^{-4}/℃。温度变形系数的大小对混凝土温度应力及结构的温度变形有很大影响。选用 α 值较小的混凝土有利于减小大体积混凝土的温度应力，提高抗裂性。

3. 干湿变形

干湿变形指的是混凝土的湿胀干缩，这是由混凝土内水分变化引起的。当混凝土长期在水中硬化时，会产生微小的膨胀；当混凝土在空气中硬化时，由于水分蒸发，水泥石凝胶体逐渐干燥收缩，使混凝土产生干缩。已干燥的混凝土再次吸水变湿时，原有的干缩变形会大部分消失，也有一部分(30%～50%)是不消失的。

混凝土干缩变形的大小用干缩率表示。一般采用 100 mm×100 mm×500 mm 的试件，在温度为(20±3)℃，相对湿度为 55%～65% 的干燥室(或干燥箱)中干缩至规定龄期，测定干缩前后的试件长度，按式(5-6)计算干缩率：

$$\text{干缩率} = \frac{L_0 - L_1}{L_b} \tag{5-6}$$

式中　L_b——试件的测量标距；

L_0——试件的初始长度；

L_1——试件干缩至规定龄期后的长度。

用这种方法测得的干缩率，其值可达 $3\times10^{-4}\sim5\times10^{-4}$。而实际工程中构件的尺寸要比试件大得多，构件内部混凝土干燥过程则缓慢得多，所以构件上混凝土干缩率较上述试验值也小很多。设计上常采用的混凝土干缩率为 1.5×10^{-4}。

影响混凝土干缩率的主要因素有：混凝土单位用水量越大，干缩率越大，一般混凝土用水量每增加 1%，干缩率可增大 2%～3%；混凝土水灰比越大，干缩率越大；混凝土集料最大粒径越大，级配越良好，其干缩率越小。此外，水泥的品种及细度对干缩率也有很大影响，火山灰水泥的干缩率最大。水泥越细，干缩率也越大。当掺用促凝剂时，可使干缩率增大，例如掺用氯化钙将使混凝土的干缩率增大 50%～100%。

干缩变形可使混凝土表面产生拉应力，引起表面裂纹，使混凝土抗渗、抗冻、抗侵蚀性能降低。因此，干缩对混凝土有较大的危害，工程中应予以足够注意。

(二)混凝土在荷载作用下的变形

1. 混凝土的受压变形与破坏特征

在短期荷载条件下(按一般静力试验加荷)，混凝土受力变形如图 5-9 所示。应力—应变曲线见图 5-9 的 1 线，应力—体积应变曲线见图 5-9 的 2 线。

混凝土应力—应变关系，随应力(σ)大小的不同，可分为四个阶段。当混凝土承受的压应力低于 30% 极限应力时，即 $\sigma<0.3f_{cu}$时，在粗集料与砂浆二者的界面过渡区的原声界面裂缝(养护过程中由于泌水、收缩等产生的)基本保持稳定，没有扩展趋势。尽管局部界面区域可能有极少的新的微裂缝产生，但它很稳定。因此，这一阶段应力—应变曲线近于直线，此时混凝土的变形主要是弹性变形，也有极少的塑性变形。

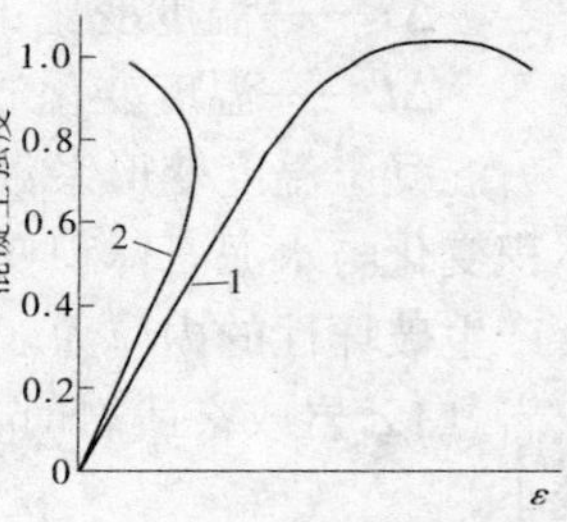

图 5-9　混凝土受压时应力—应变曲线

1—应力—应变曲线；
2—应力—体积应变曲线

当 σ 为$(0.3\sim0.5)f_{cu}$时，应力—应变曲线的曲率增大，体积变形曲线的压缩率逐渐减小，直到体积压缩停止。此阶段混凝土内界面过渡区的微裂缝在长度、宽度和数量上均随应力水平的逐步提高而增加。裂缝稳定扩展，若保持应力于某一水平不变，裂缝扩展到某一程度也会自行停止，由于混凝土内裂缝的扩展，混凝土的总变形中包含有较多的塑性变形。这种塑性变形与金属材料的塑性变形不同，它是与混凝土内裂缝发展相联系的，故称为假塑性。

当 σ 为$(0.5\sim0.75)f_{cu}$时，一旦应力水平超过 $0.5f_{cu}$，界面裂纹变得不稳定，而且逐渐延伸到砂浆基体中，同时砂浆基体中也开始出现微裂缝。应力再增加，砂浆基体中的裂纹也逐渐增多，并产生不稳定扩展。应力水平达到 $0.75f_{cu}$ 左右时，整个裂缝体系变得不稳定，界面过渡区裂缝和砂浆基体裂缝开始搭接。

当 $\sigma\geqslant0.75f_{cu}$后，随着应力增长，基体与过渡区的裂纹迅速扩展成为连续的裂缝体系，混凝土表面出现可见裂缝，其体积变形曲线反转，体积开始转向膨胀。此时混凝土产生非常大的应变，其受压应力—应变曲线明显弯曲，趋向水平，直至达到极限应力。

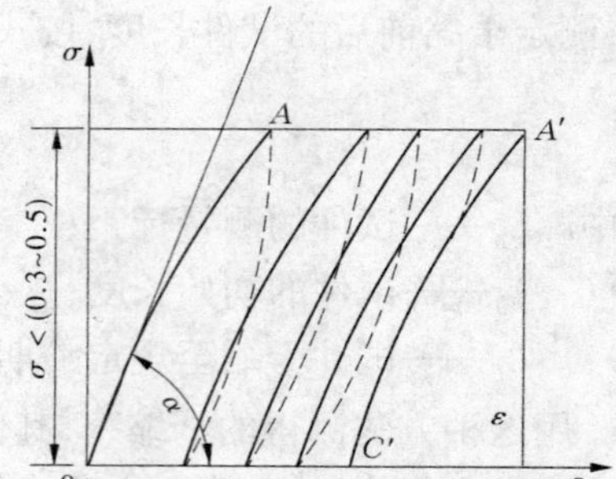

图 5-10　低应力下重复荷载的应力—应变曲线

在重复荷载作用下，应力—应变曲线因作用应力大小的不同而有不同的形式。当重复应力小于 $0.3f_{cu}$时，应力—应变曲线如图 5-10 所示。每次卸荷都残留少量塑性变形，且随着应力重复次数增加，塑性变形增量逐渐减小，最后曲线稳定于 $A'C'$线。它与初始切线大致平行。当重复应力大于$(0.5\sim0.7)f_{cu}$时，随着重复次数的增加，塑性应变将逐渐增加，最后导致疲劳破坏。

由上可见，混凝土在短期荷载下的变形和破坏，与其内部裂缝的发生、扩展是紧密联系的。

2. 变形模量

混凝土的变形模量是指应力—应变曲线上任一点的应力与应变的比值。在计算钢筋混凝土的变形、裂缝开展、大体积混凝土的温度应力以及进行结构物应力观测时，均需了解混凝土的变形模量。由前述混凝土应力—应变关系可知，当混凝土所受应力大小不同时，其变形模量也不同。故在上述计算和观测中，应采用不同的变形模量。

在混凝土及钢筋混凝土结构设计中，常采用按标准方法测得的变形模量，称为混凝土静力弹性模量（E_h）。

混凝土静力弹性模量与混凝土强度密切相关。强度越高，弹性模量越大，且混凝土静力弹性模量随养护温度的提高及龄期的增大而增大。当缺乏试验资料时，28 d 龄期 E_h（MPa）可按下列经验公式近似计算：

$$E_h = \frac{10^5}{2.2 + \frac{34.7}{f_{cu}}} \tag{5-7}$$

式中　f_{cu}——混凝土 28 d 龄期立方体抗压强度，MPa。

混凝土静力弹性模量还受下列因素影响：混凝土的水泥浆含量较小时，弹性模量较大；集料弹性模量较大时，混凝土弹性模量也较大；掺引气剂混凝土的弹性模量较普通混凝土低 20% ~30%。

当 $\sigma \geqslant 0.75 f_{cu}$ 时，混凝土应力—应变曲线明显弯曲，故变形模量明显减小。这时的变形模量称为弹塑性模量 E_b。当计算构件出现裂缝前的变形时，应采用弹塑性模量，常取 $E_h = 0.85E_b$。

混凝土抗拉弹性模量 E_t，是用断面 100 mm×100 mm 的轴心拉伸试件，进行轴心拉伸试验测定的。混凝土的 E_t 与 E_h 十分接近，当缺乏试验资料时，常取 $E_t = E_h$。

用测定试件自振频率的方法，所测得的弹性模量称为混凝土动弹性模量 E_a，其值较 E_b 大。

3. 徐变

随着荷载作用时间的延长，混凝土变形将逐渐增大。这种随时间增长的变形称为徐变。混凝土徐变是加荷龄期 τ 和荷载持续时间 t 的函数。当 $\sigma < 0.3 f_{cu}$ 时，在持荷时间内，变形随时间延长而增长，徐变变形可达瞬时变形的 2 ~3 倍。卸除荷载后，部分变形瞬时恢复，少部分变形逐渐恢复，称为徐变恢复。此外，还会保留部分永久变形。徐变曲线如图 5-11 所示。徐变量 $\varepsilon(\tau,t)$ 与应力 σ 成正比，即

$$\varepsilon(\tau,t) = C(\tau,t)\sigma \tag{5-8}$$

式中　$C(\tau,t)$——单位应力的徐变量，称为徐变度或比徐变。

当 $\sigma > (0.3 \sim 0.5) f_{cu}$ 时，徐变变形增长比应力增长快；

当 $\sigma > (0.7 \sim 0.8) f_{cu}$ 时，混凝土将由于变形的不断增长而破坏。持荷时间越长，破坏应力越低。当持荷时间趋近于无限大时，其破坏应力称为持久强度。

混凝土的徐变是由于水泥石的徐变所引起的。而水泥石的徐变则产生于凝胶体中的水分在荷载作用下的迁移，以及在长期荷载的作用下凝胶体的黏性流动。砂、石集料及水

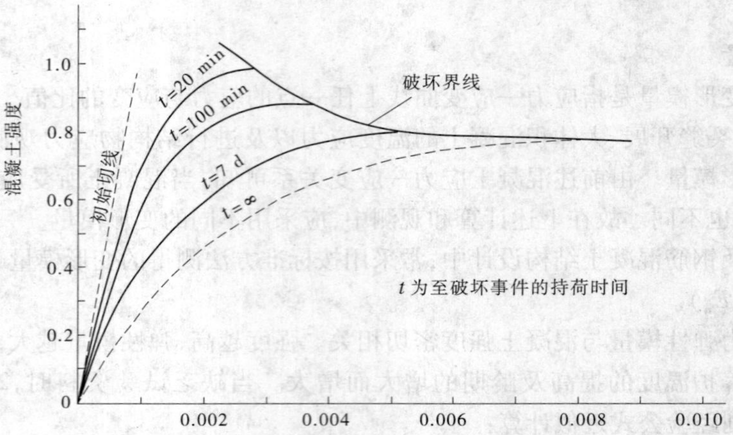

图 5-11　不同加荷速度下的应力—应变曲线

泥石中的未水化水泥内核及结晶体，可以认为是不产生徐变的，且它们能阻碍水泥石变形，减少混凝土徐变。混凝土中的孔隙，则与集料相反，增加了混凝土的徐变。

影响混凝土徐变的因素很多，混凝土的加荷龄期（τ）较短时，产生的徐变较大；水灰比较大及强度较低的混凝土，徐变较大；水灰比相同时，水泥用量较多的混凝土徐变较大；在水泥中掺有矿渣或火山灰质混合材料或采用掺混合材料硅酸盐水泥时，可增大混凝土徐变；加入引气剂，可增大混凝土徐变；充分养护，特别是水中养护，可使混凝土徐变减小。

混凝土徐变对建筑物的受力影响很大，由于混凝土徐变，结构内部会发生应力和变形重分布。例如：在钢筋混凝土中，由于混凝土的徐变，将使钢筋所承受的应力增大。在预应力钢筋混凝土中，混凝土的徐变会使钢筋的预加应力受到损失。徐变还能使结构内应力集中现象得到缓解。徐变也能降低大体积混凝土的温度应力。

四、混凝土的耐久性

混凝土除要求具有设计的强度外，还应具有抗渗性、抗冻性、抗冲磨性、抗侵蚀性及抗风化性等，即要求混凝土在长期使用环境条件下保持性能稳定。混凝土的耐久性是指它暴露在使用环境下抵御各种物理和化学作用破坏的能力。混凝土的耐久性对延长结构使用寿命、减少维修保养费用等具有重要意义。耐久性是一个综合性的概念，包含的面很广，影响因素也很多。

（一）混凝土的抗渗性

混凝土的抗渗性是指其抵抗压力水渗透作用的能力。抗渗性是混凝土的一项重要性质，除关系到混凝土的挡水及防水作用外，还直接影响混凝土的抗冻性及抗侵蚀性等。抗渗性较差的混凝土，水分容易渗入内部，若遇冰冻或水中含有侵蚀性溶质时，混凝土就容易受到冰冻或侵蚀作用而破坏。

混凝土抗渗性可用渗透系数或抗渗等级表示。我国目前沿用的表示方法是抗渗等级。混凝土抗渗等级，是以 28 d 龄期的标准试件，在标准试验方法下所能承受的最大水压力来确定的。混凝土抗渗等级分为：P4、P6、P8、P10、P12 等，即表示混凝土在标准试验条件下能抵抗 0.4、0.6、0.8、1.0、1.2 MPa 的压力水而不渗水。混凝土抗渗等级应根据结构物所承受的水压情况，按有关规范进行选择。

混凝土的抗渗性还可用渗透系数表示。混凝土渗透系数越小，抗渗性越强。混凝土透水的原因，是由于内部存在渗水通道。这些通道除产生于施工振捣不密实及裂缝外，主要来源于水泥浆中多余水分蒸发而留下的毛细孔、水泥浆泌水所形成的孔道及集料下部界面聚集的水隙。渗水通道的多少，主要与水泥品种及水灰比的大小有关。当水泥品种一定时，水灰比是影响抗渗性的主要因素。水灰比小时抗渗性高，反之抗渗性低。图 5-12 为不同水灰比水泥净浆的渗透系数示例。由图 5-12 可见，水灰比大于 0.6 时，渗透系数剧增，抗渗性显著下降。

当掺用引气剂等外加剂时，由于改变了混凝土中的孔隙构造，截断了渗水通道，故可显著提高混凝土的抗渗性。当采用普通水泥、火山灰水泥或掺入粉煤灰等掺合料时，混凝土抗渗性较好；当采用矿渣水泥时，抗渗性较差。此外，集料级配、施工质量及养护条件等，也对混凝土抗渗性有一定影响。

混凝土抗渗性随养护龄期的延长而增长。设计中确定抗渗等级时，可以根据结构物开始承受水压的时间，考虑后龄期抗渗性的增长。

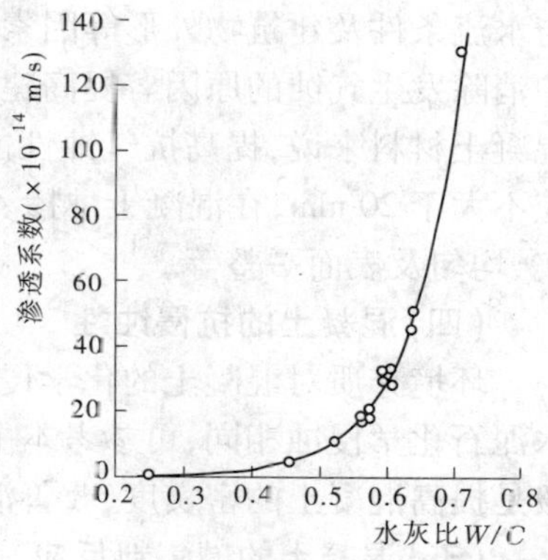

图 5-12 不同水灰比水泥净浆的渗透系数

(二) 混凝土的抗冻性

混凝土的抗冻性，是指混凝土在水饱和状态下能经受多次冻融作用而不破坏，同时也不严重降低强度的性能。混凝土抗冻性常以抗冻等级表示，测量方法有慢冻法和快冻法。其中慢冻法的抗冻等级是以龄期 28 d 的试块吸水饱和后承受(-15 ~ -20 ℃)至(15 ~20 ℃)反复冻融循环以满足抗压强度下降不超过 25%、质量损失不超过 5% 时所能承受的最大冻融循环次数来确定。混凝土抗冻等级表示为 F100、F150、F200 等，分别表示混凝土能够承受反复冻融循环次数为 100、150、200 次。快速冻融法是取28 d龄期标准的混凝土试件，同时满足其相对动弹性模量(P)不小于 60% 或质量损失不超过 5% 时所能承受的最大循环次数来表示的。

混凝土的抗冻等级，应根据工程所处环境，按有关规范选择。严寒气候条件、冬季冻融交替次数多、处于水位变化区的外部混凝土，以及钢筋混凝土结构或薄壁结构、受动荷载的结构，均应选用较高抗冻等级的混凝土；与海水或侵蚀性溶液接触的上述各种结构，应选用更高抗冻等级的混凝土。

抗冻性好的混凝土，抵抗温度变化、干湿变化等风化作用的能力也较强。因此，在温和气候条件下，对于水位变化区及其以上的外部混凝土，也应提出一定的抗冻等级(F50)，以保证建筑物的抗风化耐久性。房屋建筑中室内不受风雪影响的混凝土，可以不考虑抗冻性。

混凝土抗冻性的高低，与水泥品种及强度等级、混凝土水灰比、外加剂及掺合料的品种和掺量，以及集料的品质等有密切关系。混凝土中掺入引气剂时，可显著提高其抗冻性。在原材料一定的条件下,水灰比的大小是影响抗冻性的主要因素。

(三)混凝土的抗磨性及抗气蚀性

受磨损、磨耗作用的表层混凝土(如受挟沙高速水流冲刷的混凝土及道路路面混凝土等),要求有较高的抗磨性。混凝土的抗磨性不仅与混凝土强度有关,而且与原材料的特性及配合比有关,选用坚硬耐磨的集料、高强度等级的硅酸盐水泥,配制成水泥浆含量较少的高强度混凝土,经振捣密实,并使表面平整光滑,混凝土将获得较高的抗磨性,对于有抗磨要求的混凝土,其强度等级应不低于 C30,或者采用真空作业,以提高其耐磨性。对于结构物可能受磨损特别严重的部位,应采用抗磨性较强的材料加以防护。

高速水流经过凸凹不平的混凝土表面时,会使混凝土发生气蚀破坏,气蚀现象的发生与水流条件及建筑物外形等因素有关。解决气蚀问题的最好办法是在设计、施工及运行中消除发生气蚀的原因。提高建筑物过水表面材料的抗气蚀性能也是一个重要方面。对混凝土材料来说,提高抗气蚀性能的主要途径是采用 C50 以下的混凝土,集料最大粒径应不大于 20 mm,在混凝土中掺入硅粉及高效减水剂,严格控制施工质量,保证混凝土密实、均匀及表面平整等。

(四)混凝土的抗侵蚀性

环境介质对混凝土的化学侵蚀有硫酸盐侵蚀、海水侵蚀、酸碱侵蚀等,其侵蚀机理与水泥石化学侵蚀相同,可参考本书水泥石侵蚀的内容。对于环境介质的侵蚀防止措施,一般是提高混凝土的密实度,改善混凝土的孔结构。

(五)混凝土的碱集料反应

当集料中含有活性氧化硅(如蛋白石、某些燧石、凝灰岩、安山岩等)的岩石颗粒(砂或石子)时,会与水泥中的碱(K_2O 及 Na_2O)发生化学反应(即碱-硅酸反应),使混凝土发生不均匀膨胀,造成裂缝、强度和弹性模量下降等不良现象,从而威胁工程安全。此外,水泥中的碱还能与某些层状硅酸盐集料反应(即碱-硅酸盐反应)及与某些碳酸盐集料(如某些白云石和白云质石灰岩等)发生反应(即碱-碳酸盐反应)。上述这些碱与混凝土集料发生的反应统称为碱集料反应。

发生碱集料反应的必要条件是:①集料中含有活性成分,并超过一定数量;②混凝土中含碱量较高(如水泥含碱当量超过 0.6% 或混凝土中含碱量超过 3.0 kg/m^3);③有水分,如果混凝土内没有水分或水分不足,反应就会停止或减小。

防止碱集料反应的措施有:①条件允许时,选择非活性集料;②选用低碱水泥,并控制混凝土总的含碱量;③在混凝土中掺入活性掺合料,如粉煤灰等,可抑制碱集料反应的发生或减小其膨胀率;④在混凝土中掺入引气剂,使其中含有大量均匀分布的微小气泡,可减小其膨胀破坏作用;⑤在条件允许时,采取防止外界水分渗入混凝土内部的措施,如混凝土表面防护等。

(六)混凝土的碳化

空气中的 CO_2 通过混凝土中的毛细孔隙,由表及里地向内部扩散,在有水分存在的条件下,与水泥石中的 $Ca(OH)_2$ 反应生成 $CaCO_3$,使混凝土中 $Ca(OH)_2$ 浓度下降,称为碳化(或中性化)。碳化还会引起混凝土收缩,使混凝土表层产生微细裂缝。混凝土碳化严重时将影响钢筋混凝土结构的使用寿命。在硬化混凝土的孔隙中充满了饱和$Ca(OH)_2$

溶液，此碱性介质使钢筋表面产生一层难溶的 Fe_2O_3 和 Fe_3O_4 薄膜，称为钝化膜，它能防止钢筋锈蚀。碳化后，混凝土碱度降低，当碳化深度超过钢筋保护层时，钝化膜遭到破坏，混凝土失去对钢筋的保护作用，钢筋开始生锈，最终导致钢筋混凝土结构的破坏。

使用硅酸盐水泥或普通水泥，采用较小的水灰比及较多的水泥用量，掺用引气剂或减水剂，采用密实的砂、石集料以及严格控制混凝土施工质量，使混凝土均匀密实，均可提高混凝土抗碳化能力。混凝土中掺入粉煤灰以及采用蒸汽养护的养护方法，会加速混凝土碳化。

（七）提高混凝土耐久性的主要措施

混凝土因所处环境和使用条件的不同，所要求的耐久性各有特点，因此应根据不同要求采取相应措施，以保证其耐久性。影响抗渗、抗冻、抗磨及抗蚀性等性能的因素，虽不完全相同，但混凝土组成材料的品质及混凝土的密实性对上述各种耐久性均有重要影响。因此，保证混凝土耐久性的措施，主要有以下几条：

（1）严格控制水灰比。水灰比的大小是影响混凝土密实性的主要因素，为保证混凝土耐久性，必须严格控制水灰比。有关规范根据工程条件规定了“水灰比最大允许值”或“最小水泥用量”，施工中应切实执行。

（2）混凝土所用材料的品质，应符合规范的要求。应根据工程所处环境及对混凝土耐久性要求的特点，合理选择水泥品种和强度等级。应严格控制砂、石材料的有害杂质含量，使其不致影响混凝土耐久性。

（3）合理选择集料级配。可使混凝土在保证和易性要求的条件下，减少水泥用量，并有较好的密实性。这样不仅有利于混凝土耐久性而且也较经济。

（4）掺用减水剂及引气剂。可减少混凝土用水量及水泥用量，改善混凝土孔隙构造。这是提高混凝土抗冻性及抗渗性的有力措施。

（5）保证混凝土施工质量。在混凝土施工中，应做到搅拌透彻、浇筑均匀、振捣密实、加强养护，以保证混凝土耐久性。

第四节　普通水泥混凝土配合比设计

普通水泥混凝土配合比设计是根据材料的技术性能、工程要求、结构形式和施工条件来确定混凝土各组成材料数量之间的比例关系。

一、混凝土配合比表示方法

混凝土配合比是指混凝土中水泥、水、粗集料和细集料四种材料用量之间的比例关系。水泥混凝土配合比常用的表示方法有两种：

（1）单位用量表示法。以每立方混凝土中各种材料的质量来表示。例如：水泥（C）300 kg，水（W）180 kg，细集料（S）720 kg，粗集料（G）1 200 kg，每立方混凝土材料总量为 2 400 kg。

（2）相对用量表示法。以每立方混凝土中各组成材料间的质量比来表示（设水泥的质量为1），例如：水泥：细集料：粗集料＝1∶2.4∶4.0；水灰比＝0.6。

二、混凝土配合比设计的基本要求

混凝土配合比设计，应满足下列四项基本要求：

(1)满足混凝土结构设计所要求的强度等级；

(2)满足混凝土施工所要求的混凝土拌和物的和易性；

(3)满足工程所处环境和使用条件对混凝土耐久性的要求(如抗冻等级、抗渗等级和抗侵蚀性等)；

(4)符合经济原则，尽可能节约水泥，降低成本。

三、混凝土配合比设计的三参数

混凝土配合比设计，实质上就是确定水泥、水、粗集料、细集料这四项基本组成材料用量之间的三对比例关系。

(1)水与水泥之间的比例关系，常用水灰比表示；

(2)细集料与粗集料之间的比例关系，常用砂率表示；

(3)水泥浆与集料之间的比例关系，常用单位用水量(1 m^3 混凝土的用水量)来反映。

水灰比、砂率、单位用水量是混凝土配合比设计的三个重要参数，这三个参数与混凝土的各项性能之间有着密切的关系，进行混凝土配合比设计就是要正确地确定这三个参数，使混凝土满足各项基本要求。

四、混凝土配合比设计的准备资料

在设计混凝土配合比之前，必须通过调查研究，预先掌握下列基本资料：

(1)了解工程设计要求的混凝土强度等级，以便确定混凝土配制强度。

(2)了解工程所处环境对混凝土耐久性的要求，以便确定所配制混凝土的适宜水泥品种、最大水灰比和最小水泥用量。

(3)了解结构断面尺寸及钢筋配置情况，以便确定混凝土集料的最大粒径。

(4)了解混凝土施工方法及管理水平，以便选择混凝土拌和物坍落度及集料的最大粒径。

(5)掌握原材料的性能指标，正确选择原材料品种，进行各项物理力学性能试验，检验原材料质量。主要包括：水泥的品种、强度等级、密度，砂、石等粗细集料的种类及表观密度、级配、最大粒径，拌和用水的水质情况，外加剂的品种、性能、适宜掺量等。

五、混凝土配合比设计的步骤

普通混凝土配合比设计的主要步骤可归纳为：

(1)按照原始资料(经验公式、经验图表等)进行初步计算，得出“初步配合比”。

(2)经过实验室试拌调整，提出一个满足工作要求的“基准配合比”。

(3)进行混凝土强度及耐久性的检验，进行调整确定出满足设计和施工要求并比较经济合理的“实验室配合比”。

(4)根据现场砂、石等粗细集料的实际含水率，将实验室配合比换算为“施工配合比”。

六、混凝土配合比设计方法

(一)初步配合比的计算

1. 确定混凝土的配制强度

在实际施工过程中,由于原材料质量的波动和施工条件的波动,混凝土强度难免有波动,为使混凝土的强度保证率能满足国家标准的要求,必须使混凝土的试配强度高于设计强度等级。

按照现行《普通混凝土配合比设计规程》(JGJ 55—2000)的规定,混凝土的强度保证率应为95%,则其混凝土配制强度按式(5-9)计算:

$$f_{cu,o} \geqslant f_{cu,k} + 1.645\sigma \tag{5-9}$$

式中 $f_{cu,o}$——混凝土配制强度,MPa;

$f_{cu,k}$——混凝土立方体抗压强度标准值,MPa;

σ——混凝土强度标准差,MPa。

遇有下列情况时应提高混凝土配制强度:①现场条件与实验室条件有显著差异时;②重要工程或对混凝土有特殊要求时;③C30级及其以上强度等级的混凝土,工程验收时可能采用非统计方法评定时。

混凝土强度标准差σ是反映施工过程中所配制混凝土强度高低波动的参数,它是评定生产质量水平划分的重要技术指标。σ值越小,说明混凝土强度控制得越稳定,并表明混凝土生产及施工过程中的质量控制水平越高。

混凝土强度标准差(σ)值按式(5-10)计算:

$$\sigma = \sqrt{\frac{\sum_{i=1}^{n}(f_{cu,i} - \bar{f})^2}{n-1}} = \sqrt{\frac{\sum_{i=1}^{n} f_{cu,i}^2 - n\bar{f}_n^2}{n-1}} \tag{5-10}$$

式中 n——统计周期内相同等级的试件组数,$n \geqslant 25$组;

$f_{cu,i}$——第i组混凝土试件立方体抗压强度值,MPa;

$\bar{f}_n$——n组混凝土试件立方体抗压强度平均值,MPa。

混凝土强度标准差(σ)可根据同类混凝土强度统计资料求得,并应符合下列规定:①计算时,强度试件组数不应少于25组。②当混凝土强度等级为C20和C25级,其强度标准差计算值小于2.5 MPa时,则计算配制强度时的标准差应取不小于2.5 MPa;当混凝土强度等级等于或大于C30级,其强度标准差计算值小于3.0 MPa时,计算配制强度用的标准差应不小于3.0 MPa。③若无统计资料计算混凝土强度标准差时,其值应按现行国家标准《混凝土结构工程施工及验收规范》(GB 50204—92)的规定按表5-10取用。

表5-10 标准差σ值

强度等级	低于C20	C20~C35	高于C35
标准差σ(MPa)	4.0	5.0	6.0

2. 计算水灰比(W/C)

1)按照混凝土配制强度等级计算水灰比和水泥实际强度

根据已测定的水泥实际强度、粗集料种类及所要求的混凝土配制强度$f_{cu,o}$,混凝土强度等级小于C60时,由式(5-11)计算水灰比:

$$f_{cu,o} = \alpha_a f_{ce}\left(\frac{C}{W} - \alpha_b\right) \tag{5-11}$$

由式(5-11)可得

$$\frac{W}{C} = \frac{\alpha_a \cdot f_{ce}}{f_{cu,o} + \alpha_a \cdot \alpha_b \cdot f_{ce}} \tag{5-12}$$

式中　$f_{cu,o}$——混凝土配制强度,MPa;

α_a,α_b——混凝土强度回归系数;

C/W——混凝土所要求的灰水比;

f_{ce}——水泥28 d抗压强度实测值,MPa。

回归系数α_a,α_b应根据工程所使用的水泥和粗、细集料,通过试验由建立的水灰比与混凝土关系式确定;当不具备上述试验统计资料时,其回归系数可按表5-11选用。

表5-11　回归系数选用表

集料类别	回归系数	
	α_a	α_b
碎石	0.46	0.07
卵石	0.48	0.33

当无水泥28 d抗压强度实测值时,f_{ce}值可按式(5-13)确定:

$$f_{ce} = \gamma_c f_{ce,g} \tag{5-13}$$

式中　γ_c——水泥强度等级值的富余系数,可按实际统计资料确定;

$f_{ce,g}$——水泥强度等级值,MPa。

2)按混凝土耐久性要求复核水灰比

为保证混凝土必要的耐久性,以上按强度要求所计算出的水灰比还应满足表5-12中所规定的最大水灰比要求,当计算值大于表中规定值时,应按表5-12中规定的最大水灰比取值。

3. 确定单位用水量m_{w0}

单位用水量(m_{w0})是指每立方米混凝土的用水量。单位用水量的确定,应符合下列规定。

1)干硬性和塑性混凝土用水量的确定

(1)当水灰比在0.40~0.80时,根据粗集料品种、最大粒径及施工要求的混凝土拌和物稠度,其用水量可按表5-13和表5-14选取。

(2)水灰比小于0.40或大于0.80的混凝土以及采用特殊成型工艺的混凝土用水量应通过试验确定。

表 5-12　混凝土的最大水灰比和最小水泥用量

环境条件		结构物类别	最大水灰比			最小水泥用量(kg)		
			素混凝土	钢筋混凝土	预应力混凝土	素混凝土	钢筋混凝土	预应力混凝土
干燥环境		正常的居住或办公用房屋部件	—	0.65	0.60	200	260	300
潮湿环境	无冻害	高湿度的室内部件 室外部件 在非侵蚀性土和(或)水中的部件	0.70	0.60	0.60	225	280	300
	有冻害	经受冻害的室外部件 在非侵蚀性土和(或)水中且经受冻害的部件 高湿度且经受冻害的室内部件	0.55	0.55	0.55	250	280	300
有冻害和除冰剂的潮湿环境		经受冻害和除冰剂作用的室内和室外部件	0.50	0.50	0.50	300	300	300

注:①当用活性掺合料取代部分水泥时,表中的最大水灰比及最小水泥用量即为替代前的水灰比和水泥用量。

②配制 C15 级及其以下等级的混凝土,可不受本表限制。

2)流动性和大流动性混凝土用水量的确定

(1)其用水量以表5-14 中坍落度90 mm 的用水量为基础,按坍落度每增大20 mm,用水量增加5 kg,计算出未掺外加剂时混凝土的用水量。

表 5-13　干硬性混凝土的用水量　（单位:kg/m^3）

拌和物稠度		卵石最大粒径(mm)			碎石最大粒径(mm)		
项目	指标	10	20	40	16	20	40
维勃稠度(s)	16～20	175	160	145	180	170	155
	11～15	180	165	150	185	175	160
	5～10	185	170	155	190	180	165

表 5-14　塑性混凝土的用水量　（单位:kg/m^3）

拌和物稠度		卵石最大粒径(mm)				碎石最大粒径(mm)			
项目	指标	10	20	31.5	40	16	20	31.5	40
坍落度(mm)	10～30	190	170	160	150	200	185	175	165
	35～50	200	180	170	160	210	195	185	175
	55～70	210	190	180	170	220	205	195	185
	75～90	215	195	185	175	230	215	205	195

注:①本表用水量采用中砂时的平均取值。采用细砂时,每立方米混凝土用水量可增加5～10 kg;采用粗砂时,则可减少5～10 kg。

②掺用各种外加剂或掺合料时,用水量应相应调整。

(2)掺外加剂的混凝土用水量可按式(5-14)计算:

$$m'_w = m_{w0}(1-\beta) \tag{5-14}$$

式中　m'_w——掺外加剂混凝土每立方米混凝土中的用水量,kg;

m_{w0}——未掺外加剂混凝土每立方米混凝土中的用水量,kg;

β——外加剂的减水率,应经试验确定,%。

4. 计算单位水泥用量 m_{c0}

单位水泥用量(m_{c0})指每立方米混凝土的水泥用量,单位为 kg。

1)按强度要求计算单位水泥用量

根据已选定的单位用水量和水灰比,单位水泥用量可按式(5-15)计算:

$$m_{c0} = \frac{m_{w0}}{\frac{W}{C}} \tag{5-15}$$

2)按混凝土耐久性要求复核单位水泥用量

根据混凝土耐久性要求,普通水泥混凝土的最小水泥用量,依据结构物所处环境条件分别规定如表 5-12 所示。按强度要求计算所得的单位水泥用量小于规定的最小水泥用量,则取规定的最小水泥用量值。

5. 确定砂率 β_s

合理的砂率值应根据混凝土拌和物的坍落度、黏聚性及保水性等特征来确定。当无历史资料参考时,混凝土砂率的确定应符合下列规定:

(1)坍落度为 10 ~ 60 mm 的混凝土砂率,可根据粗集料的品种、最大粒径及混凝土的水灰比按表 5-15 选取。

(2)坍落度大于 60 mm 的混凝土砂率,可经试验确定,也可在表 5-15 的基础上,按表中坍落度每增大 20 mm,砂率增大 1% 的幅度予以调整。

(3)坍落度小于 10 mm 的混凝土,其砂率应经试验确定。

表 5-15　混凝土的砂率

水灰比	卵石最大粒径(mm)			碎石最大粒径(mm)		
	10	20	40	16	20	40
0.40	26 ~ 32	25 ~ 31	24 ~ 30	30 ~ 35	29 ~ 34	27 ~ 32
0.50	30 ~ 35	29 ~ 34	28 ~ 33	33 ~ 38	32 ~ 37	30 ~ 35
0.60	33 ~ 38	32 ~ 37	31 ~ 36	36 ~ 41	35 ~ 40	33 ~ 38
0.70	36 ~ 41	35 ~ 40	34 ~ 39	39 ~ 44	38 ~ 43	36 ~ 41

注:①本表数值是中砂的选用砂率,对细砂或粗砂,可相应地减少或增大砂率;

②只用一个单粒级粗集料配制混凝土时,砂率应适当增大;

③对薄壁结构,砂率取偏大值;

④本表中的砂率是指砂与集料总量的重量比。

6. 确定粗、细集料用量(m_{s0},m_{g0})

粗、细集料的单位用量,可用质量法或体积法求得。

1)质量法

质量法又称假定表观密度法。该法是假定混凝土拌和物的表观密度为一固定值,混凝土拌和物各组成材料的单位用量之和即为其表观密度。在砂率值为已知的条件下,粗、细集料的单位用量可由式(5-16)、式(5-17)求得:

$$m_{c0}+m_{s0}+m_{g0}+m_{w0}=m_{cp} \tag{5-16}$$

$$\beta_s=\frac{m_{s0}}{m_{s0}+m_{g0}} \tag{5-17}$$

由式(5-16)和式(5-17)可得:

$$m_{s0}=(m_{cp}-m_{c0}-m_{w0})\beta_s \tag{5-18}$$

$$m_{g0}=m_{cp}-m_{c0}-m_{s0}-m_{w0} \tag{5-19}$$

式中　m_{c0}——每立方米混凝土的水泥用量,kg;

m_{g0}——每立方米混凝土的粗集料用量,kg;

m_{s0}——每立方米混凝土的细集料用量,kg;

m_{w0}——每立方米混凝土的用水量,kg;

m_{cp}——每立方米混凝土拌和物的假定质量,kg,其值可根据施工单位积累的试验资料确定,如缺乏资料时,可根据集料的表观密度、粒径及混凝土强度等级,在2 350~2 450 kg范围内选定;

β_s——砂率。

2)体积法

体积法又称绝对体积法。该法是假定混凝土拌和物的体积等于各组成材料绝对体积和混凝土拌和物中所含空气体积之总和。在砂率值为已知的条件下,粗、细集料的单位用量可由式(5-20)、式(5-21)求得:

$$\frac{m_{c0}}{\rho_c}+\frac{m_{s0}}{\rho_s}+\frac{m_{g0}}{\rho_g}+\frac{m_{w0}}{\rho_w}+0.01\alpha=1 \tag{5-20}$$

$$\beta_s=\frac{m_{s0}}{m_{s0}+m_{g0}} \tag{5-21}$$

式中　ρ_c——水泥密度,kg/m^3,可取2 900~3 100 kg/m^3;

ρ_g——粗集料的表观密度,kg/m^3;

ρ_s——细集料的表观密度,kg/m^3;

ρ_w——水的密度,kg/m^3,可取1 000 kg/m^3;

α——混凝土的含气量百分数,在不使用引气型外加剂时,可取为1;

m_{c0}、m_{s0}、m_{g0}、m_{w0}、β_s 意义同前。

粗、细集料的表观密度(ρ_g、ρ_s)应按现行行业标准《普通混凝土用碎石或卵石质量标准以及检验方法》(JGJ 53)和《普通混凝土用砂质量标准及检验方法》(JGJ 52)规定的方法测定。

以上两种确定粗、细集料单位用量的方法,一般认为,质量法比较简便,不需要各种组成材料的密度资料，如施工单位已积累当地常用材料所组成的混凝土表观密度资料，亦可得到准确的结果。体积法由于是根据各组成材料实测的密度进行计算的，所以能获得较为精确的结果。

通过以上步骤便可将水泥、粗集料、细集料和水的用量全部求出，得到初步配合比，即每立方米混凝土各组成材料用量 m_{c0}、m_{g0}、m_{s0}、m_{w0}，也可求出以水泥用量为 1 的各材料的比值。

$$m_{c0} : m_{s0} : m_{g0} : m_{w0} = 1 : \frac{m_{s0}}{m_{c0}} : \frac{m_{g0}}{m_{c0}} : \frac{m_{w0}}{m_{c0}} \tag{5-22}$$

以上混凝土配合比计算公式和表格，均以干燥状态集料（指含水率小于 0.5% 的细集料或含水率小于 0.2% 的粗集料）为基准。当以饱和面干集料为基准进行计算时，则应作相应的修正。

（二）试拌调整，提出基准配合比

以上求出的初步配合比的各种材料用量，是借助于经验公式、图表算出或查得的，能否满足设计要求，还需要通过试验及试配调整来完成。

1. 试拌材料要求

试配混凝土所用各种原材料，要与实际工程使用的材料相同，粗、细集料的称量均以干燥状态为基准。如不是用干燥集料配制，称料时应在用水量中扣除集料中超过的含水量值，集料称量也应相应增加。但在以后试配调整时配合比仍应取原计算值，不计该项增减数值。

2. 搅拌方法和拌和物用量

混凝土搅拌方法，应尽量与生产时使用方法相同。试拌时，每盘混凝土的数量一般应不小于表 5-16 的建议值。如需进行抗折强度试验，则应根据实际需要计算用量。采用机械搅拌时，搅拌量应不小于搅拌机额定搅拌量的 1/4。

表 5-16　混凝土试配用拌和量

集料最大粒径（mm）	拌和物数量（L）
≤30	10 ~ 15
40	25 ~ 30

3. 校核工作性，调整配合比

按计算出的初步配合比进行试拌，以校核混凝土拌和物的工作性。混凝土拌和物搅拌均匀后应测定坍落度，并检查其黏聚性和保水性的好坏。当试拌得出的拌和物的坍落度（或维勃稠度）不能满足要求，或黏聚性和保水性能不好时，则应在保证水灰比不变的条件下，相应调整用水量或砂率。

每次调整后再试拌，直到符合要求为止。试拌调整工作完成后，应测出混凝土拌和物的表观密度，然后提出供混凝土强度校核用的基准配合比即

$$m_{ca} : m_{sa} : m_{ga} : m_{wa} = 1 : \frac{m_{sa}}{m_{ca}} : \frac{m_{ga}}{m_{ca}} : \frac{m_{wa}}{m_{ca}} \tag{5-23}$$

式中　m_{ca}、m_{sa}、m_{ga}、m_{wa}——基准配合比每立方米混凝土中水泥、砂、石、水的用量，kg

（三）检验强度，确定实验室配合比

1. 制作试件、检验强度

为校核混凝土的强度，至少应采用三个不同的配合比，其中一个为“基准配合比”，另外两个配合比是以基准配合比的水灰比为准，在此基础上水灰比分别增加或减少0.05%（或0.10），其用水量与基准配合比相同，但砂率值可增加或减少1%。

制作检验混凝土强度的试件时，尚应检验拌和物的坍落度（或维勃稠度）、黏聚性、保水性及测定混凝土的表观密度，并以此结果表征该配合比的混凝土拌和物的性能。

为检验混凝土强度，每种配合比至少应制作一组（三块）试件，在标准养护28 d条件下进行抗压强度测试。有条件时可同时制作几组试件，供快速检验或较早龄期（3 d、7 d等）时抗压强度测试，以便尽早提出混凝土配合比供施工使用。但必须以标准养护28 d强度的检验结果为依据调整配合比。

2. 确定实验室配合比

根据强度检验结果和表观密度测定结果进一步修正配合比，即可得到实验室配合比。

1）根据强度检验结果修正配合比

（1）确定用水量（m'_{wa}）。取基准配合比中的用水量，并根据制作强度检验试件时测得的坍落度（或维勃稠度）值加以适当调整。

（2）确定水泥用量（m'_{ca}）。取用水量乘以由强度—水灰比关系定出的、达到试配强度（$f_{cu,o}$）所要求的水灰比。

（3）确定粗、细集料用量（m'_{ga}、m'_{sa}）。取基准配合比中的粗、细集料用量，并按定出的水灰比作适当调整。

2）根据实测拌和物表观密度修正配合比

（1）根据强度检验结果修正后定出的混凝土配合比，计算出混凝土的表观密度计算值（ρ'_{cp}）即

$$\rho'_{cp} = m_{ca} + m_{sa} + m_{ga} + m_{wa} \tag{5-24}$$

（2）将混凝土的实测表观密度值（ρ_{cp}）除以混凝土表观密度计算值（ρ'_{cp}），得出校正系数δ，即

$$\delta = \frac{\rho_{cp}}{\rho'_{cp}} = \frac{\rho_{cp}}{m_{ca} + m_{sa} + m_{ga} + m_{wa}} \tag{5-25}$$

（3）当混凝土表观密度实测值与计算值之差的绝对值不超过计算值的2%时，则前面确定的配合比即可确定为混凝土的实验室配合比；若二者之差超过2%时，则须将混凝土配合比中各项材料用量乘以校正系数δ，即得最终确定的实验室配合比，即

$$m_{cb} = m'_{ca} \cdot \delta, m_{sb} = m'_{sa} \cdot \delta, m_{gb} = m'_{ga} \cdot \delta, m_{wb} = m'_{wa} \cdot \delta \tag{5-26}$$

式中　m_{cb}、m_{sb}、m_{gb}、m_{wb}——实验室配合比每立方米混凝土中水泥、砂、石、水的用量，kg。

若对混凝土还有其他技术性能要求，如抗渗等级、抗冻等级、高强、泵送、大体积等方面的要求，混凝土的配合比设计应按《普通混凝土配合比设计规程》（JGJ 55—2000）的有关规定进行。

(四)施工配合比计算

实验室最后确定的配合比,是按干燥状态集料为基准计算出来的。而施工现场中砂、石材料为露天堆放,常含有一定量的水分且含水率经常变化。因此,为保证混凝土质量,应根据施工现场砂、石的实际含水率对实验室配合比进行修正,修正后的配合比称为施工配合比。

假定施工现场实测砂、石含水率分别为 $a\%$、$b\%$,则将上述实验室配合比换算成施工配合比为:

$$m_c = m_{cb}, m_s = m_{sb}(1 + a\%), m_g = m_{gb}(1 + b\%), m_w = m_{wb} - (m_{sb}a\% + m_{gb}b\%) \tag{5-27}$$

即

$$m_c : m_s : m_g : m_w = 1 : \frac{m_s}{m_c} : \frac{m_g}{m_c} : \frac{m_g}{m_c}\left(即\frac{W}{C}\right) \tag{5-28}$$

(五)普通混凝土配合比设计实例

某教学楼现浇钢筋混凝土梁,该梁位于室内,不受雨雪影响。设计要求混凝土强度等级为 C20,坍落度为 30 ~ 50 mm(混凝土由机械搅拌、机械振捣)。根据施工单位历史统计资料,混凝土强度标准差 $\sigma = 4.5$ MPa。

采用的原材料如下:普通硅酸盐水泥,32.5 级,实测强度为 35.6 MPa,密度为 3 000 kg/m^3;中砂,表观密度为 2 660 kg/m^3,现场用砂的含水率为 4%;碎石,公称粒级为 4.75 ~ 19.0 mm,表观密度为 2 700 kg/m^3,现场用石子的含水率为 1%;自来水。

根据以上条件,求混凝土实验室配合比和施工配合比。

解:(1)确定初步配合比。

①确定混凝土配制强度 $f_{cu,o}$

$$f_{cu,o} = f_{cu,k} + 1.645\sigma = 20 + 1.645 \times 4.5 = 27.4(\text{MPa})$$

②计算水灰比。已知水泥实际强度 $f_{ce} = 35.6$ MPa;所用粗集料为碎石,查表 5-2,回归系数 $\alpha_a = 0.46$,$\alpha_b = 0.07$。则

$$\frac{W}{C} = \frac{\alpha_a \cdot f_{ce}}{f_{cu,o} + \alpha_a \cdot \alpha_b \cdot f_{ce}} = \frac{0.46 \times 35.6}{27.4 + 0.46 \times 0.07 \times 35.6} = 0.57$$

考虑耐久性要求,对照表 5-3,对于干燥环境,钢筋混凝土的最大水灰比为 $0.65 > 0.57$,故可初步确定水灰比为 0.57。

③确定用水量 m_{w0}。该混凝土所用碎石最大粒径为 19.0 mm,坍落度要求为 30 ~ 50 mm,查表 5-5,确定每立方米混凝土用水量为:$m_{w0} = 195$ kg。

④计算水泥用量 m_{c0}

$$m_{c0} = \frac{m_{w0}}{W/C} = \frac{195}{0.57} = 342(\text{kg})$$

考虑耐久性要求,对照表 5-3,对于干燥环境,钢筋混凝土的最小水泥用量为 260 kg < 342 kg,故可初步确定 $m_{c0} = 342$ kg。

⑤确定砂率。采用查表法,该混凝土所用碎石最大粒径为 19.0 mm,计算出水灰比 $W/C = 0.57$,查表 5-6,取砂率 $\beta_s = 34\%$。

⑥计算粗、细集料用量。

a. 质量法

用下列两个关系式

$$m_{c0}+m_{s0}+m_{g0}+m_{w0}=m_{cp}$$

$$\beta_s=\frac{m_{s0}}{m_{s0}+m_{g0}}$$

假定每立方米混凝土拌和物的质量为 2 400 kg,则

$$342+m_{s0}+m_{g0}+195=2\,400$$

$$\frac{m_{s0}}{m_{s0}+m_{g0}}=34\%$$

得 $m_{s0}=633\ \mathrm{kg}\quad m_{g0}=1\,230\ \mathrm{kg}$。

根据以上计算,得出初步配合比为:

$$m_{c0}:m_{s0}:m_{g0}:m_{w0}=342:633:1\,230:195=1:1.85:3.60:0.57$$

b. 体积法

用下列两个关系式

$$\frac{m_{c0}}{\rho_c}+\frac{m_{s0}}{\rho_s}+\frac{m_{g0}}{\rho_g}+\frac{m_{w0}}{\rho_w}+0.01\alpha=1$$

$$\beta_s=\frac{m_{s0}}{m_{s0}+m_{g0}}$$

因为未掺引气型的外加剂,所以 $\alpha=1$,代入砂、石、水泥、水的表观密度数据,则

$$\frac{342}{3\,000}+\frac{m_{s0}}{2\,660}+\frac{m_{g0}}{2\,700}+\frac{195}{1\,000}+0.01\times1=1$$

$$\frac{m_{s0}}{m_{s0}+m_{g0}}=34\%$$

得 $m_{s0}=622\ \mathrm{kg}\quad m_{g0}=1\,207\ \mathrm{kg}$

根据以上计算,得出初步配合比为

$$m_{c0}:m_{s0}:m_{g0}:m_{w0}=342:622:1\,207:195=1:1.82:3.53:0.57$$

两种方法求得的配合比值很接近。

(2)试拌调整,得出基准配合比。

①试拌时材料用量(质量法)

以质量法计算结果进行试配,根据粗集料最大粒径为 19.0 mm,取 15 L 混凝土拌和物,并计算各材料用量如下:

$$m'_{ca}=342\times0.015=5.13(\mathrm{kg})$$

$$m'_{sa}=633\times0.015=9.50(\mathrm{kg})$$

$$m'_{ga}=1\,230\times0.015=18.45(\mathrm{kg})$$

$$m'_{wa}=195\times0.015=2.93(\mathrm{kg})$$

②和易性检验与调整,得基准配合比

经拌制混凝土拌和物,作和易性试验,观察黏聚性、保水性均良好,这说明所选用的砂

率基本合适。但测出该混凝土拌和物坍落度值只有 20 mm,故需调整。先增加 5% 水泥浆,即增加水泥 0.26 kg,水 0.15 kg,再进行拌和试验,测得坍落度为 38 mm,满足要求,并测出拌和物的表观密度为 2 465 kg/m^3。此时各材料用量为:

$$m''_{ca} = 5.13 + 0.26 = 5.39(kg)$$
$$m''_{wa} = 2.93 + 0.15 = 3.08(kg)$$
$$m''_{sa} = 9.50\ kg$$
$$m''_{ga} = 18.45\ kg$$

根据实测表观密度,计算出每立方米混凝土各种组成材料用量,即得基准配合比为:

$$m_{ca} = \frac{5.39}{5.39 + 3.08 + 9.50 + 18.45} \times 2\,465 = 365(kg)$$
$$m_{sa} = \frac{9.50}{5.39 + 3.08 + 9.50 + 18.45} \times 2\,465 = 643(kg)$$
$$m_{ga} = \frac{18.45}{5.39 + 3.08 + 9.50 + 18.45} \times 2\,465 = 1\,249(kg)$$
$$m_{wa} = \frac{3.08}{5.39 + 3.08 + 9.50 + 18.45} \times 2\,465 = 208(kg)$$

(3)检验强度,确定实验室配合比。

拌制三种不同水灰比的混凝土,并制作三组强度试件。其中一组为水灰比 0.57 的基准配合比;另两组的水灰比分别为 0.52 及 0.62,用水量与基准配合比相同,砂率分别减少和增加 1%。经试验,三组拌和物均满足和易性要求。

三种配合比的试件经标准养护 28 d,实测强度值分别为:

水灰比 0.52(灰水比 1.92),则 $f_{cu,o} = 31.5$ MPa;

水灰比 0.57(灰水比 1.75),则 $f_{cu,o} = 27.9$ MPa;

水灰比 0.62(灰水比 1.61),则 $f_{cu,o} = 24.8$ MPa。

绘制强度与水灰比关系曲线,如图 5-13 所示,可查出与配制强度 $f_{cu,o} = 27.4$ MPa 相对应的灰水比为 1.72(水灰比为 0.58),即可得出符合强度要求的配合比如下:

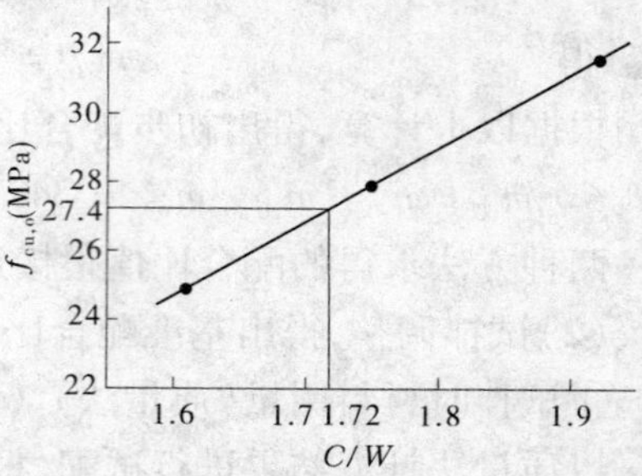

图 5-13　实测强度与灰水比关系示意图

用水量取基准配合比用水量值,即 $m_{wb} = m_{wa} = 208$ kg;

水泥用量 $m_{cb} = 208 \times 1.72 = 358(kg)$;

粗、细集料用量因水灰比值与基准配合比水灰比值相差不大,故可取基准配合比中的骨料用量,即砂 $m_{sb} = 643$ kg,石子 $m_{gb} = 1\,249$ kg。

最后,按此配合比拌制混凝土拌和物,作和易性试验,测得坍落度为 38 mm,观察黏聚性、保水性均良好,满足要求。测出拌和物的表观密度为 2 460 kg/m^3,并根据实测表观密度校正各材料用量。

校正系数 δ 等于混凝土表观密度实测值(ρ_{cp})与计算值(ρ'_{cp})的比值。即

$$\delta = \frac{\rho_{cp}}{\rho'_{cp}} = \frac{\rho_{cp}}{m_{ca} + m_{sa} + m_{ga} + m_{wa}} = \frac{2\ 460}{358 + 208 + 643 + 1\ 249} = 1.000\ 8 < 1.002$$

所以，混凝土各组成材料用量不需修正，即可确定混凝土实验室配合比为：

$m_{cb} = 358$ kg，$m_{sb} = 643$ kg，$m_{gb} = 1\ 249$ kg，$m_{wb} = 208$ kg，则 $m_{cb} : m_{sb} : m_{gb} : m_{wb} = 358 : 643 : 1\ 249 : 208 = 1 : 1.80 : 3.49 : 0.58$

(4)换算施工配合比。

根据现场砂含水率为 $a = 4\%$，石子含水率为 $b = 1\%$，计算各组成材料用量为：

$m_c = m_{cb} = 358$ kg

$m_s = m_{sb}(1 + a\%) = 643 \times (1 + 4\%) = 669(\text{kg})$

$m_g = m_{gb}(1 + b\%) = 1\ 249 \times (1 + 1\%) = 1\ 261(\text{kg})$

$m_w = m_{wb} - (m_{sb}a\% + m_{gb}b\%) = 208 - (643 \times 4\% + 1\ 249 \times 1\%) = 170(\text{kg})$

则施工配合比为：$m_c : m_s : m_g : m_w = 358 : 669 : 1\ 261 : 170 = 1 : 1.87 : 3.52 : 0.47$

第五节　普通水泥混凝土的质量控制

为了确保混凝土工程的质量，提高混凝土的生产水平和推动混凝土技术的进步，必须做好混凝土的质量控制工作，它是保证混凝土结构可靠的重要手段。混凝土质量控制的目标是要生产出质量合格的混凝土，即所生产的混凝土应能按规定的保证率满足设计要求的技术性质。混凝土质量控制包括以下三个过程。

(1)初步控制：指在混凝土生产之前，对混凝土的原材料、配合比和施工工艺进行的控制，主要包括人员配备、设备调试、组成材料的检验、配合比的确定与调整及施工工艺参数确定等项内容。

(2)生产控制：指在混凝土生产过程中，根据混凝土强度、原材料性能和工艺参数的试验数据，借助质量管理图等质量控制工具对生产过程加以控制，保证混凝土强度维持在稳定的正常状态，包括控制称量、搅拌、运输、浇筑、振捣及养护等多项内容。

(3)合格控制：混凝土强度的验收评定，包括批量划分、确定批取样数、确定检测方法和验收界限等项内容。

一、混凝土质量的波动

(一)混凝土质量波动的原因

混凝土在生产过程中由于受到许多因素的影响，其质量不可避免地存在波动。造成混凝土质量波动的主要因素有：

(1)偶然性因素。偶然性因素是施工中无法或难以控制的因素，如水泥、砂、石材质量的不均匀性，气候的微小变化，称量的微小误差，操作人员技术上的微小差异。这些因素在技术上不易识别和消除，经济上也不值得去消除，因为这些因素引起质量微小波动在工程上是可以接受的。工程质量只有偶然性因素影响时，生产处于稳定状态，质量数据的大小、方向不定，但都在平均值附近波动，即混凝土质量呈正常波动。

(2)系统性因素。系统性因素则是可控制、易消除的因素。这类因素不经常发生，但对工程质量影响较大。系统性因素有一定的规律性,对工程质量的影响,其大小、方向不变。如混凝土搅拌故障,任意改变水灰比,随意添加水量,水泥用量严重不足等,这些因素对混凝土质量影响很大,造成混凝土强度不足等。这时质量的波动属于非正常波动,即非正常变异。混凝土质量控制的目的主要在于发现和排除系统性因素,使混凝土质量呈正常波动。

(二)混凝土强度的波动规律

在一定施工条件下,对同一种混凝土进行系统的随机取样,制作 n 组试件($n \geqslant 25$),测得其 28 d 龄期的抗压强度,然后以混凝土强度为横坐标,以混凝土强度出现的概率为纵坐标,绘制出混凝土强度概率分布曲线。实践证明,在正常、稳定的施工条件下,同一种混凝土的强度值具有波动性和统计规律性,混凝土的强度分布曲线一般符合正态分布,如图 5-14 所示。混凝土强度正态分布曲线有以下特点。

(1)曲线呈钟形,两边对称。对称轴为强度平均值,曲线的最高峰出现在该处。这表明混凝土强度测定值越接近其强度平均值处,出现的概率越大。而随着远离对称轴,强度测定值出现的概率越来越小,并逐渐趋近于零。

(2)曲线和横坐标之间所包围的面积为概率的总和,等于 100%。对称轴两边出现的概率相等,各为 50%。

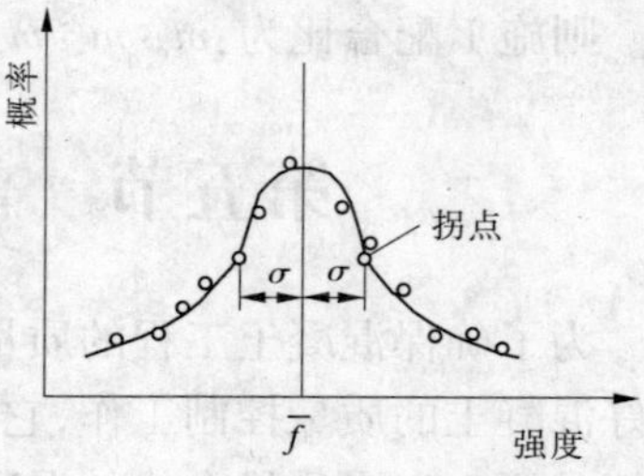

图 5-14　混凝土强度的正态分布曲线

(3)在对称轴两侧的曲线上各有一个拐点。两拐点之间的曲线向上凸弯,拐点以外的曲线向下凹弯,并以横坐标为渐近线。

(三)衡量混凝土施工质量水平的指标

衡量混凝土质量的指标主要包括正常生产控制条件下混凝土强度的平均值、标准差、变异系数和强度保证率等。

(1)强度平均值。它代表混凝土强度总体的平均水平,其值按式(5-29)计算:

$$\bar{f}_{cu} = \frac{1}{n}\sum_{i=1}^{n} f_{cu,i} \tag{5-29}$$

式中　$\bar{f}_{cu}$——强度平均值,MPa;

n——试件组数,$n \geqslant 25$;

$f_{cu,i}$——第 i 组混凝土试件立方体抗压强度值,MPa。

强度平均值对应于正态分布曲线中的概率密度峰值处的强度值,即曲线的对称轴所在之处。因此,强度平均值仅表示混凝土强度总体的平均水平,但不能反映混凝土强度的波动情况。

(2)混凝土强度标准差。强度标准差又称均方差,它反映了混凝土强度的离散程度,即波动程度。其值可按式(5-30)计算:

$$\sigma = \sqrt{\frac{\sum_{i=1}^{n} f_{cu,i}^{2} - \bar{f}_{cu}^{2}}{n-1}} \tag{5-30}$$

式中 $\overline{f}_{cu}$——n 组混凝土立方体抗压强度的算术平均值,MPa;

n——试件组数,$n \geqslant 25$;

$f_{cu,i}$——第 i 组混凝土试件立方体抗压强度值,MPa;

σ——n 组混凝土立方体抗压强度的标准差,MPa。

强度标准差是正态分布曲线上两侧的拐点离开强度平均值处对称轴的垂直距离。σ 值越小,强度分布曲线高而窄,说明混凝土质量控制较稳定,生产管理水平较高;σ 值越大,强度分布曲线矮而宽,说明强度的离散程度较大,反映了生产管理水平低下,混凝土质量控制差。因此,σ 值是评定混凝土质量均匀性的一种指标。

(3)变异系数。变异系数又称离差系数或标准差系数,也是反映混凝土质量均匀性的指标。在相同的生产管理水平下,混凝土的强度标准差会随强度平均值的提高或降低而增大或减小,它反映绝对波动量的大小。对平均强度水平不同的混凝土之间质量稳定性的比较,可用变异系数 C_v 来表征,C_v 越小,说明混凝土强度质量越稳定。C_v 可按式(5-31)计算:

$$C_v = \frac{\sigma}{\overline{f}_{cu}} \tag{5-31}$$

(4)强度保证率。在混凝土强度质量控制中,除了要考虑到所生产的混凝土强度质量的稳定性之外,还必须考虑符合设计要求的强度等级的合格率,即强度保证率。它是指混凝土强度总体中,不小于设计要求的强度等级标准值($f_{cu,k}$)的概率 $P(\%)$,以正态分布曲线下的阴影部分来表示。强度正态分布曲线下的面积为概率的总和,等于 100%。强度保证率可由正态分布曲线方程积分求得,即:

$$P = \frac{1}{\sqrt{2\pi}}\int_t^{\infty} e^{-\frac{t^2}{2}}\,dt \tag{5-32}$$

式中 t——概率度,可按式(5-33)计算:

$$t = \frac{f_{cu,k} - \overline{f}_{cu}}{\sigma} = \frac{f_{cu,k} - \overline{f}_{cu}}{C_v \cdot \overline{f}_{cu}} \tag{5-33}$$

计算出概率度后,按式(5-32)求出强度保证率 $P(\%)$ 或查表 5-17 查取。

表 5-17 不同 t 值的强度保证率 P (%)

t	0	0.50	0.84	1.00	1.20	1.28	1.40	1.60
$P(\%)$	50.0	69.2	80.0	84.1	88.5	90.0	91.9	94.5
t	1.645	1.70	1.81	1.88	2.00	2.05	2.33	3.00
$P(\%)$	95.0	95.5	96.5	97.0	97.7	99.0	99.4	99.87

工程中 $P(\%)$ 值可根据统计周期内,混凝土试件强度不低于要求强度等级标准值的组数 N_0 与试件总数 $N(N \geqslant 25)$ 之比求得,即:

$$P = \frac{N_0}{N} \times 100\% \tag{5-34}$$

式中 N_0——统计周期内,同批混凝土试件强度大于或等于规定强度等级值的组数;

N——统计周期内,同批混凝土试件总组数,$N \geqslant 25$。

(5)混凝土配制强度。由于混凝土施工过程中原材料性能及生产因素的差异,会出现混凝土质量的不稳定,如果按设计的强度等级标准值($f_{cu,k}$)配制混凝土,则在施工中将有一半的混凝土达不到设计强度等级,即混凝土强度保证率只有50%。为使混凝土强度保证率满足规定的要求,在设计混凝土配合比时,必须使混凝土配制强度$f_{cu,o}$高于混凝土设计要求的强度等级$f_{cu,k}$,超出值为$t\sigma$。即

$$f_{cu,o} = f_{cu,k} + t\sigma \tag{5-35}$$

式中 $f_{cu,o}$——混凝土配制强度,MPa;

$f_{cu,k}$——混凝土立方体抗压强度标准值,MPa;

其余符号意义同前。

由此可见,设计要求的保证率越大,配制强度就要越高;强度质量稳定性越差,配制强度就提高得越多。

根据《普通混凝土配合比设计规程》(JGJ 55—2000)规定,工业与民用建筑及一般构筑物所采用的普通混凝土,设计要求的混凝土强度保证率为95%,由表5-1可查得$t=1.645$,由上式可得配制强度为:

$$f_{cu,o} = f_{cu,k} + 1.645\sigma \tag{5-36}$$

式中,σ值可根据混凝土配制强度的历史统计资料得到。若无历史资料或资料不足,可根据以下情况,参考如下数据取值:

混凝土设计强度等级低于C20时,$\sigma = 4.0$ MPa;

混凝土设计强度等级为C20~C35时,$\sigma = 5.0$ MPa;

混凝土设计强度等级高于C35时,$\sigma = 6.0$ MPa。

二、新拌混凝土的质量检验与控制

用于材料的计量装置应定期检验,使其保持准确,原材料计量按质量计的允许偏差不能超过下列规定:

(1)水泥、水为±2%。

(2)粗、细集料为±3%。

混凝土在搅拌、运输和浇筑过程中应按下列规定进行检查:

(1)检查混凝土组成材料的质量和用量,每一工作班至少两次。

(2)检查混凝土在拌制地点及浇筑地点的稠度,每一工作班至少两次。评定时应以浇筑地点的检测值为准。

在预制混凝土构件厂,如混凝土拌和物从搅拌机出料起至浇筑入模时间不超过15 min时,其稠度可仅在搅拌点取样检测。

在检测坍落度时,还应观察拌和物的黏聚性和保水性。

(3)混凝土的搅拌时间应随时检查。混凝土搅拌的最短时间应符合表5-18的规定。

(4)混凝土从搅拌机中卸出到浇筑完毕的持续时间不宜超过表5-19的规定。

表 5-18　混凝土搅拌的最短时间　（单位:s）

混凝土的坍落度（mm）	搅拌机机型	搅拌机容量(L)		
		<250	250～500	>500
≤30	自落式	90	120	150
	强制式	60	90	120
>30	自落式	90	90	120
	强制式	60	60	90

表 5-19　混凝土从搅拌机中卸出到浇筑完毕的持续时间　（单位:min）

气温(℃)	采用搅拌车		采用搅拌机	
	≤C30	>C30	≤C30	>C30
≤25	120	90	90	75
>25	90	60	60	45

三、混凝土强度的检验与评价方法

(一)混凝土强度的检验

对硬化后混凝土的质量控制,主要是检验混凝土的抗压强度。因为,混凝土质量波动直接反映在强度上,通过对混凝土强度的管理就能控制整个混凝土工程的质量。对混凝土的强度检验是按规定的时间与数量在搅拌地点或浇筑地点抽取有代表性的试样,按标准方法制作试件、标准养护至规定的龄期后,进行强度试验(必要时也需进行其他力学性能及抗渗、抗冻试验),以评定混凝土的质量。对已建成的混凝土,也可采用非破损试验方法进行检查。

混凝土试样应在混凝土浇筑地点随机抽取,取样频率应符合下列规定:每 100 盘但不超过 100 m^3 的同一配合比的混凝土,取样次数不得少于 1 次;每一工作班拌制的同一配合比混凝土不足 100 盘时,其取样次数不得少于 1 次;每组三个试件应在同一盘混凝土中取样制作;除评定混凝土强度所必需的组数外,还应根据检验结构或构件施工阶段混凝土强度的需要,增加试件组数。试件的制作、养护、试验应符合有关国家标准规定。

每组试样的强度代表值应符合下列规定:取三个试件强度的算术平均值作为每组试件的强度代表值;当一组试件中强度的最大值或最小值与中间值之差超过中间值的 15% 时,取中间值作为该组试件的强度代表值;当一组试件中强度的最大值或最小值与中间值之差均超过中间值的 15% 时,该组试件的强度不应作为强度检验的依据。

当采用非标准尺寸试件时,应将其抗压强度折算为标准试件抗压强度。折算系数为:对边长为 100 mm 的立方体试件取 0.95,对边长为 200 mm 的立方体试件取 1.05。

(二)混凝土强度的评价方法

混凝土强度的检验评定,应根据设计要求和抽样检验原理划分验收批次、确定验收规则。同一验收批次的混凝土应由强度等级相同、龄期相同以及生产工艺条件和配合比基本相同的混凝土组成，进行分批验收。不同行业使用的混凝土强度验收规则有所不同，对于建筑工程，根据《混凝土强度检验评定标准》（GBJ 107—87）规定，混凝土强度检验评定可分为统计方法和非统计方法两种，前者适用于商品混凝土厂、预制混凝土构件厂和采用现场集中搅拌混凝土的施工单位；后者适用于零星生产的预制构件厂或现场搅拌批量不大的混凝土。

1. 统计方法

由于混凝土生产条件不同，混凝土强度的稳定性也不同，统计方法评定又分为以下两种情况。

（1）标准差已知。

当混凝土的生产条件在较长时间内能保持一致，且同一品种混凝土的强度变异性能保持稳定，标准差可根据前一时期生产积累的同类混凝土强度数据而确定时，则每批混凝土的强度标准差可按常数考虑。强度评定应由连续的三组试件组成一个验收批，其强度应同时满足下列要求：

$$\overline{f}_{cu} \geqslant f_{cu,k} + 0.7\sigma_0 \tag{5-37}$$

$$f_{cu,min} \geqslant f_{cu,k} - 0.7\sigma_0 \tag{5-38}$$

式中 $\overline{f}_{cu}$——同一验收批混凝土立方体抗压强度的平均值，MPa；

$f_{cu,k}$——混凝土立方体抗压强度标准值，MPa；

σ_0——验收批混凝土立方体抗压强度的标准偏差，MPa；

$f_{cu,min}$——同一验收批混凝土立方体抗压强度标准值，MPa。

同时，混凝土强度的最小值尚应满足下列要求：

$$f_{cu,min} \geqslant 0.85 f_{cu,k}（当混凝土强度等级 < C20 时） \tag{5-39}$$

$$f_{cu,min} \geqslant 0.90 f_{cu,k}（当混凝土强度等级 > C20 时） \tag{5-40}$$

验收批混凝土立方体抗压强度的标准差，根据前一检验期内（不应超过 3 个月）同一品种混凝土试件的强度数据，按式（5-41）确定：

$$\sigma_0 = \frac{0.59}{m}\sum_{i=1}^{m} \Delta f_{cu,i} \tag{5-41}$$

式中 $\Delta f_{cu,i}$——第 i 批试件立方体抗压强度中最大值与最小值之差，MPa；

m——用以确定验收批混凝土立方体抗压强度标准差 σ_0 的数据总批数，$m \geqslant 15$。

（2）标准差未知。

当混凝土的生产条件在较长时间内不能保持一致，且同一品种混凝土的强度变异性不能保持稳定，或在前一个检验期内的同一品种混凝土没有足够的数据以确定验收批混凝土立方体抗压强度的标准差时，检验评定只能直接根据每一验收批抽样的数据来进行。

评定时，应由不少于 10 组的试件组成一个验收批，其强度应满足下列要求：

$$\overline{f}_{cu} - \lambda_1 S_{f_{cu}} \geqslant 0.9 f_{cu,k} \tag{5-42}$$

$$f_{cu,min} \geqslant \lambda_2 f_{cu,k} \tag{5-43}$$

式中 $S_{f_{cu}}$——同一验收批混凝土立方体抗压强度标准差，MPa，且，$S_{f_{cu}}$ =

$$\sqrt{\frac{\sum_{i=1}^{n} f_{cu,i}^{2} - n\overline{f}_{cu}^{2}}{n-1}}$$，当计算值小于 $0.06f_{cu,k}$ 时，取 $S_{f_{cu}} = 0.06f_{cu,k}$；

λ_1, λ_2——合格判定系数，按表 5-20 取用。

表 5-20　混凝土强度合格判定系数

合格判定系数	试件组数		
	10～14	15～24	≥25
λ_1	1.70	1.65	1.60
λ_2	0.90	0.85	0.85

2. 非统计方法

当同一批次的混凝土试件数量有限，不具备按统计方法评定混凝土强度条件的工程，可按非统计方法评定混凝土强度。由试件组数少于 10 组的同一品种混凝土组成一个验收批，其强度应同时满足下列条件要求：

$$\overline{f}_{cu} \geq 1.15f_{cu,k} \quad (5\text{-}44)$$

$$f_{cu,min} \geq 0.95f_{cu,k} \quad (5\text{-}45)$$

混凝土强度应分批进行检验评定，当检验批混凝土强度结果能满足上述规定时，则该批混凝土强度判为合格；反之，则判为不合格。由不合格批混凝土制成的结构或构件，应进行鉴定。对不合格的结构或构件，必须及时处理。当对混凝土试件强度的代表性有怀疑时，可采用从结构或构件中钻取试件的方法或采用非破损检验（回弹、超声）方法，按有关标准的规定对结构或构件混凝土的强度进行评定。

四、混凝土生产质量水平

我国在《混凝土强度检验评定标准》（GBJ 107—87）中规定，根据统计周期内混凝土强度的 σ 值和强度保证率 P（%），可将混凝土的生产质量水平划分为优良、一般及差 3 个等级，见表 5-21。

表 5-21　混凝土生产质量水平

评定指标	质量水平	优良		一般		差	
	生产单位	混凝土强度等级					
		<C20	≥C20	<C20	≥C20	<C20	≥C20
混凝土强度标准差（MPa）	商品混凝土公司和预制混凝土构件厂	≤3.0	≤3.5	≤4.0	≤5.0	≤4.0	≤5.0
	集中搅拌混凝土的施工现场	≤3.5	≤4.0	≤4.5	≤5.5	≤4.5	≤5.5
强度不低于混凝土强度等级值的百分率（%）	预拌混凝土厂、预制混凝土构件厂和采用现场集中搅拌混凝土的施工现场	≥95		大于 85		≤85	

第六节　路面水泥混凝土

路面是道路的上部结构，通常是由各种坚硬材料分层铺筑于路基之上形成的。路面不仅承受各种大自然因素的作用，还要承受交通荷载的反复作用。因此，路面应具有足够的强度、刚度，以承受车辆高密度荷载的冲击、摩擦以及温、湿度变化引起的内力；应具有足够的稳定性和耐久性以抵御外界冷热、干湿、冻融和荷载的长期反复作用；此外，路面还应具有足够的平整度，以使车轮与路面之间有足够的附着力和摩擦阻力，利于车辆高速、稳定行驶。

路面所用的材料主要有沥青混凝土和水泥混凝土。路面水泥混凝土是指满足路面摊铺工作性、弯拉强度、表面功能、耐久性及经济性等要求的水泥混凝土材料。水泥混凝土制作的路面具有较高的抗压、抗折、抗磨损、抗冲击等力学性能，以及良好的稳定性、耐久性，并且易于铺筑与维修，因而最近十几年得到了迅速发展。水泥混凝土路面按其组成材料不同，又可分为素混凝土路面、钢筋混凝土路面、纤维混凝土路面。

一、路面水泥混凝土的技术性质

（一）路面水泥混凝土的主要技术指标

路面水泥混凝土与普通混凝土的主要不同之处在于其对抗冲击性能和耐磨损性能要求较高。其主要技术指标包括标准轴载、使用年限、动载系数、超载系数、当量回弹模量、抗弯拉强度、抗弯拉弹性横量等。这些技术指标是根据不同交通量确定的，表 5-22 为参考指标。

表 5-22　不同交通量混凝土路面技术参数指标

交通量等级	标准轴载（kN）	使用年限（年）	动载系数	超载系数	当量回弹模量（MPa）	抗弯拉强度（MPa）	抗弯拉弹性模量（$\times10^4$ MPa）
特重	98	30	1.15	1.20	120	5.0	4.1
重	98	30	1.15	1.15	100	5.0	4.0
中等	98	30	1.20	1.10	80	4.5	3.9
轻	98	30	1.20	1.00	60	4.0	3.9

（二）强度

路面水泥混凝土强度设计有抗弯拉强度、抗弯拉弹性模量、抗弯拉疲劳强度和抗压强度 4 个强度指标。

1. 抗弯拉强度 $f_{tm,k}$

路面水泥混凝土的抗弯拉强度，不得低于表 5-23 中的规定值。当水泥混凝土路面浇筑后，如不需在 28 d 后开放交通时，可采用 60 d 或 90 d 龄期的强度，其强度一般为 28 d 龄期强度的 1.05 倍和 1.10 倍。

2. 抗弯拉弹性模量 E_0

计算确定水泥混凝土路面板的厚度时，需要混凝土抗弯拉弹性模量 E_0 值，E_0 和 $f_{tm,k}$

之间的关系，见表 5-23 所示。

表 5-23　路面水泥混凝土抗弯拉弹性模量 E_0 和 $f_{tm,k}$ 之间的关系

抗弯拉强度 $f_{tm,k}$ (MPa)	5.5	5.0	4.5	4.0
抗弯拉弹性模量 E_0 ($\times 10^4$ MPa)	4.3	4.1	3.9	3.6

3. 抗弯拉疲劳强度 $f_{tm,p}$

根据路面水泥混凝土的使用年限和设计交通量 N_e，由式(5-46)计算混凝土的抗弯拉疲劳强度

$$f_{tm,p} = (0.94 - 0.771\lg N_e) f_{tm,k} \tag{5-46}$$

式中　$f_{tm,p}$——水泥混凝土路面的抗弯拉疲劳强度，MPa；

N_e——水泥混凝土路面的设计交通量；

$f_{tm,k}$——水泥混凝土路面的抗弯拉强度，MPa。

4. 抗压强度

为了保证路面水泥混凝土的耐久性、耐磨性、抗冻性等性能的要求，除对混凝土抗弯拉强度有规定外，其抗压强度还不得低于 30 MPa。

(三) 工作性

为保证路面水泥混凝土的施工性质，对混凝土拌和物的工作性也有具体要求。工作性是混凝土拌和物在浇筑、振捣、成形、抹平等过程中的可操作性，它是拌和物流动性、可塑性、稳定性和易密性的综合体现。改善路面水泥混凝土拌和物工作性的常用技术措施有：在保证混凝土强度、耐久性和经济性的前提下，适当调整混合料的材料组成，或掺加适宜外加剂(减水剂等)，提高振捣机械效能等。

(四) 耐久性

由于路面水泥混凝土长期直接受到行驶车辆的磨损，在寒冷积雪地区又受到防滑链轮胎和带钉轮胎的冲击，同时常年经受风吹日晒、雨水冲刷、冰雪冻融及除冰盐的侵蚀。因此，要求路面水泥混凝土必须具有良好的耐久性。

提高路面水泥混凝土的耐久性，应注意以下几点：

(1) 合理选择各组成材料的品种，科学地进行路面水泥混凝土的配合比设计；比如骨料的选择要符合骨料耐久性的有关规定，选择合适水泥品种，保证水泥用量等。

(2) 对路面水泥混凝土特别注意其早期养护，在有条件时尽可能采用湿养护，并延长其养护时间。

(3) 在保证混凝土强度、耐磨性的情况下，掺有引气剂的混凝土的抗冻性优于非引气型混凝土。

二、路面水泥混凝土的组成材料

路面水泥混凝土的组成材料与普通混凝土基本相同，即由胶凝材料、骨料、水、外加剂等组成，但鉴于路面水泥混凝土的受力及使用环境的特殊性，对原材料的性能要求与普通

混凝土有一定区别。

(一)水泥

混凝土的性质很大程度上取决于水泥的质量。路面水泥混凝土所使用的水泥,应具有抗弯拉强度高、干缩性小、耐磨性强、抗冻性好等特点,要符合《道路硅酸盐水泥》(GB 13693—2005)的规定。用于路面水泥混凝土的水泥中铝酸三钙的含量不宜大于5.0%,铁铝酸四钙的含量不宜低于16%,游离氧化钙含量不大于1%,初凝时间不早于1.5 h,终凝时间不迟于10 h,根据各交通等级路面水泥各龄期强度不低于表5-24的规定值。与普通硅酸盐水泥相比,用于路面水泥混凝土的水泥具有较高的C_4AF含量,并降低了C_3A的含量,以使路面水泥混凝土具有较高的早期强度、抗弯拉强度、良好的耐磨性、较长的初凝时间和较小的干缩率,以及较强的抗冲击、抗冻和抗硫酸盐侵蚀能力。

水泥品种与强度等级的选择必须综合考虑公路等级、施工工期、铺筑时间、浇筑方法及经济性等因素。一般来说,特重、重交通路面宜采用旋窑道路硅酸盐水泥,也可采用旋窑硅酸盐水泥或普通硅酸盐水泥;中、轻交通的路面可采用矿渣硅酸盐水泥;低温天气施工或有快通要求的路段可采用R型水泥,此外宜采用普通型水泥。水泥除满足表5-24中强度要求外,还应通过混凝土配合比试验,根据其配制弯拉强度、耐久性和工作性优选适宜的水泥品种、强度等级。

表5-24 各交通等级路面水泥各龄期的抗折强度、抗压强度

交通等级	特重交通		重交通		中、轻交通	
龄期(d)	3	28	3	28	3	28
抗压强度(MPa),≥	25.5	57.5	22.0	52.5	16.0	42.5
抗折强度(MPa),≥	4.5	7.5	4.0	7.0	3.5	6.5

(二)细集料

配制路面水泥混凝土所用的细集料应采用质地坚硬、耐久、洁净的天然砂、机制砂或混合砂,并符合《公路水泥混凝土路面施工技术规范》(JTC F30—2003)的规定。

路面和桥面用天然砂宜为中砂,也可使用细度模数为2.0~3.5的砂。高速公路、一级公路、二级公路及有抗(盐)冻要求的三、四级公路混凝土路面使用的砂应不低于Ⅱ级,无抗(盐)冻要求的三、四级公路混凝土路面、碾压混凝土及贫混凝土基层可采用Ⅲ级砂。特重、重交通混凝土路面宜使用河砂,砂的硅质含量不应低于25%。

配制路面水泥混凝土使用机制砂时,不宜使用抗磨性较差的泥岩、页岩、板岩等水成岩类母岩品种生产机制砂。在河砂资源紧缺的沿海地区,二级及二级以下公路混凝土路面和基层可使用淡化海砂,但淡化海砂带入每立方米混凝土中的含盐量不应大于1.0 kg,淡化海砂中碎贝壳等甲壳类动物残留物含量不应大于1.0%。

(三)粗集料

配制路面水泥混凝土的粗集料应使用质地坚硬、耐久、洁净的碎石、碎卵石和卵石,并符合《公路水泥混凝土路面施工技术规范》(JTC F30—2003)的规定。高速公路、一级公路、二级公路及有抗冻(盐)要求的三、四级公路混凝土路面使用的粗集料级别应不低于Ⅱ级,无抗(盐)冻要求的三、四级公路混凝土路面、碾压混凝土及贫混凝土基层可使用Ⅲ级粗集料。有抗(盐)冻要求时,Ⅰ级集料吸水率不应大于1.0%;Ⅱ级集料吸水率不应大于2.0%。

用做路面水泥混凝土的粗集料不得使用不分级的统料,应按最大公称粒径的不同采用2~4个粒级的集料进行掺配。卵石最大公称粒径不宜大于19.0 mm;碎卵石最大公称粒径不宜大于26.5 mm;碎石最大公称粒径不应大于31.5 mm。贫混凝土基层粗集料最大公称粒径不应大于31.5 mm;钢纤维混凝土与碾压混凝土粗集料最大公称粒径不宜大于19.0 mm。碎卵石或碎石中粒径小于75 μm的石粉含量不宜大于1%。

(四)外加剂

在配制路面水泥混凝土时,通常加入一些外加剂以改变路面水泥混凝土的技术性质,常用的外加剂有减水剂、缓凝剂和引气剂三种。

路面水泥混凝土应根据需要选用外加剂,但所选用外加剂的质量应符合《公路水泥混凝土路面施工技术规范》(JTC F30—2003)的规定,见表5-25。由于掺入外加剂会改变混凝土的工作性能,因而改变对制备工艺的要求,因此在正式应用于工程之前,须经过充分试验和实际试用。

表5-25　混凝土外加剂产品的技术性能指标

试验项目		普通减水剂	高效减水剂	早强减水剂	缓凝高效减水剂	缓凝减水剂	引气减水剂	早强剂	缓凝剂	引气剂
减水率(%),≥		8	15	8	15	8	12	—	—	6
泌水率比(%),≥		95	90	95	100	100	70	100	100	70
含气量(%)		≤3.0	≤4.0	≤3.0	<4.5	<5.5	>3.0			>3.0
凝结时间(min)	初凝 终凝	-90~+120	-90~+120	-90~+90	>+90	>+90	-90~+120	-90~+90	>+90	-90~+120
抗压强度比(%),≥	1 d	—	140	140	—	—	—	135	—	—
	3 d	115	130	130	125	100	115	130	100	95
	7 d	115	125	115	125	110	110	110	100	95
	28 d	110	120	105	120	110	100	100	100	90
收缩率比(%,28 d),≥		120	120	120	120	120	120	120	120	120
抗冻等级		50	50	50	50	50	200	50	50	200
对钢筋锈蚀作用		应说明对钢筋无锈蚀危害								

注:①除含气量外,表中数据为掺外加剂混凝土与基准混凝土差值或比值;

②凝结时间指标"-"表示提前,"+"表示延缓。

三、路面水泥混凝土配合比设计

路面水泥混凝土配合比设计的任务主要是将组成混凝土的原材料，即粗、细集料，水和水泥的用量，加以合理的配合，使所配制的混凝土能满足强度、耐久性以及和易性等技术要求，并尽可能节约水泥，以取得最大的经济效益。

路面水泥混凝土配合比设计方法，按我国现行国家标准《水泥混凝土路面施工及验收规范》(GBJ 97—94)的规定，采用抗弯拉强度或抗压强度为指标的方法。本节主要介绍(GBJ 97—94)规范规定的以抗弯拉强度为指标的经验公式法。

(一)路面水泥混凝土配合比设计步骤

路面水泥混凝土配合比设计与普通混凝土基本上相同，一般步骤为：根据已有的配合比经验参数，初步计算、设计配合比；根据初步设计的配合比进行试拌，检验拌和物的和易性，按要求进行必要的调整；然后进行强度和耐久性试验，再进行必要的调整；根据混凝土的现场浇筑条件，集料供应情况(颗粒级配、含水率等)、气候条件等，再进行一定调整，提出施工配合比。

(二)确定混凝土拌和物的和易性

路面水泥混凝土拌和物应具有与铺路机械相适应的和易性，以保证顺利施工和工程质量的要求。路面水泥混凝土拌和物的稠度标准，以坍落度为2.5 cm或工作度为30 s为宜。在搅拌设备离浇筑现场较远或在夏季施工时，坍落度会产生一定的损失，应加以适当调整。

(三)确定混凝土单位粗集料体积

单位粗集料体积，应当在所要求的混凝土拌和物的和易性的允许范围内，并达到最小单位用水量。

(四)确定混凝土的单位用水量

单位用水量的大小与粗集料的最大粒径、集料级配及其形状、单位粗集料体积、砂率、拌和物稠度、外加剂的种类、施工环境温度、施工条件、混凝土设计强度等因素有关。在工程施工中，必须以所用材料进行试验而确定。

在一般情况下，单位用水量不宜超过150 kg，因为单位用水量过大，不仅会影响混凝土的可修整性，还使混凝土的收缩增大而产生早期裂缝。

(五)确定混凝土单位水泥用量

混凝土的单位水泥用量，应根据混凝土设计抗弯拉强度确定，一般在280～350 kg范围内，按强度决定单位水泥用量时，必须进行试验。如果根据耐久性确定单位水泥用量，其水灰比应控制在0.45～0.50。

对路面水泥混凝土而言，单位水泥用量不宜太多，用量多不仅工程造价较高，而且容易产生塑性裂缝、温度裂缝，路面的耐磨性也会降低，所以在满足强度和耐久性等要求的前提下，应尽量减少水泥的用量。

(六)确定混凝土单位外加剂用量

混凝土单位外加剂用量，应根据混凝土的具体要求确定。

四、路面水泥混凝土配合比设计方法

(一)计算初步配合比

路面水泥混凝土的配制强度可按式(5-47)计算:

$$f_{cf,0} = k \cdot f_{cf,k} \tag{5-47}$$

式中　$f_{cf,0}$——混凝土配制抗弯拉强度,MPa;

$f_{cf,k}$——混凝土设计抗弯拉强度值,MPa;

k——系数,一般取1.10~1.15,对于施工管理水平较高者取1.10,一般者取1.15。

(二)计算水灰比

路面水泥混凝土拌和物的水灰比根据已知的混凝土配制抗弯拉强度$f_{cf,0}$和水泥的实际抗弯拉强度$f_{ce,f}$由下式来确定。

碎石混凝土　$$f_{cf,0} = -1.0079 + 0.3485 f_{ce,f} + 1.5684 \frac{C}{W} \tag{5-48}$$

卵石混凝土　$$f_{cf,0} = -1.5492 + 0.4565 f_{ce,f} + 1.2618 \frac{C}{W} \tag{5-49}$$

式中　$f_{ce,f}$——水泥胶砂标准试件抗弯拉强度,MPa。

计算的水灰比值不应超过由耐久性决定的最大水灰比值(见表5-26)。

(三)计算单位用水量

混凝土拌和物的单位用水量m_{w0}可按以下两式计算:

碎石混凝土　$$m_{w0} = 104.97 + 3.09H + 11.27 \frac{C}{W} + 0.61\beta_s \tag{5-50}$$

卵石混凝土　$$m_{w0} = 86.89 + 3.70H + 11.24 \frac{C}{W} + 1.00\beta_s \tag{5-51}$$

式中　H——新拌混凝土的坍落度,一般为1.5~2.5 cm;

β_s——砂率,%,一般可参照表5-27选用。

表5-26　由混凝土耐久性决定的最大水灰比与最小水泥用量

路面水泥混凝土所处的环境条件	最大水灰比	最小水泥用量(kg/m^3)
公路、城市道路和厂矿道路	0.50	300
机场道路和高速公路	0.46	300
冰冻地区冬季施工	0.45	300

表5-27　路面水泥混凝土拌和物砂率范围

水灰比	碎石最大粒径(mm)		卵石最大粒径(mm)	
	20	40	20	40
0.40	29~34	27~32	25~31	24~30
0.50	32~37	30~35	29~34	28~33

注:①砂为粗砂或细砂时,用水量应酌情减少或增加5 kg;

②计算用水量是按集料为饱和面干含水量计算的用水量。

（四）计算单位水泥用量

混凝土拌和物的单位水泥用量按式(5-52)计算：

$$m_{c0} = m_{w0}\frac{C}{W} \tag{5-52}$$

为保证混凝土路面的耐久性，单位水泥用量不得小于 300 kg/m³。一般情况下，采用 42.5 MPa 水泥时，单位水泥用量为 310～340 kg/m³；采用 52.5 MPa 水泥时，单位水泥用量为 300～330 kg/m³。

（五）计算砂、石用量

砂、石材料用量可按绝对体积法按式(5-53)计算：

$$\frac{m_{c0}}{\rho_c}+\frac{m_{s0}}{\rho_s}+\frac{m_{g0}}{\rho_g}+\frac{m_{w0}}{\rho_w}=1\ 000 \tag{5-53}$$

$$\frac{m_{s0}}{m_{s0}+m_{g0}}\times 100\% = \beta_s \tag{5-54}$$

式中　m_{c0}、m_{s0}、m_{g0}、m_{w0}——每立方米混凝土拌和物中水泥、砂、石、水的用量，kg/m³；

ρ_c——水泥的密度，kg/m³，可取 2 900～3 100 kg/m³；

ρ_g——石的饱和面干密度，kg/m³；

ρ_s——砂的饱和面干密度，kg/m³；

ρ_w——水的密度，kg/m³，可取 1 000 kg/m³；

β_s——砂率，%。

通过以上 5 个步骤，可将 1 m³ 路面水泥混凝土中水泥、水、砂和石的用量全部求出，从而得到路面水泥混凝土的初步计算配合比。

五、配合比的调整

通过上述计算得到的配合比，是根据经验公式和经验参数确定的材料初步用量，它同材料的实际情况存在着一定的差异。因此，必须通过试验进行配合比的调整。

(1)试拌调整。按初步计算配合比进行试拌（约 30 L），测定其工作性（坍落度或维勃稠度试验）。如果工作性不符合设计要求，应对配合比进行调整；流动性不满足要求，应在水灰比不变的情况下，增减水泥浆用量；如果黏聚性或保水性不符合要求，则调整砂率的大小。

(2)实测拌和物相对密度。由于在计算砂、石用量时未考虑含气量，故应实测混凝土拌和物捣实后的相对密度，并对各组成材料的用量进行最后调整，以确定基准配合比。

(3)强度复核。按试拌调整后得到的路面水泥混凝土配合比，同时配制和易性满足设计要求的、较计算配合比水灰比增大 0.03 与减少 0.03 共三组混凝土试件，经标准养护 28 d，测其抗弯拉强度，选定既满足设计要求，又节约水泥的配合比为实验室配合比。

(4)施工配合比的换算。实验室配合比是集料处于标准含水状态（全干或饱和面干状态）下计算出来的，施工现场所堆放的材料含水量经常变化，因此应根据拌制时集料的实际含水量对实验室的配合比进行调整，将上述实验室配合比换算为施工配合比。

第七节　其他功能混凝土

一、高性能混凝土

（一）高性能混凝土的定义

高性能混凝土（High Performance Concrete，简称 HPC）是 20 世纪 80 年代末期一些发达国家基于混凝土结构耐久性设计提出的新概念的混凝土。不同国家、不同学者依照各自的认识、实践、目的等的差异，对高性能混凝土的定义的把握有所不同。较为普遍的观点认为高性能混凝土是一种新型高技术混凝土，它以耐久性作为设计的主要指标，采用现代混凝土先进制作技术，性能较普通混凝土大幅度提高。对不同的工程，高性能混凝土有不同的强调重点，对以下性能予以重点保证：耐久性、工作性、强度、体积稳定性、经济性等。

（二）实现混凝土高性能的技术途径

高性能混凝土配制的主要目标是耐久性，强度则按不同构件的要求来确定。高性能混凝土不是只要有配合比就能够生产的，而是由包括原材料控制、拌和物生产制备的整个施工过程来实现的。

1. 选用优质的原材料

（1）水泥。在高性能混凝土中，禁止使用立窑水泥，用来保证水泥质量的稳定，而且不宜使用早强型水泥，以免影响混凝土的流变性能和后期强度的发展。在国外，为了配制高性能混凝土，球状水泥、超细水泥等品种应运而生。在国内，配制高性能混凝土最常用的是铝酸三钙（C_3A），或更高强度等级的硅酸盐水泥或普通硅酸盐水泥或中热硅酸盐水泥。铝酸三钙（C_3A）含量不应超过 8%，因其会影响水泥与高效减水剂的相适应性，过高会使混凝土流动度的经时损失加快。

（2）集料。①粗集料：对于高性能混凝土，粗集料应选择密实坚硬的石灰岩或深层的火成岩，如花岗石、闪长石等碎石。集料的最大粒径、几何形状、表面特征对高性能混凝土的性能影响很大，尤其影响新拌混凝土的性能。高性能混凝土应选用方形颗粒，最好是粒径相等、表面粗糙的碎石，最大粒径 10～20 mm。②细集料：用于高性能混凝土的细骨料以河砂为宜，以中砂偏粗为好。砂中的泥块、云母、轻物质、硫酸盐及硫化物、氯化物、有机物、活性氧化硅等有害的物质，要严格控制其含量。

（3）矿物掺合料。矿物掺合料是高性能混凝土不可缺少的组分。当前配制高性能混凝土的矿物掺合料一般有硅灰、超细粉煤灰、粒化高炉矿渣、天然沸石粉、偏高岭土、稻壳灰、磨细石灰石粉、磨细石英粉等。矿物掺合料的加入可改善混凝土的工作性，降低混凝土的温升，而且矿物掺合料参与水化反应的产物及其未反应颗粒可填充水泥石的毛细孔，提高混凝土的密实度，降低渗透性，提高混凝土抵抗化学侵蚀的能力，增进混凝土后期强度。

（4）高效减水剂。高效减水剂的出现，才使得混凝土的水胶比降低却仍有很好的工作性，高性能混凝土得以实现。常用的高效减水剂可分成 4 大类：萘系、聚羧酸系、三聚氰系、氨基磺酸系。

2. 确定合理的配合比

确定合理的配合比即高性能混凝土配合比的参数选择。影响高性能混凝土的配合比参数主要有水胶比、浆集比、砂率和高效外加剂用量等,这些参数相互制约。高性能混凝土配合比设计就是为保证耐久性、工作性等性能合理选择参数。

(1)水胶比。低水胶比是高性能混凝土配制的特点之一。为达到混凝土的低渗透性以保证其耐久性,无论设计强度多少,配制高性能混凝土的水胶比一般都不能大于0.40,以保证混凝土的密实度。

(2)浆集比。水泥浆和集料的比例,即浆集比,主要影响混凝土的工作性。为保证高性能混凝土有足够的流动性,就要求有较大的胶凝材料用量。为保证高性能混凝土有足够的流动性,就要求有较大的胶凝材料用量。但随浆集比增大,混凝土的弹性模量会有所下降,混凝土的收缩也会有所增加。根据经验,胶凝材料总量不超过550 kg/m^3 为宜,但也不能低于300 kg/m^3。

(3)砂率。在水泥浆一定的情况下,砂率主要影响混凝土的工作性,而砂率一般取决于集料的级配和颗粒形状。由于高性能混凝土的用水量低,砂浆量要由增加砂率来补充,砂率宜较大。28 d 强度为60~120 MPa 的高性能混凝土,砂率大多为34%~44%。当集料为连续级配时,泵送混凝土砂率应提高4%~5%,宜控制在40%~50%。

(4)高效减水剂用量。高效减水剂的掺量一般为0.8%~1.5%。

3. 合理的施工工艺

(1)搅拌。高性能混凝土由于水胶比低、黏性大,同时又有较高的密实性要求,应采用强制式搅拌机来搅拌。

(2)浇筑和振捣。对于流动性很高的高性能混凝土因流动性很高,易于流平和密实,但仍需要低频或高频振捣以提高混凝土密实度。

(3)养护。高性能混凝土不仅需要保持内部水分不蒸发,还要从环境中补充水,否则会增加不可逆的自干燥收缩,引起开裂,因此养护比普通混凝土更为重要,尤其是早期湿养护,是避免其表面产生塑性裂纹的不可缺少的措施。

(三)高性能混凝土的结构

高性能混凝土配制的特点是低水灰比、掺用高效减水剂和矿物掺合料,因此它在不同尺度上与普通混凝土有所不同。高性能混凝土可视为集料、界面、凝胶、晶体、气孔、液体多相复合材料,其微观结构具有如下特征。

(1)高性能混凝土的水泥石微结构:水化产物的结晶度低,C-S-H 和 AFt 数量增多,CH 含量减少,C-S-H 凝胶的钙硅比(C/S)下降。高性能混凝土水灰比低,甚至小于理论上完全水化所需的水灰比,故硬化水泥石中有大量未水化的水泥颗粒。

(2)高性能混凝土的界面结构:界面过渡区的厚度减小,CH 数量减少,晶体尺寸变小,并且富集程度和取向程度下降,硬化后的界面过渡区空隙率也下降。

(3)孔隙率:高性能混凝土的致密性较高,总体孔隙率降低,且孔径分布上趋于小孔化,基本不存在大于100 nm 的大孔。

二、轻集料混凝土

（一）轻集料混凝土的定义

轻集料混凝土是指用轻粗集料、轻细集料（或普通砂）、水泥和水配制而成，干表观密度不大于 1 950 kg/m^3 的混凝土。由于轻集料混凝土具有轻质、保温、抗震性好、耐火性能高等优点，是一种具有良好发展前途的新型混凝土。

（二）轻集料

1. 轻集料的分类

(1)按集料粒径大小分类。按粒径大小可分为轻粗集料和轻细集料。粒径在 5 mm 以上，堆积密度不大于 1 200 kg/m^3 的轻质集料称为轻粗集料；粒径在 5 mm 以下，堆积密度不大于 1 100 kg/m^3 的轻质集料，称为轻细集料。

(2)按轻集料来源分类。轻集料按来源可分为三类：天然轻集料（如浮石、泡沫熔岩、火山渣、火山凝灰岩、多孔石灰岩等）、工业废料轻集料（如粉煤灰陶粒、煤矸石陶粒、炉渣、煤渣等）和人造轻集料（如黏土陶粒、页岩陶粒、膨胀珍珠岩、聚苯乙烯泡沫等）。

(3)按轻集料粒型分类。轻集料按粒型可分为圆球型（经造粒工艺加工而成的呈圆球状的轻集料，如粉煤灰陶粒等）、普通型（经破碎加工而成的呈非圆球状轻集料，如膨胀珍珠岩）和碎石型（由天然轻集料或多孔烧结块体经破碎加工而成的呈碎石状的轻集料，如浮石、煤渣等）三种。

2. 轻集料的技术性质

轻集料的技术性质主要是以颗粒级配、堆积密度、筒压强度、吸水率作为控制轻集料质量要求和配制轻集料混凝土、选择轻集料品种的依据。

1)最大粒径与颗粒级配

轻集料的粒径尤其是粗集料的最大粒径，对轻集料混凝土的工作性、强度和耐久性影响很大。轻集料的最大粒径为该轻集料累计筛余小于10%（按重量计）的该号筛筛孔尺寸。粗集料的最大粒径越大，其强度和耐久性也越低，工作性也越差。所以，对于保温及结构兼保温轻集料混凝土用的轻粗集料，其最大粒径不宜大于 40 mm；结构轻集料混凝土用的轻集料最大粒径不宜大于 20 mm。

轻集料级配规定中只控制最大、最小和中间粒级的含量及其堆积孔隙率。自然级配的轻集料堆积孔隙率应不大于50%。轻细集料的细度模数不宜大于 4.0；5 mm 筛的累计筛余不宜大于10%。

2)堆积密度

轻集料的堆积密度主要取决于集料的颗粒表观密度、级配及其粒型。在级配和粒型相同的情况下，轻集料的堆积密度与其密度呈比例，一般为密度的50%左右。轻集料的粒径不同，其堆积密度也不同，粒径越大，堆积密度越小。颗粒形状对堆积密度也有影响，圆球型的堆积密度较大，碎石型的堆积密度较小。

轻粗集料按其堆积密度分为 300、400、500、600、700、800、900、1 000 kg/m^3 八个密度等级。轻细集料分为 500、600、700、800、900、1 000、1 100、1 200 kg/m^3 八个密度等级。

3) 筒压强度

筒压强度是评定粗集料品种的重要指标，其测量方法是将 10 ~ 20 mm 粒级的轻粗集料按要求装入特制的承压圆筒中，上面加冲压模，用压入 20 mm 时的压力值除以承压面积所得的值即为轻集料的筒压强度值。轻集料在圆筒内受力状态是点接触、多点挤压破坏，所测得的只是相对强度，而不是轻集料颗粒极限抗压强度，更不能表征轻集料在混凝土中的实际强度。

4) 吸水率

与普通集料相比，轻集料具有较大的吸水率，其吸水率的大小，主要取决于轻集料的材质、生产工艺、内部孔结构及表面状态。通常孔隙率越大，吸水率也越高。吸水率过大的轻集料，会给混凝土的性质带来不利影响。比如，会导致施工中坍落度损失较大，和易性难以控制，水灰比和强度不稳定等。一般轻集料 1 h 的吸水率就可达到 24 h 吸水率的 60% ~ 95%，24 h 的吸水率可接近饱和。因此，国家标准规定，除天然轻集料外，其他轻粗集料吸水率不应大于 22%。

5) 有害物质含量

有害物质主要是指硫酸盐、泥块、氯化物和有机物等。轻集料中严禁混入煅烧过的石灰石、白云石及硫化铁等不稳定的物质。国家标准对轻集料的有害物质含量作了明确规定限制，比如含泥量应小于 3%，氯化物含量（按 Cl^- 计）应小于 0.02%，硫酸盐含量（按 SO_3 计）应小于 1%。

（三）轻集料混凝土的分类

1. 按细集料不同分类

轻集料混凝土细集料品种可分为全轻混凝土和砂轻混凝土。前者粗、细集料均为轻集料，后者粗集料为轻集料，而细集料全部或部分为普通砂。工程应用中以砂轻混凝土居多。

2. 按粗集料不同分类

按粗集料不同分类，轻集料混凝土可分为天然轻集料混凝土、工业废料轻集料混凝土、人造轻集料混凝土三种。通常以所用集料品种命名，例如粉煤灰陶粒混凝土、页岩陶粒混凝土、浮石混凝土、膨胀珍珠岩混凝土等。

3. 用途不同分类

按用途不同分类，轻集料混凝土可分为保温轻集料混凝土、结构保温轻集料混凝土和结构轻集料混凝土三种，见表 5-28。

表 5-28　轻集料混凝土按用途分类

类型名称	混凝土强度等级的合理范围	混凝土表观密度的合理范围	用途
保温轻集料混凝土	LC5.0	≤800 kg/m³	主要用于保温围护结构或热工构筑物
结构保温轻集料混凝土	LC5.0、LC7.5、LC10、LC15	800 ~ 1 400 kg/m³	主要用于承重、保温的围护结构
结构轻集料混凝土	LC15、LC20、LC25、LC30、LC35、LC40、LC45、LC50、LC60	1 400 ~ 1 900 kg/m³	主要用于承重构件或构筑物

(四)轻集料混凝土的技术性质

1. 干表观密度

轻集料混凝土的干表观密度主要取决于其所用的轻集料的表观密度和用量,可分为12 个等级,见表 5-29。某一密度等级轻集料混凝土的密度标准值,可取该密度等级干表观密度变化范围的上限值。

表 5-29　轻集料混凝土的干表观密度等级

密度等级	干表观密度变化范围(kg/m^3)	密度等级	干表观密度变化范围(kg/m^3)
600	560 ~ 650	1 300	1 260 ~ 1 350
700	660 ~ 750	1 400	1 360 ~ 1 450
800	760 ~ 850	1 500	1 460 ~ 1 550
900	860 ~ 950	1 600	1 560 ~ 1 650
1 000	960 ~ 1 050	1 700	1 660 ~ 1 750
1 100	1 060 ~ 1 150	1 800	1 760 ~ 1 850
1 200	1 160 ~ 1 250	1 900	1 860 ~ 1 950

2. 强度

轻集料混凝土的强度等级可用 150 mm 立方体试件,在标准试验条件下养护至 28 d 龄期测得的、具有 95% 以上保证率的抗压强度标准值(MPa)来确定。其等级具体可分为 LC5. 0、LC7. 5、LC10、LC15、LC20、LC25、LC30、LC35、LC40、LC45、LC50 和 LC60。

影响轻集料混凝土强度的因素很多,除了与普通混凝土相同的之外,轻集料种类、性质及用量也是重要的影响因素。轻集料混凝土的强度,一般随着水泥石强度和水泥用量的增加而提高;当水泥石强度与水泥用量一定时,其强度又随轻集料本身的强度增加而增大。轻集料混凝土的强度与其表观密度关系密切,一般来说,表观密度大者强度较高。

轻集料混凝土的受力破坏方式与普通混凝土有所不同。轻集料具有粗糙而多孔的表面,且轻集料的吸水作用使其表面呈低水灰比,提高了轻集料与水泥石的界面黏结强度,因此轻集料混凝土中的薄弱环节是轻集料本身,而不是粗集料的界面。轻集料混凝土受力时,不是沿着界面破坏,而是轻集料本身先遭到破坏。当配制高强度轻集料混凝土时,即使水泥用量很大,混凝土的强度也提高不了多少。

3. 弹性模量

轻集料混凝土的弹性模量较小,一般为同强度等级普通混凝土的 30% ~70%。弹性模量小有利于改善建筑物的抗震性能和抵抗动荷载的作用。

4. 变形

轻集料混凝土的收缩和徐变分别比普通混凝土大 20% ~50% 和 30% ~60%,热膨胀系数比普通混凝土小 20% 左右。

5. 热学性能

轻集料混凝土的导热系数与其容重及含水状态有关。导热系数随轻集料混凝土容重增加而提高，当轻集料混凝土的密度等级从 600 ~ 1 900 kg/m^3 变化时，其导热系数从 0.18 ~ 1.15 W/(m · k)变化。当含水率增大时，轻集料混凝土的导热系数也增大。

6. 抗冻性

轻集料混凝土的抗冻性较好。这是因为轻集料在常压下很难达到吸水饱和状态，当轻集料混凝土受冻时，部分受冻的水可以被结冰的膨胀压力挤入集料的孔隙中，从而减少了膨胀压力及混凝土的内应力。

三、纤维混凝土

（一）纤维混凝土的定义

纤维混凝土又称为纤维增强混凝土，是以混凝土作基材，纤维作增强材料制作的复合材料。它是人们在考虑如何改善混凝土的脆性，提高混凝土的抗拉、抗弯、抗冲击和抗爆等力学性能的基础上发展起来的。用做混凝土增强材料的纤维种类很多，通常有钢纤维、碳纤维、玻璃纤维、聚丙烯纤维、植物纤维等。其中钢纤维混凝土在国内外研究和应用较多。

（二）纤维的作用

(1)阻裂作用。纤维可阻止混凝土中微裂纹的产生与扩展。这种阻裂作用既存在于混凝土的塑性阶段，也存在于混凝土的硬化阶段。混凝土处于塑性状态时，极易产生微裂纹，在硬化过程中因失水干缩而导致微裂纹扩展或产生新的微裂纹。均匀分布于混凝土中的纤维可承受塑性收缩、干缩等引起的拉应力，从而阻止或减少裂纹的产生。

(2)增强作用。混凝土的抗拉强度低，且因其内部存在缺陷而往往难以保证。掺入适量的纤维可使混凝土的抗拉强度有充分保证或有明显提高。

(3)增韧作用。在荷载作用下，当混凝土发生开裂时，纤维可横跨裂纹承受拉应力，阻止裂纹的扩展，使混凝土具有一定的韧性和变形能力。纤维的掺入还可提高混凝土的抗冲击和抗疲劳能力。

（三）纤维混凝土的特性

(1)纤维混凝土的和易性。混凝土拌和料加入纤维后，对拌和料的流动性有很大影响，拌和料的流动性随纤维含量的增加而明显下降，和易性变差。拌和料的和易性还与纤维长径比和表面状态有关，长径比越大，纤维表面越粗糙，拌和料的和易性下降越明显。

(2)纤维在混凝土中的分散均匀性。纤维在混凝土中充分分散均匀，才能在混凝土中起到增强作用。影响纤维分散均匀性的主要因素有纤维的掺量、长径比、搅拌方法等。选择较小的纤维长径比、较小的粗集料最大粒径，满足强度要求和经济性要求的前提下适当增大水灰比和用水量，使用强制式搅拌机能获得较好的纤维分散效果。

(3)纤维混凝土的力学性能。混凝土中掺加钢纤维后，明显改变了其力学性能，抗拉及抗弯强度可提高 1.5 ~ 1.8 倍，抗剪强度提高 1.5 ~ 2.0 倍，耐冲击强度提高 5 ~ 10 倍。抗压强度虽没有明显改善，但破坏时不崩裂，基本保持原来形状，有较大的吸收变形的能力。玻璃纤维、聚丙烯纤维等也可明显改善混凝土的抗拉强度。

(4)纤维混凝土的耐久性。与普通混凝土相比，纤维混凝土的耐磨性、耐冲刷性、抗冻性和抗渗性均有不同程度的提高。比如，掺加 2% 体积含量钢纤维的混凝土，耐磨性约为普通混凝土的 1.5 倍，抗冻性为 2~8 倍。

（5）纤维混凝土的其他功能。具有某种特殊功能纤维配制的混凝土，其热学性能、电磁学性能等也与普通混凝土不同。比如掺加一定掺量的碳纤维混凝土，会具有导电、导热、屏蔽等功能。

四、泵送混凝土

（一）泵送混凝土的定义

泵送混凝土就是在混凝土泵泵送压的作用下，沿输送管道实行垂直及水平方向输送的混凝土。混凝土泵是一种用于输送和浇筑混凝土的施工设备，它能一次连续地完成水平和垂直运输，尤其是对一些工地狭窄和有障碍物的施工现场，用其他运输工具难以直接靠近施工工程，混凝土泵更能有效地发挥作用。泵送混凝土以其显著的特点，已在建筑工程中得到广泛的应用。

（二）对泵送混凝土拌和物的要求

泵送混凝土在施工过程中，为了使混凝土沿管道顺利地进行运输和浇筑，必须要求混凝土拌和物具有较好的可泵性。可泵性，即指混凝土拌和物在泵送压力下，具有能顺利通过管道、摩擦阻力小、不离析、不堵塞和黏聚性良好的性能。为了保证浇筑后的混凝土质量，为了能形成一个很好的润滑层，以保证混凝土泵送能顺利进行，对混凝土拌和物有以下要求：

（1）所配制的混凝土拌和物，必须满足混凝土的设计强度、耐久性和混凝土结构所需要的其他各方面的要求。

（2）混凝土的初凝时间不得小于混凝土拌和物运输、泵送，直至浇筑完毕全过程所需的时间。

（3）混凝土拌和物必须有足够的含浆量。浆体除能填充集料间所有空隙外，还有一定的富余量使混凝土泵送管道内壁形成薄浆润滑层。

（4）混凝土拌和物的坍落度一般不得小于 5 cm，同时要具有良好的内聚性，不离析，自始至终保持拌和物的均匀性。

（5）在混凝土基本组成原料中，粗集料的最大粒径不应大于泵送时输送管道内径的 1/3，它的颗粒级配应采用连续的级配。

五、碾压混凝土

（一）碾压混凝土的定义和特点

以干硬性混凝土拌和物，薄层摊铺，通过振动碾压密实的混凝土，称为碾压混凝土。

碾压混凝土适用于道路、机场、地坪及大坝工程。碾压混凝土与常态（普通）混凝土不同，属于干硬性混凝土，在搅拌工艺上，与常态混凝土采取的方法基本一样，但密实成型工艺则有很大差别，其主要是依靠振动碾逐层震动压实的密实方法，在胶材用量较少的情况下，使颗粒间的啮合力和机械力运到最佳密实状态。这种施工方法具有施工机械化水平高、速度快、工期短、成本低等特点。碾压混凝土拌和物可视为类似砾石土料的物质，它是由固相、液相和气相组成的体系，拌和物在震动压实机具所施加的震动和压力作用下，固相体积一般不发生变化，但固相颗粒位置得到重新排列，颗粒之间产生相对位移，彼此接近。小颗粒被挤压填充到大颗粒之间的空隙中，空隙里的空气受挤压而逐步逸出，混凝土拌和物逐步密实，密度逐渐增大。

(二) 碾压混凝土的种类

根据碾压混凝土中胶凝材料的用量多少，可以将其分为固结砂石料碾压混凝土、干贫型碾压混凝土、高粉煤灰掺量碾压混凝土。

(1) 固结砂石料碾压混凝土。其特点是胶凝材料用量小于 100 kg/m^3（其中粉煤灰掺量也极小），仅能黏结砂石集料，硬化后的混凝土内尚有较多孔隙，强度较低。筑坝时需用混凝土或沥青混凝土对其进行防渗处理。此种混凝土成本低，适合于小型水利工程和大坝围堰施工时使用。

(2) 干贫型碾压混凝土。胶凝材料的用量介于 110 ~ 130 kg/m^3，其中粉煤灰的用量为胶凝材料用量的 25% ~ 30%，水灰比为 0.7 ~ 0.9。这种混凝土在日本应用较为广泛。

(3) 高粉煤灰掺量碾压混凝土。胶凝材料用量为 150 ~ 250 kg/m^3，其中粉煤灰用量为 50% ~ 80%，水胶比为 0.5 左右。此种混凝土的胶凝材料中水泥用量少，粉煤灰用量较多，有利于避免拌和物的分离，并提高了各层间的黏结性能，而且这种混凝土发热量较低，在我国应用极为广泛。

六、流态混凝土

(一) 流态混凝土的定义和流态化机理

流态混凝土是一种具有适当黏聚性的高流动性混凝土，其坍落度大于 160 mm，浇筑时不需要振捣或稍加振捣，而且不易离析，能够在重力作用下自行密实。

流态剂是配制流态混凝土的关键材料，流态剂属于高效能减水剂，掺入水泥混凝土拌和物中，能使水泥颗粒达到分散状态，把水泥浆空间网架结构中束缚的水释放出来，降低混凝土的用水量，促进水泥充分水化，从而提高混凝土的密度和强度。另外，使用粉煤灰和流态剂共同配制流态混凝土是最节能的，可以减少水泥用量，提高新拌混凝土的工作性，以及提高硬化混凝土的性能，特别是耐久性。而当流态剂掺入到混凝土中以后，通过搅拌，水泥粒子表面吸附流态剂，在其表面形成扩散双电层的离子分布，改变其电动电位，使水泥颗粒在静电斥力作用下分散，并将水泥水化过程形成的空间网架结构中的束缚水释放出来，使混凝土达到流态化。

(二) 流态混凝土的性能和应用

现代土木工程向高层化、大型化发展，对混凝土混合物的制备、运输、浇筑、成型和硬化提出了新的要求，促使混凝土向现浇化、流态化、高强化、高效化发展，并且要求其应具有较好的节能性和耐久性。流态混凝土的使用目的，就是要改善混凝土的施工性能、改善混凝土质量、加快施工速度、节约水泥、节省能耗等。

流态混凝土的主要性能包括：减少了混凝土的干燥收缩；防止了裂缝的产生；减少了离析和混凝土沉降现象的出现；提高了混凝土的抗渗性、气密性，提高了混凝土的耐久性；减少了单位体积内的用水量和水泥用量。

用流态剂配制的流态混凝土主要用于现浇混凝土、泵送混凝土、大体积和超大体积结

构物的连续浇筑以及预制构件生产等,流态混凝土的应用范围是:

(1)泵送混凝土,泵送垂直高度最高为310 m;

(2)商品混凝土,运输时间可达到1~2 h;

(3)连续浇筑的大体积混凝土,可浇筑数百万立方米的混凝土;

(4)钢筋密集和混凝土不易进入的部位,以及不允许振动部位的浇筑;

(5)轻微振捣或自流平,如地平、基础梁、路面等;

(6)大型预制构件和制品,如直径3 m以上的预应力混凝土管等。

七、智能混凝土

随着现代社会向智能化的方向发展,混凝土也朝着智能化的方向发展。智能混凝土是通过引入特殊的功能组分,赋予混凝土机敏性或智能,如应力、应变、损伤自检测、自愈合、自控温等。

(一)仿生自愈伤混凝土

将内含黏结剂的空心玻璃纤维或胶囊掺入混凝土中,一旦材料在外力作用下发生开裂,空心玻璃纤维或胶囊就会破裂而释放出黏结剂,黏结剂流向开裂处,使之重新黏结起来,起到自愈伤的效果。

(二)调湿混凝土

自动调节环境湿度的混凝土自身即可完成对室内环境湿度的探测,并根据需求对其进行调控,因此基本上能够实现传感、反馈和控制等功能。为混凝土带来自动调节环境湿度功能的关键组分是沸石粉,其作用机理是沸石中的硅钙酸盐含有$3\times10^{-10}\sim9\times10^{-10}$ m的孔隙,这些孔隙可以对水分、NO_x和SO_x气体进行选择性吸附。通过对沸石种类进行选择,可以制备出符合实际需要的自动调节环境湿度的水泥基材料,它具有以下优点:优先吸附水分;水蒸汽汽压低的地方,其吸湿容量大;吸放湿与温度有关,温度上升时放湿,温度下降时吸湿。

(三)导电混凝土

近年来机敏混凝土和智能结构混凝土的出现,大大拓宽了水泥基材料的使用范围,导电混凝土就是其中之一。目前,常用于制作导电水泥混凝土的导电组分材料主要有石墨粉、碳粉、碳纤维、钢纤维及钢屑等。

钢纤维具有阻滞混凝土基体裂缝开展的能力,在混凝土中掺入体积含量为1%~2%的钢纤维,将使混凝土的抗拉、抗弯、抗剪强度等较普通混凝土显著提高,其抗冲击、抗疲劳、裂后韧性和耐久性也有较大改善。钢纤维同时还具有良好的导电性,在混凝土中掺入一定含量的钢纤维,也可以提高混凝土的导电能力。

短切碳纤维是制备导电混凝土的一种理想的导电组分材料,碳纤维混凝土具有电热效应,当对碳纤维混凝土施加电场时,会在混凝土中产生热效应,即焦耳效应,可生产导电发热混凝土。这种混凝土可用于室内采暖,用做地板和地下室墙壁,也可以涂到传统的墙壁、地板和顶棚上;还可以用于寒冷天气需除冰的人行道、车道及机场跑道上。

本章小结

混凝土是土木工程中应用最广泛的材料之一,因此本章也是全书的学习重点。本章对普通混凝土进行了较为详尽的阐述,包括普通混凝土的种类、组成原料、技术性质和影响性能的诸多因素等知识。只有掌握了新拌混凝土的技术性质、硬化混凝土的性能等基本原理,才能设计配制出符合工程要求的优质混凝土。

混凝土最重要的组成原料是水泥,水泥的性能影响着混凝土的强度、耐久性等诸多性能。水泥在前面一章已重点介绍过,这里应将学过的水泥知识应用到混凝土中来。砂石是不同粒径的集料,应掌握它们在混凝土中所起的作用,以及它们在配制混凝土时的技术要求。外加剂和矿物掺合料已经成为改善混凝土性能的最有效措施之一,被认为是混凝土的第五、第六组分,应重点了解外加剂和矿物掺合料的种类、特性和作用机理,正确掌握外加剂的选择和使用方法。

混凝土的性能中重点掌握新拌混凝土的和易性、硬化混凝土的力学性能和耐久性,以及影响混凝土性能的因素。

混凝土的配合比设计是混凝土应用的关键技术,要求掌握配合比设计的基本原理,掌握确定水灰比、砂率、用水量三者大小的方法和原则,清楚三者对混凝土性能的影响。掌握配合比计算及调整的方法步骤以及施工配合比的换算。

为了满足一些特殊工程的需要,在介绍普通混凝土的基础上还介绍了其他品种的混凝土。通过对比普通混凝土与其他混凝土的异同,了解其他混凝土的特性及应用。

思考题

5-1　普通混凝土的组成材料有哪几种?在混凝土中各起什么作用?

5-2　砂的级配和粗细程度有什么区别与联系?

5-3　集料有哪几种含水状态?

5-4　影响混凝土强度的因素有哪些?

5-5　影响混凝土拌和物和易性的因素有哪些?

5-6　混凝土产生干缩变形的原因有哪些?影响混凝土干缩大小的因素有哪些?

5-7　试结合混凝土荷载—变形曲线说明混凝土的受力破坏过程。

5-8　试从原料组成、配合比、施工、养护等几个方面综合考虑,提出提高混凝土强度的措施。

5-9　试述混凝土耐久性的含义。提高混凝土耐久性有哪些措施?

5-10　简述混凝土强度检测评定方法、标准及各自的适用范围。

5-11　某寒冷地区的室外地面,易遭受冻融循环侵害,设计混凝土强度等级 C30,施工要求坍落度为 70 ~ 90 mm,试设计该混凝土配合比。所采用的材料如下:水泥为 42.5 强度等级普通硅酸盐水泥,表观密度 3 150 kg/m^3;粗集料为碎石,最大粒径 31.5 mm,表观密度 2 700 kg/m^3；细集料为中砂，表观密度 2 650 kg/m^3。

5-12　某工程对设计的混凝土进行试拌，各种材料的用量分别为：水泥 7.1 kg，水 3.9 kg，砂子 15.6 kg，石子 24.4 kg，经测定该混凝土拌和物的表观密度为 2 460 kg/m^3，试计算拌和 1 m^3 该混凝土的各材料用量；现场搅拌时石子的含水率为 1%，砂子含水率 3%，计算现场拌和 1 m^3 该混凝土的各种材料的用量。

5-13　某商品混凝土公司设计的混凝土强度等级为 C20，对混凝土进行试拌，制备了 30 组 150 mm × 150 mm × 150 mm 的试件（每组三个试件），测得每组试件 28 d 抗压强度值如表 5-30 所示，试计算该批混凝土的强度平均值、标准差、强度保证率，并评定该批混凝土的生产质量水平。

表 5-30　试件 28 d 抗压强度值

试件组编号	1	2	3	4	5	6	7	8	9	10
28 d 抗压强度（MPa）	25.2	24.3	21.6	26.4	22.9	21.9	24.4	25.4	23.1	24.5
试件组编号	11	12	13	14	15	16	17	18	19	20
28 d 抗压强度（MPa）	19.8	20.6	24.7	21.5	23.3	23.8	26.1	24.2	21.7	20.3
试件组编号	21	22	23	24	25	26	27	27	29	30
28 d 抗压强度（MPa）	25.1	22.6	24.8	22.5	26.1	23.2	23.7	22.0	19.4	21.6

第六章　建筑砂浆

第一节　概　述

建筑砂浆是由胶结料、细集料、掺合料和水按适当比例配制而成的一种复合型建筑材料,工程用量大且用途广泛。在砌体结构中,砂浆可以把单块的砖、石以及砌块胶结起来,构成砌体。墙面、地面及梁柱结构的表面都需要用砂浆抹面,起到保护结构和装饰的效果。此外,还有一些保温、吸声、防水、防腐等特殊用途的砂浆。

砂浆包括现场配制砂浆和干粉砂浆。建筑砂浆的合理选择和使用,对保证工程质量,降低工程造价有着重要的意义。根据不同分类标准,建筑砂浆有以下几种类型。

一、按用途划分

按用途划分:砂浆可分为砌筑砂浆、抹面砂浆、装饰砂浆及特种砂浆,如保温砂浆、吸声砂浆等。

二、按胶凝材料划分

按胶凝材料划分:砂浆可分为水泥砂浆、石灰砂浆、石膏砂浆、混合砂浆和沥青砂浆等。混合砂浆有水泥石灰砂浆、水泥黏土砂浆和石灰黏土砂浆等。

三、按表观密度划分

按表观密度划分:小于 1 500 kg/m^3 的为轻砂浆;大于 1 500 kg/m^3 的为重砂浆。

本章按照用途分类标准,对砌筑砂浆、抹面砂浆、装饰砂浆及特种砂浆等分别讲述。

第二节　砌筑砂浆

用于砌筑的砖、石、砌块等砌体工程的砂浆称为砌筑砂浆。它起着黏结砌块、构筑砌体或填充块体间的空隙、保证砌块共同受力,保证墙体稳定性并传递荷载的作用,还具有改善墙体的隔热、隔音等功能的作用,是砌体结构的重要组成部分。

一、砌筑砂浆的组成材料

砌筑砂浆的组成材料主要有胶凝材料、细集料(砂)、掺合料、水和外加剂等。

(一)胶凝材料

砌筑砂浆常用的胶凝材料是水泥。常用的水泥均可以用来配制砂浆,可根据砌筑部位、环境条件等选择适宜的水泥品种,不同品种的水泥,不得混合使用。通常对水泥的强度要求并不很高,一般采用中等强度等级的水泥就能够满足要求。在配制砌筑砂浆时,选择水泥强度等级一般为砂浆强度等级的4～5倍,常用强度等级为32.5或32.5R。水泥砂浆采用的水泥强度等级不宜大于32.5,用于配制混合砂浆的水泥强度等级不宜大于42.5,如果水泥强度等级过高,可适当掺入掺合料。对于一些特殊用途的砂浆,如配制构件的接头、接缝或用于结构加固、修补裂缝等,应采用膨胀水泥。

在许多特殊的情况下可采用聚合物作为砂浆的胶凝材料,由于聚合物为链型或体型的高分子化合物,且黏性好,在砂浆中可呈膜状大面积分布,因此可提高砂浆的黏结性、韧性和抗冲击性,同时也有利于提高砂浆的抗渗、抗碳化等耐久性能。常用的聚合物有聚醋酸乙烯酯、甲基纤维素醚、聚乙烯醇、聚酯树脂、环氧树脂等。

(二)细集料

砂浆用细集料主要为天然砂,它应符合砂浆用砂的技术要求,砂的粗细程度对砂浆的水泥用量、和易性、强度及收缩变形等影响很大。

由于砂浆层较薄,对砂子最大粒径有所限制:对于毛石砌体用砂宜选用粗砂,其最大粒径应小于砂浆层厚度的1/5～1/4;对于砖砌体以使用中砂为宜,粒径不得大于2.5 mm;对于光滑的抹面及勾缝的砂浆则应采用细砂。

砂的含泥量对砂浆的强度、变形性、稠度及耐久性影响较大。在配制高强度砂浆时,应选用洁净的砂。对M5以上的砂浆,砂中含泥量不应大于5%;M5以下的水泥混合砂浆,砂中含泥量可大于5%,但不应超过10%。

近年来,由于我国对天然砂资源的保护和限制开采,人工砂(也称机制砂)作为配制砂浆的集料受到国家技术产业政策的支持,并且机制砂的粒型和级配调整与改进相对容易。工程中也可以选用燃烧完全、未燃煤分和其他有害杂质含量较小的细炉渣作为细集料。人工砂和炉渣含泥量较天然砂降低很多,力学性能也有一定程度的差异,工程中应用人工砂以及炉渣时应根据试验进一步确定其技术指标。

(三)掺合料

掺合料是指在配制砂浆时为了改善砂浆的和易性而加入的无机材料,它可以节约水泥,降低砂浆成本。常用的掺合料有磨细生石灰、石灰膏、石膏、粉煤灰、黏土膏、电石膏等。

脱水硬化的石灰膏和消石灰粉不能起塑化作用且影响砂浆强度,工程中严禁使用脱水硬化的石灰膏,消石灰粉也不得直接应用于砂浆中,可以在陈伏一定时间后使用。黏土膏必须达到所需的细度,才能起到塑化作用。电石膏应加热至70 ℃并保持20 min,经检验没有乙炔气味后,方可使用。

(四)拌和用水

砂浆拌和水应选用无杂质的洁净水,其要求和混凝土用水一致。符合《生活饮用水卫生标准》(GB 5749—2006)要求的饮用水,可不经检验作为拌制砂浆用水。其他情况下需对拌和水的pH值、氯离子含量、碱含量等一系列指标进行检验,以满足《混凝土拌和用水标准》(JGJ 63—89)的规定。

(五)外加剂

为改善砂浆拌制时或硬化后的各种性能,或赋予砂浆某些特殊性能,常在砂浆中掺入适量外加剂。例如为改善砂浆和易性,提高砂浆的抗裂性、抗冻性及保温性,可掺入微沫剂、减水剂等外加剂。为增强砂浆的防水性和抗渗性,可掺入防水剂等。为增强砂浆的保温隔热性能,除选用轻质细集料外,还可掺入引气剂提高砂浆的孔隙率。

砂浆中掺入的外加剂,应具有法定检测机构出具的该产品相应形式的检验报告,并经砂浆性能试验合格后方可使用。

二、砌筑砂浆的技术性质

砌筑砂浆的技术性质主要包括砂浆新拌时的和易性,硬化后的强度、黏结性、抗冻性和变形等。

施工时使用和易性良好的砂浆,既便于施工操作,提高劳动生产率,又能保证工程质量,如和易性良好的砂浆容易在粗糙的砖石底面上铺抹成均匀的薄层,而且能够和底面紧密黏结。对于硬化后的砂浆则要求具有所需要的强度、与基底面间有足够的黏结力。硬化后还需较小的收缩变形,以降低砂浆收缩所产生的附加应力,进而抑制裂缝出现。

(一)新拌砂浆的和易性

和易性是指在搅拌运输及施工过程中不易产生分层、析水现象,并且易于在粗糙的砖、石等表面上铺成均匀薄层的综合性能。和易性包含有流动性和保水性两方面的含义。

1. 流动性

砂浆的流动性是指在自重或外力作用下能产生流动的性能,它实质上反映了砂浆的稠度,也称为稠度或沉入度。流动性的大小可通过砂浆稠度测定仪(见图6-1)测定,用稠度测定仪的圆锥体沉入砂浆中的深度来表示,单位为mm。

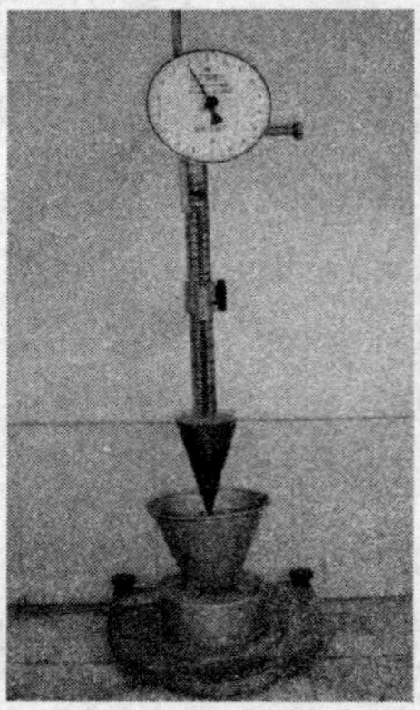

图6-1　砂浆稠度测定仪

影响砂浆流动性的主要因素有:

(1)胶凝材料及掺合料的品种和用量;

(2)砂的粗细程度、形状及级配;

(3)用水量;

(4)外加剂品种与掺量;

(5)搅拌时间。

砂浆流动性的选择与基底材料的种类及吸水性能、施工条件、天气情况以及砌体的受力特点有关。对于多孔吸水的砌体材料和干热的天气,则要求砂浆的流动性大一些;相反对于密实不吸水的砌体材料和湿冷的天气,要求砂浆的流动性小一些。在砌体种类确定的情况下,可参考表6-1选定砂浆的稠度。

2. 保水性

保水性是指新拌砂浆保持其内部水分不泌出、不流失的能力,也指砂浆中各组成材料分离时的难易程度。

表 6-1　砌筑砂浆的稠度

砌体种类	砂浆稠度(mm)
烧结普通砖砌体	70 ~ 90
烧结多孔砖,空心砖砌体	60 ~ 80
轻集料混凝土小型空心砌块砌体	60 ~ 90
烧结普通砖平拱式过梁	
空斗墙,筒拱砌体	50 ~ 70
普通混凝土小型空心砌块	
加气混凝土砌块砌体	
石砌体	30 ~ 50

砂浆的保水性用分层度表示。将搅拌均匀的砂浆,先测其沉入度,再装入分层度测定仪(见图 6-2),静置 30 min 后,去掉上部 200 mm 厚的砂浆,再测其剩余部分砂浆的沉入度,先后两次沉入度的差值称为分层度。分层度值越小,则保水性越好。砌筑砂浆的分层度在 30 mm 以内为宜,分层度大于 30 mm 的砂浆,容易产生离析,不便于施工;分层度小于 10 mm 的砂浆虽然保水性好但硬化后容易产生干缩裂缝。

图 6-2　砂浆分层度测定仪

新拌砂浆在存放、运输和使用过程中,都必须保持其水分不致很快流失,才能便于施工操作,并保证工程质量。保水性差的砂浆,在施工过程中很容易泌水、分层、离析,由于水分流失而使流动性变差,不易铺成均匀的砂浆层。砂浆中掺入适量的加气剂或塑化剂能改善砂浆的保水性和流动性。

砌筑砂浆的保水性并非越高越好,对于不吸水基底材料的砌筑砂浆,保水性太高会使得砂浆内部水分在早期无法蒸发,不利于砂浆强度的增长,并增大砂浆的干缩裂缝,降低整个砌体的整体性。

(二)砂浆的强度

砂浆强度是以边长为 70.7 mm × 70.7 mm × 70.7 mm 的立方体试块,在温度为 (20 ± 3) ℃,一定湿度下养护 28 d,根据测得的抗压强度平均值来确定。养护湿度与砂浆的组成材料有关系,水泥石灰等混合砂浆养护时相对湿度为 60% ~ 80%,水泥砂浆和微沫水泥砂浆养护的湿度为 90% 以上。砂浆按其抗压强度平均值分为 M2.5、M5.0、M7.5、M10、M15、M20 等 6 个强度等级。

砂浆的养护温度对其强度影响较大。温度越高,砂浆强度增长越快,早期强度就越高。除水泥的强度和用量影响砂浆的实际强度外,基底材料的吸水性能对砂浆强度亦有不同程度的影响。

1. 用于砌筑不吸水底材的砂浆强度

不吸水底材(如密实的石材)的砂浆的强度,主要取决于水泥强度和灰水比。计算公式如下

$$f_m = 0.29 f_{ce}\left(\frac{m_c}{m_w} - 0.4\right) \tag{6-1}$$

式中 f_{ce}——水泥的实测强度,MPa;

$\frac{m_c}{m_w}$——灰水比;

f_m——砂浆(20 ±3) ℃,一定湿度下养护 28 d 的抗压强度,MPa。

2. 用于砌筑吸水底材的砂浆强度

用于砌筑吸水底材(如砖或其他多孔材料)时,即使砂浆用水量不同,而砂浆自身具有保水性能,经过底材吸水后,保留在砂浆中的水分几乎是相同的。因此,砂浆强度主要取决于水泥强度和水泥用量,而与砌筑前砂浆中的水灰比没有关系。计算公式如下

$$f_m = \frac{\alpha Q_c f_{ce}}{1\,000} + \beta \tag{6-2}$$

式中 Q_c——每立方米砂浆的水泥用量,kg;

α、β—— 砂浆的特征系数,其中 $\alpha = 3.03$, $\beta = -15.09$;

f_m、f_{ce} 含义同式(6-1)。

鉴于砂浆组成材料的多样性和复杂性,其强度很难用公式进行准确计算。对砂浆用量比较大或用于比较重要的部位时,式(6-2)计算的结果必须通过具体试验进行调整。

(三)砂浆的黏结性

砖石砌体是靠砂浆把块状的砖石材料黏结成为一个坚固整体,因此要求砂浆与基材之间应有一定的黏结强度。两者黏结得越牢,则整个砌体的整体性、强度、耐久性及抗震性等越好。一般情况下,砂浆的抗压强度越高,其黏结力也越大。针对砌体整体来说,砂浆的黏结性较砂浆的抗压强度更为重要。但由于砂浆的抗压强度较其黏结强度容易测定,因此我国将砂浆抗压强度作为主要技术指标,也是砂浆的必检项目和配合比设计的依据。

砂浆黏结力的大小还与砖石表面状态、清洁程度、湿润情况以及施工养护条件等因素有关。如要求砌筑烧结砖要表面不沾泥土及施工前浇水湿润等,均可以提高砂浆与砖之间的黏结力,进而保证墙体的质量。砂浆中胶凝材料的种类及加入聚合物多少对砂浆的黏结性能也有不同程度的影响。

(四)砂浆的变形性

砌筑砂浆在承受荷载或温度变化时,会产生变形。如果变形过大或不均匀,则容易使砌体的整体性下降,并产生沉陷或裂缝,影响到整个砌体的质量,因此要求砂浆具有较小的变形性。砂浆变形的影响因素很多,如胶凝材料的种类和用量,用水量,细集料的种类、级配和质量以及外部环境条件等。

(五)砂浆的抗冻性

砂浆的抗冻性是指抵抗多次冻融循环而不疲劳破坏的性质。当设计中对砂浆抗冻性能有要求时,必须进行冻融循环试验,具体要求可参照《建筑砂浆基本性能试验方法》(JGJ/T 70—2009)中的相关规定。

三、砌筑砂浆的配合比设计

(一)砌筑砂浆的配合比设计步骤

砌体砂浆可根据工程类别及砌体部位的要求,先确定砂浆的强度等级,然后选定其配合比,一般情况下可以查阅有关手册和资料来选择配合比。如果工程量较大、砌体部位较为重要或掺入外加剂等非常规材料时,为保证质量和降低造价,应进行配合比设计。

根据《砌筑砂浆配合比设计规程》(JGJ 98—2000)的规定,用于砌筑吸水底面的砂浆配合比设计,应按下列步骤进行。

1. 确定试配强度

为了保证砂浆抗压强度具有95%的强度保证率,可按下式计算

$$f_{m,0} = f_2 + 0.645\sigma \tag{6-3}$$

式中 $f_{m,0}$—— 砂浆的试配强度,精确至0.1MPa;

f_2——砂浆抗压强度平均值,精确至0.1 MPa;

σ——砂浆现场强度标准差,精确至0.01 MPa。

砌筑砂浆现场强度标准差的确定,当现场有统计资料时,可根据式(6-4)计算

$$\sigma = \sqrt{\frac{\sum_{i}^{n} f_{m,i}^2 - n\mu_{f_m}^2}{n-1}} \tag{6-4}$$

式中 $f_{m,i}$—— 统计周期内同一品种砂浆第 i 组试件的强度,MPa;

μ_{f_m}——统计周期内同一品种砂浆 n 组试件强度的平均值,MPa;

n——统计周期内同一品种砂浆试件的组数,$n \geq 25$。

当不具有近期统计资料时,砂浆现场强度标准差 σ 值可按表6-2取值。

表6-2 砂浆强度标准差 σ 选用值

强度等级	M2.5	M5.0	M7.5	M10	M15	M20
优良	0.50	1.00	1.50	2.00	3.00	4.00
一般	0.62	1.25	1.88	2.50	3.75	5.00
较差	0.75	1.50	2.25	3.00	4.50	6.00

2. 计算每立方米砂浆中的水泥用量

每立方米砂浆中的水泥用量可按式(6-5)计算

$$Q_c = \frac{1\,000(f_{m,0} - \beta)}{\alpha f_{ce}} \tag{6-5}$$

式中,各符号含义同式(6-2)、式(6-3)。当水泥砂浆中水泥的单位用量不足 200 kg/m³ 时,应按 200 kg/m³ 选用。在无法取得水泥的实测强度 f_{ce} 时,可按式(6-6)计算

$$f_{ce} = \gamma_c f_{ce,k} \tag{6-6}$$

式中　$f_{ce,k}$——水泥强度等级对应的强度值,MPa;

γ_c——水泥强度等级值的富余系数,该值应按实际统计资料确定。无统计资料时取 $\gamma_c = 1.0$。

3. 计算掺合料的单位用量

水泥混合砂浆的掺合料用量按式(6-7)计算

$$Q_D = Q_A - Q_c \tag{6-7}$$

式中　Q_D——每立方米砂浆中掺合料的用量,kg,若掺合料为石灰膏、黏土膏,则其使用时的稠度为(120 ± 5) mm;

Q_A——每立方米水泥混合砂浆中水泥和掺加料的总量,宜为 300 ~ 350 kg;

Q_c——每立方米砂浆的水泥用量,kg。

4. 确定每立方米砂浆用砂量

砂浆中水、胶结料和掺合料是用来填充砂子的空隙,因此 1 m³ 的砂子就构成了 1 m³ 的砂浆。砂的单位用量可用式(6-8)计算

$$Q_s = 1 \times \rho'_{s0} \tag{6-8}$$

式中　Q_s——每立方米砂浆的砂用量,kg;

ρ'_{s0}——砂干燥状态下(含水率小于 0.5%)的堆积密度,kg/m³。

5. 每立方米砂浆中的用水量

每立方米砂浆中的用水量应根据砂浆稠度等要求来选用。由于用水量多少对砂浆强度影响不大,一般可根据经验以满足施工所需稠度即可,通常情况下可选用 240 ~ 310 kg。《砌筑砂浆配合比设计规程》(JGJ 98—2000)还规定:

(1)混合砂浆中的用水量,不包括石灰膏中的水;

(2)当采用细砂或粗砂时,用水量分别取上限或下限;

(3)稠度小于 70 mm 时,用水量可小于下限;

(4)施工现场气候炎热或干燥季节,可适当增加用水量。

6. 确定初步配合比

按上述步骤进行确定,得到的配合比称为砂浆的初步配合比。常用“质量比”表示。砂浆配合比以各种材料用量的比例形式表示:水泥 : 掺合料 : 砂 : 水 = $Q_c : Q_D : Q_s : Q_w$

7. 配合比的试配、调整与确定

采用工程实际使用的材料,按初步配合比试配少量砂浆,测定其稠度和分层度,若不能满足要求,则应调整组成材料用量,直至符合要求为止。然后再检验砂浆的强度是否能达到强度等级的要求。

为了使测定的砂浆强度能在设计要求范围内,按照《建筑砂浆基本性能试验方法》(JGJ/T 70—2009)的规定成型试件,测定砂浆强度。试配时至少采用 3 个不同的配合比,其中一个为基准配合比,另外两个配合比的水泥用量按基准配合比分别增加及减少 10%,在保证稠度和分层度合格的条件下,可将用水量或掺合料用量作相应调整。最后选

定符合试配强度要求并且水泥用量最少的配合比作为砂浆配合比。

经过这一系列步骤，砂浆配合比达到了实际工程的具体要求，可以用于实际工程中。最后确定出砂浆的配合比。

（二）砂浆配合比计算实例

1. 使用要求

水泥石灰混合砂浆，强度等级为 M7.5，稠度 70～100 mm，月于砌筑砖墙。

2. 材料要求

（1）水泥：32.5 MPa 普通硅酸盐水泥；

（2）石灰膏：稠度 120 mm；

（3）砂：中砂，堆积密度为 1 450 kg/m^3，含水率为 2%；

（4）施工水平：一般。

3. 设计步骤

（1）根据式（6-3），计算试配强度 $f_{m,0}$

$$f_{m,0} = f_2 + 0.645\sigma = 7.5 + 0.645 \times 1.88 = 8.7\ (\text{MPa})$$

（2）根据式（6-5），计算水泥用量 Q_c。

$$Q_c = \frac{1\,000(f_{m,0} - \beta)}{\alpha f_{ce}} = \frac{1\,000 \times (8.7 + 15.09)}{3.03 \times 32.5} = 242(\text{kg/m}^3)$$

式中，$\alpha = 3.03$，$\beta = -15.09$

$$f_{ce} = \gamma_c f_{ce,k} = 1.0 \times 32.5 = 32.5(\text{MPa})$$

（3）根据式（6-7），计算石灰膏用量 Q_D。其中，$Q_A = 350\ \text{kg/m}^3$（按水泥和掺合料总量规定选取）。

$$Q_D = Q_A - Q_c = 350 - 242 = 108(\text{kg/m}^3)$$

（4）根据砂子堆积密度和含水率，计算砂用量 Q_s。

$$Q_s = 1\,450 \times (1 + 2\%) = 1\,479(\text{kg/m}^3)$$

（5）选择用水量 Q_w。

$$Q_w = 300\ \text{kg/m}^3$$

（6）确定砂浆试配时的配合比。

各材料的用量比例，水泥：石灰膏：砂：水 = 242：108：1 479：300

或　　　　水泥：石灰膏：砂：水 = 1：0.45：6.11：1.24

（三）水泥砂浆常用强度等级的配合比

水泥砂浆各种材料用量可参考表 6-3 选用。表中水泥用量是根据水泥强度等级为 32.5 的砌筑砂浆配合比设计规程设定的，当选用大于 32.5 砌筑砂浆配合比设计规程强度等级的水泥用量宜取下限，同时尚应根据施工水平合理选择水泥月量。表 6-3 中用水量与细集料的类型、稠度及施工时的温湿度有关。当采用组砂或粗砂时，用水量分别取上限或下限；稠度小于 70 mm 时，用水量可小于下限；施工现场气候炎热或干燥时，可酌量增加用水量。试配强度应按照式（6-3）进行计算。

表 6-3 水泥砂浆材料用量 （单位：kg/m^3）

强度等级	水泥用量	砂子用量	用水量
M2.5 ~ M5	200 ~ 230	1 m^3 干燥状态下砂的堆积密度值	270 ~ 330
M7.5 ~ M10	230 ~ 280		
M15	280 ~ 340		
M20	340 ~ 400		

第三节 抹面砂浆

抹面砂浆是指涂抹在基底材料的表面，兼有保护基层和增加美观的砂浆，也称为抹灰砂浆。其主要组成材料仍是水泥、石灰或石膏及砂等，对这些原材料的质量要求同砌筑砂浆。

一、抹面砂浆的特点

抹面砂浆与砌筑砂浆相比，有以下几个方面的差异。

（一）材料配合比组成

其水泥用量要多于砌筑砂浆，并加入适量有机聚合物以增强黏结力。各种抹面砂浆配合比见表 6-4。

表 6-4 各种抹面砂浆配合比

组成材料	配合比（体积比）	应用范围
石灰：砂	1:3 1:1	干燥砖石墙面打底找平 墙面石灰面层
水泥：石灰：砂	1:1:6 1:0.3:3	内外墙面混合砂浆找平 墙面混合砂浆面层
水泥：石膏：砂：锯末	1:1:3:5	吸声粉刷
水泥：砂	1:2	地面顶棚墙面水泥砂浆面
石灰膏：磨刀	100:2.5（质量比） 100:1.3（质量比）	木板条顶棚底层 木板条顶棚面层
石灰膏：纸筋	100:3.8（质量比） 1 m^3 石灰膏 3.6 kg 纸筋	木板条顶棚面层 墙面及顶棚

（二）技术性质指标

抹面层不承受荷载，抗压强度不是主要技术指标。同时要求和易性好，其稠度控制在 25 ~ 35 mm。抹面层与基底层要有足够的黏结强度，使其在施工中或长期自重和环境作用下不脱落、不开裂。

(三)施工方面

抹面层多为薄层,并分层涂抹,面层要求平整、光洁、细致、美观。

(四)使用环境

抹面砂浆大面积暴露在空气中,以使用于干燥环境中为多,但有些抹面砂浆可用于潮湿或水下环境中。

二、普通抹面砂浆

根据其功能不同,抹面砂浆一般可分为普通抹面砂浆、装饰砂浆和特殊用途砂浆(如防水砂浆、保温砂浆、吸声砂浆及聚合物砂浆等)。普通抹面砂浆对建筑物和墙体起到保护作用,它可以抵抗风、雨、雪等自然环境对建筑物的侵蚀,并提高建筑物的耐久性,经过抹面的建筑物表面或墙面可以达到平整、光洁、美观的效果。

本节主要讲述普通抹面砂浆。

(一)普通抹面砂浆的种类

根据胶凝材料和掺加的聚合物的异同,普通抹面砂浆可分为水泥砂浆、石灰砂浆、水泥石灰混合砂浆、麻刀石灰砂浆(简称麻刀灰)、纸筋石灰砂浆(简称纸筋灰)等。

(二)普通抹面砂浆的施工与选用

抹面砂浆常分两层或三层进行施工。

底层砂浆的作用是使砂浆与基层能牢固地黏结,应有良好的保水性。中层主要是为了找平,有时可省去不做,多用混合砂浆和石灰砂浆,流动性比底层稍低。面层主要起装饰作用,多用细砂配置成混合砂浆、麻刀灰、纸筋灰等,以获得平整、光洁的表面效果。

各层抹灰面的作用和要求不同,每层所选用的砂浆也不一样。同时,基底材料的特性和工程部位不同,对砂浆技术性能要求不同。水泥砂浆宜用于潮湿或强度要求较高的部位,如墙裙、踢脚板、雨棚、水池、窗台等统一碰撞或潮湿的部位,均应采用细砂配置的水泥砂浆。混合砂浆多用于室内底层、中层或面层抹灰。石灰砂浆多用于室内中层或面层抹灰。对混凝土基面多用水泥石灰混合砂浆。对于木板条基底及面层,多用掺加了纤维材料的砂浆以增加其抗拉强度,防止开裂。

第四节 装饰砂浆

涂抹在建筑物内外墙表面,具有美观和装饰效果的抹面砂浆称为装饰砂浆。装饰砂浆的底层和中层抹灰与普通抹面砂浆基本相同,但面层材料的组成和饰面方式上与普通抹面砂浆有较大的差异。面层一般要选用具有一定颜色的胶凝材料和集料,以及采用某种特殊的施工工艺,使表面呈现出各种不同的色彩、线条与花纹等装饰效果。

装饰砂浆饰面方式可分为灰浆类饰面和石渣类饰面两大类。

一、灰浆类饰面

灰浆类饰面主要通过水泥砂浆的着色或对水泥砂浆表面进行艺术加工,从而获得具有特殊色彩、线条、纹理等质感的饰面。其主要优点是材料来源广泛,施工操作简便,造价比较低廉,而且通过不同的工艺加工,可以创造不同的装饰效果。

二、石渣类饰面

石渣类饰面是用水泥(普通水泥、白水泥或彩色水泥)、石渣、水拌成石渣浆,同时采用不同的加工手段除去表面水泥浆皮,使石渣呈现不同的外露形式以及水泥浆与石渣的色泽对比,构成不同的装饰效果。石渣是天然的大理石、花岗石以及其他天然石材经破碎而成,俗称米石。常用的规格有大八厘(粒径为 8 mm)、中八厘(粒径为 6 mm)、小八厘(粒径为4 mm)。石渣类饰面比灰浆类饰面色泽较明亮,质感相对丰富,不易褪色,耐光性和耐污染性也较好。常用的石渣类饰面有水刷石、干粘石、斩假石和水磨石。

不同的石渣类饰面装饰效果迥异,各具特色。在质感方面:水刷石最为粗犷,干粘石粗中带细,斩假石典雅庄重,水磨石润滑细腻。在颜色花纹方面:水磨石色泽华丽、花纹美观;斩假石的颜色与斩凿的灰色花岗石相似;水刷石的颜色有青灰色、奶黄色等;干粘石的色彩取决于石渣的颜色。

第五节　其他砂浆

一、干粉砂浆

干粉砂浆是指经干燥筛分处理的集料(如石英砂)、无机胶凝材料(如水泥)和添加剂(如聚合物)等按一定比例进行物理混合而成的一种颗粒状或粉状,以袋装或散装的形式运至工地,加水拌和后即可直接使用的物料,又称做砂浆干粉料、干混料、干拌粉,有些建筑黏合剂也属于此类。

干粉砂浆在建筑业中以薄层发挥黏结、衬垫、防护和装饰作用,建筑和装修工程应用极为广泛。干粉砂浆的原材料组成主要有无机胶粘剂(包括普通硅酸盐水泥、高铝水泥、特殊水泥、石膏、无水石等)、有机胶粘剂、集料、添加剂等。相对于在施工现场配制的砂浆,干粉砂浆有以下优势:

(1)品质稳定可靠,可以满足不同的功能和性能需求,提高工程质量;

(2)功效提高,有利于自动化施工机具的应用,改变传统施工的落后方式;

(3)对新型墙体材料有较强的适应性,有利于推广应用新型墙材;

(4)使用方便,便于管理。

根据当前我国在干粉砂浆方面发展的情况来看,干粉砂浆的成本较高、技术不成熟、砂浆品种不丰富、投资大,但仍有广阔的发展前景,其代替传统砂浆的历史必然性是难以改变的。从现今的发展趋势来看,今后我国在干粉砂浆方面的发展主要集中在以下几点:

(1)以利用工业废料和地方材料为主要原材料的干粉砂浆品种。粉煤灰、矿渣、废石粉、炼油废渣、膨润土等的利用,不但能够降低干粉砂浆成本,改善砂浆性能,而且有利于保护环境,节约资源。

(2)开发新的品种。只有开发出全面的、符合市场需要的所有的砂浆品种,才能使其使用范围不受限制，为其顺利推广创造有利条件。专用砂浆、特种砂浆的出现不仅带动干粉砂浆的发展，也为推动其他产业的发展创造条件。

(3)开发自己的生产工艺。目前，干粉砂浆的生产工艺在我国还不成熟，一般生产企业的生产线都是从国外引进的，投资一条生产线一般在2 000万~3 000万元人民币，价格昂贵。只有开发出符合我国国情的生产工艺，才能为全面建设干粉砂浆企业创造条件，不但降低了投资成本，而且降低了生产成本。

(4)与墙体材料相协调。我国一直在致力于推广使用新型墙体材料，所以开发出与当前使用的主要块体材料相配套的专用砂浆是必需的。

二、防水砂浆

用做防水层的砂浆称为防水砂浆。

水泥砂浆防水层是采用普通水泥砂浆、聚合物水泥防水砂浆、掺外加剂或掺合料防水砂浆等材料，采用多层抹压施工或机械喷涂形成的刚性防水层。它是依靠特定的施工工艺要求或在水泥砂浆内掺入外加剂、聚合物来提高水泥砂浆的密实性或改善水泥砂浆的抗裂性，从而达到防水抗渗的目的。水泥砂浆防水层与卷材、金属、混凝土等防水材料相比，具有施工操作简便，造价适宜，容易修补等优点，但普通水泥砂浆韧性差，较脆，极限拉伸强度较低。

(一)防水砂浆的适用范围

水泥砂浆防水层适用于埋置深度不大、使用时不会因结构沉降、温度和湿度变化以及受振动等产生有害裂缝的地上及地下防水工程。对于主体结构刚度较大、建筑物变形小及面积较小的工程，水泥砂浆防水层也比较合适。面积或长度较大的工程必要时应设置变形缝分段设防。对于变形较大或可能发生不均匀沉陷的建筑物，以及刚度较差的装配式混凝土结构，不宜使用水泥砂浆防水层。

由于水泥砂浆防水层与混凝土具有良好的黏结能力，因此既可用于结构主体的迎水面，也可以在背水面作为大面积轻微渗漏时修补使用。

(二)防水砂浆的种类

水泥砂浆防水层按掺入外加剂的不同分为四种。

1.普通水泥砂浆防水层

利用不同配合比的水泥浆和水泥砂浆分层次施工，相互交替抹压密实，充分切断各层次毛细孔网，构成一个多层防线的整体防水层。

普通水泥砂浆防水层的配合比应按表6-5选用。

表6-5　普通水泥砂浆防水层的配合比

名称	配合比(质量比)		水灰比	适用范围
	水泥	砂		
水泥浆	1	—	0.55~0.60	水泥砂浆防水层的第一层
水泥浆	1	—	0.37~0.40	水泥砂浆防水层的第三、五层
水泥砂浆	1	1.5~2.0	0.40~0.50	水泥砂浆防水层的第二、四层

2. 防水砂浆防水层

防水砂浆也可以在水泥砂浆中掺入防水剂来提高抗渗能力。常用防水剂有氯化物金属盐类防水剂和金属皂类防水剂等。氯化物金属盐类防水剂，主要有氯化钙、氯化铝，掺入水泥砂浆中，能在凝结硬化过程中生成不透水的复盐，起促进结构密实作用，从而提高砂浆的抗渗性能，一般用于水池和其他地下建筑物。由于氯化物金属盐会引起混凝土中钢筋锈蚀，故采用这类防水剂，应注意钢筋的锈蚀情况。金属皂类防水剂是由硬脂酸、氨水、氢氧化钾（或碳酸钠）和水按一定比例混合加热皂化而成，主要也是起填充微细孔隙和堵塞毛细管的作用。

3. 聚合物水泥砂浆防水层

由水泥、砂和一定量的橡胶胶乳或树脂乳液以及稳定剂、消泡剂等助剂经搅拌混合均匀配制而成。各种乳胶有效地封闭水泥砂浆中的连续孔隙，增大了材料的固液接触角，改善了材料的抗渗性，使其具有良好的抗渗性、韧性和耐磨性。

4. 纤维聚合物水泥砂浆防水层

在水泥砂浆内掺入纤维作增强材料提高水泥砂浆的机械力学性能，使水泥砂浆具有良好的抗裂性，以及良好的防水、抗渗能力。

（三）防水砂浆的施工方法

防水砂浆施工方法有喷浆法和人工多层抹压法等。

1. 喷浆法

利用高压喷枪将砂浆以每秒 100 m 的速度喷至建筑物表面，砂浆被高压空气强烈压实，密实度大，抗渗性好。

2. 人工多层抹压法

砂浆分 4 ~ 5 层抹压，抹压时，每层厚度为 5 mm 左右，在涂抹前先在润湿清洁的底面上抹纯水泥浆，然后抹一层 5 mm 厚的防水砂浆，在初凝前用木抹子压实一遍，第二、三、四层都是同样的操作方法，最后一层要进行压光，抹完后要加强养护。

各种方法都是以防水抗渗为目的，减少内部连通毛细孔，提高密实度。

三、保温砂浆

保温砂浆是指用于在构筑物表面进行保温层施工所采用的一种建筑材料，它是采用水泥等胶凝材料以及膨胀珍珠岩、膨胀蛭石、陶粒砂等轻质多孔集料，按照一定比例配制的砂浆。其具有质量轻、保温隔热性能好等特点，主要用于屋面、墙体绝热层和热水、空调管道的绝热层，冷藏室及冷藏设备上也大量使用。

常用的隔热砂浆有：水泥膨胀珍珠岩砂浆、水泥膨胀蛭石砂浆、水泥石灰膨胀蛭石砂浆等。

四、吸声砂浆

声波遇见材料表面时，分为三部分：一部分反射，一部分穿透材料，另一部分在传递过程中被材料吸收。

吸声砂浆主要利用空气隔音，一般采用轻质多孔集料拌制而成的吸声砂浆，由于其集料内部孔隙率大，因此吸声性能也十分优良。如掺有水泥和玻璃纤维的石膏砂浆，或掺有水泥和石棉纤维的石膏砂浆吸声砂浆还可以在砂浆中掺入锯末、玻璃纤维、矿物棉等材料拌制而成。

吸声砂浆主要用于室内吸声墙面、地面、天棚等部位。

五、聚合物砂浆

聚合物砂浆具有强度高、黏结性能、抗渗性、耐候性好特点，也具有无毒、无害、无污染、易施工的优势。根据胶凝材料的不同，聚合物砂浆有两种类型。

(一)树脂砂浆

树脂砂浆以合成树脂加入固化剂（如乙二胺、苯磺酰氯等）和粉料、细集料配制而成。常用的有环氧树脂砂浆、酚醛树脂砂浆、环氧呋喃树脂砂浆等。其具有良好的耐腐蚀、防水、绝缘等性能和较高的黏结强度等特性，用于修补和防护工程，常用做地下室、外墙、水池、水塔及设备基础处的砂浆防水防腐蚀面层。

(二)聚合物水泥砂浆

聚合物水泥砂浆往水泥砂浆中加入适量聚合物胶粘剂（如聚乙烯醇）、颜料和少量其他附加剂，加水拌和制成，用于外墙饰面，可提高砂浆黏结力和饰面的耐久性。用防水胶拌和的聚合物砂浆 3 mm 或 5 mm 厚粘贴面砖。

本章小结

本章主要介绍了建筑砂浆的分类、材料组成、技术要求及砌筑砂浆的配合比等知识，并简介了其他种类砂浆。要求掌握砂浆的主要技术性质和砌筑砂浆的配合比设计。建筑砂浆根据用途可分为砌筑砂浆、抹面砂浆、装饰砂浆及特种砂浆（如保温砂浆、吸声砂浆等）。

砌筑砂浆起着黏结砌块、构筑砌体或填充块体间的空隙、保证砌块共同受力和墙体稳定性，并传递荷载的作用。同时也具有改善墙体的隔热、隔音等使用功能的作用，是砌体结构的重要组成部分。抹面砂浆是指涂抹在基底材料的表面，兼有保护基层和增加美观作用的砂浆，主要组成材料仍是水泥、石灰或石膏及砂等。装饰砂浆为涂抹在建筑物内外墙表面，具有美观和装饰效果抹面砂浆的通称，本章对灰浆类饰面和石渣类饰面进行了介绍。

本章最后对工程应用中日益广泛的干粉砂浆、防水砂浆、保温砂浆、吸声砂浆及聚合物砂浆等特种砂浆做了简单的介绍。

思考题

6-1　谈谈砂浆的组成及其分类情况。

6-2　砂浆的和易性包括哪些含义？各用什么来表示？工程应用时如何测定？

6-3　砂浆强度是如何来测定的？砌筑砂浆和抹面砂浆在砂浆材料组成及技术性质

的要求上有何异同?

6-4　按下列要求设计用于砌筑砖墙的水泥石灰砂浆配合比,砂浆等级 M7.5,稠度 70 ~ 100 mm。原材料主要参数:水泥为 32.5 强度等级普通硅酸盐水泥;砂子用中砂,堆积密度为 1 450 kg/m^3,含水率 2%;石灰膏,稠度 110 mm;施工水平一般。

6-5　某工程需要配置 M5.0 的水泥混合砂浆,用于砌筑蒸压加气混凝土砌块。采用 32.5 强度等级普通硅酸盐水泥,石灰膏稠度为 90 mm,砂子中砂,含水率 3%,堆积密度 1 500 kg/m^3,施工水平优良。试确定砂浆配合比。

6-6　对于吸水性不同的基层砌筑砂浆,其强度的影响因素有何不同?

6-7　通过网络工具查询干粉砂浆生产和应用情况。

6-8　谈谈你对防水砂浆的种类及其适用范围的理解。

第七章　墙体及屋面材料

在房屋建筑中，墙体具有承重、围护和分隔作用。在混合结构建筑中，墙体材料约占房屋建筑总重的50%，占用工量及造价的30%左右。因此，合理选用墙体材料，对建筑物的功能、安全以及造价等均具有重要意义。随着我国的一系列限制黏土砖使用、鼓励使用新型墙体材料政策的逐步落实，各种新型墙体材料大量应用于工程中。目前，用于墙体的材料品种较多，总体可归纳为砌墙砖、砌块、墙用板材三大类。

屋面是建筑物最上层的防护结构，起着防风雨、保温、隔热作用。屋面材料除黏土瓦和水泥瓦外，还使用塑料瓦、沥青瓦及各种屋面用板材。本章主要介绍各类瓦材、板材。

第一节　砌墙砖

凡是由黏土、工业废料或其他地方资源为主要原料，以不同工艺制成的，在土木工程中用于砌筑墙体的砖统称砌墙砖。砌墙砖按用途分为承重砖和非承重砖；按原材料分为黏土砖、粉煤灰砖、煤矸石砖、页岩砖、灰砂砖、炉渣砖；按外形分为实心砖、多孔砖和空心砖；按形成条件又可分为烧结砖和非烧结砖。

一、烧结砖

以黏土、页岩、煤矸石、粉煤灰为主要原料，经成型和焙烧而成的砖叫烧结砖。烧结砖按有无穿孔分为烧结普通砖、烧结多孔砖和烧结空心砖。烧结砖按砖的主要成分又分为烧结黏土砖（N）、烧结页岩砖（Y）、烧结煤矸石砖（M）和烧结粉煤灰砖（F）。

（一）烧结普通砖

烧结普通砖是以黏土、页岩、煤矸石、粉煤灰为主要原料经焙烧而成的普通砖。虽然不断出现各种新型墙体材料，但烧结普通砖在今后一段时间内，仍然会作为一种主要的材料用于土木工程中。掌握烧结普通砖的生产工艺要点和技术指标，对于理解其他种类烧结砖的技术特点有很好的帮助，对于解决设计和施工中的技术问题也有很好的作用。

1. 生产工艺要点

1）原料

烧结黏土砖主要以黏土为原料。黏土是由天然硅酸盐类的岩石经长期风化而成的多种矿物的混合物，其成分是具有层状结构的含水硅酸盐和含水铝硅酸盐组成，如高岭石（$Al_2O_3 \cdot 2SiO_2 \cdot 2H_2O$）、蒙脱石、伊利石等。黏土矿物使黏土具有良好的可塑性，黏土因而能够制成各种形状的坯体。黏土中还含有石英、长石、云母、碳酸盐、铁或钛的矿物以及可塑性有机物等杂质。杂质的含量对黏土砖的焙烧温度及成品的颜色产生影响。

由于页岩、煤矸石、粉煤灰的化学成分与黏土相似，所以也可以它们为原料来制造烧结砖。但由于页岩、煤矸石、粉煤灰的可塑性较差，所以在制砖时需要加入一定数量的黏土来提高它们的可塑性，以满足制坯的要求。煤矸石和粉煤灰含有未燃尽的碳，随着砖的焙烧也在坯体中燃烧，可以节约焙烧用的外投煤。这类砖亦称内燃砖或半内燃砖。

2）焙烧

黏土砖坯在加热到一定温度后由于水分蒸发开始收缩。到 450 ~ 850 ℃时，黏土矿物脱去结晶水，并逐渐分解，燃尽有机物杂质。升温至 900 ~ 1 050 ℃，黏土中的杂质与黏土矿物形成易熔物质，出现玻璃态液相，填塞于未熔化颗粒间的空隙中，液相表面张力的作用使未熔化颗粒紧密黏结，从而使坯体孔隙率下降、体积收缩、强度增大，最终变得密实。

当焙烧窑中为氧化气氛时，黏土中所含铁的氧化物被氧化，生成红色的高价氧化铁（Fe_2O_3），所以烧得的砖为红色；当焙烧窑中为还原气氛时，高价的氧化铁还原为青灰色的低价氧化铁（FeO），可得到青砖。青砖比红砖强度高、耐碱、耐久性好。

由于砖在焙烧时窑内温度和温度分布控制不均匀，除正火砖（合格品）外，还常出现欠火砖和过火砖。欠火砖色浅，敲击声发哑，吸水率大，强度低，耐久性差。过火砖色深，敲击时声音清脆，吸水率低，强度较高，但有弯曲变形。欠火砖和过火砖均属不合格产品。

2. 技术性能

1）规格尺寸

烧结普通砖的标准尺寸是 240 mm × 115 mm × 53 mm。通常将 240 mm × 115 mm 面称为大面，240 mm × 53 mm 面称为条面，115 mm × 53 mm 面称为顶面，如图 7-1 所示。4 块砖长、8 块砖宽、16 块砖厚，再加上砌筑灰缝（10 mm），长度均为 1 m。1 m^3 砖砌体需用砖 512 块。

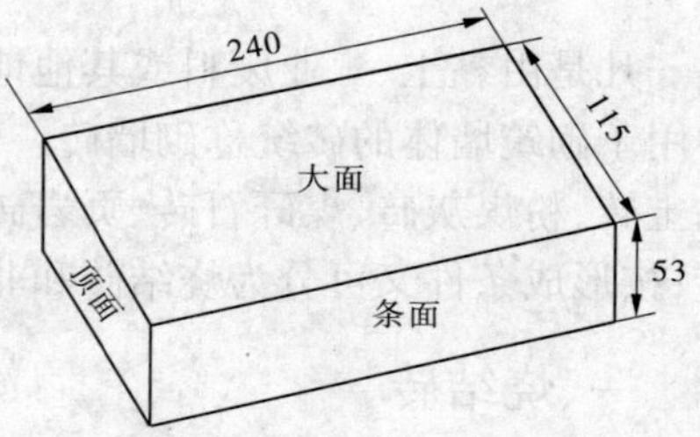

图 7-1　烧结普通砖的外形　（单位：mm）

2）表观密度和吸水率

烧结普通砖的表观密度因原料和生产方式不同而异，一般为 1 600 ~ 1 800 kg/m^3。

砖的吸水率反映了其孔隙率的大小和孔隙构造特征，它与砖的焙烧程度有关。欠火砖吸水率大，过火砖吸水率小。

3）强度等级

烧结普通砖是通过取 10 块砖样进行抗压强度试验，加荷速度为（5 ± 0.5）kN/s。当强度变异系数 $\delta \leq 0.21$ 时，根据抗压强度平均值和标准值方法来评定砖强度等级；当强度变异系数 $\delta > 0.21$ 时，根据抗压强度平均值和最小值方法来评定砖的强度等级。根据《烧结普通砖》（GB 5101—2003）的规定，各等级的强度标准见表 7-1。

表 7-1 中的各项指标按下式计算：

$$\delta = \frac{s}{\bar{f}} \tag{7-1}$$

$$s = \sqrt{\frac{1}{9}\sum_{i=1}^{10}(f_i - \bar{f})^2} \tag{7-2}$$

$$f_k = \bar{f} - 1.8s \tag{7-3}$$

式中　δ——砖强度变异系数，精确至 0.01；

s——10 块试样的抗压强度标准差，MPa，精确至 0.01；

$\bar{f}$——10 块试样的抗压强度平均值，MPa，精确至 0.01；

f_i——单块试样抗压强度测定值，MPa，精确至 0.01；

f_k——抗压强度标准值，MPa，精确至 0.01。

表 7-1　烧结普通砖强度等级　（单位：MPa）

强度等级	抗压强度平均值 $\bar{f}\geqslant$	变异系数 $\delta\leqslant0.21$	变异系数 $\delta>0.21$
		强度标准值 $f_k\geqslant$	单块最小抗压强度值 $f_{min}\geqslant$
MU30	30.0	22.0	25.0
MU25	25.0	18.0	22.0
MU20	20.0	14.0	16.0
MU15	15.0	10.0	12.0
MU10	10.0	6.5	7.5

4）抗风化性能

抗风化性能，是指在干湿变化、温度变化、冻融变化等物理因素作用下，材料不破坏并长期保持原有性质的能力，它是材料耐久性的重要内容之一。地域不同，风化作用程度就不同。我国按风化指数分为严重风化区和非严重风化区。风化指数是指日气温从正温降至负温或负温升至正温的每年平均天数与每年从霜冻之日起至消失霜冻之日止这一期间降雨总量（mm）的平均值的乘积。风化指数大于等于 12 700 时为严重风化区，风化指数小于 12 700 时为非严重风化区，全国风化区划分见表 7-2。

表 7-2　全国风化区的划分

严重风化区		非严重风化区	
①黑龙江省	⑪河北省	①山东省	⑪福建省
②吉林省	⑫北京市	②河南省	⑫台湾省
③辽宁省	⑬天津市	③安徽省	⑬广东省
④内蒙古自治区		④江苏省	⑭广西壮族自治区
⑤新疆维吾尔自治区		⑤湖北省	⑮海南省
⑥宁夏回族自治区		⑥江西省	⑯云南省
⑦甘肃省		⑦浙江省	⑰西藏自治区
⑧青海省		⑧四川省	⑱上海市
⑨陕西省		⑨贵州省	⑲重庆市
⑩山西省		⑩湖南省	

由于抗风化性能是一项综合性指标，主要受砖的吸水率与地域位置的影响，因而用于黑龙江省、吉林省、辽宁省、内蒙古自治区和新疆维吾尔自治区这些严重风化区的烧结普通砖，必须进行冻融试验。冻融试验后，每块砖样不允许出现裂纹、分层、掉皮、缺棱、掉角等冻坏现象，且质量损失不得大于 2%。而用于其他风化区的烧结普通砖，若能达到表 7-3的要求，可不再进行冻融试验。否则，必须做冻融试验。

表 7-3　烧结普通砖的抗风化性能

砖种类	严重风化区				非严重风化区			
	5 h 沸煮吸水率(%)≤		饱和系数≤		5 h 沸煮吸水率(%)≤		饱和系数≤	
	平均值	单块最大值	平均值	单块最大值	平均值	单块最大值	平均值	单块最大值
黏土砖	18	20	0.85	0.87	19	20	0.88	0.90
粉煤灰砖	21	23			23	25		
页岩砖	16	18	0.74	0.77	18	20	0.78	0.80
煤矸石砖								

注：①粉煤灰掺入量（体积比）小于 30% 时，按黏土砖规定判定。

②饱和系数是指常温 24 h 吸水量与沸煮 5 h 吸水率之比。

5）放射性物质

砖的放射性物质应符合《建筑材料放射性核素限量》（GB 6566—2001）对材料中天然放射性物质镭 -226、钍 -232、钾 -40 的放射性的限制要求。

6）质量等级

强度、抗风化性能和放射性物质合格的砖，根据尺寸偏差、外观质量、泛霜和石灰爆裂情况分为优等品（A）、一等品（B）、合格品（C）三个等级。

（1）尺寸偏差。烧结普通砖的尺寸允许偏差应符合表 7-4 的规定。

表 7-4　烧结普通砖的尺寸允许偏差　（单位：mm）

公称尺寸	优等品		一等品		合格品	
	样本平均偏差	样本极差≤	样本平均偏差	样本极差≤	样本平均偏差	样本极差≤
240	±2.0	6	±2.5	7	±3.0	8
115	±1.5	5	±2.0	6	±2.5	7
53	±1.5	4	±1.6	5	±2.0	6

（2）外观质量。烧结普通砖的外观质量应符合表 7-5 的规定。

（3）泛霜。泛霜（也叫起霜、盐析、盐霜等），是指可溶性盐类（如硫酸钠等盐类）在砖或砌块表面的析出现象，一般呈白色粉末、絮团或絮片状。这些结晶的粉状物不仅有损于建筑物的外观，而且结晶膨胀也会引起砖表层的酥松，甚至剥落。每块砖样泛霜要求应符合表7-6的规定。

表7-5　烧结普通砖的外观质量　（单位：mm）

项目		优等品	一等品	合格品
两条面高度差	≤	2	3	4
弯曲度	≤	2	3	4
杂质凸出高度	≤	2	3	4
缺棱掉角的三个破坏尺寸	不得同时大于	5	20	30
裂纹长度≤	大面上宽度方向及其延伸至条面的长度	30	60	80
裂纹长度≤	大面上长度方向及其延伸至顶面的长度或条面、顶面上水平裂纹的长度	50	80	100
完整面	不得少于	二条面和二顶面	一条面和一顶面	—
颜色		基本一致	—	—

注：凡有下列缺陷之一者，不得称为完整面：

①缺损在条面或顶面上造成的破坏面尺寸同时大于10 mm×10 mm。

②条面或顶面上裂纹宽度大于1 mm，其长度超过30 mm。

③压陷、粘底、焦花在条面或顶面上的凹陷或凸出超过2 mm，区域尺寸同时大于10 mm×10 mm。

表7-6　烧结普通砖的泛霜要求

项目	优等品	一等品	合格品
泛霜	无泛霜	不允许出现中等泛霜	不允许出现严重泛霜

(4)石灰爆裂。石灰爆裂是指烧结砖的砂质黏土原料中夹杂着石灰石，焙烧时被烧成生石灰块，在使用过程中会吸水消化成消石灰，体积膨胀约98%，产生内应力导致砖块裂缝，严重时甚至使砖砌体强度降低，直至破坏。石灰爆裂应符合表7-7的规定。

3. 应用

烧结普通砖既有一定的强度，又有较好的隔热、隔声性能，同时生产工艺简单，价格低廉。烧结普通砖可以用做土木工程的承重结构和围护结构，可砌筑墙、柱、拱、烟囱、管沟、基础等；可砌成两面为砖、中间填以轻集料混凝土、加气混凝土、岩棉等隔热材料的组合墙；也可在墙体中间配置适当的钢筋或钢筋网成为配筋砌体，提高砌体的承载能力。

由于黏土砖的缺点是制砖取土，大量毁坏农田，且自重大，烧砖能耗高，成品尺寸小，施工效率低，抗震性能差等，所以我国正大力推广墙体材料改革，以多孔砖、空心砖、工业废渣砖及砌块、轻质板材等来代替实心普通砖。

表 7-7 烧结普通砖的石灰爆裂要求

项目	优等品	一等品	合格品
石灰爆裂	不允许出现最大破坏尺寸大于 2 mm 的爆裂区域	①最大破坏尺寸大于 2 mm 且小于等于 10 mm 的爆裂区域，每组砖样不得多于 15 处 ②不允许出现最大破坏尺寸大于 10 mm 的爆裂区域	①最大破坏尺寸大于 2 mm 且小于等于 15 mm 的爆裂区域，每组砖样不得多于 15 处，其中大于 10 mm 的不得多于 7 处 ②不允许出现最大破坏尺寸大于 15 mm 的爆裂区域

用多孔砖和空心砖代替实心普通砖可使建筑物自重减轻 1/3 左右，节约黏土 20% ~ 30%，节省燃料 10% ~20%，且烧成率高，造价降低 20%，施工效率提高 40%，并能改善砖的绝热和隔声性能，在相同的热工性能要求下，用空心砖砌筑的墙体厚度可减薄半砖左右。

（二）烧结多孔砖

烧结多孔砖是以黏土、页岩、煤矸石、粉煤灰为主要原料，经焙烧而成的孔洞率等于或大于 25%，主要用于承重部位的砌墙砖，常用于建筑物承重结构。烧结多孔砖的外形尺寸，按《烧结多孔砖》（GB 13544—2000）规定，长度（L）可分为 290、240、190 mm，宽度（B）为 240、190、180、175、140、115 mm，高度（H）为 90 mm，产品还可以有 $\frac{1}{2}L$ 或 $\frac{1}{2}B$ 的配砖配套使用。图 7-2 为部分地区生产的多孔砖规格和孔洞形式。砖的尺寸允许偏差应符合表 7-8 的要求。

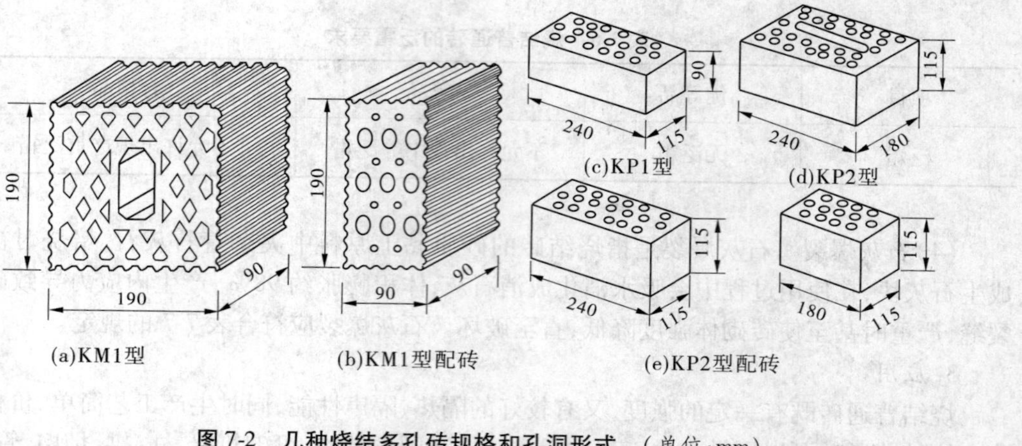

图 7-2 几种烧结多孔砖规格和孔洞形式 （单位：mm）

1. 强度等级

多孔砖的强度等级同烧结普通砖一样分成 MU30、MU25、MU20、MU15、MU10 五个强度等级，评定方法完全与烧结普通砖相同，其具体指标参见表 7-1。

2. 孔形孔洞率及孔洞排列

孔形孔洞率及孔洞排列应符合表 7-9 的规定。

表 7-8　烧结多孔砖的尺寸允许偏差（单位:mm）

尺寸	优等品		一等品		合格品	
	样本平均偏差	样本极差≤	样本平均偏差	样本极差≤	样本平均偏差	样本极差≤
290、240	±2.0	6	±2.5	7	±3.0	8
190、180、175、140、115	±1.5	5	±2.0	6	±2.5	7
90	±1.5	4	±1.7	5	±2.0	6

表 7-9　孔形孔洞率及孔洞排列

产品等级	孔形	孔洞率(%)≥	孔洞排列
优等品	矩形条孔或矩形孔	25	交错排列,有序
一等品			
合格品	矩形孔或其他孔形		—

注:①所有孔宽 b 应相等,孔长 $L \leqslant 50$ mm。
②孔洞排列上下、左右应对称,分布均匀,手抓孔的长度方向尺寸必须平行于砖的条面。
③矩形孔的孔长 L、孔宽 b 满足 $L \geqslant 3b$ 时,为矩形条孔。

3. 外观质量

烧结多孔砖的外观质量应符合表 7-10 的规定。

表 7-10　烧结多孔砖的外观质量（单位:mm）

项目		优等品	一等品	合格品
1. 颜色(一条面和一顶面)		一致	基本一致	—
2. 完整面	不得少于	一条面和一顶面	一条面和一顶面	—
3. 缺棱掉角的三个破坏尺寸	不得同时大于	15	20	30
4. 裂纹长度	不大于			
a. 大面上深入孔壁 15 mm 以上宽度方向及其延伸到条面的长度		60	80	100
b. 大面上深入孔壁 15 mm 以上长度方向及其延伸到顶面的长度		60	100	120
c. 条顶面上的水平裂纹		80	100	120
5. 杂质在砖面上造成的凸出高度	不大于	3	4	5

注:凡有下列缺陷之一者,不得称为完整面:
①缺损在条面或顶面上造成的破坏面尺寸同时大于 20 mm×30 mm;
②条面或顶面上裂纹宽度大于 1 mm,其长度超过 70 mm;
③压陷、粘底、焦花在条面或顶面上的凹陷或凸出超过 2 mm,区域尺寸同时大于 20 mm×30 mm。

烧结多孔砖的技术要求还包括泛霜、石灰爆裂和抗风化性能。其具体指标的规定完全与烧结普通砖相同。

烧结多孔砖强度较高,主要用于六层以下建筑物的承重墙或高层框架结构建筑的填充墙。由于其为多孔构造,不宜用于基础墙的砌筑。

(三)烧结空心砖

烧结空心砖,是以黏土、页岩、煤矸石、粉煤灰为主要原料,经焙烧而成的孔洞率等于或大于40%、主要用于建筑物非承重部位砌墙砖。其孔尺寸大而数量少且平行于大面和条面,使用时大面受压,孔洞与承压面平行,因而砖的强度不高。根据国家标准《烧结空心砖和空心砌块》(GB 13545—2003)的规定,烧结空心砖外形为直角六面体,如图7-3所示,其长度、宽度、高度应符合下列要求:长为390、290、240,宽为190、180(175)、140、115,高度为115、90,单位为mm。烧结空心砖的尺寸允许偏差应符合表7-11的要求。

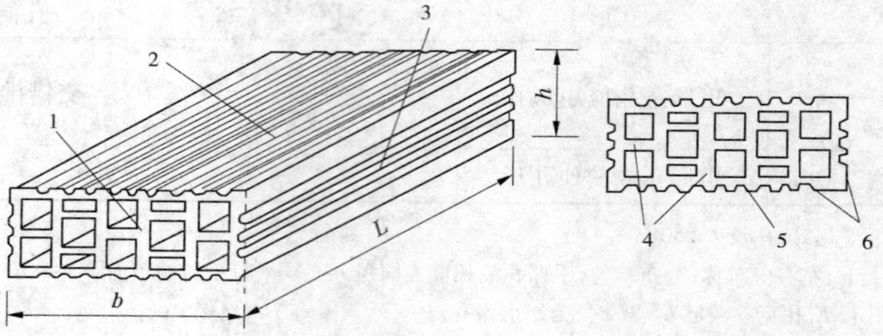

图7-3　烧结空心砖

1—顶面;2—大面;3—条面;4—肋;5—凹陷槽;6—外壁;L—长度;b—宽度;h—高度

表7-11　烧结空心砖的尺寸允许偏差　(单位:mm)

尺寸	优等品		一等品		合格品	
	样本平均偏差	样本极差≤	样本平均偏差	样本极差≤	样本平均偏差	样本极差≤
>300	±2.5	6.0	±3.0	7.0	±3.5	8.0
200~300	±2.0	5.0	±2.5	6.0	±3.0	7.0
100~200	±1.5	4.0	±2.0	5.0	±2.5	6.0
<100	±1.5	3.0	±1.7	4.0	±2.0	5.0

1. 强度等级

烧结空心砖分成MU10.0、MU7.5、MU5.0、MU3.5、MU2.5五个强度等级,其具体指标参见表7-12。

表 7-12　烧结空心砖强度等级　（单位：MPa）

强度等级	抗压强度平均值 $\bar{f}\geqslant$	变异系数 $\delta\leqslant0.21$	变异系数 $\delta>0.21$	密度范围（kg/m^3）
		强度标准值 $f_k\geqslant$	单块最小抗压强度值 $f_{min}\geqslant$	
MU10.0	10.0	7.0	8.0	≤1 100
MU7.5	7.5	5.0	5.8	
MU5.0	5.0	3.5	4.0	
MU3.5	3.5	2.5	2.8	
MU2.5	2.5	1.6	1.8	≤800

2. 密度等级

根据国家标准《烧结空心砖和空心砌块》(GB 13545—2003)的规定，烧结空心砖的密度等级应符合表 7-13 的规定。

表 7-13　烧结空心砖的密度等级　（单位：kg/m^3）

密度等级	5 块平均值	密度等级	5 块平均值
800	≤800	1 000	901～1 000
900	801～900	1 100	1 001～1 100

3. 孔洞排列及其结构

烧结空心砖孔洞排列及其结构应符合表 7-14 的规定。

表 7-14　烧结空心砖孔洞排列及其结构

等级	孔洞排列方式	孔洞排数（排）		孔洞率（%）
		宽度方向	高度方向	
优等品	有序交错排列	$b\geqslant200$ mm　≥7 $b<200$ mm　≥5	≥2	≥40
一等品	有序排列	$b\geqslant200$ mm　≥5 $b<200$ mm　≥4	≥2	
合格品	有序排列	≥3	—	

注：b 为宽度的尺寸。

烧结空心砖在应用时还应该考虑外观质量和物理性质（包括抗风化、泛霜、石灰爆裂、吸水率和放射性物质）的要求。

烧结空心砖自重较轻，强度较低，主要用做非承重墙，如多层建筑内隔墙或框架结构的填充墙等。

(四)其他黏土质烧结砖简介

1. 烧结页岩砖

页岩经破碎、粉磨、配料、成型、干燥和焙烧等工艺制成的砖,称烧结页岩砖。生产这种砖可完全不用黏土,配料调制时所需水分较少,有利于砖坯干燥。由于其表观密度比普通黏土砖大,为1 500~2 750 kg/m^3,为减轻自重,宜制成空心烧结砖。这种砖颜色与普通砖相似,抗压强度为7.5~15 MPa,吸水率为20%左右。

2. 烧结煤矸石砖

采煤和洗煤时被剔除出的煤矸石的成分与烧砖用的黏土相似。经粉碎后,根据其含碳量和可塑性适当配料,可以制成砖,焙烧时基本不需外投煤。这种砖可节省50%~60%的用煤量,同时节约大量的黏土原料。烧结煤矸石砖比普通砖稍轻、颜色略淡,在一定条件下能代替烧结普通砖使用。

3. 烧结粉煤灰砖

烧结粉煤灰砖是以粉煤灰为主要原料,经配料、成型、干燥、焙烧而制成。由于粉煤灰可塑性差,在生产时通常加入适量黏土以增加塑性,配料时粉煤灰的用量可达50%左右。烧结粉煤灰砖为半内燃砖,表观密度较小,颜色从淡红至深红,在工程中可代替烧结普通砖。

二、非烧结砖

不经焙烧而制成的砖均为非烧结砖,如碳化砖、免烧免蒸砖、蒸养(压)砖等。目前,应用较广的是蒸养(压)砖。这类砖是以含钙材料(石灰、电石渣等)和含硅材料(砂子、粉煤灰、煤矸石灰渣、炉渣等)与水拌和,经压制成型,在自然条件下或人工水热合成条件(蒸养或蒸压)下,反应生成以水化硅酸钙、水化铝酸钙为主要胶结料的硅酸盐建筑制品,主要品种有灰砂砖、粉煤灰砖、炉渣砖等。

(一)蒸压灰砂砖

蒸压灰砂砖(LSB),是以石灰、砂子为原料(也可加入着色剂或掺合剂),经配料、拌和、压制成型和蒸压养护(在175~191 ℃,0.8~1.2 MPa的饱和蒸汽中)而制成的。用料中石灰占10%~20%。

灰砂砖的尺寸规格与烧结普通砖相同,为240 mm×115 mm×53 mm。其表观密度为1 800~1 900 kg/m^3,导热系数约为0.61 W/(m·K)。根据产品的尺寸偏差、外观质量、强度及抗冻性分为优等品(A)、一等品(B)、合格品(C)三个等级。

灰砂砖按《蒸压灰砂砖》(GB 11945—1999)的规定,根据砖的抗压强度及抗折强度分为MU25、MU20、MU15和MU10四个强度等级。各等级的抗折强度和抗压强度值应符合表7-15的规定。抗冻性指标应符合表7-16的规定。

灰砂砖有彩色(C_0)和本色(N)两类。灰砂砖产品采用产品名称(LSB)、颜色、强度等级、标准编号的顺序标记,如MU20,优等品的彩色灰砂砖,其产品标记为LSB C_0 20A GB 11945。

表 7-15　蒸压灰砂砖的力学性能　（单位:MPa）

强度级别	抗压强度		抗折强度	
	平均值不小于	单块值不小于	平均值不小于	单块值不小于
MU25	25.0	20.0	5.0	4.0
MU20	20.0	16.0	4.0	3.2
MU15	15.0	12.0	3.3	2.6
MU10	10.0	8.0	2.5	2.0

注:优等品的强度级别不得小于 MU15。

表 7-16　蒸压灰砂砖的抗冻性指标　（单位:MPa）

强度级别	冻后抗压强度平均值不小于	单块砖的干质量损失(%)不大于
MU25	20.0	2.0
MU20	16.0	
MU15	12.0	
MU10	8.0	

注:优等品的强度级别不得小于 MU15。

MU15、MU20、MU25 的砖可用于基础及其他建筑;MU10 的砖仅可用于防潮层以上的建筑。

灰砂砖不得用于长期受热(200 ℃以上)、受急冷急热和有酸性介质侵蚀的建筑部位,也不宜用于有流水冲刷的部位。

(二)蒸压(养)粉煤灰砖

粉煤灰砖是利用电厂废料粉煤灰为主要原料,掺入适量的石灰和石膏或再加入部分炉渣等,经配料、拌和、压制成型、常压或高压蒸汽养护而成的实心砖。其外形尺寸同普通砖,即长 240 mm、宽 115 mm、高 53 mm,呈深灰色,表观密度约为 1 500 kg/m^3。

根据《粉煤灰砖》(JC 239—2001)中规定:按抗压强度和抗折强度划分为 MU30、MU25、MU20、MU15、MU10 五个强度等级。各等级的抗折强度和抗压强度值应符合表 7-17 的规定。抗冻性指标应符合表 7-18 的规定。

表 7-17　粉煤灰砖的力学性能　（单位:MPa）

强度级别	抗压强度		抗折强度	
	10 块平均值不小于	单块值不小于	10 块平均值不小于	单块值不小于
MU30	30.0	24.0	6.2	5.0
MU25	25.0	20.0	5.0	4.0
MU20	20.0	16.0	4.0	3.2
MU15	15.0	12.0	3.3	2.6
MU10	10.0	8.0	2.5	2.0

注:优等品的强度级别不得小于 MU15。

表 7-18　粉煤灰砖的抗冻性指标　　(单位:MPa)

强度级别	冻后抗压强度平均值不小于	单块砖的干质量损失(%)不大于
MU30	24.0	2.0
MU25	20.0	
MU20	16.0	
MU15	12.0	
MU10	8.0	

注:优等品的强度级别不得小于 MU15。

粉煤灰砖按外观质量、尺寸偏差、强度和干燥收缩值分为优等品(A)、一等品(B)、合格品(C)。优等品应不低于 MU15。

粉煤灰砖可用于工业与民用建筑的墙体和基础,但用于基础或易受冻融和干湿交替作用的建筑部位,必须使用 MU15 及以上强度等级的砖。粉煤灰砖不得用于长期受热(200 ℃以上)、受急冷急热和有酸性介质侵蚀的建筑部位。为避免或减少收缩裂缝的产生,用粉煤灰砖砌筑的建筑物,应适当增设圈梁及伸缩缝。

(三)炉渣砖

炉渣砖是以煤燃烧后的炉渣为主要原料,加入适量的石灰或电石渣、石膏等材料混合、搅拌、成型、蒸汽养护等而制成的砖。其尺寸规格与普通砖相同,呈黑灰色,表观密度为 1 500 ~ 2 000 kg/m^3,干燥收缩率应不大于 0.06%。

根据《炉渣砖》(JC 525—2007)的规定,炉渣砖的公称尺寸为 240 mm × 115 mm × 53 mm,按其抗压强度分为 MU25、MU20、MU15 三个强度等级。各等级的抗压强度值应符合表 7-19 的规定。抗冻性指标应符合表 7-20 的规定。

表 7-19　炉渣砖强度等级　　(单位:MPa)

强度等级	抗压强度平均值 $\bar{f}$ ≥	变异系数 $\delta \leq 0.21$	变异系数 $\delta \geq 0.21$
		强度标准值 f_k ≥	单块最小抗压强度值 f_{min} ≥
MU25	25.0	19.0	22.0
MU20	20.0	14.0	16.0
MU15	15.0	10.0	12.0

表 7-20　炉渣砖的抗冻性指标　　(单位:MPa)

强度级别	冻后抗压强度平均值不小于	单块砖的干质量损失(%)不大于
MU25	20.0	2.0
MU20	16.0	
MU15	12.0	

根据尺寸允许偏差和外观质量,炉渣砖只有合格品一个质量等级。炉渣砖可用于工业与民用建筑的墙体和基础部位。

第二节　砌　块

砌块是用于砌筑的、形体大于砌墙砖的人造块材，一般为直角六面体，也可生产各种异型砌块。按产品主规格的尺寸和质量分为用手工砌筑的小型砌块和采用机械施工的中型和大型砌块。砌块主规格尺寸中的长度、宽度和高度，至少有一项应大于 365 mm、240 mm、115 mm，但高度不大于长度或宽度的 6 倍，长度不超过高度的 3 倍。

砌块是一种新型墙体材料，可以充分利用地方资源和工业废渣，并可节省黏土资源和改善环境。具有生产工艺简单，原料来源广，适应性强，制作及使用方便，可改善墙体功能等特点，因此发展较快。

砌块的分类方法很多，若按用途可分为承重砌块和非承重砌块；按有无孔洞可分为实心砌块和空心砌块；按材质又可分为硅酸盐砌块、轻集料混凝土砌块、加气混凝土砌块、混凝土砌块等。

一、混凝土砌块

(一)普通混凝土小型空心砌块(代号 NHB)

这种砌块主要是以普通混凝土拌和物为原料，经成型、养护而成的空心块体墙材。有承重砌块和非承重砌块两类。为减轻自重，非承重砌块可用炉渣或其他轻质集料配制。根据《普通混凝土小型空心砌块》(GB 8239—1997)的规定，普通混凝土小型空心砌块的外观质量和尺寸偏差，分为优等品(A)、一等品(B)及合格品(C)三个质量等级。其强度等级分为 MU3.5、MU5.0、MU7.5、MU10.0、MU15.0、MU20.0 六个等级，各等级的抗压强度值应符合表 7-21 的规定。砌块的主规格尺寸为 390 mm × 190 mm × 190 mm，其他规格尺寸可由供需双方协商。砌块的最小外壁厚应不小于 30 mm，最小肋厚应不小于 25 mm。空心率应不小于 25%。砌块各部位名称见图 7-4。

产品标记按产品名称(代号 NHB)、强度等级、外观质量等级和标准编号的顺序。如强度等级为 MU15，外观质量等级为优等品(A)的砌块，其产品标记为：NHB MU15 A GB 8239。

表 7-21　砌块强度等级　(单位：kg/m^2)

强度等级	砌块抗压强度	
	平均值不小于	单块最小值不小于
MU3.5	3.5	2.8
MU5.0	5.0	4.0
MU7.5	7.5	6.0
MU10.0	10.0	8.0
MU15.0	15.0	12.0
MU20.0	20.0	16.0

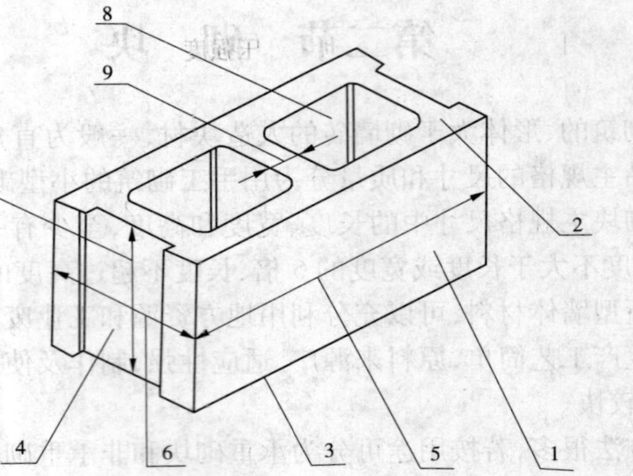

图 7-4 砌块各部位的名称

1—条面；2—坐浆面（肋厚较小的面）；3—铺浆面（肋厚较大的面）；4—顶面；
5—长度；6—宽度；7—高度；8—壁；9—肋

这类小型砌块适用于地震设计烈度为 8 度和 8 度以下地区的一般民用与工业建筑物的墙体。对用于承重墙和外墙的砌块，要求其干缩率小于 0.5 mm/m，非承重或内墙用的砌块，其干缩率应小于 0.6 mm/m。砌块堆放运输及砌筑时应有防雨措施。砌块应按规格、等级分批分别堆放。

（二）轻集料混凝土小型空心砌块（代号 LHB）

轻集料混凝土小型空心砌块，是由水泥、砂（轻砂或普通砂）、轻粗集料、水等经搅拌、成型而得。

根据《轻集料混凝土小型空心砌块》（GB/T 15229—2002）的规定，轻集料混凝土小型空心砌块按砌块孔的排数分为五类：实心（0）、单排孔（1）、双排孔（2）、三排孔（3）和四排孔（4）。按其密度可分为 500、600、700、800、900、1 000、1 200、1 400 八个等级，其密度等级应符合表 7-22 的要求；按其强度可分为 1.5、2.5、3.5、5.0、7.5、10.0 六个等级，各等级的抗压强度值应符合表 7-23 的规定。按尺寸允许偏差和外观质量分为一等品（B）、合格品（C）两个等级，主要用于保温墙体（<3.5 MPa）或非承重墙体、承重保温墙体（≥3.5 MPa）。

表 7-22 密度等级 （单位：kg/m^3）

密度等级	砌块干燥表观密度的范围
500	≤500
600	510 ~ 600
700	610 ~ 700
800	710 ~ 800
900	810 ~ 900
1 000	910 ~ 1 000
1 200	1 010 ~ 1 200
1 400	1 210 ~ 1 400

表 7-23　砌块强度等级　（单位:MPa）

强度等级	砌块抗压强度		密度等级范围
	平均值	最小值	
1.5	≥1.5	1.2	≤600
2.5	≥2.5	2.0	≤800
3.5	≥3.5	2.8	≤1 200
5.0	≥5.0	4.0	
7.5	≥7.5	6.0	≤1 400
10.0	≥10.0	8.0	

注:强度等级符合表 7-23 要求者为一等品;密度等级范围不满足要求者为合格品。

(三)企口空心混凝土砌块简介

此种砌块是采用最大粒径为 6 mm 的小石子配制成干硬性混合料,经振动加压成型、自然养护而成。要求形状规整、企口尺寸准确,便于不用砂浆进行干砌(拼装)。

企口空心混凝土砌块具有质量轻,强度较高,耐火、耐冻性较好,制造简单,施工迅速等优点。作承重墙时可浇注混凝土角柱或圈梁,以提高抗震抗风能力。砌块空腔中可填充保温材料,以提高墙体的热工性能或安装水电线路,也可作大跨度的临时隔墙和围墙等。

二、加气混凝土砌块

蒸压加气混凝土砌块(代号 ACB),是以钙质材料(水泥、石灰等)和硅质材料(砂、矿渣、粉煤灰等)以及加气剂(铝粉)等,经配料、搅拌、浇筑、发气(由化学反应形成孔隙)、预养切割、蒸汽养护等工艺过程制成的多孔轻质、块体硅酸盐材料。

(一)蒸压加气混凝土砌块的规格

《蒸压加气混凝土砌块》(GB 11968—2006)规定的砌块的规格尺寸见表 7-24。

表 7-24　砌块的规格尺寸　（单位:mm）

长度 L	宽度 B	高度 H
600	100　120　125 150　180　200 240　250　300	200　240　250　300

(二)砌块强度和干密度级别

1. 蒸压加气混凝土砌块的强度等级

按砌块的立方体抗压强度,划分为:A1.0,A2.0,A2.5,A3.5,A5.0,A7.5,A10.0 七个级别。各级别的立方体抗压强度值见表 7-25。

表 7-25　砌块的立方体抗压强度　（单位：MPa）

强度级别	立方体抗压强度	
	平均值不小于	单组最小值不小于
A1.0	1.0	0.8
A2.0	2.0	1.6
A2.5	2.5	2.0
A3.5	3.5	2.8
A5.0	5.0	4.0
A7.5	7.5	6.0
A10.0	10.0	8.0

2. 蒸压加气混凝土砌块的干密度级别

按砌块的干体积密度，划分为：B03、B04、B05、B06、B07、B08 六个级别。各级别的干密度值应符合表 7-26 的规定。

表 7-26　砌块的干密度　（单位：kg/m^3）

干密度级别		B03	B04	B05	B06	B07	B08
干密度	优等品（A）≤	300	400	500	600	700	800
	合格品（B）≤	325	425	525	625	725	825

3. 蒸压加气混凝土砌块强度级别

砌块按尺寸偏差与外观质量、干密度、抗压强度和抗冻性分为：优等品（A）、合格品（B）两个等级。各级的干密度和相应的强度级别应符合表 7-27 的规定。

表 7-27　砌块的强度级别

干密度级别		B03	B04	B05	B06	B07	B08
干密度	优等品（A）≤	A1.0	A2.0	A3.5	A5.0	A7.5	A10.0
	合格品（B）≤			A2.5	A3.5	A5.0	A7.5

（三）蒸压加气混凝土砌块的干燥收缩性、抗冻性和导热性

蒸压加气混凝土的干燥收缩、抗冻性和导热系数应符合表 7-28 的规定。

蒸压加气混凝土砌块的产品标记按产品名称（代号 ACB）、强度级别、干密度级别、规格尺寸、产品等级和标准编号组成。如强度级别为 A3.5、干密度级别为 B05、优等品、规格尺寸为 600 mm×200 mm×250 mm 的蒸压加气混凝土砌块，其产品标记为：ACB A3.5 B05 600 ×200 ×250 A GB 11968。

表 7-28　砌块的干燥收缩、抗冻性和导热系数

干密度级别			B03	B04	B05	B06	B07	B08
干燥收缩值	标准法(mm/m)　≤		0.50					
	快速法(mm/m)　≤		0.80					
抗冻性	质量损失(%)　≤		5.0					
	冻后强度(MPa)　≥	优等品(A)	0.8	1.6	2.8	4.0	6.0	8.0
		合格品(B)			2.0	2.8	4.0	6.0
导热系数(干态)(W/(m·K))　≤			0.10	0.12	0.14	0.16	0.18	0.20

注:规定采用标准法、快速法测定砌块干燥收缩值,若测定结果发生矛盾不能判定时,以标准法测定的结果为准。

加气混凝土砌块是应用较多的一种轻型墙体材料。它具有自重轻、抗冻性强、保温、隔热、隔音性能好、传热慢及耐久性好等优点。常用于工业与民用建筑承重和非承重墙体及需要保温隔热的部位。

三、粉煤灰砌块

粉煤灰砌块(代号 FB),是以粉煤灰、石灰、石膏和集料(炉渣、矿渣)等为原料,经配料、加水搅拌、振动成型、蒸汽养护而制成的密实砌块。砌块各部位名称见图 7-5。

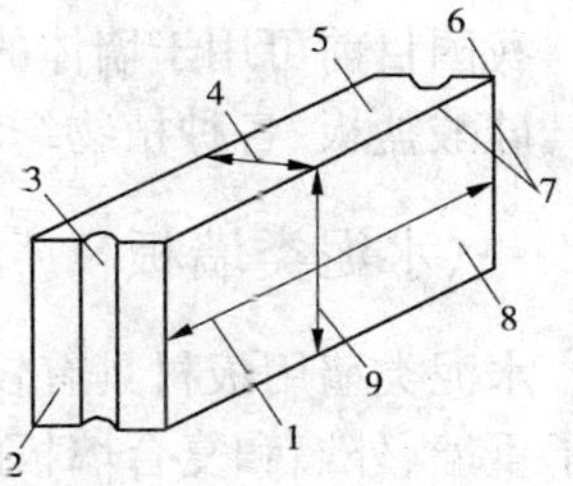

图 7-5　粉煤灰砌块各部位名称

1—长度;2—端面;3—灌浆槽;4—宽度;5—坐浆面(或铺浆面);6—角;7—棱;8—侧面;9—高度

《粉煤灰砌块》(JC 238—1991)规定的主规格尺寸有 880 mm × 380 mm × 240 mm 和 880 mm × 420 mm × 240 mm 两种;按立方体抗压强度分为 MU10、MU13 两个等级;按外观质量、尺寸偏差分为一等品(B)、合格品(C);各等级的抗压强度、碳化后强度、抗冻性和密度、干缩性能应符合表 7-29 的规定。

表 7-29　抗压强度、碳化后强度、抗冻性和密度、干缩性能

项目			指标 MU10	指标 MU13
立方体抗压强度(MPa)	3 块平均值	≥	10.0	13.0
	单块最小值	≥	8.0	10.5
碳化后强度(MPa)		≥	6.0	7.5
干缩值(mm/m)　≤	合格品		0.90	
	一等品		0.70	
密度			不超过设计值的 10%	
抗冻性			冻融循环后无明显疏松、剥落、裂缝,强度损失不大于 20%	

蒸养粉煤灰砌块属硅酸盐类制品，其干缩值比水泥混凝土大，弹性模量低于同等级强度的水泥混凝土制品。粉煤灰砌块适用于一般工业与民用建筑的墙体和基础。但不宜用于长期受高温（如炼钢车间）和经常受潮湿的承重墙，也不宜用于有酸性介质侵蚀的建筑部位。

砌块在实际工程应用过程中不同于传统的烧结黏土砖，各种砌块具有不同的特点，要有配套的施工方法和质量保证措施，否则会出现一定的工程质量问题。

第三节　墙用板材

随着建筑结构体系的改革和大开间多功能框架结构的发展，各种轻质和复合墙用板材也蓬勃兴起。以板材为围护墙体的建筑体系具有质轻、节能、施工方便快捷、使用面积大、开间布置灵活等特点，具有良好的发展前景。

我国目前可用于墙体的板材品种有承重用的预制混凝土大板、质量较轻的石膏板和加气硅酸盐板、各种植物纤维板及轻质多功能复合板材等。

一、水泥类墙板

水泥类墙用板材具有较好的力学性能和耐久性，生产技术成熟，产品质量可靠，可用于承重墙、外墙和复合墙板的外层面。其主要缺点是体积密度大，抗拉强度低（大板在起吊过程中易受损）。生产中可制作预应力空心板材，以减轻自重和改善隔音隔热性能，也可制作以纤维等增强的薄型板材，还可在水泥类板材上制作成具有装饰效果的表面层（如花纹线条装饰、露集料装饰、着色装饰等）。

（一）预应力混凝土空心墙板

预应力混凝土空心板长度为 1 000 ~ 1 900 mm，宽度为 600 ~ 1 200 mm，总厚度为 200 ~ 480 mm。使用时可按要求配以保温层、外饰面层和防水层等。可用于承重或非承重外墙板、内墙板、楼板、屋面板和阳台板等。

（二）玻璃纤维增强水泥（GRC）空心轻质墙板

该空心板是以低碱水泥为胶结料，抗碱玻璃纤维或其网格布为增强材料，膨胀珍珠岩为集料（也可用炉渣、粉煤灰等），并配以发泡剂和防水剂等，经配料、搅拌、浇筑、振动成型、脱水、养护而成。其外形如图 7-6 所示。

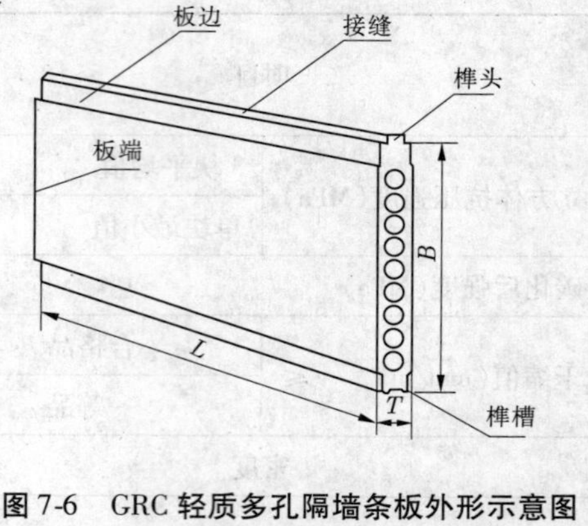

图 7-6　GRC 轻质多孔隔墙条板外形示意图

GRC 空心轻质墙板的优点是质轻、强度高、隔热、隔声、不燃、加工方便等。可用于工业和民用建筑的内隔墙及复合墙体的外墙面。

（三）纤维增强水泥平板（TK 板）

该板是以低碱水泥、耐碱玻璃纤维为主要原料，加水混合成浆，经圆网机抄取制坯、压制、蒸养而成的薄型干板。其长度为 1 200 ~ 3 000 mm，宽度为 800 ~ 900 mm，厚度为 4 mm、5 mm、6 mm 和 8 mm。

TK 板质量轻、强度高、防潮、防火、不易变形,可加工性(锯、钻、钉及表面装饰等)好,适用于各类建筑物的复合外墙和内隔墙,特别是高层建筑有防火、防潮要求的隔墙。

(四)水泥木丝板

该板是以木材下脚料经机械刨切成均匀木丝,加入水泥、水玻璃等经成型、冷压、养护、干燥而成的薄型建筑平板。它具有自重轻、强度高、防火、防水、防蛀、保温、隔音等性能,可进行锯、钻、钉、装饰等加工,主要用于建筑物的内外墙板、天花板、壁橱板等。

(五)水泥刨花板

该板以水泥和木材加工的下脚料——刨花为主要原料,加入适量水和化学助剂,经搅拌、成型、加压、养护而成。表观密度为 1 000 ~1 400 kg/m³。其性能和用途同水泥木丝板。

(六)其他水泥类板材

除上述水泥类墙板外,还有钢丝网水泥板、水泥木屑板、纤维增强硅酸钙板、玻璃纤维增强水泥轻质多孔隔墙条板、维纶纤维增强水泥平板等。它们均可用于墙体或复合墙板的组合板材。

二、石膏类墙板

石膏类墙板轻质、防火、保温隔热、加工性好、原材料丰富并具有"呼吸"功能,在土木工程中广泛应用。石膏类板材在轻质墙体材料中占有很大比例,主要有纸面石膏板、无面纸的石膏纤维板、石膏空心板和石膏刨花板等。

(一)纸面石膏板

该板材是以石膏心材及与其牢固结合在一起的护面纸组成。根据《纸面石膏板》(GB/T 9775—2008)的规定,纸面石膏板分普通型(P)、耐水型(S)、耐火型(H)和耐水耐火型(SH)四种。以建筑石膏及适量纤维类增强材料和外加剂为心材,与具有一定强度的护面纸组成的石膏板为普通纸面石膏板;若在心材配料中加入防水、防潮外加剂,并用耐水护面纸,即可制成耐水纸面石膏板;若在配料中加入无机耐火纤维和阻燃剂等,即可制成耐火纸面石膏板;若在配料中加入耐水外加剂和无机耐火纤维增强材料,即可制成耐水耐火纸面石膏板。

纸面石膏板常用规格为:

长度:1 500 mm、1 800 mm、2 100 mm、2 400 mm、2 440 mm、2 700 mm、3 000 mm、3 300 mm、3 600 mm 和 3 660 mm。

宽度:600 mm 、900 mm、1 200 mm 和 1 220 mm。

厚度:9.5 mm、12.0 mm、15.0 mm、18.0 mm、21.0 mm 和 25.0 mm。

板材的尺寸偏差应符合表 7-30 的规定。

表 7-30 尺寸偏差 (单位:mm)

项目	长度	宽度	厚度	
			9.5	≥12.0
尺寸偏差	-6 ~0	-5 ~0	±0.5	±0.6

纸面石膏板板面平整,不应有波纹、沟槽、亏料、漏料和划伤、破损、污痕等缺陷。板材应切割成矩形,对角线长度差应不大于 5 mm。对于棱边形状为楔形的板材,楔形棱边宽度应为 30 ~ 80 mm,楔形棱边深度应为 0.6 ~ 1.9 mm。板材的棱边硬度和端头硬度应不小于 70 N。经冲击后,板材背面应无径向裂缝。护面纸与心材应不剥离。对于耐水型和耐水耐火型纸面石膏板,板材的吸水率应不大于 10%,板材的表面吸水量应不大于 160 g/m^2。对于耐火型和耐水耐火型纸面石膏板,板材的遇火稳定性时间应不少于 20 min。

板材的面密度应不大于表 7-31 的规定。

表 7-31 板材的面密度

板材厚度(mm)	面密度(kg/m^2)	板材厚度(mm)	面密度(kg/m^2)
9.5	9.5	18.0	18.0
12.0	12.0	21.0	21.0
15.0	15.0	25.0	25.0

板材的断裂荷载应不小于表 7-32 的规定。

表 7-32 板材的断裂荷载

板材厚度(mm)	断裂荷载(N)			
	纵向		横向	
	平均值	最小值	平均值	最小值
9.5	400	360	160	140
12.0	520	460	200	180
15.0	650	580	250	220
18.0	770	700	300	270
21.0	900	810	350	320
25.0	1 100	970	420	380

纸面石膏板表面平整、尺寸稳定,具有自重轻、保温隔热、隔声、防火、抗震、可调节室内湿度、加工性好、施工简便等优点,但用纸量较大、成本较高。

(二)石膏纤维板

该板材是以纤维增强石膏为基材的无面纸石膏板,用无机纤维或有机纤维与建筑石膏、缓凝剂等经打浆、铺装、脱水、成型、烘干而制成,可节省护面纸,具有质轻、高强、耐火、隔声、韧性高的性能,可加工性好。其尺寸规格和用途与纸面石膏板相同。

(三)石膏空心板

石膏空心板外形与生产方式类似于水泥混凝土空心板。它是以熟石膏为胶凝材料,适量加入各种轻质集料(如膨胀珍珠岩、膨胀蛭石等)和改性材料(如矿渣、粉煤灰、石灰、外加剂等),经搅拌、振动成型、抽芯模、干燥而成。其长度为 2 500 ~ 3 000 mm,宽度为

500 ~ 600 mm，厚度为 60 ~ 90 mm。该板生产时不用纸，不用胶，安装墙体时不用龙骨，设备简单，较易投产。

石膏空心板具有质轻、比强度高、隔热、隔声、防火、可加工性好等优点，且安装方便，适用于各类建筑的非承重内隔墙，但若用于相对湿度大于 75% 的环境中，则板材表面应作防水等相应处理。

（四）石膏刨花板

石膏刨花板是以熟石膏为胶凝材料，木质刨花为增强材料，添加所需的辅助材料，经配合、搅拌、铺装、压制而成，具有上述石膏板材的优点，适用于非承重内隔墙和作装饰板材的基材板。

三、复合墙板

由于材料本身的局限性，以单一材料制成的板材的性能不能适应土木工程的多方面要求。如质量较轻和隔热隔声效果较好的石膏板、加气混凝土板等，因其耐水性差或强度较低，通常只能用于非承重的内隔墙。而水泥混凝土类板材虽有足够的强度和耐久性，但其自重大，隔声保温性能较差。工程中，可以用不同材料组合成多功能的复合墙体以满足需要。

将两种或两种以上不同功能的材料组合而成的墙板称为复合墙板。常用的复合墙板主要由承受（或传递）外力的结构层（多为普通混凝土或金属板）和保温层（矿棉、泡沫塑料、加气混凝土等）及面层（各类具有可装饰性的轻质薄板）组成，其构造如图 7-7 所示。

复合墙板使承重材料和轻质保温材料的功能都得到合理利用，适应了土木工程对材料的多重要求。

（一）混凝土夹心板

混凝土夹心板以 20 ~ 30 mm 厚的钢筋混凝土板作内外表面层，中间填以矿渣毡或岩棉毡、泡沫混凝土等保温材料，夹层厚度视热工计算而定。内外两层面板以钢筋件连接。其用于内墙和外墙。

（二）泰柏板

泰柏板是以直径为 ϕ 2.06 mm ± 0.03 mm，屈服强度为 390 ~ 490 MPa 的钢丝焊接成的三维钢丝网骨架与高热阻自熄性聚苯乙烯泡沫塑料组成的心材板，两面喷（抹）涂水泥砂浆而成，如图 7-8 所示。

泰柏板的标准尺寸为 1.22 m × 2.44 m = 3 m^2，标准厚度为 100 mm，平均自重为 90 kg/m^2，热阻为 0.64 m · K/W（其热损失比一砖半的砖墙小 50%）。由于所用钢丝网骨架构造及夹心层材料、厚度的差别等，该类板材有多种名称，如 GY 板（夹心为岩棉毡）、三维板、3D 板、钢丝网节能板等，但它们的性能和基本结构相似。

该类板轻质高强，隔热隔声，防火、防潮、防震，耐久性好，易加工，施工方便，适用于自承重外墙、内隔墙、屋面板、3 m 跨内的楼板等。

（三）轻型夹心板

该类板是用轻质高强的薄板为外层，中间以轻质的保温隔热材料为心材组成的复合板。

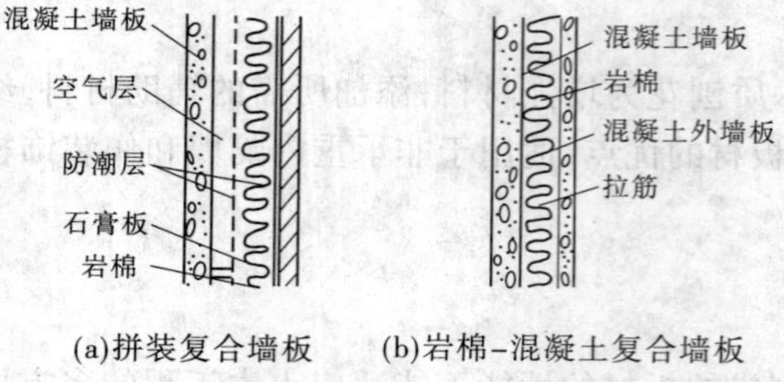

图 7-7　复合墙板构造

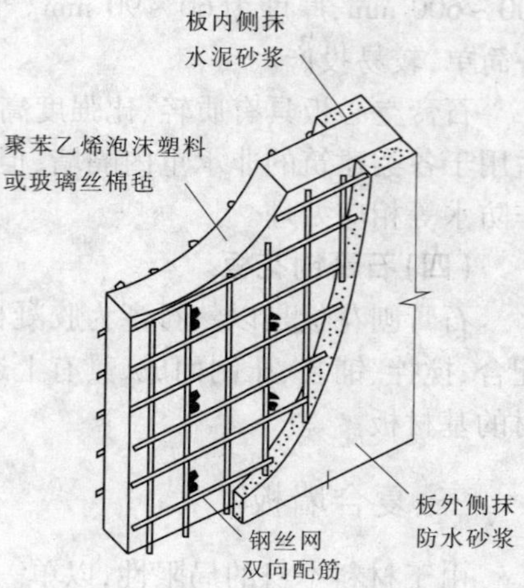

图 7-8　泰柏板的构造示意图

用于外墙面的外层薄板有不锈钢板、彩色镀锌钢板、铝合金板、纤维增强水泥薄板等。心材有岩棉毡、玻璃棉毡、阻燃型发泡聚苯乙烯、发泡聚氨酯等。用于内侧的外层薄板可根据需要选用石膏类板、植物纤维类板、塑料类板材等。该类复合墙板的性能和适用范围与泰柏板基本相同。

第四节　屋面材料

随着建筑物多种功能的需要和材料技术的发展，屋面材料已由过去较单一的烧结瓦，向多种材质的大型水泥类瓦材和高分子复合类瓦材发展。随着大跨度建筑物的兴建，屋面承重结构也由过去主要为预应力钢筋混凝土大型屋面板的形式，向承重、保温、防水三合一的轻型钢板结构转变。

一、屋面瓦材

（一）烧结类瓦材

1. 黏土瓦

黏土瓦是以杂质少、塑性好的黏土为主要原料，经成型、干燥、焙烧而成。按颜色分为红瓦和青瓦，按形状分为平瓦、脊瓦等。根据表面状态可分为有釉和无釉两类。

黏土瓦是我国使用历史长且用量较大的屋面瓦材之一，主要用于民用建筑和农村建筑坡形屋面防水。但由于生产中须消耗土地，能耗大，制造和施工的生产率均不高，同时还有自重大、质脆、易破碎的缺点，因此已渐为其他品种瓦材取代。

2. 琉璃瓦

琉璃瓦是用难熔黏土制坯，经干燥、上釉后焙烧而成。这种瓦表面光滑、质地坚密、色彩美丽，常用的有黄、绿、黑、蓝、青、紫、翡翠等色。其造型多样，主要有板瓦、筒瓦、滴水瓦、勾头瓦等，有时还制成飞禽、走兽等形象作为檐头和屋脊的装饰，是一种富有我国传统民族特色的高级屋面防水与装饰材料。琉璃瓦耐久性好，但成本较高，一般只适用于在古建筑修复、纪念性建筑及园林建筑中的亭、台、楼、阁。

（二）水泥类屋面瓦材

1. 混凝土瓦

混凝土瓦是以水泥、砂或无机硬质细集料为主要原料，经配料混合、加水搅拌、机械滚压成型、养护而成，其强度、抗渗性、抗冻性等均应符合规定要求。该瓦成本低、耐久性好，但自重大于黏土瓦，在配料中加入耐碱颜料，可制成彩色瓦。混凝土瓦可用来代替黏土瓦。图7-9是一种混凝土瓦的形状及安装方式。

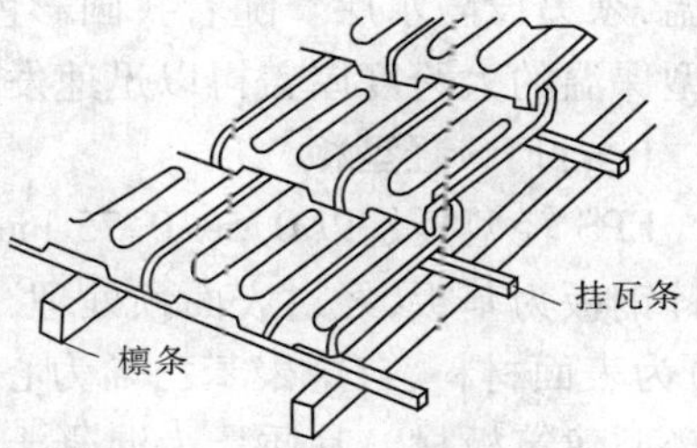

图7-9　混凝土瓦形状及安装方式

2. 纤维增强水泥瓦

纤维增强水泥瓦以增强纤维和水泥为主要原料，经配料、打浆、成型、养护而成。该瓦具有防水、防潮、防腐、绝缘等性能。石棉瓦主要用于工业建筑，如厂房、车房、堆货棚、凉棚等。

3. 钢丝网水泥大波瓦

钢丝网水泥大波瓦，是用普通硅酸盐水泥、砂子，按一定配比，中间加一层低碳冷拔钢丝网加工而成。此种瓦适用于工厂散热车间、仓库或临时性的屋面及围护结构等处。

（三）高分子类复合瓦材

1. 纤维增强塑料波形瓦

纤维增强塑料波形瓦亦称玻璃钢波形瓦，是采用不饱和聚酯树脂和玻璃纤维为原料，经人工糊制而成。特点是质量轻、强度高、耐冲击、耐腐蚀、透光率高、制作简单等，是一种良好的建筑材料。它适用于各种建筑的遮阳及车站月台、售货亭、凉棚等的屋面。

2. 聚氯乙烯波形瓦

聚氯乙烯波形瓦亦称塑料瓦楞板，是以聚氯乙烯树脂为主体加入其他配合剂，经塑化、挤压或压延、压波等而制成的一种新型建筑瓦材。它具有质轻、高强、防水、耐化学腐蚀、透光率高、色彩鲜艳等特点，适用于凉棚、果棚、遮阳板和简易建筑的屋面等处。

3. 木质纤维波形瓦

木质纤维波形瓦是利用废木料制成的木纤维与适量的酚醛树脂防水剂配制后，经高温高压成型、养护而成。它适用于活动房屋及轻结构房屋的屋面及车间、仓库、料棚或临时设施等的屋面。

4. 玻璃纤维沥青瓦

玻璃纤维沥青瓦是以玻璃纤维薄毡为胎料，以改性沥青涂敷而成的片状屋面瓦材。其表面可撒各种彩色的矿物粒料，形成彩色沥青瓦。该瓦质量轻，互相黏结的能力强，抗风化能力好，施工方便，适用于一般民用建筑的坡形屋面。

二、屋面用轻型板材

在大跨度结构中，长期习惯使用的钢筋混凝土大板屋盖自重达 300 kg/m^2 以上，且不保温，须另设防水层。随着我国彩色涂层钢板、超细玻璃纤维、自熄性泡沫塑料的出现，使轻型保温的大跨度屋盖得以迅速发展。

(一) EPS 轻型板

EPS 轻型板是以 0.5 ~ 0.75 mm 厚的彩色涂层钢板（彩色涂层钢板是以冷轧钢板和镀锌钢板为基板，经过表面预处理，以连续的方法涂上涂料，经过烘烤和冷却而制成的产品）为表面材料，自熄聚苯乙烯为心材，用热固化胶在连续成型机内加热加压复合而成的超轻型建筑板材。其质量为混凝土屋面的 1/20 ~ 1/30，保温隔热性好，无湿作业且不需二次装修，施工简便，是集承重、保温、防水、装修于一体的新型围护结构材料，可制成平面形或曲面形板材，适合多种屋面形式，如图 7-10 所示。其可用于大跨度屋面结构，如体育馆、展览厅、冷库等。

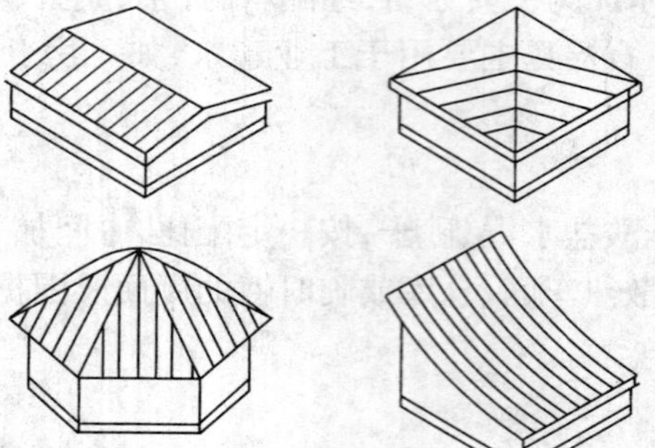

图 7-10　涂层钢板屋面形式

(二) 硬质聚氨酯夹心板

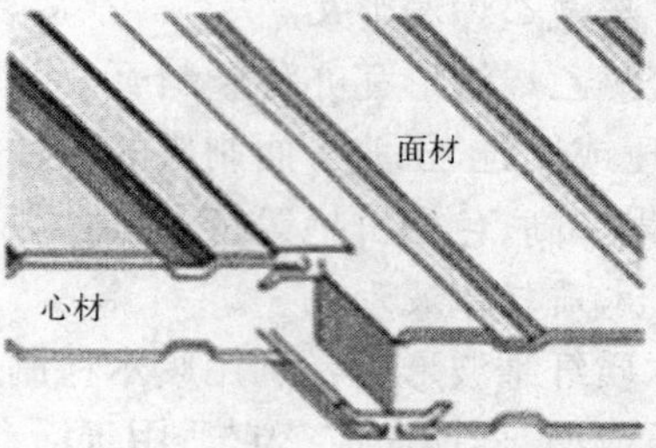

图 7-11　硬质聚氨酯夹心板组成

硬质聚氨酯夹心板由镀锌彩色压型钢板（面层）与硬质聚氨酯泡沫（心材）复合而成，如图 7-11 所示。压型钢板厚度为 0.5 mm、0.75 mm、1.0 mm。彩色涂层为聚酯型、硅改性聚酯型、氟氯乙烯塑料型，这些涂层均具有极强的耐候性。

硬质聚氨酯夹心板具有质量轻、强度高，保温、隔音效果好，色彩丰富，施工简便的特点，是承重、保温、防水三合一的屋面板材。其可用于大型工业厂房、仓库、公共设施等大跨度建筑和高层建筑的屋面结构。

由于屋面材料种类繁多，为便于对比，现将常用屋面材料总结归纳于表 7-33 中。

表 7-33　常用屋面材料的主要组成、特性和用途

品种		主要组成材料	主要特性	主要用途
烧结类瓦材	黏土瓦	黏土、页岩	按颜色分为红瓦和青瓦；按形状分为平瓦、脊瓦等	民用建筑坡形屋面防水
	琉璃瓦	难熔黏土	表面光滑、质地坚密、色彩美丽	高级屋面防水与装饰
水泥类瓦材	混凝土瓦	水泥、砂或无机硬质细集料	成本低、耐久性好，但质量大	民用建筑坡形屋面防水
	纤维增强水泥瓦	水泥、增强纤维	防水、防潮、防腐、绝缘	厂房、库房、堆货棚、凉棚
	钢丝网水泥大波瓦	水泥、砂、钢丝网	尺寸和质量大	工厂散热车间、仓库、临时性围护结构
高分子复合类瓦材	纤维增强塑料波形瓦	不饱和聚酯树脂、玻璃纤维	轻质、高强、耐冲击、耐热、耐蚀、透光率高、制作简单	遮阳、车站站台、售货亭、凉棚等屋面
	聚氯乙烯波形瓦	聚氯乙烯树脂、配合剂	轻质、高强、防水、耐蚀、透光率高、色彩鲜艳	凉棚、遮阳板、简易建筑屋面
	木质纤维波形瓦	木纤维、酚醛树脂防水剂	防水、耐热、耐寒	活动房屋、轻结构房屋屋面、车间、仓库、临时设施等屋面
	玻璃纤维沥青瓦	玻璃纤维薄毡、改性沥青	轻质、黏结性强、抗风化、施工方便	民用建筑坡形屋面
轻型复合板材	EPS 轻型板	彩色涂层钢板、自熄聚苯乙烯、热固化胶	集承重、保温、隔热、防水为一体，且施工方便	体育馆、展览厅、冷库等大跨度屋面结构
	硬质聚氨酯夹心板	镀锌彩色压型钢板、硬质聚氨酯泡沫塑料	集承重、保温、防水为一体，且耐候性极强	大型工业厂房、仓库、公共设施等大跨度屋面结构和高层建筑屋面结构

本章小结

本章讲述了墙体材料和屋面材料的种类、技术性能和应用范围。墙体材料品种较多，总体可归纳为砌墙砖、砌块、墙用板材三大类。

砌墙砖按形成条件可分为烧结砖和非烧结砖。烧结砖按有无穿孔分为烧结普通砖、烧结多孔砖和烧结空心砖。较为详细地讲述了烧结普通砖的生产工艺要点、主要技术性能(规格尺寸、强度等级、抗风化性能、质量等级等)和应用范围;介绍了烧结多孔砖和烧结空心砖的规格尺寸、强度等级指标、孔洞形式等。

砌块是形体体积大于砌墙砖的人造块材。讲述了混凝土砌块(包括普通混凝土小型空心砌块、轻集料混凝土小型空心砌块等)、加气混凝土砌块、粉煤灰砌块等的主要技术指标和应用范围。砌块是一种新型墙体材料,可以节省黏土资源和改善环境,改善墙体功能。

墙用板材包括水泥类墙板、石膏类墙板和复合墙板等。介绍了这几类墙用板材的主要组成、特性和应用。墙用板材适应了建筑结构体系的改革和大开间多功能框架结构发展的需求。

屋面材料包括屋面瓦材和屋面用轻型板材。屋面瓦材包括烧结类瓦材、水泥类瓦材、高分子复合类瓦材等,介绍了这些材料的主要组成、特性和用途。屋面用轻型板材包括EPS轻型板和硬质聚氨酯夹心板等,介绍了这些材料的制作方法、性能、用途及发展方向。

思考题

7-1 简述烧结普通砖生产工艺要点。

7-2 在烧结普通砖中,过火砖、欠火砖、红砖和青砖是如何形成的?

7-3 烧结普通砖的强度等级是如何确定的?

7-4 烧结多孔砖和烧结空心砖有何区别?

7-5 简述非烧结砖的种类及其技术指标。

7-6 简述墙用砌块的种类及其技术指标。

7-7 简述墙用板材的种类及其主要组成、特性和用途。

7-8 简述屋面瓦材的种类及其主要组成、特性和用途。

7-9 简述屋面用轻型板材种类及其主要组成、特性和用途。

7-10 试论述墙体材料和屋面材料改革发展的意义和途径。

第八章　金属材料

土木工程采用的金属材料是构成土木工程物质基础的四大类材料（钢材、水泥混凝土、木材、塑料）之一，是指黑色金属、有色金属以及其合金材料的统称。

建筑业采用的黑色金属主要指钢材、铸铁等。钢材是建筑工程中使用量最大的金属材料，多数为碳素结构钢和低合金结构钢，均以沸腾钢和镇静钢工艺生产。建筑用铸铁是一种铁基碳硅合金，其生产成本低、耐磨，但抗拉强度低，塑性、韧性、可焊性差，在建筑工程中主要用以制作给水、排水管和煤气输送管，少量用于车间的耐磨、耐腐地坪。铸铁管按材质分为灰口铸铁管和球磨铸铁管，球磨铸铁管韧性好、管壁薄，能承受较高压力，应用比较广泛。

建筑用有色金属材料主要有铝、铜、锌和铅等。铜、铝因导电性能优越、耐腐蚀性能较强、色泽优美，广泛用做电装工程导线、防雷装置、建筑装饰工程和小五金材料等。铝合金质轻，且具有相当强度，其型材和板材在建筑围护结构中得到较广泛的应用。锌主要用做涂层材料。铅具有防辐射性能，应用于防射线屏蔽工程中。

以金属材料为主体与非金属材料组合成的复合材料，如金属板与有机绝热材料胶合制成的保温板，一般也纳入建筑用金属材料之内。

本章主要对土木工程中大量使用的建筑钢材和铝合金加以介绍。

第一节　建筑钢材

钢材是建筑工程中使用量最大的金属材料。17 世纪 70 年代，人类开始大量应用生铁作建筑材料，到 19 世纪初发展到用熟铁建造桥梁、房屋等。这些材料因强度低、综合性能差，在使用上受到限制，是人们采用钢铁结构的开始。19 世纪中期以后，钢材的规格、品种日益增多，强度不断提高，材料的连接等工艺技术也得到发展，为建筑结构向大跨度、大荷载方向发展奠定了基础，引发了土木工程的一次飞跃。

19 世纪 50 年代，新型的复合建筑材料钢筋混凝土的出现并大规模的应用，引发了建筑业对钢材的大量需求。至 20 世纪 30 年代，高强钢材的出现使预应力混凝土的发展成为可能，超高层建筑、大跨度结构及桥梁工程等日益增多，土木工程发生了第二次飞跃。

我国是钢材生产大国，2004 年我国钢产量达到 2.65 亿～2.66 亿 t，2010 年钢材需求将超过 3 亿 t。土木工程建筑业的用钢量占钢材产量的 53%。

一、钢材的生产和分类

（一）钢材的生产

钢是含碳量质量百分比介于 0.02%～2.04%，并含有硅、锰、硫、磷等元素的铁碳合金的统称。含碳量超过 2.04%，且杂质含量较多的铁碳合金人们习惯上称为生铁。

钢是由生铁冶炼而成。钢的生产分为以下两步。

1. 炼铁

生铁是由铁矿石、焦炭和少量石灰石等在高温的作用下进行还原反应和其他的化学反应，铁矿石中的氧化铁形成金属铁，然后再吸收碳而成生铁。生铁的主要成分是铁，但含有较多的碳以及硫、磷、硅、锰等杂质，杂质使得生铁的性质硬而脆，塑性很差，抗拉强度很低，使用受到很大限制。

高炉炼铁是现代炼铁生产的主要方法，全世界95%以上的生铁由高炉冶炼而成。

2. 炼钢

炼钢是以生铁在熔融状态下，采取一定的措施（如吹入空气或氧气），使生铁中的杂质含量和含碳量降低到规定标准，再经过脱氧处理的工艺过程。为了改善钢的性能，必要时可掺入合金元素。

按照炼钢炉的种类，炼钢方法可分为四类。

(1)空气转炉炼钢法。一般炼制普通碳素钢。

(2)氧气转炉炼钢法。炼制优质碳素钢和合金钢。

(3)平炉炼钢法。用来炼制优质碳素钢、合金钢或有特殊要求的专用钢。

(4)电炉炼钢法。用来炼制合金钢。

目前氧气转炉炼钢法是最主要的炼钢方法。而平炉炼钢法已基本淘汰。电炉炼钢法因为具有流程短、能耗低、投资少、环境污染小等特点，是以后的发展趋势。

（二）钢材的分类

根据不同的分类标准，钢材有很多种类型，目前常用的分类方法有以下几种。

1. 按冶炼时脱氧程度分类

在冶炼钢的过程中，由于氧化作用使部分铁被氧化成 FeO，使钢的质量降低，因而在炼钢后期精炼时，需在炉内或钢包中加入锰铁、硅铁或铝锭等脱氧剂进行脱氧，脱氧剂与 FeO 反应生成 MnO、SiO_2 等氧化物，它们成为钢渣而被除去。脱氧剂的选择对脱氧程度影响很大，脱氧程度对钢的内部状态和性能有较大的影响。

按照脱氧程度不同，钢可分为沸腾钢、镇静钢、半镇静钢、特殊镇静钢。

1）沸腾钢

炼钢时仅加入锰铁进行脱氧，脱氧不完全。这种钢液铸锭时，有大量的 CO 气体逸出，钢液冷却时呈沸腾状，故称沸腾钢，代号为“F”。

沸腾钢组织不够致密，成分不太均匀，硫、磷等杂质偏析较严重，故质量较差。但因其成本低、钢的收得率高，表面质量和深冲性能好，故被广泛用于一般工程的建筑结构中。

2）镇静钢

炼钢时一般用硅做脱氧剂，也可采用锰铁、硅铁和铝锭等作为脱氧剂，脱氧完全。这种钢液铸锭时能平静地充满锭模并冷却凝固，故称镇静钢，代号为“Z”。

镇静钢组织致密，成分均匀，含硫量较少，性能稳定，故质量好，但成本高，适用于预应力混凝土结构、承受冲击荷载的结构等重要结构工程。

3）半镇静钢

用少量的硅进行脱氧，脱氧程度介于沸腾钢和镇静钢之间，钢液铸锭时有少量 CO 气体逸出,呈微弱沸腾现象,故称半镇静钢,代号为“b”。

半镇静钢脱氧程度介于沸腾钢和镇静钢之间,是质量较好的钢。

4)特殊镇静钢

比镇静钢脱氧程度更充分彻底的钢,称为特殊镇静钢,代号为“TZ”。

特殊镇静钢的质量最好,适用于特别重要的结构工程。

2.根据用途分类

1)结构钢

结构钢是主要用于工程结构及机械零件的钢,一般为低、中碳钢。包括碳素结构钢、优质碳素结构钢、低合金高强度结构钢、合金结构钢等。

2)工具钢

工具钢是主要用于各种刀具、量具及模具的钢,一般为高碳钢。包括弹簧钢、碳素工具钢、合金工具钢、高速工具钢、轴承钢等。

3)特种钢

特种钢是具有特殊的物理、化学及机械性能的钢,如不锈钢、耐热钢、耐酸钢、耐磨钢、磁性钢等。

建筑工程上常用的钢种是普通碳素结构钢(低碳钢)、普通低合金结构钢。

3.按化学成分分类

按照化学成分分为碳素钢和合金钢两类。

1)碳素钢

化学成分主要是铁,其次是碳,故也称碳钢或铁碳合金,其含碳量为0.02%~2.04%。碳素钢除铁、碳外,还含有极少量的硅、锰和微量的硫、磷等元素。碳素钢按含碳量不同又可分为:

(1)低碳钢:含碳量小于0.25%;

(2)中碳钢:含碳量为0.25%~0.60%;

(3)高碳钢:含碳量大于0.60%。

低碳钢在土木工程中应用最广泛。

2)合金钢

合金钢是在炼钢过程中,为改善钢材的性能,特意加入某些合金元素而制得的一种钢。常用合金元素有:硅、锰、钛、钒、铌、铬等。

按合金元素总含量不同,合金钢又可分为:

(1)低合金钢:合金元素总含量小于5%;

(2)中合金钢:合金元素总含量为5%~10%;

(3)高合金钢:合金元素总含量大于10%。

低合金钢为土木工程中常用的主要钢种。

钢材还可按金相组织分类,可分为铁素体型、奥氏体型、珠光体型、马氏体型、贝氏体型、双相(如马氏体/铁素体),按外形不同可分为型材、板材、管材和线材等。

二、建筑钢材的主要技术性能

(一)主要技术性能

建筑钢材的技术性能主要包括力学性能(拉伸性能、冲击韧性、硬度等)、工艺性能(冷弯性能、冷加工性能及时效处理、热处理、可焊性等)和耐久性能(如锈蚀)。技术性能是我们进行钢材选用的主要依据。本节只讲述力学性能和工艺性能,耐久性能将在后面章节中讲述。

1. 力学性能

力学性能又称机械性能,是钢材最重要的使用性能。在建筑结构中,对承受静荷载作用的钢材,要求具有一定的力学强度,并要求所产生的变形不致影响到结构的正常工作和安全使用。对承受动荷载或反复荷载作用的钢材,还要求具有较高的韧性而不致发生断裂及较好的抗疲劳性能。

1)拉伸性能

(1)强度。在外力作用下,材料抵抗变形和断裂的能力称为强度。通过对低碳钢进行拉伸试验所反映出来的材料本构关系,可以进一步阐明钢材的拉伸性能。对有屈服点的低碳钢,其应力—应变关系曲线如图 8-1 所示。

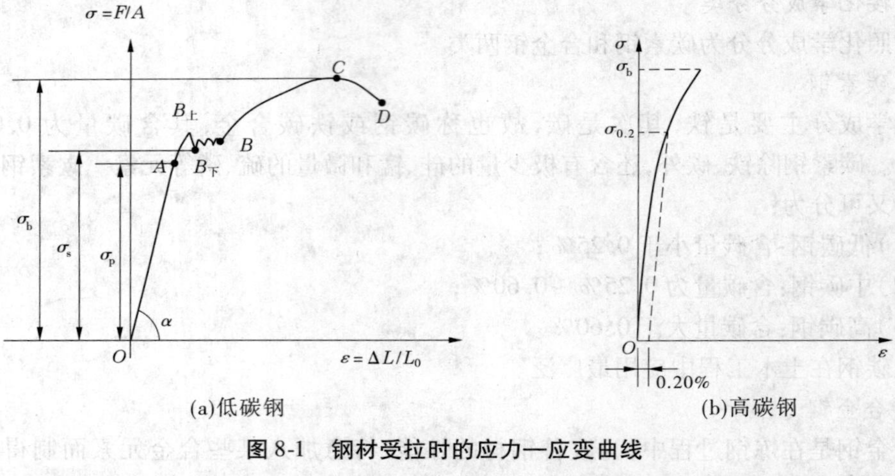

图 8-1　钢材受拉时的应力—应变曲线

低碳钢从拉断到破坏,大致经历了弹性阶段(*OA* 段)、屈服阶段(*AB* 段)、强化阶段(*BC* 段)和颈缩阶段(*CD* 段)四个阶段,每个阶段都有明确的代表性的性能特征指标。

①弹性极限和弹性模量。在弹性阶段 *OA* 范围内,随着荷载的增加,应变随应力成正比增加。如卸去荷载,试件将恢复原状,表现为弹性变形,与 *A* 点相对应的应力为弹性极限,用 σ_p 表示。在这一范围内,应力与应变的比值为一常量,称为弹性模量,用 E 表示,即 $E=\sigma/\varepsilon$。弹性模量反映钢材的刚度,是钢材在受力条件下计算结构变形的重要指标,在一定荷载作用下,E 值越大,抵抗弹性变形的能力越大。

②屈服强度。在屈服阶段 *AB* 曲线范围内,应力与应变不成比例,开始产生塑性变形,应变增加的速度大于应力增长速度,钢材在外力作用下发生了“屈服”。在屈服阶段,锯齿形的最高点 $B_上$ 所对应的应力称为屈服上限;锯齿形的最低点 $B_下$ 所对应的应力称为

屈服下限。屈服上限与试验过程中的许多因素有关,屈服下限比较稳定,容易测试,所以规范规定以屈服下限的应力值作为钢材的屈服强度,即钢材开始丧失对变形的抵抗能力,并开始产生大量塑性变形时所对应的应力,用 σ_s 表示。

钢材受力达到屈服点后,变形即迅速发展,尽管尚未破坏但已不能满足使用要求。故设计中一般以屈服强度作为设计强度的取值依据。屈服强度对钢材的使用意义重大,一方面,当构件的实际应力超过屈服强度时,将产生不可恢复的永久变形;另一方面,当应力超过屈服强度时,受力较高部位的应力不再提高,而自动将荷载重新分配给某些应力较低的部位。

中碳钢和高碳钢没有明显的屈服现象,也称之为"无明显屈服点的钢筋"或"硬钢",其应力—应变曲线如图 8-1 所示。规范规定以 0.2% 残余变形所对应的应力值作为硬钢的条件屈服强度,用 $\sigma_{0.2}$ 表示。

③抗拉强度。过 B 点后,钢材在拉应力作用下进入了强化阶段。由于内部晶粒重新排列,其抵抗变形的能力又重新提高,此时变形虽然发展很快,但却只能随着应力的提高而提高,直至应力达到最大值。对应于最高点 C 的应力,称为抗拉强度,是钢材所能承受的最大拉应力,即当拉应力达到强度极限时,钢材完全丧失了对变形的抵抗能力而断裂,用 σ_b 表示。此后钢材进入颈缩阶段,抵抗变形的能力明显降低,并在最薄弱处发生较大塑性变形,此处试件界面迅速缩小,出现颈缩现象,直到断裂破坏。

抗拉强度虽然不能直接作为计算依据,但屈服强度与抗拉强度的比值,即"屈强比"(σ_s/σ_b)对工程应用有较大意义。屈强比愈小,反映钢材在应力超过屈服强度工作时的可靠性愈大,即延缓结构损坏过程的潜力愈大,因而结构愈安全。但屈强比过小时,钢材强度的有效利用率低,造成浪费。常用碳素钢的屈强比为 0.58 ~0.63,合金钢的屈强比为 0.65 ~0.75。

④疲劳强度。钢材在无数次交变荷载作用下而不致引起断裂的最大循环应力值,称为疲劳强度。受交变荷载反复作用,钢材在应力低于其屈服强度的情况下突然发生脆性断裂破坏的现象,称为疲劳破坏。

疲劳破坏首先是从局部缺陷处形成细小裂纹,由于裂纹尖端处的应力集中使其逐渐扩展,直至最后断裂。疲劳破坏是在低应力状态下突然发生的,所以危害极大,往往造成灾难性的事故。如某钢厂原料跨吊车任务繁重,使用一段时间后产生较多裂缝,使用 40 年内已更换多次。

在一定条件下,钢材疲劳破坏的应力值随应力循环次数的增加而降低。钢材的疲劳强度与很多因素有关,如组织结构、表面状态、合金成分、夹杂物和应力几种情况等。

(2)塑性。塑性表示钢材在外力作用下产生塑性变形而不破坏的能力。它是钢材的一个重要指标。钢材的塑性通常用拉伸试验时的伸长率或断面缩减率表示,反映钢材拉伸断裂时所能承受的塑性变形能力,是衡量钢材塑性的重要技术指标。伸长率有断后伸长率和均匀伸长率两种表达方式。

①断后伸长率。断后伸长率是以试件拉断后标距长度的增量与原标距长度之比的百分率来表示(见图 8-2)。

$$\delta = \frac{L_1 - L_0}{L_0} \times 100\% \qquad (8\text{-}1)$$

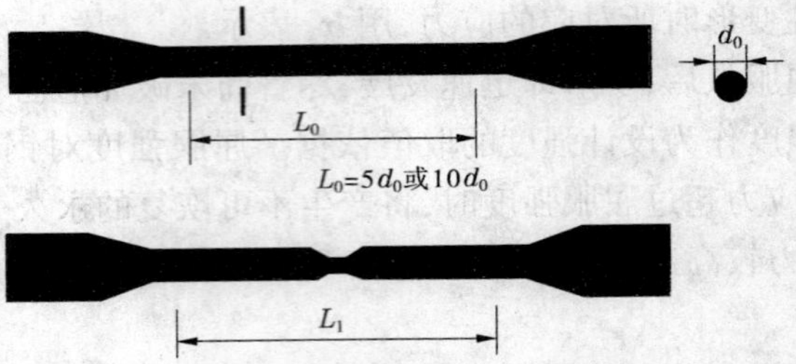

图 8-2　钢材试件拉断前后对比图

工程应用中，用 δ_5 和 δ_{10} 分别表示 $L_0=5d_0$ 和 $L_0=10d_0$ 时的伸长率。对同一种钢材，$\delta_5>\delta_{10}$。这是因为钢材中各段在拉伸的过程中伸长量是不均匀的，颈缩处的伸长率较大，因此当原始标距 L_0 与直径 d_0 之比愈大，则颈缩处伸长值在整个伸长值中的比重愈小，因而计算得到的伸长率就愈小。某些钢材的伸长率是采用定标距试件测定的，如标距 $L_0=$ 100 mm 或 200 mm，则伸长率用 δ_{100} 或 δ_{200} 表示。

②均匀伸长率。均匀伸长率计算公式如下

$$\delta_{gt} = \frac{Y_1V_1 - YV}{YV} + \frac{\sigma_b}{E} \times 100\% \qquad (8\text{-}2)$$

式中　YV——测量区初始长度；

Y_1V_1——测量区拉断之后的长度；

σ_b——钢材的抗拉强度；

E——钢材的弹性模量。

均匀伸长率是指钢筋最大拉力下的总伸长率，其测定图见图 8-3。它既包括钢材拉断前的瞬间弹性变形，又包括塑性变形，比断后伸长率更加准确地反映了钢筋在构件中的真实变形。

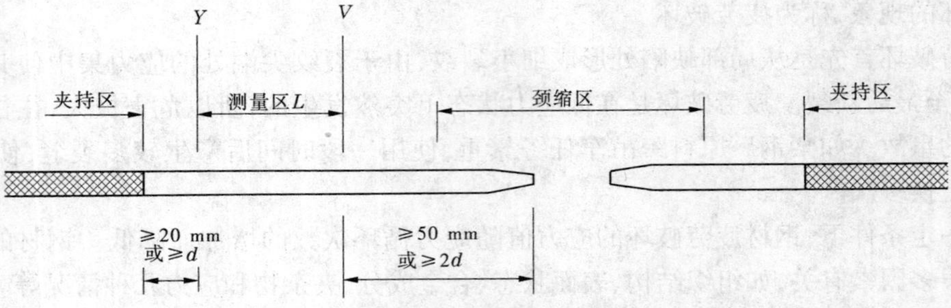

图 8-3　均匀伸长率测定图

③断面缩减率。断面缩减率按式(8-3)计算

$$\psi = \frac{A_0 - A_1}{A_0} \qquad (8\text{-}3)$$

式中　A_0——试件原始截面积；

A_1——试件拉断后颈缩处的截面积。

伸长率越大或断面缩减率越高,说明钢材塑性越大。钢材塑性大,不仅便于进行各种加工,而且能保证钢材在建筑上的安全使用。塑性变形能调整局部高峰应力,可使钢筋混凝土结构发生塑性内力充分分布,在混凝土结构中形成塑性较。钢材在塑性破坏前,有很明显的变形和较长的变形持续时间,便于人们发现和补救。

2)冲击韧性

冲击韧性指钢材抵抗冲击荷载而不被破坏的能力。钢材的冲击韧性用试件冲断时单位面积上所吸收的能量 α_k 来表示(或用摆锤冲断 V 形或 U 形缺口试件(见图 8-4)时单位面积上所消耗的功来表示)。α_k 越大,表示冲断试件消耗的能量越大,钢材的冲击韧性越好,即其抵抗冲击作用的能力越强,脆性破坏的危险性越小。钢材的冲击韧性试验是将标准试样置于冲击机的支架上,并使切槽位于受拉的一侧(见图 8-5)。冲击韧性按式(8-4)计算:

$$\alpha_k = \frac{P(H-h)}{A} \tag{8-4}$$

式中　α_k——冲击韧性,J/cm^2;

H、h——摆锤冲击前后的高度,m;

A——试件槽口处最小横截面积,cm^2;

P——摆锤的重量,N。

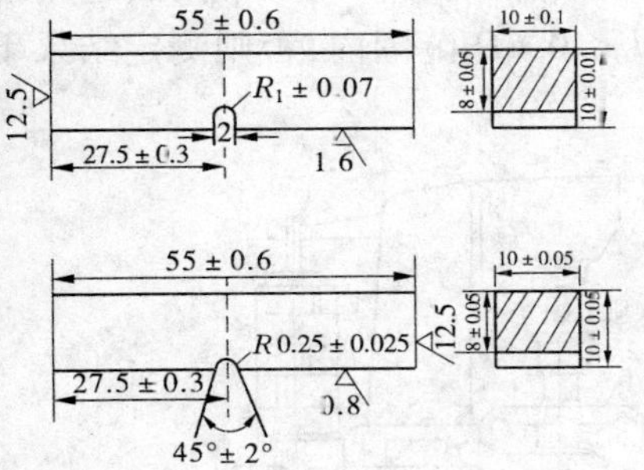

图 8-4　U 形(上)、V 形(下)缺口标准试件

(单位:mm)

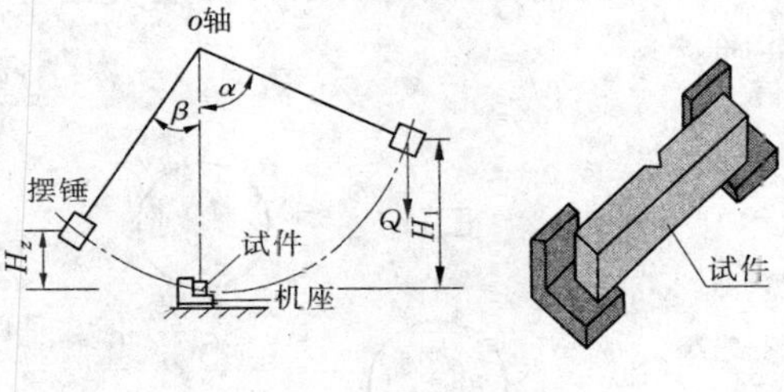

图 8-5　冲击试验装置示意图

影响钢材冲击韧性的主要因素有化学成分、冶炼质量、冷作及时效、环境温度等。

钢材的冲击韧性随温度的降低而下降,如图 8-6 所示。开始时,冲击韧性随温度的降低而缓慢下降,但当温度降至狭窄的温度区间时,钢材的冲击韧性骤然下降很多而呈脆

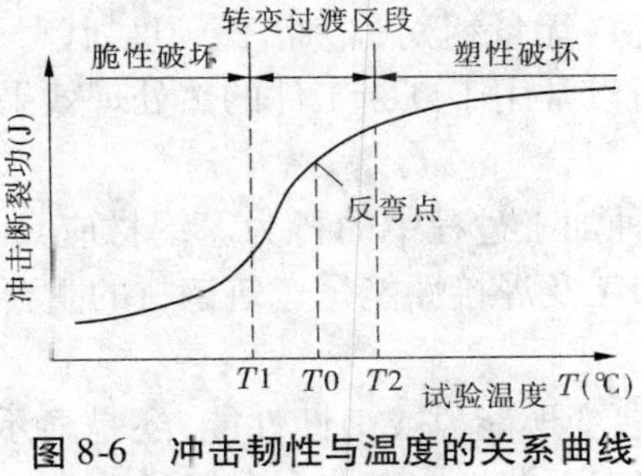

图 8-6　冲击韧性与温度的关系曲线

性，即冷脆性，这时的温度称为脆性转变温度。脆性转变温度越低，表明钢材的低温冲击韧性越好。为此，对于重要的结构物以及承受动荷载作用的结构，特别是处于低温条件下，为了防止钢材的脆性破坏，应保证钢材具有一定的冲击韧性。应选用脆性转变温度低于最低使用温度的钢材，并满足规范规定的 -20 ℃或 -40 ℃条件下冲击韧性指标的要求。

3）硬度

硬度是指钢材抵抗硬物压入表面的能力。即表示钢材表面局部体积内抵抗变形的能力。它是衡量钢材软硬程度的一个指标。硬度值与钢材的力学性能之间有着一定的相关性。

我国现行标准测定金属硬度的方法有：布氏硬度法、洛氏硬度法和维氏硬度法等三种。建筑钢材常用的硬度指标为布氏硬度和洛氏硬度。

（1）布氏硬度。

布氏硬度试验是按规定选择一个直径为 D(mm)的淬硬钢球或硬质合金球，以一定荷载 P(N)将其压入试件表面，持续至规定时间后卸去荷载，测定试件表面上的压痕直径 d(mm)，根据计算或查表确定单位面积上所承受的平均应力值（或以压力除以压痕面积即得布氏硬度值），其值作为硬度指标（无量纲），称为布氏硬度，代号为 HB。布氏硬度值越大表示钢材越硬（见图 8-7）。

布氏硬度法比较准确，但压痕较大，不宜用于成品检验（见图 8-8）。布氏法适用于 $HB<450$ 的钢材，测定时所得压痕直径应在 $0.25D<d<0.6D$ 范围内，否则测定结果不准确。

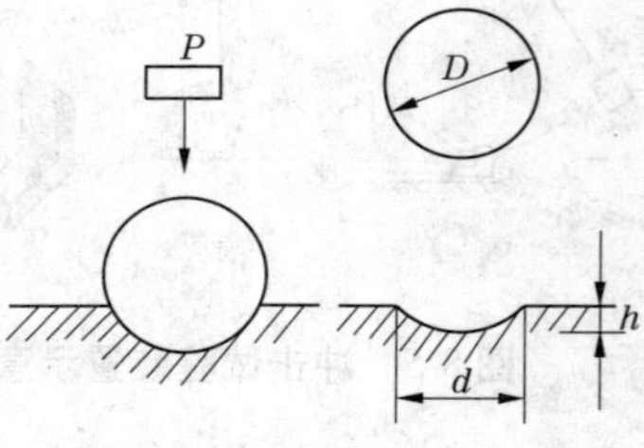

图 8-7　布氏硬度法示意图

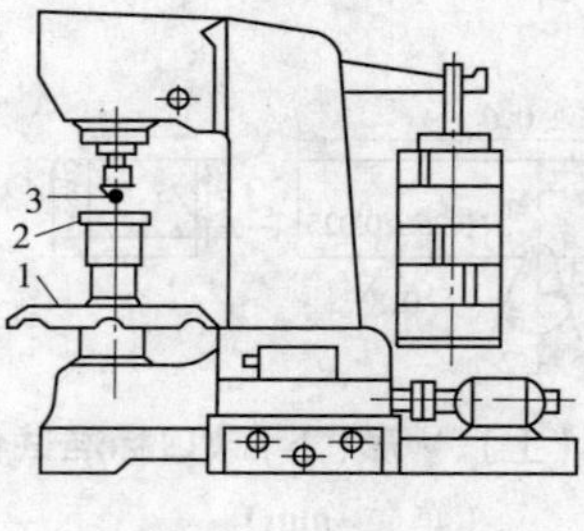

图 8-8　布氏硬度计

1—试验台；2—手轮；3—重锤

（2）洛氏硬度。

洛氏硬度试验是将金刚石圆锥体或钢球等压头，按一定试验力压入试件表面，以压头压入试件的深度来表示硬度值（无量纲），称为洛氏硬度，代号为 HR。

洛氏硬度法的压痕小，所以常用于判断工件的热处理效果。

2. 工艺性能

工艺性能表示钢材在各种加工过程中的行为。钢材应具有良好的工艺性能，以满足施工工艺的要求。冷弯、冷加工及焊接性能是建筑钢材的重要工艺性能。

1）冷弯性能

冷弯性能是检验钢材弯曲变形能力或塑性性能，还是显示钢材内部缺陷状况的一项指标；它是鉴定钢材在弯曲状态下塑性应变能力和钢材质量的综合指标。

钢材的冷弯试验(见图 8-9)是通过直径(或厚度)为 a 的试件,采用标准规定的弯心直径 $d(d=na, n$ 为整数),弯曲到规定的角度(180°或 90°)时,检查弯曲处有无裂纹、断裂及起层等现象(见图 8-10)。若没有这些现象则认为冷弯性能合格。弯曲角度越大,d/a 越小,表示钢材的冷弯性能越好。

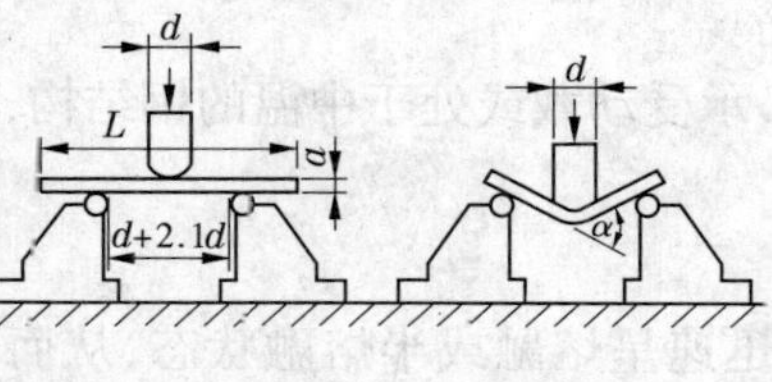

图 8-9　钢筋冷弯试验示意图

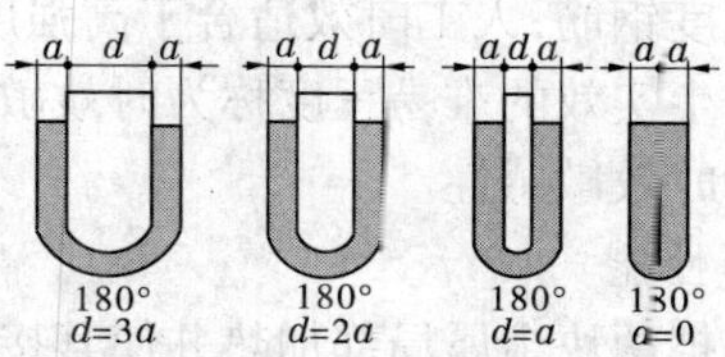

图 8-10　弯曲角度 180°时不同弯心直径示意图

通过冷弯试验,有利于暴露钢材内部存在的缺陷,如气孔、杂质、裂纹、严重偏折等;同时在焊接时,局部脆性及焊接接头质量的缺陷也可通过冷弯试验而发现。因此,钢材的冷弯性能也是评定焊接质量的重要指标。钢材的冷弯性能必须合格。

2)冷加工性能

(1)冷拉。将热轧钢筋用拉伸设备在常温下拉长,使之产生一定的塑性变形称为冷拉。

冷拉后的钢筋不仅屈服强度提高 20% ~30%,同时还增加钢筋长度(4% ~10%),因此冷拉是节约钢材(一般为 10% ~20%)的一种措施。钢材经冷拉后屈服阶段缩短,伸长率减小,材质变硬。实际冷拉时,应通过试验确定冷拉控制参数。冷拉参数的控制,直接关系到冷拉效果和钢材质量。

(2)冷拔。冷拔是将光圆钢筋通过硬质合金拔丝模孔强行拉拔。钢筋在冷拔过程中,不仅受拉,同时还受到挤压作用。经过一次或多次冷拔后,钢筋的屈服强度可提高 40% ~60%,但塑性大大降低,具有硬钢的性质。

(3)冷轧。冷轧是将圆钢在轧钢机上轧成断面形状规则的钢筋,可以提高其强度及与混凝土的黏结力,也称之为冷轧带肋钢筋。钢筋在冷轧时,纵向与横向同时产生变形,因而能较好地保持其塑性和内部结构的均匀性。

(4)冷轧扭。冷轧扭钢筋是采用 Q215 或 Q235 系列的低碳钢热轧圆盘条,经专用的钢筋冷轧扭机组调直、冷轧并冷扭一次成型,具有规定节距的连续螺旋状高强钢筋。其节约钢材、降低工程成本,有明显的经济效益。但由于当时的延性指标偏低,一度影响了冷轧扭钢筋的深入推广。

钢筋经冷加工后屈服强度有所提高,但钢筋的延性(伸长率)显著降低,容易发生脆断,造成工程事故。在我国经济短缺的年代,钢筋产量较低,采用冷加工提高钢筋的强度(牺牲钢筋的延性)对节约钢材起到了一定的历史作用,冷加工钢筋曾被广泛推广。随着我国国力的增强,钢产量大幅度提高,性能更好的新钢筋品种陆续投入市场,这种以牺牲钢筋的延性为代价(影响安全)换取一定程度的节约钢筋的做法已不再适用。因此,我国新修订的《混凝土结构设计规范》(GB 50010—2002)中已不再列入冷加工钢筋。考虑到在我国冷加工钢筋曾被广泛推广的实际情况,目前尚不禁止使用冷加工钢筋,冷加工钢筋的使用技术要求按照其行业标准执行,由建筑市场决定其前途。

3）时效处理

将冷加工处理后的钢筋，在常温下存放 15 ~ 20 d（也称为"自然时效"），或加热至 100 ~ 200 ℃后保持 2 ~ 3 h（也称为"人工时效"），其屈服强度和抗拉强度都进一步提高，塑性和韧性也进一步降低，弹性模量则基本恢复。这个过程称为时效处理。自然时效适合用于低强度钢筋；人工时效适合于高强度钢筋。

钢材产生实效的难易程度称为时效敏感性，承受动载或处于中温的钢结构，要求钢材具有较小的时效敏感性。

4）可焊性能

焊接是把两块金属局部加热并使其接缝处迅速呈熔融或半熔融状态，从而使之更牢固的连接。焊接性能是指钢材在通常的焊接方法与工艺条件下获得良好焊接接头的性能。

在焊接中，由于高温作用和焊接后急剧冷却作用，焊缝及其附近的过热区将发生晶体组织及结构变化，产生局部变形及内应力，使焊缝周围的钢材产生硬脆倾向，降低了焊接的质量。随钢材的含碳量、合金元素及杂质元素含量的提高，钢材的可焊性降低。钢材的含碳量超过 0.25% 时，可焊性明显降低；硫含量较多时，会使焊口处产生热裂纹，严重降低焊接质量。钢材焊接后质量检验情况示意图见图 8-11。可焊性良好的钢材，焊缝处性质应尽可能与母材相同，焊接才牢固可靠。

在建筑工程中，焊接结构应用广泛，钢材间的连接 90% 以上采用焊接方式。如钢结构构件的连接、钢筋混凝土的钢筋骨架、接头及预埋件、连接件等。这就要求钢材要有良好的焊接性能。低碳钢有优良的可焊接性，高碳钢的焊接性能较差。

5）钢材的热处理

热处理是将钢材在固态范围内按一定规则加热、保温和冷却，以改变其金相组织和显微结构组织，从而获得所需性能的一种工艺过程。

钢材热处理包括回火、淬火、正火和退火及化学热处理，其不同热处理时温度—时间控制图见图 8-12。

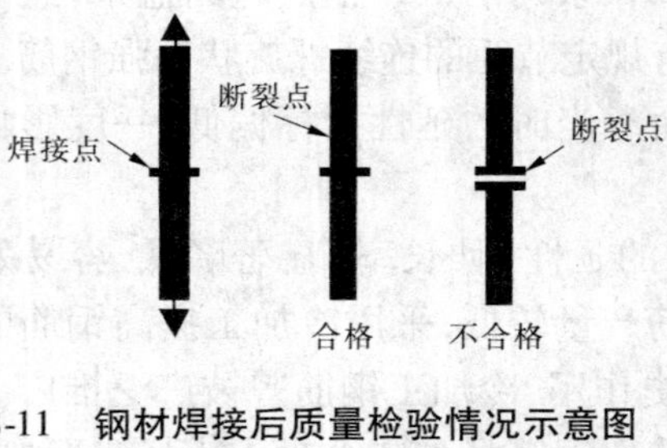

图 8-11　钢材焊接后质量检验情况示意图

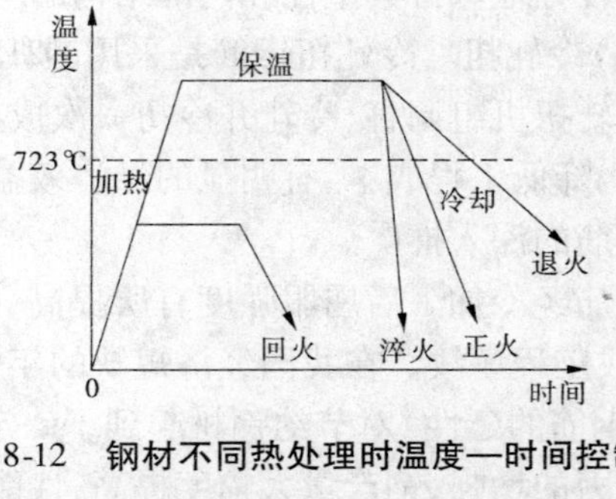

图 8-12　钢材不同热处理时温度—时间控制图

（1）回火。将比较硬脆、存在内应力的钢，加热至基本组织改变时的温度（150 ~ 650 ℃）以下，保温后按一定制度冷却至室温的热处理方法称回火。回火后的钢材，内应力消除，硬度降低，塑性和韧性得到改善。

（2）淬火。淬火是将钢材加热至基本组织改变时的温度（一般为 900 ℃）以上，然后投入水或矿物油中急冷，使晶粒细化，碳的固溶量增加，强度和硬度增加，塑性和韧性明显下降。

(3)退火。退火是将钢材加热到一定温度，保温后缓慢冷却(随炉冷却)的一种热处理工艺，有低温退火和完全退火之分。低温退火的加热温度在基本组织转变温度以下；完全退火的加热温度在800～850 ℃。其目的是细化晶粒，改善组织，减少加工中产生的缺陷、减轻晶格畸变，使钢的塑性和韧性得到改善，消除内应力，防止变形、开裂。

(4)正火。正火是退火的一种特例，将钢件加热至基本组织改变温度以上，然后在空气中冷却，使晶格细化，钢的强度提高而塑性有所降低。其目的是消除组织缺陷等。

(5)化学热处理。化学热处理是对钢材表面进行的热处理，它是利用某些化学元素向钢表层内进行扩散，以改变钢材表面上的化学成分和性能。常用的方法有渗碳法、氮化法、氰化法等。

对于含碳量高的高强度钢筋和焊接时形成的硬脆组织的焊件，适合以退火方式来消除内应力和降低脆性，保证焊接质量。

(二)钢的化学成分对钢材技术性能的影响

钢中基本元素为 Fe、C、Si、Mn、S、P、O、N。普通碳素钢中，Fe 占 99%，其余元素占1%；低合金钢中，除上述元素外，还有一定的合金元素(镍、钒、钛等，含量5%)。除铁外，其他元素的含量对钢材的技术性能有显著影响。

1. 碳

碳是决定钢材性能的最重要元素。当钢中含碳量在0.8%以下时，随着含碳量的增加，钢材的强度和硬度提高，而塑性和韧性降低；但当含碳量在1.0%以上时，随着含碳量的增加，钢材的强度反而下降。随着含碳量的增加，钢材的焊接性能变差(含碳量大于0.3%的钢材，可焊性显著下降)，冷脆性和时效敏感性增大，耐大气锈蚀性下降。一般工程所用碳素钢均为低碳钢，即含碳量小于0.25%；工程所用低合金钢，其含碳量小于0.52%。

2. 硅

硅是作为脱氧剂而残留于钢中的，是钢中的有益元素。硅含量较低(小于1.0%)时，能提高钢材的强度和硬度以及耐蚀性，而对塑性和韧性无明显影响。但当硅含量超过1.0%时，将显著降低钢材的塑性和韧性，增大冷脆性和时效敏感性，并降低可焊性。

3. 锰

锰是炼钢时用来脱氧去硫而残留于钢中的，是钢中的有益元素。锰具有很强的脱氧去硫能力，能消除或减轻氧、硫所引起的热脆性，大大改善钢材的热加工性能，同时能提高钢材的强度和硬度，但塑性和韧性略有降低。但钢材中含锰量太高，则会降低钢材的塑性、韧性和可焊性。锰是我国低合金结构钢中的主要合金元素。

4. 磷

磷是钢中有害的元素。随着磷含量的增加，钢材的强度、屈强比、硬度均提高，而塑性和韧性显著降低。特别是温度愈低，对塑性和韧性的影响愈大，能显著加大钢材的冷脆性。磷也使钢材的可焊性显著降低。但磷可提高钢材的耐磨性和耐蚀性，故在经过合理的冶金工艺之后，低合金钢中也将磷配合其他元素作为合金元素使用。

5. 硫

硫是钢中很有害的元素。硫的存在会加大钢材的热脆性，降低钢材的各种机械性能，也使钢材的可焊性、冲击韧性、耐疲劳性和抗腐蚀性等均降低。为消除硫的这些危害,可在钢中加入适量的锰。

6. 氧

氧是钢中的有害元素。随着氧含量的增加,钢材的强度有所提高,但塑性特别是韧性显著降低,可焊性变差。氧的存在会造成钢材的热脆性。

7. 氮、氢

氮对钢材性能的影响与碳、磷相似,随着氮含量的增加,可使钢材的强度提高,塑性、特别是韧性显著降低,可焊性变差,冷脆性加剧。氮在铝、铌、钒等元素的配合下可以减少其不利影响,改善钢材性能,可作为低合金钢的合金元素使用。钢中溶有氢则会引起钢的白点(圆圈状的断裂面)和内部裂纹,断口有白点的钢一般不能用于建筑结构。

三、建筑钢材的标准与选用

(一)建筑钢材的标准与应用

在建筑工程中应用最广泛的钢品种主要有碳素结构钢、优质碳素结构钢和低合金高强度结构钢。

1. 碳素结构钢

1)碳素结构钢的牌号及其化学成分要求

根据国家标准《碳素结构钢》(GB 700—2006)的规定,碳素结构钢分 4 个牌号,即 Q195、Q215、Q235 和 Q275。Q 表示屈服点,数值为屈服强度值。

按其冲击韧性要求程度和硫、磷杂质含量由多到少分为 A、B、C、D 四个质量等级:A 级—不要求冲击韧性;B 级—要求 +20 ℃冲击韧性;C 级—要求 0 ℃冲击韧性;D 级—要求 -20 ℃冲击韧性。

牌号表示方法是由代表屈服点的字母 Q、屈服点数值、质量等级(A、B、C、D)、脱氧程度(F、b、Z、TZ)等四个部分按顺序组成。镇静钢和特殊镇静钢在钢的牌号中 Z 和 TZ 予以省略。如 Q235 - A · F,表示此碳素结构钢是屈服点为 235 MPa 的 A 级沸腾钢;Q235 - C,表示此碳素结构钢是屈服点为 235 MPa 的 C 级镇静钢。

2)力学性能与冷弯性能

钢材的拉伸和冲击试验结果应符合表 8-2 的要求,弯曲试验应符合表 8-3 的要求。从表 8-1 ~ 表 8-3 中可看出,碳素结构钢随着牌号的增大,碳的质量分数和锰的质量分数也随之增大;抗拉强度和屈服强度逐步提高,但伸长率和冷弯性能则随着牌号的增大而降低。

表 8-1 碳素钢牌号及化学成分要求(引自 GB 700—2006)

牌号	统一数字代号[a]	等级	厚度(或直径)(mm)	脱氧方法	化学成分(质量分数,%)不大于				
					C	Si	Mn	P	S
Q195	U11952	—	—	F、Z	0.12	0.30	0.50	0.035	0.040
Q215	U12152	A	—	F、Z	0.15	0.35	1.20	0.045	0.050
	U12155	B							0.045

续表 8-1

牌号	统一数字代号[a]	等级	厚度(或直径)(mm)	脱氧方法	化学成分(质量分数,%)不大于				
					C	Si	Mn	P	S
Q235	U12352	A	—	F、Z	0.22	0.35	1.40	0.045	0.050
	U12355	B			0.20				0.045
	U12358	C		Z	0.17			0.040	0.040
	U12359	D		TZ				0.035	0.035
Q275	U12752	A	—	F、Z	0.24	0.35	1.50	0.045	0.050
	U12755	B	≤40	Z	0.21			0.045	0.045
			>40		0.22				
	U12758	C	—	Z	0.20			0.040	0.040
	U12759	D		TZ				0.035	0.035

注:a 表中为镇静钢,特殊镇静钢牌号的统一数字,沸腾钢牌号的统一数字代号如下:
Q195F—U11950;
Q215AF—U12150,Q215BF—U12153;
Q235AF—U12350,Q235BF—U12353;
Q275AF—U12750。
b 经需方同意,Q235B 的碳含量可不大于 0.22%。

表 8-2　碳素结构钢的力学性能(引自 GB 700—2006)

牌号	等级	屈服强度[a] R_{eH} (N/mm²),不小于 厚度(或直径,mm)						抗拉强度[b] R_m (N/mm²)	断后伸长率 A(%),不小于 厚度(或直径,mm)					冲击试验(V 形缺口)	
		≤16	>16~40	>40~60	>60~100	>100~150	>150~200		≤40	>40~60	>60~100	>100~150	>150~200	温度(℃)	冲击吸收功(纵向,J)不小于
Q195	—	195	185	—	—	—	—	315~430	33	—	—	—	—	—	
Q215	A	215	205	195	185	175	165	335~450	31	30	29	27	26	—	—
	B													+20	27
Q235	A	235	225	215	215	195	185	370~500	26	25	24	22	21	—	—
	B													+20	27[c]
	C													0	
	D													−20	
Q275	A	275	265	255	245	225	215	410~540	22	21	20	18	17	—	—
	B													+20	27
	C													0	
	D													−20	

注:a Q195 的屈服强度值仅供参考,不作为交货条件。
b 厚度大于 100 mm 的钢材,抗拉强度下限允许降低 20 N/mm²。
宽带钢(包括剪切钢板)抗拉强度上限不作为交货条件。
c 厚度小于 25 mm 的 Q235B 级钢材,如供方能保证冲击吸收功值合格,经需方同意,可不作检验。

表 8-3　碳素结构钢的冷弯性能(引自 GB 700—2006)

牌　号	试样方向	冷弯试验 180°　$B=2a$[a]	
		钢材厚度(或直径)[b](mm)	
		≤60	>60～100
		弯心直径 d	
Q195	纵	0	—
	横	$0.5a$	
Q215	纵	$0.5a$	$1.5a$
	横	a	$2a$
Q235	纵	a	$2a$
	横	$1.5a$	$2.5a$
Q275	纵	$1.5a$	$2.5a$
	横	$2a$	$3a$

注:a B 为试样宽度,a 为试样厚度(或直径)。
b 钢材厚度(或直径)大于 100 mm 时,弯曲试验由双方协商确定。

3)碳素结构钢的应用

土木工程中应用最广泛的碳素结构钢是 Q235,由于其具有较高的强度,良好的塑性、韧性及可焊性,综合性能好,故能较好地满足一般钢结构和钢筋混凝土结构的用钢要求,且成本较低。用 Q235 钢大量轧制成各种型钢、钢板及钢筋。其中 Q235－A 级钢,一般仅适用于承受静荷载作用的结构;Q235－C 和 Q235－D 级钢,可用于重要的焊接结构。

Q195 钢和 Q215 钢,强度低,塑性和韧性较好,具有良好的可焊性,易于冷加工,常用做钢钉、铆钉、螺栓及钢丝等,也可用做轧材用料。Q215 钢经冷加工后可代替 Q235 钢使用。

Q275 钢,强度较高,但塑性、韧性和可焊性较差,不易焊接和冷弯加工,可用于轧制钢筋、制作螺栓配件等,但更多用于机械零件和工具等。

2. 优质碳素结构钢

优质碳素结构钢分为低含锰量(0.25%～0.50%)、普通含锰量(0.35%～0.80%)和较高含锰量(0.70%～1.20%)三组。

1)牌号及表示方法

根据国家现行标准《优质碳素结构钢》(GB/T 699—1999)的规定,共有 31 个牌号,其牌号由数字和字母两部分组成。两位数字表示平均碳含量的万分数;字母分别表示锰含量、冶金质量等级、脱氧程度。锰含量为 0.25%～0.80% 时,不注“Mn”;锰含量为 0.70%～1.2% 时,两位数字后加注“Mn”。如果是高级优质碳素结构钢,应加注“A”,如果是特级优质碳素结构钢,应加注"E"。对于沸腾钢,牌号后面为"F";对于半镇静钢,牌号后面为"b"。例如:"15F"即表示碳含量为0. 15%,锰含量为0. 25% ~0. 80%,冶金质量等级为优质,脱氧程度为沸腾状态的一般含锰量的优质碳素结构钢。"45Mn"表示平均含碳量为0. 45%,较高含锰量的镇静钢。"30"表示平均含碳量为0. 30%,普通含锰量的镇静钢。

2)优质碳素结构钢的应用

优质碳素结构钢的特点是生产过程中对硫、磷等有害杂质控制较严,脱氧程度大部分为镇静状态,因此质量较稳定。优质碳素结构钢的力学性能主要取决于碳含量,碳含量高则强度也高,但塑性和韧性降低。在土木工程中,30 ~45 号优质碳素结构钢主要用于重要结构的钢铸件及高强螺栓;65 ~80 号钢主要用于预应力混凝土碳素钢丝、刻痕钢丝和钢绞线。

3. 低合金高强度结构钢

低合金高强度结构钢是在碳素结构钢的基础上,添加少量的一种或多种合金元素制成的一种结构钢。常用的合金元素有硅、锰、钛、钒、镍、铌及稀土等。大多数合金元素不仅可以提高钢的强度和硬度,还能改善塑性和韧性。低合金高强度结构钢是脱氧完全的镇静钢。

1)牌号及其化学成分

低合金高强度结构钢的牌号,由代表屈服点的汉语拼音字母(Q)、屈服点数值、质量等级符号(A、B、C、D、E)三个部分按顺序组成。如Q345A表示屈服点不小于345 MPa的A级钢。共有Q345、Q390、Q420、Q460、Q500、Q550、Q620、Q690八个牌号。其化学成分如表8-4所示。

表8-4　低合金高强度结构钢牌号及其化学成分(引自GB/T 1591—2008)

牌号	质量等级	化学成分[a,b](质量分数,%)														
		C	Si	Mn	P	S	Nb	V	Ti	Cr	Ni	Cu	N	Mo	B	Als
					不大于											不小于
	A				0.035	0.035										—
	B	≤0.20			0.035	0.035										
Q345	C		≤0.50	≤1.70	0.030	0.030	0.07	0.15	0.20	0.30	0.50	0.30	0.012	0.10	—	0.015
	D	≤0.18			0.030	0.025										
	E				0.025	0.020										
	A				0.035	0.035										—
	B				0.035	0.035										
Q390	C	≤0.20	≤0.50	≤1.70	0.030	0.030	0.07	0.20	0.20	0.30	0.50	0.30	0.015	0.10	—	0.015
	D				0.030	0.025										
	E				0.025	0.020										

续表 8-4

牌号	质量等级	化学成分[a,b]（质量分数，%）														
		C	Si	Mn	P	S	Nb	V	Ti	Cr	Ni	Cu	N	Mo	B	Als
					不大于											不小于
	A				0.035	0.035										—
	B				0.035	0.035										
Q420	C	≤0.20	≤0.50	≤1.70	0.030	0.030	0.07	0.20	0.20	0.30	0.80	0.30	0.015	0.20	—	
	D				0.030	0.025										0.015
	E				0.025	0.020										
	C				0.030	0.030										
Q460	D	≤0.20	≤0.60	≤1.80	0.030	0.025	0.11	0.20	0.20	0.30	0.80	0.55	0.015	0.20	0.004	0.015
	E				0.025	0.020										
	C				0.030	0.030										
Q500	D	≤0.18	≤0.60	≤1.80	0.030	0.025	0.11	0.20	0.20	0.60	0.80	0.55	0.015	0.20	0.004	0.015
	E				0.025	0.020										
	C				0.030	0.030										
Q550	D	≤0.18	≤0.60	≤2.00	0.030	0.025	0.11	0.12	0.20	0.80	0.80	0.80	0.015	0.30	0.004	0.015
	E				0.025	0.020										
	C				0.030	0.030										
Q620	D	≤0.18	≤0.60	≤2.00	0.030	0.025	0.11	0.12	0.20	1.00	0.80	0.80	0.015	0.30	0.004	0.015
	E				0.025	0.020										
	C				0.030	0.030										
Q690	D	≤0.18	≤0.60	≤2.00	0.030	0.025	0.11	0.12	0.20	1.00	0.80	0.80	0.015	0.30	0.004	0.015
	E				0.025	0.020										

注：a 型材及棒材 P、S 含量可提高 0.005%，其中 A 级钢上限可为 0.045%。

b 当细化晶粒元素组合加入时，20（Nb + V + Ti）≤0.22%，20（Mo + Cr）≤0.30%。

2）力学性能

按照国家标准《低合金高强度结构钢》（GB/T 1591—2008）规定：当需方要求做弯曲试验时，Q345、Q390、Q420、Q460 四个牌号的弯曲试验应符合表 8-5 的规定，当供方保证弯曲合格时，可不做弯曲试验。冲击试验、低合金高强度结构钢的拉伸性能应符合表 8-6、表 8-7 的要求。

表 8-5　低合金高强度结构钢的弯曲试验(引自 GB/T 1591—2008)

牌　号	试样方向	180°弯曲试验 (d = 弯心直径,a = 试样厚度(直径)) 钢材厚度(直径,边长) ≤16 mm	 >16 ~ 100 mm
Q345 Q390 Q420 Q460	宽度不小于 600 mm 的扁平材,拉伸试验取横向试样。宽度小于 600 mm 的扁平材、型材及棒材取纵向试样	$2a$	$3a$

表 8-6　夏比(V 型)冲击试验的试验温度和冲击吸收能量(引自 GB/T 1591—2008)

牌　号	质量等级	试验温度(℃)	冲击吸收能(KV_2)[a]/(J) 公称厚度(直径、边长) 12 ~ 150 mm	 >150 ~ 250 mm	 >250 ~ 400 mm
Q345	B	20	≥34	≥27	—
	C	0			
	D	-20			27
	E	-40			
Q390	B	20	≥34	—	—
	C	0			
	D	-20			
	E	-40			
Q420	B	20	≥34	—	—
	C	0			
	D	-20			
	E	-40			
Q460	C	0	≥34	—	—
	D	-20		—	—
	E	-40		—	—
Q500、Q550、Q620、Q690	C	0	≥55	—	—
	D	-20	≥47	—	—
	E	-40	≥31	—	—

注:a　冲击试验取纵向试样。

表 8-7　低合金高强度结构钢拉伸性能(引自 GB/T 1591—2008)

牌号	质量等级	拉伸试验[a,b,c] 以下公称厚度(直径,边长)下屈服强度 R_{eL} (MPa) ≤16mm	>16~40mm	>40~63mm	>63~80mm	>80~100mm	>100~150mm	>150~200mm	>200~250mm	>250~400mm	以下公称厚度(直径,边长)抗拉强度 R_m (MPa) ≤40mm	>40~63mm	>63~80mm	80~100mm	>100~150mm	>150~250mm	>250~400mm	断面伸长率 A(%) 公称厚度(直径,边长) ≤40mm	>40~63mm	>63~100mm	>100~150mm	>150~250mm	>250~400mm
Q345	A	≥345	≥335	≥325	≥315	≥305	≥285	≥275	≥265	—	470~630	470~630	470~630	470~630	450~600	450~600	—	≥20	≥19	≥19	≥18	≥17	—
	B																						
	C																	≥21	≥20	≥20	≥19	≥18	
	D									≥265							450~600						≥17
	E																						
Q390	A、B、C、D、E	≥390	≥370	≥350	≥330	≥330	≥310	—	—	—	490~650	490~650	490~650	490~650	470~620	—	—	≥20	≥19	≥19	≥18	—	—
Q420	A、B、C、D、E	≥420	≥400	≥380	≥360	≥360	≥340	—	—	—	520~680	520~680	520~680	520~680	500~650	—	—	≥19	≥18	≥18	≥18	—	—
Q460	C、D、E	≥460	≥440	≥420	≥400	≥400	≥380	—	—	—	550~720	550~720	550~720	550~720	530~700	—	—	≥17	≥16	≥16	≥16	—	—
Q500	C、D、E	≥500	≥480	≥470	≥450	≥440	—	—	—	—	610~770	600~760	590~750	540~730	—	—	—	≥17	≥17	≥17	—	—	—
Q550	C、D、E	≥550	≥530	≥520	≥500	≥490	—	—	—	—	670~830	620~810	600~790	590~780	—	—	—	≥16	≥16	≥16	—	—	—
Q620	C、D、E	≥620	≥600	≥590	≥570	—	—	—	—	—	710~880	690~880	670~860	—	—	—	—	≥15	≥15	≥15	—	—	—
Q690	C、D、E	≥690	≥670	≥660	≥640	—	—	—	—	—	770~940	750~920	730~900	—	—	—	—	≥14	≥14	≥14	—	—	—

注: a 当屈服不明显时,可测量 $R_{p0.2}$ 代替下屈服强度;b 宽度不小于 600 mm 的扁平材,拉伸试验取横向式样;宽度小于 600 mm 的扁平材、型材、棒材取纵向式样,断后伸长率最小值相应提高 1% 最小值(绝对值);c 厚度大于 250~400 mm 的数值适用于扁平材。

3)低合金高强度结构钢应用

国家标准《低合金高强度结构钢》(GB 1591—2008)规定了各牌号的低合金高强度结构钢的化学成分、力学性能。由于合金元素的强化作用,使低合金结构钢不但具有较高的强度,且具有较好的塑性、韧性和可焊性。低合金高强度结构钢广泛应用于钢结构和钢筋混凝土结构中,特别是大型结构、重型结构、大跨度结构、高层建筑、桥梁工程、承受动力荷载和冲击荷载的结构。

Q295 钢中只含有极少量合金元素,强度不高,但有良好的塑性、冷弯、焊接及耐蚀性能,主要用于建筑工程中对强度要求不高的一般工程结构。

Q345 钢、Q390 钢综合力学性能好,焊接性能、冷热加工性能和耐蚀性能均好,C、D、E 级钢具有良好的低温韧性,主要用于工程中承受较高荷载的焊接结构。

Q420 钢、Q460 钢强度高,特别是在热处理后有较高的综合力学性能,主要用于大型工程结构及要求强度高、荷载大的轻型结构。

(二)常用建筑钢材

1. 钢结构用钢

钢结构用钢的钢种和钢号主要根据结构与构件的重要性、荷载的性质(静载或动载)、连接方法(焊接、铆接或螺栓连接)、工作条件(环境温度及介质)等因素来选择。

钢结构中采用的主要钢材有型钢、板材、棒材和钢管等。

1)型钢

型钢由于截面形式合理,材料在截面上分布对受力最为有利,且构件间连接方便,所以它是钢结构中采用的主要钢材。型钢的规格通常以反映其断面形状的主要轮廓尺寸来表示。型钢包括热轧型钢和冷弯薄壁型钢。

(1)热轧型钢。

我国建筑用热轧型钢主要采用碳素结构钢和低合金钢,其中应用最多的是碳素钢 Q235－A,低合金钢 Q345(16Mn)及 Q390(15MnV),前者适用于一般钢结构工程,后者可用于大跨度、承受动荷载的钢结构工程。热轧型钢包括热压普通工字钢、热轧 H 型钢、热压普通槽钢、热压角钢(见图 8-13)。

工字钢　H 型钢　槽钢　角钢

图 8-13　几种热轧型钢截面图

工字钢是截面为工字形,广泛应用于各种建筑结构和桥梁,主要作为承受横向弯曲(腹板平面内受弯)的杆件,但不宜单独用做轴心受压构件或双向弯曲的构件。

H 型钢由工字钢发展而来,优化了截面的分布。与工字钢相比,H 型钢具有翼缘宽、侧向刚度大、抗弯能力强、翼缘两表面相互平行、连接构件方便、省劳力、重量轻、节省钢材等优点。H 型钢截面形状经济合理,力学性能好,常用于要求承载力大、截面稳定性好的大型建筑（如高层建筑）。

槽钢是截面为凹槽形，主要作为承受轴向力的杆件、承受横向弯曲的梁以及联系杆件，主要用于建筑钢结构、车辆制造等。

角钢是两边互相垂直成直角形的长条钢材。主要用做承受轴向力的杆件和支撑杆件，也可作为受力构件之间的连接零件。

(2)冷弯薄壁型钢。

冷弯薄壁型钢是用2～6 mm的薄钢板经冷弯或模压而制成，有角钢、槽钢等开口薄壁型钢及方形、矩形等空心薄壁型钢，用于轻型钢结构。

2)板材

(1)钢板。钢板是矩形平板状的钢材（见图8-14），可直接轧制成或由宽钢带剪切而成，按轧制方式分为热轧钢板和冷轧钢板。表示方法为：宽度（mm）×厚度（mm）×长度（mm）。

图8-14　板材实物图

以平板状态供货的称为钢板；以卷状形态供货的称为钢带；厚度大于4 mm以上为厚板；厚度小于或等于4 mm的为薄板。厚板主要用于结构，薄板主要用于屋面板、楼板和墙板等。在钢结构中，单块钢板不能独立工作，必须用几块板组合成工字形、箱形等结构来承受荷载。

(2)压型钢板。压型钢板是用薄板经冷轧成波形、U形、V形等形状，有涂层、镀锌、防腐等薄板。具有单位质量轻、强度高、抗震性能好、施工快、外形美观等优点，主要用于维护结构、楼板、屋面板和装饰板等。

(3)钢管。钢结构中常热压无缝钢管和焊接钢管。热压无缝钢管是采用热压和冷拔无缝方法制造而成。焊缝钢管由优质或普通碳素钢钢板卷焊而成，价格较低，分为直缝电焊钢管和螺旋焊钢管，适用于各种结构、输送管道等。

在建筑结构上钢管常用做桁架和制作钢管混凝土。钢管在相同截面面积下，刚度较大，因而是中心受压构件的理想截面；流线型的表面使其承受风压小，用于高耸结构非常有利。钢管混凝土构件承载力大大提高，且具有良好的塑性和韧性，经济效果显著，施工简单、工期短，可用于厂房柱、构架柱、地铁站台柱、高塔和高层建筑等。

3)棒材

棒材包括热压六角钢、八角钢、热压扁钢、热压圆钢和方钢等，在建筑工程中有广泛的应用，如建筑钢结构的螺栓常用六角形和八角形为坯材；建筑上用扁钢作房架构件、扶梯、桥梁和栅栏等；圆钢和方钢在普通钢结构中很少采用；圆钢可用于轻型钢结构，用做一般杆件和连接件。

2. 钢筋混凝土结构用钢

钢筋混凝土结构用钢，主要由碳素结构钢和低合金结构钢轧制而成。按照生产方法、外形、用途等不同，工程中常用的钢筋主要有热轧钢筋、低碳钢热轧圆盘条、冷轧带肋钢筋、热处理钢筋及预应力混凝土用钢丝和钢绞线等，按直条或盘条（也称盘圆）供货。直径小于 6 mm 时称为钢丝，超过 6 mm 时称为钢筋。钢筋具有强度较高、塑性较好、易于加工等特点，广泛应用于钢筋混凝土结构。

1）热轧钢筋

钢筋混凝土用热轧钢筋分为光圆钢筋和带肋钢筋两种。热轧光圆钢筋是横截面通常为圆形且表面光滑的配筋用钢材，采用钢锭经热轧成型并自然冷却而成。热扎带肋钢筋是横截面为圆形，且表面通常有两条纵肋和沿长度方向均匀分布的横肋的钢筋。热轧直条光圆钢筋强度等级代号为 HPB235（也称为Ⅰ级钢，用“Φ”表示）。热轧带肋钢筋的牌号由 HRB 和牌号的屈服点最小值构成。H、R、B 分别为热轧（Hotrolled）、带肋（Ribbed）、钢筋（Bars）三个词的英文首位字母。热轧带肋钢筋有 HRB335（Ⅱ级钢）、HRB400（Ⅲ级钢，）、HRB500（Ⅳ级钢）三个牌号，分别用Φ、Φ、Φ表示。

HRB 335
└── 屈服点不小于335 MPa
└── 热轧、带肋、钢筋三个词的英文首位字母

此牌号为屈服点不小于 335 MPa 的热轧带肋钢筋。

热轧光圆钢筋的公称直径为 8 ~ 20 mm，推荐公称直径为 8、10、12、16、20 mm。钢筋混凝土用热轧带肋钢筋的公称直径为 6 ~ 50 mm，推荐的公称直径为 6、8、10、12、16、20、25、32、40 mm 和 50 mm。热轧钢筋的力学性能和工艺性能应符合表 8-8 的规定。冷弯性能必须合格。

表 8-8　热轧钢筋的力学性能及冷弯性能

表面形状	强度等级代号	公称直径（mm）	屈服点 σ_s（MPa）	抗拉强度 σ_b（MPa）	伸长率 δ_5（%）	冷弯试验 180° d —弯心直径 a —钢筋公称直径
			不小于			
光圆	HPB235	8 ~ 20	235	370	25	$d = a$
月牙肋	HRB335	6 ~ 25 28 ~ 50	335	490	16	$d = 3a$ $d = 4a$
	HRB400	6 ~ 25 28 ~ 50	400	570	14	$d = 4a$ $d = 5a$
	HRB500	6 ~ 25 28 ~ 50	500	630	12	$d = 6a$ $d = 7a$

热轧带肋钢筋应在其表面轧上牌号标志,还可依次轧上厂名(或商标)和直径(mm)。轧上钢筋的牌号以阿拉伯数字表示,HRB335、HRB400、HRB500 对应的阿拉伯数字分别为 2、3、4。厂名以汉语拼音字头表示;直径(mm)以阿拉伯数字表示(见图 8-15),直径不大于 10 mm 的钢筋,可不轧标志,采用挂牌方法。标志应清晰明了,标志的尺寸由供方按钢筋直径大小作适当规定,与标志相交的横肋可以取消。

图 8-15　热轧带肋钢筋和低碳热轧圆盘条

带肋钢筋与混凝土有较大的黏结能力,因此能更好地承受外力作用。热轧带肋钢筋广泛地应用于各种建筑结构,特别是大型、重型、轻型薄壁和高层建筑结构。

2)低碳热轧圆盘条

低碳热轧圆盘条的公称直径为 5.5 ~ 30 mm,大多通过卷线机卷成盘供应,因此称为盘条、盘圆或线材。盘条按用途分为:供拉丝用盘条(代号 L)、供建筑和其他一般用途用盘条(代号 J)两种。低碳热轧圆盘条的牌号表示方法由屈服点符号、屈服点数值、质量等级符号、脱氧方法符号、用途类别符号等 5 个内容表示。

低碳热轧圆盘条牌号中各符号、数字的含义见表 8-9。如牌号:Q235AF—J,表示屈服点不小于 235 MPa、质量等级为 A 级的沸腾钢,是供建筑和其他用途用的低碳钢热轧圆盘条钢筋。低碳热轧圆盘条是由屈服强度较低的碳素结构钢轧制的盘条,是目前用量最大、使用最广的线材,也称普通线材,其力学性能和工艺性能见表 8-10。除大量用做建筑工程中钢筋混凝土的配筋外,其还供拉丝、包装及其他用途。

表 8-9　低碳热轧圆盘条牌号中各符号、数值的含义

符号及数值名称	屈服点	屈服点不小于(MPa)	质量等级	脱氧方法	用途类别
符号	Q	195 215 235	A B	沸腾钢—F 半镇静钢—b 镇静钢—Z	供拉丝用—L 供建筑和其他用途—J

表 8-10　低碳热轧圆盘条的力学性能和工艺性能

牌号	力学性能			冷弯试验 180° d—弯心直径 a—试样直径
	屈服点 σ_s(MPa)	抗拉强度 σ_b(MPa)	伸长率 δ_5(%)	
	不小于			
Q215	215	375	27	$d=0$
Q235	235	410	23	$d=0.5a$

3)冷轧带肋钢筋

冷轧带肋钢筋由热轧圆盘条经冷轧或冷拔减径后,在表面冷轧成两面或三面有肋的钢筋。钢筋冷轧后允许进行低温回火处理。根据《冷轧带肋钢筋》(GB 13788—2000)规定,冷轧带肋钢筋按抗拉强度分为 CRB550、CRB650、CRB800、CRB970、CRB1170 共 5 个牌号。C、R、B 分别为冷轧、带肋、钢筋 3 个英文单词的首位字母,数字为抗拉强度的最小值。冷轧带肋钢筋的直径范围为 4 ~ 12 mm,推荐的公称直径为 5、6、7、8、9、10 mm。

冷轧带肋钢筋的力学性能和工艺性能应符合表 8-11 的规定;当进行冷弯试验时,受弯曲部位表面不得产生裂纹;强屈比 $\sigma_b/\sigma_{0.2}$ 应不小于 1.05。其具体的尺寸规定应符合《冷轧带肋钢筋》(GB 13788—2000)的规定。

表 8-11　冷轧带肋钢筋的力学性能和工艺性能

级别代号	抗拉强度 σ_b (MPa)	伸长率不小于(%)		弯曲试验(180°)	反复弯曲次数	应力松弛 $\sigma_{con}=0.7\sigma_b$	
						1 000 h	10 h
	不小于	δ_{10}	δ_{100}			不小于(%)	
CRB550	550	8	—	$d=3a$	—	—	—
CRB650	650	—	4.0	—	3	8	5
CRB800	800	—	4.0	—	3	8	5
CRB970	970	—	4.0	—	3	8	5
CRB1170	1 170	—	4.0	—	3	8	5

冷轧带肋钢筋用于非预应力构件,与热轧圆盘条相比,强度提高 17% 左右,可节约钢材 30% 左右;用于预应力构件,与低碳冷拔丝相比,伸长率高,钢筋与混凝土之间的黏结力较大,适用于中、小预应力混凝土结构构件,也适用于焊接钢筋网。

4)冷拉钢筋

冷拉钢筋是采用钢筋混凝土用热轧光圆钢筋和带肋钢筋经过冷加工和时效处理而得到的钢筋。在冷拉时可采用控制冷拉应力或控制冷拉率的方法进行,但必须符合《混凝土结构工程施工质量验收规范》(GB 50204—2002)中的有关规定。冷拉钢筋的力学性能和工艺性能见表 8-12。冷弯试验后不得有裂纹、起层现象。

表 8-12 冷拉钢筋的力学性能和工艺性能

钢筋级别	钢筋直径（mm）	屈服强度（N/mm^2）	抗拉强度（N/mm^2）	伸长率 δ_{10}（%）	冷弯试验	
		不小于			弯曲角度	弯曲直径
Ⅰ	≤12	280	370	11	180°	$3a$
Ⅱ	≤25	450	510	10	90°	$3a$
	28～40	430	490	10	90°	$4a$
Ⅲ	8～40	500	570	8	90°	$5a$
Ⅳ	10～28	700	835	6	90°	$5a$

注：1. 表中冷拉钢筋的屈服强度值，系现行国家标准《混凝土结构设计规范》（GB 50010—2002）中冷拉钢筋的强度标准值；钢筋直径大于 25 mm 的冷拉Ⅲ、Ⅳ级钢筋，冷弯弯曲直径增加 $1a$。

2. a 表示钢筋直径，单位为 mm。

冷拉钢筋的强度比热轧光圆钢筋和热轧带肋钢筋的屈服点有所提高，而塑性、韧性有所降低。冷拉Ⅰ级钢筋适用于钢筋混凝土结构中的受拉钢筋，冷拉Ⅱ、Ⅲ、Ⅳ级钢筋可作为预应力混凝土结构的预应力筋。

对承受冲击荷载和振动荷载的结构、起重机的吊钩等不得使用冷拉钢筋。由于焊接时局部受热会影响焊口处钢材的性能，因此冷拉钢筋的焊接必须在冷拉之前进行。

5）热处理钢筋

热处理钢筋，是经过淬火和回火调质处理的螺纹钢筋，分有纵肋和无纵肋两种，其外形分别见图 8-16。

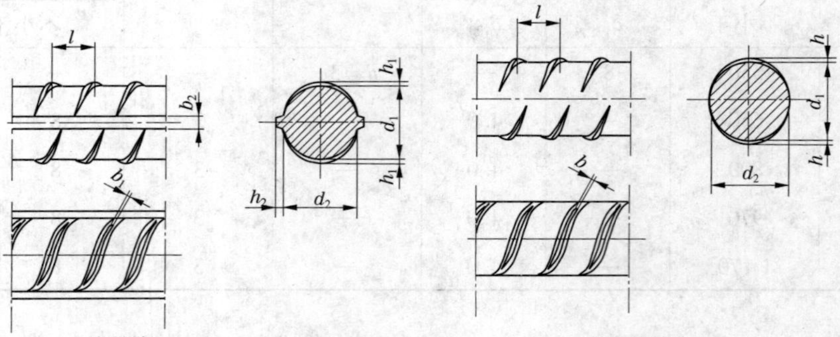

图 8-16 热处理钢筋外形

热处理钢筋规格，有公称直径 6、8.2、10 mm 三种。钢筋经热处理后应卷成盘。每盘应由一整根钢筋盘成，且每盘钢筋的重量应不小于 60 kg。每批钢筋中允许由 5% 的盘数不足 60 kg，但不得小于 25 kg。公称直径为 6 mm 和 8.2 mm 的热处理钢筋盘的内径不小于 1.7 m；公称直径为 10 mm 的热处理钢筋盘的内径不小于 2.0 m。

热处理钢筋的牌号有 40Si2Mn、48Si2Mn 和 45Si2Cr（铬）三个，为低合金钢。各牌号钢的化学成分应符合有关标准规定。预应力混凝土用热处理钢筋的力学性能应符合表 8-13的规定。

表 8-13 预应力混凝土用热处理钢筋的力学性能

公称直径(mm)	牌 号	$\sigma_{0.2}$	σ_b	δ_{10}(%)
		(MPa)不小于		不小于
6 8.2 10	40Si2Mn 48Si2Mn 45Si2Cr	1 325	1 470	6

热处理钢筋具有较高的综合力学性能,除具有很高的强度外,还具有较好的塑性和韧性,特别适合于预应力构件。钢筋成盘供应,可省去冷拉、调质和对焊工序,施工方便。但其应力腐蚀及缺陷敏感性强,应防止产生锈蚀及刻痕等现象。热处理钢筋不适用于焊接和点焊的钢筋。热处理钢筋成盘供应,每盘长 100 ~ 120 m,开盘后钢筋自然伸直,可按要求的长度切断。

6)钢丝及钢绞线

(1)钢丝。预应力混凝土用钢丝简称预应力钢丝,是以优质碳素结构钢盘条为原料,经淬火、酸洗、冷拉制成的用做预应力混凝土骨架的钢丝。

钢丝为成盘供应。每盘由一根组成,其盘重应不小于 50 kg,最低质量不小于 20 kg,每个交货批中最低质量的盘数不得多于 10%。消除应力钢丝的盘径不小于 1 700 mm;冷拉钢丝的盘径不小于 600 mm。

根据《预应力混凝土用钢丝》(GB/T 5223—2002)的规定,预应力混凝土用钢丝是用优质碳素结构钢制成的,强度高达 1 470 ~ 1 770 MPa。其可分为光圆钢丝(代号为 P)、刻痕钢丝(SI)、螺旋肋钢丝(H)三种。刻痕钢丝和螺旋肋钢丝(见图 8-17)与混凝土的黏结力好,亦即钢丝与混凝土的整体性能好;消除应力钢丝的塑性比冷拉钢丝好。

钢丝的抗拉强度比低碳钢热轧圆盘条、热轧光圆钢筋、热轧带肋钢筋的强度高 1 ~ 2 倍。在构件中采用钢丝可节约钢材、减小构件截面面积和节省混凝土。钢丝主要用做桥梁、吊车梁、电杆、楼板、大口径管道等预应力混凝土构件中的预应力筋。

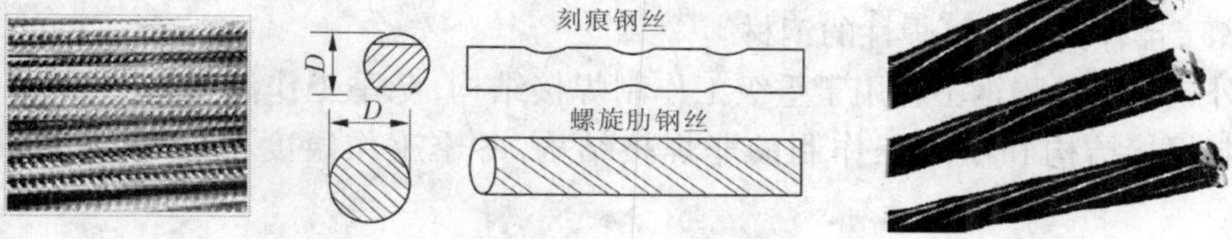

图 8-17 冷轧带肋钢筋、钢丝、钢绞线

(2)钢绞线。预应力混凝土用钢绞线简称预应力钢绞线,是由多根圆形断面钢丝捻制而成(如图 8-17 所示)。钢绞线按左捻制成并经回火处理消除内应力。钢绞线的公称直径有 9.0、12.0、15.0 mm 三种规格,其直径允许偏差、中心钢丝直径加大范围和公称重量应符合标准规定。每盘成品钢绞线应由一整根钢绞线盘成,钢绞线盘的内径不小于 1 000 mm。如无特殊要求,每盘钢绞线的长度不小于 200 m。

钢绞线与其他配筋材料相比,具有强度高、柔性好、质量稳定、成盘供应不需接头等优点，适用于作大型建筑、公路或铁路桥梁、吊车梁等大跨度预应力混凝土构件的预应力钢筋，广泛地应用于大跨度、重荷载的结构工程中。

（三）钢材的选用要求

土木工程中钢筋混凝土用钢材和钢结构用钢材，主要根据结构的重要性、荷载性质、连接方法、温度条件等，综合考虑钢种或钢牌号、质量等级和脱氧程度等进行选用，以保证结构的安全。

1. 结构的重要性

土木工程结构的安全等级是根据结构破坏时所造成的破坏后果的严重性确定的，共分为一级、二级、三级三个级别，一级建筑物最为重要，破坏后果最为严重。安全等级不同，所选钢材的质量等级也不同，重要的结构构件选用质量好的钢材。

2. 荷载特征

土木工程结构承受的荷载较为复杂，除承受结构自重等恒载外，还承受一定数量的活载，活载中既有静力荷载（如教室上课时的人群、建筑物的风荷载等），又有动力荷载（吊车梁上行驶的吊车、桥面行驶的汽车等），应选用各项性能不同的钢材。较大型构件、直接承受动力荷载的结构，钢材应具有冷弯试验的合格保证。

3. 连接方法

钢材的连接方法分为冷连接（包括机械连接和绑扎搭接等）和焊接。焊接应选择可焊性好含碳量低（钢材中碳含量对焊接性能影响很大）的钢材。非焊接结构对钢的含碳量可降低要求。

4. 结构所处的温度和环境

钢材的某些力学性能和耐久性能受结构所处的温度和环境影响较大。如处于负温下工作的结构，选用负温冲击韧性合格的钢材；结构周围有腐蚀介质存在时要选用抗锈性好的钢材。

5. 建筑物的高度和抗震设防情况

高层建筑结构宜采用 B、C、D 等级的 Q235 碳素结构钢和 B、C、D、E 等级的 Q345 低合金高强度结构钢。抗震结构宜选用屈强比不应小于 1.2，有明显的屈服台阶，伸长率应大于 20%，且有良好的可焊性的钢材。

另外，Q235 沸腾钢不宜用于重级工作制焊接结构，冬季工作温度 $\leqslant -20$ ℃的轻、中级工作制焊接结构和中级工作制的非焊接结构，冬季工作温度 $\leqslant -30$ ℃的其他承重结构。

四、钢材的锈蚀与防止

（一）钢材的锈蚀机理

钢材的锈蚀是指其表面与周围介质发生化学作用或电化学作用而遭到破坏。钢材锈蚀不仅使截面面积减小，性能降低，而且因产生锈坑，可造成应力集中，加速结构破坏。尤其在冲击荷载、循环交变荷载作用下，将产生锈蚀疲劳现象，使钢材的疲劳强度大为降低，甚至出现脆性断裂。根据锈蚀作用机理，钢材的锈蚀可分为化学锈蚀和电化学锈蚀两种。

1. 化学锈蚀

化学锈蚀是指钢材直接与周围介质发生化学反应而产生的锈蚀。这种锈蚀多数是氧化作用，使钢材表面形成疏松的氧化物。在常温下，钢材表面形成一薄层氧化保护膜 FeO，可以起一定的防止钢材锈蚀的作用，故在干燥环境中，钢材锈蚀进展缓慢。但在温度或湿度较高的环境中，化学锈蚀进展加快。

2. 电化学锈蚀

电化学锈蚀是指钢材与电解质溶液接触，形成微电池而产生的锈蚀。潮湿环境中钢材表面会被一层电解质水膜所覆盖，而钢材本身含有铁、碳等多种成分，由于这些成分的电极电位不同，形成许多微电池。在阳极区，铁被氧化成为 Fe^{2+} 进入水膜；在阴极区，溶于水膜中的氧被还原为 OH^-。随后两者结合生成不溶于水的 $Fe(OH)_2$，并进一步氧化成为疏松易剥落的红棕色铁锈 $Fe(OH)_3$。

电化学锈蚀是钢材锈蚀的最主要形式。影响钢材锈蚀的主要因素有环境中的湿度、氧，介质中的酸、碱、盐，钢材的化学成分及表面状况等。一些卤素离子，特别是氯离子能破坏保护膜，促进锈蚀反应，使锈蚀迅速发展。

（二）钢结构用钢锈蚀的防止

1. 采用耐候钢

耐候钢即耐大气腐蚀钢，在钢中加入一定量的铬、镍、钛等合金元素，可制成不锈钢。通过加入某些合金元素，可以提高钢材的耐锈蚀能力。

2. 金属覆盖

以电镀或喷镀的方法覆盖在钢材表面，提高钢材的耐腐蚀能力。薄壁钢材可采用热浸镀锌（白铁皮）、镀锡（马口铁）、镀铜、镀铬或镀锌后加涂塑料涂层等措施。

3. 非金属覆盖

钢结构防止锈蚀通常采用表面刷漆、喷涂涂料、搪瓷、塑料等方法。常用的底漆有红丹、环氧富锌漆、铁红环氧底漆等，面漆有调和漆、醇酸磁漆、酚醛磁漆等。

（三）钢筋混凝土结构用钢筋锈蚀的防止

1. 普通混凝土中钢筋锈蚀的原因

普通混凝土为强碱性环境，pH 值为 12.5 左右，使之对埋入的钢材表面形成碱性保护膜，对钢筋形成碱性保护。在碱性环境中，即使有原电池反应存在，生成的 $Fe(OH)_2$ 也能稳定存在，并成为钢筋的保护膜。所以，用普通混凝土制作的钢筋混凝土，只要混凝土表面没有缺陷，里面的钢筋是不会锈蚀的。

普通混凝土制作的钢筋混凝土有时也发生钢筋锈蚀现象。其主要原因有：

（1）混凝土不密实，环境中的水和空气能进入混凝土内部；

（2）混凝土保护层厚度小或发生了严重的碳化，使混凝土失去了碱性保护作用；

（3）混凝土内 Cl^- 含量过大，使钢筋表面的保护膜被氧化；

（4）对预应力混凝土，预应力钢筋存在微裂缝等缺陷，引起应力锈蚀。

2. 其他混凝土中钢筋防锈性能

加气混凝土碱度较低，电化学腐蚀过程能顺利进行，同时这种混凝土多孔，外界的水和空气易渗入内部，所以加气混凝土中的钢筋在使用前必须进行防腐处理。

轻集料混凝土和粉煤灰混凝土的护筋性能，经过多年试验研究和应用，证明是良好的，其耐久性不低于普通混凝土。

3. 混凝土用钢筋锈蚀的防止

根据混凝土的类型、所处的环境及是否施加预应力，对钢筋可采取不同的防锈蚀措施。

(1) 对于普通混凝土、轻集料混凝土和粉煤灰混凝土，为了防止钢筋锈蚀，应保证混凝土的密实度以及钢筋保护层的厚度。对于加气混凝土等可以在钢筋表面涂环氧树脂或镀锌等方法来防止。

(2) 在二氧化碳浓度高的工业区采用硅酸盐水泥或普通水泥，限制含氯盐外加剂的掺量并使用混凝土用钢筋防锈剂(如亚硝酸钠)。

(3) 预应力钢筋一般含碳量较高，又多是经过变形加工或冷加工的，因而对锈蚀破坏较敏感，特别是高强度热处理钢筋，容易产生锈蚀现象。所以，重要的预应力混凝土结构，除禁止掺用氯盐外，还应对原材料进行严格检验。

五、钢材的防火性能

(一) 高温环境中钢材性能

钢材是一种不会燃烧的建筑材料。钢材作为建筑材料在防火方面又存在一些难以避免的缺陷。它的机械性能，如屈服点、抗拉及弹性模量等均会因温度的升高而急剧下降。以失去支持能力为标准，无保护层时钢柱和钢屋架的耐火极限只有 0.25 h，而裸露钢梁的耐火极限仅为 0.15 h。这一时间的长短还与构件吸热的速度有关。温度在 200 ℃以内，可以认为钢材的性能基本不变；当温度超过 300 ℃以后，钢材的弹性模量、屈服点和极限强度均开始显著下降，而塑性伸长率急剧增大，钢材产生徐变；温度超过 400 ℃时，强度和弹性模量都急剧降低；到达 600 ℃时，弹性模量、屈服点和极限强度均接近于零，已失去承载能力。所以，没有防火保护层的钢结构是不耐火的。要使钢结构材料在实际应用中克服防火方面的不足，必须进行防火处理，其目的就是将钢结构的耐火极限提高到设计规范规定的极限范围。

我国目前结构耐火极限的划分是以楼板为基准的，耐火等级为一级的楼板的耐火极限为 1.5 h，二级定为 1.0 h，三级定为 0.5 h，四级定为 0.25 h。由于梁比板重要，一般提高 0.5 h，柱和承重墙比楼板更重要，因此在梁的基础上再予提高。楼梯间、电梯井的隔墙(包括主要通道或走廊的隔墙)也有较高耐火极限的要求。

(二) 钢材的防火措施

防止钢结构在火灾中迅速升温发生形变塌落，其措施是多种多样的，关键是要根据不同情况采取不同方法，如采用绝热、耐火材料阻隔火焰直接灼烧钢结构，降低热量传递的速度推迟钢结构温升、强度变弱的时间等。钢结构常用的防火保护措施如下。

1. 外包层

在钢结构外表添加外包层，可以现浇成型，也可以采用喷涂法。现浇成型的实体混凝土外包层通常用钢丝网或钢筋来加强，以限制收缩裂缝，并保证外壳的强度。喷涂法可以在施工现场对钢结构表面涂抹砂浆以形成保护层，砂浆可以是石灰水泥或是石膏砂浆，也可以掺入珍珠岩或石棉。同时外包层也可以用珍珠岩、石棉、石膏或石棉水泥、轻混凝土做成预制板，采用胶粘剂、钉子、螺栓固定在钢结构上。

2. 充水(水套)

空心型钢结构内充水是抵御火灾最有效的防护措施。这种方法能使钢结构在火灾中保持较低的温度，水在钢结构内循环，吸收材料本身受到的热量。受热的水经冷却后可以进行再循环，或由管道引入凉水来取代受热的水。

3. 屏蔽

钢结构设置在耐火材料组成的墙体或顶棚内，或将构件包藏在两片墙之间的空隙里，只要增加少许耐火材料或不增加即能达到防火的目的。这是一种最为经济的防火方法。

4. 防火涂料

防火涂料按受热时的变化分为膨胀型(薄型)和非膨胀型(厚型)两种。膨胀型防火涂料的涂层厚度一般为 2 ~ 7 mm，附着力很强，有一定的装饰效果。由于其内含膨胀组分，遇火后会膨胀增厚 5 ~ 10 倍，形成多孔结构，从而起到良好的隔热防火作用，根据涂层厚度可使构件的耐火极限达到 0.5 ~ 1.5 h。

非膨胀型防火涂料的涂层厚度一般为 8 ~ 50 mm，呈粒状面，密度小、强度低，喷涂后需再用装饰面层隔护，耐火极限可达 0.5 ~ 3.0 h。为使防火涂料牢固地包裹钢构件，可在涂层内埋设钢丝网，并使钢丝网与钢构件表面的净距离保持在 6 mm 左右。

目前，高层钢结构建筑日趋增多，尤其是一些超高层建筑，采用钢结构材料更为广泛。高层建筑一旦发生火灾事故，火不是在短时间内就能被扑灭的，这就要求我们在建筑设计时，加大对建筑材料的防火保护，以增强其耐火极限，并在建筑内部制订必要的应急方案，以减少人员伤亡和财产损失

第二节　铝材及铝合金

一、铝及铝合金

(一)铝

铝是有色轻金属，银白色，密度为 2 700 kg/m^3，约为钢材的 1/3。铝的熔点低，为 660 ℃。铝的导电性能和导热性能都很好，人们生活中所用到电导线及很多餐饮器皿，均采用了铝制品。铝的抛光表面对白光的反射率达 80% 以上，对紫外线、红外线也有较强的反射能力。铝还可以进行表面着色，从而具有良好的装饰效果。

铝的化学性质也很活泼，在金属元素中仅次于钠和镁，当其暴露于空气中时，表面易于生成一层氧化铝薄膜，保护下面金属不再受到腐蚀，所以铝在大气中耐蚀性较强，但因氧化铝薄膜极薄，其耐蚀性有一定限度。

纯铝具有很好的塑性，可制成管、棒、板等。但铝的强度和硬度较低，工业生产中常采用合金化的方式来扩充其应用范围。

(二)铝合金

铝合金是为了提高铝的实用价值,在铝中定量地掺入某些合金元素(如铜、镁、锰、锌和硅等)来提高强度和耐蚀性,其与碳素钢的力学性能比较见表 8-14。由于铝合金的一般力学性能明显提高并仍保持铝质量轻的固有特性,所以使用价值也大为提高,在建筑装饰中得到广泛的应用。

表 8-14　铝合金和碳素钢的力学性能比较

项目	铝合金	碳素钢
密度(t/m^3)	2.7~2.9	7.8
弹性模量($\times 10^4$ MPa)	63~80	210~220
屈服点(MPa)	210~500	210~600
抗拉强度(MPa)	380~550	320~800

在铝中加入的合金元素不同,制成铝合金的性质具有较大的差异。例如,锰的主要作用是提高合金的抗腐蚀能力,起到固溶强化作用;在铝中加入镁也可以起到固溶强化作用。加入锰和镁合金元素所制成铝合金制品具有防锈功能,称之为防锈铝合金(简称LF)。加入铜、镁的合金强度较高,称之为硬铝合金(LY),但其抗腐蚀性差。加入镁、硅或铜的铝制品称为锻铝合金(简称锻铝,代号 LD)。这类合金具有良好的热塑性并有较好的机械性能,常用来制造建筑型材。其中的 LD31 具有中等强度,冲击韧性高,热塑性极好,可以高速挤压成结构复杂、薄壁、中空的各种型材或锻造成结构复杂的锻件。LD31的焊接性能和耐蚀性优良,加工后表面十分光洁,并且容易着色,是应用最为广泛的合金品种之一。

二、常用铝合金制品

(一)铝合金门窗

在现代建筑装饰工程中,尽管铝合金门窗比普通门窗的造价高 3~4 倍,但由于其长期维修费用低、性能好、美观和节约能源等,故在世界范围内仍得到广泛应用。与普通木门窗、钢门窗相比,铝合金门窗具有如下特点。

1. 质量轻

铝合金门窗用材省,质量轻,每平方米耗用铝型材平均为 8~12 kg,比用钢木门窗的质量减轻 50% 左右。

2. 性能好

如抗风压性、气密性、水密性、隔声性、隔热性均比普通门窗好,故对安装空调设备的建筑,相对防尘、隔声、保温隔热等有特殊要求的建筑,更适宜采用铝合金门窗。

3. 色泽美观

制作铝合金门窗框料的型材,表面可经过氧化着色处理,可着银白色、古铜色、暗红色、黑色等柔和的颜色或带色的花纹,还可以涂装聚丙烯酸树脂膜,使表面光亮,增加了建筑物的立面和内部的美观。

4. 使用维修方便

铝合金门窗不需要涂漆，不褪色、不脱落，表面不需要维修。铝合金门窗强度较高，刚性好，坚固耐用，零部件经久不坏，开关灵活轻便，无噪声。

5. 便于工业化生产

铝合金门窗的加工、制作、装配、试验都可在工厂进行大批量工业化生产。有利于实现产品设计标准化、系列化，零配件通用化，以及产品的商品化。

（二）其他铝合金装饰制品

在建筑装饰领域，铝合金有着广泛的用途，如铝合金百叶窗帘，铝合金装饰板，铝箔，镁铝饰板，镁铝曲板，铝合金吊顶材料，铝合金栏杆、扶手、屏幕、格栅等。

1. 铝箔

铝箔是指用纯铝或合金加工成 $6.3\times10^{-9}\sim0.2$ mm 的薄片制品。铝箔有很好的防潮性能和绝热性能，所以铝箔以全新的多功能保温隔热材料和防潮材料广泛用于建筑业；如卷材铝箔可用做保温隔热窗帘，板材铝箔（如铝箔波形板、铝箔泡沫塑料板等）常用在室内，通过选择适当色调图案，可同时起很好的装饰作用。

2. 铝合金装饰板

（1）铝合金花纹板及浅纹板。它是采用防锈铝合金材料，用特殊的花纹机辊轧而成的。花纹美观大方，筋高适中，不易磨损，防滑性好，防腐蚀性能强，便于冲洗，通过表面处理可以得到各种不同的颜色。花纹板板材平整，裁剪尺寸精确，便于安装，广泛用于现代建筑墙面装饰及楼梯、踏板等处。铝合金浅花纹板，其花纹精巧别致，色泽美观大方，同普通铝合金相比，刚度提高20%，抗污垢、防划伤、耐擦伤能力均有提高，是优良的建筑装饰材料之一。

（2）铝合金压型板。它的特点是质量轻、外形美观、耐腐蚀、经久耐用、安装容易和施工快速等，经表面处理可得到各种优美的色彩，是现代广泛应用的一种新型建筑材料。其主要用做墙面和屋面。

（3）铝合金穿孔平板。它是用各种铝合金平板经机械穿孔而成的。孔型根据需要有圆孔、方孔、长方孔、三角孔和大小组合孔等。其是近年来开发的一种吸声并兼有装饰效果的新产品。铝合金穿孔板具有良好的防腐蚀性能，光洁度高，有一定的强度，易加工成各种形状、尺寸，有良好的防震、防水、防火性能及良好的消音效果，广泛用于宾馆、饭店、剧场、影院、播音室等公共建筑和中高级民用建筑中。

（4）铝合金波纹板。这种板材有银白色等多种颜色，主要用于墙面装饰，也可用做屋面，有很强的反射阳光能力，且十分经久耐用，在大气中使用20年不需要更换。更换拆卸下来的花纹板仍可使用，所以受到了广泛应用。

（5）铝合金吊顶。其具有质量轻、不燃烧、耐腐蚀、施工方便和装饰华丽等特点。

本章小结

钢材是建筑工程中常用的建筑材料之一。建筑钢材主要包括各种钢结构所用的型钢、钢板及钢筋混凝土用的钢筋、钢丝和钢绞线等；主要性能包括力学性能、工艺性能和耐久性三个方面。低碳钢拉伸时本构关系曲线上所反映出的弹性模量、弹性极限、屈服强度、抗拉强度，拉伸伸长率所反映出的塑性性能等都是比较重要的概念。钢材的工艺性能中，冷弯性能、冲击韧性、硬度及热处理等，在学习中要注意与工程的实际相联系。

建筑钢材所用的钢种包括碳素结构钢、优质碳素钢、低合金高强度结构钢。在钢材的选用上要注意综合考虑结构的重要性、使用环境及荷载特征等因素。

铝及铝合金由于其性能优势在建筑工程中已占有广阔的市场，学习时应注意观察身边的建筑中铝合金的应用情况，并要将铝合金的特点与实践相结合，仔细领会。

思考题

8-1 说说我国钢材生产和分类情况，并解释沸腾钢是如何制得的，在什么条件下不宜使用沸腾钢。

8-2 解释低碳钢的屈服点、抗拉强度、屈强比、伸长率的概念，它们各反映钢材哪方面的性能？

8-3 钢材冷加工和时效对钢材性能有何影响？热处理的工艺有哪些？起什么作用？

8-4 谈谈你所了解的建筑钢材的品种和牌号，并说明建筑用钢在选用时所应注意的问题。

8-5 钢材的腐蚀与哪些因素有关？如何对钢材进行防腐和防火？

8-6 试展望铝材及其合金制品在我国建筑上有何应用。

第九章　纤维及纤维增强材料

纤维通常是作为复合材料的增强组分，在纤维增强复合材料中占有相当大的体积分数，同时是结构复合材料承受载荷的主要部分。纤维材料的品种很多，包括已经广泛应用的钢纤维、玻璃纤维、植物纤维、碳纤维、氧化铝纤维、碳化硅纤维等。

第一节　增强理论概述

纤维增强复合材料是一种多相、多组分、非均质且不连续的材料，加之不同的纤维形状和表面性能及不同的施工方式，造成纤维不同形式的分布，导致纤维增强的机理十分复杂。目前纤维增强理论主要有两种：一种是基于复合材料力学理论的混合定律；另一种是建立在断裂力学基础上的纤维间距理论。这两种理论从不同角度解释了纤维对基体的增强作用，其结果是一致的。

一、复合材料力学理论（混合定律）

混合定律是研究复合材料性能与复合材料各组分性能之间关系的理论。1964 年，H. Krenchel 首先研究出了由两相组成的复合材料的混合定律。随后 Ekavall，Kelly，H. L. Cox，Swamy Shah 等相继运用混合定律的基本原理，从不同的角度（纤维的形状、长短、体积率、纤维的缺陷等）研究了纤维对基体力学行为的影响。

混合定律研究纤维增强复合材料的性能，是基于以下假设作为前提：

（1）纤维增强复合材料宏观上是均质的，不存在内应力；

（2）纤维与基体本身是各向同性（或正交各向异性）的线弹性材料；

（3）纤维完全黏结于基体，即纤维与基体之间没有任何相对滑动。

在上述条件下，可有两种纤维状态下的混合定律，即单向连续长纤维增强复合材料混合定律和不连续短纤维增强复合材料混合定律。

（一）单向连续长纤维增强复合材料混合定律

若纤维在基体连续均匀排列，并与荷载方向一致（见图 9-1），即成为单向连续纤维增强复合材料。

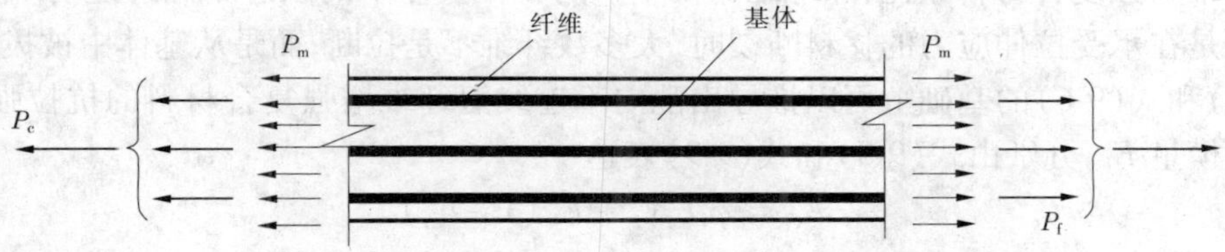

图 9-1　单向连续纤维增强复合材料

由于已经假定了纤维与基体之间完全黏着而无任何相对滑动，在承受荷载时，基体的应变 ε_f 与纤维的荷载 ε_m 及复合材料的应变 ε_c 都应相同，即

$$\varepsilon_f = \varepsilon_m = \varepsilon_c$$

设作用在复合材料、基体和纤维上的荷载分别为 P_c、P_m 和 P_f，则有

$$P_c = \sigma_c A_c,\quad P_m = \sigma_m A_m,\quad P_f = \sigma_f A_f \tag{9-1}$$

式中　A——材料受荷载截面面积；

σ——施加的应力。

脚标 c、m、f 分别表示纤维增强复合材料、基体和纤维。

根据弹性叠加原理有：

$$P_c = P_m + P_f \tag{9-2}$$

将式(9-1)代入式(9-2)，并除以 A_c，可得

$$\sigma_c = \sigma_f \cdot \frac{A_f}{A_c} + \sigma_m \cdot \frac{A_m}{A_c} = \sigma_f V_f + \sigma_m V_m \tag{9-3}$$

式中　V_f——纤维体积率，%，其定义为：掺入的纤维总体积占复合材料总体积的百分率；

V_m——基体体积率，%，其定义为：基体体积占复合材料体积的百分率。

由于 $V_m = 1 - V_f$，式(9-3)可写成

$$\sigma_c = \sigma_f V_f + \sigma_m (1 - V_f) \tag{9-4}$$

由于

$$\sigma_c = E_c \cdot \varepsilon_c,\quad \sigma_m = E_m \cdot \varepsilon_m,\quad \sigma_f = E_f \cdot \varepsilon_f \tag{9-5}$$

则可得

$$E_c = E_f V_f + E_m (1 - V_f) \tag{9-6}$$

式(9-4)和式(9-6)即为单向连续纤维增强复合材料混合定律的表达式。由此表达式可知，纤维增强复合材料的拉应力与纤维的拉应力和基体的拉应力及纤维体积率有关。由式(9-4)还可求得连续单向纤维增强材料的抗拉强度 σ_{cu} 应为

$$\sigma_{cu} = \sigma_{fu} \cdot V_f + \sigma'_m (1 - V_f) \tag{9-7}$$

式中　σ_{fu}——纤维的抗拉强度；

σ'_m——基体断裂时的拉伸应力。

由以上理论推导可知，当无纤维存在时，即 $V_f = 0$，$\sigma_{cn} = \sigma'_m$，而当 $V_f \neq 0$ 时，$\sigma_{cn} = \sigma_{fu} \cdot V_f + \sigma'_m(1 - V_f)$，材料的抗拉强度增加。

(二)不连续短纤维增强复合材料的混合定律

对于不连续短纤维增强复合材料(也称乱向短纤维增强复合材料)，与前述的单向连续长纤维增强复合材料相比，除纤维的长短不同和在基体中的状态不同外还有一个最大的区别是在承受拉伸应力的材料断裂时，大多数纤维不是拉断，而是从基体中被拔出。在式(9-4)和式(9-6)的基础上可以推导出乱向不连续短纤维增强复合材料的抗拉强度 σ_{cu} 和弹性模量 E_c，分别由式(9-8)和式(9-9)表达

$$E_c = \varphi_i E_f V_f + E_m (1 - V_f) \tag{9-8}$$

$$\sigma_{cu} = \varphi_i \sigma_{fu} \cdot V_f + \sigma_m (1 - V_f) \tag{9-9}$$

式中　φ_i——纤维长度、取向、分布、纤维缺陷及纤维与基体黏结力有关的综合有效系数；

其他符号同式(9-4)、式(9-6),可以用下式表征 φ_i。

$$\varphi_i = \eta_0 \eta_b \eta_l \tag{9-10}$$

式中 η_0——纤维方向系数;

η_b——纤维与基体界面黏结的黏结系数;

η_l——纤维长度有效系数。

二、纤维间距理论

纤维间距理论是1963年美国学者 J. P. Romualdi 和 G. B. Baston 在 Griffith 理论基础上提出来的。Griffith 理论认为,一些脆性材料(如混凝土)之所以为低应变脆断,原因在于材料微结构的不均匀性和存在一定量的缺陷,如微裂纹或亚微裂纹及各种尺度的孔。当受到应力作用时,裂纹尖端产生应力集中,裂纹迅速扩展,裂纹的数量、长度、开度不断增加,最终导致裂纹贯通,形成大的裂缝而使材料结构发生崩溃破坏。

当在脆性材料基体中掺入纤维后,材料受到应力时,纤维的存在将会约束裂缝的引发和裂缝长度及开度的扩展,从而起到增强作用。Romualdi 用图9-2来说明纤维的这种作用。

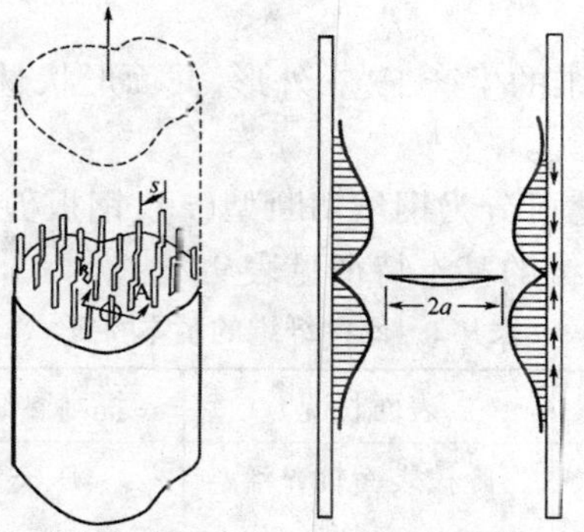

(a) 纤维约束模型　　(b)A—A 断面

图9-2　纤维对脆性材料基体中裂缝的约束作用

图9-2表示连续纤维沿拉应力作用方向分布在基体中间,纤维间距为 s,半长为 a 的裂缝存在于四根纤维所围成的区域中心。材料在受到拉伸时,拉伸应力在纤维上产生的黏结应力分布在裂缝端部附近,从而对裂缝尖端产生反向应力场,降低了裂缝尖端的应力集中程度,使裂缝的扩展受到约束,裂缝端部的扩展力减少,材料的强度特别是韧性得到增加。纤维的这种对裂纹扩展的约束作用与纤维之间的间距和纤维的数量有密切关系。纤维间距越小,单位体积中的纤维数量越多,这种作用就越有效。

Romualdi 和 J. A. Mandel 进一步推导出了纤维间距的计算公式。他们认为纤维的平均间距与纤维体积率和纤维直径密切相关。由于纤维分布方式有一维、二维、三维,所以其和纤维方向有效系数也有关系。在不同的纤维分布方式下,推导出的纤维间距计算公式见表9-1。

表 9-1 纤维增强材料中纤维平均间距计算模式

纤维分布方式	η_0	计算模式
一维/1 - D	1	$s = 5d_f\sqrt{\frac{\pi}{\eta_0\rho}} = 8.86d_f\sqrt{\frac{1}{\rho}}$
二维/2 - D	0.64	$s = 11.1d_f\sqrt{\frac{1}{\rho}}$
三维/3 - D	0.50	$s = 12.5d_f\sqrt{\frac{1}{\rho}}$
三维/3 - D	0.41	$s = 13.8d_f\sqrt{\frac{1}{\rho}}$

注：s 为纤维平均间距；d_f 为纤维直径；ρ 为纤维体积百分率。

第二节 钢纤维

一、钢纤维的类型

钢纤维的类型可按钢纤维的生产工艺、外形、截面形状、材料品质、抗拉强度及施工用途划分。

(1)按钢纤维的生产工艺可分为钢丝切断型(a)、钢板剪切型(b)、钢锭铣削型(c)和熔抽型(d)四类；这四种钢纤维的基本特征见表 9-2。

表 9-2 四种纤维的基本特征

类型	截面形状	表面状况	提高黏结力方法	抗拉强度(MPa)
切断型钢纤维	圆形	冷拔表面较光滑	压痕、折弯	600 ~ 2 000
剪切型钢纤维	矩形	切断面较粗糙	扭转、折弯	380 ~ 800
铣削型钢纤维	三角形	铣削面粗糙	扭转、折弯	380 ~ 800
熔抽型钢纤维	月牙形	氧化皮膜	两端较粗	380 ~ 800

(2)按钢纤维的外形分为平直形(a)和异型；异型钢纤维是指变截面或非直形的钢纤维，主要有压痕形(b)、波浪形(c)、端钩形(d、e)、镦头形(f、g)与扭曲形(h)等，如图 9-3 所示。

(3)按钢纤维的截面形状分为圆形、矩形、月牙形及不规则形等，如图 9-4 所示。

(4)按钢纤维的材质可分为普通碳钢钢纤维、低合金钢钢纤维和不锈钢钢纤维。其中以普通碳钢钢纤维用量居多。

(5)按抗拉强度可分为以下三级(依据《纤维混凝土结构技术规程》(CECS 38—2004)的规定)：

a. 380 级(抗拉强度≥380 MPa，<600 MPa)；

b. 600 级(抗拉强度≥600 MPa，<1 000 MPa)；

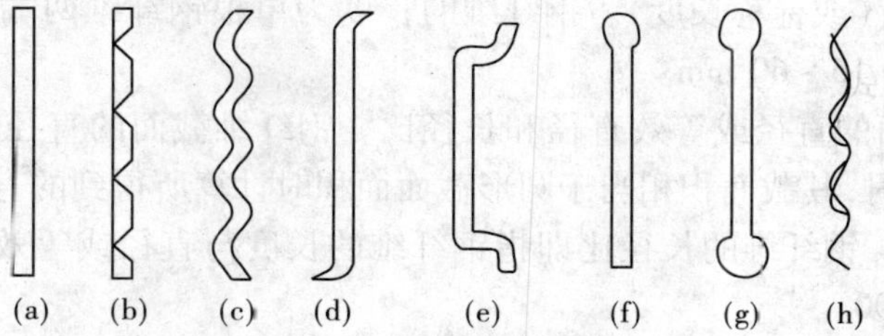

图 9-3　钢纤维外形图

图 9-4　钢纤维截面形状图

c. 1000 级(抗拉强度≥1 000 MPa)。

(6)按钢纤维的施工用途分为浇筑用钢纤维和喷射用钢纤维。

二、钢纤维的基本性能

(一)抗拉强度

为使钢纤维增强材料具有良好的力学性能,要求钢纤维具有一定的抗拉强度。根据钢纤维的材质和生产工艺不同,其抗拉强度也有所区别。试验表明,用冷拔钢丝切断的钢纤维抗拉强度较高,一般为 600 ~ 1 000 MPa,剪切型、熔抽型和铣削型钢纤维的抗拉强度一般为 380 ~ 800 MPa。对于普通钢纤维混凝土而言,其破坏形式主要是钢纤维拔出,并不是钢纤维被拉断。钢纤维在破坏时承受的最大拉应力为 100 ~ 300 MPa,因此只要钢纤维的抗拉强度在 380 MPa 以上,一般能满足在混凝土中的使用要求。

(二)弹性模量

钢纤维的弹性模量为 200 GPa,极限延伸率为 0.5%。

(三)黏结强度

黏结强度为钢纤维与基体界面间单位面积的黏结力。提高钢纤维与混凝土基体界面的黏结强度是十分重要的。黏结强度的提高除与基体的性能有关外,还与钢纤维表面和形状有关。为了提高钢纤维的黏结强度,常采用的方法有:使钢纤维表面粗糙化,截面呈不规则形状,增加与基体的接触面积和摩擦力;将钢纤维表面压痕,或压成波形,增加机械黏结力;使钢纤维的两端异形化,将两端制成弯钩或大头形等,以提高其锚固力和抗拔力。

(四)硬度

各种钢纤维的表面硬度较高,在与混凝土一起搅拌时,一般不易发生弯折现象。但有时由于钢纤维的材质较脆,搅拌时也易发生折断,影响增强硬度的效果。

(五)耐腐蚀性

钢纤维混凝土如果浇筑密实,钢纤维与空气隔绝,一般不发生锈蚀现象。混凝土表面或在裂缝宽度超过 0.25 mm 时,跨接在裂缝处的钢纤维,易发生腐蚀现象。

三、钢纤维的几何参数和体积率

钢纤维的几何参数有钢纤维长度、直径(或等效直径)及长径比。

(1)钢纤维长度(或标称长度)。钢纤维的长度为单根钢纤维两端点间的直线距离，用 l_f 表示，一般可为 15～60 mm。

(2)钢纤维截面的直径或等效直径和长径比。钢纤维截面的直径或等效直径(当钢纤维为非圆形截面时，其截面积相当于圆形截面面积时计算所得到的直径)用 d_f 表示，通常为 0.3～1.2 mm。钢纤维的长径比即指钢纤维的长度与直径或等效直径之比，用 l_f/d_f 表示，通常为 30～100。

(3)钢纤维体积率。钢纤维体积率指钢纤维所占钢纤维增强复合材料体积的百分数，用 ρ_f 表示。

四、钢纤维在水泥基复合材料中的应用

在各种纤维增强水泥基复合材料中，钢纤维在提高水泥基复合材料的各项性能方面，效果最好。钢纤维增强水泥基复合材料已广泛用于公路路面、机场道面、桥面、防水屋面、工业地坪，以及水工、港口、海洋工程、隧道、涵洞、建筑结构、抗震及节点工程、国防抗爆与弹道工程等。

钢纤维的增强效果与钢纤维的长度、直径(或等效直径)、长径比、纤维形状和纤维强度及弹性模量有关。在绝大多数的应用场合，钢纤维的强度和弹性模量均远大于水泥基材料的强度和弹性模量。因此，这两项参数对钢纤维增强水泥基复合材料的综合性能影响较小。纤维尺寸和形状的参数与复合材料的性能密切相关。

大量试验研究和工程实践表明，端钩形钢纤维对混凝土增强、增韧和阻裂的效果比较好。而方直形状的钢纤维的增强效果最差。钢纤维的端钩不仅可以增进钢纤维与水泥基体之间的锚固作用，还提高了纤维－水泥之间的界面黏结效果。而且，端钩角度平缓(一般为 120°)，降低了应力集中程度，在复合材料受力时钢纤维的端钩不会对水泥基体造成局部损伤。与方直形钢纤维相比，在相同掺量条件下，带端钩的钢纤维增强水泥基复合材料的抗拉强度可进一步提高 15%～20%。

钢纤维最普通的横截面为圆形，长度在 20～60 mm，直径范围 0.4～0.8 mm。钢纤维长度太短，将影响其增强效率；而太长则会阻碍钢纤维在水泥基材料中的均匀分散，甚至产生结团现象，给施工造成困难，影响拌和物的质量，最终对复合材料的性能是有害的。同时，钢纤维的直径过细的话，易在拌和过程中被弯折；过粗则在同样体积率时，增强效果较差。

钢纤维的长径比是影响钢纤维增强效果的另一个重要参数。在一定范围内，长径比越大，钢纤维的增强效果越好，长径比一般小于 100，通常为 40～80。对于非圆形纤维，直径一般取当量直径。

试验研究和工程实践表明，钢纤维的长度为 20～60 mm，直径或等效直径宜为 0.3～0.9 mm，长径比在 30～100 内选用，其增强效果和施工性能可满足要求。如超出上述范围，经试验在增强效果和施工性能方面能满足要求时，也可根据需要采用。根据国内外工程应用经验，对一般浇筑、抗震框架节点及铁路轨枕等结构的钢纤维增强混凝土，常用钢纤维几何参数选用范围如表 9-3 所示。

表 9-3　钢纤维几何参数选用范围

施工方法或结构类别	长度(mm)	直径(等效直径)(mm)	长径比
喷射钢纤维混凝土	20~35	0.3~0.8	30~80
一般浇筑钢纤维混凝土	20~60	0.3~0.9	30~80
钢纤维混凝土抗震框架节点	35~60	0.3~0.9	50~80
钢纤维混凝土铁路轨枕	30~35	0.3~0.6	50~70
层布式钢纤维混凝土	30~120	0.3~1.2	60~100

通常情况下,钢纤维增强混凝土的钢纤维体积率不宜小于0.5%,也不宜大于3%,以1%~2%为宜。

钢纤维增强混凝土中钢纤维的体积率小到一定程度时将不起增强作用,对于不同品种、不同长径比的钢纤维,其最小体积率略有不同,国内外一般以0.5%为最小体积率。钢纤维体积率超过2%时,拌和物的和易性变差,施工较困难,质量难以保证。但在特殊需要时,经试验和采取必要的施工措施,在保证质量和增强效果的情况下,可将钢纤维体积率适当增大。

根据国内外工程应用经验,不同的钢纤维混凝土结构工程,常用体积率选用范围列于表9-4。选用时根据钢纤维的性能、结构对增强效果的要求,以及经济合理的原则选定。当钢纤维的性能较好或结构对增强要求较低时,可选用低值,结构对增强要求较高或钢纤维性能较差时可选高值。

表 9-4　钢纤维体积率选用范围

钢纤维混凝土结构类别	钢纤维体积率(%)
一般浇筑成型的结构	0.5~2.0
局部受压构件、桥面、预制桩、桩顶、桩尖	1.0~1.5
铁路轨枕刚性防水屋面	0.8~1.2
喷射钢纤维	0.5~1.5

第三节　碳纤维

碳纤维是由碳元素(C)组成的无机非金属纤维,含碳量按质量计不低于90%。其中含量高于99%的称为石墨化纤维。碳纤维与其他纤维相比,主要特点在于密度小,沿纤维轴向有很高的抗拉强度与杨氏模量,因而比强度与比模量均较高,同时还具有碳素材料的特性,诸如耐高温、耐腐蚀、耐磨与导电等特性。

一、碳纤维的分类

碳纤维的种类很多,通常有如下几种分类法。

(1)按原料不同分为粘胶纤维基、聚丙烯腈基、沥青基、酚醛基碳纤维。

(2)按制造方法不同分为有机前驱体碳(石墨)纤维和气相生长碳(石墨)纤维两大类。

(3)按热处理温度和气氛介质不同分为碳纤维(800~1 600 ℃;N_2,H_2),石墨纤维(2 000~3 000 ℃;N_2 或 Ar)和活性碳纤维(700~1 000 ℃;水蒸气或 CO + N_2,水蒸气 + O_2 或 CO_2)。

(4)按力学性能不同,分为通用级(GP,拉伸强度低于 1.4 GPa,模量小于 140 GPa)和高性能(HP)两大类;其中高性能又分为中强型(MT)、高强型(HT)、高模型(HM)、超高强型(UHT)和超高模型(UHM)等品种。

(5)按功能不同,分为结构用碳纤维和功能用碳纤维(耐磨、导电、润滑等);

(6)按制品可分为超细短纤维(晶须),长丝(含不同 K 数的束丝和单纱),束丝短切纤维,织物(布、带、绳)、编织品(三向及多向织物,圆筒管等)以及无纺布(无纬布、毡、纸)等多种形态的碳(石墨)纤维增强体。

二、碳纤维的性能

碳纤维具有低密度、高强度、高模量、耐高温、抗化学腐蚀、低电阻、高热导、低热膨胀、耐化学辐射等优良特性。此外,其还具有纤维的柔曲性和可编织性,比强度和比模量优于其他纤维增强材料。表 9-5 列出了不同基材碳纤维的物理力学性能。

表 9-5　不同基材碳纤维的物理力学性能

性能	粘胶基碳纤维	聚丙烯腈基碳纤维		各向同性沥青基碳纤维	各向异性(中间相)沥青基碳纤维		
		低模	高模		低模	高模	超高模
拉伸强度(GPa)	1.0	3.3	2.4	0.7	14	1.7	2.2
轴向拉伸模量(GPa)	41	230	390	55	160	380	725
横向拉伸模量(GPa)		40	21		21		
伸长率(%)	2.5	1.4	0.6	1.4	0.9	0.4	0.3
密度(g/cm^3)	1.6	1.76	1.9	1.6	1.9	2.0	2.15
比强度(GPa)	0.63	1.88	1.26	0.44	7.37	0.85	1.02
比模量(GPa)	26	130	205	34	84	190	337
横向热膨胀系数($\times10^{-6}$/℃)		10	7			7.8	
轴向热膨胀系数($\times10^{-6}$/℃)		−0.7	−0.5			−0.9	−1.6
热导率(W/(m·K))		8.5	70			100	520
电阻率(μΩ·m)	20	18	9.5	30	13	7.5	2.5
纤维直径(μm)	8.5	7~8	7	10	11	10	10
含碳量(%)	99	92~97		98	97	99	99

碳纤维的密度在 1.5~2.0 g/cm^3,这除与原丝结构有关外,主要决定于碳化处理的温度。一般经过高温(3 000 ℃)石墨化处理,密度可达 2.0 g/cm^3。

碳纤维的热膨胀系数呈各向异性。平行于纤维方向是负值(-0.72×10^{-6} ~ -0.90×10^{-6}/K),而垂直于纤维方向是正值(32×10^{-6}~22×10^{-6}/K)。

碳纤维的比热容一般为 7.12×10^{-1} kJ/(kg·K)。

碳纤维的热导率也有方向性，平行于纤维方向的热导率约为 1.6 W/(m·K)；垂直于纤维方向的热导率约为 0.08 W/(m·K)。热导率随温度升高而下降。此外，碳纤维具有良好的导电性，电阻率为 0.3～0.5 Ω·m。

碳纤维的比电阻与纤维的类型有关。在 25 ℃时，高模量纤维为 775 μΩ/cm，高强度碳纤维为 1 500 μΩ/cm。碳纤维的电动势是正值，而铝合金的电动势为负值。因此，当碳纤维复合材料与铝合金组合应用时会发生化学腐蚀。

碳纤维的化学性能与碳很相似，对一般酸碱是惰性的，但能被强氧化剂氧化。在空气中，温度高于 400 ℃时出现明显的氧化，生成 CO 和 CO_2。在不接触空气或氧化气氛时，碳纤维具有突出的耐热性和耐高温蠕变性能，与其他材料比较，一般碳纤维在温度高于 1 500 ℃时强度才开始下降，1 900 ℃以上才呈现出永久的塑性形变，而其他材料包括 Al_2O_3 晶体性能已大大下降。另外碳纤维还有良好的耐低温性能，如在液氮温度下不脆化，它还有耐油、抗放射、抗辐射、吸收有毒气体和使中子减速、摩擦系数小并具有润滑性等特点。

通用型碳纤维为低弹性模量碳纤维，造价较低，其强度和弹性模量与玻璃纤维相似。石墨碳纤维的结构与石墨相似，含碳量高达 98%～99%，表面具有金属光泽，纤维的刚度和热导率比通用型碳纤维大，其他性质与之相当。

三、碳纤维的应用

碳纤维的主要用途是作为新型复合材料的增强材料。由于其优良的综合性能，如低密度、耐热、耐化学腐蚀、耐摩擦、耐热冲击性能和导电、导热、抗辐射、良好的阻尼、减震、减噪、可编织等，碳纤维及其复合材料已经广泛应用于航空航天、国防等军事尖端领域以及交通运输、土木建筑、运动医疗器材、汽车工业等民用领域，正起着越来越大的作用。碳纤维及其复合材料在工业中的应用和特性如表 9-6 所示。

表 9-6　碳纤维及其复合材料在工业中的应用和特性

应用领域	利用碳纤维的特性
航空航天、公路、交通和航海运输	高强度、独特的韧性、质量轻
导弹、飞机刹车片和航空与宇宙器天线	高强度、独特的韧性、质量轻高度尺寸稳定性、低线性膨胀系数
音响设备、高保真扬声设备、机器人手臂	优良的颤动阻尼、强度和韧性
汽车车盖、电器设备、精密铸件和底座、电刷	电导性
外科手术和 X 射线设备、移植、在修复术中的医疗应用纺织机械、一般工程	生物惰性和 X 射线穿透性
化学工业、核领域、阀、密封材料	抗疲劳、自润滑、高阻尼、化学惰性、高抗腐蚀性
大型发电机固定环、辐射设备	电磁性质

(1)用做导弹防热及结构材料，如火箭喷管、鼻锥、大面积防热层；卫星构架、天线、太

阳能翼片底板、卫星－火箭结合部件；航天飞机机头、机翼前缘和舱门等制件；哈勃太空望远镜的测量构架，太阳能电池板和无限点点像。用做主承力结构材料，如主翼、尾翼盒机体；次承力构件，如方向舵、起落架、副翼、扰流板、发动机舱、整流罩及座板等。此外还有C－C刹车片。

（2）交通运输。用做制造汽车传动轴、板簧、构架和刹车片等；船舶和海洋工程用做制作渔船、鱼雷快艇和巡逻艇以及赛艇的桅杆、航杆、壳体及划水浆；海底电缆、潜水艇、雷达罩、深海油田的升降器和管道。

（3）运动器材。用做网球、羽毛球和壁球拍及杆、棒球、曲棍球和高尔夫球杆、自行车、赛艇、钓竿、滑雪板、雪车等。

（4）土木建筑。用做幕墙、嵌板、间隔壁板、墙梁、架设跨度大的管线、海水和水轮结构的增强筋、底板、窗框、管道、海洋浮杆、抗震救灾用补强材料等。

（5）其他工业。用做化工用的防腐泵、阀、槽、罐；催化剂、吸附剂和密封制品等。在生物和医疗器材方面用做如人造骨骼、牙齿、韧带、调光机的床板和胶卷盒。用做纺织机用的剑竿头和剑竿、防静电刷。在电磁屏蔽、电极、音响、减磨及防静电等材料方面也已获得广泛应用。

第四节　玻璃纤维

玻璃纤维以石英砂、石灰石、白云石、石蜡等组分并配以纯碱、硼酸等，有时为简化工艺和获得预期的性能还适当掺入 TiO_2、ZrO_2、Al_2O_3 等氧化物来制备各种玻璃后，经熔融窑熔化拉丝而成。

玻璃纤维是复合材料中目前使用量最大的一种纤维，是高新技术不可缺少的配套基础材料。玻璃纤维具有原料易得、拉伸强度高、断裂伸长低、弹性模量高、防火、防霉、耐热、耐腐蚀和尺寸稳定性好的优点，是一种常用的性能优良的增强材料。玻璃纤维最主要的缺点是脆性大和不耐磨。因此，它的复合材料制品也往往具有上述缺点。

一、玻璃纤维的分类

玻璃纤维的品种很多，一般可按玻璃原料中的含碱量、单丝直径、纤维外观和纤维特性等方面进行分类。

（1）按玻璃原料中的含碱量可分为：有碱玻璃纤维（碱性氧化物含量 $>12\%$，也称A－玻璃纤维）、中碱玻璃纤维（碱性氧化物含量 $6\% \sim 12\%$）、低碱玻璃纤维（碱性氧化物含量 $2\% \sim 6\%$）、无碱玻璃纤维（碱性氧化物含量 $<2\%$，也称E－玻璃纤维）。

（2）按单丝直径可分为：粗纤维（单丝直径 30 μm）、初级纤维（单丝直径 20 μm）、中级纤维（单丝直径 10～20 μm）、高级纤维（单丝直径 3～9 μm，也叫纺织纤维）。

（3）按纤维外观可分为：连续长纤维（其中有无捻粗纱和有捻粗纱）、短切纤维、空心纤维和卷曲纤维等。

（4）按纤维特性可分为：高强玻璃纤维、高模量玻璃纤维、耐高温玻璃纤维、耐碱玻璃纤维、耐酸玻璃纤维、普通玻璃纤维（指无碱和中碱玻璃纤维）。

二、玻璃纤维的组成与性能

(一)玻璃纤维的组成

玻璃纤维的主要组成成分是二氧化硅、三氧化硼以及钠、钾、钙、铝等的氧化物。以二氧化硅为主要成分的玻璃纤维是硅酸盐玻璃纤维,以三氧化硼为主要成分的玻璃纤维是硼酸盐玻璃纤维,上述其他成分的加入是为了改进玻璃纤维的性能与工艺。研究表明,玻璃纤维的结构与玻璃的结构本质上没有什么区别,都是一种具有短玻璃网络结构的非晶结构。玻璃纤维的强度和模量主要取决于组成氧化物的三维结构。表 9-7 列出了国内外常用玻璃纤维的化学成分。

表 9-7　国内外常用玻璃纤维的化学成分

玻璃纤维种类	玻璃纤维化学成分(质量分数,%)						
	SiO_2	Al_2O_3	CaO	MgO	Na_2O	E_2O_3	ZrO_2
F(无碱玻璃纤维)	53.5	15.3	17.3	4.4	0~3	8	—
C(耐酸玻璃纤维)	65.0	4	14	3	8	6	—
S(高强玻璃纤维)	64.3	25.0	10.3	—	0.3	—	—
A(普通有碱玻璃纤维)	72.0	0.6	10	2.5	14.2	—	—
G-20(抗碱玻璃纤维)	71.0	1.0	—	—	2.49	—	16

(二)玻璃纤维的性能

1.外观和密度

玻璃纤维是个表面光滑的圆柱体,横截面几乎是完整的圆形。由于其表面光滑,故纤维间的抱合力小,不利于与树脂的黏合;同时由于其为圆形截面,所以玻璃纤维彼此靠近时,空隙填充较为密实,有利于提高制品中的玻璃含量。

玻璃纤维的单丝直径一般为 3~10 μm,玻璃纤维增强塑料用的纤维多为 13 μm。近来 15 μm、24 μm 的单丝也在纤维缠绕、挤拉成型等方面应用。

玻璃纤维的密度为 2.4~2.7 g/cm^3,比棉纤维(1.5~1.6 g/cm^3)、羊毛纤维(1.28~1.33 g/cm^3)、尼龙纤维(1.14 g/cm^3)等要大得多。

2.力学性能

1)拉伸强度

玻璃纤维的力学性能的最大特点是拉伸强度高。直径 3~9 μm 的玻璃纤维拉伸强度可高达 1 500~4 000 MPa。

影响玻璃纤维拉伸强度的因素如下。

(1)玻璃纤维的直径和长度。一般来说,随着玻璃纤维直径和长度的减小,纤维中的微裂纹会相应减少,因而玻璃纤维的拉伸强度迅速增加,表 9-8 和表 9-9 分别给出了玻璃纤维直径、长度与拉伸强度的关系。

表 9-8　玻璃纤维直径与拉伸强度的关系

纤维直径(μm)	4	5	7	9	11
拉伸强度(MPa)	3 000～4 000	2 400～2 900	1 750～2 150	1 250～1 700	1 050～1 250

表 9-9　玻璃纤维长度与拉伸强度的关系

纤维直径(μm)	纤维长度(μm)	平均拉伸强度(MPa)
13.0	5	1 500
12.5	20	1 210
12.7	90	860
13.0	1 560	720

(2)玻璃纤维的化学成分。化学组成对玻璃纤维拉伸强度的影响见表 9-10。一般来说,含 K_2O 成分多的玻璃纤维强度较低。

表 9-10　不同化学组成玻璃纤维的拉伸强度

纤维名称	化学成分(质量分数,%)								直径 3 μm 玻璃纤维拉伸强度(MPa)
	SiO_2	Al_2O_3	BaO	B_2O_3	MgO	K_2O	Na_2O	PbO	
铝硅酸盐玻璃纤维	57.6	25.0	7.0	—	8.4	2	—	—	4 000
铝硼酸盐玻璃纤维	54.0	14.0	16.0	10.0	4.0	—	2	—	3 500
钠钙硅酸盐玻璃纤维	71.0	3.0	8.5	2.5	—	—	15	—	2 700
含铅玻璃纤维	64.2	0.3	—	—	—	12	2	21.5	1 700

(3)存放时间和负荷时间。当玻璃纤维存放一定时间后,就会出现强度下降现象,称之为纤维的老化。玻璃纤维的老化,主要取决于它对大气中水分的化学稳定性,稳定性高的玻璃纤维损失也小,甚至基本不变。例如直径为 6 μm 的无碱纤维和含 Na_2O 达 17% 的有碱纤维在相对湿度为 60%～65% 条件下的老化情况有如下试验结果:无碱玻璃纤维存放 2 年后其拉伸强度基本不变;而有碱玻璃纤维其拉伸强度开始时下降迅速,以后逐渐缓慢,存放 2 年后其强度下降达 33%。

玻璃纤维的强度随着施加负荷时间的增长而降低,这个现象称为纤维的疲劳现象,当环境湿度较高时,这种现象更为明显。当相对湿度为 60%～65% 时,玻璃纤维在长期张力作用下会有很大程度的疲劳,如果在按断裂负荷 60% 的作用力的长期作用下(2～6 昼夜),则全部试样将会断裂。

玻璃纤维疲劳的原因在于吸附作用的影响,即吸附并渗透到纤维微裂纹中的水分,在外力作用下加速了微裂纹的扩展。纤维疲劳的程度取决于微裂纹扩展的快慢和范围,因此也就与应力、尺寸、湿度、介质种类有关。

此外,玻璃纤维拉制时所用玻璃球原料本身的缺陷和成型工艺条件也会有显著影响。

同时,在测定纤维的强度时,一定要注意气氛的影响,因为在湿空气、水和含有表面活性物质的水溶液中,玻璃纤维的强度都要下降。

2)弹性模量和延伸率

玻璃纤维的弹性模量约为 7×10^4 MPa,约与金属铝的弹性模量相当,只有普通钢弹性模量的1/3。玻璃纤维的弹性模量与纤维直径大小和表面磨损程度无关,其主要取决于玻璃结构的本身,不同直径的玻璃纤维其弹性模量相同。

玻璃纤维是一种弹性材料,应力—应变关系基本上是一条直线,无明显的塑性变形阶段。由于玻璃纤维的分子结构中硅氧键结合力较强,受力后不易引起错位,故其延伸率很低,一般只有3%左右。但其延伸率与纤维的直径大小有关,如果当直径为9~10 μm时,其最大延伸率为2%左右;直径为5 μm时,其延伸率为3%~3.5%,这较一般的天然纤维、合成纤维及金属材料的延伸率低得多,因而玻璃纤维仍表现出一定的脆性。

3)耐磨性和耐扭折性

玻璃纤维的耐磨性和耐扭折性很差,摩擦和扭折很容易使纤维受伤断裂。表面吸附水分能加速纤维受摩擦和扭折时的微裂纹扩展,使耐磨性和耐扭折性降低。玻璃纤维的上述缺点给纤维加工带来了困难。为了提高耐磨和耐扭折性能,可以用适当的表面处理方法,例如经0.2%阳离子活性剂水溶液处理后,玻璃纤维耐磨性比未处理的高200多倍。经硅烷偶联剂适当处理,其耐扭折性能也可大幅度提高。

3. 热性能

玻璃纤维的热导率为0.034 W/(m·K),比玻璃的热导率(0.7~1.3 W/(m·K))低得多,产生这种现象的主要原因是因为纤维间的空隙较大,容积密度较小;容积密度越小其热导率就越小,这主要是因为空气热导率低所致;热导率越小,隔热性能越好。玻璃纤维是一种无机纤维,它本身不会引起燃烧,耐热性较好,因此玻璃纤维是一种耐高温的隔热材料。

4. 介电性能

大部分玻璃纤维同玻璃一样,在外电场作用下,由于纤维内的离子产生迁移而导电。玻璃纤维的介电性能主要取决于化学组成、环境的湿度和温度。碱金属离子(K^+、Na^+)最易迁移而导电,碱金属离子越多,电绝缘性能越差,因此无碱玻璃纤维的电绝缘性能比有碱玻璃纤维优越得多。

玻璃纤维及其织物的导电性属表面导电,空气湿度对玻璃纤维的电阻率的影响很大,湿度增加,玻璃纤维表面会吸附一层很薄的水膜,电阻率下降。

若在玻璃纤维的化学组成中加入大量的氧化铁、氧化铅、氧化铋或氧化钒,则会使纤维具有半导体性能。在玻璃纤维表面上涂以金属或石墨,则能获得导电的玻璃纤维。

5. 化学稳定性

玻璃纤维的化学稳定性与玻璃一样,主要取决于其化学组成、介质性质、温度和压力等条件。但玻璃纤维的比表面积比玻璃大得多,故玻璃纤维的耐腐蚀性远不如玻璃。

1)玻璃纤维的化学组成

各种玻璃纤维化学成分中的主要成分是 SiO_2,其次是碱金属氧化物,其化学稳定性视二者含量而定。一般来说,二氧化硅含量多则化学稳定性高,碱金属氧化物多则化学稳定性降低。在玻璃纤维成分中，增加 SiO_2 或 Al_2O_3 含量，或加入 ZrO_2 及 TiO_2 都可提高其耐酸性能；在玻璃纤维的成分中提高 SiO_2 含量，或加入 CaO、ZrO_2 及 ZnO 则可提高其耐碱性能；在玻璃纤维成分中加入 Al_2O_3、ZrO_2、TiO_2 等氧化物，则可大大提高其耐水性能。

2）玻璃纤维的表面情况

玻璃是一种非常好的耐腐蚀材料，但拉制成玻璃纤维后，其性能远不如玻璃，这主要是由于玻璃纤维的比表面积大所造成的。

3）温度

温度对玻璃纤维的化学稳定有明显的影响。在 100 ℃以下时，温度每升高 10 ℃，玻璃纤维在水介质侵蚀下的破坏速度将增加 50% ~150%；温度在 100 ℃以上时，破坏作用将更剧烈。

三、玻璃纤维的用途

玻璃纤维可以制成各种制品，如无捻粗纱、玻璃纤维毡、短切原丝和磨碎纤维以及玻璃布等。连续玻璃纤维加纺织型浸润剂经过退绕、加捻、并股、络纱可制成有捻纱；有捻纱再经过并捻、织造加工进一步得到纤维绳、布和带。若加入增强型浸润剂，并经过并股、络纱可制成无捻纱，由此可进一步加工成粗纱布、短切纤维毡和表面毡。

无捻粗纱是由平行原丝或平行单丝集束而成的。无捻粗纱按玻璃成分可划分为：无碱玻璃无捻粗纱和中碱玻璃无捻粗纱。无捻粗纱可以直接运用于某些复合材料工艺成型方法中，如喷射用无捻粗纱、SMC（片状模塑料）用无捻粗纱、缠绕用无捻粗纱、拉挤用无捻粗纱、织造用无捻粗纱、预型体用无捻粗纱等；也可制成无捻粗纱织物（方格布）；在某些用途中还将无捻粗纱短切。

玻璃纤维毡有连续纤维毡、短切纤维毡及表面毡。连续纤维毡加工简单，毡的力学强度大，生产效率高，质量均匀，适用于各种手糊制品及大型储罐，故其对复合材料的增强效果较短切毡好，主要用在拉挤法、RTM 法、压力袋法及玻璃毡增强热塑料（GMT）等工艺中。

短切纤维毡主要用于手糊、连续制板、对模模压和 SMC 工艺中。表面纤维毡因由氟树脂制成，通常用于玻璃钢制品中。这类毡由于采用中碱玻璃（C）制成，故赋予玻璃钢耐化学性特别是耐酸性，同时因为毡薄、玻纤直径较细，还可吸收较多树脂形成氟树脂层，遮住了玻璃纤维增强材料（如方格布）的纹路，起到表面修饰作用。

短切原丝主要用于玻璃钢中，可分为增强热固性树脂用短切原丝和增强热塑性树脂用短切原丝两大类。对增强热塑性塑料用短切原丝的要求是用无碱玻璃纤维，强度高及电绝缘性好，短切原丝集束性好、流动性好、白度较高。增强热固性塑料短切原丝要求集束性好，易为树脂很快浸透，具有很好的机械强度及电气性能。

磨碎纤维是由锤磨机或球磨机将短切纤维磨碎而成，长度从 0.08 ~0.20 mm 不等。磨碎纤维主要在增强反应注射工艺（RRIM）中用做增强材料；在制造浇铸制品、模具等制品时用做树脂的填料，用以改善表面裂纹现象，降低模塑收缩率，也可用做增强材料。

玻璃布可分为无碱和中碱两类，主要用于生产各种电绝缘层压板、印刷线路板、各种车辆车体、储罐、船艇、模具等，有时还用于生产涂塑包布以及耐腐蚀的场合。玻璃带则常用在制造高强度、电性能好的电器设备零部件中。

第五节　其他纤维

一、天然有机纤维

天然有机纤维主要是指天然生长的植物纤维。由于此类纤维的来源极广，又是一种可再生的资源，故国际上对此类纤维作为增强材料有广泛兴趣。

（一）天然有机纤维的分类

天然植物纤维有多种分类方法，主要有以下两种分类。

1. 按照形态学概念分类

英国学者 Cook 按照形态学概念将天然植物纤维分为四类。

（1）木（纤维素）纤维：由木材、竹、芦苇、甘蔗渣等植物中获得。

（2）茎秆纤维或韧皮纤维：由双子叶植物的茎秆浸解而得。黄麻、亚麻、大麻、苎麻与尼日利亚麻等均属于这一类。

（3）叶纤维：由单子叶植物的叶子中得到的纤维。这类纤维最常见的是剑麻和马尼拉蕉麻。

（4）表皮纤维：由植物果实和种子表皮得到的单细胞纤维，又称果实与种子纤维。如棉花、椰子壳纤维等。

2. 按照处理程度分类

按照处理程度可将天然植物纤维分为两大类：①经加工处理的天然纤维；②未经加工处理的天然纤维。前者实际上是指经打浆处理的木浆纤维，即纤维素纤维，后者实际上是指未经打浆处理的其他植物纤维。

两种常用的打浆方法是化学法和高温热机械法。用化学法打浆产出率低（约 45%），可除去大量对纤维素纤维强度和颜色有负面影响的木质素，得到不同等级的未漂白纤维。用高温热机械法打浆产出率高（约 90%），所得到的纤维中木质素含量较高。

（二）天然有机纤维的性能

表 9-11 给出了几种天然纤维（未经打浆处理）的性能。

表 9-11　几种天然纤维（未经打浆处理）的性能

性能	黄麻	剑麻	椰子壳纤维	甘蔗渣
抗拉强度（MPa）	250～350	280～750	120～200	170～290
弹性模量（GPa）	26～32	13～26	19～26	15～29
断裂伸长率（%）	1.5～1.9	3～5	10～25	—
纤维直径（mm）	0.1～0.2	—	0.1～0.4	0.2～0.4
纤维长度（mm）	1 800～3 000	—	50～350	50～300
吸水率（%）	—	60～70	130～180	5～70

天然植物纤维的极限应变在1% ~5%范围内,远高于水泥基材的极限应变。不同类型植物纤维的应力—应变曲线的性状是不同的,有些曲线可能直到破坏都是线性的,有些曲线则是非线性的。水分含量对植物纤维的力学性能也有很大影响,干燥纤维通常表现为线性应力—应变曲线和脆性破坏特征,而潮湿纤维可能表现出极限应变的增加和弹性模量的降低。

纤维素纤维的长径比约为50。硬木纤维的直径在20 ~60 μm,长度在0.5 ~3.0 mm;软木纤维的直径在20 ~60 μm,长度在2.0 ~4.5 mm。

两种打浆方法得到的纤维素纤维的强度和相对密度见表9-12。

表9-12　纤维素纤维的性能

纤维	相对密度	抗拉强度(MPa)	比强度(MPa)
纤维素纤维,化学打浆(山松)①②	1.5	500	333
纤维素纤维,高温机械打浆(山松)②③	0.5	125	250

注:①松解的纤维;②平均外径38 μm,空心内径33 μm;③假定未松解的纤维细胞壁厚与脱木素的纤维强度相同。

二、合成纤维

合成纤维是以煤、石油与天然气等为主要原料,经化学反应制成高聚合物,再经成丝与后加工而制得的一大类人造纤维。

(一)聚乙烯醇纤维

聚乙烯醇纤维(Polyvinyl alcohol fibre)简称PVA纤维,商品名称为维纶纤维,是以聚乙烯醇为主要原料制成的,具有抗碱性强、亲水性好以及可耐日光老化等优点。

按照弹性模量大小可将聚乙烯醇纤维分为以下三类。

(1)普通PVA纤维:即纺织用纤维。

(2)改性PVA纤维:纤维成丝后经适度拉伸,其抗拉强度和弹性模量较普通PVA纤维有所增强。

(3)高模量PVA纤维:制造过程中初生态纤维经高倍拉伸达到其原长的12倍左右,其分子有较高的取向性,导致抗拉强度和弹性模量显著提高。

表9-13、表9-14分别列出了聚乙烯醇纤维的力学性能和化学性能。

表9-13　聚乙烯醇纤维的力学性能

名称	密度 (g/cm^3)	单丝直径 (μm)	长度 (mm)	抗拉强度 (MPa)	弹性模量 (GPa)	极限伸长率 (%)
普通PVA纤维	1.3	10 ~12	任意	600 ~650	5 ~7	16 ~17
改性PVA纤维	1.3	10 ~12	4.6	800 ~850	12 ~14	11 ~12
高模量PVA纤维	1.3	12 ~14	4.6	1 200 ~1 400	25 ~30	7 ~8

表 9-14　聚乙烯醇纤维的化学性能

改性 PVA 纤维	耐酸性：在浓度为 10% 的常温盐酸溶液中或浓度为 30% 的常温硫酸溶液中纤维强度基本稳定
	耐碱性：在 50% NaOH 溶液中或饱和 $Ca(OH)_2$ 溶液中，纤维强度不下降
	耐溶剂性：不溶于一般溶剂，但在热吡啶、苯酚中膨胀或溶解
	耐日光性：耐日光性好，强度几乎不降低
高模量 PVA 纤维	耐酸性：在浓度为 10% 的常温盐酸溶液中浸泡 7 d，强度保持不变；在浓度为 30% 的常温硫酸溶液中浸泡 7 d，强度下降 3.5%
	耐碱性：在浓度为 3% 的常温 NaOH 溶液中浸泡 24 h，强度保持不变；在浓度为 50% 的常温 NaOH 溶液中浸泡 24 h，强度下降 14%；在常温饱和 $Ca(OH)_2$ 溶液中浸泡 28 d，强度下降 6.7%；在 80 ℃饱和 $Ca(OH)_2$ 溶液中，先加热 6 h，再浸泡 28 d，强度下降 8.6%
	耐溶剂性：在常温工业汽油中浸泡 7 d，强度保持不变；在常温苯液中浸泡 7 d，强度保持不变
	耐日光性：在日光下连续晒 28 d，强度下降 7%

其中，改性 PVA 纤维和高模量 PVA 纤维的物理性能如下：

(1)有一定的亲水性，吸水率为 5% 左右。

(2)在 -50～120 ℃温度范围内，纤维的力学性能变化不大。

(3)热稳定温度为 150 ℃，热分解温度为 220 ℃。

(4)在潮湿环境中，当受热温度超过 130 ℃后，纤维发生较大的收缩且力学性能显著降低，故不宜用维纶纤维制造压蒸水泥制品或硅酸钙制品。

(二)聚丙烯腈纤维

聚丙烯腈纤维(Polyacrylo - nitrile fibre)简称 PAN 纤维，商品名称为腈纶纤维，是由含丙烯腈不少于 85% 的共聚物制得。

聚丙烯腈纤维具有良好的耐碱性和耐酸性，其主要物理性能如下：

(1)有一定的亲水性，吸水率为 2% 左右。

(2)受潮后强度下降率较低，保留率为 80%～90%。

(3)对日光和大气作用的稳定性较好。

(4)热分解温度为 220～235 ℃，可短时间用于 200 ℃。

普通 PAN 纤维主要用于纺织工业，抗拉强度为 200～350 MPa。20 世纪 80 年代初，德国豪霍斯脱公司(Hoechst Aktiengesellschaft)开发高强力的 PAN 纤维，主要用做水泥基材的增强材料。由于在制造工艺上采取了一定的措施使高强力 PAN 纤维与普通 PAN 纤维相比，具有较高的抗拉强度(可达 800 MPa 以上)。表 9-15 列出了三种直径的 PAN 纤维的力学性能。

表 9-15　PAN 纤维的力学性能

纤维直径(μm)	长度(mm)	抗拉强度(MPa)	弹性模量(GPa)	极限伸长率(%)
52	6,12,24	590 ~ 710	16.0 ~ 18.3	6 ~ 9
75	6,12,24	410 ~ 530	14.2 ~ 16.5	6 ~ 9
104	6,12,24	410 ~ 530	14.2 ~ 16.5	6 ~ 9

(三)聚丙烯纤维

聚丙烯纤维(Polypropylene fibre)简称 PP 纤维,商品名称为丙纶纤维,是由等规聚丙烯熔体制成的。此种纤维是合成纤维中密度最小的一种,耐碱与耐酸性好,并且其原料价廉易得,合成工艺简单,售价适中。

聚丙烯纤维按形态可分为以下两种:

(1)聚丙烯单丝纤维:由等规聚丙烯熔融后经若干个喷丝孔直接拉丝制成。纤维截面可呈圆形或异型,若干根单丝经拉伸、定型并短切至一定长度后成为纤维束。纤维束在水中经搅拌或在与水泥基材料拌和过程中即可迅速分离成为单丝纤维。

(2)聚丙烯膜裂纤维:又称聚丙烯网状纤维。由等规聚丙烯熔体经挤出机拉制成为薄膜,再经高温高倍拉伸以提高聚丙烯纤维的定向性并降低薄膜的厚度,然后使薄膜经针辊穿刺成为网状并短切成一定长度的纤维束。束中纤维是相互牵连的,纤维的截面呈矩形。在与水泥基材料拌和过程中,纤维束可分裂成为更细的纤维束,并进而分裂成为若干单根纤维。表 9-16 列出了聚丙烯单丝纤维和聚丙烯膜裂纤维的规格和性能。

表 9-16　聚丙烯单丝纤维和聚丙烯膜裂纤维的规格和性能

纤维类型	密度 (g/cm^3)	直径 (μm)	长度 (mm)	抗拉强度 (MPa)	弹性模量 (GPa)	极限伸长率 (%)	熔点 (℃)	吸水率 (%)
聚丙烯单丝纤维	0.91	26 ~ 62	19	300 ~ 520	3.5	15 ~ 18	160 ~ 170	0
聚丙烯膜裂纤维	0.90 ~ 0.91	48 ~ 62	19 ~ 50	480 ~ 660	3.5 ~ 4.8	15 ~ 20	160 ~ 170	0

(四)聚酰胺纤维

聚酰胺纤维(Polyamide fibre)简称 PA 纤维,商品名称为尼龙纤维,这是一类由酰胺基(-CONH-)与脂肪族基连接成为结构单元的线型聚酰胺制成的合成纤维,其单元结构式为 $-[NHRCONHR'CO]-_{P}$,式中 R 和 R′均为脂肪族基,可根据单元结构中所含碳(C)原子的数目加以命名。

作为增强水泥基材用的聚酰胺纤维主要是尼龙 6 纤维和尼龙 66 纤维。前者的单元结构中有 6 个碳原子,后者的单元结构中有 66 个碳原子。二者的力学性能基本相近,但后者的熔点稍高于前者。

用于增强水泥基材的聚酰胺纤维均为切割成一定长度的束状纤维,束内含有许多截面为圆形的单丝。由于纤维在拉丝过程中经适当的表面处理,在与水泥基材料搅拌时,纤维束可分散成为多根单丝,均匀分布于水泥基材中。表 9-17 列出了增强水泥基材料用的聚酰胺纤维的规格与主要性能。

表 9-17　聚酰胺纤维的规格与主要性能

密度 (g/cm^3)	单丝直径 (μm)	长度 (mm)	抗拉强度 (MPa)	弹性模量 (GPa)	极限伸长率 (%)	吸水率 (%)
1.14~1.16	23	13、19、50	900~960	5.2	约20	2.8~5.0

聚酰胺纤维具有较老的抗拉强度和较好的耐热性，对酸、碱与盐的溶液有很高的耐侵蚀性。

三、陶瓷纤维

具有陶瓷化学组分的纤维称为陶瓷纤维。陶瓷纤维是先进复合材料高性能增强纤维的重要品种。陶瓷纤维除具有有机纤维的高强度、高模量、直径细、可编织的性能外，还具有有机纤维无法比拟的耐高温、抗氧化、高硬度的性能。

（一）氧化铝纤维

氧化铝纤维是以 Al_2O_3 为主要成分的多晶纤维，Al_2O_3 含量可达70%以上。

氧化铝纤维的种类有 $\alpha-Al_2O_3$、$\gamma-Al_2O_3$、$\delta-Al_2O_3$ 连续纤维以及 Al_2O_3 短纤维。氧化铝连续纤维的制造方法有粉浆法、胶体法、熔体纺丝法与有机纤维前驱体法；氧化铝短纤维的制造方法有熔喷法、离心甩丝法、高速气流喷吹纺丝法三种。前两种方法因熔体急冷而成为非晶态纤维，后一种方法所得纤维呈微晶状。各种类型氧化铝纤维的物理力学性能见表9-18。

表 9-18　各种类型氧化铝纤维的物理力学性能

性能	短纤维	连续纤维		
		$\alpha-Al_2O_3$	$\gamma-Al_2O_3$	$\delta-Al_2O_3$
Al_2O_3 含量(%)	80~97	99.5	85	80
密度(g/cm^3)	3.3~3.5	3.90	3.25	3.1
纤维直径(μm)	3	20	17	10
纤维长度(mm)	1~300	连续	连续	连续
拉伸强度(MPa)	1~2①	1.4②	1.8③	1.6③
弹性模量(GPa)	200~300	380	210	—

注：①测试长度1 mm；②测试长度25 mm；③测试长度未报道。

氧化铝纤维的主要特点是拉伸强度和弹性模量均较高，而且还具有热导率低、电化学性能独特和抗腐蚀性等一系列特点，因此广泛应用于复合材料增强材料和耐高温绝热材料。

氧化铝连续纤维可编织成无维布、编织带、绳索等各种特殊的形状来应用，主要用于增强 Al、Ti 和 SiC 等其他非氧化陶瓷制备复合材料柔性隔热材料。由于纤维与基体有良好的相容性，其复合材料已应用在超音速飞机、火箭发动机喷管和垫圈材料。氧化铝短纤维主要应用于绝热耐火材料、冶金炉、陶瓷烧结炉或其他高温炉的保温材料。

（二）碳化硅纤维

碳化硅纤维是以硅和碳为主要成分的多晶陶瓷纤维，在形态上有晶须和连续纤维两种。连续碳化硅纤维按制造方法的不同分为两种：一种是在连续的钨丝或碳丝上沉积SiC后再经表面涂层制得SiC纤维的化学气相沉积法(CVD)；另一种是由含硅碳的高聚物为先驱体纺成丝后再用烧结法制成SiC纤维的先驱体转化法。

SiC纤维具有很高的抗拉强度和弹性模量，具有优异的抗氧化性、耐高温、耐腐蚀、抗中子辐射及具有电磁波透过、吸收特性。它是热结构复合材料理想的增强纤维的重要品种之一。表9-19列出了SiC纤维的主要性能。

表9-19　SiC纤维的主要性能

SiC纤维品种	密度 (g/cm^3)	单丝直径 (μm)	抗拉强度 (MPa)	弹性模量 (GPa)	极限伸长率 (%)	耐热温度 (℃)
气相法SiC纤维	3.10	102~142	2 400~3 400	360~400	—	1 250
先驱体法SiC纤维	2.55	10~15	2 450~2 490	176~196	—	1 250
含钛SiC纤维	2.40	8~12	2 740	196	1.4~1.7	1 300

(三)硼纤维

硼纤维是高性能复合材料重要的增强纤维的品种之一，是用化学气相沉积法使硼(B)沉积在钨丝或碳纤维状心材上制得的直径为100~200 μm的连续单丝。用CVD法在芯丝上制得硼纤维的方法主要有硼的氢化物热分解法和硼卤化物的还原法。

硼纤维具有其他连续陶瓷纤维难以相比拟的强度、模量和密度。它的密度仅2.4~2.6 g/cm^3，弹性模量高达400 GPa，是普通玻璃纤维的5~7倍，拉伸强度为3.5 GPa，超过钢的强度，是制备高性能复合材料用的优异的增强纤维。

硼纤维的典型特性如表9-20所示，其性能受沉积条件和纤维直径的影响。

表9-20　硼纤维的典型特性

性能	B						BoSiC			
	B/W			B/C			BoSiC/W		BoSiC/C	
直径 (μm)	102	142	203	102	142	203	107	147	107	147
密度 (g/cm^3)	2.31	2.31	2.30	2.29	2.29	2.29	2.32	2.32	2.31	2.31
拉伸强度 (GPa)	3.24~3.51	3.24~3.51	3.30~3.50	3.10	3.17	3.24	3.24	3.17	3.17	—
弹性模量 (GPa)	378~400	378~400	378~400	345~358	345~358	345~365	378~400	378~400	351~365	351~365

本章小结

水泥基材料的主要缺点是抗拉强度低、脆性大和易开裂。在水泥基材料中掺加纤维有助于克服其缺点、改善性能并进一步扩大应用领域。纤维和纤维增强材料已经越来越受到人们的重视。本章详细介绍了纤维增强理论,并就钢纤维、碳纤维、玻璃纤维、有机纤维等分别加以详尽的介绍,包括其典型的品种、性能和应用领域等。

本章重点了解纤维增强理论中的基于复合材料力学理论的混合定律,和建立在断裂力学基础上的纤维间距理论;了解钢纤维、碳纤维以及其他纤维的品种、性能和应用领域。

思考题

9-1　简述两种纤维增强理论。

9-2　纤维增强混凝土的主要优势是什么?解释这种混凝土是如何获得这些特性的?

9-3　简述纤维增强混凝土适宜的原材料选择。如何协调其韧性和工作性的要求?

9-4　玻璃纤维用于水泥基材料时,有哪些注意事项?

第十章　木　材

木材是人类最早使用的建筑材料之一。在建筑工程中，木材和水泥、钢材居于同等重要的地位，成为三大建筑材料之一。从人类原始社会"穴居巢处"到出现"版筑建筑"都有着木材使用的印迹，在我国古代有许多典型的木结构的建筑代表，如世界闻名的天坛祈年殿（见图10-1）、山西应县木塔（见图10-2）等。近年来，虽然出现了许多新型建筑材料，但由于木材具有其独特优点，至今仍广泛应用。在建筑工程中，木材可用做桁架、梁、柱、门窗、地板、脚手架及混凝土模板、室内装修等。

图10-1　天坛祈年殿

图10-2　山西应县木塔

作为建筑材料，木材具有如下优良性能：轻质高强，即比强度高；弹性和韧性较高，耐冲击和振动；木质轻软，易于加工，大部分木材都具有美丽的纹理，易于着色和油漆，是建筑装修和制作家具的理想材料；对热、声、电的绝缘性好；如长期保持干燥或长期置于水中，耐久性较高。基于以上优点，木材被誉为世界上最成功的纤维复合材料。但木材也存在如下缺点：内部构造不均匀，导致各向异性；含水量易随周围环境湿度变化而改变，即易湿胀干缩；易腐朽虫蛀及易燃烧；天然疵病较多；尺寸受到限制等。但是经过一定的加工和处理，这些缺点可以得到相当程度的减轻。

第一节　木材的分类与构造

一、木材的分类

自然界的树木种类很多，通常按照树种分为针叶树和阔叶树两大类。

（一）针叶树

针叶树树叶常呈针状（如松树）或鳞片状（如侧柏），树干通直高大，枝杈较小，分布较密，纹理顺直，材质均匀，易得大材。木质较轻软而易于加工；强度较高；胀缩变形较小；耐腐性强。建筑中常用于承重构件和门窗、地面材及装饰材。常见的有红松、落叶松、冷杉、雪杉、柏树等也包括宫扇形叶的银杏。

(1)红松:主要产地是东北长白山、小兴安岭。主要特征是心材黄褐色微带肉红,故有红松之称。年轮分界明显;木射线细,树脂道多;材质轻软。纹理直,干燥性能良好;耐水、耐腐。

(2)马尾松:主要产地是山东、长江流域以南各省及台湾。主要特征是心材深黄褐色,微红;年轮极明显,很宽;木射线细,树脂道大而多,横切面有明显油脂圈,材质硬度中等,纹理直或斜,不匀,结构偏粗;干燥时翘裂较严重,不耐腐。

(3)落叶松(黄花松):主要产地是东北小兴安岭。主要特征是树皮暗灰色,心材黄褐色至棕褐色;年轮分界明显,木射线细,树脂道小而少,肉眼可见,材质略重,材质硬度中等,纹理直,不匀,结构粗;强度高,抗弯力大,干燥性能不佳,干缩性大,易干裂,翘曲变形,透水性不良,加工性能不好,着钉时容易开裂。

(4)杉木:主要产地是长江流域及江南各省和台湾。主要特征是树皮灰褐色,纵向浅裂,易剥落成长条状,内皮红褐色。年轮极明显,木射线细,木材有光泽,香气浓厚,髓斑明显;材质轻,纹理直而均匀;结构中等。干燥性能良好;易加工,但切削面易起毛,耐腐蚀和经久性强。

(二)阔叶树

阔叶树材大多为落叶树,树叶多数宽大,叶脉成网状;树干通直部分较短,树杈较大,数量较少。材质重硬而较难加工,又称硬材;强度高;胀缩变形大,易翘曲开裂。建筑上常用做尺寸较小的构件,不宜做承重构件。有些树种纹理美观,常用于内部装修,家具及胶合板等。常用树种有榆木、水曲柳、柞木、青岗木、栎木、杨木、桦木、槐木等。

(1)毛白杨(大叶杨、白杨):主要产地是华北、西北、华东。主要特征是树皮暗青灰色,平滑,有棱型凹痕;年轮明显;木材浅黄色,髓心周围因腐朽常呈红褐色;材质轻柔,纹理直,结构细而密,容易干燥,不翘曲,但耐久性差,加工困难,锯解时易发生夹锯现象,旋刨困难,切面发毛;胶接和涂装性能较好。

(2)核桃楸(楸木,胡桃楸):主要产地是东北,河北和河南。主要特征是树皮暗灰褐色,平滑,交叉纵裂,裂沟梭形;心边材明显,心材淡灰褐色稍带紫,年轮明显,木材重量及硬度中等,结构略粗;颜色花纹美丽;强度中等,富有韧性;干燥部易翘曲,耐磨性强;加工性能良好,胶接,涂饰着色性都很好。

(3)白桦(桦木):主要产地是东北各省。主要特征是外皮表面光滑,粉白色并带有白粉;老龄时灰白色,成片状剥落,表面有横生纺锤形或线性皮孔;心边材不明显,年轮略明显;木材略重而硬,结构细,强度大,富弹性;干燥过程中易干裂及翘曲;加工性能良好,且削面光滑;不耐腐蚀;涂饰性能良好。

(4)紫椴(椴木):主要产地是东北、山东、山西、河北、主要特征是树皮土黄色,一般平滑,纵裂,裂沟浅,表面单层翘离,内皮粉黄色,心边材不明显,材色黄白略带褐色,年轮较明显,木材略轻软,纹理通直,架构略细,有绢丝光泽,加工性能良好,切削面光滑,干燥时稍有翘曲,但不易开裂;不耐腐蚀,着色、涂饰、胶接性能良好。

(5)水曲柳:主要产地是东北,内蒙古等。主要特征是树皮灰白微黄,皮沟纺锤形,内皮淡黄色,味苦,心边材明显,边材窄、黄白色,心材褐色略黄:年轮明显,材质略重而硬;纹理直,花纹。

二、木材的构造

木材的性质主要由其改造决定的。树种及生长环境的不同,其性质有差异。木材的构造是决定木材性能的重要因素。因此,研究木材的构造能掌握木材性质,从而决定合理地使用木材。研究木材的构造通常从宏观和微观两方面进行。

(一)木材的宏观构造

木材的宏观构造是指用肉眼和放大镜就能观察到的木材组织。由于木材构造的不均匀性,研究木材各种性能时,必须从不同方向观察其宏观结构。通常从树干的三个切面:横向、径向、弦向三个切面进行研究,如图 10-3 所示。

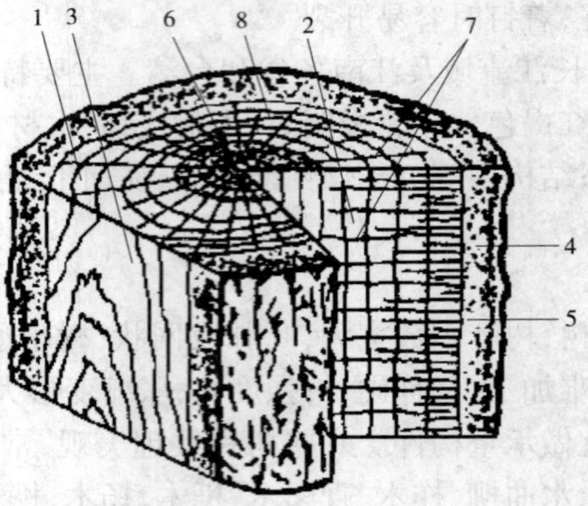

图 10-3 木材的宏观构造

1—横切面;2—径切面;3—弦向切面;4—树皮;5—木质部;6—髓心;7—髓线;8—年轮

横切面:指与树干主轴或木纹相垂直的切面。可观察到各种轴向分子的横断面和木射线的宽度。

径切面:指顺着树干轴线、通过髓心与木射线平行的切面。可观察到轴向细胞的长度和宽度以及木射线的高度和长度。年轮在径切面上呈互相平行的带状。

弦切面:顺着木材纹理、不通过髓心而与年轮相切的切面。在弦切面上年轮呈“V”字形。

由横切面可知,树木由树皮、木质部、髓心三部分组成。其中树皮是指木材外表面的整个组织,覆盖在木质部外面,起保护树木的作用,建筑上用途不大。针叶树材树皮一般呈红褐色,阔叶树材多呈褐色;髓心亦称树心,为树干中心的松软部分,是树木最早形成的部分,由髓心呈放射状横向分布的纤维称为髓线。各种树木的髓线宽细不同,针叶树的髓线非常细小,目力不易辨别,阔叶树髓线发达,有的目力可辨。髓线与周围连结较差,木材干燥时,易沿此开裂。材性低劣,易于腐朽,不适宜做结构材;木质部是髓心与树皮之间的部分,木质部是木材作为建筑材料使用的主要部分,研究木材的构造主要是指木质部的构造。许多树种的木质部接近树干中心颜色较深的部分,称为心材。心材是由树干中心部分较老的细胞,随着树龄的增加而逐渐失去生活机能所形成的,仅起支持树干的力学作用。心材内部储有较多的树脂(针叶树材)和单宁等物质,其他液体不易浸透,含水量较少,所以湿胀干缩较小,抗腐蚀性也较强。靠近横切面的外部,颜色较浅的部分称为边材。

材色较浅，具有生理功能，能运输和储藏水分、矿物质和营养物；心材比边材的利用价值大。

树木成长呈周期性，每个生长周期所形成的木材，从横切面上看，围绕着髓心构成的同心圆称为生长轮。温带和寒带地区的树木，一年生长一圈，故生长轮又可称为年轮。同一年轮内有深浅两部分。春天细胞分裂速度快，细胞腔大，胞壁较薄、形体较大、颜色较浅、材质较松软，称为春材（早材）；夏秋两季细胞分裂速度慢，细胞腔小，胞壁较厚、组织致密、颜色较深、材质较硬，称为夏材（晚材）。相同树种，年轮越密而均匀，材质越好；晚材部分愈多，木材强度愈高。通常，用横切面上沿半径方向一定长度中，所含晚材宽度总和的百分率（即晚材率）来衡量木材的质量。

在热带地区，树木一年四季均可生长，故无早材、晚材之别。

（二）木材的显微构造

木材的显微构造是指借用显微镜才能看清的木材组织。在显微镜下可以观察到，木材是由无数管状细胞结合而成，有纵向的（占大部分），有横向的（少数部分）。每个细胞有细胞壁和细胞腔。细胞壁是由纤维素（占 1/2），半纤维素（占 1/4）和木质素（占 1/4）组成。细胞壁是由若干层细纤维组成，其间微小的孔隙能吸收和渗透水分。细纤维在纵向联结牢固，横向松弱。木材的细胞壁愈厚，细胞腔愈小，木材愈致密，体积密度和强度也愈大，但胀缩也大。春材细胞壁薄腔大，夏材则壁厚腔小。

木材中纵向排列的细胞按功能分为：管胞、导管和木纤维。

木材的细胞壁越厚，细胞腔越小，木材越致密，体积密度和强度也越大，但胀缩也大。针叶树与阔叶树在微观构造上有较大差异，如图 10-4 和图 10-5 所示。

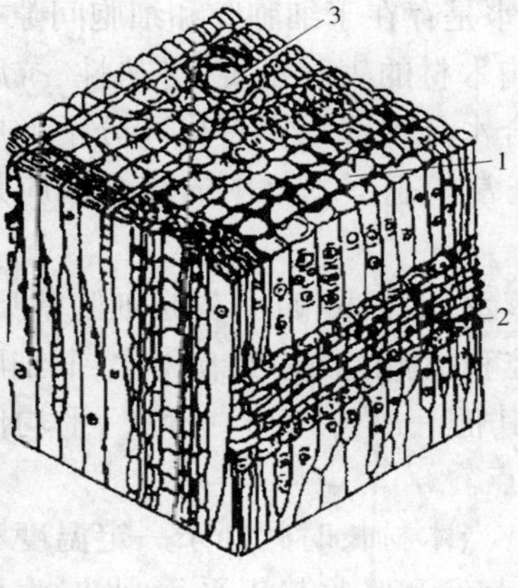

图 10-4　针叶树马尾松微观构造

1—管胞；2—髓线；3—树脂道

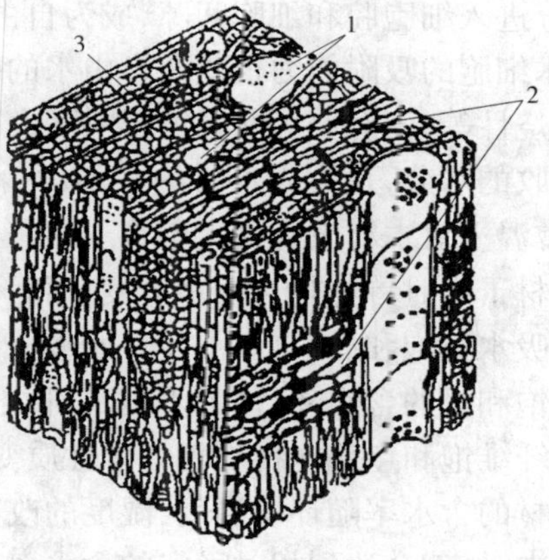

图 10-5　阔叶树柞木微观构造

1—导管；2—髓线；3—木纤维

针叶树：简单而规则，主要由管胞、木薄壁组织、木射线、树脂道组成。阔叶树材：较复杂，其细胞主要有导管、阔叶树材管胞、木纤维、木射线和木薄壁组织、树胶道等。阔叶树材组成的细胞种类比针叶树材多，且比较进化。最显著的是针叶树材组成的主要分子——管胞既有输导功能，又有对树体的支持机能；而阔叶树材则不然，导管起输导作用，木纤维则起支持树体的机能。针叶树材与阔叶树材的最大差异（除极少数树种例外），是前者无导管，而后者具有导管，有无导管是区分绝大多数阔叶材和针叶材的重要标志。此外，阔叶树材比针叶树材的木射线宽、列数也多；薄壁组织类型丰富、且含量多。

第二节　木材的物理力学性质

木材的物理力学性质主要有含水率、湿胀干缩、强度等，其中含水率对木材的湿胀干缩和强度影响很大。

一、木材的物理性质

(一)密度与表观密度

木材的密度是指构成木材细胞壁物质的密度。密度具有变异性，即从髓到树皮或早材与晚材及树根部到树梢的密度变化规律随木材种类不同有较大的不同。木材密度基本相等，平均为 1.55 g/cm^3。但表观密度差别很大，小的能到 280 kg/m^3（泡桐），高的能到 1 128 kg/m^3（蚬木），大多数木材的表观密度都在 400～600 kg/m^3，平均为 500 kg/m^3。

(二)吸湿性与含水率

木材中所含水的质量占木材干燥质量的百分比，即含水率。

木材所含水分包括存在于细胞壁内的吸附水和细胞腔内的自由水，以及木材中的化学结合水。

吸附水存在于细胞壁内各木纤维中，这部分水对木材的干湿变形和力学强度有明显的影响。当干燥的木材从大气中吸收水分时，通常先由细胞壁吸收成为吸附水；达到饱和后，水分进入细胞腔和细胞间隙，成为自由水。自由水是存在于细胞腔和细胞间隙中的水分，对木细胞的吸附能力很差。自由水的变化只影响木材的表观密度、导热性、抗腐朽能力和燃烧性等，而对变形和强度影响不大。化学结合水是木纤维中有机高分子形成过程中所吸收的水分，是构成木材的必不可少的组分，正常状态下木材中的结合水应是饱和的，在常温下对木材没有太大影响。

木材干燥时首先是自由水蒸发，而后是吸附水蒸发；木材吸潮时，先是细胞壁吸水，细胞壁中吸水达饱和后，自由水才开始吸入。当细胞腔和细胞间隙中无自由水，而细胞壁吸附水达饱和时的含水率，称为木材的纤维饱和点。其值一般为 25%～35%，平均值约为 30%。纤维饱和点是木材物理力学性质变化的转折点。

木材的含水率随环境温度、湿度的改变而变化。当木材长时间处于一定温度和湿度的空气中时，就会达到相对稳定的含水率，即水分的蒸发和吸收趋于平衡，此时木材的含水率称为平衡含水率。图 10-6 为木材在不同温度和湿度环境中相应的平衡含水率。新伐木材含水率一般在 35% 以上，风干木材含水率为 15%～25%，室内干燥木材含水率常为 8%～15%。

(三)湿胀干缩

木材具有显著的湿胀干缩性，主要是由木材的纤维细胞组织构造决定的。当木材从潮湿状态干燥至纤维饱和点时，其体积和尺寸不变化，仅仅是自由水蒸发，重量减少。继续干燥，含水率低于纤维饱和点而细胞壁中吸附水蒸发时，则发生体积收缩。反之，干燥

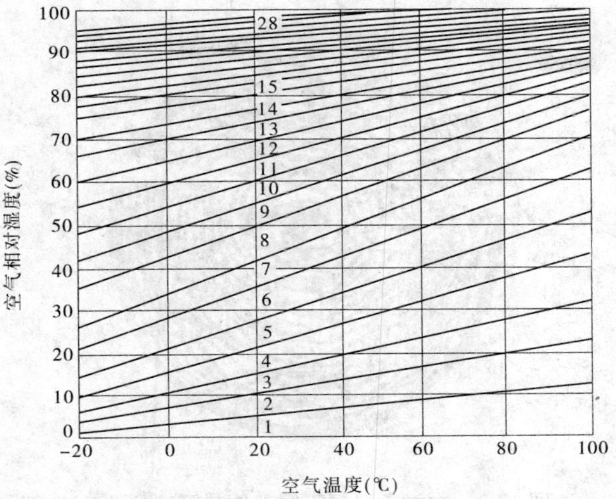

图 10-6　木材平衡含水率与空气相对湿度和温度的关系

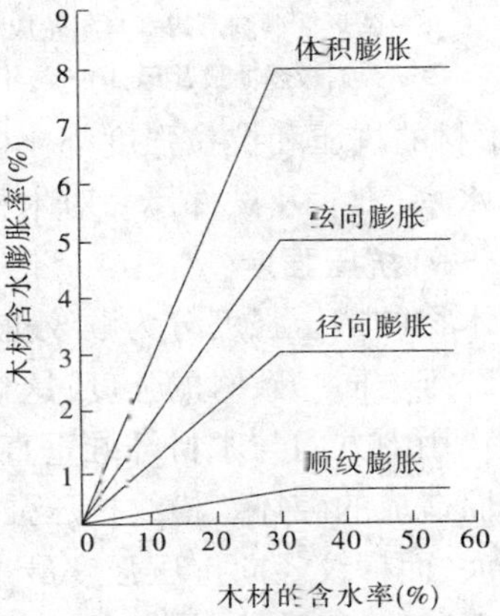

图 10-7　木材含水率与胀缩变形的关系

木材吸湿时,将发生体积膨胀,直至含水量达到纤维饱和点时为止,此后继续吸湿,不再膨胀。

由于木材构造不均匀,各方向的胀缩也不同。同一木材,弦向胀缩最大,径向次之,而顺纤维的纵向最小(见图 10-7)。

木材湿胀干缩程度随树种不同而异。一般,表观密度大的,夏材含量多的,胀缩较大。木材的湿胀干缩对木材的使用有严重的影响,湿胀会造成木材凸起,干缩会导致木结构构件连接处产生隙缝而松动。如长期受到湿胀干缩的交替作用,会使木材产生翘曲开裂(见图 10-8)。为了避免这种情况,潮湿的木材在加工或使用之前应预先进行干燥处理,使木材内的含水率与将来使用的环境湿度相适应。因此,木材应预先干燥至平衡含水率后才能加工使用。

(四)其他物理性质

木材的导热系数随其表观密度增大而增大。顺纹方向的导热系数大于横纹方向。木材具有较好的吸声性能,故常用软木板、木丝板、穿孔板等作为吸声材料。木材具有良好的电绝缘性。当木材的含水量提高或湿度升高时,木材的电阻会降低,电绝缘性变差。

二、木材的力学性质

木材是一种天然的、非匀质的各向异性材料,由于木材构造的不均质性,致使木材的各种力学强度都具有明显的方向性。木材的强度主要有抗压、抗拉、抗剪及抗弯强度,而抗压、抗拉、抗剪强度又有顺纹、横纹之分。所谓顺纹,是指作用力方向与纤维方向平行;横纹是指作用力方向与纤维方向垂直。木材的顺纹与横纹强度有很大差别。在顺纹方

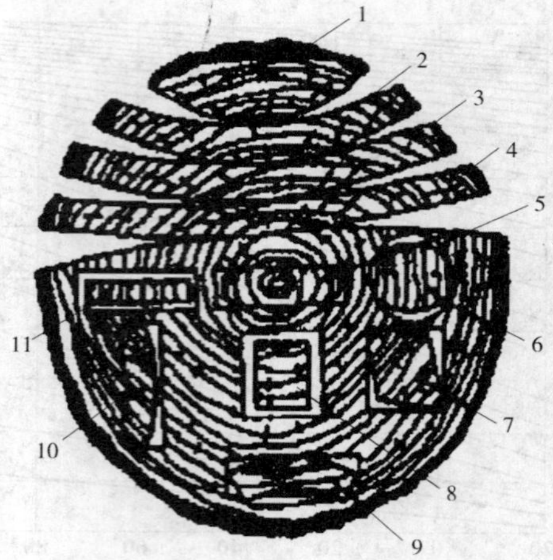

图 10-8　木材干燥后不同部位截面性状的改变

1—弓形成橄榄核状;2,3,4—弦锯板呈瓦形反翘;5—通过髓心的径锯板两头缩小呈纺锤形;
6—圆形变椭圆形;7—与年轮成对角线的正方形变菱形;8—两边与年轮平行的正方形变长方形;
9—弦锯板翘曲成瓦形;10—与年轮呈 40°角的长方形呈不规则翘曲;11—边材径锯板收缩较均匀

向,木材的抗压和抗拉强度都比横纹方向高得多,而横纹方向,弦向又不同于径向。木材的含水率、疵病及试件尺寸对木材强度都有显著的影响。

(一)抗压强度

木材的抗压强度分为顺纹抗压强度和横纹抗压强度。顺纹抗压强度为作用力方向与木材纤维方向一致时的强度,这种受压破坏是细胞壁失去稳定而非纤维的断裂。横纹抗压为作用力方向与木材纤维垂直时的强度,这种受压破坏是木材横向受力压紧产生显著变形而造成的破坏。横纹抗压强度又分弦向与径向两种。顺纹抗压强度比横纹弦向抗压强度大,而横纹径向抗压强度最小。木材的横纹抗压强度与顺纹抗压强度的比值因树种不同而异,一般针叶树横纹抗压强度约为顺纹的 10%,阔叶树则为 15% ~20%。顺纹抗压强度是木材各种力学性质中的基本指标,是确定木材强度等级的依据。广泛用于受压构件中,如柱、桩、斜撑、桁架中承压杆件等。

(二)抗拉强度

木材抗拉强度有顺纹和横纹两种。但横纹抗拉强度值很小,因此使用时应尽量避免木材受横纹拉力,而顺纹抗拉强度则是木材所有强度中最大的。顺纹受拉破坏时,往往不是纤维被拉断而是纤维间被撕裂。木材的疵病如木节、斜纹、裂缝等都会使顺纹抗拉强度显著降低。同时,木材受拉杆件连接处应力复杂,这是顺纹抗拉强度充分利用的原因。

(三)抗剪强度

木材受剪时,根据剪力与木材纤维之间的作用方向可分为顺纹剪切、横纹剪切和横纹剪断三种强度,如图 10-9 所示。

木材在不同剪力作用下,木纤维的破坏方式不同,因而表现为横纹剪断强度最大,顺纹剪切次之,横纹剪切最小。用于建筑工程中的木构件受剪情况比受压、受弯和受拉少得多。

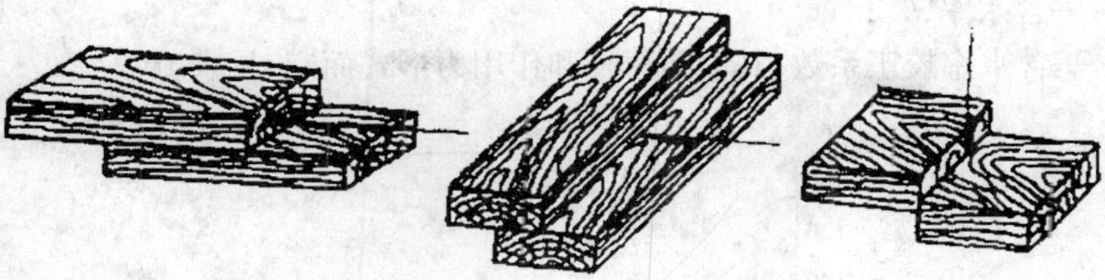

(a) 顺纹剪切　(b) 横纹剪切　(c) 横纹剪断

图 10-9　木材的剪切

(四)抗弯强度

木材具有较高的抗弯强度,木材受弯由时会产生压、拉、剪等复杂的应力。受弯构件上部为顺纹抗压,下部为顺纹抗拉,而在水平部位则产生剪切力。木材受弯破坏时,受压区首先达到强度极限,产生大量变形,但构件仍能继续承载,随着外力增大,当下部受拉区也达到强度极限时,纤维本身及纤维间接连断裂,最后导致破坏。

一般抗弯强度高于顺纹抗压强度 1.5 ~2.0 倍。木材种类不同,其抗弯强度也不同。因此,在建筑中广泛用做受弯构件,如梁、桁架、脚手架、瓦条、桥梁及地板等。

木材因各向异性,各种强度差异很大,为便于比较,各种强度之间比例关系见表 10-1。

表 10-1　木材各种强度之间的比例关系

抗拉		抗压		抗剪		弯曲
顺纹	横纹	顺纹	横纹	顺纹	横纹	
2 ~ 3	1/3 ~ 1/20	1	1/3 ~ 1/10	1/7 ~ 1/3	1/2 ~ 1	1.5 ~ 2.0

注:表中以顺纹抗压强度极限为 1,其他各项强度皆为其倍数。

(五)影响木材强度的主要因素

1. 木材纤维组织

木材受力时,主要靠细胞壁承受外力,细胞纤维组织越均匀密实,强度就越高。如夏材比春材的结构密实、坚硬,当夏材含量(夏材率)高时,木材强度较高。

2. 含水率

木材的含水率对强度影响很大。当木材含水率在纤维饱和点以下变化时,含水率增大,强度降低,这是因为细胞壁的水分增加后使细胞壁及其中的亲水胶体变软的缘故;反之,则强度增大。但是,含水率在纤维饱和点以上变化时,木材强度不变,因为此时仅仅是自由水发生变化。

木材含水率变化一般对抗弯和顺纹抗压强度的影响较大,对顺纹抗剪强度影响较小,而对顺纹抗拉强度几乎没有影响,如图 10-10 所示。

为了便于比较,国家规定木材强度以含水率为 12% 时的强度为标准值,其他含水率时的强度,应按式(10-1)换算:

$$\sigma_{12} = \sigma_{\omega}[1 + \alpha(\omega - 12)] \tag{10-1}$$

式中　σ_{12}——含水率为 12% 时的强度,MPa;

σ_{ω}——含水率为 ω% 时的强度,MPa;

ω——含水率,%;

α——含水率校正系数,其值随树种和作用力形式而定,见表 10-2。

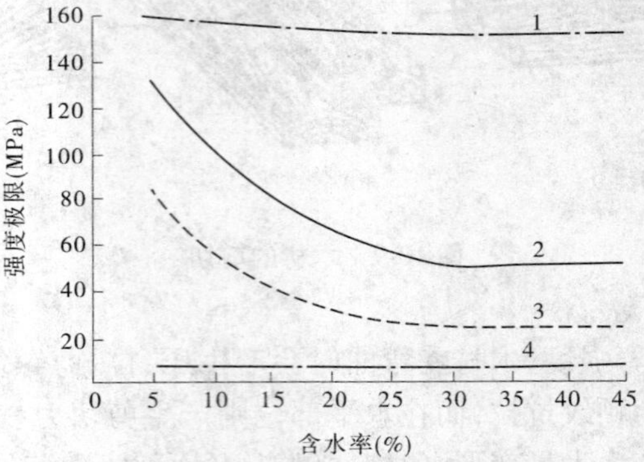

图 10-10 含水率对木材强度的影响

1—顺纹抗拉;2—弯曲;3—顺纹抗压;4—顺纹抗剪

表 10-2 木材的含水率校正系数

强度类型	树种	α
顺纹抗压	红松、落叶松、杉榆、桦树	0.05
	其他树种	0.04
静力弯曲	所有树种	0.04
抗剪	不分树种和剪切类型	0.03
顺纹抗拉	阔叶树	0.015

3. 温度

环境温度对木材的强度有直接影响。当木材温度升高时,组成细胞壁的成分会逐渐软化,强度随之降低。在通常的气候条件下,温度升高不会引起木材化学成分的改变,温度降低时,木材还将恢复原来的强度。但当木材长期处于 40 ~ 60 ℃时,木材会发生缓慢碳化;当木材长期处于 60 ~ 100 ℃时,会引起木材水分和所含挥发物的蒸发;当温度在 100 ℃以上时,木材开始分解为组成它的化学元素。所以,如果环境温度可能长期超过 50 ℃时,不应采用木结构。

当环境温度降至 0 ℃时,木材中的水分结冰,强度将增大,但木质变得较脆,一旦解冻,木材各项强度都将低于未冻时的强度。

4. 负荷时间

木材的长期承载能力远低于暂时承载能力。木材在外力长期作用下,即使未达强度极限也会破坏,只有当其应力远低于强度极限的某一范围以下时,才可避免木材因长期负荷而破坏。这是由于在长期受荷载情况下,木材会发生纤维等速蠕滑,累积后产生较大变形而降低了承载能力。抵抗短时间外力破坏的能力,用木材极限强度表示。抵抗长期荷载作用所能承受的最大强度,用持久强度表示。木材的持久强度比其极限强度小得多,一般为极限强度的50%～60%（见图10-11）。因而木结构中木材许可应力值远低于木材强度。一切木结构都处于某一种负荷的长期作用下，因此在设计木结构时，应考虑负荷时间对木材强度的影响。

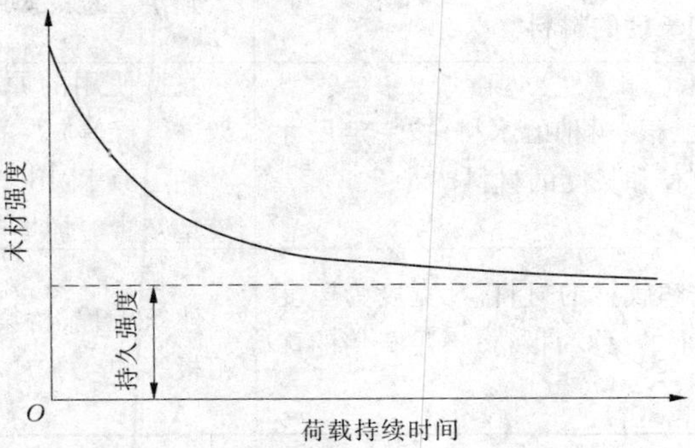

图10-11　木材的持久强度

5.疵病

木材在生长、采伐、保存及加工过程中，会产生内部和外部的缺陷，这些缺陷统称为疵病。疵病主要有天然生长的缺陷（木节、构造缺陷、腐朽及虫害等）和加工后产生的缺陷（如裂缝、翘曲等）。一般木材或多或少都存在一些疵病，其使木材的物理力学性质受到影响，但同一疵病对木材不同强度的影响不尽相同。

木节分为活节、死节、松软节和腐朽节等几种，活节影响最小。木节使木材顺纹抗拉强度显著降低，对顺纹抗压影响最小。在木材受横纹抗压和剪切时，木节反而增加其强度。斜纹为木纤维与树轴成一定夹角，斜纹严重降低木材的顺纹抗拉强度，抗弯次之，对顺纹抗压强度影响较小。裂纹、腐朽和虫害等疵病，会造成木材构造的不连续性或破坏其组织，因此严重影响木材的力学性质，有时甚至能使木材完全失去使用价值。

构造缺陷：凡是树干上由于正常的木材构造所形成的各种缺陷称为构造缺陷。各种构造缺陷，均会影响木材的力学性能。如斜纹、涡纹，会降低木材的顺纹抗拉、抗弯强度。应压木（偏宽年轮）的密度、硬度、顺纹抗压和抗弯强度均比正常木大，但抗拉强度及冲击韧性比正常木小，纵向干缩率大，因而翘曲和开裂严重。

腐朽：木材由于木腐菌的侵入，逐渐改变其颜色和结构，使细胞壁受到破坏，变得松软易碎，呈筛孔状或粉末状等形态，称为腐朽。腐朽严重影响木材的物理、力学性质，使其质量减轻、吸水性增大，强度、硬度降低。

裂纹：木材纤维与纤维之间的分离所形成的裂隙称为裂纹。裂纹，特别是贯通裂纹会破坏木材完整性、降低木材的强度，尤其是顺纹抗剪强度。

第三节　木材在工程中的应用

一、木材的种类

建筑工程中常用木材，按其用途和加工程度有圆条、原木、锯材三类，如表10-3所示。

表 10-3 木材的分类

分类名称	说明	主要用途
原条	除去皮、根、树梢的木料，按一定尺寸加工成规定直径和长度的材料	建筑工程的脚手架、建筑用材、家具等
原木	已经除去皮、根、树梢的木料，按一定尺寸加工成规定直径和长度的材料	直接使用的原木：用于建筑工程（如屋架、檩、椽等） 加工原木：用于胶合板、造船、车辆、机械模型及一般加工用材
锯材	已经加工锯解成材的材料，凡宽度为厚度 3 倍或 3 倍以上的，称为板材；不足 3 倍的称为方材	建筑工程、桥梁、家具、造船、车辆、包装箱板等

木材是传统的建筑材料，在古建筑和现代建筑中都得到了广泛应用。在结构上，木材主要用于构架和屋顶，如梁、柱、桁檩和斗拱等。我国许多古建筑物均为木结构，它们在建筑技术和艺术上均有很高的水平，并具独特的风格。

木材加工制作方面，广泛用于房屋的门窗、地板、天花板、扶手、栏杆、隔断和搁栅等。

同时，在国内外，木材历来被广泛用于建筑室内装修与装饰，它给人以自然美的享受，还能使室内空间产生温暖与亲切感，并能达到很高的艺术装饰效果。

另外，木材在建筑工程中还常用做混凝土模板等。

二、木材的综合利用

我国是森林资源贫乏的国家之一，林木生长又缓慢，这与我国高速发展的经济建设需用大量木材，形成日益突出的矛盾。因此，在土木工程中，一定要经济合理地使用木材，做到长材不短用，优材不劣用，并加强对木材的防腐、防火处理，以提高木材的耐久性，延长使用年限。同时，想方设法充分利用木材的边角碎料，生产各种人造板材，这是对木材进行综合利用的重要途径。

木材经加工成型材和制作成构件时，会留下大量的碎块废屑，将这些下脚料进行加工处理，就可制成各种人造板材（胶合板原料除外）。

（一）胶合板

胶合板（见图 10-12）是由木段旋切成单板或由木方刨切成薄木，再用胶粘剂胶合而成的三层或多层的板状材料，通常用奇数层单板，并使相邻层单板的纤维方向互相垂直胶合而成。土木建筑工程中常用的是三合板和五合板。我国胶合板目前主要采用水曲柳、椴木、桦木、马尾松及部分进口原木制成。

图 10-12 胶合板

胶合板大大提高了木材的利用率,其主要特点是:材质均匀,强度高,无疵病;幅面大,使用方便,板面具有美丽的木纹,装饰性强,并吸湿变形小,不翘曲开裂。

胶合板具有真实、立体和天然的美感,广泛用做建筑物室内隔墙板、护壁板、顶棚板、门面板以及各种家具及装修。常见的胶合板的分类见表10-4。

表10-4　胶合板的分类

序号	分类	品种
1	按板的结构分	胶合板;夹心胶合板;复合胶合板
2	按胶黏性能分	室外用胶合板;室内用胶合板
3	按表面加工分	砂光胶合板;刮光胶合板;贴面胶合板;预饰面胶合板
4	按处理情况分	未处理过的胶合板;处理过的胶合板(如浸渍防腐剂)
5	按形状分	平面胶合板;成型胶合板
6	按用途分	普通胶合板;特种胶合板

(二)纤维板

纤维板(见图10-13)是以植物纤维为原料,经过纤维分离、施胶、干燥、铺装成型、热压、锯边和检验等工序制成的板材,生产纤维板可使木材的利用率达90%以上,是人造板主导产品之一。按密度不同纤维板分为硬质纤维板、高密度纤维板、中密度纤维板和软质纤维板,其性质与原料种类、制造工艺的不同有很大差异。硬质纤维板的密度为800 kg/m^3以上,常为一面光。中密度纤维板的密度为450～880 kg/m^3,广泛用于建筑和家具生产等行业,亦可用做包装材料。软质纤维板的密度在400 kg/m^3以下。纤维板的主要性能检测项目:静曲强度、弹性模量、吸水厚度膨胀率、甲醛释放量等。

图10-13　纤维板

纤维板使木材达到充分利用,其特点是材质构造均匀,各向强度一致,抗弯强度高(可达55 MPa),耐磨,绝热性好,不易胀缩和翘曲变形,不腐朽,无木节、虫眼等缺陷。

(三)刨花板、木丝板、细木工板

1. 刨花板

刨花板是用木材碎料为主要原料,再掺加胶水、添加剂经压制而成的薄型板材(见图10-14)。按压制方法刨花板可分为挤压刨花板、平压刨花板两类。刨花板的规格尺寸,长度方向有915、1 220、1 525、1 830、2 135 mm,宽度有915、1 000、1 220 mm,厚度有6、8、10(12)、13、16、19、22、25、30 mm等。此类板材主要优点是价格便宜、良好的吸音和隔音性能、绝热性;横向承重力好、防潮性能较强、吸收水分后膨胀系数较小等。其缺点也很明显:强度极差。内部为颗粒状结构,不易于铣型;在裁板时容易造成暴齿的现象,所以部分工艺对加工设备要求较高;不宜现场制作。可用做隔墙板、顶棚板等,一般不适宜制作较大型或者有力学要求的家具。

作为评定刨花板质量的依据及使用时考虑的主要性能，在物理性质方面有密度、含水率、吸水性、厚度膨胀率等；在力学性质方面有静力弯曲强度、垂直板面抗拉强度（内胶结强度）、握钉力、弹性模量和刚性模量等；在工艺性质方面有可切削性、可胶合性、油漆涂饰性等。对特殊用途的刨花板还要按不同的用途，分别考虑它的电学、声学、热学和防腐、防火和阻燃等性能。

2. 木丝板

木丝板是利用木材的短残料刨成木丝，再与水泥、水玻璃等搅拌在一起，加压凝固成型。较常用的木丝板为水泥木丝板（见图10-15），属于环保型绿色建材，水泥木丝板用次等圆木、间伐材或制材板皮为原料。木材经剥皮后锯成长50 cm的木段，用木丝机将木材制成木丝，经与水泥混合、铺装、养护等工序制成。其规格：长度有1 500、1 830 mm，宽度有500、600 mm，厚度有16 ~ 50 mm。它实用性广、性能优异，有耐腐、耐热、耐蚁蚀、易加工，与水泥、石灰、石膏配合性好，绿色环保等多种优点。

图10-14　刨花板

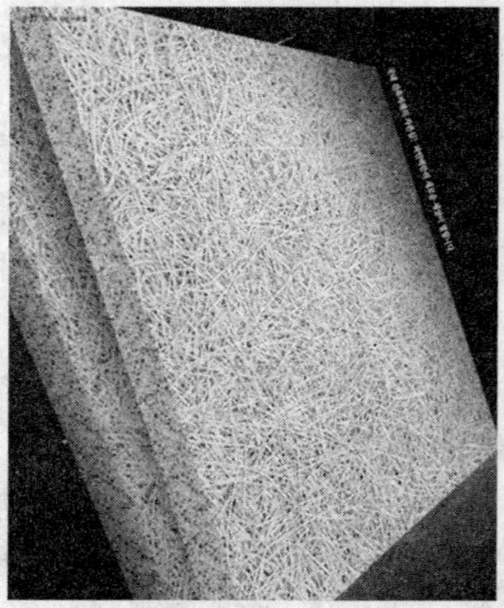

图10-15　水泥木丝板

水泥木丝板的用途主要用做吸声材料、保温材料、装饰材料、混凝土模板材料，主要在建筑与交通工程中使用。

3. 细木工板

图10-16　细木工板

细木工板俗称大芯板（见图10-16），是由两片单板中间胶压拼接木板而成。中间木板是由优质天然的木板方经热处理（即烘干室烘干）以后，加工成一定规格的木条，由拼板机拼接而成。细木工板最外层的单板叫表板，内层单板称中板，板心层称木心板，组成木心板的小木条称为心条，规定心条的木纹方向为板材的纵向。拼接后的木板两面各覆盖两层优质单板，再经冷、热压机胶压后制成。这种板材一般厚为20 mm左右，长2 000 mm左右，宽1 000 mm左右，强度较高，幅面大，表面平整，使用方便。细木工板可代替实木板应用，现普遍用做建筑室内门、隔墙、隔断、橱柜等的装修。与刨花板、中密度纤维板相比，其天然木材特性更顺应人类自然的要求；它具有质轻、易加工、握钉力好、不变形等优点，是室内装修和高档家具制作的理想材料。

细木工板握螺钉力好，强度高，具有质坚、吸声、绝热等特点，而且含水率不高，在10%～13%，加工简便，用途最为广泛。细木工板比实木板材稳定性强，但怕潮湿，施工中应注意避免用在厨卫。

细木工板质量要求其心材木条要排列紧密，无空洞，选用软木料，以便于加工。工程中使用细木工板应重视检验其有害物质甲醛含量，不符合标准规定指标者不得用于工程，以确保室内环保。

（四）复合地板

目前家居装修中广泛采用的复合地板（见图10-17），是一种多层叠压木地板，板材80%为木质。复合地板一般都是由四层材料复合组成：底层、基材层、装饰层和耐磨层。其中耐磨层的转数决定了复合地板的寿命。底层，由聚酯材料制成，起防潮作用；基层，一般由密度板制成，视密度板密度的不同，也分低密度板、中密度板和高密度板；装饰层，是将印有特定图案（仿真实纹理为主）的特殊纸放入三聚氢氨溶液中浸泡后，经过化学处理，利用三聚氢氨加热反应后不再发生化学反应的特性，使这种纸成为一种美观耐用的装饰层；耐磨层，是在强化地板的表层上均匀压制一层三氧化二铝组成的耐磨剂。

图10-17　复合地板

复合地板的优点：耐磨、美观、稳定、抗冲击、抗静电、耐污染、耐光照、耐香烟灼烧、安装方便、保养简单等。复合地板的缺点：水泡损坏后不可修复，脚感较差。

复合地板规格一般为1 200 mm×200 mm的条板，板厚8～12 mm，复合地板适用于客厅、起居室、卧室等地面铺装。

第四节　木材的腐蚀与防止

木材作为土木工程材料，最大缺点是容易腐朽，民间谚语称木材："干千年，湿千年，干干湿湿两三年"。意思是说，木材只要一直保持通风干燥或完全浸于水中，就不会腐朽破坏，但是如果木材干干湿湿则极易腐朽。另外，木材容易被虫蛀和燃烧，因此大大缩短了木材的使用寿命，并限制了它的应用范围。采取措施来提高木材的耐久性，对木材的合理使用具有十分重要的意义。

一、木材的防腐

木材在潮湿环境条件下受到真菌侵害，木质结构逐渐疏松、变色、变脆，强度和耐久性降低的现象称为木材的腐朽。

引起木材变质腐朽的真菌有三种，即霉菌、变色菌和腐朽菌。霉菌只寄生在木材的表面，通常叫发霉，对木材不起破坏作用。变色菌是以细胞腔内含物如淀粉、糖类等为养料，不破坏细胞壁，所以对木材破坏作用很小。腐朽菌寄生在木材的细胞壁中，它能分泌出一种酵素，把细胞壁物质分解成简单的养分，供自身摄取生存，从而致使木材产生腐朽，并遭彻底破坏。图10-18为严重腐朽的木桩。

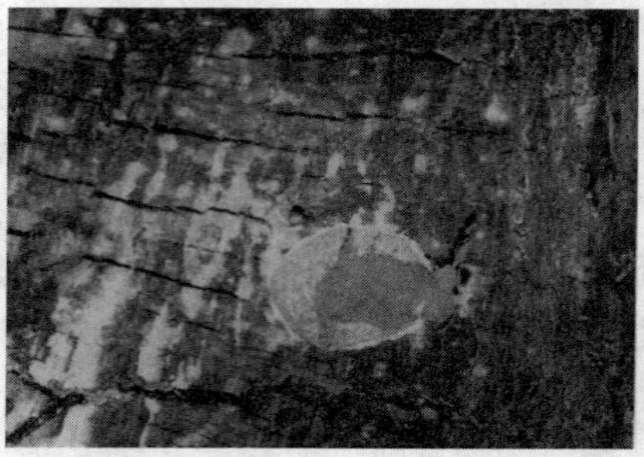

图 10-18　被腐蚀的木桩

木材的腐朽是真菌在木材中寄生引起的。真菌在木材中生存和繁殖,必须同时具备四个条件:①温度适宜;②木材含水率适当;③有足够的空气;④适当的养料。真菌生长最适宜温度是 25～30 ℃,最适宜含水率在木材纤维饱和点左右,含水率低于 20% 时,真菌难于生长,含水率过大时,空气难于流通,真菌得不到足够的氧或排不出废气。破坏性真菌所需养分是构成细胞壁的木质素或纤维素。

根据木材产生腐朽的原因,木材防腐有两种方法:一种是创造条件,使木材不适于真菌的寄生和繁殖;另一种是把木材变成有毒的物质,使其不能作真菌的养料。

(一)破坏真菌生存的条件

将木材保持在很高的含水率,木材由于缺乏空气而破坏了真菌生存所需的条件,从而达到防腐的目的。如湿存保管法和水存保管法。或者将木材进行干燥,使其含水率降至 20% 以下(即干法保管法)。在储存和使用木材时要注意通风和排湿。对木材构件表面应刷以油漆,使木材隔绝空气和水汽。

(二)注入化学防腐剂

将化学防腐剂注入木材内,把木材变成对真菌有毒的物质,使真菌无法生存。这是木材的化学保管法。注入防腐剂的方法很多,通常有表面涂刷法、表面喷涂法、浸渍法、冷热槽浸透法、压力渗透法等,其中以冷热槽浸透法和压力渗透法效果最好。常用防腐剂的种类有:水溶性防腐剂——能溶于水,应用方便,主要用于房屋内部,如氟化钠、氯化锌、硫酸铜、硼铬合剂、硼酚合剂等;油溶性防腐剂——能溶于油不溶于水,可用于室外药效持久,如林丹五氨酸合剂;防腐油——不溶于水,药效持久,但有臭味,且呈暗色,不能油漆,主要用于室外和地下(枕木、坑木、拉木等),如煤焦油等。

二、木材的防虫

木材腐朽除真菌外,还会遭受昆虫的蛀蚀,常见的蛀虫有蠹虫、天牛、白蚁等。木材在储运和使用中,经常会受到昆虫的危害。因其而造成的木材缺陷称为虫眼。浅的虫眼或小的虫眼对木材强度无影响,大而深的虫眼或深而密集的小虫眼,均破坏木材的完整性,并降低木材强度,同时是引起边材变色及边材真菌腐朽的重要通道,图 10-19 为被虫蛀的木材。

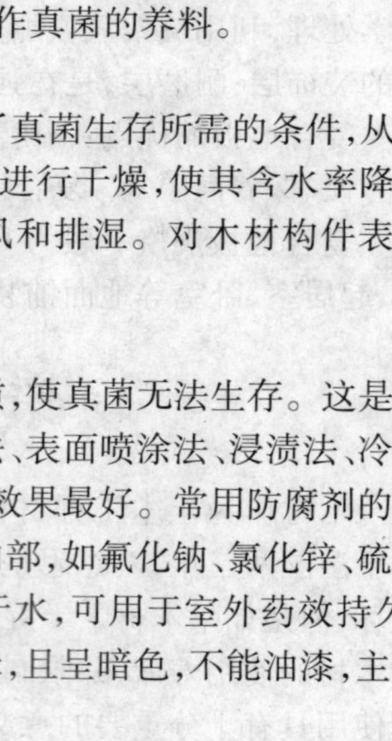

图 10-19　被虫蛀的木材

木材害虫对木材含水率敏感,不同的含水率可能会遭受不同的虫害。防治方法:生态防治,从建筑上改善透光、通风和防潮条件,以创造出不利于害虫生存的环境条件。生物防治,就是保护害虫的天敌。物理防治,用灯光诱捕会飞的虫蛾或用水封杀。化学防治,用化学药物杀灭害虫,是当前木材防虫害的主要方法。

三、木材的防火

(一)木材的燃烧过程及其条件

燃烧过程:升温阶段-热分解阶段;当木材被加热到175 ℃左右,木材的化学键开始断裂,随着温度增高,木材的热解反应加快。在缺少空气的条件下,木材被加热到100~200 ℃,产生不燃物,例如二氧化碳、微量的甲酸、乙酸和水蒸气。在200 ℃以上,碳水化合物分解,产生焦油和可燃性挥发气体;随着温度继续升高,木材热解加剧。

着火阶段:由于可燃气体的大量生成,在氧及氧化剂存在的条件下开始着火。木材自身燃烧,产生较大的热量,促使木材的温度进一步提高,木材由表及里逐渐分解,可燃性气体生成速度加快,木材产生激烈的有焰燃烧。

无焰燃烧阶段:木材激烈燃烧后,形成固体残渣,在木材表面形成一个保护层,阻碍热量向木材内部传导,使木材热分解减弱,燃烧速度减慢。热分解全部结束后,有焰燃烧停止,形成的炭化物经过长时间的无焰燃烧完全灰化。

综上所述,燃烧应具备以下条件,有焰燃烧:可燃物、氧气、热量供给及热解链锁反应;无焰燃烧:可燃物、热量供给和氧气。如果破坏其中的一个条件,燃烧状态将得到改变或停止。

(二)木材的防火

木材防火主要是用对木材及其制品进行表面覆盖、涂抹、深层浸渍阻燃剂的方法来实现防火的目的。阻燃机理有物理阻燃和化学阻燃两个方面。

1. 阻燃剂对木材燃烧的物理阻燃作用

(1)阻燃剂含有的结晶水放出,吸收热量。

(2)阻燃剂的融化和汽化的吸热作用及热的散射作用使木材的温度降低,延迟热分解。

(3)利用阻燃剂形成的熔融层覆盖在木材的表面,切断热及氧的供给,限制可燃性表面温度的提高,抑制热分解。

2. 化学阻燃作用

(1)可燃物的生成速度减慢,扩散速度大于生成速度,降低可燃气体的浓度,直到热分解终了。

(2)木材在阻燃剂的作用下(无机强酸盐),在着火温度以下的较低温度区域,促进可燃物的生成速度,在着火温度以下范围可燃物完全生成并扩散掉。但是,使用这种方法,如遇明火有立即产生燃烧的危险,应该特别注意。

3. 将木材热分解的可燃气体进行转化,促进脱水炭化作用

抑制可燃性气体的生成对于纤维类材料的阻燃处理十分必要。由于脱水作用本身对燃烧有一定的抑制作用,热分解产物重新聚合或缩合,由低分子重新变成大分子,从而加速木材的炭化,对木材的继续热分解有一定的抑制作用。

对木材及其制品的化学阻燃方法有浸渍、添加阻燃剂和覆盖三种。

1）浸渍

浸渍按工艺可分为常压浸渍、热浸渍和加压浸渍三种。

（1）常压浸渍。在常压室温条件下，将木材浸渍在黏度较低的含有阻燃剂的溶液中，使阻燃剂溶液渗入到木材表面的组织中，经干燥使水分蒸发，阻燃剂留在木材的浅表面层内。这种方法由于浸入的阻燃剂不多，阻燃效果受到一定的限制，但其方法简单，适用于阻燃效果要求不高，木材密度不大的薄板材。

（2）热浸渍。在常压下将木材放入热的阻燃剂溶液中浸渍，直至药液冷却。因为木材受热，内部气体膨胀而释放出来，等到阻燃剂冷却后，木材内部孔隙就可以多吸收些阻燃剂溶液，然后干燥将阻燃剂留在木材孔隙内。

（3）加压浸渍。先将木材放在高压容器中，抽真空到 7.9～8.6 kPa，并保持 15 min～1 h，再注入含有阻燃剂的浸渍液并加压到 1.20 MPa，在 65 ℃的温度下保持 7 h，解除压力后，排除阻燃剂药液，为避免木材取出时继续滴液，可再次抽真空数分钟。最后放入烘窑进行干燥。加压浸渍适用于阻燃要求高的木材。浸渍效果好坏与木材密度关系很大。密度大的木材，如柞木、落叶松，由于其内部孔隙少，浸渍液很难渗入到内部；而密度小的木材，如毛白杨、椇木，内部孔隙多，浸渍液比较容易渗入。

2）添加阻燃剂

在生产纤维板、胶合板、刨花板、木屑板的过程中可添加适量的阻燃剂。添加型阻燃剂应与胶粘剂及其他添加剂能很好的相溶。

3）覆盖

覆盖就是在需要进行阻燃处理的木材表面覆盖防火涂料。这种防火涂料，除了要求具有好的阻燃性外，还要求具有较好的着色性、透明度、黏着力、防水、防腐蚀等普通涂料所具有的性能。

木材是天然资源，其生长期长，产量受自然条件的制约，而建筑工程中对木材的需求量又很大，因此加速林木资源的发展，同时深入掌握其性能，合理利用，节约木材，并积极采用新技术、新工艺，扩大和寻求木材综合利用的新途径，是一项长期的重要任务。

本章小结

本章重点介绍了木材的构造、物理力学性质及影响木材性质的因素。对木材的防腐、防虫处理，木材在建筑工程中的应用，以及木材的综合加工利用作了一般性介绍。要求学生熟悉木材的构造与分类；掌握木材的力学及物理性能；了解木材产品；熟悉木材的防腐处理方法。

思考题

10-1　木材强度的特点如何？影响木材强度的主要因素有哪些？这些因素是如何影响的？

10-2　何谓木材纤维饱和点及平衡含水率？含水率的变化对木材性能有何影响？

10-3　木材的干缩变形有何特点？对木材性能有何影响？

10-4　有不少住宅的木地板使用一段时间后出现接缝不严，但亦有一些木地板出现起拱。请分析原因。

10-5　某工地购得一批混凝土模板用胶合板，使用一段时间后发现其质量明显下降。经送检，发现该胶合板是使用脲醛树脂作为胶粘剂。请分析原因。

第十一章 沥 青

沥青是一种暗褐色至黑色的有机胶凝材料,它是由一些复杂的碳氢化合物及其非金属衍生物组成的混合物,能溶于苯或二硫化碳等溶剂,在常温下呈固体、半固体或液体。

沥青属憎水性材料,具有良好的黏性、塑性、耐腐蚀性和憎水性,且它与混凝土、石料、钢材、木材等材料之间有良好的黏结性,同时又具有良好的塑性、耐化学腐蚀性,广泛用于建筑物和构筑物的防水、防潮、防腐和外观质量要求不高的表面防腐工程以及各种类别的道路工程。

按沥青的来源可分为地沥青、焦油沥青两大类。地沥青又包括天然沥青和石油沥青,天然沥青是石油在自然条件下,长时间经受各种地球物理作用而形成的,在自然界中主要以沥青脉、沥青湖及浸泡在多孔岩石或沙土中的形式存在。石油沥青是石油在精制加工成其他油品后的残留物,或将残留物加工后得到的产品。焦油沥青包括煤沥青和页岩沥青,煤沥青由煤焦油蒸馏后的残留物加工而得,页岩沥青是页岩炼油工业的副产品。目前,土木工程中较常用的是石油沥青和少量的煤沥青。

第一节 石油沥青

石油沥青是原油加工过程的一种产品,在常温下是黑色或黑褐色的黏稠的液体、半固体或固体,主要含有可溶于三氯乙烯的烃类及非烃类衍生物,其性质和组成随原油来源和生产方法的不同而变化。

石油沥青的生产工艺如图 11-1 所示。

石油沥青按生产方法可分为:直馏沥青、溶剂脱油沥青、氧化沥青、调合沥青、乳化沥青、改性沥青等。

石油沥青按外观形态可分为:液体沥青、固体沥青、稀释液、乳化液、改性体等。

石油沥青按用途可分为:道路沥青、建筑沥青、防水防潮沥青、以用途或功能命名的各种专用沥青等。

一、石油沥青的组成和结构

(一)沥青的基本组成

石油沥青是由多种碳氢化合物及其非金属(氧、硫、氮)衍生物组成的混合物,主要组分为碳(占 80% ~87%)、氢(占 10% ~15%),其余为氧、硫、氮等(占 3%以上)非金属元素,此外还含有微量金属元素,化学组成十分复杂,对其进行化学成分分析十分困难,同时化学组成不能反映沥青物理性质的差异。因此,从工程使用角度,将沥青中化学成分和物理性质相近,并且具有某些共同特征的部分,划分为若干组,这些组即称为组分。

对石油沥青化学组分的分析,许多研究者曾提出不同的分析方法。我国现行《公路

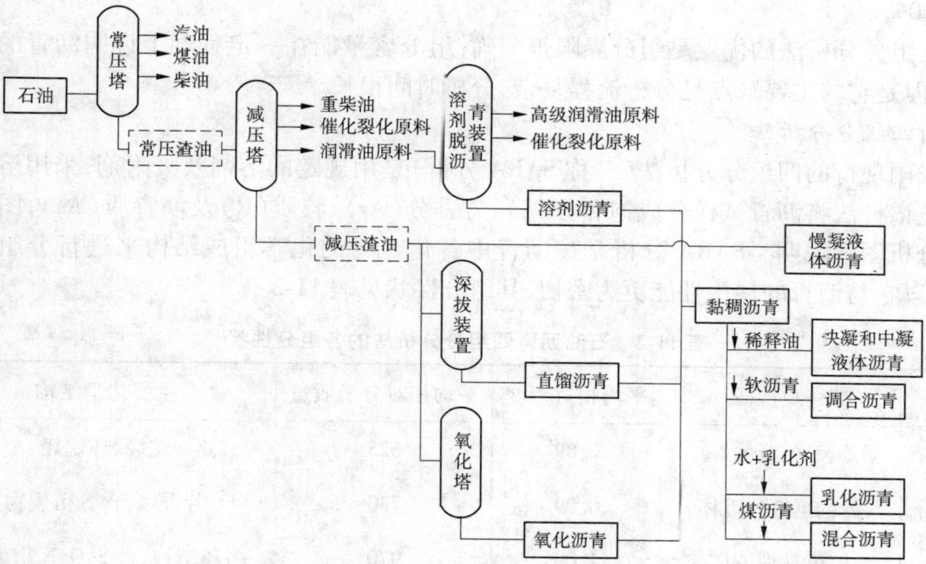

图 11-1　石油沥青的生产工艺

工程沥青及沥青混合料试验规程》(JTJ 052—2000)中规定有三组分和四组分两种分析方法。

1. 三组分分析法

三组分分析法(又称溶解－吸附分析法)是用规定的溶剂及吸附剂,采用抽提法将沥青分成沥青质、树脂与油分(包含蜡)等三个组分,其组分性状见表 11-1。

表 11-1　石油沥青三组分分析法的各组分性状

性状	外观特征	平均相对分子质量	碳氢比(原子比)	物化特征
油分	淡黄色透明液体	200 ~ 700	0.5 ~ 0.7	溶于大部分有机溶剂,具有光学活性,常发现有荧光
树脂	红褐色黏稠半固体	800 ~ 3 000	0.7 ~ 0.8	温度敏感性高,熔点低于 100 ℃
沥青质	深褐色固体微粒	1 000 ~ 5 000	0.8 ~ 1.0	加热不熔化而炭化

油分赋予沥青流动性,油分含量的多少直接影响沥青的柔软性和抗裂性,进而影响施工难度。油分在一定条件下可以转化为树脂甚至沥青质。其含量为 45% ~ 60%。

树脂主要使沥青具有塑性和黏性。它分为中性树脂和酸性树脂。中性树脂使沥青具有一定塑性和黏结性,其含量增加,沥青的黏聚力和延伸性提升。沥青树脂中还含有少量的酸性树脂,它是沥青中活性最大的部分,能改善沥青对矿质材料的浸润性,特别是提高了沥青与碳酸盐类岩石的黏附性,增加了沥青的可乳化性。其含量为 15% ~ 30%。

沥青质决定着沥青的黏结力、黏度和温度稳定性,以及沥青的硬度、软化点等特性。沥青质含量增加时,沥青的黏度和黏结力增加,硬度和温度稳定性提高。其在沥青中的含量为

5% ~30%。

三组分分析法的优点是组分界限很明确,组分含量能在一定程度上说明沥青的工程性能,但是它的主要缺点是分析流程复杂,分析时间很长。

2. 四组分分析法

我国现行的四组分分析法(又称 SARA 分析)是用规定的溶剂及吸附剂,采用溶剂沉淀及色谱柱法将沥青试样分成饱和分(S)、芳香分(Ar)、胶质(R)及沥青质(As),图 11-2 是其分析图解说明。SARA 分析是按沥青中各化合物的化学组成结构来进行分组的方法,所以它与沥青的使用性能更为密切,其组分性状见表 11-2。

表 11-2　石油沥青四组分分析法的各组分性状

性状	外观特征	平均相对密度	平均相对分子质量	主要化学结构
饱和分	无色液体	0.89	625	烷烃、环烷烃
芳香分	黄色至红色液体	0.99	730	芳香烃,含 S 衍生物
胶质	棕色黏稠液体	1.09	970	多环结构,含 S、O、N 衍生物
沥青质	深棕色至黑色固体	1.15	3 400	缩合环结构,含 S、O、N 衍生物

研究结果表明,沥青的性质与各组分的含量比例有密切关系。沥青质含量提高,则沥青的黏度增大,温度敏感性降低;饱和分含量增大则使沥青黏度降低;胶质含量增加可使沥青延度增大。

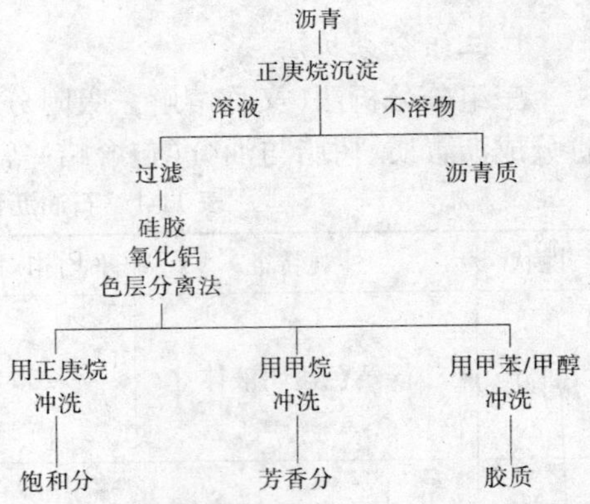

图 11-2　沥青四组分的分析图解说明

(二)石油沥青的胶体结构

油分、树脂和沥青质是石油沥青的三大组分,其中油分和树脂可以互相溶解,树脂能浸润沥青质,并在沥青质的超细颗粒表面形成树脂薄膜。所以,石油沥青的结构是以沥青质为核心,周围吸附部分树脂和油分的互溶物而构成胶团,无数胶团分散在油分中形成胶体结构。根据沥青中各组分的相对比例不同,胶体结构可分为溶胶型、凝胶型和溶 - 凝胶型三种类型,如图 11-3 所示。

1. 溶胶型结构

当沥青质含量较少时,油分和树脂含量相对较高,胶团外膜厚,胶团间完全没有引力或引力很小,胶团之间相对运动较自由,这时沥青形成溶胶结构。具有溶胶结构的石油沥青黏性小、流动性大、温度稳定性较差。直馏沥青的结构多为溶胶结构。

2. 凝胶型结构

当沥青质含量较多而油分和树脂较少时,胶团外膜较薄,胶团靠近聚集,胶团间有引力形成立体网状,沥青质分散在网格之间,在外力作用下弹性效应明显,这时沥青形成凝胶结构。具有凝胶结构的石油沥青弹性和黏结性较高，温度稳定性较好。氧化沥青多属于凝胶结构。

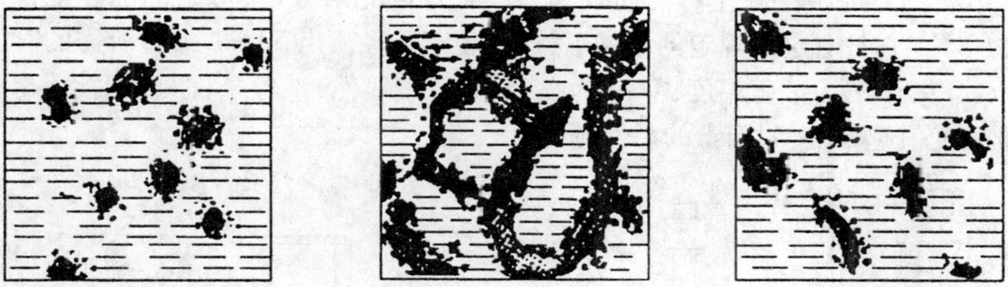

(a)溶胶型结构　(b)凝胶型结构　(c)溶–凝胶型结构

图 11-3　沥青胶体结构示意图

3. 溶－凝胶型结构

溶－凝胶型结构介于溶胶结构与凝胶结构之间，有较多的树脂，胶团间有一定吸引力，在常温下受力变形的最初阶段呈现出明显的弹性效应，当变形增加到一定数值后，则变为有阻尼的黏性流动。大部分优质道路沥青均配成溶－凝胶型结构。因其具有黏弹性和触变性，故亦称弹性溶胶。

沥青的胶体结构与沥青的技术性质有密切的关系，可采用针入度指数法评价沥青的胶体结构类型，即针入度指数 $PI < -2$ 者为溶胶型结构；针入度指数 $PI > +2$ 者为凝胶型结构；针入度指数 PI 为 $-2 \sim +2$ 者为溶－凝胶型结构。

其性能可作如下对比：

(1)具有溶胶型结构的石油沥青黏性小而流动性大，温度稳定性较差。

(2)具有凝胶型结构的石油沥青弹性和黏结性较高，温度稳定性较好，但塑性较差。

(3)具有溶－凝胶型结构的石油沥青的性质介于溶胶型和凝胶型两者之间。

二、石油沥青的技术性质

(一)黏滞性

黏滞性(简称黏性)是指沥青材料在外力作用下沥青粒子产生相互位移时抵抗变形的能力。沥青的黏性不但与沥青的组分有关，而且受温度的影响较大，一般随沥青质含量增加而增大，随温度升高而降低。沥青的黏性通常用黏度表示，黏度是沥青等级(称为牌号或标号)划分的主要依据。

沥青黏度的测定方法可分为两类：一类为绝对黏度法，如用毛细管法测定运动黏度，用真空减压毛细管法测定动力黏度；另一类为相对黏度法，如针入度法和标准黏度计法。这里重点介绍针入度法和标准黏度计法。

1. 针入度法

对于黏稠或固体石油沥青的相对黏度，可用针入度仪测定并以针入度表示(见图 11-4)。用针入度标准针贯入规定温度的沥青试样中，贯入的深度(以 1/10 mm 为单位计)称为针入度，用 $P_{T,m,t}$ 表示(T 为试验温度，℃；m 为标准针、连杆及砝码的总质量，g；t

为贯入时间,s)。针入度值愈小,表明沥青抵抗变形能力愈大,黏性愈大。

2. 标准黏度计法

对于液体石油沥青、乳化石油沥青和煤沥青等的相对黏度,可用标准黏度计法测定(见图 11-5)。它是测定在规定的温度下,通过规定孔径流出 50 mL 沥青所需的时间(s),用符号 $C_{T,d}$ 表示(T 为试验温度,℃;d 为孔径,mm)。显然,试验条件相同时,流出时间越长,标准黏度值越大,表明沥青的黏性越大。

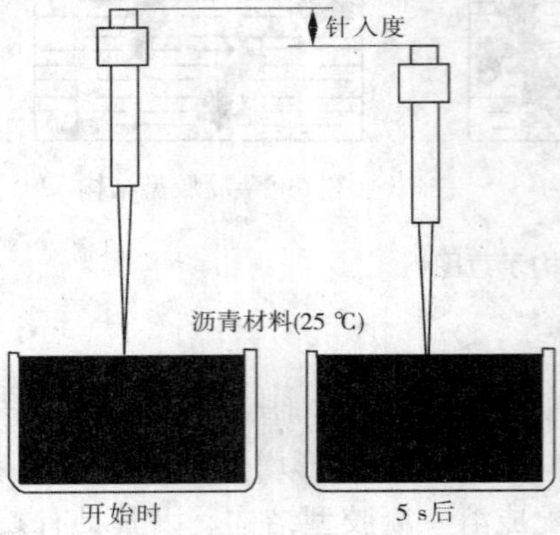

图 11-4　针入度测定示意图

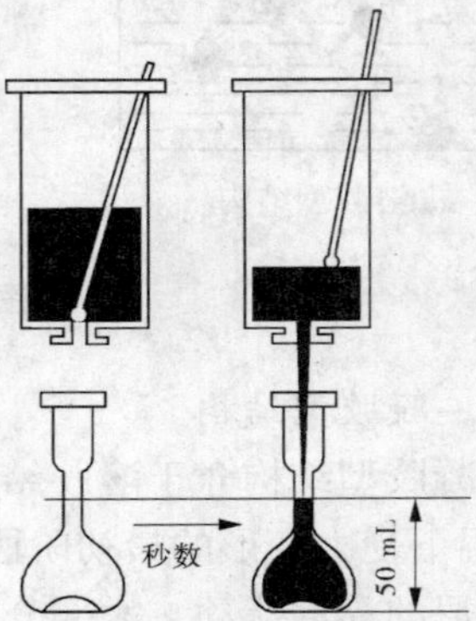

图 11-5　标准黏度测定示意图

(二)塑性

塑性是指石油沥青在外力作用下,产生变形而不破坏,除去外力后,仍保持变形后形状的性质。沥青的塑性与其组分含量、环境温度等因素有关。沥青质的含量增加,黏性增大,塑性降低;树脂含量增多,沥青胶团膜层增厚,则塑性提高;沥青塑性随温度的升高而增大。在常温下,塑性较好的沥青在产生裂缝时,也可能由于特有的黏塑性而自行愈合。故塑性还反映了沥青开裂后的自愈能力。沥青的塑性对冲击振动荷载有一定吸收能力,并能减少摩擦时的噪声,故沥青除用于制造防水材料外也是一种优良的路面材料。

用以衡量塑性的指标是延度。延度的试验方法是将沥青试样制成 8 字形标准试件,在规定温度下以规定拉伸速度拉断试件时的伸长值(以 cm 计)称为延度(见图 11-6)。沥青的延度用延度仪来测定。沥青的延度越大,其塑性越好。沥青的延度决定于沥青的胶体结构和流变性质。沥青中含蜡量增加,会使其延度降低。沥青的复合流动系数 C 值越小,沥青的延度越小。

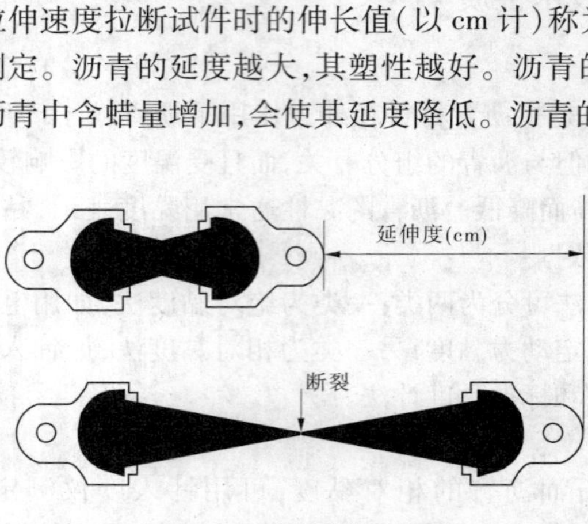

图 11-6　延度测定示意图

(三)温度敏感性

温度敏感性是指石油沥青的黏滞性和塑性随温度升降而变化的性能,主要包括石油沥青的高温稳定性和低温抗裂性。

软化点和脆点分别反映沥青在高温时的稳定性和低温时的抗裂性。

1. 软化点

沥青是一种高分子非晶态物质,它没有敏锐的熔点,从固态转变为液态有很宽的温度间隔,故选取该温度间隔中的一个条件温度作为软化点。沥青软化点是反映沥青敏感性的重要指标。行业标准《公路工程沥青及沥青混合料试验规程》(JTJ 052—2000)规定,沥青软化点试验采用环球法测定(见图 11-7)。环球法是把沥青试样注入内径为 18.9 mm 的铜环内,环上置一直径 9.53 mm,质量 3.5 g 的钢球。浸入水或甘油中,按规定升温速度(5 ℃/min)从 0 ℃开始升温,使沥青软化下垂。当沥青下到规定距离(25.4 mm)时的温度,即为沥青软化点(单位为℃)。软化点越高,沥青的温度敏感性越小。

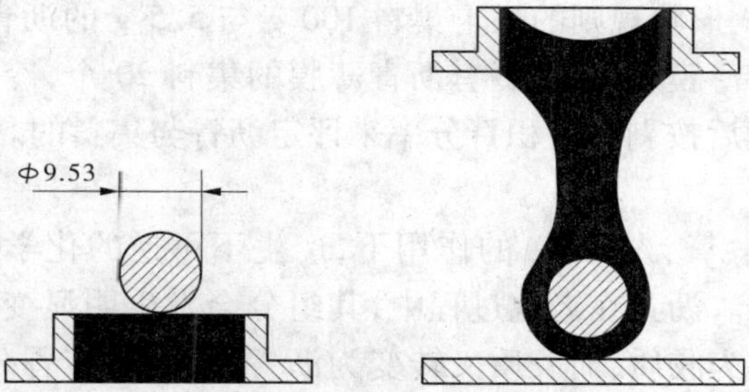

图 11-7 软化点测定示意图 (单位:mm)

研究认为,不同沥青在软化点时的黏度是相同的,约为 12 Pa · s,或相当于针入度值为 800(1/10 mm)。即软化点是一种“等黏温度”。由此可见,针入度是在规定温度下测定沥青的条件黏度,而软化点则是沥青达到规定条件黏度时的温度。所以,软化点既是反映沥青温度敏感性的一个指标,也是表征沥青黏性的一种量度。

软化点是沥青性能随着温度变化过程中重要的标志点。但它是人为确定的温度标志点,单凭软化点这一性质,来反映沥青性能随温度变化的规律,并不全面,因此针入度指数也是反映沥青温度敏感性的一个重要参数。

2. 脆点

沥青的脆点是反映温度敏感性的另一个指标,它是指沥青从高弹态转到玻璃态过程中的某一规定状态的相应温度,该指标主要反映沥青的低温变形能力。寒冷地区应用的沥青应考虑沥青的脆点。沥青的软化点愈高,脆点愈低,则沥青的温度敏感性愈小。

沥青材料随温度的降低,其塑性逐渐降低,脆性逐渐增加。低温时沥青受到瞬时荷载作用常表现为脆性破坏。弗拉斯脆点的测定是将一定量的沥青试样在一个标准的金属薄片上摊成光滑的薄膜,置于有冷却设备的脆点仪内。随着冷却设备中致冷剂温度降低,沥青薄膜的温度亦逐渐降低,当降至某一温度时,沥青薄膜在规定弯曲条件下产生裂缝,该温度即为沥青的弗拉斯脆点。弗拉斯脆点反映了沥青丧失其塑性的温度,因此它也是表征沥青材料塑性的一种量度。

(四)黏附性

道路沥青的主要功能之一是作为黏结剂将集料黏结成为一个整体。沥青与矿质集料的黏附性影响沥青路面的质量和耐久性,因此黏附性是沥青的重要性质之一。

沥青与石料之间的黏附强度与它们之间的吸附作用有密切的关系。沥青中含有一定数量的阴离子型表面活性物质,即沥青酸和酸酐,这种表面活性物质与石灰岩等碱性岩类接触时,能在它们的界面上产生很强的化学吸附作用,因而黏附力大,黏附得很牢固。当沥青与其他类型的集料(如酸性石料)接触时则不能形成化学吸附,其分子间的作用只是范德华力的物理吸附,而水对石料的吸附力较之更强,所以极易为水所剥落。

评价沥青与集料黏附性常用的方法是水煮法和水浸法,对最大粒径大于 13.2 mm 的集料采用水煮法;最大粒径小于或等于 13.2 mm 的集料采用水浸法。水煮法是选取粒径为 13.2 ~ 19 mm、形状接近立方体的规则集料 5 个,烘干后经沥青裹覆,在微沸状态的水中浸煮 3 min,按沥青膜剥落程度分为五个等级来评价沥青与集料的黏附性。水浸法是选取粒径为 9.5 ~ 13.2 mm、形状规则的烘干集料 100 g 与 5.5 g 的沥青在规定温度条件下拌和,使集料完全被沥青薄膜裹覆,取裹有沥青薄膜的集料 20 个,冷却后浸入 80 ℃的恒温水槽中保持 30 min,然后按剥离面积百分率来评定沥青与集料的黏附性。

(五)耐候性

沥青在自然因素(热、氧、光和水)的作用下,产生不可逆的化学变化,导致其性能劣化的过程,通常称为老化。沥青在老化过程中,其组分会发生明显变化,表现为饱和分变化不大,芳香分明显转变为胶质,而胶质又转变为沥青质,由于芳香分转变为胶质的量不足以补偿胶质转变为沥青质的量,所以最终是胶质显著减少,而沥青质显著增加。因此,沥青老化后,其塑性降低,脆性增大,黏附性减弱,性能变差。沥青在各种自然因素长期综合作用下抵抗老化的性能,称为沥青的耐候性(或大气稳定性)。

沥青耐候性可采用加热老化的方法来评定,即测定沥青加热前后质量、针入度等技术指标的变化,变化越小,表明耐候性越好。

(六)针入度指数

针入度指数用以描述沥青的温度敏感性,反映针入度随温度变化而变化的程度;另外也可根据沥青的针入度指数判定沥青的胶体结构类型。

P · Ph · 普费和范 · 杜尔马尔等研究认为,沥青的黏度随着温度的变化而变化。若以针入度的对数($\lg P$)为纵坐标,以温度(T)为横坐标,则可得到图 11-8 所示的针入度—温度感应性系数,表示为式(11-1):

$$\lg P = K + AT \tag{11-1}$$

斜率 A 称为针入度—温度感应性系数(或针入度温度指数),根据沥青的针入度值 $P_{25\ ℃,100\ \text{g},5\ \text{s}}$ 和软化点 $T_{\text{R\&B}}$(假定软化点时针入度为 800(1/10 mm))可计算出 A 值,见式(11-2):

$$A = \frac{\lg 800 - \lg P_{25\ ℃,100\ \text{g},5\ \text{s}}}{T_{\text{R\&B}} - 25} \tag{11-2}$$

为使用方便起见,普费等引入针入度指数 PI,即令一种 25 ℃时针入度值为 20(1/10 mm)的沥青 PI 值为 0,并假设温度敏感性最大的沥青 PI 值为 -10,温度敏感性最小的沥

青 PI 值为 20，并将其化为整数（乘以 1/50），则

$$A = \frac{20 - PI}{10 + PI} \cdot \frac{1}{50}$$

即

$$PI = \frac{30}{1 + 50A} - 10 \qquad (11\text{-}3)$$

将式（11-2）代入式（11-3）即可计算出 PI 值，但式（11-2）是假定沥青在软化点时针入度为 800（1/10 mm），而实际上沥青在软化点时针入度波动于 600～1 000（1/10 mm），故在实际应用时应测定 3 个或 3 个以上不同温度条件下的针入度值，令 $y = \lg P$，$x = T$，按式（11-1）的针入度对数与温度的直线关系，进行 $y = a + bx$ 一元一次方程的直线回归，求取针入度温度指数 A 和常数项 K。回归时须进行相关性检验，当温度条件为 3 个时，直线回归相关系数不得小于 0.997（置信度 95%）。将 A 代入式（11-3）求取针入度指数 PI。另外，可根据式（11-4）、式（11-5）、式（11-6）计算出沥青的当量软化点 T_{800}、当量脆点 $T_{1.2}$ 及塑性温度范围 ΔT。当量软化点 T_{800} 是相当于沥青针入度为 800 时的温度，用以评价沥青的高温稳定性；当量脆点 $T_{1.2}$ 是相当于沥青针入度为 1.2 时的温度，用以评价沥青的低温抗裂性能。

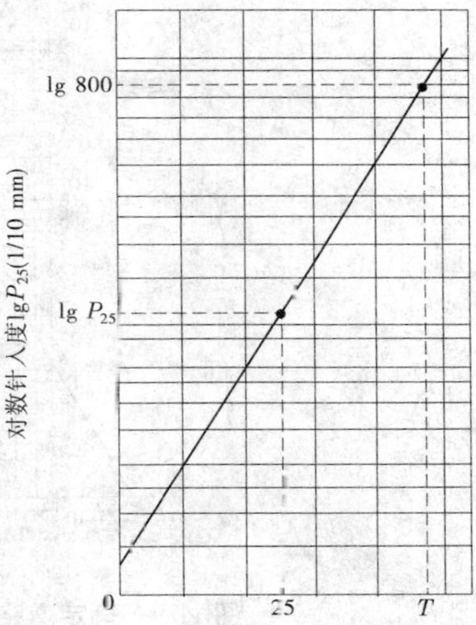

图 11-8　针入度—温度感应性系数图

$$T_{800} = \frac{\lg 800 - K}{A} = \frac{2.903\,1 - K}{A} \qquad (11\text{-}4)$$

$$T_{1.2} = \frac{\lg 1.2 - K}{A} = \frac{0.079\,2 - K}{A} \qquad (11\text{-}5)$$

$$\Delta T = T_{300} - T_{1.2} = \frac{2.823\,9}{A} \qquad (11\text{-}6)$$

另外，也可将不同温度条件下测试的针入度值绘于图 11-9 的针入度温度关系诺模图中，按最小二乘法法则绘制回归直线，将直线向两端延长，分别与针入度为 800 及 1.2 的水平线相交，交点的温度即为当量软化点 T_{800} 和当量脆点 $T_{1.2}$。以图中 O 为原点，绘制回归直线的平行线，与 PI 线相交，读取交点处的 PI 值即为该沥青的针入度指数。但此法不能检验针入度对数与温度直线回归的相关系数，故仅供快速草算时使用。

（七）其他性质

为全面评定石油沥青的品质和保证施工安全，还应了解石油沥青的溶解度、闪点和燃点。

溶解度是指石油沥青在三氯乙烯、四氯化碳或苯中溶解的百分率。不溶解的物质会降低石油沥青的性能（如黏性等）。因而溶解度可以表示石油沥青中的有效物质含量。

闪点（也称闪火点）是指沥青加热挥发出可燃气体，与火焰接触初次发生一瞬即灭的火焰时的温度。燃点（也称着火点）是指沥青加热挥发出的可燃气体和空气混合，与火焰接触能持续燃烧时的最低温度。闪点和燃点的高低表明沥青引起火灾或爆炸的可能性的大小，它关系到运输、储存和加热使用等方面的安全。例如，建筑石油沥青闪点约 230 ℃，

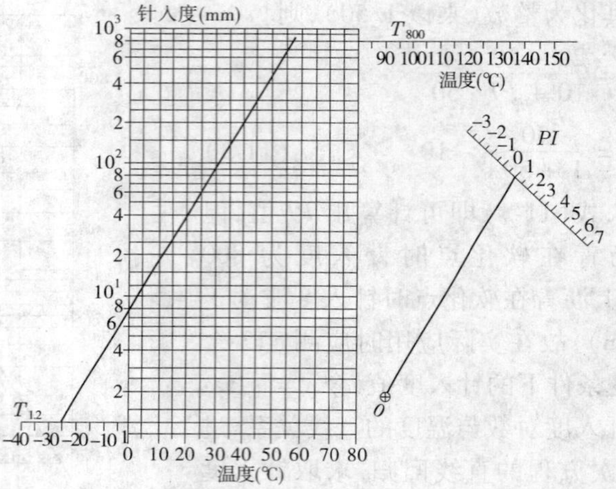

图 11-9　确定道路沥青 PI、T_{800}、$T_{1.2}$ 的针入度温度关系诺模图

在熬制时一般温度为 185 ~ 200 ℃。为安全起见，沥青应与火焰隔离。

黏稠石油沥青、煤沥青用克利夫兰开口杯法测定闪点和燃点，液体石油沥青用泰格式开口杯法测定其闪点。克利夫兰开口杯法是将沥青试样注入试样杯中，按规定的升温速度加热试样，用规定的方法使点火器的试焰与试样受热时所蒸发的气体接触，初次发生一瞬即灭的蓝色火焰时的试样温度为闪点，试样继续加热时，蒸气接触火焰能持续燃烧不少于 5 s 时的试样温度为燃点。克利夫兰开口杯式闪点仪如图 11-10 所示。

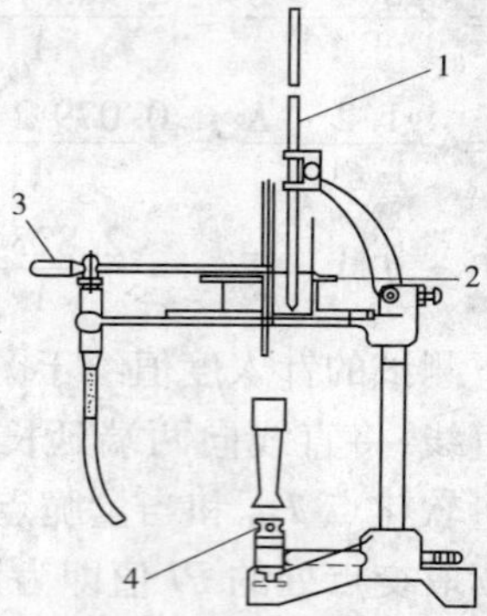

图 11-10　克利夫兰开口杯式闪点仪

1—温度计；2—标准杯；3—点火器；4—加热器

石油沥青还具有良好防水性，可广泛用做土木工程的防潮、防水材料。因为沥青是憎水性材料，几乎完全不溶于水；构造致密；与矿物材料表面有很好的黏结力，能紧密黏附于矿物材料表面；具有一定的塑性，能适应材料或构件的变形。

三、石油沥青的技术标准及选用

石油沥青按用途分为建筑石油沥青、道路石油沥青和普通石油沥青三种。在土木工程中使用的主要是建筑石油沥青和道路石油沥青。

1. 石油沥青的技术标准

建筑石油沥青、道路石油沥青和普通石油沥青都是按针入度指标来划分牌号的。在同一品种石油沥青材料中，牌号愈小，沥青愈硬；牌号愈大，沥青愈软。同时随着牌号增大，沥青的黏性减小（针入度增加）、塑性增加（延度增大）、温度敏感性增大（软化点降低）。

1）建筑石油沥青

建筑石油沥青黏性大，耐热性较好，但塑性较差，多用来制作防水卷材、防水涂料、沥青胶和沥青嵌缝膏，用于建筑屋面和地下防水、沟槽防水防腐以及管道防腐等工程。

屋面防水主要考虑沥青的高温稳定性，选用软化点较高的沥青；地下防水主要考虑沥青的耐久性，选用软化点低的沥青。一般屋面用沥青软化点应比当地屋面可能达到的最高温度高出 20 ~ 25 ℃，亦即比当地最高气温高出 50 ℃左右。一般地区可采用 30 号石油沥青，夏季炎热地区宜采用 10 号石油沥青，但严寒地区一般不宜使用 10 号石油沥青，防止冬季脆裂。防水防潮层，可选用 60 号或 100 号石油沥青。

2）道路石油沥青

道路石油沥青塑性好，黏性较小，主要用于各类道路路面或车间地面等工程，还可以用于地下防水工程，其技术指标见表 11-3。重要交通道路石油沥青（其技术指标见表 11-4）应用于高速公路、一级公路、机场道路、快速公路、主干路，标号有：AH－50、AH－70、AH－90、AH－110、AH－130；中、轻交通道路石油沥青应用于二级以下公路、次干路、支路。

表 11-3 道路石油沥青的技术要求（GB 50092—1996）

项目	标号				
	AH－130	AH－110	AH－90	AH－70	AH－50
针入度（25 ℃，100 g，5 s），0.1 mm	120 ~ 140	100 ~ 120	80 ~ 100	60 ~ 80	40 ~ 60
延度（5 cm/min，15 ℃），cm，不小于	100	100	100	100	80
软化点（环球法，℃）不小于	40 ~ 50	41 ~ 51	42 ~ 52	44 ~ 54	45 ~ 55
闪点（开口，℃）不低于	230				
含蜡量（蒸馏法，%）不大于	3				

表 11-4 重要交通道路石油沥青的技术要求（GB 50092—2000）

项目	标号						
	A－200	A－180	A－140	A－100 甲	A－100 乙	A－60 甲	A－60 乙
针入度（25℃，100 g，5 s），0.1 mm	201 ~ 300	161 ~ 200	121 ~ 160	81 ~ 120	81 ~ 120	41 ~ 80	41 ~ 80
延度（5 cm/min，15 ℃），cm，不小于	—	100	100	80	60	60	40
软化点（环球法，℃）不小于	30 ~ 45	35 ~ 45	38 ~ 48	42 ~ 52	42 ~ 52	45 ~ 55	45 ~ 55
溶解度（三氯乙烯，%）不大于	99.0	99.0	99.0	99.0	99.0	99.0	99.0

3）普通石油沥青

普通石油沥青含蜡量较大，大于 5%，有的甚至高达 20% 以上，温度敏感性大，达到液态时的温度与软化点相差很小，并且黏度较小，塑性较差，不宜在建筑工程中直接使用，可用于掺配或改性处理后使用。其技术指标见表 11-5。

表 11-5　建筑石油沥青与普通石油沥青的技术指标要求

项目	标号				
	建筑石油沥青		普通石油沥青		
	30	10	75	65	55
针入度(25 ℃,100 g,5 s),0.1 mm	25～40	10～25	75	65	55
延度(5 cm/min,15 ℃),cm,不小于	3	1.5	2	1.5	1
软化点(环球法,℃)不小于	70	95	60	80	100
溶解度(三氯乙烯,%)不大于	99.5	99.5	98	98	98
蒸发损失(163 ℃,5 h,%)不大于	1	1	—	—	—
闪点(开口,℃)不低于	230	230	230	230	230

2. *石油沥青的选用*

石油沥青应根据工程性质与要求（房屋、防腐、道路）、使用部位、环境条件等因素选用。在满足使用条件的前提下，应选用牌号较大的石油沥青，以保证使用寿命较长。

建筑石油沥青的黏性较大、湿度稳定性较好、塑性较小，主要用做制造油毡、油纸、防水涂料和沥青胶。它们绝大部分用于屋面及地下防水沟槽防水、防腐蚀及管道防腐等工程。对于屋面防水工程，应注意防止过分软化。根据要求可选用 10 号或 30 号，或将 10 号与 30 号、60 号掺配使用。对一些不易受温度影响的部位，可选用牌号较大的沥青。

道路石油沥青沥青牌号较多，多用于配制沥青砂浆、沥青混凝土，用于道路路面、车间地面等。建筑工程中，一般拌制成沥青混凝土、沥青拌和料或沥青砂浆等使用，有时将 60 号沥青与其他建筑石油沥青掺配使用。

普通石油沥青的石蜡含量较多（一般均大于 5%），因而温度稳定性较差，土建工程中不宜单独使用，只能与其他种类石油沥青掺配使用。

3. *沥青的掺配*

某一种牌号的石油沥青往往不能满足工程技术要求，因此需要不同牌号沥青进行掺配。为了不使掺配后的沥青胶体结构破坏，应选用表面张力相近和化学性质相似的沥青。试验证明同产源的沥青容易保证掺配后沥青胶体结构的均匀性。所谓同产源是指同属石油沥青，或同属煤沥青。

两种沥青掺配的比例可用式（11-7）、式（11-8）表示：

$$Q_1 = (T_2 - T)/(T_2 - T_1) \times 100\% \tag{11-7}$$

$$Q_2 = 100\% - Q_1 \tag{11-8}$$

式中　Q_1——较软沥青用量，%；

Q_2——较硬沥青用量，%；

T——掺配后沥青软化点，℃；

T_1——较软沥青软化点，℃；

T_2——较硬沥青软化点,℃。

以估算的掺配比例和其邻近的比例(5% ~10%)进行试配(混合熬制均匀),测定掺配后沥青的软化点,然后绘制"掺配比—软化点"关系曲线,即可从曲线上确定出所要求的掺配比例。掺配后如果过稠,可采用石油产品系统的轻质油类,如汽油、煤油、柴油等进行稀释,如果过稀可加入沥青。

【例 11-1】 某建筑工程屋面防水,需用软化点为 75 ℃的石油沥青,但工地仅有软化点为 95 ℃和 25 ℃的两种石油沥青,应如何掺配?

解 掺配时较软石油沥青(软化点为 25 ℃)用量为:

$$Q_1 = \frac{T_2 - T}{T_2 - T_1} \times 100\% = \frac{95 - 75}{95 - 25} \times 100\% = 28.6\%$$

较硬石油沥青(软化点为 95 ℃)用量为:

$$Q_2 = 100\% - Q_1 = 71.4\%$$

以估算的掺配比例和其邻近的比例(5% ~10%)进行试配(混合熬制均匀),测定掺配后沥青的软化点,然后绘制掺配比—软化点关系曲线,即可从曲线上确定出所要求的掺配比例。

第二节　其他沥青

一、煤沥青

煤沥青是炼焦厂或煤气厂的副产品。烟煤在干馏过程中的挥发物质,经冷凝而成的黑色黏性液体称为煤焦油,煤焦油经分馏加工提取轻油、中油、重油、蒽油以后,所得残渣即为煤沥青,也称煤焦油沥青或柏油。

(一)煤沥青的基本组成

由于煤沥青是由复杂化合物组成的混合物,分离为单体组成十分困难,故目前煤沥青化学组分的研究与前述石油沥青方法相同,也是采用选择性溶解等方法,将煤沥青分为几个化学性质相近,且与路面性能有一定联系的组分。常将煤沥青分离为游离碳、油分、软树脂和硬树脂四个组分。

1. 游离碳

游离碳又称自由碳,是高分子的有机化合物的固态碳质微粒,不溶于有机溶剂,加热不熔,但高温分解。煤沥青的游离碳含量增加,可提高其黏度和温度稳定性,但其低温脆性也增加。

2. 油分

油分是液态碳氢化合物。其与其他组分比较是结构最简单的物质。

3. 树脂

树脂为环心含氧碳氢化合物。①硬树脂:类似石油沥青中的沥青质;②软树脂:赤褐色黏—塑性物质,溶于氯仿,类似石油沥青中的树脂。

(二)煤沥青的性能特点

由于煤沥青的组分与石油沥青有明显差别,因此与石油沥青比较,煤沥青有如下性能特点:

(1)煤沥青密度比石油沥青大,一般为 1.10~1.26 g/cm^3。

(2)塑性差。煤沥青中含有较多的自由碳和固体树脂,受力后产生变形易开裂,尤其在低温条件下易变得脆硬。

(3)温度稳定性差。煤沥青中可溶性树脂含量较高,受热后软化溶于油分中,使煤沥青温度稳定性差。

(4)大气稳定性差。煤沥青中易挥发的油分多,且化学不稳定的成分(不饱和的芳香烃)含量多,在光、热和氧的综合作用下,老化过程较快。

(5)有毒、有臭味,防腐能力强。煤沥青中含有酚、蒽等易挥发的有毒成分,施工时对人体有害,但将其用于木材防腐中,有较好的效果。

(6)与矿物质材料表面黏附力较强。煤沥青中含表面活性物质较多,能与矿物质材料表面很好地黏附,可提高煤沥青与矿物质材料的黏结强度。

(三)煤沥青的应用

煤沥青的抗腐蚀性能较好,适用于地下防水工程及防腐工程,还可以浸渍油毡。煤沥青质量比石油沥青差,多用于较次要的工程。但若以煤沥青配制沥青混合料,用于铺筑停车场时,可以不被滴漏的燃料油、润滑油等溶解侵蚀,有较高的耐久性。

使用煤沥青应严格控制加热温度和时间,以免降低其质量,同时采取防毒安全措施。煤沥青与石油沥青外观相似,使用时注意区分二者,防止用错。鉴别二者的方法见表 11-6。

表 11-6 煤沥青与石油沥青简易鉴别方法

鉴别方法	石油沥青	煤沥青
密度法	密度近似于 1.0 g/cm^3	大于 1.10 g/cm^3
锤击法	声哑,有弹性、韧性好	声脆,韧性差
燃烧法	烟无色,基本无刺激性臭味	烟呈黄色,有刺激性臭味
溶液比色法	用 30~50 倍汽油或煤油溶解后,将溶液滴于滤纸上,斑点呈棕色	溶解方法同石油沥青。斑点有两圈,内黑外棕

二、乳化沥青

乳化沥青是将沥青热融,经过机械的作用,使其以细小的微滴状态分散于含有乳化剂的水溶液之中,形成水包油状的沥青乳液。水和沥青是互不相溶的,但由于乳化剂吸附在沥青微滴上的定向排列作用,降低了水与沥青界面间的界面张力,使沥青微滴能均匀地分散在水中而不致沉析;同时,由于稳定剂的稳定作用,使沥青微滴能在水中形成均匀稳定的分散系。乳化沥青呈茶褐色,具有高流动度,可以冷态使用,在与基底材料和矿质材料结合时有良好的黏附性。

(一)乳化沥青的组成材料

乳化沥青主要由沥青、水、乳化剂、稳定剂等材料组成。

1. 沥青

沥青是乳化沥青的主要组成材料,占乳化沥青的55% ~70%。各种标号的沥青均可配制乳化沥青,稠度较小的沥青(针入度为100 ~250 mm)更易乳化。

2. 水

水质对乳化沥青的性能也有影响:一方面水能润湿、溶解、黏附其他物质,并起缓和化学反应的作用;另一方面,水中含有各种矿物质及其他影响乳化沥青形成的物质。所以,水质应相当纯净,不含杂质。一般说来,水质硬度不宜太大,尤其是阴离子乳化沥青,对水质要求较严,每升水中氧化钙含量不得超过80 mg。

3. 乳化剂

乳化剂是乳化沥青形成的关键材料。沥青乳化剂是一种表面活性剂,从化学结构上考察,它是一种"两亲性"分子。分子的一部分具有亲水性质,而另一部分具有亲油性质。它能使互不相溶的两种物质(沥青和水)形成均匀稳定的分散体系,它的性能在很大程度上影响着乳化沥青的性能。

4. 稳定剂

稳定剂使乳液具有良好的储存稳定性,以及在施工中喷洒或拌和的机械作用下的稳定性。稳定剂可分为有机稳定剂和无机稳定剂,常用的聚乙烯醇、聚丙烯酰胺、羧甲基纤维素钠、糊精、MF废液等为有机稳定剂。这类稳定剂可提高乳液的储存稳定性和施工稳定性。常用的氯化钙、氯化镁、氯化铵和氯化铬等为无机稳定剂。这类稳定剂可提高乳液的储存稳定性。

(二)乳化沥青的主要优点

(1)冷态施工、节约能源。乳化沥青可以冷态施工,现场无需加热设备和能源消耗。扣除制备乳化沥青所消耗的能源后,仍然可以节约大量能源。

(2)便利施工、节约沥青。由于乳化沥青黏度低、和易性好,施工方便,可节约劳力。此外,由于乳化沥青在集料表面形成的沥青膜较薄,不仅提高了沥青与集料的黏附性,而且可以节约沥青用量。

(3)保护环境、保障健康。乳化沥青施工不需加热,故不污染环境;同时,避免了劳动操作人员受沥青挥发物的毒害。

(三)乳化沥青的应用

乳化沥青可以作为防水材料喷涂或涂刷在表面上作为防潮或防水层;也可粘贴玻璃纤维毡片(或布)作为屋面防水层;还可以拌制冷用沥青砂浆和沥青混合料用于道路工程或其他工程。

三、改性沥青

建筑上使用的石油沥青必须具有一定的物理性质。如要求在低温条件下应有一定的弹性和塑性,在高温条件下要有足够的强度和稳定性,在加工和使用过程中具有抗老化能力,还应与各种矿料和结构表面有较强的黏附力,以及对构件变形的适应性和耐疲劳性。一般沥青不能全面满足工程上的多项使用要求,因而常用橡胶、树脂和矿物填料等材料改善沥青性能，这种改善后的沥青称为改性沥青。橡胶、树脂和矿物填料等通称为石油沥青的改性材料。

（一）橡胶改性沥青

橡胶是一类重要的石油改性材料。它与沥青有较好的混溶性，并能使沥青具有橡胶的很多优点，如高温变形小，低温柔性好等。沥青中掺入一定量橡胶后，可改善其耐热性、耐候性等。

常用于沥青改性的橡胶有氯丁橡胶、丁基橡胶、再生橡胶等。氯丁橡胶改性沥青，可使其气密性、低温柔性、耐化学腐蚀性、耐光性、耐臭氧性、耐候性和耐燃烧性得到很大改善。丁基橡胶改性沥青具有优异的耐分解性，并有较好的低温抗裂性和耐热性能，多用于道路路面工程、制作密封材料以及涂料。

（二）树脂改性沥青

树脂改性沥青，可以改进沥青的耐寒性、耐热性、黏结性和不透气性。石油沥青中含芳香性化合物较少，因而树脂和石油沥青的相溶性较差，而且用于改性沥青的树脂品种也较少，常用品种有：古马隆树脂、聚乙烯、无规聚丙烯 APP、酚醛树脂及天然松香等。无规聚丙烯 APP 改性沥青克服单纯沥青冷脆热流缺点，具有较好的耐高温性，特别适合于炎热地区。APP 改性沥青主要用于生产防水卷材和防水涂料。

（三）橡胶和树脂改性沥青

橡胶和树脂同时用于沥青改性，可使沥青同时具有橡胶和树脂的特性。如耐寒性，且树脂比橡胶便宜，橡胶和树脂间有较好的混溶性，故效果较好。橡胶和树脂改性沥青可用于生产卷材、片材、密封材料和防水涂料等。

（四）矿物填充料改性沥青

矿物填充料改性沥青可提高沥青的黏结能力、耐热性，减小沥青的温度敏感性。常用的矿物填充料大多是粉状或纤维状矿物，主要有滑石粉、石灰石粉、硅藻土、石棉和云母粉等。矿物改性沥青的机理为：沥青中掺矿物填充料后，由于沥青对矿物填充料有良好的润湿和吸附作用，在矿物颗粒表面形成一层稳定、牢固的沥青薄膜，带有沥青薄膜的矿物颗粒具有良好的黏性和耐热性。矿物填充料的掺入量要恰当，以形成恰当的沥青薄膜层。

第三节 沥青混合料

一、概述

（一）沥青混合料的定义

沥青混合料是将粗集料石子、细集料砂（0.15 ~ 5 mm）和填料矿粉（ <0.15 mm）经人工合理选择级配组成的矿质混合料与适量的沥青材料经拌和而成的均匀混合料，包括沥青混凝土（压实后剩余空隙率≤10%）和沥青碎石（压实后剩余空隙率不小于 10%），还有开级配或间断级配沥青混合料。沥青混合料主要用于道路路面，也可用于水工建筑物表面或内部的防渗层。

（二）沥青混合料的分类

沥青混合料是由矿料与沥青拌和而成的混合料的总称。沥青混合料的分类方法很多,可按施工温度、矿质集料的最大粒径和沥青混合料级配来分类。

1. 按施工温度分类

1)热拌热铺沥青混合料

沥青与矿料在热态下拌和、热态下铺筑施工的沥青混合料。

2)常温沥青混合料

采用乳化沥青或稀释沥青与矿料在常温状态下拌和、施工的沥青混合料。

2. 按矿质集料的最大粒径分类

1)砂粒式沥青混合料

最大集料粒径小于等于4.75 mm(圆孔筛5 mm)的沥青混合料,也称为沥青石屑或沥青砂。

2)细粒式沥青混合料

最大集料粒径为9.5 mm或13.2 mm(圆孔筛10 mm或15 mm)的沥青混合料。

3)中粒式沥青混合料

最大集料粒径为16 mm或19 mm(圆孔筛20 mm或25 mm)的沥青混合料。

4)粗粒式沥青混合料

最大集料粒径为26.5 mm或31.5 mm(圆孔筛30~40 mm)的沥青混合料。

5)特粗式沥青碎石混合料

最大集料粒径等于或大于37.5 mm(圆孔筛45 mm)的沥青碎石混合料。

3. 按沥青混合料级配分类

1)沥青混凝土混合料

由适当比例的粗集料、细集料及填料组成的符合规定级配的矿料,与沥青结合料拌和而制成的符合技术标准的沥青混合料(以AC表示,采用圆孔筛时用LH表示)。

2)密级配沥青混凝土混合料

各种粒径的颗粒级配连续、相互嵌挤密实的矿料与沥青拌和而成,压实后剩余空隙率小于10%的沥青混合料。剩余空隙率3%~6%(行人道路为2%~6%)的为Ⅰ型密实式沥青混凝土混合料,剩余空隙率4%~10%的为Ⅱ型半密实式沥青混凝土混合料。

3)半开级配沥青混合料

适当比例的粗集料、细集料及少量填料(或不加填料)与沥青拌和而成,压实后剩余空隙率在10%以上的半开式沥青混合料,也称为沥青碎石混合料(以AM表示,采用圆孔筛时用LS表示)。

4)开级配沥青混合料

矿料级配主要由粗集料组成,细集料较少,矿料相互拨开,压实后空隙率大于15%的开式沥青混合料。

5)间断级配沥青混合料

矿料级配组成中缺少一个或若干个档次而形成的间断级配的沥青混合料。

(三)沥青混合料的优点

沥青混合料作为高等级公路最主要的路面材料,其优越性具体表现在以下几个方面。

(1)沥青混合料是一种弹塑性黏性材料,因而它具有一定的高温稳定性和低温抗裂性。它不需设置施工缝和伸缩缝,路面平整且有弹性,行车比较舒适,噪音低。

(2)沥青混合料路面有一定的粗糙度，雨天具有良好的抗滑性。路面又能保证一定的平整性，如高速公路路面，其平整度可达 1.0 mm 以下。而且沥青混合料路面为黑色，无强烈反光，行车比较安全。

(3)施工方便，速度快，不需要较长的养护期，能及时开放交通。

(4)沥青混合料路面可分期改造和再生利用。随着道路交通量的增大，可以对原有的路面拓宽和加厚。对旧有的沥青混合料，可以运用现代技术，再生利用，以节约原材料。

在各种沥青混合料中，热拌沥青混合料是最典型的品种，热拌沥青混合料是经人工组配的矿质混合料与黏稠沥青在专门设备中加热拌和而成的。热拌沥青混合料用保温运输工具运送至施工现场，并在热态下进行摊铺和压实。

二、沥青混合料的组成结构

(一)沥青混合料的组成材料

沥青混合料的组成材料主要有沥青和矿料。矿料指用于沥青混合料的粗集料、细集料和填料的总称。为了保证混合料的技术性质，首先要正确选择符合质量要求的组成材料。

1. 矿料

矿料是指沥青混合料采用的碎石、轧制砾石、筛选砾石、石屑、砂以及矿粉等的总称。

1)粗集料

粗集料是经加工(轧碎、筛分)而成的粒径大于 2.36 mm 的碎石、破碎砾石(由砾石经碎石机破碎加工而成的具有一个以上破碎面的石料)、筛选砾石、矿渣等集料。沥青混合料所用粗集料应洁净、干燥、无风化、不含杂质。在力学性质方面，压碎值和洛杉矶磨耗率等应符合《沥青路面施工及验收规范》(GB 50092—96)中相应道路等级的要求。

粗集料应具有良好的颗粒形状，用于道路沥青面层的碎石不宜采用颚式破碎机加工。路面抗滑表层粗集料应选用坚硬、耐磨、抗冲击性好的碎石或破碎砾石，不得使用砾石、矿渣及软质集料。用于高速公路、一级公路沥青路面表面层及各类公路抗滑表面层的粗集料还应满足一定的抗滑性要求。

筛选砾石仅适用于三级及三级以下公路的沥青表面层或拌和法施工的沥青面层的下面层，不得用于贯入式路面及拌和法施工的沥青面层的中、上面层。

钢渣只能适用于三级或三级以下的公路。刚出炉的钢渣可能存在活性，为避免路面在使用过程中发生遇水膨胀的鼓包破坏现象，钢渣须在破碎后存放 6 个月以上方可使用。

沥青混合料的粗集料一般是用碱性石料加工制得的，因为碱性石料与沥青具有良好的黏结性。在缺少碱性石料的情况下，也可采用酸性石料代替。酸性集料化学成分中以硅、铝等亲水矿物为主，与沥青黏结性较差，用于沥青混合料时易受水的影响造成沥青膜剥离，但其他性质一般较好，在使用时应对沥青或粗集料进行适当的处理，以增加混合料的黏聚力。经检验属于酸性岩石的石料(如花岗岩、石英岩等)用于高速公路、一级公路、城市快速路、主干路时，宜使用针入度较小的沥青，并采用下列抗剥离措施，使其对沥青的黏附性符合《沥青路面施工及验收规范》(GB 50092—96)的要求。

粗集料的粒径规格应按国标《沥青路面施工及验收规范》(GB 50092—96)规定的《道路用粗集料规格》或表 11-7 的要求选用。

表 11-7 沥青混合料矿料级配及沥青用量范围

级配类型				通过下列筛孔(方孔筛,mm)的质量百分率(%)															供参考的沥青用量(%)
				53.0	37.5	31.5	26.5	19.0	16.0	13.2	9.5	4.75	2.36	1.18	0.6	0.3	0.15	0.075	
沥青混凝土	粗粒	AC~30	Ⅰ		100	90~100	79~92	66~82	59~77	52~72	43~63	32~52	25~42	18~32	13~25	8~18	5~13	3~7	4.0~6.0
			Ⅱ		100	90~100	65~85	52~70	45~65	38~58	30~50	18~38	12~28	8~20	4~14	3~11	2~7	1~5	3.0~5.0
		AC~25	Ⅰ			100	95~100	75~90	62~80	53~73	43~63	32~52	25~42	18~32	13~25	8~18	5~13	3~7	4.0~6.0
			Ⅱ			100	90~100	65~85	52~70	42~62	32~52	20~40	13~30	9~23	6~16	4~12	3~8	2~5	3.0~5.0
	中粒	AC~20	Ⅰ				100	95~100	75~90	62~80	52~72	38~58	28~46	20~34	15~27	10~20	6~14	4~8	4.0~6.0
			Ⅱ				100	90~100	65~85	52~70	40~60	26~45	16~33	11~25	7~18	4~13	3~9	2~5	3.5~5.5
		AC~16	Ⅰ					100	95~100	75~90	58~78	42~63	32~50	22~37	16~28	11~21	7~15	4~8	4.0~6.0
			Ⅱ					100	90~100	65~85	50~70	30~50	18~35	12~26	7~19	4~14	3~9	2~5	3.5~5.5
	细粒	AC~13	Ⅰ						100	95~100	70~88	48~68	36~53	24~41	18~30	12~22	8~16	4~8	4.5~6.5
			Ⅱ						100	90~100	60~80	34~52	22~38	14~28	8~20	5~14	3~10	2~6	4.0~6.0
		AC~10	Ⅰ							100	95~100	55~70	38~58	26~43	17~33	10~21	6~16	4~9	5.0~7.0
			Ⅱ							100	90~100	40~60	24~42	15~30	9~22	6~15	4~10	2~6	4.5~6.5
	砂粒	AC~5	Ⅰ								100	95~100	55~75	35~55	20~40	12~28	7~18	5~10	6.0~8.0
沥青碎石	特粗	AM~40		100	90~100	50~80	40~65	30~54	25~30	20~45	13~38	5~25	2~15	0~10	0~8	0~6	0~5	0~4	2.5~3.5
	粗粒	AM~30			100	90~100	50~80	38~65	32~57	25~50	17~42	8~30	2~20	0~15	0~10	0~8	0~5	0~4	3.0~4.0
		AM~25				100	90~100	50~80	43~73	38~65	25~55	10~32	2~20	0~14	0~10	0~8	0~6	0~5	3.0~4.5
	中粒	AM~20					100	90~100	60~85	50~75	40~65	15~40	5~22	2~16	1~12	0~10	0~8	0~5	3.0~4.5
		AM~16						100	90~100	60~85	45~68	18~42	6~25	3~18	1~14	1~10	0~8	0~5	3.0~4.5
	细粒	AM~13							100	90~100	50~80	20~45	8~28	4~20	2~16	0~10	0~8	0~6	3.0~4.5
		AM~10								100	85~100	35~65	10~35	5~22	2~16	0~12	0~9	0~6	3.0~4.5
抗滑表层		AK~13A							100	90~100	60~80	30~53	20~40	15~30	10~23	7~18	5~12	4~8	3.5~5.5
		AK~13B							100	85~100	50~70	18~40	10~30	8~22	5~7	3~12	3~9	2~6	3.5~5.5
		AK~16						100	90~100	60~82	45~70	25~45	15~35	10~25	8~18	6~13	4~10	3~7	3.5~5.5

2)细集料

用于拌制沥青混合料的细集料,可以采用天然砂、人工砂或石屑。细集料应洁净、干燥、无风化、不含杂质,并有适当的级配范围。对用于高速公路、一级公路、城市快速路、主干路的细集料,视密度不应小于 2.50×10^3 kg/m³,坚固性试验的质量损失不应大于12%(颗粒大于0.3 mm 的部分),砂当量不小于60。而用于其他公路与城市道路时,视密度不应小于 2.45×10^3 kg/m³,砂当量不小于50。

热拌沥青混合料的细集料宜采用优质的天然砂或人工砂。在缺砂地区,也可使用石屑,但用于高速公路、一级公路、城市快速路、主干路沥青混凝土面层及抗滑表层的石屑用量不宜超过砂的用量。

细集料应与沥青有良好的黏结能力,故有时对某些岩类也应采用前述粗集料的抗剥离措施。细集料的级配,天然砂宜按表11-8中的规格选用,石屑也有相应的规格要求。但细集料的级配在沥青混合料中的适用性,应以其与粗集料和填料配制成砂制混合料后,判定其是否符合表11-7矿质混合料的级配要求来决定。当一种细集料不能满足级配要求时,可采用两种或两种以上的细集料掺合使用。

表11-8　沥青面层的天然砂规格

分类		细砂	粗砂	中砂
	筛孔尺寸(mm)			
通过各筛孔的质量百分比(%)	9.5	100	100	100
	4.75	90~100	90~100	90~100
	2.36	65~95	75~100	85~100
	1.18	35~65	50~90	75~100
	0.6	15~29	30~59	60~84
	0.3	5~20	8~30	15~45
	0.15	0~10	0~10	0~10
	0.075	0~5	0~5	0~5
细度模数 M_x		3.7~3.1	3.0~2.3	3.2~1.6

3)填料

在沥青混合料中起填充作用的粒径小于0.075 mm的矿质粉末称为填料。填料宜采用石灰岩或岩浆岩中的强基性岩石(憎水性石料)经磨细得到的矿粉,原石料中的泥土杂质应除净。矿粉要求干燥、洁净,其质量应符合表11-9的技术要求。当采用水泥、石灰、粉煤灰作填料时,其用量不宜超过矿料总量的2%。

2. 沥青

拌制沥青混合料用沥青材料的技术性质随气候条件、交通性质、沥青混合料的类型和施工条件等因素而异。通常较热的地区,较繁重的交通段,细粒式或砂粒式混合料应采用稠度较高的沥青;反之,则采用稠度较低的沥青(见表11-9)。在其他配料条件相同的情况下,较黏稠的沥青配制的混合料具有较高的力学强度和稳定性,但如稠度过高,则沥青混合料的低温变形能力较差,沥青路面容易产生裂缝。反之,在其他配料条件相同的条件下，采用稠度较低的沥青，虽然配制的混合料在低温时具有较好的变形能力，但在夏季高温时往往稳定性不足而使路面产生推挤现象。

表 11-9　沥青混合料用矿粉质量技术要求

指标		高速公路、一级公路、城市快速路、主干路	其他公路与城市道路
视密度（t/m^3）≥		2.5	2.45
含水量（%）≤		1	1
粒度范围	小于 0.6 mm，%	100	100
	小于 0.15 mm，%	90～100	90～100
	小于 0.075 mm，%	75～100	70～100
外观		无团粒结块	

对沥青混合料用沥青应符合规范对沥青材料的要求。煤沥青不宜用于热拌沥青混合料路面的表面层。沥青面层所用的沥青标号，宜根据地区气候条件、施工季节气温、路面类型、施工方法等按表 11-10 选用。

表 11-10　沥青的选用

气候分区	最低月平均气温（℃）	沥青种类	沥青标号	
			沥青碎石	沥青混凝土
寒区	低于－10	石油沥青	AH－90，AH－110，AH－130，A－100，A－140	AH－90，AH－110，AH－130，A－100 A－140
		煤沥青	T－6，T－8	T－7，T－8
温区	－10～0	石油沥青	AH－90，AH－110，A－100，A－140	AH－70，AH－90，A－50，A－100
		煤沥青	T－7，T－8	T－7，T－8
热区	高于 0	石油沥青	AH－50，AH－70，AH－90，A－100，A－60	AH－50 AH－70，A－60，A－100
		煤沥青	T－7，T－8	T－8，T－9

（二）组成结构

沥青混合料是由矿料骨架和沥青胶结料所组成的，具有空间网络结构的一种分散系统。由沥青混合料修筑的路面，有两种不同的强度理论。

表面理论认为，沥青混合料是由粗、细集料和矿粉，大小不同粒径组成密实矿质混合料的骨架，利用沥青胶结料的黏聚力，在加热状态下施工，使沥青包裹在矿料的表面，经过压实固结后，将松散的矿质颗粒胶结成具有一定强度的整体。

胶浆理论认为，沥青混合料是一种具有空间网络状结构的多级分散体系。它是以粗集料为分散相，沥青砂浆为分散介质的粗分散系；沥青砂浆又是以细浆料为分散相，沥青胶结物为分散介质的细分散系；而沥青胶结物又是以矿粉为分散相，沥青为分散介质的微分散系。

两种理论的主要区别是，表面理论重点突出矿质骨料的骨架作用，强度的关键首先是矿质骨料的强度和密实度；而胶浆理论则突出沥青胶结构在混合料中的作用，以及沥青与填充料之间的关系，这对沥青混合料的高温稳定性和低温抗裂性的影响尤为重要。沥青混合料按矿质骨架的结构状况，可将其组成结构分为下述三种类型，见图 11-11。

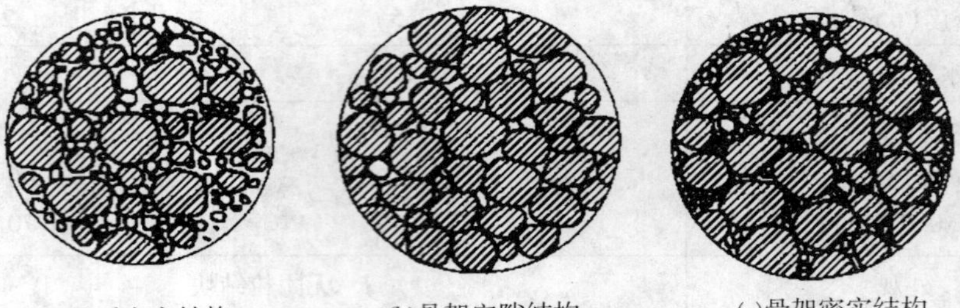

图 11-11　沥青混合料的组成结构

1. 悬浮密实结构

当采用连续密级配的沥青混合料时，材料从大到小连续存在，由于粗集料的数量较小而细集料的数量较多，粗集料被细集料挤开，以悬浮状态存在于细集料之间，称做悬浮密实结构。这种结构的沥青混合料密实度及强度较高，但稳定性较差。一般的沥青混凝土路面都采用这种连续级配型的结构。

2. 骨架空隙结构

当采用连续密级配的沥青混合料时，粗集料较多，彼此紧密相接，细集料的数量较少，形成较多空隙，称做骨架空隙结构。这种结构的沥青混合料，集料之间的嵌挤力和内摩阻力起重要作用，因此这种沥青混合料受沥青材料性质的变化影响较小，因而热稳定性较好，但沥青与矿料黏结力小、空隙率大、耐久性差。

3. 骨架密实结构

骨架密实结构采用间断级配的沥青混合料，综合以上两种结构之长，既有一定数量的粗骨料形成骨架，又根据粗集料空隙的多少加入细集料，形成较高的密实度。这种结构的沥青混合料的密实度、强度和稳定性都较好，是较理想的结构类型。

三、沥青混合料的技术性质和技术标准

（一）沥青混合料的技术性质

沥青混合料在路面中，承受汽车荷载的反复作用，同时还受到各种自然因素的影响，为了保证安全、舒适、快速、耐久等要求，沥青混合料应具有抗高温变形、抗低温脆裂、抗滑、耐久性等技术性质以及施工和易性。

1. 高温稳定性

沥青混合料是一种流变性材料，它的强度和劲度模量随着温度的升高而降低，沥青路面在夏季高温时最常见的病害是出现车辙。

沥青混合料的高温稳定性是指在夏季高温（通常取 60 ℃）条件下，沥青混合料承受

多次重复荷载作用而不发生过大的累积塑性变形的能力；沥青混合料路面在车轮作用下受到垂直力和水平力的综合作用，能抵抗高温而不产生车辙和波浪等破坏现象的性能。

目前，评价沥青混合料高温稳定性的方法主要有三轴试验、马歇尔稳定度（Marshall-stability）等方法，但是由于三轴试验较为复杂，所以马歇尔稳定度已成为国际上通用的方法。

我国现行《沥青路面施工及验收规范》（GB 50092—96）规定，采用马歇尔稳定度试验来评价沥青混合料的高温稳定性，对高速公路、一级公路和城市快速路、主干路沥青路面的上面层和中面层的沥青混合料还应通过动稳定度试验检验其抗车辙能力。

1）马歇尔稳定度试验

马歇尔稳定度试验主要测定马歇尔稳定度（MS）、流值（FL）和马歇尔模数（T）。稳定度是指标准尺寸试件在规定温度和加荷速度下，在马歇尔试验仪中最大的破坏荷载（单位：kN）；流值是达到最大破坏荷载时试件的垂直变形（以 0.1 mm 计）；马歇尔模数为稳定度除以流值的商，即

$$T = \frac{10MS}{FL} \tag{11-9}$$

式中 T——马歇尔模数，kN/mm；

MS——稳定度，kN；

FL——流值，0.1 mm。

具体试验方法是将选定级配组成的矿质混合料，加入适量的沥青，在规定条件下拌制成均匀混合料，击实成直径 101.6 mm、高 63.5 mm 的圆柱形试件，按规定条件保温，然后把试件迅速卧放在弧形加荷头内，以 50.5 mm/min 的速度加压。当试件达到破坏时的最大荷载即为稳定度（单位：kN），此时对应的压缩变形量称为流值（0.1 mm）。除测定稳定度和流值外，还要测定沥青混合料的密度、空隙率和饱和度，用这五个指标共同控制混合料的技术性质。

2）车辙试验

车辙试验目前的方法是用标准成型方法，制成 300 mm × 300 mm × 50 mm 的沥青混合料试件，在 60 ℃（根据需要，如在寒冷地区也可采用 45 ℃或其他温度，但应在报告中注明）的温度条件下，以一定荷载的橡胶轮（轮压为 0.7 MPa）在同一轨迹上作一定时间的反复行走，测定其在变形稳定期每增加变形 1 mm 的碾压次数，即动稳定度，以次/mm 表示。动稳定度计算方法如式（11-10）所示。

$$DS = \frac{(t_2 - t_1) \cdot N \cdot C_1 \cdot C_2}{d_2 - d_1} \tag{11-10}$$

式中 DS——沥青混合料动稳定度，次/mm；

d_1、d_2——时间 t_1、t_2 的变形量，mm；

N——往返碾压速度，通常为 42 次/mm；

C_1、C_2——实验机和实验修正系数。

提高沥青混合料高温稳定性的方法通常是使用黏度较高的沥青，适当减少沥青用量；选用形状好，富有棱角的集料；采用骨架密实结构。

2. 低温抗裂性

沥青混合料为弹性—黏性—塑性材料，其物理性质随温度变化有很大变化。沥青混合料在低温下抵抗断裂破坏的能力，称为低温抗裂性能。

当温度较低时，沥青混合料表现为弹性性质，变形能力大大降低。在外部荷载产生的应力和温度下降引起的材料收缩应力联合作用下，沥青路面可能发生断裂，产生低温裂缝。沥青混合料的低温开裂是由混合料的低温脆化、低温收缩和温度疲劳引起的。

目前普遍采用的测定方法，混合料的低温脆化一般用不同温度下的弯拉破坏试验来评定，低温收缩可采用低温收缩试验评定，而温度疲劳则可以用低频疲劳试验来评定。

3. 耐久性

沥青混合料的耐久性是指其在修筑成路面后，在车辆荷载和大气因素（如阳光、空气和雨水等）的长期作用下，仍能基本保持原有性能的能力。

影响沥青混合料耐久性的因素，除沥青的化学性质、矿料的矿物成分外，沥青混合料的空隙率也是重要因素之一。一般沥青混凝土应留有 3% ~10% 的空隙率。此外，沥青用量与路面耐久性也有很大关系。沥青用量较最佳沥青用量减少时，沥青膜变薄，混合料的延伸能力降低，脆性增加，同时将使混合料空隙率增大，沥青膜暴露较多，加速沥青老化。同时增加了渗水率，加强了水对沥青的剥落作用。研究认为沥青用量较最佳用量少 0.5% 的混合料路面的使用寿命将减少一半。

我国现行规范采用空隙率、饱和度和残留稳定度等指标来表征沥青混合料耐久性。残留稳定度是指浸水后的稳定度与标准稳定度之比；空隙率指压实沥青混合料中空隙的体积占沥青混合料总体积的百分数，空隙率越大，抗滑性和高温稳定性越大，但抗渗性和耐久性变差，对强度也不利。饱和度是指压实沥青混合料中，沥青体积占矿料以外体积的百分数。饱和度过小，沥青难以充分裹覆矿料，影响沥青混合料的黏聚性，降低耐久性；饱和度过大，减小沥青混合料的空隙率，妨碍夏季沥青体积膨胀，引起路面的泛油，降低耐久性。提高耐久性的方法有选用耐老化性能好的沥青，适当增加沥青用量，采用密实结构。

4. 抗滑性

随着公路等级的提高和车辆行驶速度的加快，对沥青混凝土路面的抗滑性提出了更高的要求。路面的抗滑能力与沥青混合料的粗糙度、级配组成、沥青用量和矿质集料的微表面性质等因素有关。面层集料应选用质地坚硬具有棱角的碎石，通常采用玄武岩。采取适当增大集料粒径，适当减少一些沥青用量及严格控制沥青的含蜡量等措施，均可提高路面的抗滑性。我国现行《沥青路面施工及验收规范》（GB 50092—96）对抗滑层集料提出了磨光值、道瑞磨耗值和冲击值等三项指标。

沥青用量对抗滑性的影响非常敏感，沥青用量较最佳沥青用量增加 0.5%，抗滑系数明显降低。沥青含蜡量对沥青路面抗滑性也有明显的影响。采取适当增大集料粒径，适当减少一些沥青用量及严格控制沥青的含蜡量等措施，均可提高路面的抗滑性。

5. 施工和易性

沥青混合料的施工和易性是指使混合料易于拌和、摊铺和碾压施工的性质。影响沥青混合料施工和易性的因素很多，如当地气温、施工条件以及混合料性质等。单纯从混合料材料性质来说，影响施工难易性的首先是混合料的级配情况。间断级配混合料的施工和易性较差。此外,当沥青用量过少,或矿粉用量过多时,混合料容易产生疏松,不易压实;反之,如沥青用量过多,或矿粉质量不好,则容易使混合料黏结成块,不易摊铺。

(二)沥青混合料的技术标准

我国现行《沥青路面施工及验收规范》(GB 50092—96)对热拌沥青混合料马歇尔试验的技术标准要求见表11-11。

表11-11　热拌沥青混合料马歇尔试验技术标准

项目		沥青混合料类型	高速公路、一级公路、城市快速路、主干路	其他等级公路及城市道路	行人道路
击实次数(次)		沥青混凝土 沥青碎石、抗滑表层	两面各75 >50	两面各50 两面各50	两面各35 两面各35
技术指标	稳定度 MS(kN)	Ⅰ型沥青混凝土 Ⅱ型沥青混凝土、抗滑表层	>7.5 >5.0	>5.0 >3.0	>3.0 —
	流值 FL (0.1 mm)	Ⅰ型沥青混凝土 Ⅱ型沥青混凝土、抗滑表层	20~40 20~40	20~45 20~45	20~50 —
	空隙率 VV(%)	Ⅰ型沥青混凝土 Ⅱ型沥青混凝土、抗滑表层 沥青碎石	3~6 4~10 >10	3~6 4~10 >10	2~5 — —
	沥青饱和度 VFA(%)	Ⅰ型沥青混凝土 Ⅱ型沥青混凝土、抗滑表层	70~85 60~75	70~85 60~75	75~90 —
	残留稳定度 MS_C'(%)	Ⅰ型沥青混凝土 Ⅱ型沥青混凝土、抗滑表层	>75 >70	>75 >70	>75 —

注:1. 粗粒式沥青混凝土的稳定度可降低1~1.5 kN;

2. Ⅰ型细粒式及砂粒式混凝土的空隙率可放宽12%~16%;

3. 沥青混凝土混合料的矿料间隙率(VMA)宜符合表11-12要求。

表11-12　沥青混合料的矿料间隙率

集料最大粒径(mm)	37.5	31.5	26.5	19.0	16.0	13.2	9.5	4.75
VMA,不小于,%	12	12.5	13	14	14.5	15	16	18

四、沥青混合料的配合比设计

沥青混合料配合比设计包括实验室配合比设计、生产配合比设计和试拌试铺配合比调控三个阶段。其主要任务就是确定粗集料、细集料、矿粉和沥青材料相互配合的最佳组成比例,使之既能满足沥青混合料的技术要求(如强度、稳定性、耐久性和平整度等),又符合经济的原则。

沥青混凝土配合比设计通常按下列两步进行:首先选择矿质混合料的配合比例,使矿质混合料的级配符合规范的要求,即石料、砂、矿粉应有适当的配合比例;然后确定矿料与沥青的用量比例,即最佳沥青用量。在混合料中,沥青用量波动0.5%的范围可使沥青混合料的热稳定性等技术性质变化很大。在确定矿料间配合比例后,通过稳定度、流值、空隙率、饱和度等试验数值选择出最佳沥青用量。

(一)选择混合料配合比例

根据沥青混合料使用的公路等级、路面类型、结构层次、气候条件及其他要求,按表11-13选用沥青混合料的类型,并参照《公路沥青路面施工技术规范》(JTGF 40—2004)推荐的级配作为沥青混合料的设计级配;测定矿料的密度、吸水率、筛分情况和沥青的密度;采用图解法或数解法求出已知级配的粗集料、细集料和矿粉之间的比例关系。

表11-13 沥青混合料类型

结构层次	高速公路、一级公路、城市快速道路、主干道		其他等级公路		一般城市道路及其他道路工程	
	三层式沥青混凝土路面	两层式沥青混凝土路面	沥青混凝土路面	沥青碎石路面	沥青混凝土路面	沥青碎石路面
上面层	AC－13 AC－16 AC－20	AC－13 AC－16	AC－13 AC－16	AC－13 —	AC－5 ACI－10 AC－13	AM－5 AM－10
中面层	AC－20 AC－25	— —	— —	— —	— —	
下面层	AC－25 AC－30	AC－20 AC－25 AC－30	AC－20 AC－25 AC－30 AM－25 AM－30	AM－25 AM－30	AC－20 AC－30 AM－25 AM－30	AC－25 AM－30 AM－40

沥青混合料的矿料级配应符合工程规定的设计级配范围。密级配沥青混合料宜根据公路等级、气候及交通条件按表11-14选择采用粗型(C型)或细型(F型)的混合料,并应在表11-15范围内确定工程设计级配范围,通常情况下工程设计级配范围不宜超出表11-15的要求。

其他类型的混合料根据设计要求宜按《公路沥青路面施工技术规范》(JTGF 40—2004)的规定确定。

(二)确定沥青最佳用量

采用马歇尔试验法来确定沥青最佳用量,按设计的矿料配合比配制五组矿质混合料,每组按规范推荐的沥青用量范围加入适量沥青,并按0.5%的间隔递增、拌和均匀制成马歇尔试件进行试验,测出试件的密实度、稳定度和流值等,并确定出最佳沥青用量。

1. *矿料配合比计算*

根据各组成材料的筛析试验资料,采用图解法或试算,计算符合要求级配范围的各组成材料用量比例。各组成级配应符合下列要求。

表 11-14 粗型和细型密级配沥青混凝土的关键性筛孔通过率

混合料类型	公称最大粒径(mm)	用以分类的关键性筛孔(mm)	粗型密级配		细型密级配	
			名称	关键性筛孔通过率(%)	名称	关键性筛孔通过率(%)
AC－25	26.5	4.75	AC－25C	<40	AC－25F	>40
AC－20	19	4.75	AC－20C	<45	AC－20F	>45
AC－16	16	2.36	AC－16C	<38	AC－16F	>38
AC－13	13.2	2.36	AC－13C	<40	AC－13F	>40
AC－10	9.5	2.36	AC－10C	<45	AC－10F	>45

表 11-15 密级配沥青混凝土混合料矿料级配范围

级配类型		通过下列筛孔(mm)的质量百分率(%)												
		31.5	26.5	19	16	13.2	9.5	4.75	2.36	1.18	0.6	0.3	0.15	0.075
粗粒式	AC－25	100	90～100	75～90	65～83	57～76	45～65	24～52	16～42	12～33	8～24	5～17	4～13	3～7
中粒式	AC－20		100	90～100	78～92	62～80	50～72	26～56	16～44	12～33	8～24	5～17	4～13	3～7
中粒式	AC－16			100	90～100	76～92	60～80	34～62	20～48	13～36	9～26	7～18	5～14	4～8
细粒式	AC－13				100	90～100	68～85	38～6	24～50	15～38	10～28	7～20	5～15	4～8
细粒式	AC－10					100	90～100							4～8
砂粒式	AC－5						100	90～100	55～75	35～55	20～40	12～28	7～18	5～10

(1)应使包括 0.075 mm,2.36 mm,4.75 mm 筛孔在内的较多筛孔的通过而接近设计级配范围的中限;

(2)对交通量大、轴载重的公路宜偏向级配范围的下限,对中小交通量或人行道路等宜偏向级配范围的上限;

(3)合成的级配曲线应接近连续或有合理的间断级配,不得有过多的犬牙交错;当经过调整,仍有 2 个以上的筛孔超出级配范围时,必须对原材料进行调整或更换原材料重新设计。

2.确定沥青混合料的最佳沥青用量

沥青混合料的最佳沥青用量,可采用马歇尔试验方法来确定。

1)试件的制备

(1)按确定的矿质混合料配合比,计算各种矿质材料的用量;

(2)按表 11-8 推荐的沥青用量范围及实践经验,估计适宜的沥青用量(或油石比);

(3)以估计的沥青用量为中值,按 0.5% 间隔变化,取 5 个不同的沥青用量,用小型拌和机与矿料拌和。试件是直径为 101.6 mm,高为 63.5 mm 的圆柱体。

2)测试物理指标

为确定沥青混合料的沥青最佳用量,需测定沥青混合料的下列物理指标。

(1)视密度。采用水中重法、表干法、体积法及蜡封法等测定沥青混合料压实试件的视密度。对于密级配沥青混合料,通常采用水中重法,按式(11-11)计算:

$$\rho_s = \frac{m_a}{m_a - m_w}\rho_w \tag{11-11}$$

式中　ρ_s——试件的表观密度,g/cm^3;

m_a——干燥试件的空中质量,g;

m_w——试件的水中质量,g;

ρ_w——常温水的密度,取 1 g/cm^3。

(2)理论密度。指压实沥青混合料试件全部为矿料(包括矿料内部的孔隙)和沥青(空隙率为零)组成的最大密度,按式(11-12)和式(11-13)计算:

按油石比计算:

$$\rho_t = \frac{\rho_w(100 + P_a)}{\frac{P_1}{\gamma_1} + \frac{P_2}{\gamma_2} + \cdots + \frac{P_n}{\gamma_n} + \frac{P_a}{\gamma_a}} \tag{11-12}$$

按沥青用量计算:

$$\rho_t = \frac{100\rho_w}{\frac{Q_1}{\gamma_1} + \frac{Q_2}{\gamma_2} + \cdots + \frac{Q_n}{\gamma_n} + \frac{Q_b}{\gamma_b}} \tag{11-13}$$

式中　ρ_t——理论密度,g/cm^3;

$P_1,P_2,\cdots,P_n$——各种矿料的配合比(矿料总和为 100);

$Q_1,Q_2,\cdots,Q_n$——各种矿料的配合比(矿料与沥青之和为 100);

$\gamma_1,\gamma_2,\cdots,\gamma_n$——各种矿料与水的相对表观密度;

γ_a——油与水的相对表观密度;

P_a——油石比,%;

Q_b——沥青含量,%;

γ_b——沥青的相对密度(25 ℃/25 ℃)。

(3)空隙率(VV)。沥青混合料的空隙率按式(11-14)计算:

$$VV = (1 - \rho_a/\rho_t) \times 100\% \tag{11-14}$$

式中　VV——试件的空隙率,%;

ρ_t——沥青的理论密度,g/cm^3;

ρ_a——试件的视密度,g/cm^3。

(4)沥青体积百分率(VA)。沥青混合料的沥青体积百分率按式(11-15)和式(11-16)计算:

$$VA = \frac{P_b \cdot \rho_a}{\rho_b} \tag{11-15}$$

$$VA = \frac{100P_a\rho_a}{(100 + P_a)\rho_b} \tag{11-16}$$

式中　ρ_b——沥青的密度,g/cm³。

(5)矿料间隙率(VMA)。压实沥青混合料试件内矿料部分以外体积占试件总体积的百分率,称为矿料间隙率,即试件空隙率与沥青体积百分率之和,按式(11-17)计算:

$$VMA = VA + VV \tag{11-17}$$

式中　VMA——矿料间隙率,%。

(6)沥青饱和度(VFA)。沥青混合料中沥青体积占矿料间隙体积的百分率,也称为沥青填隙率,按式(11-18)计算:

$$VFA = \frac{100VA}{VMA} = \frac{100VA}{VA + VV} \tag{11-18}$$

式中　VFA——沥青饱和度,%。

3)测定力学指标

根据试验计算马歇尔稳定度(MS)、流值(FL)和马歇尔模数(T)。

4)马歇尔试验结果分析

(1)绘制沥青用量与物理－力学指标关系图。以沥青用量为横坐标,以表观密度、空隙率、饱和率、稳定度和流值为纵坐标,将试验结果绘制成沥青用量和各项指标的关系曲线。

(2)确定沥青用量。根据稳定度、密度和空隙率确定最佳沥青用量 a_1,相应于表观密度最大值的沥青用量 a_2,相应于规定空隙率范围的中值的沥青用量 a_3,计算三者的平均值作为沥青用量的初始值 OAC_1,即

$$OAC_1 = \frac{a_1 + a_2 + a_3}{3} \tag{11-19}$$

(3)根据符合各项技术指标的沥青用量范围确定最佳沥青用量的初始值(OAC_2)。求出各项指标符合沥青混合料技术标准的沥青用量范围 $OAC_{min} \sim OAC_{max}$,其中值为 OAC_2,即

$$OAC_2 = \frac{OAC_{min} + OAC_{max}}{2} \tag{11-20}$$

(4)根据 OAC_1 和 OAC_2 综合确定沥青最佳用量 OAC。按最佳沥青用量的初始值 OAC_1,在图中求取相应的各项指标值,检查其是否符合马歇尔试验技术指标,同时检验矿料间隙率是否符合要求。如符合,由 OAC_1 及 OAC_2 综合确定最佳沥青用量 OAC;如不符合,则应调整级配,重新进行配合比设计和马歇尔试验,直至各项指标均符合要求。

(5)根据气候条件和交通特性调整最佳沥青用量。由 OAC_1 和 OAC_2 综合确定 OAC 时,还需根据实践经验和道路等级、气候条件,考虑下列情况进行调整:

①对炎热区道路以及车辆规划交通的高速公路、一级公路、城市快速路、主干道,预计有可能造成较大车辙的情况下,可以在中限值 OAC_2 与下限 OAC_{min} 范围内决定,但一般不小于中限值 OAC_2 的0.5%。

②对寒冷区道路以及一般公路,最佳沥青用量可以在中限值 OAC_2 与上限 OAC_{max} 范

围内决定,但一般不大于中限值 OAC_2 的 0.3%。

5)水稳定性检验

按最佳沥青用量 *OAC* 制作马歇尔试件,进行浸水马歇尔试验或真空饱水后的浸水马歇尔试验。当残留稳定度不符合规定时,应重新进行配合比设计,或采取抗剥离措施,重新试验。

当 *OAC* 与 2 个初始值 OAC_1 和 OAC_2 相差甚大时,宜按 *OAC* 与 OAC_1 和 OAC_2 分别制作试件,进行残留稳定度试验,根据试验结果对 *OAC* 进行适当调整。

残留稳定度试验方法是标准试件在规定温度下浸水 48 h(或真空饱水后,再浸水 48 h),测定其浸水残留稳定度,按式(11-21)计算:

$$MS_0 = \frac{MS_1}{MS} \times 100\% \tag{11-21}$$

式中 MS_0——试件的浸水残留稳定度,%;

MS_1——试件的浸水 48 h 后的稳定度,kN;

MS——试件按标准试验方法的稳定度,kN。

6)高温稳定性检验

按最佳沥青用量 *OAC* 制作车辙试验试件,在 60 ℃条件下用车辙实验机对设计的沥青用量检验其高温抗车辙能力(即动稳定度)。当动稳定度不符合规范要求时,应重新进行配合比设计。当 *OAC* 与两个初始值 OAC_1 和 OAC_2 相差很大时,宜按 *OAC* 与 OAC_1 和 OAC_2 分别制作试件,进行残留稳定度试验,根据试验结果对 *OAC* 适当调整。参照我国现行规范《沥青路面施工及验收规范》(GB 50092—96)进行。

3. 确定生产配合比的最佳沥青用量

以上决定的矿料级配及最佳沥青用量为目标配合比设计,对间歇式拌和机,必须从 2 次筛分后进入各料仓的材料比例,供拌和机控制室使用。同时反复调整冷料仓进料比例以达到供料均衡,并取目标配合比设计的最佳沥青用量。对最佳沥青用量及其 ±0.3% 等 3 个沥青用量进行马歇尔试验,确定生产配合比的最佳沥青用量。

4. 确定生产用的配合比

拌和机采用生产配合比进行试拌,铺筑实验段,并用拌和的沥青混合料及路上钻取的芯样进行马歇尔试验检验,确定生产用的配合比。标准配合比应作为生产上控制的依据和质量检验的标准。标准配合比的矿料级配至少应包括 0.075 mm,2.36 mm,4.75 mm 三档的筛孔通过率接近要求级配的中值。

(三)配合比实例

【例 11-2】 某路线修筑沥青混凝土高速公路路面层。试用图解法计算矿质混合料的组成,用马歇尔试验法确定最佳沥青用量。

[设计原始资料]

(1)路面结构:高速公路沥青混凝土面层。

(2)气候条件:属于温和地区。

(3)路面型式:三层式沥青混凝土路面上面层。

(4)混合料制备条件及施工设备:工厂拌和摊铺机铺筑,压路机碾压。

(5)材料的技术性能如下。

①沥青材料。沥青采用进口优质沥青,符合 AH－70 指标,其技术指标见表 11-16。

表 11-16　沥青技术指标

15 ℃时密度(g/cm³)	针入度(0.1 mm)(25 ℃,100 g,5 s)	延度(cm)(5 cm/min,15 ℃)	软化点(℃)
1.003	73.6	>100	46.2

②矿质材料。粗集料:采用玄武岩,1 号料(19.0～13.2 mm)密度 2.918 g/cm³,2 号料(13.2～4.75 mm)密度 2.864 g/cm³,与沥青的黏附情况评定为 5 级。其他各项技术指标见表 11-17。

表 11-17　粗集料技术指标

压碎值(%)	磨耗值(%)(洛杉矶法)	针片状颗粒含量(%)	磨光值(PSV)	吸水率(%)
14.7	18.8	12.3	46.3	1.3

细集料:石屑采用玄武岩,其密度为 2.812 g/cm³,砂子视密度为 2.63 g/cm³。

矿粉:视密度为 2.67 g/cm³,含水量为 0.7%。

矿质集料的级配情况见表 11-18。

表 11-18　矿质集料筛分结果

原材料	通过下列筛孔(mm)的质量百分比(%)										
	19.0	16.0	13.2	9.5	4.75	2.36	1.18	0.6	0.3	0.15	0.075
1 号碎石	100	87.2	43.6	3.4	0.4	0.3	0				
2 号碎石			100	90.1	21.0	5.8	3.0	2.2	1.6	1.2	0
石屑				100	99.2	74.5	48.1	34.8	20.0	13.1	8.7
砂				100	98.3	91.2	74.5	55.8	18.3	5.8	0.5
矿粉								100	99.2	95.9	80.8

[设计要求]

(1)确定各种矿质集料的用量比例。

(2)用马歇尔试验确定最佳沥青用量。

解　1.矿质混合料级配组成的确定

(1)由原始资料可知,沥青混合料用于高速公路三层式沥青混凝土上面层。依据有关标准,沥青混合料类型可选用 AC－16。参照表 11-15 的要求,中粒式 AC－16 型沥青混凝土的矿质混合料级配范围如表 11-19 所示。

表 11-19　矿质混合料要求的级配范围

级配类型	通过下列筛孔(mm)的质量百分率(%)										
	19.0	16.0	13.2	9.5	4.75	2.36	1.18	0.6	0.3	0.15	0.075
AC－16	100	90～100	76～92	60～80	34～62	20～48	13～36	9～26	7～18	5～14	4～8

(2)测出集料和沥青的各项指标,以及矿质集料的筛分结果,列于表 11-20。依据《沥青路面施工及验收规范》(GB 50092—96)标准,采用图解法或试算(电算)法求出矿质集料的比例关系,并进行调整,使合成级配尽量接近要求级配范围中值。经调整后的矿质混合料合成级配计算列于表 11-20。

表 11-20　矿质混合料合成级配计算

计算混合料配合比(%)	通过下列筛孔(mm)的质量百分率(%)										
	19.0	16.0	13.2	9.5	4.75	2.36	1.18	0.6	0.3	0.15	0.075
1 号碎石 33	33	28.7	14.4	1.1	0.1	0					
2 号碎石 24	24	24	24	21.6	5	1.4	0.7	0.5	0.4	0.3	0
石屑 23	23	23	23	23	22.8	17.1	11.1	8	4.6	3.0	2.0
砂 14	14	14	14	14	13.8	12.8	10.4	7.8	2.6	0.8	0.1
矿粉 6	6	6	6	6	6	6	6	6	6	5.8	4.8
合成级配	100	95.7	81.4	65.7	47.7	37.4	28.2	22.3	13.6	10.3	6.9
要求级配	100	95～100	75～90	58～78	42～63	32～50	22～37	16～28	11～21	7～15	4～8
级配中值	100	97.5	82.5	68	52.5	41	29.5	22	16	11	6

由此可得出矿质混合料的组成为:1 号碎石 33%、2 号碎石 24%、石屑 23%、砂 14%、矿粉 6%。

2. 沥青最佳用量(或油石比)的确定

(1)按上述计算所得的矿质集料级配和经验确定的沥青用量范围,中粒式沥青混凝土(AC－16)的沥青用量为 4.0%～6.0%,采用 0.5%的间隔变化,配制 5 组马歇尔试件。试件拌制温度为 140 ℃,试件成型温度为 130 ℃,击实次数两面各夯击 75 次。成型试件经 24 h 后,测定其各项指标,以沥青用量为横坐标,以实测密度、空隙率、饱和度、稳定度、流值为纵坐标,画出沥青用量和它们之间的关系曲线,如图 11-12 所示。

(2)从图 11-12 中取相应于密度最大值的沥青用量 a_1,相应于稳定度最大值的沥青用量为 a_2,相应于规定空隙率范围中值的沥青用量 a_3,沥青饱和度范围的中值 a_4,以四者平均值作为最佳沥青用量的初始值 OAC_1。

从图 11-12 中可看出,$a_1=5.4\%$,$a_2=4.95\%$,$a_3=4.95\%$,$a_4=5.65\%$。则

$$OAC_1 = (a_1 + a_2 + a_3 + a_4)/4 = 5.2\%$$

根据热拌沥青混合料马歇尔试验技术指标《公路沥青路面施工技术规范》(JTGF

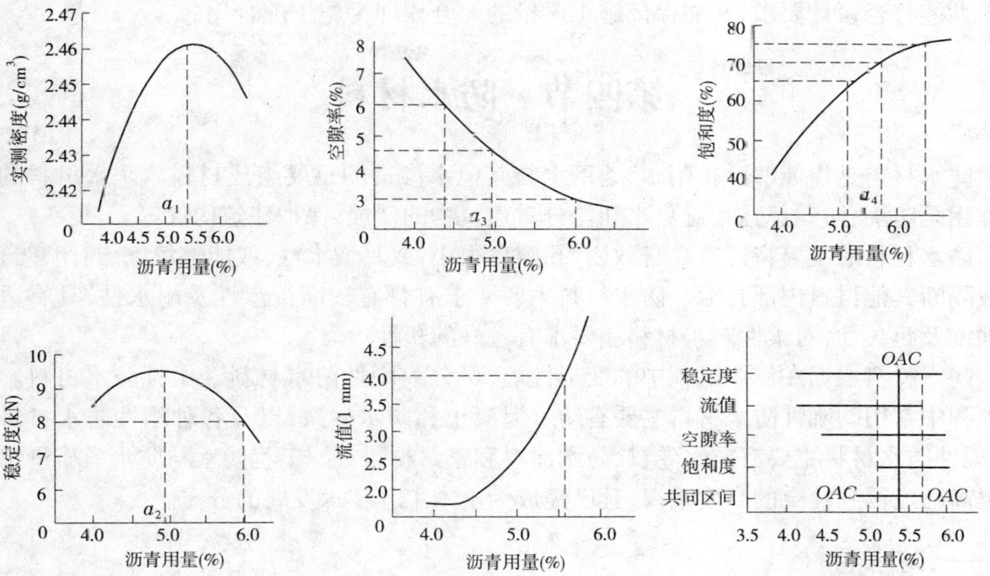

图 11-12　马歇尔试验各项指标与沥青用量关系图

40—2004)，对高速公路用密级配沥青混合料，稳定度≥8 kN，流值在 1.5～4 mm，空隙率 3%～6%，饱和度 65%～75%，分别确定各关系两线上沥青用量的范围，取其共同部分，可得：

$$OAC_{min} = 5.15\%, OAC_{max} = 5.65\%$$

以各项指标均符合技术标准《沥青路面施工及验收规范》(GB 50092—96)的沥青用量范围 $OAC_{min} \sim OAC_{max}$ 的中值作为 OAC_2。

$$OAC_2 = (OAC_{min} + OAC_{max})/2 = 5.40\%$$

考虑到气候条件属温和地区，以及高速公路为防止车辙，则沥青的最佳用量 OAC 的取值在 OAC_2 与 OAC_1 的范围内决定，结合工程经验取 $OAC = 5.3\%$。

(3)按最佳沥青用量 5.3%，制作马歇尔试件，进行浸水马歇尔试验，测得试验结果为：密度 2.547 g/cm³，空隙率 3.8%，矿料间隙率 14.5%(宜不小于 13%)，饱和度 72.0%。马歇尔稳定度 9.6 kN，浸水马歇尔稳定度 7.8 kN，残留稳定度 81%，符合规定要求(>75%)。

(4)按最佳沥青用量 5.3%制作车辙试验试件，测定其动稳定度，其结果大于 800 次/mm，符合规定要求。

通过上述试验和计算，最后确定沥青用量为 5.3%。

3. 配合比验证试验，确定实验室配合比

对初步选定的配合比，再根据设计规定的各项技术指标要求，如水稳定系数、热稳定系数、渗透系数以及低温抗裂性、强度、柔性等全面进行检验，如各项技术指标均能满足设计要求，则该配合比即为实验室配合比。

4. 现场铺筑试验，确定施工配合比

实验室配合比必须经过现场铺筑试验加以检验，必要时作出相应的调整。最后选出技术性能符合设计要求,又能保证施工质量的配合比即为施工配合比。

第四节 防水材料

防水材料是指能够防止雨水、地下水与其他水渗透的重要组成材料。防水材料的主要作用是防潮、防漏、防渗,避免水和盐分对建筑物的侵蚀,保护建筑构件等。

防水材料的主要特征有自身致密、孔隙率很小,或具憎水性,或能够填塞、封闭建筑缝隙或隔断其他材料内部孔隙。防水材料主要要求有具有较高抗渗性及耐水性,具有适宜的强度及耐久性,对柔性防水材料还要求有较好的塑性。

防水材料根据在使用过程中的变形性能,可分为刚性防水材料和柔性防水材料。土木工程中常用的刚性防水材料主要有防水混凝土和防水砂浆,以及各种刚性防水材料制品;柔性防水材料主要有防水卷材、防水涂料和密封材料等。工程防水与防水料质量水平的提高已经得到社会的高度重视,且已经成为土木工程技术发展的分支。

一、防水卷材

防水卷材是建筑工程中防水材料的重要品种之一,它主要包括沥青防水卷材,高聚物改性沥青防水卷材,合成高分子卷材。防水卷材必须具备的性能主要包括耐水性、温度稳定性、机械强度、延伸性、抗断裂性、柔韧性、大气稳定性等。

(一)沥青防水卷材

沥青防水卷材是将纸胎、石棉布或麻布等浸涂沥青后,在表面撒布粉状或片状隔离材料而制成的一种防水材料。

沥青防水卷材包括纸胎沥青卷材、石油沥青玻璃纤维油毡(简称玻纤油毡)和玻璃布油毡等。纸胎沥青卷材包括石油沥青纸胎油毡及石油沥青油纸,其中纸胎油毡是限制使用和即将淘汰的产品;石油沥青玻璃纤维油毡和玻璃布油毡是大力推广使用的石油沥青油毡。

1. 石油沥青纸胎油毡

油毡按所用隔离材料分为粉状面油毡和片状面油毡两个品种,分别表示为粉毡和片毡。油毡分为200号、350号和500号3种标号,并按浸涂材料总量和物理性质分为合格品、一等品、优等品3个等级。各种标号等级的油毡物理性能应符合《石油沥青纸胎油毡、油纸》(GB 326—89)的规定(见表11-21)。200号油毡适用简易防水、临时性建筑防水、建筑防潮及包装等;350号和500号粉面油毡适用于屋面、地面、水利等工程的多层防水;片状面油毡适用单层防水。

2. 石油沥青油纸

石油沥青油纸(简称油纸),是采用低软化点石油沥青浸渍原纸所制成的一种无涂盖层的纸胎防水卷材。

油纸分为200号和350号2个标号,适用于建筑防潮和包装,也可用于多层防水层的下层。各种油纸的物理性能应符合《石油沥青纸胎油毡、油纸》(GB 326—89)的规定(见表11-22)。

表 11-21　各种油毡的物理性能

指标			标号 200 合格	200 一等	200 优等	350 合格	350 一等	350 优等	500 合格	500 一等	500 优等
浸涂材料量(g/cm²)			≥600	≥700	≥800	≥1 000	≥1 050	≥1 100	≥1 400	≥1 450	≥1 500
不透水性	压力(MPa)		≥0.05			≥0.10			≥0.15		
不透水性	保持时间(min)		≥15	≥20	≥30	≥30	≥45		≥30		
吸水率(真空法)(%)		粉毡	≤1.0			≤1.0			≤1.5		
吸水率(真空法)(%)		片毡	≤3.0			≤3.0			≤3.0		
耐热度(℃)			85 ±2	90 ±2		85 ±2	90 ±2		85 ±2	90 ±2	
耐热度(℃)			受热 2 h 涂盖应无滑动和集中性气泡								
(25 ±2)℃时纵向拉力(N)			≥240	≥270	≥340	≥370		≥440	≥470		
柔度(±2 ℃)			18		18	16	14	18		14	
柔度(±2 ℃)			绕ϕ20 mm 圆棒或弯板无裂缝					绕ϕ25 mm 圆棒或弯板无裂缝			

表 11-22　各种油纸的物理性能

指标名称	标号 200	350
浸涂材料占原纸质量(%)	≥100	
吸水率(真空法)(%)	≥25	
(25 ±2)℃时纵向拉力(N)	≥110	≥240
柔度((18 ±2) ℃)	绕ϕ10 mm 圆棒或弯板无裂缝	

3. *石油沥青玻璃纤维油毡和玻璃布油毡*

石油沥青玻璃纤维油毡是采用玻璃纤维薄毡为胎基,浸涂石油沥青,表面撒以矿物粉料或覆盖以聚乙烯薄膜等隔离材料制成的一种防水材料,其指标应符合《石油沥青玻璃纤维胎油毡》(GB/T 14686—1993)规定,柔性好(0 ~10 ℃弯曲无裂纹),耐化学微生物的腐蚀,寿命长,用于防水等级为Ⅲ级的屋面工程。

玻璃布油毡是采用玻璃布为胎基,浸涂石油沥青,表面撒以矿物粉料或覆盖以聚乙烯薄膜等隔离材料制成的一种防水材料。其行业标准《石油沥青玻璃布胎油毡》(JC/T 84—1996)规定规格为 1 000 mm,分为一等品和合格品 2 个等级。每卷油毡的总面积为(20 ±0.3) m²。其具有拉力大及耐霉菌性好的特点,适用于要求强度高及耐霉菌好的防水工程;柔性也比纸胎油毡好,易于在复杂的部位粘贴和密封,主要用于铺设地下防水、防潮层及金属管道的防腐保护层。

(二)高聚物改性沥青防水卷材

高聚物改性沥青防水卷材是以合成高分子聚合物改性沥青为涂盖层,纤维织物或纤维毡为基胎,粉状、粒状、片状或薄膜材料为隔离层制成的防水卷材,具有高温不流淌、低温不脆裂、拉伸强度高、延伸率较大等优良性能,是重点发展的一类中档产品。常见产品有 SBS 改性沥青防水卷材、APP 改性沥青防水卷材、再生胶改性沥青防水卷材、PVC 改性焦油沥青防水卷材、废胶粉改性沥青防水卷材及其他改性沥青防水卷材。

1. SBS 改性沥青防水卷材—弹性沥青卷材

SBS 改性沥青防水卷材是以沥青或苯乙烯 - 丁二烯嵌段共聚物 SBS 改性沥青(弹性体沥青)浸渍胎基,两面涂以弹性体沥青,上表面撒以细沙、矿物粒(片)或覆盖聚乙烯膜所制成的防水卷材。它属于弹性体沥青防水卷材,是用热塑性弹性体,如 SBS 改性沥青(简称弹性体沥青)防水材料制成的。胎基可使用玻璃纤维和聚酯毡两种材料。

标号、等级及性能按《弹性体沥青防水卷材》(JC/T 560—2001)的规定。这类卷材以 10 m^2 卷材的标称质量(kg)作为卷材号。玻纤毡胎基的卷材分为 25、35 和 45 三个标号。聚酯胎基的卷材分为 25、35、45 和 55 四个标号。按卷材的物理性能分为三类:合格品,一等品,优质品。

SBS 改性沥青防水卷材广泛适用于各类建筑防水、防潮工程,尤其适用于寒冷地区和结构变形频繁的建筑物防水。其中 35 号及其以下的品种用做多层防水。35 号以上的品种可用做单层防水和多层防水的面层,并可采用热施工。

2. APP 改性沥青防水卷材 - 塑性沥青卷材

APP 改性沥青防水卷材属于塑性体沥青防水卷材中的一种。塑性体沥青防水卷材是用沥青或热塑料改性沥青(简称塑性体沥青)浸渍胎基,两面涂以塑性体沥青涂盖层,上撒以细沙、矿物粒(片)或覆盖聚乙烯膜,下表面撒以细沙或覆盖聚乙烯膜所制成的一类防水卷材。该类卷材也使用玻纤毡或聚酯毡两种胎基。

标号、等级和性质按《塑性体沥青防水卷材》(JC/T 559—2001)的规定。这类卷材以 10 m^2 卷材的标称质量(kg)作为卷材号。玻纤毡胎基的卷材分为 25、35 和 45 三个标号。聚酯胎基的卷材分为 25、35、45 和 55 四个标号。按卷材的物理性能可分为三类:合格品,一等品,优等品。

APP 改性沥青防水材料广泛适用于各类建筑防水、防潮工程,尤其适用于高温或有强烈太阳辐照地区的建筑物防水,35 号及其以下品种用做多层防水,35 号以上的品种可用做单层防水或多层防水的面层。

3. 合成高分子防水卷材

合成高分子防水卷材是一种柔性防水卷材,它是以合成橡胶、合成树脂或它们两者的共混体为基料,加入适量的化学助填充料等,经混炼、压延或挤出等工序加工而制成的或卷曲的片状防水材料。

合成高分子防水卷材具有拉伸强度和抗撕裂强度高,断裂伸长率大,耐热性和低温柔性好,耐腐、耐老化等一系列优异性能,是新型高档防水材料。常见的有三元乙丙橡胶防水卷材、聚氯乙烯防水卷材、氯化聚乙烯防水卷材和氯化聚乙烯 - 橡胶共混防水卷材等。

此类卷材厚度分为1、1.2、1.5、2.0 mm等规格，一般单层铺设，可采用冷粘法或自粘法施工。

二、防水涂料

防水涂料是一种流态或半流态的物质，涂布在基层表面，经溶剂或水分挥发或各组分间的化学反应，形成有一定弹性和一定厚度的连续薄膜，使基层表面与水隔绝，起到防水防潮作用。其特别适用于各种不规则部位的防水，能形成无接缝的完整防水膜。它多采用冷施工，不必加热熬制，减少了环境污染，改善了劳动条件，又便于施工操作，加快了施工进度。

防水涂料传统上称为"油漆"，包括各种油漆、天然树脂漆、合成树脂漆、无机类涂料及复合型涂料等。组成涂料的物质可概括为主要成膜物（包括基料、胶粘剂、硬化剂等）、次要成膜物（包括颜料、填料）和辅助成膜物（包括溶剂、分散剂、催干剂等）。

按主要成膜物质的不同，防水涂料分为沥青基防水涂料、高聚物改性沥青防水涂料及合成高分子防水涂料三类。

（一）沥青基防水涂料

沥青基防水涂料有溶剂型和水乳型两类。溶剂型涂料即液体沥青（冷底子油），水乳型涂料即乳化沥青。将沥青或改性沥青用有机溶剂稀释制成溶剂型沥青防水涂料，可在常温下涂刷，常用做防水层的底层，故称为冷底子油，一般不单独使用。配制时，常使用30%～40%的石油沥青和60%～70%的溶剂（汽油或煤油），首先将沥青加热到180～200 ℃，脱水后冷却到130～140 ℃，并加入溶剂量10%的煤油，待温度降至70 ℃时再加入余下的溶剂搅拌均匀；也可以将沥青打碎成小块后，按质量比加入溶剂中，搅拌至沥青全部溶化为止。在干燥底层上用的冷底子油，应以挥发快的稀释剂配制；在潮湿底层上用的冷底子油，应用挥发慢的稀释剂配制。快挥发性冷底子油为石油沥青：汽油＝30：70；慢挥发性冷底子油为石油沥青：煤油（或轻柴油）＝40：60。

沥青基防水涂料主要用于Ⅲ、Ⅳ级防水等级的屋面防水工程以及道路、水利等工程中的辅助性防水工程。溶剂型防水涂料的分散度高，在密闭容器内长期储存而不变质，涂膜干燥快，质地致密，并可在负温下施工。但施工中要消耗大量的有机溶剂，成本高，污染环境，故其发展和使用受到限制。

（二）高聚物改性沥青防水涂料

高聚物改性沥青防水涂料采用橡胶、树脂等高聚物对沥青进行改性处理，可提高沥青的低温柔性、延伸率、耐老化性及弹性等。高聚物改性沥青防水涂料一般是采用再生橡胶、合成橡胶或SBS聚合物对沥青改性，制成水乳型或溶剂型防水涂料。水乳型高聚物改性沥青防水涂料主要品种有再生胶沥青防水涂料、丁苯胶乳防水涂料、SBS橡胶沥青防水涂料及氯丁橡胶沥青防水涂料等。

（三）合成高分子防水涂料

合成高分子防水涂料是以合成橡胶或合成树脂为主要成膜物质的单组分或多组分防水涂料，主要有聚氨酯防水涂料、水乳型单组分有机硅橡胶防水涂料、水乳型丙烯酸酯防水涂料等。其适用于屋面防水工程，以及重要的水利、道路、化工等防水工程。聚氨酯防水涂料具有优良的耐油、耐碱、耐磨、耐海水侵蚀性能，涂膜的弹性及延伸性好，抗拉强度和抗撕裂强度较高，借化学反应成膜，几乎不含溶剂，体积收缩小，涂膜整体性强，对基层裂缝有较强的适应性。

三、建筑密封材料

建筑密封材料是表面能够成膜的黏结膏状材料，能承受位移以达到气密、水密的目的而嵌入建筑接缝中的定形和非定形材料。定形密封材料是具有一定形状和尺寸的密封材料，如止水带、密封条（带）、密封垫等。非定形密封材料，又称密封胶、密封膏，有溶剂型、乳剂型或化学反应型等黏稠状的密封材料，如沥青嵌缝油膏、聚氯乙烯建筑防水接缝材料、建筑窗用弹性密封剂等。其广泛用于钢筋混凝土大型屋面板和墙板的接续处，作为嵌缝用，建筑密封材料除了应有较高的黏结强度外，还必须具备良好的弹性、柔韧性、耐冻性和一定的抗老化性，以适应屋面板和墙板的热胀冷缩、结构变形、高温不流淌、低温不脆裂的要求，保证接缝处不渗漏、不透气具有密封作用。

（一）非定形密封材料

1. 沥青胶和沥青嵌缝油膏

1）沥青胶

沥青胶是在沥青中掺入适量的矿质粉料或再掺入部分纤维状填料配制的胶体材料。常用的矿物填料主要有滑石粉、石灰石粉和石棉。沥青胶与纯沥青相比，具有较好的黏性、耐热性、柔韧性和抗老化性，且制作简便，便于施工。

沥青胶的性质主要由沥青的性质决定。施工中采用的沥青应与被粘贴的卷材沥青种类一致。炎热地区的屋面使用的沥青胶，可选用 10 号或 30 号的建筑石油沥青配制；地下防水工程中使用的沥青胶，其沥青牌号可大些，但其软化点不宜低于 50 ℃。

沥青胶用途广泛，可用于黏结沥青防水卷材，拌制沥青混合料、水泥砂浆及水泥混凝土，并可用做接缝填充料、大坝伸缩缝的止水井等。

2）沥青嵌缝油膏

沥青嵌缝油膏是以石油沥青为基料，掺入稀释剂、改性材料及填充料混合配制而成的冷用膏状材料。改性材料有废橡胶粉和硫化鱼油，稀释剂有松焦油、重松节油和机油，填充料有石棉绒和滑石粉等。

沥青嵌缝油膏主要用于屋面、渠道、渡槽等沟、缝的填充，也可修补裂缝。沥青嵌缝油膏品种很多，有建筑油膏、建筑防水沥青嵌缝油膏、聚氯乙烯胶泥等。

建筑油膏按其耐热度和低温柔性分为 701 号、702 号、703 号、801 号、803 号 5 种标号。标号前两位数字表示油膏的耐热度，后一位数字表示油膏的低温柔性。

2. 聚氯乙烯建筑防水接缝材料（简称 PVC 接缝材料）

聚氯乙烯建筑防水接缝材料是以 PVC 树脂为基料，加入改性材料（如煤焦油等）及其他助剂（如增塑剂稳定剂）和填充料等配制而成的防水密封材料。聚氯乙烯建筑防水接缝材料按施工工艺不同分为 J 型（俗称聚氯乙烯胶泥，用热塑法施工）、G 型（俗称塑料油膏，用热熔法施工）两种。

聚氯乙烯胶泥（J 型）配制方法是将煤焦油加热脱水，再将其他材料加入混溶，在

130～140 ℃温度下保持5～10 min,充分塑化后,即成胶泥。将熬好的胶泥趁热嵌入清洁的缝内,使之填注密实并与缝壁很好地黏接。

PVC接缝材料防水性能好,具有较好的弹性和较大的塑性变形性能,可适应较大的结构变形。其适用于各种屋面嵌缝或表面涂抹防水层,也可用于大型墙板嵌缝、渠道、涵洞、管道等的接缝处理。

3. 丙烯酸酯建筑密封膏

丙烯酸酯建筑密封膏是以丙烯酸酯乳液为胶结剂膜,掺以少量表面活性剂、增塑剂、改性剂及填充料和色料等配制而成的。

1)性能与特点

(1)固化前性能特点

①水乳丙烯酸酯建筑密封膏以水为稀释剂,黏度低,呈膏状,无溶剂污染,无毒,不燃,安全可靠。基料为白色膏状,可配制成各种颜色。

②易于施工性。由于丙烯酸酯建筑密封膏具有较低的黏度,因此易于施工,可以配制成非下垂型密封膏,适用于垂直缝施工。

③污染性。增塑剂的品种、用量和增黏剂、防老剂的使用是密封膏污染的主要因素。为了减少丙烯酸酯密封膏的污染,一般不用或少用增黏剂。

④表干时间。水乳型密封膏的干燥时间比溶剂型密封膏的干燥时间长,一般在30 min后结膜。在表干前应防止雨水冲刷,因此要密切注意施工的气候和养护条件。

⑤冻融循环及储存稳定性。水乳型丙烯酸酯建筑密封膏具有完全恢复性,其冻融性良好,但仍要防止在保管与施工中受冻。

2)固化后性能特点

①耐热性与低温柔性。丙烯酸酯建筑密封膏的长期耐热使用温度为70～80 ℃。经养护后,固化的密封膏在-35 ℃下,在30°坡度曲面弯曲,不脆不裂。

②弹塑性与黏结性。水分完全挥发后的丙烯酸酯建筑密封膏呈橡胶状弹性体,在标准室温下养护30 d,其延伸率大于400%;25%延伸率保持5 min,释荷后回复1 h,其回弹率大于90%。丙烯酸酯建筑密封膏不但与水泥砂浆、石膏板、铁板、铝板具有良好的黏接性能,而且与玻璃、陶瓷、塑料均有较好的黏结性。

③耐久性。丙烯酸酯建筑密封膏进行人工气候老化与自然老化试验(人工老化为4 000 W紫外线光照,24 h为1周期;光照14 h,淋水10 h,水温为40 ℃,光照为60 ℃),经过7个周期耐久性试验,无开裂、无裂缝、无气泡、不变色,黏结性和弹性良好。

④拉伸压缩耐久性。按照《建筑密封材料试验方法》(GB/T 13477—92)进行耐久性试验,通过拉伸压缩耐久极限7%,因此可用于±10%的变性场合。

3)主要用途

丙烯酸酯密封膏主要用于钢筋混凝土墙板、屋面板和楼板的接缝密封;钢、铁、铝、石棉板、石膏板等建筑节点的防水密封;各种上下水管、通风管与墙体、楼板的节点密封;各种门、窗与墙体的密封;盥洗室陶瓷器皿与墙体的密封;屋面板、楼板的裂缝修补。

4. 聚氨酯建筑密封膏

聚氨酯建筑密封膏是以异氰酸基(—NCO)为基料,和含有活性氢化物的固化剂组成的一种常温固化弹性密封材料。

双组分聚氨酯建筑密封膏具有易触变的黏度特性，不易流坠，易于施工，加少许外力就可以从挤出枪中挤出。双组分聚氨酯建筑密封膏的使用期受温度影响，温度高使用期短，因此要求在20 ℃下，一次拌和用量不超过10 kg。聚氨酯预聚体遇水或湿气反应而产生碳酸气，留在密封材料内部产生气泡，发泡膨胀率在0～5%范围内，高者达10%～25%。聚氨酯建筑密封膏在54 ℃时仍具有弹性。由于聚醚型多元醇耐热特性较差，因此该密封膏耐热性较差。聚氨酯建筑密封膏耐疲劳性能优于其他密封膏。

此种密封膏广泛用于各种装配式建筑的屋面板、楼地板、阳台、窗框、卫生间等部位的接缝、施工缝的密封，给排水管道、贮水池、游泳池、引水渠及土木工程等的接缝密封及混凝土裂缝的修补。

使用时，应按厂家规定的配合比混合甲、乙两组分及填料，常温下一次拌和量不宜超过3～10 kg。每千克可嵌1 mm×1.5 cm板缝2.5 m，要避免在高温环境及潮湿基层上施工。产品应在阴凉干燥处储存，一般储存期为6个月；桶盖一经打开，应尽快用完，以免吸潮凝胶。

5. 硅酮建筑密封膏

硅酮建筑密封膏是由二有机聚硅氧烷为主剂，加入硫化剂、促进剂、增强填充料和颜料等组成的。硅酮建筑密封膏分单组分与双组分，它们的组成主剂相同，而硫化剂及其固化机理不同。

1）组成

硅酮建筑密封膏的组成见表11-23。

表11-23 硅酮建筑密封膏的组成

种类	基料				固化剂	
	主要成分	增塑剂	填料	着色剂	固化成分	其他
单组分	二有机聚硅氧烷	甲基聚硅氧烷	二氧化硅碳酸钙	无机颜料氧化肽铝粉	醋酸基硅烷甲酮烷氨基、硅烷、酰胺基硅烷	
双组分	二有机聚硅氧烷	甲基聚硅氧烷	二氧化硅肽白粉	无机颜料氧化肽	二丁基二月桂酸锡	碳酸钙二氧化硅

2）特点

①硅酮建筑密封膏分为醋酸型、酮型、醇型和胺型，各类型的优缺点见表11-24。

表11-24 各类型硅酮密封膏的优缺点

类型	优点	缺点
醋酸型	强度大，黏结性好，透明	有醋酸味及腐蚀
酮型	无臭味，黏结性好	有腐蚀（对铜）
醇型	无毒、无臭，无腐蚀	熟化性差，黏结性差
胺型	对水泥黏结性好，无腐蚀	生成胺

②单组分密封膏随着温度、湿度的上升，硫化速度加快，硫化速度与接触空气面积的大小有关，表面积小的内部硫化慢。双组分密封膏模量低，抗撕裂强度大，黏结性好；缺点是在高温或密封状态下固化不充分，因此，要避免在被黏结物表面温度高于 70 ℃时施工。

③硅酮密封膏应力—伸长为非线性关系。

④硅酮密封膏的化学结构与玻璃、陶瓷相似，具有优良的黏结性，与其他基层黏结有专用涂料。

⑤硅酮密封膏储存稳定，固化后温度适用范围广，在 -50 ~ 250 ℃范围内长期保持弹性。

3）使用范围

高模量硅酮建筑密封膏主要用于建筑物的结构型密封部位，如高层建筑物大型玻璃幕墙、隔热玻璃黏结密封、建筑物门窗和框架周边密封。中模量硅酮建筑密封膏除具有极大伸缩性的场合不能使用外，在其他场合都可以用。低模量硅酮建筑密封膏主要用于建筑物的非结构型密封部位，如预制混凝土墙板、水泥板、大理石板、花岗石的外墙接缝、混凝土与金属框架的黏结、卫生间、高速公路接缝的防水密封等。

（二）定形密封材料

合成高分子止水带（条）属定形建筑密封材料。主要用于工业及民用建筑工程的地下及屋顶结构缝防水工程；闸坝、桥梁、隧洞、溢洪道等水工建筑物变形缝的防漏止水；闸门、管道的密封止水等。

常用的合成高分子止水材料有橡胶止水带和止水橡皮、塑料止水带及遇水膨胀型橡胶止水条等。

1. 橡胶止水带和止水橡皮

橡胶止水带和止水橡皮是以天然橡胶或合成橡胶为主要原料，加入各种助剂和填充料，经塑炼、混炼、挤出成型或模压成型制得的各种形状、尺寸的止水密封材料。常用的橡胶材料有天然橡胶、氯丁橡胶、三元乙丙橡胶、再生橡胶等。止水带按用途分为 B 类（变形缝用）；S 类（施工缝用）；J 类（有特殊耐老化要求的接缝用）；G 类（有钢边止水带）。

2. 塑料止水带

塑料止水带是用聚氯乙烯树脂、增塑剂、防老剂、填料等原料，经塑炼、挤出等工艺加工成型的止水密封材料，其断面形状有桥形、哑铃形等（与橡胶止水带相似）。

3. 遇水膨胀型橡胶止水条

遇水膨胀型橡胶止水条是用改性橡胶制得的一种新型橡胶止水条。将无机或有机吸水材料及高黏性树脂等材料作为改性剂，掺入到合成橡胶后可制得遇水膨胀的改性橡胶。

1）遇水膨胀橡胶

以水溶性聚氨酯预聚体、丙烯酸钠高分子吸水性树脂作吸水性材料，与天然橡胶或氯丁橡胶共混制得的遇水膨胀性防水橡胶。

2）BW 型遇水膨胀橡胶

它是用橡胶、膨润土、高黏性树脂等材料加工制得的自粘性遇水膨胀型橡胶止水条。具有自粘性，可直接粘贴在混凝土基面上，施工简便；遇水后几十分钟内即可逐渐膨胀，吸水膨胀率可达 300% ~400%；耐腐蚀、耐老化，具有良好的耐久性；使用温度范围宽。

四、防水材料的选用

防水材料由于品种和性能各异,有着不同的优缺点,也各自具有相应的适用范围和要求,尤其是新型防水材料的推广使用,更应掌握这方面的知识。正确选择和合理使用建筑防水材料,是提高防水质量的关键,也是设计和施工的前提,为此应注意以下几点。

(一)材料的性能和特点

建筑防水材料可分为柔性和刚性两大类。柔性防水材料拉伸强度高、延伸率大、质量小、施工方便,但操作技术要求较严,耐穿刺性和耐老化性能不如刚性材料。同是柔性材料,卷材为工厂化生产,厚薄均匀,质量比较稳定,施工工艺简单,工效高,但器材搭接较多,接缝处易脱开,对复杂表面及不平整基层施工难度大。防水涂料其性能和特点与之刚好相反。同是卷材,合成高分子卷材、高聚物改性沥青卷材和沥青卷材也各有不同的优缺点。由此可见,在选择防水材料时,必须注意其性能和特点。

(二)建筑物功能与外界环境要求

在了解了各类防水材料的性能和特点后,还应根据建筑物结构类型、防水构造形式以及节点部位外界气候情况(包括温度、湿度、酸雨、紫外线等)、建筑物的结构形式(整浇或装配式)与跨度、屋面坡度、地基变形程度和防水层暴露情况等决定相适应的材料。

(三)施工条件和市场价格

在选择防水材料时,还应考虑到施工条件和市场价格因素。例如合成高分子防水卷材可分为弹性体、塑性体和加筋的合成纤维三大类,不仅用料不同,而且性能差异也很大;同时要考虑到所选用的材料在当地的实际使用效果如何;还应考虑到与合成高分子防水卷材相配套的黏结剂、施工工艺等施工条件因素。以上以防水卷材为例提出了选材的要求,同样防水涂料、密封材料也有很多品种,也有各种技术指标,其选材的要求与上述基本相同。选择材料除上面提到的几点外,还应进一步考虑防水层能否适应基层的变形问题。

本章小结

本章重点介绍石油沥青的组成结构、技术性质和技术标准,沥青混合料的组成结构、技术性质、组成材料和设计方法。同时对其他沥青的组成结构、技术性质及其混合料也作了概要介绍,本章也简要介绍了常见的防水材料,包括防水卷材、防水涂料、密封材料的性能特点和选用。

通过学习,必须掌握石油沥青的技术性质和评价方法,沥青混合料的强度形成原理、技术性质和技术要求,并能按现行设计方法设计沥青混合料的组成,掌握沥青混合料技术质量的检定方法,了解常用防水材料的选用。

思考题

11-1　石油沥青的三大组分是什么?它们各自对沥青的性质有何影响?

11-2　石油沥青的主要技术性质是什么?各用什么指标表示?影响这些性质的主要

因素是什么?

11-3 石油沥青的牌号如何划分?牌号大小与石油沥青主要技术性质之间的关系如何?

11-4 石油沥青的老化与组分有何关系?在老化过程中,沥青的性质发生了哪些变化?沥青老化对工程有何影响?

11-5 某工地需要使用软化点为85 ℃的石油沥青5 t,现有10号石油沥青3.5 t,30号石油沥青1 t和60-乙号石油沥青3 t,已知10号、30号和60-乙号石油沥青的软化点分别为95 ℃、70 ℃和50 ℃。试通过计算确定出三种牌号沥青各需用多少。

11-6 与石油沥青比较,煤沥青的性质、特点、用途如何?二者如何鉴别?

11-7 油纸、油毡及改性沥青防水卷材的标号如何确定?它们都适用于哪些工程?

11-8 为什么要对沥青进行改性?改性沥青的种类及特点有哪些?

11-9 何谓沥青混合料?它是怎样分类的?沥青混合料路面具有哪些特点?

11-10 沥青混合料对其组成材料有何要求?

11-11 影响沥青混合料强度的主要因素有哪些?

11-12 矿粉在沥青混合料中起什么作用?对矿粉性质有哪些要求?

11-13 沥青的性质和用量对沥青混合料的性质有何影响?为什么?

11-14 现行规范对沥青混合料的技术性质有哪些要求?

11-15 防水卷材的种类有哪些?

11-16 防水涂料的特点及种类有哪些?

11-17 有哪些常用的建筑密封材料?

11-18 如何选用防水材料?

第十二章　高分子合成材料

高分子合成材料是以高分子合成化合物(又称聚合物)为基础组成的材料。它与常用建筑材料(钢、水泥、砖、木材等)相比较具有密度低、比强度高、耐水性及耐化学侵蚀性强、抗渗性及防水性好、装饰性好、易加工等诸多特点,是当代发展最快的材料之一,广泛应用于各类工程。

高分子聚合物是由不饱和的低分子碳氢化合物(单体)经人工合成的相对分子质量很大(一般大于10 000)的物质。聚合物合成的化学反应,主要有加聚反应和缩聚反应两类。

高聚物的分类方式很多,按聚合物链在空间排列分为线型聚合物和体型聚合物,按聚合物受热时所表现出的性质分为热塑性聚合物和热固性聚合物,按聚合物反应的种类分为加聚性和缩聚性。

第一节　建筑塑料

建筑上常用的塑料制品绝大多数是以合成树脂为主要成分,加入各种填充料和添加剂,在一定的温度、压力条件下塑制而成,且在常温下能保证产品形状的材料。用于建筑工程中的塑料及塑料制品习惯称为建筑塑料。

一、塑料的组成

(一)合成树脂

合成树脂是塑料的主要成分,在塑料中的含量为30%～60%。合成树脂在塑料中起胶粘剂的作用,能将其他材料牢固地胶结在一起。塑料的主要性能和成本决定于所采用的合成树脂。

(二)填充料

填充料又称填充剂,是塑料中不可缺少的原料,在塑料中的含量为40%～70%。填充料的主要作用是调节塑料的物理化学性能,同时节约树脂,降低塑料成本。如加入玻璃纤维填充料可提高塑料的机械强度,加入石棉填充料可增加塑料的耐热性,加入云母填充料可增加塑料的电绝缘性等。常用的填充料有木粉、纸屑、皮棉、废布、滑石粉、石墨粉、石灰石粉、云母、石棉和玻璃纤维等。

(三)添加剂

添加剂是为了改善塑料的某些性能,以适应塑料使用或加工时的特殊要求而加入的辅助材料。常用的添加剂有增塑剂、固化剂、着色剂、稳定剂等。

增塑剂的主要作用是为了提高塑料加工时的可塑性,使其在较低的温度和压力下成型,改善塑料的强度、韧性、柔顺性等机械性能。对增塑剂的要求是不易挥发、与合成树脂的相溶性好、稳定性好,其性能的变化不影响塑料的性质。常用的增塑剂有邻苯二甲酸二丁酯、邻苯二甲酸二辛酯、磷酸三甲酚酯、樟脑等。

固化剂是调节塑料固化速度,使树脂硬化的物质。通过选择固化剂的种类和掺量,可取得所需要的固化速度和效果。常用的固化剂有胺类、酸酐、过氧化物等。

加入着色剂的目的是将塑料染制成所需要的颜色。着色剂除满足色彩要求外,还应具有分散性好、附着力强、不与塑料成分发生化学反应、不褪色等特性。

稳定剂的作用是使塑料长期保持工程性质,防止塑料的老化,延长塑料制品的使用寿命,常用的稳定剂有抗老化剂、热稳定剂等,如硬酯酸盐、铅化物及环氧树脂等。

此外,为使塑料获得某种性能还可加入其他添加剂,如阻燃剂、润滑剂、发泡剂、抗静电剂等。

二、塑料的特性

建筑塑料与传统的建筑材料相比有许多优点,无论是材料的生产还是使用都具有良好的节能效果,见表12-1。目前,已生产出多种用途的塑料,随着新的聚合物的不断出现,塑料的性能也在逐步改善。建筑塑料与传统建筑材料相比,具有以下一些优良的特性。

表12-1　金属与塑料的力学性能比较

材料名称	表观密度(g/cm^3)	拉伸强度(MPa)	比强度(拉伸强度/表观密度)	弹性模量(MPa)	比刚度(弹性模量/表观密度)
高强度合金钢	7.85	1 280	163	205 800	26 217
铝合金	2.8	410~450	146~161	70 560	25 200
尼龙	1.14	441~800	387~702	4 508	3 954
酚醛木质层压板	1.4	350	250		
玻纤/环氧复合材料			640		24 000
定向聚偏二氯乙烯	1.7	700	412		

(一)优良的加工性能

塑料可采用比较简单的方法制成各种形状的产品(如薄板、薄膜、管材、异形材料等),并可采用机械化大规模生产。

(二)质量轻,比强度高

塑料的密度为0.8~2.2 g/cm^3,是钢材的1/5,混凝土的1/3,与木材相近。塑料的强度较高,比强度接近或超过钢材,为混凝土的5~15倍,是一种优良的轻质高强材料。

(三)绝热、吸声、隔音性好

塑料制品的热导率小,其导热能力为金属的1/500~1/600,混凝土的1/40,砖的1/20,泡沫塑料的热导率与空气相当,是理想的绝热材料。塑料(特别是泡沫塑料)可减小振动,降低噪声,是良好的吸声、隔音材料。

(四)装饰性好

塑料制品不仅可以着色,而且色泽鲜艳持久,图案清晰;可通过照相制版印刷,模仿天然材料的纹理达到以假乱真的效果;还可通过电镀、热压、烫金制成各种图案和花型,使其表面具有立体感和金属的质感。

(五)耐水性和耐水蒸气性强

塑料为憎水性材料,因此塑料制品的吸水性和透水蒸气性是很低的,可用于防水、防潮。

(六)耐化学腐蚀性、电绝缘性好

塑料制品对酸、碱、盐等有较好的耐腐蚀性,特别适合作化工厂的门窗、地面、墙壁等。塑料一般是电的不良导体,电绝缘性好,可与陶瓷、橡胶媲美。

同时,建筑塑料作为建筑材料使用也存在一些缺点、有待进一步改进,主要表现如下:

(1)耐热性差,易燃烧,且燃烧时释放出对人体有害的气体;

(2)刚度小,易变形;

(3)在日光、大气、热等外界因素作用下,塑料容易产生老化,性能发生变化。

三、常用建筑塑料及塑料制品

(一)常用的建筑塑料

1. 聚乙烯塑料(PE)

聚乙烯是一种结晶型聚合物,是由乙烯单体聚合而成的。按单体聚合时的压力条件,可分为高压法、中压法、低压法 3 种。聚合时压力不同,产品的结晶度和密度不同,高压聚乙烯的结晶度低、密度小;低压聚乙烯结晶度高、密度大。随结晶度和密度的增加,聚乙烯的硬度、软化点、强度等随之提高,而冲击韧性和伸长率则下降。

聚乙烯塑料为白色蜡状半透明材料,具有较高的化学稳定性和耐水性,强度虽不高,但低温柔韧性好,比水轻,无毒。聚乙烯容易光氧化、热氧化、臭氧分解,紫外线作用下容易发生光降解,而炭黑对聚乙烯有优异的光屏蔽作用,因此适量地掺加炭黑可以提高聚乙烯塑料的抗老化性能,另外聚乙烯易燃烧。

(二)聚氯乙烯塑料(PVC)

聚氯乙烯塑料是由氯乙烯单体聚合而成的,是目前工程上常用的一种塑料。聚氯乙烯塑料成本低、产量大、化学稳定性高、抗老化性好。加入不同的添加剂可加工成软质和硬质的多种产品。

聚氯乙烯塑料的耐热性差,在 100 ℃以上时会发生分解、变质而破坏,通常其使用温度应在 60 ~ 80 ℃以下。

(三)聚苯乙烯塑料(PS)

聚苯乙烯是非结晶聚合物,是由苯乙烯单体聚合而成的。聚苯乙烯的透明度高达 88% ~ 90%,有光泽,易于着色,化学稳定性高,耐水,耐光,导热系数不随温度变化,具有较高的绝热能力,成形加工方便,价格较低。但是聚苯乙烯性脆,抗冲击性差,易燃,耐热性差。

为改善聚苯乙烯的抗冲击性和耐热性,发展了一些改性聚苯乙烯,ABS 是其中最重要的一种。它是丙烯脂、丁二烯、苯乙烯 3 种单体的共聚体;丙烯脂使 ABS 具有良好的化学稳定性和表面硬度,丁二烯使 ABS 坚韧和具有良好的耐低温性能,苯乙烯则赋予 ABS 良好的加工性能。ABS 的总体性能取决于这 3 种单体的组成比例。

（四）聚丙烯塑料（PP）

聚丙烯是由丙烯聚合而成的。聚丙烯为白色蜡状材料，外观与聚乙烯相近，但密度比聚乙烯小，约为0.9 g/cm^3，因此其质轻；聚丙烯耐热性较高（通常达100～120 ℃），刚性、延性和抗水性好，其拉伸强度高于聚乙烯，但低温抗冲击强度低于聚乙烯。聚丙烯的不足之处是低温脆性显著，抗大气性差，故适用于室内。近年来，聚丙烯的生产发展迅速，聚丙烯已与聚乙烯、聚氯乙烯等共同成为建筑塑料的主要品种。

（五）聚甲基丙烯酸甲酯（PMMA）

聚甲基丙烯酸甲酯是由甲基丙烯酸甲酯加聚而成的热塑性塑料，俗称有机玻璃。它的透光性好，低温强度高，吸水性低，耐热性和抗老化性好，成形加工方便。缺点是耐磨性差，价格较贵。

（六）酚醛树脂塑料（PF）

酚醛树脂是由酚和醛在酸性或碱性催化剂的作用下缩聚而成的，是典型的热固性塑料。酚醛树脂的黏结强度高，耐光、耐水、耐热、耐腐蚀、电绝缘性好，但有明显脆性。在酚醛树脂中掺加填料、固化剂等制成的酚醛树脂制品表面光洁，坚固耐用，成本低，是常用的塑料品种之一。

（七）有机硅树脂塑料（OR）

有机硅树脂是由一种或多种有机硅单体水解而成的，是一种热固性塑料。有机硅树脂不燃，介电性能优异，耐热（250 ℃以下）、耐寒、耐水、耐化学腐蚀，但机械性能不佳，黏结力不高。

（八）环氧树脂塑料（EP）

环氧树脂是由双酚A和环氧氯丙烷缩聚而成的热固性塑料。其在未固化时是高黏度液体或脆性固体，易溶于丙酮或二甲苯等溶剂。加入固化剂后可在室温和高温下固化，固化后具有坚韧、收缩率小、耐水、耐腐蚀等特点。环氧树脂的最大特点是与各种材料均有很强的黏结力。

（九）聚酯树脂（PR）

聚酯树脂是由二元或多元醇和二元或多元酸缩聚而成的，具有热固性。聚酯树脂具有优良的胶结性能，弹性和着色性好、柔韧、耐热、耐水。

四、常用的建筑塑料制品

（一）塑料门窗

塑料门窗是改性后的硬质聚氯乙烯（PVC），加入适量的添加剂，经混炼、挤出等工艺制成的异型材经过加工、组装成的建筑物门窗。改性后的聚氯乙烯具有较好的可加工性、稳定性、耐热性和抗冲击性。塑料门窗与其他门窗相比具有良好的耐水性、耐腐蚀性、气密性、水密性、保温隔热性、隔声性、装饰性等特性，同时该类门窗保养维修方便，节能显著，在国外已得到广泛的使用，在我国也将逐步取代木门窗、金属门窗。它的应用可以节约木材、钢材，是节约资源、能源的有效途径。

（二）塑料管材

塑料管材与金属管材相比，具有质轻、不生锈、不生苔、管壁光滑、对流体阻力小、安装加工方便、节能等特点。因此,近年来塑料管材的生产和应用得到了较大的发展。

塑料管材有软管和硬管之分。其按主要原料可分为聚氯乙烯管、聚乙烯管、聚丙烯管、ABS管、聚丁烯管、玻璃钢管等,主要用于建筑给水排水管材与管件、热燃用埋地管材与管件、排污水用管材、流体输送用管材等。

(三)泡沫塑料

泡沫塑料是在聚合物中加入发泡剂,经发泡、固化及冷却等工序制成的多孔塑料制品。泡沫塑料的孔隙率高达95%~98%,且孔隙尺寸较小,因而具有优良的隔热保温性能。常用的有聚苯乙烯泡沫塑料、聚氯乙烯泡沫塑料、聚氨酯泡沫塑料、脲醛泡沫塑料等。

(四)纤维增强塑料(FRP)

纤维增强塑料是由基体材料和增强材料等两种以上材料在宏观尺度上的物理组合,它是一种结构材料,既可以保持原组分材料的某些特点,又能发挥组合以后的新特性。它可以根据结构需要进行设计,以满足单一材料无法达到的性能要求,为人们在选择和设计材料等方面提供了更多的自由。常见的纤维增强塑料有玻璃纤维、碳纤维、芳纶纤维、玄武岩纤维等,纤维增强复合材料具有很高的比强度和比刚度,有良好的抗疲劳性能、减振性能、耐化学腐蚀性能、耐热性能等特性,其详细介绍见第九章。

第二节　建筑涂料

涂料是一种可涂刷于基层表面,并能结硬成膜的材料,常用于建筑装饰工程中,主要起装饰和保护作用。涂刷涂料是最简单的一种饰面方式,具有工期短、工效高、自重轻、价格低、维修方便等特点,因此涂料在建筑装饰工程中应用相当广泛。

一、建筑涂料的组成

(一)建筑涂料的组成成分

建筑涂料一般由成膜基料、分散介质、颜料和填料等基本成分组成。

1. 成膜基料

成膜基料或称涂料的胶结剂,主要由油料、树脂等组成,是使涂料牢固附着于被涂物体表面后,能与基体材料很好黏结并形成完整薄膜的主要物质,是构成涂料的基础,决定着涂料的基本性质。成膜基料有油料、树脂、无机胶结剂3类。

油料是天然产物,来自植物种子。常用的油料有亚麻籽油、桐油等。这类油料中含有较多的不饱和分子,所以称为干性油。用于涂料的树脂,有天然树脂(如松香、虫胶等),也有合成树脂(如酚醛树脂、醇酸树脂、聚乙烯醇树脂、丙烯酸树脂等)。树脂类成膜基料根据成膜过程的不同还可分为转换型(反应型)与非转换型(挥发型)。无机建筑涂料中的成膜基料是无机胶结剂,主要有水泥浆、硅溶胶系、磷酸盐系、硅酸铜系、碱金属硅酸盐系等。与油料、树脂相比,无机胶结剂具有资源丰富,价格低廉等特点,因而具有很好的发展前景。

2. 分散介质

分散介质的作用是使成膜基料分散、形成黏稠液体,使涂料在施工时有一定的流动性，便于涂布。涂料涂布后，分散介质的大部分挥发到空气中，小部分被基底吸收，并不留在涂膜内。涂料按分散介质性质不同分为溶剂型涂料、水溶性涂料和乳液涂料。

溶剂型涂料的分散介质是有机溶剂，如二甲苯、乙醇、丙酮等.它们大都易燃、有毒，会对环境产生污染，所以应用范围逐渐受到限制。水溶性涂料以水作为分散介质，用水溶性合成树脂作为成膜基料。乳液涂料是在水中加入适量的乳化剂后制成分散介质。这两类涂料克服了溶剂型涂料的一系列缺点，具有环保的特点，目前已广泛用于建筑物内、外墙面的装饰，并且是涂料今后的发展方向。

3. 颜料

颜料是一种微细的粉末，它均匀地分散在涂料的介质中，是构成涂膜的组分之一。颜料除作为着色剂外，还起着填充和骨架作用，提高了涂膜的密实性，增加了涂膜强度和附着力，改善了流变性和耐候性，赋予了涂料特殊功能并降低了成本。常用的颜料为不溶于水及油的无机颜料，主要有钛白、氧化铁红、群青、铬黄等。

4. 填料

填料是指为改进涂料性能和提高涂膜质量而加入的各种掺加剂的总称。它是涂料的辅助材料，用量很少，但能明显改善涂料的性能，如稳定剂能促进乳液或分散体系的稳定，增塑剂能增加涂膜的柔韧性，抗氧化剂和紫外线吸收剂能提高涂膜的抗老化性等。

此外，涂料中还可根据需要加入各种辅助材料如催干剂、防结皮剂、固化剂等。

（二）建筑涂料的分类

1. 按主要成膜基料的化学成分分类

按构成涂膜的主要成膜基料的化学成分，可将建筑涂料分为有机涂料、无机涂料和有机复合涂料3类。

1）有机涂料

有机涂料常用的有以下3种类型。

（1）溶剂型涂料。

溶剂型涂料是以高分子合成树脂为主要成膜基料，有机溶剂为稀释剂，加入适量的颜料、填料（体质颜料）及辅助材料，经研磨而成的涂料。

溶剂型涂料形成的涂膜细腻光洁而坚韧，有较好的硬度、光泽和耐水性、耐候性，气密性好，耐酸碱，对建筑物有较强的保护性，使用温度可以低至0 ℃。它的主要缺点是：易燃，溶剂挥发对人体有害，施工时要求基层干燥，涂膜透气性差，而且价格较贵。

（2）水溶性涂料。

水溶性涂料是以水溶性合成树脂为主要成膜基料，以水为稀释剂，加入适量的颜料、填料及辅助材料，经研磨而成的涂料。

这类涂料的水溶性树脂，可直接溶于水中，与水形成单相的溶液。它的耐水性较差，耐候性不强，耐洗刷性差，一般只用于内墙涂料。

（3）乳胶涂料。

乳胶涂料又称乳胶漆。它是由合成树脂借助乳化剂的作用，以0.1～0.5 μm的极细微粒子分散于水中构成的乳液，并以乳液为主要成膜基料，加入适量的颜料、填料、辅助材料经研磨而成的涂料。

这种涂料由于省去了价格较贵的有机溶剂，以水为稀释剂，价格较便宜、无毒、不燃、对人体无害、有一定的透气性，涂布时不需要基层很干燥，涂膜固化后的耐水性、耐擦洗性较好，可作为内外墙建筑涂料。但施工温度一般应在 10 ℃以上，用于潮湿的部位，易发霉，需加防霉剂。乳胶涂料研制于 20 世纪 60 年代，在 70 年代迅速发展，是今后建筑涂料发展的主流。

2）无机涂料

无机涂料是发展最早的一类涂料，传统的石灰水、大白粉、可赛银等，就是以生石灰、碳酸钙、滑石粉等为主要原料，加适量动植物胶配制而成的内墙涂刷材料。它的耐水性差，涂膜质地疏松，易起粉，早已被以合成树脂为基料配制成的各种涂料所取代。但硅溶胶、水玻璃的出现，又赋予它新的生命。20 世纪 80 年代末我国开始研制现已开始生产的以硅酸钾为主要胶结剂的 JH 80—1 和以硅溶胶为主要胶结剂的 JH 80—2 系列的无机涂料，已成功地用于内、外墙的建筑装饰。无机涂料有以下几个特点。

(1)资源丰富，生产工艺较简单，价格便宜，节约能源，减少环境污染。

(2)黏结力较强，对基层处理要求不是很严。

(3)材料的耐久性好，遮盖力强，装饰效果好。

(4)温度适应性好，碱金属硅酸盐系列的涂料可在较低的温度下施工，双组分固化成膜，受气温的影响较小。

(5)颜色均匀，保色性好。

(6)有良好的耐热性，且遇火不燃，无毒等。

无机涂料是一种很有发展前途的建筑涂料。

3）有机复合涂料

有机复合涂料，综合了无机涂料和有机涂料的优点，克服了它们的缺点，取长补短，发挥其各自的优势。在降低成本，改善建筑涂料的性能，更适应建筑装饰的要求等方面开辟了一条途径。例如以硅溶胶、丙烯酸系列复合的外墙涂料在涂膜的柔韧性及耐候性方面更能适应大气温差的变化。

2. 按照主要成膜物质分类

按照主要成膜物质分类，涂料可分为聚乙烯醇系建筑涂料、丙烯酸系建筑涂料、氯化橡胶外墙涂料、聚氨酯建筑涂料和水玻璃及硅溶胶建筑涂料等。

3. 按建筑物的使用部位分类

按建筑物的使用部位分类，建筑涂料可分为外墙涂料、内墙涂料、顶棚涂料、地面涂料和屋面防水涂料等。根据它们涂刷于建筑物的部位不同，对涂料性能的要求，亦各有不同的侧重。

4. 其他分类

按建筑涂料的功能将其分为装饰性涂料、防火涂料、保温涂料、防腐涂料、防水涂料、防霉涂料、防结露涂料等。按涂膜状态将其分为薄质涂料、厚质涂料、砂壁涂料、彩色复层凹凸花纹涂料等。

由于建筑涂料品种繁多，建筑物上的应用部位广泛，因而上述的习惯分类方法经常相互交叉使用，例如溶剂型过氯乙烯外墙涂料、水溶性聚乙烯醇缩甲醛内墙涂料等。

二、建筑涂料的性能指标

（一）遮盖力

遮盖力通常用能使规定的黑白格被遮盖所需的涂料质量表示。质量大，则遮盖力小。遮盖力的大小与涂料中颜料的着色能力以及含量有关。建筑涂料遮盖力的范围为 100 ~ 300 g。

（二）涂膜附着力

涂膜附着力表示涂料与基层的黏结力，可用划格法测定，即在涂料表面用特殊的划刀划出 100 个 1 mm^2 的方格，切口穿透整个涂膜。然后用软毛刷沿格子对角线方向前后各刷 5 次。检查掉下方格的数目。附着力的大小与涂料中成膜物质的性质及基层的性质和处理方法有关。附着力用式(12-1)表示：

$$a = [(100 - a_1)/100] \times 100\% \tag{12-1}$$

式中　a——附着力；

a_1——掉下方格数。

（三）黏度

黏度的大小影响施工性能，不同的施工方法，要求涂料有不同的黏度。黏度的大小取决于涂料的面体成分，即成膜基料和填料的性质和含量。

（四）细度

细度大小直接影响涂膜表面的平整性和光泽。细度采用刮板细度计测定，用微米数表示。纽度的大小影响涂膜表面的平整性和光泽。

建筑涂料作为墙面和地面的装饰材料，在长期使用过程中会受到环境中各种因素的影响，所以对其性能还有一些特殊要求，主要包括耐污染性、耐冻融作用、耐洗刷性、耐老化性、耐减性等。

三、常用涂料的品种与性能

（一）聚乙烯醇系涂料

聚乙烯醇系涂料是以聚乙烯树脂为主要成膜物质的。为提高其黏结性和耐水性，需采用较高溶解度的聚乙烯醇树脂或聚乙烯醇缩醛树脂与高模数水玻璃混用。

聚乙烯醇水玻璃内墙涂料是以水溶性树脂聚乙烯醇的水溶液和水玻璃为基料，浞合一定的填充料、颜料和少量助剂，经搅拌、研磨而成的一种有机水溶性涂料。它是国内生产较早、使用最普遍的一种内墙涂料，又称 106 涂料，适用于一般住宅、公共建筑物内墙饰面。聚乙烯醇缩甲醛涂料，商品名称"803"内墙涂料，是在聚乙烯醇水玻璃内墙涂料的基础上发展起来的。它是以聚乙烯醇缩甲醛为基料，加入颜料、填料及其他助剂研磨混合而成的。与 106 内墙涂料比较，具有涂膜牢固、耐湿擦性好的优点。

（二）醋酸乙烯系涂料

酯酸乙烯系涂料是以醋酸乙烯乳液为基料，配以多种填料、颜料及各种助剂，经研磨、分散，混合均匀制成的乳胶型涂料。它具有较好的附着力和保色性，但耐候性能差，主要用做要求较高的内墙涂料，不直接用于室外。若加入石英粉、水泥等可制成地面涂料，尤其适宜水泥旧地坪的翻修。

为进一步提高这类涂料性能，常用乙烯、氯乙烯、丙烯酸树脂与之共聚进行改性，因而生产出醛酸乙烯 - 乙烯、氯乙烯 - 醋酸乙烯 - 乙烯、醋酸乙烯 - 丙烯酸共聚物涂料。这些共聚物涂料具有良好的耐候性、耐水性、耐碱性及保色性。

（三）多彩内墙涂料

多彩涂料是一种新颖的内墙涂料，它是由水、油两相组成，其特点是涂层色泽优雅，富有立体感，装饰效果好；涂膜质地较厚，具有弹性，类似壁纸，整体性好；涂膜耐油、耐水、耐腐、耐洗刷、耐久性好。

多彩涂料是将肉眼可见的滴状或粒状物质分散悬浮于另一相中，两者界面稳定，互不相溶。其中高黏度、高浓度的多彩组分相，能悬浮于低黏度和低浓度相中，喷涂后显示出立体质感的花纹。

按两相的性质，多彩涂料可分为水包油型（O/W）、油包水型（W/O）、油包油型（O/O）和水包水型（W/W）四种。其中以水包油型的储存稳定性最好，应用最为广泛。

水包油型多彩花纹涂料的水相由合成树脂乳液、甲基纤维素和水组成，油相（又称磁漆相）由硝化纤维素漆、马宋酸酯及颜料组成。磁漆相分散在水相中，相混而不相溶，外观呈不同颜色的粒滴。喷涂到墙面后，显色的油相破裂，形成两种以上色彩的多彩涂料。

（四）丙烯酸系涂料

丙烯酸系涂料是以丙烯酸乳液或由丙烯酸与其他树脂共聚乳液为主要成膜基料的水乳型外墙涂料，是近年来发展迅速的一类新型涂料。这类涂料具有优良的色泽，可以制成水白色或纯白色的清漆相磁漆。丙烯酸树脂在大气中及紫外光照射下不易发生断链、分解或氧化等化学变化，因此其保色性、耐候性优良，可耐一般的酸、碱、醇和油脂的侵蚀，故其耐蚀性和耐碱性好，是一种优良的装饰保护性涂料。其主要用做建筑物外墙涂料及高级家具涂料。

（五）聚氨酶系涂料

聚氨酶系涂料中的溶剂型涂料，即聚氨酯油漆，常以酯类如醋酸乙酯或醋酸丁酯作溶剂，涂膜坚韧，耐水性、耐热耐寒性、耐腐蚀性强，耐磨性能特别好，故常用做地板漆、甲板漆及其他木材与金属表面涂层。

聚氨酯水溶性乳胶涂料，也具有与聚氨酯溶剂型涂料同样优良的性能，可调成各种鲜艳的色彩，用于室内外及地面涂层。

聚氨酯非水分散型涂料是聚合物在有机溶剂中的乳浊液，涂在混凝土上形成厚涂层，具有良好的抗裂性，可作为屋面防水涂料。

（六）环氧树脂系涂料

环氧树脂系涂料具有优良的耐水性、黏附性和耐化学腐蚀性，适用于浴室、化工厂外墙面地面，但价格昂贵。环氧树脂固化时无收缩，因此常用它来修补混凝土表面。

第三节　建筑胶粘剂

胶粘剂是一类具有优良黏合性能，能将各种材料紧密粘接在一起的物质。胶粘剂问世时间不长，但以其特有的黏结性能而广泛地应用于建筑构件、材料等的连接中。

另外，混凝土裂缝和破损的修补也常用到胶粘剂。采用胶粘剂的连接处应力分布均匀、耐疲劳性能好、光滑美观，同时黏结工艺简单，省工省料，密封和耐腐蚀性好，适用范围广。

胶粘剂能够将材料牢固地黏结在一起，是因为胶粘剂与材料间存在黏附力和胶粘剂本身具有内聚力。黏附力和内聚力的大小直接影响胶粘剂的黏结强度。一般认为黏附力主要来源于以下几个作用。

(1)机械黏合力。被粘材料表面粗糙或多孔，胶粘剂能够渗透到被粘物表面的凹陷处或孔隙中，固化后就会形成许多微小的机械键合。

(2)物理吸附力。任何物质的分子(或原子)间都有两种相互作用力，即主价键力和次价键力，其中次价键力也称范德华力。物理吸附是由次价键力引起的。虽然次价键力远比主价键力弱，但由于原子和分子的数目相当多，所以这种物理吸附作用还是较大的。

(3)化学键力。胶粘剂与被粘材料间发生化学反应，形成化学键，有试验证明该化学键力对于黏附力特别是对于黏结接口的寿命有很大贡献。

不同的胶粘剂和被粘材料，黏附力的主要来源有所不同。当机械黏附力、物理吸附力和化学键力共同作用时，可获得很高的黏结强度。

胶粘剂在工业上的应用最早起始于木材加工工业，用于制造胶合板等。随着高分子材料的发展，胶粘剂不仅可以胶结木材、玻璃、陶瓷、橡胶、塑料、织物、纸张等非金属材料，而且可以普遍用来胶结金属。

一、胶粘剂的组成与分类

(一)胶粘剂的组成

为满足使用性能上的各种需要，胶粘剂一般为多种组分的混合物，如黏料、填料、固化剂、增韧剂、稀释剂和防老化剂等。

1. 黏料

黏料又称集料或基体。黏料是构成胶粘剂必须的基本组分。它是决定胶粘剂性能、用途和施工工艺的主要因素。某些具有多种性能要求的胶粘剂，其黏料往往由两种或两种以上合成树脂组成。胶粘剂常用黏料有淀粉、蛋白质、虫胶、天然橡胶、酚醛树脂、环氧树脂、聚酯树脂、有机硅树脂、聚酯胶树脂、丁腈橡胶、氯丁橡胶和聚硫橡胶等。

2. 填料

填料(又称填充剂)的主要作用是改善胶粘剂的物理机械性能，改善胶粘剂的工艺性能，降低胶粘剂的生产成本等。某些胶粘剂具有的独特性能，与填料的品种有密切关系。如导电胶的导电性能，与加入银粉的导电性有关，防腐胶的耐腐蚀性主要决定于填料三氧化铬等。

填料可分为有机填料和无机填料两大类。有机填料的特点是质轻、柔韧，多用于改善胶粘剂的脆性，但其吸湿性较高，耐热性较低。无机填料的特点是耐热性和介电性较高、收缩率较低、密度较大，易增大胶粘剂的脆性。

按外观形状，填料可分为3类，即粉末状、纤维状及片状。胶粘剂中用的填料以粉末状为最多。因为粉末状填料的流动性较好,可使胶粘剂有较好的施工性能。而纤维状与片状填料一般用于胶补构件时的局部增强。

胶粘剂中常用的填料有石英粉、石棉粉、石墨粉、玻璃粉、铁粉、铝粉、瓷粉、二硫化钼、锌粉、铜粉、银粉、滑石粉、云母粉、石棉纤维、玻璃纤维、玻璃布以及碳纤维等。

3. 固化剂

固化剂是指那些能使胶粘剂由线型大分子结构转变为不溶的网状或体型结构的添加剂。

固化剂的种类和用量直接影响胶粘剂的使用性质和工艺性能。胶粘剂黏料的固化反应特点及其使用要求是选用固化剂的主要依据。如热固性酚醛树脂胶粘剂多用六次亚甲基四胺作固化剂。环氧树脂胶粘剂则可根据不同情况分别选用胺类固化剂、酸酐类固化剂或其他固化剂。

4. 增韧剂

增韧剂分活性和非活性两种,它们的主要作用是克服胶粘剂固化后的脆性,提高胶层的冲击韧性和耐寒性。不能参与固化反应的增韧剂叫非活性增韧剂,简称增塑剂,它和黏料间仅为机械混合。

5. 稀释剂

稀释剂的主要作用是调节胶液的黏度,提高其润湿性和流动性,以便于施工,同时也有利于延长其使用寿命。

不参与胶粘剂固化反应的稀释剂称为溶剂或非活性稀释剂,如汽油、乙醇、丙酮及醋酸乙脂等。溶剂的用量不宜过多,一般应小于 15%,同时它的挥发速度一定要与黏料的固化速度相匹配。

分子中含有活性基因,能够参与胶粘剂固化反应的稀释剂叫活性稀释剂。在固化反应中活性稀释剂可以构成胶粘剂体型结构的一部分,不会因挥发不彻底而给胶接质量带来危害。活性稀释剂一般均有较大的刺激性,用量不宜太多,为 5% ~10%。

6. 其他添加剂

为改善胶粘剂的某些性能,经常使用一些改性添加剂,如可以加快固化速度或降低固化温度的固化促进剂,能够提高胶层抗老化性或耐热性的防老化剂或热稳定剂,提高黏附性的偶联剂等。

(二)胶粘剂的分类

胶粘剂的品种繁多,组成和性能各异,可从以下几个角度进行分类。

(1)按黏料化学成分分类,可分为无机胶粘剂和有机胶粘剂两大类,其中有机胶粘剂又可分为天然和合成两大类。

(2)按胶粘剂外观状态分类,可分为溶液、乳液、膏糊、固体等类别。其中固体胶粘剂主要是指热熔型胶粘剂。

(3)按胶粘剂的固化方式分类,可分为溶剂挥发型、化学反应型和热熔型 3 类。

(4)按胶粘剂固化后的强度特性分类,可分为结构型、次结构型和非结构型 3 类。

此外,按胶粘剂的工艺特性可分为低温固化(指在室温以下温度固化)、室温固化(在 20 ~30 ℃固化)和高温固化(在 100 ~180 ℃固化)3 类;按胶粘剂的特种性能还有热熔型胶粘剂(简称热熔胶)、密封性胶粘剂(简称密封胶)、压敏型胶粘剂(简称压敏胶)等类别。

二、常用的建筑胶粘剂

(一)环氧树脂胶粘剂

环氧树脂胶粘剂是以环氧树脂为主要原料,掺加适量固化剂、增塑剂、填料和稀释剂等配制而成的。它是20世纪40年代发展起来的一类胶粘剂,我国在50年代开始研制,目前应用较广泛。因环氧树脂胶粘剂中含有环氧基、羟基、氨基和其他极性基团,对大部分材料有良好的黏结能力,素有万能胶之称。其抗拉强度和抗剪强度高,固化收缩率小,耐油和多种溶剂,耐潮湿,抗蠕变能力好,是一种性能较好的结构胶粘剂。环氧树脂胶粘剂有室温固化和高温固化之分,固化时间有明显的依赖性。随着环氧树脂组成上的不断改进,已可生产出不同品种和用途的胶粘剂。由于环氧树脂胶粘剂对金属、木材、玻璃、硬塑料和混凝土都有很高的黏附力,因此在土木工程中应用很多,主要用于裂缝修补、结构加固和表面防护等。

(二)酚醛树脂胶粘剂

酚醛树脂胶粘剂具有优良的耐热性、耐老化性和耐水性,在氨基树脂胶粘剂中。酚醛树脂胶粘剂制造简单、成本低廉、应用广泛。此外,该胶对多孔的极性材料有较好的黏性,毒性小;在室温和加温条件下均可固化,使用方便,固化速度快且不污染制品,耐光性好,缺点是胶层脆性较大,耐热性、耐水性及耐老化性能较差,主要用于木制品的黏结及木材的综合利用,如制造纤维板、刨花板等。

(三)不饱和聚酯胶粘剂

不饱和聚酯胶粘剂是一种热固性结构胶粘剂,其特点是黏结强度高,抗老化性及耐热性较好,可在室温和常压下固化,固化速度快,但固化时收缩大,耐碱性较差。其主要用于制造玻璃钢,也可黏结陶瓷、玻璃钢、金属、木材、人造大理石和混凝土。

(四)聚醋酸乙烯胶粘剂

聚醋酸乙烯胶粘剂是由醋酸乙烯单体聚合而成,俗称白乳胶,是一种使用方便、价格便宜、应用普通的非结构胶粘剂。聚醋酸乙烯胶粘剂润湿能力强,对各种极性材料都有较好的黏附力,适用于多种黏结工艺。但其耐热性较差(40 ℃以下),对溶剂作用的稳定性和耐水性均较差,且有较大的徐变,因此多作为室温下工作的非结构胶,如黏结塑料墙纸、聚苯乙烯或软质聚氯乙烯塑料板以及塑料地板等。

(五)聚乙烯缩醛胶粘剂

聚乙烯醇在催化剂作用下与醛类反应,生成聚乙烯醇缩醛,低聚醛度的聚乙烯醇缩甲醛即是目前工程广泛应用的107胶的主要成分。107胶在水中的溶解度很高,生产成本低,现在已成建筑装饰工程中常用的胶粘剂。如用来粘贴塑料壁纸、墙纸、瓷砖等,在水泥中掺入少量的107胶,能提高砂浆的黏结性、抗冻性、抗渗性、耐磨性和减少砂浆的收缩,也可以配制成涂料。

(六)聚氨酯胶粘剂

聚氨酯胶粘剂分子结构中含有的异氰酸酯基(—NCO)和氨基甲酸酯基(—NH—

COO—)具有很强的活性,因此聚氨酯胶粘剂具有良好的黏结强度。同时该黏结剂还有良好的耐超低湿性能,而且黏结强度随着温度的降低而提高,具有良好的耐磨、耐油、耐溶剂、耐老化性能;但在高温高湿条件下,易水解而降低黏结强度。聚氨酯胶粘剂可用于金属、玻璃、陶瓷、橡胶、塑料、织物、木材、纸张等各种材料的黏结,是超低温环境下理想的黏结材料和密封材料。聚氨酯胶粘剂可通过调整其分子链结构,制成满足各种行业、各种性能要求的胶粘剂。

(七)氯丁橡胶胶粘剂

氯丁橡胶是目前橡胶胶粘剂中广泛应用的溶液型胶。它是以氯丁橡胶为主要组成部分,加入氧化锌、氧化镁、填料、抗老化剂和抗氧化剂等制成的。这种胶粘剂对水、油、弱酸、弱碱、醇和脂肪烃有良好的抵抗力,可在 -50 ~ 80 ℃的温度范围内工作,但其徐变较大,且容易老化。氯丁橡胶胶粘剂多用于结构黏结或不同材料的黏结,工程上常用在水泥砂浆墙面或地面上粘贴塑料或橡胶制品。

(八)丁腈橡胶胶粘剂

丁腈橡胶是丁二烯与丙烯腈的共聚产物。丁腈橡胶胶粘剂最大的优点是耐油性好,剥离强度高,对脂肪烃和非氧化酸具有良好的抵抗力。根据配方的不同,它可以冷硫化,也可以在加热和加压过程中硫化。丁腈橡胶与其他树脂混合使用可获得良好的强度和弹性。丁腈橡胶胶粘剂主要用于橡胶制品的黏结以及橡胶制品与金属、织物、木材等的黏结。

第四节　合成橡胶

一、概述

合成橡胶是由人工合成的高弹性聚合物,也称合成弹性体,是三大合成材料之一,其产量仅低于合成树脂(塑料)、合成纤维。

合成橡胶中有少数品种的性能与天然橡胶相似,大多数与天然橡胶不同,但两者都是高弹性的高分子材料,一般均需经过硫化和加工之后,才具有实用性和使用价值。合成橡胶在20世纪初开始生产,从40年代起得到了迅速的发展。合成橡胶一般在性能上不如天然橡胶全面,但它具有高弹性、绝缘性、气密性、耐油、耐高温或低温等性能,因而广泛应用于工农业、国防、交通及日常生活中。

合成橡胶的生产工艺大致可分为单体的合成和精制、聚合过程以及后处理三部分。

(一)单体的合成和精制

合成橡胶的基本原料是单体,精制常用的方法有精馏、洗涤、干燥等。

(二)聚合过程

聚合过程是单体在引发剂和催化剂作用下进行聚合反应生成聚合物的过程。有时用一个聚合设备,有时多个聚合设备串联使用。合成橡胶的聚合工艺主要应用乳液聚合法和溶液聚合法两种。目前,采用乳液聚合的有丁苯橡胶、异戊橡胶、丁丙橡胶、丁基橡胶等。

（三）后处理

后处理是使聚合反应后的物料（胶乳或胶液），经脱除未反应单体、凝聚、脱水、干燥和包装等步骤，最后制得成品橡胶的过程。乳液聚合的凝聚工艺主要采用加电解质或高分子凝聚剂，破坏乳液使胶粒析出。溶液聚合的凝聚工艺以热水凝析为主。凝聚后析出的胶粒，含有大量的水，需脱水、干燥。

二、合成橡胶的分类

（一）按成品状态分类

按成品状态合成橡胶可分为液体橡胶（如端羟基聚丁二烯）、固体橡胶、乳胶和粉末橡胶等。

（二）按橡胶制品形成过程分类

按橡胶制品形成过程合成橡胶可分为热塑性橡胶（如可反复加工成型的三嵌段热塑性丁苯橡胶）、硫化型橡胶（需经硫化才能制得成品，大多数合成橡胶属此类）。

（三）按充填成分分类

按充填成分合成橡胶可分为充油母胶、充炭黑母胶和充木质素母胶。

（四）按使用特性分类

按使用特性合成橡胶可分为通用型橡胶和特种橡胶两大类。

1. 通用型橡胶

通用型橡胶是指可以部分或全部代替天然橡胶使用的橡胶，如丁苯橡胶、异戊橡胶、顺丁橡胶等，主要用于制造各种轮胎及一般工业橡胶制品。通用橡胶的需求量大，是合成橡胶的主要品种。其主要品种介绍如下。

1）丁苯橡胶

丁苯橡胶是由丁二烯和苯乙烯共聚制得的，是产量最大的通用合成橡胶，有乳聚丁苯橡胶、溶聚丁苯橡胶和热塑性橡胶（SBS）。

2）顺丁橡胶

顺丁橡胶是由丁二烯经溶液聚合制得的，顺丁橡胶具有特别优异的耐寒性、耐磨性和弹性，还具有较好的耐老化性能。顺丁橡胶绝大部分用于生产轮胎，少部分用于制造耐寒制品、缓冲材料以及胶带、胶鞋等。顺丁橡胶的缺点是抗撕裂性能较差，抗湿滑性能不好。

3）异戊橡胶

异戊橡胶是聚异戊二烯橡胶的简称，采用溶液聚合法生产。异戊橡胶与天然橡胶一样，具有良好的弹性和耐磨性，优良的耐热性和较好的化学稳定性。异戊橡胶生胶（未加工前）强度显著低于天然橡胶，但质量均一性、加工性能等优于天然橡胶。异戊橡胶可以代替天然橡胶制造载重轮胎和越野轮胎，还可以用于生产各种橡胶制品。

4）乙丙橡胶

乙丙橡胶是以乙烯和丙烯为主要原料合成的，耐老化，电绝缘性能和耐臭氧性能突出。乙丙橡胶可大量充油和填充碳黑，制品价格较低，乙丙橡胶化学稳定性好，耐磨性、弹性、耐油性和丁苯橡胶接近。乙丙橡胶的用途十分广泛，可以作为轮胎胎侧、胶条和内胎以及汽车的零部件，也可以作电线、电缆包皮及高压、超高压绝缘材料，还可制造胶鞋、卫生用品等浅色制品。

5）氯丁橡胶

氯丁橡胶是以氯丁二烯为主要原料，通过均聚或少量其他单体共聚而成的。其抗张强度高，耐热、耐光、耐老化性能优良，耐油性能优于天然橡胶、丁苯橡胶和顺丁橡胶，具有较强的耐燃性和优异的抗延燃性，其化学稳定性较高，耐水性良好。氯丁橡胶的缺点是电绝缘性能、耐寒性能较差，生胶在储存时不稳定。氯丁橡胶用途广泛，如用来制作运输皮带和传动带，电线、电缆的包皮材料，制造耐油胶管、垫圈以及耐化学腐蚀的设备衬里。

6）丁基橡胶

丁基橡胶是由异丁烯和少量异戊二烯共聚而成的，主要采用淤浆法生产。其透气率低，气密性优异，耐热、耐臭氧、耐老化性能良好，化学稳定性、电绝缘性也很好。丁基橡胶的缺点是硫化速度慢，弹性、强度、黏着性较差。丁基橡胶的主要用途是制造各种车辆内胎，用于制造电线和电缆包皮、耐热传送带、蒸汽胶管等。

7）丁腈橡胶

丁腈橡胶是由丁二烯和丙烯腈经乳液聚合法制得的，丁腈橡胶主要采用低温乳液聚合法生产，耐油性极好，耐磨性较高，耐热性较好，黏结力强。其缺点是耐低温性差、耐臭氧性差，电绝缘性能低劣，弹性稍低。丁腈橡胶主要用于制造耐油橡胶制品。

2. 特种橡胶

特种橡胶是指具有耐高温、耐油、耐臭氧、耐老化和高气密性等特点的橡胶，常用的有硅橡胶、各种氟橡胶、聚硫橡胶、氯醇橡胶、丁腈橡胶、聚丙烯酸酯橡胶、聚氨酯橡胶和丁基橡胶等，主要用于要求某种特性的特殊场合，其主要品种介绍如下。

1）氟橡胶

氟橡胶是含有氟原子的合成橡胶，具有优异的耐热性、耐氧化性、耐油性和耐药品性，它主要用于航空、化工、石油、汽车等工业部门，作为密封材料、耐介质材料以及绝缘材料使用。

2）硅橡胶

硅橡胶由硅、氧原子形成主链，侧链为含碳基团，用量最大的是侧链为乙烯基的硅橡胶。硅橡胶既耐热，又耐寒，使用温度为 $-100 \sim 300$ ℃，它具有优异的耐气候性和耐臭氧性以及良好的绝缘性。缺点是强度低，抗撕裂性能差，耐磨性能差。硅橡胶主要用于航空工业、电气工业、食品工业及医疗工业等方面。

3）聚氨酯橡胶

聚氨酯橡胶是由聚酯（或聚醚）与二异腈酸酯类化合物聚合而成的，耐磨性能好、弹性好、硬度高、耐油、耐溶剂。缺点是耐热、耐老化性能差。聚氨酯橡胶在汽车、制鞋、机械工业中的应用最多。

土木工程中，橡胶广泛应用于沥青改性、防水卷材、土木工程合成材料、抗震橡胶垫等。如用丁苯橡胶（SBR）改性的沥青低温抗裂性明显提高，高温稳定性也有所改善；三元乙丙橡胶（EPTDM）防水卷材，聚合良好的综合性能。

本章小结

本章主要介绍了建筑塑料、建筑涂料、建筑结构胶粘剂及合成橡胶等常用的建筑高分子合成材料。

目前建筑塑料已成为继混凝土、钢材、木材之后的第4种主要建筑材料，其主要由合成树脂、填充料及各种添加剂组成，由于建筑塑料具有优良的加工性能、质量轻，比强度高、绝热、吸声、隔音性好、装饰性好、耐水性和耐水蒸气性强等优点，有着非常广阔的发展前景。

建筑涂料一般由成膜基料、分散介质、颜料和填料等基本成分组成，是最简单的一种饰面方式，具有工期短、工效高、自重轻、价格低、维修方便等特点，因此涂料在建筑装饰工程中应用相当广泛。建筑涂料的技术指标主要包括涂料的遮盖力、涂膜附着力、黏度、细度等。按构成涂膜主要成膜物质的化学成分，建筑涂料分为有机涂料、无机涂料和有机复合涂料3类。

胶粘剂一般由黏料、填料、固化剂、增韧剂、稀释剂和防老化剂等物质组成。胶粘剂的黏附力主要来源于机械黏合力、物理吸附力及化学键力，当机械黏附力、物理吸附力和化学键力共同作用时，可获得很高的黏结强度。本章介绍了几种常用的结构胶粘剂的特点及应用空间。

合成橡胶是由人工合成的高弹性聚合物，也称合成弹性体，是三大合成材料之一。合成橡胶的生产工艺大致可分为单体的合成和精制、聚合过程以及后处理三部分。本章介绍了几种常见的合成橡胶。合成橡胶在土木工程中有着广阔的应用前景。

思考题

12-1　建筑塑料的组成成分有哪些？其优缺点表现在哪些方面？

12-2　列举出常见的建筑塑料，说明它们的性能特点及应用。

12-3　列举出常见的建筑涂料，说明它们的性能特点及应用。

12-4　建筑胶粘剂的组成成分有哪些？其主要类型有哪些？

12-5　常见的建筑胶粘剂有哪些？说明它们的性能特点及应用。

12-6　什么是合成橡胶？常见的合成橡胶有哪些？

第十三章　建筑功能材料

第一节　绝热材料

绝热材料是防止住宅、车间、公共建筑及各种热工设备中热量传递的材料，也就是具有保温隔热性能的材料。在土木工程中，绝热材料主要用于墙体和屋顶保温隔热，以及热工设备、采暖和空调管道的保温，在冷藏设备中则大量用做隔热。

在建筑物中合理采用绝热材料，能提高建筑物的使用效能，保证正常的生产、工作和生活，能减少热损失、节约能源。据统计，具有良好的绝热功能的建筑，可节省能源25%～50%。因此，在土木工程中，合理地使用绝热材料具有重要意义。

一、绝热材料的性能

（一）导热系数

绝大多数建筑材料的导热系数介于0.035～3.5 W/(m·K)。λ值越小说明该材料越不易导热。工程中，一般把λ值小于0.175 W/(m·K)的材料叫做绝热材料。应当指出，即使同一种材料，其导热系数也并不是常数，它受本身物质构成、孔隙率、材料所处环境的温湿度及热流方向的影响。

1. 材料的物质构成

材料的导热系数受自身物质的化学组成和分子结构的影响。化学组成和分子结构比较简单的物质比结构复杂的物质有更大的导热系数。

2. 孔隙率

由于固体物质的导热系数比空气的导热系数大得多，故材料的孔隙率越大，材料的导热系数越小。材料的导热系数不仅与孔隙率有关，而且还与孔隙的大小、分布、形状及连通状况有关。

3. 温度

材料的导热系数随温度的升高而增大，因为温度升高，材料固体分子的热运动增强，同时材料孔隙中空气的导热和孔壁间的辐射作用也有所增加。

4. 湿度

材料受潮吸水后，会使其导热系数增大。这是因为水的导热系数比空气的导热系数要大约20倍。若水结冰，则由于冰的导热系数约为空气导热系数的80倍，从而使材料的导热系数增加更多。

5. 热流方向

对于纤维状材料，热流方向与纤维排列方向垂直时材料导热系数要小于平行时的导热系数，这是因为前者可对空气的对流等起有效的阻止作用所致。

(二)温度稳定性

绝热材料在受热作用下保持其原有性能不变的能力,称为绝热材料的温度稳定性。通常用其不致丧失绝热性能的极限温度来表示。

(三)吸湿性

绝热材料由潮湿环境中吸收水分的能力称为其吸湿性。一般其吸湿性越大,对绝热效果越不利。

(四)强度

绝热材料的机械强度和其他建筑材料一样是用强度极限来表示的,通常采用抗压强度和抗折强度。由于绝热材料含有大量孔隙,故其强度一般均不大,因此不宜将绝热材料用于承受外界荷载的部位。对于某些纤维材料有时常用材料达到某一变形时的承载能力作为其强度代表值。

二、常用绝热材料的分类及使用

绝热材料按化学成分可分为有机材料和无机材料两大类,按材料的构造可分为纤维状、松散粒状和多孔状三种。其通常可制成板、片、卷材或管壳等多种形式的制品。一般来说,无机绝热材料的表观密度较大,不易腐朽、不会燃烧,有的能耐高温。有机绝热材料则质轻,绝热性能好,耐热性较差。现将土木工程中常用的绝热材料简介如下。

(一)纤维状保温隔热材料

这类材料主要是以矿棉、石棉、玻璃棉及植物纤维等为主要原料,制成板、筒、毡等形状的制品,广泛用于住宅建筑和热工设备、管道等的保温隔热。这类绝热材料通常也是良好的吸声材料。

1. 石棉及其制品

石棉是一种天然矿物纤维,主要化学成分是含水硅酸镁,具有耐火、耐热、耐酸碱、绝热、防腐、隔音及绝缘等特性,常制成石棉粉、石棉纸板、石棉毡等制品。由于石棉中的粉尘对人体有害,因此民用建筑中已经很少使用,目前主要用于工业建筑的隔热、保温及防火覆盖等。

2. 矿棉及其制品

矿棉一般包括矿渣棉和岩石棉。矿渣棉所用原料有高炉硬矿渣、铜矿渣等,并加一些调节原料(钙质和硅质原料);岩石棉的主要原料为天然岩石(白云岩、花岗石或玄武岩等)。上述原料经熔融后,用喷吹法和离心法制成细纤维。矿棉具有轻质、不燃、绝热和绝缘等性能,且原料来源广,成本较低,可制成矿棉板、矿棉毡及管壳等,同时可用做建筑物的墙壁、屋顶、天花板等处的保温隔热和吸声材料,以及热力管道的保温材料等。

3. 玻璃棉及其制品

玻璃棉是用玻璃原料或碎玻璃经熔融后制成的纤维材料,包括短棉和超细棉两种。短棉的表观密度为 40 ~ 150 kg/m^3, $\lambda = 0.035 \sim 0.058$ W/(m·K),价格与矿棉相近。其可制成沥青玻璃棉毡、板及酚醛玻璃棉毡、板等制品,广泛用在温度较低的热力设备和房屋建筑中的保温隔热,同时它还是良好的吸声材料。超细棉直径在 4 μm 左右,表观密度可小至 18 kg/m^3，$\lambda=0.028\sim0.037$ W/(m·K)，绝热性能更为优良。

4. 植物纤维复合板

植物纤维复合板是以植物纤维为主要材料加入胶结料和填充料而制成的。其表观密度为 200～1 200 kg/m^3，导热系数为 0.058 W/(m·K)，可用于墙体、地板、顶棚等，也可用于冷藏库、包装箱等。

木质纤维板是以木材下脚料经机械制成木丝，加入硅酸钠溶液及普通硅酸盐水泥，经搅拌、成型、冷压、养护、干燥而制成的。甘蔗板是以甘蔗渣为原料，经过蒸制、加压、干燥等工序制成的一种轻质、吸声、保温、绝热的材料。

5. 陶瓷纤维绝热制品

陶瓷纤维是以氧化硅、氧化铝为主要原料，经高温熔融、蒸汽（或压缩空气）喷吹或离心喷吹（或溶液纺丝经烧结）而制成的。表观密度为 140～150 kg/m^3，$\lambda=0.016\sim0.186$ W/(m·K)，最高使用温度为 1 100～1 350 ℃，耐火度≥1 770 ℃，可加工成纸、绳、带、毯、毡等制品，供高温绝热或吸声之用。

（二）散粒状保温隔热材料

1. 膨胀蛭石及其制品

蛭石是一种天然矿物，经 850～1 000 ℃煅烧，体积急剧膨胀，单颗粒体积能膨胀约 20 倍。

膨胀蛭石的主要特性是：表观密度为 80～900 kg/m^3，导热系数为 0.046～0.070 W/(m·K)，可在 1 000～1 100 ℃温度下使用，不蛀、不腐，吸水性较大。膨胀蛭石可以呈松散状铺设于墙壁、楼板、屋顶等夹层中，作绝热、隔声之用。使用时应注意防潮，以免吸水后影响绝热效果。

膨胀蛭石也可与水泥、水玻璃等胶凝材料配合，浇制成板，用于墙、楼板和屋面板等构件的绝热。其水泥制品通常用 10%～15% 体积的水泥、85%～90% 体积的膨胀蛭石、适量的水经拌和、成型、养护而成。其制品的表观密度为 300～550 kg/m^3。相应的导热系数为 0.08～0.10 W/(m·K)，抗压强度为 0.2～1.0 MPa，耐热温度为 600 ℃。水玻璃膨胀蛭石制品是以膨胀蛭石、水玻璃和适量氟硅酸钠（Na_3SiF_6）配制而成的，其表观密度为 300～550 kg/m^3，相应的导热系数为 0.079～0.084 W/(m·K)，抗压强度为 0.35～0.65 MPa，最高耐热温度为 900 ℃。

2. 膨胀珍珠岩及其制品

膨胀珍珠岩是由天然珍珠岩煅烧而成的，呈蜂窝泡沫状的白色或灰白色颗粒，是一种高效能的绝热材料。其堆积密度为 40～500 kg/m^3，导热系数为 0.047～0.070 W/(m·K)，最高使用温度可达 800 ℃，最低使用温度为 −200 ℃，具有吸湿小、无毒、不燃、抗菌、耐腐、施工方便等特点。建筑上其广泛用做围护结构、低温及超低温保冷设备、热工设备等的绝热保温材料，也可用于制作吸声制品。

膨胀珍珠岩制品是以膨胀珍珠岩为主，配合适量胶结材料（水泥、水玻璃、磷酸盐、沥青等），经拌和、成型、养护（或干燥，或固化）后制成板、块、管壳等制品。

(三)多孔性板块绝热材料

1. 微孔硅酸钙制品

微孔硅酸钙制品是用粉状二氧化硅材料(硅藻土)、石灰、纤维增强材料及水等经搅拌、成型、蒸压处理和干燥等工序而制成的。以托贝莫米石为主要水化产物的微孔硅酸钙,表观密度约为200 kg/m^3,导热系数为0.047 W/(m·K),最高使用温度约为650 ℃。以硬硅酸钙为主要水化产物的微孔硅酸钙,其表观密度约为230 kg/m^3,导热系数为0.056 W/(m·K),最高使用温度约为1 000 ℃。

2. 多孔混凝土制品

多孔混凝土主要有泡沫混凝土和加气混凝土。泡沫混凝土的表观密度为300~500 kg/m^3,导热系数为0.082~0.186 W/(m·K);加气混凝土的表观密度为400~700 kg/m^3,导热系数为0.093~0.164 W/(m·K)。

第二节　吸声与隔声材料

一、吸声材料

(一)材料的吸声性能

物体振动时,迫使邻近空气随着振动而形成声波,当声波接触到材料表面时,一部分被反射,一部分穿透材料,而其余部分则在材料内部的孔隙中引起空气分子与孔壁的摩擦和黏滞阻力,使相当一部分声能转化为热能而被吸收。被材料吸收的声能(包括穿透材料的声能在内)与原先传递给材料的全部声能之比,是评定材料吸声性能好坏的主要指标,称为吸声系数,用式(13-1)表示:

$$\alpha = \frac{E}{E_0} \tag{13-1}$$

式中　α——材料的吸声系数;

E_0——传递给材料的全部入射声能;

E——被材料吸收(包括透过)的声能。

(二)常见的吸声材料

1. 矿棉装饰吸声板

1)矿棉装饰吸声板的特点和用途

矿棉装饰吸声板是以矿渣棉为主要原料,加入适量的黏结剂和附加剂,通过成型、烘干、表面加工处理而成的。用这种材料吊顶,装配化程度高,完全是干作业,重量轻并具有隔热、吸声、防火、装饰等多种功能。

矿棉装饰吸声板可用于会堂、影剧院、音乐厅、播音室、录音室等场所,可以控制和调整室内的混响时间,消除回声,改善室内的音质,提高语音清晰度。它适用于旅馆、医院、办公室、会议室、商场,以及吵闹场所和需要安静的场所,如工厂车间、仪表控制室,可以降低室内噪声等级,同时还能起到隔热和保温作用。

2)矿棉装饰吸声板的规格和技术性能

矿棉装饰吸声板的形状主要为正方形和长方形,常用尺寸有500 mm×500 mm、600

mm × 600 mm、610 mm × 610 mm、625 mm × 625 mm、600 mm × 1 000 mm、600 mm × 1 200 mm、625 mm × 1 250 mm，厚度为 9 ~ 20 mm。矿棉板表面有各种色彩，花纹图案繁多。有的表面加工成树皮纹理，有的则加工成小浮雕或满天星图案，具有一定装饰效果。

2. 珍珠岩装饰吸声板

珍珠岩是一种酸性火山玻璃质岩石，它因具有珍珠裂隙而得名。膨胀珍珠岩是由珍珠岩经破碎、焙烧膨胀而制成的粒状多孔绝热材料。珍珠岩装饰吸声板，又称膨胀珍珠岩装饰吸声板，是以膨胀珍珠岩为骨料，配以黏结料，经搅拌、成型、干燥、焙烧（或养护）而成的。黏结料有水玻璃、水泥、磷酸盐、聚合物等。

1）珍珠岩装饰吸声板的分类

按所使用胶结剂的不同，珍珠岩装饰吸声板分为水泥珍珠岩装饰吸声板、水玻璃珍珠岩装饰吸声板、石棉珍珠岩装饰吸声板和聚合物珍珠岩装饰吸声板等四种。

按表面结构形式的不同，珍珠岩装饰吸声板分为不穿孔珍珠岩装饰吸声板、半穿孔珍珠岩装饰吸声板、穿孔珍珠岩装饰吸声板、凹型珍珠岩装饰吸声板和复合型珍珠岩装饰吸声板等五种。

2）珍珠岩装饰吸声板的特点、用途及性能

珍珠岩装饰吸声板具有隔热、保温、质量轻、防火、防蛀、耐酸、可割等优点。板面可以喷涂各种颜色的涂料，也可进行漆化处理，使装饰板具有较好的装饰效果。由于在板内部形成互不连通的微孔结构，从而可使声音衰减。该装饰吸声板的内部结构、饰面、压洞、花纹，都具有吸收高、中、低频噪声的功能，是城市公共建设和住宅较好的吊顶材料。

珍珠岩装饰吸声板适用于礼堂、剧院、音乐厅、会议室、餐厅公共建筑的音质处理和工业厂房的噪声控制，可降低噪声等级，控制和调整室内混响时间，消除回声，提高语音的清晰度。彩色和图案吸声板最适用于办公室、医院、旅馆、住宅，既可美化环境，又可改善室内的生活条件。珍珠岩装饰吸声板的技术性能见表 13-1。

表 13-1　珍珠岩装饰吸声板的技术性能

名称	抗弯强度（MPa）	堆密度（kg/m^3）	导热系数（W/(m·K)）	吸声系数（NRC）	吸湿率（%）
珍珠岩装饰吸声板	>1.0	352 左右	0.079	平均 0.32	≤5

3. 玻璃棉装饰吸声板

玻璃棉装饰吸声板是玻璃棉的深加工产品，它的原料是玻璃棉板半成品，经磨光、喷胶、贴纸、加工等工序制成。为了保证具有一定的装饰效果，表面基本上有两种处理办法：一是贴上塑料面纸；二是在其表面喷涂。喷涂往往做成浮雕形状，其造型有大花压平、中花压平及小点喷涂等图案。它有多种色彩可供选择，目前用得较多的是白色。

1）玻璃棉装饰吸声板的特点及用途

玻璃棉装饰吸声板具有质量轻、吸声、隔热保温、防火、美观大方等特点。它可用于剧院、宾馆、礼堂、播音室、商场、办公室、工业建筑等处的吊顶及用做内墙装修的保温、隔热材料，可提高室内语音的清晰度，降低噪声，改善环境。

2）玻璃棉装饰吸声板的性能

玻璃棉装饰吸声板的物理性能见表 13-2。

表 13-2　玻璃棉装饰吸声板的物理性能

种类	密度（kg/m^3）	导热系数（$W/(m·K)$）平均温度（70±5）℃	最高使用温度（℃）
2 号	24	≤0.049	
	32	≤0.047	300
	40	≤0.044	350
	48	≤0.043	
	64、80、96、120	≤0.042	400
3 号	80、96、120	≤0.047	

4. 钙塑泡沫装饰吸声板

钙塑泡沫装饰吸声板是以高压聚乙烯、合成树脂加入无机填料、轻质碳酸钙、助剂和颜料等，经混炼、模压、发泡成型而制成的。这种材料分普通型和难燃（阻燃）型两种，表面有凹凸图案和平板穿孔图案两种。穿孔型的吸声性能较好，是一种多功能的装饰材料。

钙塑泡沫装饰吸声板具有质轻、吸声、隔热、耐水及施工方便等优点；表面形状、颜色多种多样，造型美观，立体感强，表面还可以刷漆；温差变形小，且耐破、撕裂性能好，有利于抗震。如果采用穿孔钙泡沫吸声板，既可以保持整体的装饰效果，又能达到很好的音响效果。这种板可用于礼堂、剧场、电影院、电视台、工厂、商店等建筑的室内平顶装饰。

5. 聚苯乙烯泡沫塑料装饰吸声板

1）聚苯乙烯泡沫塑料

聚苯乙烯泡沫塑料是以聚苯乙烯树脂为基料，加入发泡剂等助剂，经发泡加工而制成的轻质保温材料。它适用于建筑物的保温和隔热。

聚苯乙烯泡沫塑料按用途分为三类：Ⅰ类使用时不承受负荷，可作屋顶、墙体及其他绝热；Ⅱ类可承受有限负荷，如地板绝热等；Ⅲ类可承受较大载荷，如停车平台绝热等。按是否阻燃，又分为普通型（PT）和阻燃型（ZR）两种。

2）聚苯乙烯泡沫塑料装饰吸声板

聚苯乙烯泡沫塑料装饰吸声板是以聚苯乙烯树脂为基料，加入发泡剂、稳定剂、色料等辅助材料，经捏和、混炼、加热发泡、拉片、切粒、挤出成型而成的一种塑料泡沫板。它具有质轻、吸声、防水、保温、隔热、隔声、耐腐、导热系数低等优点，同时具有各种凹凸图案，色泽鲜艳，可代替石膏浮雕板，是一种施工很方便的装饰吸声板材。这种材料适用于剧场、会堂、电影院、医院、商店等建筑物的室内吊顶或墙面装饰。

二、隔声材料

能减弱或隔断声波传递的材料为隔声材料。人们要隔绝的声音按其传播途径有空气声(通过空气传播的声音)和固体声(通过固体的撞击或振动传播的声音)两种,两者隔声的原理不同。

对空气声的隔绝,主要是依据声学中的质量定律,即材料的密度越大,越不易受声波作用而产生振动,因此声波通过材料传递的速度迅速减弱,其隔声效果越好。所以,应选用密度大的材料(如钢筋混凝土、实心砖等)作为隔绝空气声的材料。

对固体声隔绝的最有效措施是断绝其声波继续传递的途径。即在产生和传递固体声波的结构(如梁、框架与楼板、隔墙,以及它们的交接处等)层中加入具有一定弹性的衬垫材料,如软木、橡胶、毛毡、毛毯或设置空气隔离层等,以阻止或减弱固体声波的继续传播。

由上可知,材料的隔声原理与材料的吸声(吸收或消耗转化声能)原理不同。因此,吸声效果好的多孔材料隔声效果不一定好。

第三节 建筑装饰材料

一、概述

建筑装饰材料是土木工程材料的一个分支,属于建筑功能材料,又称为饰面材料。建筑装饰材料是在土建工程完成之后,对建筑物的室内空间和室外环境进行功能和美化处理而形成不同装饰效果所使用的材料。建筑装饰材料的质量和效果对装饰工程的质量和效果有决定性的影响。

建筑装饰材料是集材料性能、生产、施工、造型、色彩于一体的材料,是建筑装饰工程的物质基础,装饰工程的总体效果及功能的实现无一不是通过装饰材料及其配套设备的形体、质感、图案、色彩、功能等体现出来。建筑装饰材料在整个建筑材料中占有重要的地位。据统计,一般在普通建筑物中,装饰材料的费用占其总建筑材料成本的50%左右;在豪华型建筑中,装饰材料的费用占到70%以上。

(一)主要功能

建筑装饰材料的主要功能是装饰建筑物,同时还兼顾对建筑物的保护作用,主要体现在以下几个方面。

1. 美化建筑空间和环境

装饰材料对建筑物的室内外装饰效果和功能有着很大的影响,建筑物的装饰设计效果除了与它的立面造型、空间尺度和功能分区等建筑设计手法和建筑风格有关以外,还与建筑物中所选用的装饰材料有着重要的联系。由于建筑饰面的装饰效果往往是通过材料的色调、质感和形状尺寸来表现的,因而装饰材料的首要作用就是装饰建筑物、美化室内外环境。

2. 保护建筑物，延长建筑物使用寿命

装饰材料大多数是用在各种基体的表面上的，常常会受到室内外各种不利因素的影响，所以装饰材料还能够保护建筑基体不受或少受这些不利因素的影响，要求装饰材料应该具有较好的耐久性。

3. 装饰材料还必须具备相应的装饰使用功能

有些建筑的装饰部位根据实际使用情况来看，还有一定的功能要求，如浴室中的地面应有防滑、防水的作用，舞厅、电影院的墙面必须具备防火和隔音功能，建筑物的围护结构应该有良好的保温隔热性能等。在这些部位使用的装饰材料及其构造方式就应该满足这些功能的规定。

（二）装饰材料发展的趋势

随着社会的进步和人类文明的发展，人们对包括建筑装饰在内的建筑艺术的追求，将是无止境的，因此对构成这种艺术的基础——建筑装饰材料的品种、质量和档次等的要求将更高，装饰材料呈现出新的发展趋势。

1. 由天然材料为主逐步转变为人工材料为主

自古以来，人们使用的装饰材料绝大多数是自然界中的天然材料，如天然石材、木材、动物的皮制品和棉麻织物等。但由于受地球人口的增长和自然资源的储量影响，天然装饰材料的使用数量受到了一定的限制。人们为了保护有限的自然资源，就利用各种科技手段，发明了许多装饰性能可与天然装饰材料相媲美的人造材料，如人造石材、现代陶瓷制品、各类涂料等，这些人造装饰材料已广泛地运用在各类建筑装饰工程中，并且发挥着重要的作用。

2. 由单一装饰材料向多功能材料转变

人们在以往使用装饰材料时比较多地只考虑到材料的装饰性，而忽略了装饰场所对材料的功能要求。现代建筑装饰不仅要求装饰材料的外观要能满足装饰设计的效果，而且要满足该装饰场所对材料的功能规定，如墙体装饰材料的保温隔热、隔音的要求，地面装饰材料的防水、防滑、耐磨性能的规定等。现代装饰材料的功能一般具有多重性，能满足一种或多种功能要求。

3. 尽量采用具有绿色环保性能的装饰材料

某些装饰材料在使用的过程中，会产生对人体有害的物质，如有些装饰材料中含有甲苯、二甲苯、甲醛、氡等有害物质，设计师在使用这类装饰材料时必须充分考虑到这些方面的问题，在不影响工程的装饰效果的前提下，尽量采用具有绿色环保性能的装饰材料。

4. 干法施工作业是装饰材料的一个发展方向

装饰工程施工现场中的材料操作长期以来主要是湿作业，如水磨石地面的施工、石材的绑扎灌浆施工工艺等都有湿作业的特点。湿作业施工的劳动强度大、施工周期长、施工效率低、对环境的污染程度大，已不适应现代装饰施工技术的发展需要。轻钢龙骨、石材、复合墙板等装饰材料及预制构件和装饰施工技术的出现极大地满足了现代装饰工程的需要，降低了施工人员的劳动强度，同时也提高了装饰工程的经济效益。

(三)装饰材料的分类

装饰材料的品种繁多,少则几千种,多则上万种,同时现代装饰材料的发展速度十分迅速,装饰材料更新换代较快。常见的分类方法有以下几种。

1. 按材料的材质分类

按材料的材质,装饰材料可分为无机材料、有机材料和有机—无机复合材料。无机材料主要为石材、陶瓷、玻璃、不锈钢、铝型材、水泥等装饰材料;有机材料主要为建筑塑料、有机涂料等装饰材料;有机—无机复合材料主要有人造大理石、彩色涂层钢板、铝塑板、真石漆等装饰材料。

2. 按建筑物中的装饰部位分类

按材料在建筑物中的装饰部位,装饰材料可分为外墙装饰材料、内墙装饰材料、地面装饰材料、顶棚装饰材料、屋面装饰材料等。外墙装饰材料主要为天然石材、人造石材、建筑陶瓷、玻璃制品、水泥、装饰混凝土、外墙涂料、铜合金蜂窝板、铝塑板、铝合金—石材复合板等;内墙装饰材料主要为石材、内墙涂料、墙纸、墙布、玻璃制品、木制品等;地面装饰材料主要为地毯、塑料地板、陶瓷地砖、石材、木地板、地面涂料、抗静电地板等;顶棚装饰材料主要为石膏板、纸面石膏板、矿棉吸声板、铝合金板、玻璃、塑料装饰板及各类顶棚龙骨材料等;屋面装饰材料主要为聚氨酯防水涂料、玻璃、玻璃砖、陶瓷、彩色涂层钢板、卡普隆阳光板、玻璃钢板等。

(四)装饰材料的选择

建筑装饰的目的在于追求良好的装饰效果与和谐的环境。建筑物的种类很多,不同使用功能的建筑物,对装饰的要求不同,即使同一类建筑物,对装饰的要求,也因时因地而有所不同。在建筑装饰工程中,为了确保工程质量的美观和耐久,应当根据不同的需要,正确合理地选择装饰材料。装饰材料的品种繁多,在选择装饰材料时主要考虑以下几个方面。

1. 材料的外观

装饰材料的外观主要指材料的形体、质感、纹理和色彩等方面的因素。块状材料有稳重厚实的感觉,板状材料则有轻盈柔和的视觉效果。不同的材料质感给人的尺度感和冷暖感是不同的,毛面石材有粗犷大方的造型效果,镜面石材则有细腻光亮的装饰气氛,不锈钢材料显得现代新颖,玻璃则显得通透光亮。色彩对人的心理作用就更为明显了,红色有刺激兴奋的作用,绿色能消除紧张和视觉疲劳,紫罗兰色有宁静安详的效果,白色则有纯洁高雅的感觉。合理而艺术地使用装饰材料的外观装饰效果能使室内外的环境装饰显得层次分明、情趣盎然、生动活泼。

2. 材料的功能性

装饰材料所具有的功能应该与材料的使用场所特点结合起来考虑。如在人流密集的公共场所地面上,应采用耐磨性好、易清洁的地面装饰材料,影剧院的地面材料还需要考虑一定的吸声性能;厨房和卫生间的墙面和顶面则宜采用耐污性和耐水性好的装饰材料,地面则用防水和防滑性能优异的地面砖;大型餐厅的地面则尽可能不用地毯进行装饰,因为地毯的表面容易受到食物的污染且不易清洗,同时肮脏的地毯表面极易滋生细菌,从而影响人的身体健康。

3. 材料的经济性

合适的装饰材料不仅要求具有良好的装饰效果，而且要求考虑装饰材料的价格问题，建筑装饰的费用占建设项目总投资的比例往往高达 1/2 甚至 2/3，其中的主要原因是由于装饰材料和相应设备的价格较高。装饰设计时应将工程的设计效果与装饰投资综合起来考虑，尽可能不要超出装饰投资预算额。当然，装饰工程在投资时应从长远性、经济性的角度来考虑，充分利用有限的资金取得最佳的使用和装饰效果，做到既能满足装饰场所目前的需要，又能为今后场所的更新变化打下一定的物质基础。

4. 材料的耐久性

建筑物污染，有的是永久性的，即不能用合适的方法将其去除，保持原来装饰质量；有的虽然可以去除，但是涉及一定的工作量和费用，因此在选择装饰材料时，不仅要考虑装饰效果、经济性，同时还必须考虑其耐久性能。影响建筑装饰材料耐久性的因素很多，主要有大气稳定性、机械磨损、变色和污染。

5. 材料的安全性

无论是无机材料还是有机材料都存在着对居住环境的污染问题，涂料、装饰板材等不应含有超标的挥发性有毒气体及对人体刺激过大的气体（如甲醛、重金属和高 VOC 挥发物），天然石材等不应含有放射性物质（主要是镭、钍等放射性元素），入住时必须进行环境检测。

6. 材料的施工性

建筑装饰施工是指按照建筑设计或室内设计的要求，采用特定的施工程序和方法，将不同的装饰材料安装、铺贴、裱糊或涂覆到建筑物预定部位的工艺过程。设计、选材和施工构成了装饰工程的三个基本要素。即使有优秀的设计、采用高档的装饰材料，但由于低劣的施工质量也将使建筑装饰效果受到严重的影响，并造成极大的人力、物力和财力的浪费。

总之，选择装饰材料是全面和系统的，有时还需要考虑灯光问题等。有一点应该注意，即从经济角度考虑材料的选择，应有一个总体观念，不但要考虑到一次投资，还应考虑维修费用，而且在关键性问题上宁可加大投资，以延长使用年限，从而保证总体上的经济性。

二、壁纸与墙布

装饰壁纸、墙布是目前国内外使用最为广泛的墙面装饰材料之一。它以多变的图案、丰富的色泽、仿制传统材料的外观（如仿木纹、仿石纹、仿锦缎、仿瓷砖、仿黏土砖等），深受用户的欢迎。装饰壁纸、墙布在宾馆、住宅、办公楼、舞厅、影剧院等有装饰要求的室内墙面、顶棚、柱面应用比较普遍。目前我国常用的装饰壁纸有塑料壁纸、纸基织物壁纸、麻草壁纸等；常用的装饰墙布有玻璃纤维印花贴墙布、无纺贴墙布、化纤装饰贴墙布、棉纺装饰墙布等；常用的高级织物有锦缎、丝绒、呢料等。

我国近十几年来，随着人们生活水平的提高，壁纸、墙布的生产和应用正在迅速普及。目前，我国生产的壁纸主要有塑料壁纸、织物壁纸及其他壁纸。墙布有玻璃纤维墙布、无纺贴墙布、化纤装饰墙布、纯棉装饰墙布、锦缎墙布等。

(一)壁纸

1. 塑料壁纸

塑料壁纸是以一定材料为基材,表面进行涂塑后,再经印花、压花或发泡处理等多种工艺而制成的一种墙面装饰材料。目前国内生产的塑料壁纸基本为聚氯乙烯(PVC)壁纸。塑料壁纸大致可分为三类,即普通壁纸、发泡壁纸、特种壁纸。每一类壁纸都有三四个品种,每个品种又有若干花色。

1)普通壁纸

常用的普通壁纸是以 80 ~ 100 g/m^2 的纸作基材,涂塑 100 g/m^2 左右的聚氯乙烯糊,经压花、印花而成的壁纸。这类壁纸又分为单色压花,印花压花和有光、无光印花几种,花色品种多、适用面广、价格低,是住宅和公共建筑墙面装饰应用最普遍的一种壁纸。

2)发泡壁纸

发泡壁纸是以 100 g/m^2 的纸作基材,涂塑 300 ~ 400 g/m^2 掺有发泡剂的 PVC 糊状料,印花后再加热发泡而成的壁纸。这类壁纸有高发泡印花、低发泡印花、低发泡印花压花等品种。高发泡壁纸发泡倍数较大,表面呈富有弹性的凹凸花纹,是一种具有装饰、吸声等多功能的壁纸,常用于影剧院和住宅天花板等装饰。低发泡印花壁纸是在发泡平面印有图案的品种。低发泡印花压花壁纸是用油墨印花后再发泡,使表面形成具有不同色彩的凹凸花纹图案,它图案逼真、立体感强、装饰效果好并有弹性,适用于室内墙裙、客厅和内走廊的装饰。

3)特种壁纸

特种壁纸一般是指具有耐水、防水和特殊装饰效果的壁纸品种。耐水壁纸是用玻璃纤维毡作基材,以适应卫生间、浴室等墙面的装饰。防火壁纸用 100 ~ 200 g/m^2 的石棉纸作基材,并在 PVC 涂塑材料中掺加阻燃剂,使壁纸有一定的阻燃防火性能,适用于防火要求较高的建筑和木板面装饰。所谓特殊装饰效果的壁纸,是指彩色砂粒壁纸。它是在基材上散布彩色砂粒,再喷涂黏结剂,使表面具有砂粒毛面,一般用做门厅、柱头、走廊等局部装饰。

目前,我国的塑料壁纸主要为 PVC 壁纸。《聚氯乙烯壁纸》(GB 8945—88)规定了它的规格、性能及试验方法,其技术标准如下。

PVC 壁纸的规格尺寸有(530 ± 5)mm × (10 + 0.05)m 和((900 ~ 1 000) ± 10)mm × (50 + 0.05)m。每卷 PVC 壁纸的段数和段长见表 13-3。

表 13-3　50 m/卷壁纸段数及段长

壁纸级别	每卷段数	最小段长(m)
优等品	≤2	≥10
一等品	≤3	≥3
合格品	≤6	≥3

PVC 壁纸的外观质量和物理性质,应分别符合表 13-4 和表 13-5 的规定。

表 13-4　PVC 壁纸的外观质量

名称	优等品	一等品	合格品
色差	不允许有	不允许有明显差异	允许有差异,但不影响使用
伤痕和褶皱	不允许有	不允许有	允许纸基有明显折印,但壁纸表面不允许有死折
气泡	不允许有	不允许有	不允许有影响外观的气泡
套印精度	偏差≤0.7 mm	偏差≤1 mm	偏差≤2 mm
露底	不允许有	不允许有	允许有 2 mm 的露底,但不允许密集
漏印	不允许有	不允许有	不允许有影响使用的漏印
污染点	不允许有	不允许有目视明显的污染点	允许有目视明显的污染点,但不允许密集

表 13-5　PVC 壁纸的物理性质

项目			指标		
			优等品	一等品	合格品
退色性(级)			>4	≥4	≥3
耐摩擦色牢度(级)	干摩擦	纵横	>4	≥4	≥3
	湿摩擦	纵模	>4	≥4	≥3
遮蔽性(级)			>4	≥3	≥3
湿润拉伸负荷,N/15 mm		纵向	>4	≥3	≥3
		横向	>2	≥2	≥2
黏合剂可擦性(横向)			可以	可以	可以
可洗性	可洗		摩擦 30 次无外观损伤变化		
	特别可洗		摩擦 100 次无外观损伤变化		
	可刷洗		摩擦 40 次无外观损伤变化		

注:1. 表中可擦性是指粘贴壁纸的黏合剂附在壁纸正面,在黏合剂未干时应有可用湿布或海绵拭去而不留下明显痕迹的性能。

2. 表中可洗性是指壁纸在粘贴后的使用期内可洗干净而不损坏的性能,是壁纸在有污染和高湿度房间的使用要求。

塑料壁纸有适合各种环境的花纹图案,装饰性好,具有难燃、隔热、吸声、防霉、耐水、耐酸碱等良好性能,施工方便,使用寿命长,广泛应用于室内墙面、顶棚、梁柱以及车辆、船舶、飞机的内表面的装饰。

2. 纸基织物壁纸

纸基织物壁纸是以棉、麻、毛等天然纤维制成的各种色泽、花色和粗细不一的纺线，经特殊工艺处理和巧妙的艺术编排，黏合于基纸上制成的。这种壁纸面层的艺术效果主要是通过各色纺线的排列来体现的，有的将纺线排出各种花纹，有的带有荧光，有的线中夹有金、银丝，使壁纸呈现金光点，别具一格。

3. 织物壁纸

高品位、全天然以及与床上用品、窗帘配套是壁纸发展的主要方向。这是织物壁纸得以在塑料壁纸的基础上迅速发展起来的主要原因。织物壁纸按面料不同可分为纱线壁纸、麻草壁纸、丝绸壁纸等。

1）纱线壁纸

纱线壁纸是以纸为背衬，以棉或毛、化纤色线为面层经胶粘复合而成的壁纸。

(1)特点。纱线壁纸装饰效果主要通过各色纺线编织成不同的花纹图案或线中央有金丝、荧光等手法来体现，该壁纸吸声、不变形、无异味、无静电、防霉性好。

(2)应用。纱线壁纸主要适用于宾馆、饭店、办公室、会议室、接待室、疗养院、计算机房及家庭等墙面装饰。

2）麻草壁纸

麻草壁纸通常以纸为背衬，以麻或草类物的纤维纺织物为面层，经复合加工而成。

(1)特点。麻草壁纸具有不变形、吸声、不老化、无异味、无静电、散潮湿、阻燃等特点，在装饰效果上，呈现出古朴、粗犷、自然的韵味，给人以返璞归真之感。

(2)应用。麻草壁纸适用于会议室、接待室、影剧院、酒吧、舞厅以及饭店、宾馆的客房等内墙面装饰和商店的橱窗设计等处。

3）丝绸壁纸

丝绸壁纸是高级公共建筑装修中应用最为广泛的织物壁纸。丝绸壁纸按所用背衬材料不同，可分为以下几类。

(1)以发泡聚乙烯为背衬材料，与丝绸面料复合而成的丝绸纸，该壁纸较厚，3～5 mm，弹性好，具有一定的吸声效果。但裱糊时用普通的水性壁纸胶不宜贴牢。

(2)以弹性软片(低发泡聚乙烯)为背衬与丝绸面料复合而成的丝绸壁纸。产品较薄，可用压条嵌压面装饰局部。其可用于高级包间、车厢，以及家具的软包装。

(3)以 30 g/m^2 化纤无纺布为背衬与天然及人造纤维面层复合而成的丝绸壁纸。该壁纸无弹性，常用于大面积内墙装修，用普通水性壁纸胶即可裱糊。这类丝绸壁纸透气性较好，较柔软耐擦洗，成本较低，也克服了织物的各向异性。其面层有三种：全人造丝交织层；人造丝与棉纱混合交织层；人造丝与人造棉交织层。

4. 金属壁纸

金属壁纸是以金属薄膜为面层材料，以纸为基层材料的一种内墙贴面材料。金属壁纸的面层金属薄膜通常用铝箔制成。铝箔的表面可用特制的带有花纹的辊轴进行辊压，可制得压花金属墙纸；如果在铝箔表面按设计的花型用油墨进行印刷，则可制成印花金属墙纸。印花金属墙纸表面上的印花面无光泽，没有印花的部分仍然有金属的光泽，两种质感形成一定的对比，因而它的装饰效果较强。

金属壁纸的表面具有金属的质感，使用寿命较长，不易老化和损伤，耐擦洗性和耐污性能较好，属中高档装饰材料。它的门幅宽度为800 mm，长度为10.0 m。金属墙纸可用于舞厅、商场、酒吧和餐厅等公共场所的墙面和顶棚的装饰。

5. 功能性壁纸

纤维壁纸是由大浆聚酯合成的，透气性能良好，墙面的潮气、湿气透过它得以释放，抗拉扯强度是普通壁纸的5倍，如果出现污迹，不仅能用水擦洗，也能用刷子刷掉。

可散发热量的壁纸，表面涂有一层奇特的涂料，接通电源后，这种涂料能将电能转化为热能，散发出热量，适宜冬天使用。

厨用壁纸是用铝箔贴的壁纸，在制造过程中进行油污处理，并加入微量铝粉。因而当表面沾上油烟和其他污物时，可不用清洁剂，只用湿布擦拭即可去除。这种壁纸形状如瓷砖，有白、绿、蓝、灰和米黄5种颜色，具有耐高温的特性。

吸味壁纸不仅含有一定量的化学物质，可吸收分解一些异味，而且含有芳香物质，能使居室总是芳香四溢，深受家庭主妇的欢迎。

吸湿壁纸表面布满无数微小毛孔，1 m^2 可吸收100 mL水分，是卫生间理想的装饰材料。

杀菌壁纸是在胶面壁纸表面再涂一层经过特殊处理的薄膜。其可防酸和防污染，使细菌不能在表面滋生，从而使居室更加清洁卫生，适用于医院手术室和无菌病房等。

杀虫壁纸是一种能杀虫的壁纸。苍蝇、蚊子和蟑螂等害虫只要接触到杀虫壁纸就会很快被杀死，杀虫效力可保持5年。

保温壁纸只有3 mm厚，但保温效果却相当于27 cm厚的石头墙，它是以化学纤维为原料人工合成的，并具有隔热性能。

可自动调温的壁纸，最里边是绝热层，中间是调温层，由经过化学特殊处理的纤维构成，最外面有无数细孔并印有装饰图案。

防霉壁纸含有防腐剂，可有效防腐防潮，很适合在日光难以照射到的居室使用，如更衣室、卫生间和低矮卧室等。

消音壁纸是用超轻泡沫材料制成的，具有优良的声音衰减特性，可吸收、消除各种杂音，减少杂音的污染，适合车站和歌舞厅等场所装饰使用。

可报火警的壁纸，不仅能起装饰作用，而且能在150 ℃以上高温时，发出一种无色、无味和无害的气体，触发离子型烟雾探测器，从而发出火灾警报。

戒烟壁纸中含有某些化学物质，当空气中有烟味时，便散发出一种特殊气味，可使吸烟者对香烟大倒胃口，从而达到戒烟的目的。

（二）墙布

墙布又称“壁布”，是裱糊墙面的织物。通常墙布是用棉布为底布，并在底布上施以印花或轧纹浮雕，也有以大提花织成。所用纹样多为几何图形和花卉图案。墙布具有视觉舒适、触感柔和、吸声、透气、亲和性佳、典雅、高贵等特点。常见的墙布有玻璃纤维印花贴墙布、无纺贴墙布、化纤装饰贴墙布、高级墙面装饰织物、窗帘等。

1. 玻璃纤维印花贴墙布

玻璃纤维印花贴墙布是以中碱玻璃纤维布为基材，表面涂以耐磨树脂，印上彩色图案而制成的一种新型墙面装饰材料。这种墙布的厚度为 0.15 ~ 0.17 mm，幅度 800 ~ 840 mm，每 1 m^2 的质量为 200 g 左右。这种贴墙布色彩鲜艳，花色繁多，有布纹质感，经套色印花后，装饰效果好；室内使用不褪色、不老化，防火、耐潮性强，可用肥皂水洗刷；施工简便，粘贴方便，价格低廉。玻璃纤维印花贴墙布适用于宾馆、饭店、商店、展览馆、会议室、餐厅、居民住宅等内墙面装饰，特别适用于室内卫生间、浴室等墙面的装饰。

玻璃纤维印花贴墙布在使用中应注意防止硬物与墙面发生摩擦，否则表面树脂涂层磨损后，会散落出玻璃纤维，损坏墙布。另外，在运输和储存过程中应横向放置，放平，切勿立放，以免损伤两侧布边，影响施工时对花。当墙布有污染和油迹后，可用肥皂水清洗，切勿用碱水清洗。

2. 无纺贴墙布

无纺贴墙布是采用棉、麻等天然纤维或涤、腈等合成纤维，经过无纺成型、上树脂、印制彩色花纹而成的一种贴墙材料，有棉、麻、涤纶、腈纶等品种，并有多种花色图案。

无纺贴墙布富有弹性，不易折断，纤维不老化，不散头，对皮肤无刺激作用。无纺贴墙布色彩鲜艳，图案雅致，粘贴方便，具有一定的透气性和防潮性，可擦洗而不褪色，适用于宾馆、饭店、商店、展览馆、会议室、餐厅、居民住宅等内墙面装饰。尤其是涤纶棉无纺贴墙布，除具有麻质无纺贴墙布的所有性能外，还具有质地细洁、光滑的特点，特别适用于高级宾馆、高级住宅等建筑物。

3. 化纤装饰贴墙布

化纤称为人造纤维，种类繁多，性质各异，如黏胶纤维、醋酸纤维、聚丙烯腈纤维、变性聚丙烯腈纤维、锦纶、聚酯纤维、聚丙烯纤维等。有些墙布是多种纤维与棉纱混纺的贴墙布，也有以单纯化纤布为基材，经一定处理后，印花而成的化纤装饰贴墙布。

4. 棉纺装饰墙布

棉纺装饰墙布是以纯棉平布为基材，经前处理、印花、涂布耐磨树脂等工序制作而成的墙布，强度大、静电小、蠕变性小、无光、吸声、无毒、无味，对施工人员和用户均无害，花型色泽美观大方。其可用于宾馆、饭店及其他公共建筑和较高级的民用建筑的装饰，适合于水泥砂浆墙面、混凝土墙面、白灰墙面、石膏板、胶合板、纤维板、石棉水泥板等墙面基层的粘贴或浮挂。棉纺装饰墙布还常用做窗帘。

5. 高级墙面装饰织物

锦绒、丝绒、呢料等织物，因价格较贵，装饰格调华美高雅，多用做高级建筑室内墙面装饰，属高级墙面装饰织物。这些织物由于纤维材料、织造方法及处理工艺的不同，所产生的质感和装饰效果也不相同，它们均能给人以美的感受。

锦缎也称织锦缎，是我国的一种传统丝织装饰品，常织有绚丽多彩、古雅精致的各种图案，加上丝织品本身的质感与丝光效果，使其显得高雅华贵，具有很高的装饰作用。其常被用于高档室内墙面的浮挂装饰，也可用于室内高级墙面的裱糊。

丝绒色彩华丽，光泽柔和，质感厚实温暖，格调高雅，耐磨性好，主要用做高级建筑室内窗帘、软隔断或浮挂，可营造出富贵、豪华的氛围。

粗毛呢料或仿毛化纤织物和麻类织物，质感粗实厚重，具有温暖感，吸声性能好，还能从纹理上显示出厚实、古朴等特色，适用于高级宾馆等公共厅堂柱面的裱糊装饰。

锦缎、丝绒、呢料等高级墙面装饰织物不易擦洗，稍受潮就会留下斑，易生霉变，使用中应予注意。

(三)窗帘

随着现代建筑装潢的发展，窗帘已成为室内装饰不可缺少的内容。窗帘除了装饰室内，还有遮挡外来光线、防止灰尘进入、保持室内清静、隔音消声等作用，有时还可以调节室内温度，给室内创造出舒适的环境。

三、建筑玻璃

玻璃是现代建筑中十分重要的室内外装饰材料之一。现代装饰技术的发展和人们对建筑物功能和美观要求的不断提高，促使玻璃制品朝着多品种、多功能、绿色环保的方向发展。这些玻璃品种以其特有的、优良的装饰性能和物理性能，在改善建筑物的使用功能和适用性方面，以及美化建筑及其环境方面起到了越来越重要的作用。

玻璃用石英砂(SiO_2)、纯碱(Na_2CO_3)、长石($R_2O \cdot Al_2O_3 \cdot 6SiO_2$)、石灰石($CaCO_3$)等为主要原料，在1 550～1 600 ℃高温下熔融、成型，并经急冷而成的固体材料。为了改善玻璃的某些性能和满足特种技术要求，常常在玻璃生产过程中加入辅助性原料，或经特殊工艺处理，制得具有特殊性能的玻璃。

(一)玻璃的分类及基本性质

1. 玻璃的分类

玻璃的种类很多，按其化学成分可分为钠玻璃、钾玻璃、铝镁玻璃、铅玻璃、硼硅玻璃和石英玻璃等；按功能和加工工艺可分为普通平板玻璃、热反射玻璃、异形玻璃、钢化玻璃、中空玻璃、玻璃马赛克等。

2. 玻璃的基本性质

1) 密度

普通玻璃的密度为2.45～2.55 g/mm^3；玻璃的密度与其化学成分有关，且随着温度的升高而减小。

2) 力学性能

玻璃的力学性能决定于其化学组成、制品形状、表面性质和加工方法。凡含有未熔物质、结石和裂纹等质量问题的玻璃，都会造成应力集中，急剧降低其机械性能。

在建筑中，玻璃经常受到弯曲、拉伸、冲击和震动，很少受压，所以玻璃力学性能的主要指标是抗拉强度和脆性指标。玻璃的实际抗拉强度为30～60 MPa，普通玻璃的脆性指标(弹性模量与抗拉强度之比)为1 300～1 500，脆性指标越大，脆性越大。

3) 化学稳定性

玻璃具有较高的化学稳定性，但长期受到侵蚀性介质的腐蚀，也会导致变质和破坏。大部分玻璃都能很好地抵抗酸的腐蚀，但氢氟酸例外。相对而言，铝镁玻璃、硼硅玻璃的化学稳定性较高。

4) 热物理性能

玻璃的导热性很差，在常温中导热系数仅为铜的1/400，但随着温度升高，导热系数增大。玻璃的热膨胀系数决定于其化学组成及纯度，纯度越高热膨胀系数越小。玻璃的热稳定性决定玻璃在温度急剧变化时抵抗破裂的能力。玻璃的热膨胀系数越小,热稳定性越高。玻璃制品的体积越大、越厚,热稳定性越差。

5)光学性能

玻璃具有良好的光学性能,既能通过光线,又能反射和吸收光线。光线能透过玻璃的性质称为透射;光线被玻璃阻挡,按一定角度折回称为反射;光线通过玻璃后,一部分被损失掉,称为吸收;利用玻璃的这些性质,人们研制出很多具有特殊性能的玻璃品种,如吸热玻璃、热反射玻璃等。

玻璃对光线的吸收能力,随着其化学组成和颜色的变化而发生改变。无色玻璃可透过各种颜色的光线,但吸收红外线和紫外线,各种有色玻璃能透过同色光线而吸收其他颜色的光线。透过玻璃的光能和入射玻璃的光能之比称为透过率或透光率,是玻璃的重要性能指标。清洁的普通玻璃透过率达85%~90%。当玻璃中含有杂质或添加颜色后,其透过率将大大降低,彩色玻璃、热反射玻璃的透过率可以低至19%以下。

(二)建筑玻璃的主要品种

1.普通平板玻璃

普通平板玻璃是将熔融的玻璃浆纤用引拉、悬浮或辊碾等方法制得的,是玻璃家族中产量最大、应用最多的一种,也是进一步加工成其他类型玻璃的基础材料。通常其按厚度分为2 mm、3 mm、4 mm、5 mm、6 mm、8 mm、10 mm、12 mm等种类。主要用于门、窗,起采光、透视、保温、隔声、挡风雨的作用,要求具有良好的透明度、表面平整无缺陷。

按照国家标准,普通平板玻璃按外观质量分为特选品、一等品、二等品3个等级,见表13-6。

表13-6　普通平板玻璃的等级

缺陷种类	说明	特选品	一等品	二等品
波筋	允许看出波筋的最大度	30°	45° 50 mm边部,60°	60° 100 mm边部,90°
气泡	长度1 mm以下的	集中的不允许	集中的不允许	不限
	长度大于1 mm的,1 m^2面积允许个数	≤6 mm,6	≤8 mm,8 8~10 mm,2	≤10 mm,10 10~20 mm,2
划伤	宽度0.1 mm以下的,1 m^2面积允许条数	长度≤50 mm,4	长度≤100 mm,4	不限
	宽度0.1 mm以上的,1 m^2面积允许条数	不允许有	宽0.1~0.4 mm 长<100 mm,1	宽0.1~0.8 mm 长<100 mm,2
沙粒	非破坏性的,直径0.5~2 mm,1 m^2面积允许个数	不允许有	3	10
疙瘩	非破坏性的透明疙瘩,波及范围直径不超过3 mm,1 m^2面积允许个数	不允许有	1	3
线道	—	不允许有	30 mm边部允许有宽0.5 mm以下的1条	宽0.5 mm以下的2条

2. 磨砂玻璃

磨砂玻璃又称毛玻璃、暗玻璃，是指经研磨、喷砂或氢氟酸溶蚀等加工，使表面（单面或双面）成为均匀粗糙的平板玻璃。用硅砂、金刚砂、石榴石粉等做研磨材料，加水研磨制成的，称为磨砂玻璃；用压缩空气将细砂喷射到玻璃表面制成的，称喷砂玻璃；用酸溶蚀的称酸蚀玻璃。

由于毛玻璃表面粗糙，使透过的光线产生漫射，造成透光而不透视，使室内光线柔和，配合适当的灯光设计，能产生特别的装饰艺术效果。一般用于建筑物的浴室、卫生间、办公室等的门窗及隔断，也可用做黑板及灯罩等。

3. 压花玻璃

压花玻璃又称花纹玻璃或滚花玻璃，是用带花纹图案的滚筒压制处于可塑状态的玻璃料坯制成的。压花玻璃有一般压花玻璃、真空镀膜压花玻璃、彩色膜压花玻璃等。压花玻璃同磨砂玻璃一样具有透光不透视的特点，装饰效果较好，一般用于宾馆、饭店、酒吧、游泳池、浴池、卫生间及办公室、会议室的门窗和隔断等。

4. 彩色玻璃

彩色玻璃又称有色玻璃，分透明和不透明两种。透明的彩色玻璃是在玻璃原料中加入一定的金属氧化物，按平板玻璃的生产工艺加工而成的；不透明的彩色玻璃是用 4～6 mm 厚的平板玻璃按照要求的尺寸切割成型，然后经消洗、喷釉、烘烤、退火而成的。彩色玻璃的颜色十分丰富，并可拼成各种图案，还有抗腐蚀、抗冲刷、易清洗等特点，主要用于建筑物的内外墙、门窗装饰及有特殊要求的采光部位。

5. 中空玻璃

中空玻璃是由两片或多片平板玻璃构成的，中间用边框隔开，四周边部用胶接、焊接或熔接的办法密封。中空玻璃中间充入干燥的气体或其他气体，还可以用不同颜色或镀有不同性能薄膜的平板玻璃制作。中空玻璃具有保温、隔声、防寒等多种功能。采用双层中空玻璃，冬季采暖的能耗可降低 25%～30%，是一种节能型绿色装饰材料。中空玻璃属于绝热材料，主要用于需要采暖、空调、防噪声等建筑中，也可用在火车、轮船上等。中空玻璃是节能建筑中常用的门窗玻璃。

6. 钢化玻璃

钢化玻璃是将玻璃加热到接近玻璃软化温度（600～650 ℃），经迅速冷却，或用化学方法钢化处理所得的玻璃制品，它具有良好的机械性能和耐热抗震性能，又称强化玻璃。

钢化玻璃广泛应用在建筑工程、汽车工业及其他工业领域，常被用做高层建筑的门窗、幕墙、隔墙、屏蔽及高层橱窗、汽车挡风玻璃、军舰与轮船舷窗等。钢化玻璃不能切割、磨削，边角也不能磕碰、扳压，使用时需按现成尺寸规格选用或提出具体设计图纸进行加工定制。另外，钢化玻璃在破碎时不易伤人，属于安全玻璃。

7. 玻璃马赛克

玻璃马赛克是一种玻璃制品，又称玻璃锦砖，是以边长不超过 45 mm 的各种小规格彩色饰面玻璃预先粘贴在纸上而成的装饰材料。一般尺寸为 20 mm×20 mm、30 mm×30 mm 和 40 mm×40 mm，厚为 4～6 mm，有透明、半透明、不透明的，还有金色、银色斑点或条纹的，其一面光滑，另一面带槽纹，便于用砂浆粘贴。

玻璃马赛克具有如下特点:色彩绚丽多彩、典雅美观;价格较低,玻璃马赛克饰面造价为釉面砖的1/2 ~1/3,为天然大理石、花岗岩的1/6 ~1/7;质地坚硬、性能稳定;具有耐热、耐寒、耐气候、耐酸碱等性能;吃灰深,黏结较好,因而安装铺贴后不易脱落;耐久性较好;施工方便;不易沾污,下雨自涤,永不褪色。玻璃马赛克适用于各类建筑的外墙饰面及壁画装饰等。

8. 热反射玻璃

热反射玻璃是将平板玻璃经过深加工得到的一种新型玻璃制品,具有良好的遮光性和隔热性能,可用于各种建筑中。普通平板玻璃的辐射热反射率为7%左右,而热反射玻璃可达30%左右。它不仅可以节约室内空调能源,而且还可起到良好的建筑装饰效果。同时,热反射玻璃还有较好的透气性能。

热反射玻璃是通过热解法、真空法、化学镀膜法等方法在玻璃表面涂以金、银、铜、铝、镍、铁等金属或金属氧化物薄膜,或采用电浮法、等离子交换法,向玻璃表层渗入金属离子以置换玻璃表面层原有的离子而形成热反射膜。

热反射玻璃因其卓越的隔热性能,使日晒时室内温度保持稳定,光线保持柔和,节约空调运行费用,改变室内的色调,避免眩光,改善室内环境,也属于节能型绿色装饰材料。镀金属膜的热反射玻璃,还具有单向透像功能,即白天能在室内看到室外的景物,而在室外看不到室内的景象。

9. 夹丝玻璃

夹丝玻璃也称为防碎玻璃。它是将普通平板玻璃加热到红热软化状态,再将遇热处理后的铁丝网或铁线压入玻璃中间而成。表面可以是磨光或压花的,颜色可以是无色、透明或彩色的。与普通玻璃相比,夹丝玻璃耐冲击性和耐热性好,在外力作用和温度急剧变化时,破而不缺,裂而不散。尤其是彩色夹丝玻璃因其具有良好的装饰功能,可用于阳台、楼梯、电梯间等处。

10. 吸热玻璃

吸热玻璃是一种能吸收大量红外线辐射能而又保持良好透光率的平板玻璃。这种玻璃对红外线的透射率很低,做成门窗时能减少阳光进入室内的热量,在夏季有利于降低室内温度,能降低空调能耗和费用,也是一种较好的节能门窗玻璃。吸热玻璃产品有各种颜色,如蓝色、天蓝色、茶色、灰色、蓝灰色、金黄色、绿色、蓝绿色、黄绿色、深黄色、古铜色、青铜色等。其特点如下:吸收太阳的辐射热和可见光;透明度比普通玻璃略低,但能清晰地观察室外的景物;吸收紫外线;绚丽多姿,可增加建筑美观。

四、建筑陶瓷

(一)建筑陶瓷基本知识

凡用于修饰墙面、铺设地面、安装上下水管、装备卫生间以及作为建筑和装饰零件作用的各种陶瓷材料制品,通称为建筑陶瓷。建筑陶瓷质地均匀,构造致密,有较高强度和硬度,耐水、耐磨、耐化学腐蚀,耐久性好,可制成一定花形和色彩,也可根据需要镶嵌成各种彩色画面或图案,是常用的建筑、装饰及卫生设备材料。常用的建筑陶瓷的品种很多,最常用的有釉面砖、墙面砖、地面砖、陶瓷锦砖、卫生陶瓷以及琉璃制品等。陶瓷自古以来就是主要的建筑装饰材料之一,我国的陶瓷生产有着悠久的历史。

陶瓷是陶器和瓷器的总称,通常陶瓷制品可以分为陶质制品、瓷质制品及炻质制品。

陶质制品通常具有一定的吸水性,断面粗糙无光,不透明,敲之声音沙哑,有的无釉,有的施釉。陶质制品又分为精陶和粗陶。精陶按其用途不同可分建筑精陶、美术精陶及日用精陶。粗陶则包括建筑上常用的砖、瓦以及陶盆、罐和某些日用缸器等。

瓷质制品的坯体致密,基本不吸水,有一定的半透明性,敲之声音清脆,常均施有釉层。瓷质制品分为粗瓷和细瓷。

炻质制品则是介于陶质制品与瓷质制品之间的一类制品,国外称为炻器,也称为半瓷。炻器与陶器的区别在于陶器的坯体是多孔结构,而炻器坯体的气孔率却很低,其坯体致密,达到了烧结程度。炻器与瓷器的区别主要在于炻器坯体多数带有颜色半透明性。炻器按其坯体的细密性、均匀性以及粗糙程度分为粗炻器和细炻器。建筑装饰工程中用的外墙砖、地砖等均属于粗炻器;驰名中外的宜兴紫砂陶就属于细炻器。

建筑陶瓷制品由于主要用于内墙建筑或装饰,对于产品辐射防护的安全性显得尤为重要。尽管原材料的放射性元素的含量随着产地的不同而不同,但考虑到我国经济建设的快速发展,我国原材料的使用量以及所使用原料的生产地也在不断变化,因此为保护人体健康,应对产品放射性进行控制。

(二)常见的建筑陶瓷制品

建筑陶瓷通常构造致密,质地较为均匀,有一定的强度,耐水、耐磨、耐化学腐蚀、耐久性好,能拼制出各种色彩图案。建筑陶瓷的品种很多,最常用的有釉面砖、墙地砖、陶瓷锦砖、卫生陶瓷以及琉璃制品等。

1. 釉面砖

釉面砖又称瓷砖,是建筑装饰工程中最常用、最重要的饰面材料之一,是由优质陶土等烧制而成的,属精陶制品。它具有坚固耐用,色彩鲜艳,易于清洁、防火、防水、耐磨、耐腐蚀等优点。

釉面砖正面施釉,背面有凹凸纹,以便于粘贴施工。釉面砖因其所用釉料及其生产工艺不同,有许多品种,如白色釉面砖、彩色釉面砖、印花釉面砖等。另外,为了配合建筑内部转角处的贴面等要求,还有各种配角砖,如阴角、阳角、压顶条等。

普通釉面砖的生产一般是采用生坯的素烧和釉烧的二次烧结方法。近年来又开始发展低温快速烧成法烧制釉面砖。

2. 墙地砖

墙地砖是墙砖和地砖的总称,由于目前其发展趋向为产品作为墙、地两用,故称为墙地砖,实际上包括建筑物外墙装饰贴面用砖和室内外地面装饰铺贴用砖。

场地砖是以品质均匀,耐火度较高的黏土作为原料,经压制成型,在高温下烧制而成的,其表面有上釉和不上釉,而且具有表面光平和粗糙等不同的质感与色彩。其背面为了与基材有良好的黏结,常具有凹凸不平的沟槽等。墙地砖品种规格繁多,尺寸各异,以满足不同的使用环境条件的需要。

3. 陶瓷锦砖

陶瓷锦砖俗称"马赛克",它是以优质瓷土烧制而成的小块瓷砖,有挂釉和不挂釉两种，目前各地产品多为不挂釉。陶瓷锦砖边长一般小于 50 cm，具有各种几何形状和色彩的小单砖，可拼出具有线路的整体图案，贴在牛皮纸上的陶瓷制品又称纸皮砖。产品出厂前已按各种图案粘贴好。

陶瓷锦砖美观、耐磨、不吸水、易清洗、抗冻性能好，坚固耐用，造价较低。陶瓷锦砖主要用于室内地面装饰，如浴室、厨房、餐厅、化验室等地面，也可用做内、外墙饰面，并可镶拼成风景名胜和花鸟动物图案的壁画，形成别具风格的锦砖壁画艺术，其装饰性和艺术性均较好，也可作为建筑物的外墙饰面，起到装饰作用，并增强建筑物的耐久性。与外墙贴面砖相比，有造价略低、面层薄、自重较轻的优点。

4. 琉璃制品

琉璃制品是以难熔黏土为原料，经配料、成型、干燥、素烧，表面涂以琉璃釉后，再经烧制而成的制品。一般是施铅釉烧成并用于建筑及艺术装饰的带色陶瓷。

5. 陶瓷壁画

陶瓷壁画是以陶瓷面砖、陶板等为基础，经艺术加工而成的现代化建筑装饰。这种壁画既可镶嵌在高层建筑的外墙面上，也可粘贴在候机室、会客室等内墙面上。

6. 其他陶瓷制品

1）斯米克玻化砖

斯米克玻化砖可分为纯色系列、聚品花岗岩系列、梦幻大理石系列等。斯米克玻化砖采用特殊石料、黏土与色料精工制作。色料与砖料混合，整块砖通体着色，永不磨损退色。石英成分在 1 200 ℃高温的窨炉中烧炼，受热熔融成为流动玻璃体，充满于颗粒间的大小孔隙，使得斯米克玻化砖的吸水率在万分之五以下，因而不渗污、不沾色、十分易于清洁保养。由于几乎完全不吸水，所以斯米克玻化砖有着绝佳的抗冻性能，可以安全地用于寒冷地区。

斯米克玻化砖不仅在机械与物理性能上达到并超过了天然石料，而且较天然石材更为安全可靠。精选的原料中绝不含有氡元素成分，故可以放心地将砖用于室内装潢。用斯米克玻化砖铺就的地坪在干、湿不同条件下的防滑性能指标全部在安全范围之内，行人不论老幼，行走于其上时绝无滑跤之忧。

2）广场砖

广场砖是一种仿石制品，是由 AA 型、AB 型、AC 型、AD 型和 AE 型五种规格组成的，其表面的凹凸纹理富有天然性、防滑耐磨、材质色泽古朴雅洁，一般砖瓷质无釉，适用于铺贴露天广场、车站、码头、人行道路及庭院建筑等地方，拼贴时可拼作回环形或鱼鳞形图案，若环境设计需要亦可作图案大小的变动，其形貌风采别具一格，韵味自然。

五、建筑石材

建筑石材有天然和人造两大类。

天然石材具有抗压强度高，耐久性和耐磨性良好，资源分布广，便于就地取材等优点，得到了广泛应用。但岩石是脆性材料，抗拉强度较低，表观密度大，硬度高，因此开采加工较困难。

人造石材是用无机或有机胶结材、矿物质原料及各种外加剂配制而成的，如人造大理石、花岗岩等,从广义上讲混凝土也是人造石材。由于人造石材可以人为控制其性能、形状、花色、图案等,因此也得到广泛应用。

(一)天然石材

凡是从天然岩石开采出来的,经加工或未加工的石材,统称为天然石材。我国使用天然石材有着悠久的历史和丰富的经验。例如河北的赵州桥以及现代建筑中的北京人民大会堂等,无不显示出我国劳动人民利用石材的辉煌成就。

天然岩石是由各种不同的地质作用而形成的天然固态矿物的集合体。按地质分类法,天然岩石可分为岩浆岩、沉积岩、变质岩三大类。建筑中常用的石材有以下几类。

1. 板材

1)大理石板材

大理石属变质岩,由石灰岩或白云岩变质而成,主要矿物成分为方解石或白云石,是碳酸盐类岩石。大理石结构致密,抗压强度高,但硬度不大,因此大理石相对较易锯解、雕琢和磨光。大理石一般含有多种矿物,故通常呈多种色彩组成的花纹,经抛光后光洁细腻,纹理自然,十分诱人。纯净的大理石为白色,称汉白玉,纯白和纯黑的大理石属名贵品种。

大理石板材具有吸水率小,耐磨性好以及耐久等优点,其主要化学成分为碳酸钙,易被侵蚀,故除个别品种外一般不宜用做室外装饰。大理石可制成高级装饰工程的饰面板,用于宾馆、展览馆、影剧院、商场、图书馆、机场、车站等公共建筑工程内的室内墙面、柱面、栏杆、地面、窗台板、服务台的饰面等,是理想的室内高级装饰材料。此外,其还可用于制作大理石壁画、画屏、座屏、挂屏、壁挂,也可用以拼镶花盆和镶嵌高级硬木雕花家具以及石制家具等。

2)花岗岩板材

花岗石是典型的火成岩,其矿物组成主要为长石、石英及云母等。其化学成分随产地不同而有所区别,但各种花岗石的 SiO_2 含量均很高,一般为65% ~75%,故花岗石属酸性岩石。花岗石板材质地坚硬密实,抗压强度高,具有优异的耐磨性及良好的化学稳定性,不易风化变质,耐久性好,但由于花岗石中含有石英,在高温下会发生晶型转变,产生体积膨胀,因此花岗石的耐火性差。

花岗石饰面板一般采用晶粒较粗、结构较均匀、排列比较规整的原材,经研磨抛光而成。花岗石表面平整光滑,棱角整齐,是公认的高级建筑结构材料和装饰材料,一般只用在重要的大型建筑中或各种室内外高级装饰工程中,也可用于基础、桥墩、台阶、路面、墙石和勒脚及纪念性建筑物等。花岗石粗磨板则用于墙面、柱面、纪念碑等,磨光板材因其具有色彩鲜明,光泽照人等特点,主要用于室内外墙面、地面、柱面等。

2. 块材

1)毛石

毛石又称片石或块石,是由爆破或开挖直接得到的石块。按其表面的平整程度分为乱毛石和平毛石两类。

(1)乱毛石。乱毛石是形状不规则的毛石,一般是在一个方向的尺寸为300 ~400 mm,质量为20 ~30 kg 的石块,其强度不宜小于10 MPa,软化系数不应小于0.75。常用于砌筑基础、勒脚、墙身、堤坝、挡土墙等，也可作毛石混凝土的骨料。

(2)平毛石。平毛石是乱毛石略经加工而成的石块，形状较整齐，但表面粗糙，其中部厚度不应小于 200 mm。

2)料石

料石又称条石，是由人工或机械开采出的较规则的并经加工凿琢而成的六面体石块。按料石表面加工的平整程度可分为毛料石、粗料石、半细料和细料石。上述料石常用致密的砂岩、石灰岩、花岗岩等开采凿制，至少应有一个面的边角整齐，以便相互合缝。料石常用于砌筑墙身、地坪、纪念碑等，形状复杂的料石制品可用于柱头、柱基、窗台板、栏杆和其他装饰等。

(二)人造石材

人造石材是以不饱和聚酯、树脂或水泥为胶结材，以天然大理石碎料、石英砂、石渣等为骨料及适量的阻燃剂、稳定剂、颜料等，经拌和、成型固化、打磨抛光切割而成的。常用的人造石材有人造花岗石、人造大理石和人造水磨石三种，它们具有天然石材的装饰效果，而且花色、品种形状等多样化，并具有质量轻、强度高、耐腐蚀、耐污染、施工方便等优点。其色彩和花纹均可根据设计图制作，还可制作弧形、曲面等天然石材难以加工的几何形状，且价格较低。缺点是色泽纹理不及天然石材自然、柔和。

人造石材主要分为水泥型人造石材、树脂型人造石材、复合型人造石材以及烧结型人造石材等。

1. 水泥型人造大理石

水泥型人造大理石是以各种水泥如硅酸盐水泥、铝酸盐水泥等或石灰磨细砂为黏结剂，砂为细集料，碎花岗石、工业废渣等为粗集料，经配料、搅拌、成型、养护、磨光、抛光等工序而制成的。

水泥型人造大理石所用水泥胶粘剂除硅酸盐水泥外，也有用铝酸盐水泥。用其制成的人造大理石，其表面光洁度高，花纹耐久，抗风化性、耐久性及防潮等均优于用硅酸盐水泥制成的人造大理石。

2. 树脂型人造大理石

树脂型人造大理石多是以不饱和聚酯为黏结剂，与石英砂、大理石、方解石粉等搅拌混合、浇铸成型，在固化剂作用下产生固化作用，经脱模、烘干、抛光等工序而制成的。使用不饱和聚酯作为黏结剂的产品光泽度好、颜色浅，可以调成不同的颜色，而且树脂黏度比较低，易于成型，固化快，可在常温下固化。

3. 复合型人造大理石

所谓复合型人造大理石，是指它的制作过程中所用黏结剂既有无机材料，又有有机材料。先将无机填料用无机胶粘剂胶结成型，养护后，再将坯体浸渍于具有聚合性能的有机单体中，使其聚合。对于板材制品，底层可以用廉价、性能稳定的无机材料，面层用聚酯和大理石粉制作，可获得较佳效果。

4. 烧结型人造大理石

烧结型人造大理石的生产工艺与陶瓷装饰制品的生产工艺相近，即将长石、石英、辉石、方解石和铁矿粉及部分高岭土等混合，用泥浆法制成坯料，用半干压法成型，在窑炉中以 1 000 ℃左右高温焙烧而成。

人造石材具有天然石材的花纹和质感、美观、大方、仿真效果好，同一品种的色调一致，适用于大面积装饰，如地面、墙面、柱面等，具有很好的装饰性。

本章小结

本章主要介绍了绝热材料、吸声隔声材料、壁纸墙布、建筑玻璃、建筑陶瓷和建筑石材。

绝热材料是防止住宅、生产车间、公共建筑及各种热工设备中热量传递的材料，也就是具有保温隔热性能的材料。在学习中应了解绝热材料的性能指标及常见的几类绝热材料。

吸声隔声材料为建筑工程中最常见的功能性材料之一，在学习过程中应了解常用的吸声隔声材料及其机制。

装饰壁纸、墙布是目前国内外使用最为广泛的墙面装饰材料之一。目前我国常用的装饰壁纸有塑料壁纸、纸基织物壁纸、麻草壁纸等；常用的装饰墙布有玻璃纤维印花贴墙布、无纺贴墙布、化纤装饰贴墙布、棉纺装饰墙布等；常用的高级织物有锦缎、丝绒、呢料等。本章对这些材料及其应用情况都做了介绍。

建筑玻璃是现代建筑中十分重要的室内外装饰材料之一，为了改善玻璃的某些性能和满足特种技术要求，常常在玻璃生产过程中加入辅助性原料，或经特殊工艺处理，制得具有特殊性能的玻璃。本章对建筑玻璃的分类、性质及主要品种都做了介绍。

我国对建筑陶瓷和石材的利用有着悠久的历史，本章通过介绍陶瓷的分类、生产陶瓷的原材料及常见的陶瓷制品，对建筑陶瓷做了较全面的阐述。建筑用石材有天然和人造两大类，本章主要介绍了常见的几类石材。

思考题

13-1　试说明绝热材料、吸声隔声材料的作用机制。

13-2　常见的绝热材料有哪些？常见的吸声隔声材料有哪些？

13-3　简述建筑装饰材料发展的新趋势。

13-4　常见的壁纸有哪些？说明这些壁纸的特点。

13-5　建筑玻璃的主要品种有哪些？其特点如何？

13-6　为什么釉面砖一般多用于室内，而少用于室外？

13-7　常见的天然石材有哪些？各有什么特点？

13-8　常见的人造石材有哪些？各有什么特点？

第十四章　土木工程材料试验

第一节　试验基本理论

一、误差

(一)误差的基本理论

由于所使用的测量设备、所采用的测量方法以及人们对测量环境的控制受到科学技术水平的限制,使得测量结果同被测对象的客观实际存有一定的差异,即测量结果与真值之间存在差异,称为误差。在分析过程中,误差是客观存在的,因此需对误差进行全面系统的研究,检查产生误差的原因,尽量减小误差,以提高分析结果的准确度。

1. 误差的表示方法

误差有两种表示方法,即绝对误差和相对误差。

1)绝对误差

绝对误差是指测定值与真实值之差。

$$\text{绝对误差} = \text{测定值} - \text{真实值}$$

大多数情况下,真实值是无法得到的,所以一般是用一种更精密的量具或仪器进行测量,所得测量值称为实际值。它与真实值之差可忽略不计。所以,在计算误差时,就用实际值来代替真实值。

$$\text{绝对误差} = \text{测定值} - \text{实际值}$$

2)相对误差

相对误差是绝对误差与真实值(实际值)的百分比。

$$\text{相对误差} = \frac{\text{绝对误差}}{\text{真实值}} \times 100\% = \frac{\text{绝对误差}}{\text{实际值}} \times 100\%$$

从误差的计算可以看出,对于相同的被测量物,绝对误差可评定不同测量方法的测量精度高低;但当绝对误差相同时,被测量的量越大,测量的精度越高。

2. 误差的分类

根据误差的性质,误差可分为系统误差、随机误差(又称为偶然误差)和粗大误差(又称为过失误差)三类。

1)系统误差

(1)按系统误差值一定或不一定来分,系统误差可分为定值系统误差和变值系统误差。

①定值系统误差:在整个测量过程中,误差大小和方向始终不变。如测定量具刻度的偏差、计算器具的零位偏差等。

②变值系统误差:在整个测量过程中,误差大小和方向按确定的规律变化,其又分为

线性系统误差、周期性系统误差和复杂规律变化的系统误差。

(2)按系统误差产生的原因来分,系统误差可分为方法误差、仪器误差和主观误差。

①方法误差:由于分析方法本身不完善而引入的误差。

②仪器误差:由于仪器本身不精密而造成的误差。

③主观误差:因操作者某些生理特点所引起的误差。

2)随机误差

随机误差是由一些难以控制的偶然因素所造成的误差,没有一定的规律性。随机误差因素无法在测量前消除,也不可能在一次测量中削弱误差因素 但可以采取对比测量,用概率论与数理统计的方法对测量数据进行分析和处理,以获得可靠的测量量。

3)粗大误差

产生粗大误差的原因可能是由于测量人员工作上粗枝大叶,如测错、读错、记错或算错而造成的,或是由于测量人员过度疲劳或缺乏操作经验而造成的误差。这一类误差会严重歪曲测量结果,应予剔除,不能参与计算。

(二)误差分析

1.常用的统计特征值

统计特征数是用以表达随机变量波动规律的统计量,即数据的集中程度和离散程度。

1)算术平均值$\overline{x}$

$$\overline{x} = \frac{x_1 + x_2 + x_3 + \cdots + x_n}{n} \tag{14-1}$$

式中　$\overline{x}$——算术平均值;

$x_1, x_2, x_3, \cdots, x_n$——各个试验数据;

n——试样个数。

2)加权平均值 m

加权平均值是各个试验数据与它对应数的算术平均值。

$$m = \frac{x_1 g_1 + x_2 g_2 + x_3 g_3 + \cdots + x_n g_n}{g_1 + g_2 + g_3 + \cdots + g_n} = \frac{\sum x_i g_i}{\sum g_i} \tag{14-2}$$

式中　m——加权平均值;

x_i——第 i 个试验数据;

g_i——与第 i 个试验数据相对应的数量,也叫全值。

3)中位数$\tilde{x}$

把数据按大小顺序排列,排在正中间的一个数即为中位数。当数据的个数 n 为奇数时,中位数就是正中间的数值;当 n 为偶数时,中位数为中间两个数的算术平均值。

$$\tilde{x} = \begin{cases} x_{\frac{n+1}{2}} & (n\text{ 为奇数}) \\ \frac{1}{2}\left(x_{\frac{n}{2}} + x_{\frac{n}{2}+1}\right) & (n\text{ 为偶数}) \end{cases} \tag{14-3}$$

式中　$\tilde{x}$——中位数;

$x_{\frac{n}{2}}, x_{\frac{n+1}{2}}, x_{\frac{n}{2}+1}$——第$\frac{n}{2}$，$\frac{n+1}{2}$，$\frac{n}{2}+1$个试验数据。

4）极差 R

极差就是数据中最大值和最小值的差。

$$R = x_{max} - x_{min} \tag{14-4}$$

式中　R——极差；

x_{max}——数据最大值；

x_{min}——数据最小值。

5）绝对偏差 d

绝对偏差是指各个试验数据与算术平均值的绝对偏差。

$$d_i = x_i - \bar{x} \tag{14-5}$$

式中　d_i——第 i 个试验数据的绝对偏差；

x_i——第 i 个试验数据。

6）相对偏差 d_r

相对偏差是绝对偏差在平均值中所占的百分率。

$$d_r = \frac{d_i}{\bar{x}} \times 100\% \tag{14-6}$$

式中符号意义同前。

7）平均偏差 $\bar{d}$

平均偏差是所有数据绝对偏差绝对值的平均值。

$$\bar{d} = \frac{|x_1 - \bar{x}| + |x_2 - \bar{x}| + \cdots + |x_n - \bar{x}|}{n} = \frac{\sum_{i=1}^{n} |x_i - \bar{x}|}{n} \tag{14-7}$$

式中符号意义同前。

8）标准偏差（又称标准差、均方差、标准误差）：子样 S，目样 σ

我们从总样中抽取一个样本，得到一批数据（子样）$x_1, x_2, \cdots, x_n$，在处理这批数据时，标准偏差用 S 来表示，此时，n 是有限个子样个数；若对总体进行数据统计，标准偏差用 σ 来表示，试样个数 n 为无限个。计算式如下：

$$S = \sqrt{\frac{\sum_{i=1}^{n} (x_i - \bar{x})^2}{n - 1}} \tag{14-8}$$

$$\sigma = \sqrt{\frac{\sum_{i=1}^{n} (x_i - \bar{x})^2}{n}} \tag{14-9}$$

式中符号意义同前。

标准偏差反映了数据中各值偏离平均值的大小，如果标准偏差比较小，表示这批数据集中在平均值附近，说明质量比较均匀、稳定；如果标准偏差比较大，表示这批数据离开平均值的距离较大，较分散，说明质量波动大、不稳定。

9）变异系数 C_v

用极差、标准差只能反映数据波动的绝对大小，用变异系数可以表示相对偏差，便于不同项目之间有试验精度的可比较性。

$$C_v = \frac{\sigma}{\bar{x}} \times 100\% \quad \left(\text{或 } C_v = \frac{S}{\bar{x}} \times 100\%\right) \tag{14-10}$$

式中符号意义同前。

二、数据的处理

（一）有效数字和数字修约

1. 有效数字

有效数字即表示数字的有效意义，用于表示连续物理量的测量结果，指示测量中实际能测到的数字。一个有效数字构成的数值，从最后一位算起的第二位以上的数字应该是可靠的，或者说是确定的，只有末尾数字是可疑的，或者说不可靠的。所以说，有效数字构成的数值是由全部数字和一位不确定的数字构成的。

测量结果的记录、运算和报告必须注意有效数字。由有效数字构成的数值与通常数字的数值是不同的，例如34.5，34.50，34.500这3个数字在数学上看是相同的，但用于表示测量值，则上述三个数值反映的测量结果的准确度是不相同的。

数字0，当它用于指示小数点的位置，而与测量的准确程度无关时，不是有效数字；当它用于表示与准确测量程度有关时，则为有效数字，这与0的位置有关。如0.039 8为三位有效数字，非零数字中的0是有效数字。

记录和报告上的测量结果只应包括有效数字，对有效数字的位数不能任意增删。由有效数字构成的测量值必然是近似值。因此，测量及其运算必须按近似计算规则进行。

2. 数值修约

（1）可以用制定位数或制定数值修约成 n 为有效数字的方法确定修约位数。

（2）修约规则：

①在拟舍弃的数字中，若左边的数字小于5，则舍去，即拟保留各位数字不变。

②在拟舍弃的数字中，若左边的数字大于5，则进1，即拟保留末位数字加1。

③在拟舍弃的数字中，若左边的数字等于5，右边数字并非全为零，则进1，即拟保留末位数字加1。

④在拟舍弃的数字中，若左边的数字等于5，右边数字全为零，即拟保留末位数字为奇数则进1；若为偶数，则不进。

⑤负数修约时，先将它的绝对值按上述规则进行修约，然后在修约值前加负号。

⑥所拟舍弃的数值若为两位以上数字，不得连续修约，应该根据拟舍弃数字中左边第一个数字的大小进行修约。

⑦在具体实施中，有时测试与计算部门先将获得的数值按指定的修约位数多一位或几位报出，而后由其他部门进行修约。

(二)计数及近似计算原则

1. 计数规则

在测量结果的记录、运算和报告中,经常记录数值,在记录这些数值时,应遵循以下几个规则。

(1)记录数据时,只保留一位可疑数字。

(2)表示精度时,通常只取一位有效数字,只有测量次数很多时,才能取两位有效数字,且最多两位。

(3)在数值计算中,当有效数字位数确定之后,其余数字按照修约规则一律舍去。

(4)在数值计算中,某些倍数、分数、不连续的物理量的数值,以及不经常测量而根据理论计算或定义得到的数值,其有效位数是为无限。这类数值在计算中需要几位就可以写几位。

(5)测量结果的有效数字所能达到最后一位应与误差处于同一位上,重要的测量结果可以多一位估读数。

2. 近似计算原则

(1)加减法。几个近似值相加减时,所得和或差的有效数字取决于绝对误差最大的数值,最后结果的有效数字自左起不超过参加计算的近似值中出现的最大数值。如在小数的加减法中,各项所保留的小数点后的位数与近似值中的小数点最少者多保留一位,而计算结果所保留的小数点后的位数与近似值中位数最少者相同。

(2)乘法和除法。近似值相乘除时,所得积或商的有效数字位数取决于误差最大的近似值,积最后结果的有效数字要与各近似值中有效数字相同。在实际计算中,先将近似值修约至比有效数字位数最少者多保留一位,再将计算结果按上述规则处理。

(3)乘方和开方。近似值乘方或开方时,原近似值有几位有效数字,计算结果就可以保留几位有效数字。

(4)对数和反对数。在近似值计算中,所取对数的小数点后的位数,应与帧数的有效数字相同。

(5)求 4 个或 4 个以上的准确度接近的近似值的平均值时,其位数可以增加一位。

(6)有些数据需要经过多次运算,在每一步运算中对终极结果不修约,但最后结果按上述修约准则进行修约。

第二节　课程内的试验项目

土木工程材料是实践性、试验性很强的学科。土木工程材料试验是土木工程材料的重要组成部分,同时也是学习和研究土木工程材料的重要方法。试验内容主要包括材料的基本性质试验和水泥、砂石材料、混凝土、钢材、砂浆、砌墙砖、沥青等材料的主要性质试验,今后工作中需要其他试验时,可参考有关标准规范和资料。

检验材料质量所进行的试验,应该根据国家、行业(部)颁布的技术标准进行。

(1)选取试样。选取试样应按技术标准的有关规定进行。试样必须有代表性,使从少量试样所得出的试验结果,能确切地反映整批材料的质量。

(2)确定试验方法。通过试验所测得的材料性能指标,都是按一定试验方法得出的有条件性的指标,试验方法不同,其结果也就不一样。因此,所确定的试验方法必须能正确地反映材料的真实性能,并且切实可行。

(3)进行试验操作。在试验操作过程中,必须使仪器设备、试件制备、量测技术等严格符合试验方法中的规定,以保证试验条件的统一,获得准确、具有可比性的试验结果。在整个试验操作过程中,还应注意观察出现的各种现象,做好记录,以便分析。

(4)处理试验数据。试验数据计算应与测量的精密度相适应,并遵守《数值修约规则》(GB 8170—87)的有关规定。

(5)分析试验结果。包括分析试验结果的可靠程度,说明在既定试验方法下所得成果的适用范围,将试验结果与材料质量标准相比较,并做出结论。

通过试验,达到三个目的:一是熟悉、验证、巩固所学的理论知识;二是了解所使用的仪器设备,掌握所学建筑材料的试验方法;三是进行科学研究的基本训练,培养分析问题和解决问题的能力。

试验一　土木工程材料的基本性质试验

一、密度试验

(一)试验目的

材料的密度是指材料在绝对密实状态下单位体积的质量,主要用来计算孔隙率和密实度。材料的吸水率、强度、抗冻性及耐蚀性都与孔隙的大小及孔隙特征有关。如砖、石材、水泥等材料,其密度都是一项重要指标。

(二)仪器设备

密度瓶(又名李氏瓶)(见图 14-1)、筛子(孔径 0.2 mm 或 900 孔/cm^2)、量筒、烘箱、干燥器、天平(感量 0.01 g)、温度计、漏斗、小勺等。

(三)试验步骤

(1)将试样粉碎、研磨后过筛,除去筛余物,放在 105 ~ 110 ℃的烘箱中,烘至恒重,再放入干燥器中冷却至室温备用。

(2)在密度瓶中注入与试样不起反应的液体至突颈下部刻度线零处,记下刻度数,将李氏瓶放在盛水的容器中,在试验过程中保持水温为 20 ℃。

(3)用天平称取 60 ~ 90 g 试样,用小勺和漏斗小心地将试样徐徐送入密度瓶中,要防止在密度瓶喉部发生堵塞,直至液面上升到 20 mL 刻度左右为止。再称剩余的试样质量,计算出装入瓶内的试样质量 m(g)。

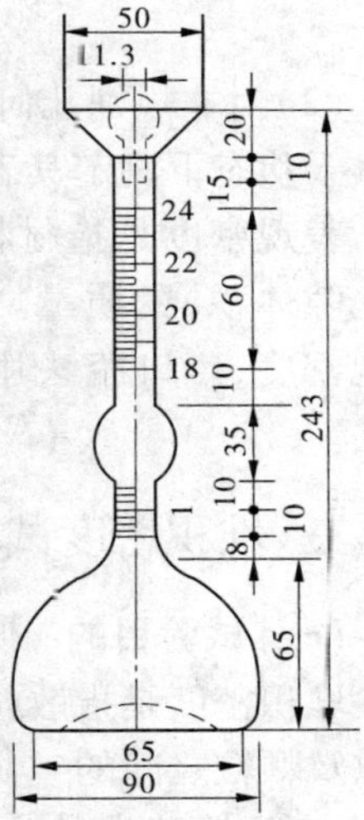

图 14-1　密度瓶
(单位:mm)

(4)轻轻振动密度瓶使液体中的气泡排出;记下液面刻度,根据前后两次液面读数,算出液面上升的体积,即为瓶内试样

所占的绝对体积 V(cm³)。

(四)试验结果

按式(14-11)计算材料的密度 ρ(精确至 0.01 g/cm³):

$$\rho = \frac{m}{V} \tag{14-11}$$

式中 ρ——材料的密度,g/cm³;

m——装入瓶中的试样的质量,g;

V——装入瓶中试样的绝对体积,cm³。

密度试验用两个试样平行进行,以两次试验结果的算术平均值作为测定值,如两次试验结果相差超过 0.02 g/cm³ 时,应重新取样进行试验。

二、表观密度试验

(一)试验目的

表观密度是指材料在自然状态下单位体积的质量,亦即包括材料内部孔隙在内的单位体积的质量。利用表观密度可以估计材料的强度、吸水性、保温性,亦可用来计算材料体积和结构物质量。

(二)仪器设备

游标卡尺(精度 0.1 mm)、天平(感量 0.18 g)、烘箱、干燥器、漏斗、直尺、搪瓷盘等。

(三)方法步骤

(1)对几何形状规则的材料,将欲测材料的试件放入 105 ~ 110 ℃烘箱中烘至恒重,取出置入干燥器中冷却至室温。

用卡尺量出试件尺寸(每边测 3 次,取平均值),并计算出体积 V_0,再称试样质量 m,则表观密度 ρ_0 为:

$$\rho_0 = \frac{m}{V_0} \tag{14-12}$$

(2)对非规则几何形状的材料,如砂、石等的表观体积 V_0 可用排液法测定。材料在非烘干状态下测定其表观密度时,须注明含水情况。

表观密度是指材料在自然状态下,单位体积(包括材料的绝对密实体积与内部封闭孔隙体积)的质量。试验方法有容量瓶法和广口瓶法,其中容量瓶法用来测定砂的表观密度,广口瓶法用来测定石子的表观密度。以砂和石子为例分别介绍两种试验方法。

三、堆积密度试验

(一)试验目的

堆积密度是指散粒材料(如水泥、砂、卵石、碎石等)在堆积状态下(包含颗粒内部的孔隙及颗粒之间的空隙)单位体积的质量。它可以用来估算散粒材料的堆积体积及质量,考虑运输工具,估计材料级配情况等。

(二)仪器设备

标准容器、天平(感量 0.1 g)、烘箱、干燥器、漏斗、钢尺等。

（三）试验步骤

（1）将试样放在105～110 ℃的烘箱中，烘至恒重，再放入干燥器中冷却至室温。

（2）材料松堆积密度的测定。

称标准容器的质量 m_1，将散粒材料试样经过标准漏斗（或标准斜面），徐徐地装入容器内，漏斗口（或斜面底）距容器口为5 cm，待容器顶上形成锥形，将多余的材料用钢尺沿容器口中心向两个相反方向刮平，称容器和材料总质量 m。

（3）紧堆积密度的测定。

称标准容器的质量 m_1。取另一份试样，分两层装入标准容积筒内。装完一层后，在筒底垫放一根 ϕ10 mm 钢筋，将筒按住，左右交替颠击地面各25下，再装第二层，把垫着的钢筋转90°同法颠击。加料至试样超出筒口，用钢尺沿筒口中心线向两个相反方向刮平，称其总质量 m_2。

（四）试验结果

按式（14-13）计算材料的堆积密度 ρ_0'（精确至10 kg/m³）：

$$\rho_0' = \frac{m_2 - m_1}{V_0'} \tag{14-13}$$

式中　ρ_0'——材料的堆积密度，kg/m³；

m_1——标准容器的质量，kg；

m_2——标准容器和试样的总质量，kg；

V_0'——标准容器的容积，m³。

以两次试验结果的算术平均值作为测定值。

（五）孔隙率、空隙率的计算

1. 孔隙率计算

孔隙率是指材料体积 V_0 中，孔隙体积 $V_孔$ 所占的比例。材料的孔隙率 P 按式（14-14）计算：

$$P = \left(1 - \frac{\rho_0}{\rho}\right) \times 100\% \tag{14-14}$$

式中　P——孔隙率，%；

ρ——材料的密度；

ρ_0——材料的表观密度。

2. 空隙率的计算

空隙率是指粉状或颗粒状材料的堆积体积 V_0 中，颗粒间空隙体积 V_K 所占的比例。

材料的空隙率 P' 按式（14-15）计算：

$$P' = \frac{V_g}{V_0'} = \frac{V_0' - V_0}{V_0'} = \left(1 - \frac{\rho_0'}{\rho_0}\right) \times 100\% \tag{14-15}$$

式中　P'——空隙率，%；

ρ_0——材料颗粒的体积密度（当测定混凝土用集料时，ρ_0 应取 ρ_0'）；

ρ_0'——材料的堆积密度。

四、吸水率试验

(一)试验目的

材料吸水饱和时的吸水量与材料干燥时的质量或体积之比,叫做吸水率。

材料的吸水率通常小于孔隙率,因为水不能进入封闭的孔隙中。材料吸水率的大小对其堆积密度、强度、抗冻性的影响很大。

(二)主要仪器

天平(称量 1 000 g,感量 0.1 g)、水槽、烘箱等。

(三)试验步骤

(1)将试件置于烘箱中,以不超过 110 ℃的温度烘至恒重,称其质量 m(g)。

(2)将试件放入水槽中,试件之间应留 1 ~ 2 cm 的间隔,试件底部应用玻璃棒垫起,避免与槽底直接接触。

(3)将水注入水槽中,使水面至试件高度的 1/4 处,2 h 后加水至试件高度的 1/2 处,隔 2 h 再加入水至试件高度的 3/4 处,又隔 2 h 加水至高出试件 1 ~ 2 cm,再经 1 d 后取出试件。这样逐次加水能使试件孔隙中的空气逐渐逸出。

(4)取出试件后,用拧干的湿毛巾轻轻抹去试件表面的水分(不得来回擦拭),称其质量,称量后仍放回槽中浸水。

以后每隔 1 昼夜用同样方法称取试样质量,直至试件浸水至恒定质量为止(1 d 质量相差不超过 0.05 g 时),此时称得的试件质量为 m_1(g)。

(四)试验结果

按式(14-16)和式(14-17)计算材料的质量吸水率 W_m 及体积吸水率 W_V:

$$W_m = \frac{m_1 - m}{m} \times 100\% \tag{14-16}$$

$$W_V = \frac{V_W}{V_0} \times 100\% = \frac{m_1 - m}{V_0} \cdot \frac{1}{\rho_W} \times 100\% = W_m \cdot \rho_0 \tag{14-17}$$

式中　W_m——质量吸水率;

W_V——体积吸水率;

V_W——材料吸水饱和时水的体积,cm^3;

V_0——干燥材料在自然状态下的体积,cm^3;

ρ_W——水的密度,常温时 $\rho_W = 1\ g/cm^3$;

ρ_0——材料的表观密度,g/cm^3。

材料的吸水率试验用 2 个试样平行进行,以 3 个试样吸水率的算术平均值作为测定值。

试验二　水泥试验

一、水泥试验的一般规定

(一)取样方法

以同一水泥厂同品种、同标号、同期到达的水泥,不超过 400 g 为一个取样单位。

取样应有代表性，可连续取样，也可从 20 个以上不同部位各抽取约 1 kg 水泥，总数至少10 kg。

（二）养护条件

实验室温度应为 17 ~25 ℃，相对湿度应大于 50%。养护箱温度为 20 ℃ ±3 ℃，相对湿度应大于 90%。

（三）对试验材料的要求

（1）水泥试样应充分拌匀。

（2）试验用水必须是洁净的淡水。

（3）水泥试样、标准砂、拌和用水等温度应与实验室温度相同。

二、水泥细度测定

（一）试验目的

水泥的物理力学性质都与细度有关.因此必须进行细度测定。

（二）试验步骤

1. 负压筛析法

负压筛析法测定水泥细度，采用图 14-2 所示负压筛析仪。

（1）筛析试验前，应把负压筛放在筛座上，盖上筛盖，接通电源，检查控制系统，调节负压至 4 000 ~6 000 Pa 范围内。

（2）称取试样 25 g，置于洁净的负压筛中，盖上筛盖，放在筛座上，开动筛析仪连续筛析 2 min；在此期间如有试样附着在筛盖上，可轻轻地敲击，使试样落下。筛毕，用天平称量筛余物。

（3）当工作负压小于 4 000 Pa 时，应清理吸尘器内水泥，使负压恢复正常。

2. 水筛法

水筛法测定水泥细度，采用图 14-3 所示水泥细度筛。

（1）筛析试验前，检查水中应无泥沙，调整好水压及水压架的位置，使其能正常运转，喷头底面和筛网之间距离为 35 ~75 mm。

（2）称取试样 50 g，置于洁净的水筛中，立即用洁净淡水冲洗至大部分细粉通过后，再将筛子置于水筛架上，用水压为 0.05 MPa ±0.02 MPa 的喷头连续冲洗 3 min。筛毕，用少量水把筛余物冲至蒸发器中，沉淀后小心倒出清水，烘干并用天平称其质量。

3. 手工筛析法

在没有负压筛析仪和水筛的情况下，允许用手工筛析法测定。

（1）称取水泥试样 50 g 倒入符合《金属丝编织网试验筛》（GB/T 6003.1—1997）要求的手工筛内。

（2）用一只手执筛往复摇动，另一只手轻轻拍打，拍打速度每分钟约 120 次，每 40 次向同一方向转动 60°，使试样均匀分布在筛网上，直至每分钟通过的试样量不超过 0.05 g 为止，称量筛余物。

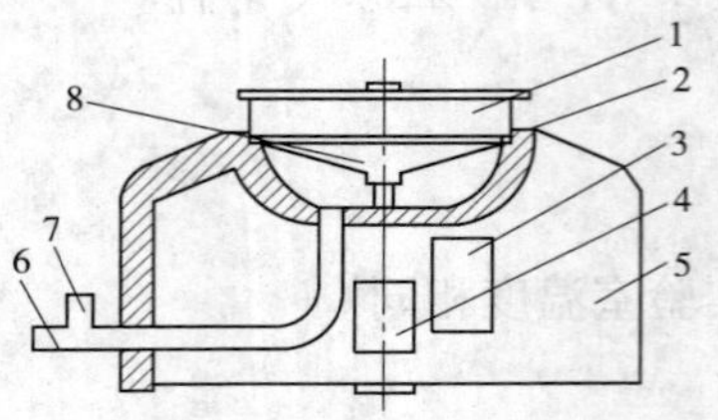

图 14-2　负压筛析仪示意图

1—0.080 mm 方孔筛;2—橡胶垫圈; 3—控制板;
4—微电机;5—壳体;6—抽气口(接收尘器);
7—风门(调节负压);8—喷气嘴

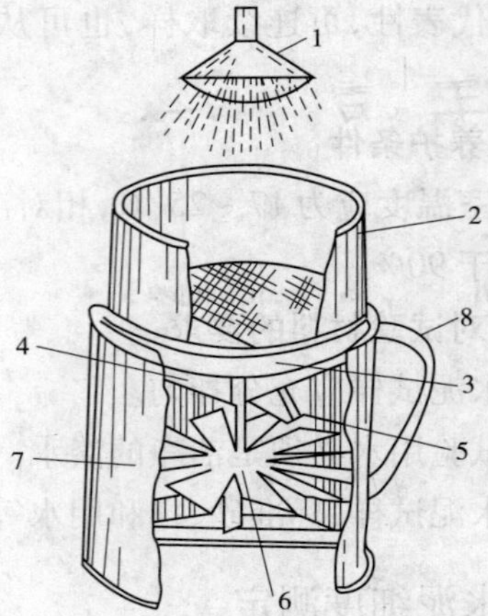

图 14-3　水泥细度筛

1—喷头;2—标准筛;3—旋转托架;
4—集水斗;5—出水口;6—叶轮;
7—外筒;8—把手

(三)试验结果

(1)水泥试样筛余百分数用式(14-18)计算:

$$F = \frac{R_t}{W} \times 100 \tag{14-18}$$

式中　F——水泥试样的筛余百分数,%,计算精确至 0.1%;

R_t——水泥筛余物的质量,g;

W——水泥试样的质量,g。

(2)负压筛析法与水筛法或手工筛析法测定的结果差值很大时,以负压筛析法为准。

三、水泥标准稠度用水量测定

(一)试验目的

水泥的凝结时间和安定性都与用水量有关,为了消除试验条件的差异以利于比较,水泥净浆必须有一个标准的稠度。本试验目的就是测定水泥净浆达到标准稠度时的用水量,以便为进行凝结时间和安定性试验做好准备。

(二)主要仪器设备

(1)水泥净浆搅拌机。其符合《水泥净浆搅拌机》(JC/T 729—2005)的要求,如图 14-4所示,由搅拌锅、搅拌叶片、传动机构和控制系统组成。搅拌叶片在搅拌锅内作与旋转方向相反的公转和自转,并可在竖直方向调节,搅拌机可以升降,控制系统具有按程序自动控制与手动控制两种功能。

(2)标准法维卡仪。如图 14-5 所示,标准稠度测定用试杆(见图 14-5(c))有效长度为 50 mm ±1 mm,由直径为 10 mm ±0.05 mm 的圆柱形耐腐蚀金属制成。测定凝结时间时取下试杆,用试针(见图 14-5(d)、(e))代替试杆。试针由钢制成,其有效长度初凝针

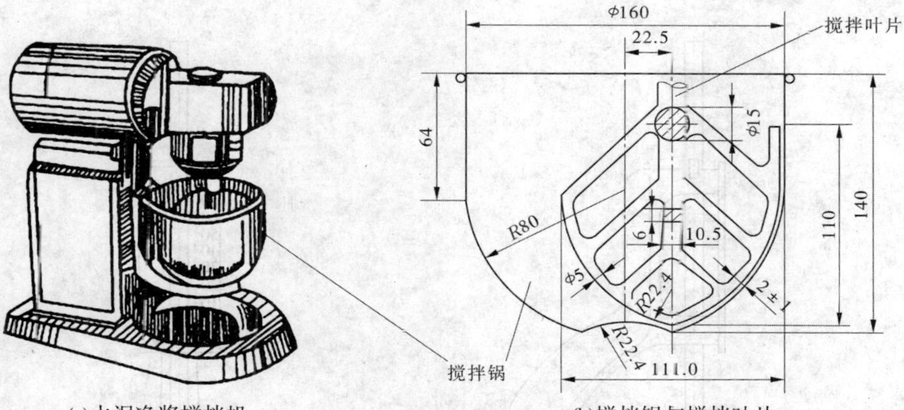

(a)水泥净浆搅拌机　　(b)搅拌锅与搅拌叶片

图 14-4　水泥净浆搅拌机示意图　（单位：mm）

为 50 mm ±1 mm，终凝针为 30 mm ±1 mm，直径为 1.13 mm ±0.05 mm。滑动部分的总质量为 300 g ±1 g。与试杆、试针连接的滑动杆表面应光滑，能靠重力自由下落，不得有紧涩和摇动现象。

盛装水泥净浆的试模（见图 14-5（a））应由耐腐蚀的，有足够硬度的金属制成。试模高为 40 mm ±0.2 mm，顶内径为 65 mm ±0.5 mm，底内径为 75 mm ±0.5 mm 的截顶圆锥体。每只试模应配备一个大于试模、厚度≥2.5 mm 的平板玻璃底板。

（三）试验步骤

（1）标准稠度用水量可用调整水量和不变水量两种方法中的任一种来测定。如发生矛盾时，以前者为准。

（2）试验前必须检查测定仪的金属棒能否自由滑动，试锥降至模顶面位置时，指针应对准标尺零点，搅拌机应运转正常。

（3）用水泥净浆搅拌机拌和，搅拌锅和搅拌叶先用湿布擦抹，将拌和水倒入搅拌锅内，在 5～10 s 内将称好的 500 g 水泥加入水中，防止水和水泥溅出；拌和时，先将锅放到搅拌机的锅座上，升至搅拌位置，启动搅拌机低速搅拌 120 s，停拌 15 s，同时将叶片和锅壁上的水泥浆刮入锅中间，快速搅拌 120 s 后停机。

（4）拌和结束后，立即将拌制好的水泥净浆装入已置于玻璃底板上的试模中，用小刀插捣，轻轻振动数次，刮去多余净浆，抹平后迅速将试模和底板移到维卡仪上，并将其中心定在试杆下，降低试杆直至与水泥净浆表面接触，拧紧螺丝 1～2 s 后，突然放松，使试杆垂直自由地沉入水泥净浆中。在试杆停止沉入或释放试杆 30 s 时记录试杆距底板之间的距离，升起试杆后，立即擦净；整个操作应在搅拌后 1.5 min 内完成。以试杆沉入净浆距底板 6 mm ±1 mm 的水泥净浆为标准稠度净浆。其拌和水量为该水泥的标准稠度用水量，以水泥质量百分比计。

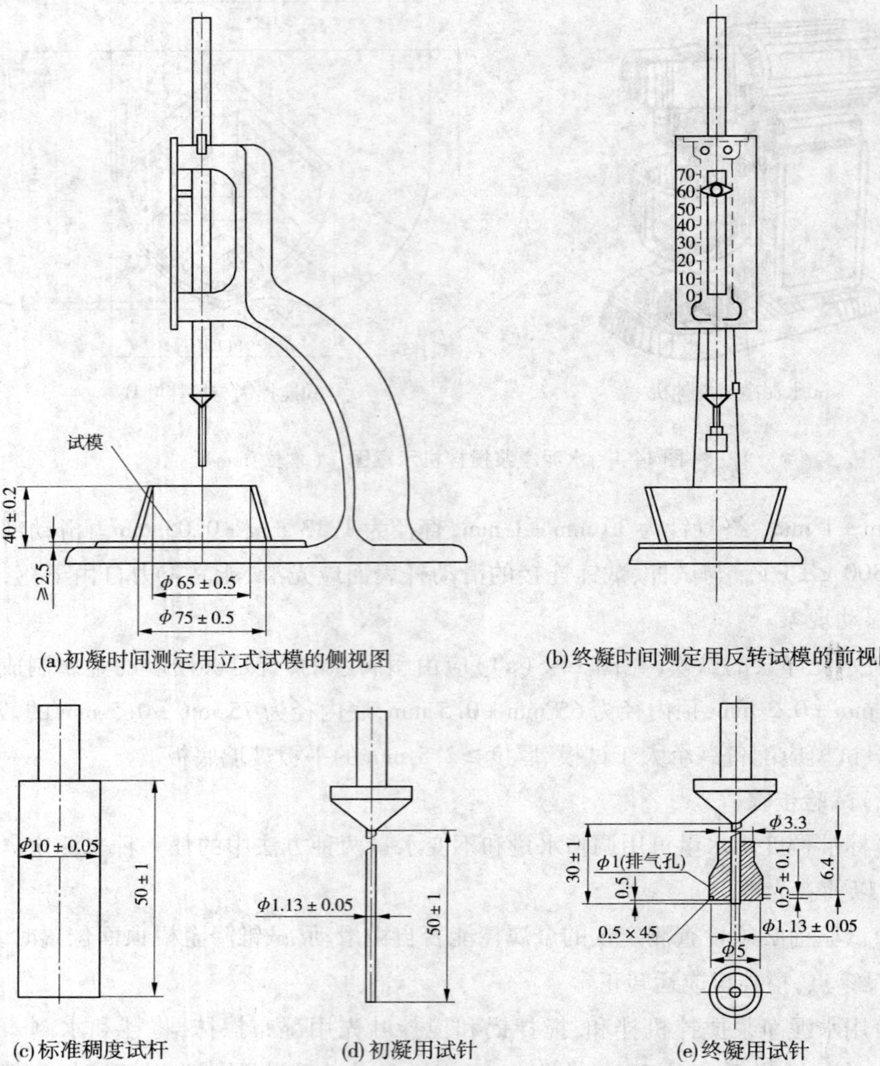

(a)初凝时间测定用立式试模的侧视图　(b)终凝时间测定用反转试模的前视图

(c)标准稠度试杆　(d)初凝用试针　(e)终凝用试针

图 14-5　测定水泥标准稠度和凝结时间用的维卡仪　(单位:mm)

四、水泥净浆凝结时间的测定

(一)试验目的

测定水泥加水后至开始凝结(初凝)以及凝结终了(终凝)所用的时间,用以评定水泥性质。

(二)主要仪器设备

(1)测定仪。与测定标准稠度用水量时的测定仪相同,只是将试杆换成试针。如

图 14-5(d)、(e)所示。

(2)水泥净浆搅拌机。如图 14-4 所示。

(3)人工拌和圆形钵及拌和铲等。

(三)试验步骤

(1)测定前准备工作。调整凝结时间测定仪的试针接触玻璃板时,指针对准零点。

(2)试件的制备。以标准稠度用水量制成标准稠度水泥净浆一次装满试模,振动数次后刮平,立即放入标准养护箱内。记录加水时间为凝结时间的起始时间。

(3)初凝时间的测定。试件在标准养护箱中养护至加水后 30 min 时进行第一次测定。测定时,从养护箱中取出试模放到试针下,降低试针与水泥净浆表面接触,拧紧螺丝 1 ~2 s 后,突然放松,试针垂直自由地沉入水泥净浆。观察试针停止沉入或释放试杆 30 s 时指针的读数。当试针沉至距底板 4 mm ±1 mm 时,为水泥达到初凝状态;由水泥加水至初凝状态的时间为水泥的初凝时间,用 min 表示。

(4)终凝时间的测定。为了准确观测试针沉入的状况,在终凝针上安装了一个环形附件(见图 14-5(e))。在完成初凝时间测定后,立即将试模连同浆体以平移的方式从玻璃板取下,翻转 180°,直径大端向上,小端向下放在玻璃板上,再放入标准养护箱中继续养护,临近终凝时间时,每隔 15 min 测定一次,当试针沉入试体 0.5 mm 时,即环形附件开始不能在试体上留下痕迹时,为水泥达到终凝状态;由水泥加水至终凝状态的时间为水泥的终凝时间,用 min 表示。

(5)测定时应注意,在最初测定的操作时应轻轻扶持金属杆,使其徐徐下降,以防试针撞弯,但结果以自由下降为准;在整个测试过程中试针沉入的位置至少要距试模内壁 10 mm。临近初凝时,每隔 5 min 测定一次,临近终凝时每隔 15 min 测定一次,到达初凝或终凝时应立即重复测一次,当两次结论相同时才能定为到达初凝或终凝状态。每次测定不能让试针落入原针孔,每次测定完毕须将试针擦净并将试模放回标准养护箱内,整个测试过程要防止试模受振。

五、安定性检验

(一)试验目的

检验水泥硬化后体积变化是否均匀,是否因体积变化而引起膨胀、裂缝或翘曲。

雷氏法(标准法)是测定水泥净浆在雷氏夹中沸煮后的膨胀值。试饼法(代用法)是观察水泥净浆试饼沸煮后的外形变化。

两种方法均可用,有争议时以雷氏法为准。

(二)主要仪器设备

水泥净浆搅拌机、沸煮箱、雷氏夹(见图 14-6)、雷氏夹膨胀值测量仪(见图 14-7)。

(三)试验步骤

(1)称取水泥试样 400 g,以标准稠度用水量,按标准稠度测定时拌和净浆的方法制成净浆;从其中取出净浆约 150 g,分成等份,使之成球形,放在涂过油的玻璃板上,轻轻振动玻璃板,并用湿布擦过的小刀由边缘向中央抹动,做成直径 70 ~ 80 mm、中心厚约 10 mm、边缘渐薄、表面光滑的试饼。接着将试饼放入湿汽养护箱内,自成型时起,养护

24 h ±2 h。

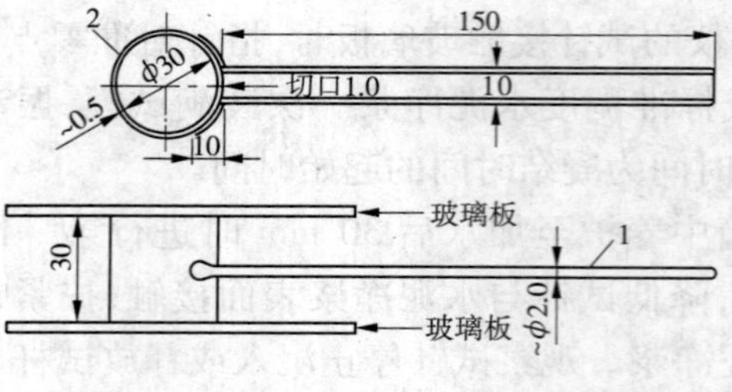

图 14-6　雷氏夹　（单位:mm）

1—指针;2—环模;

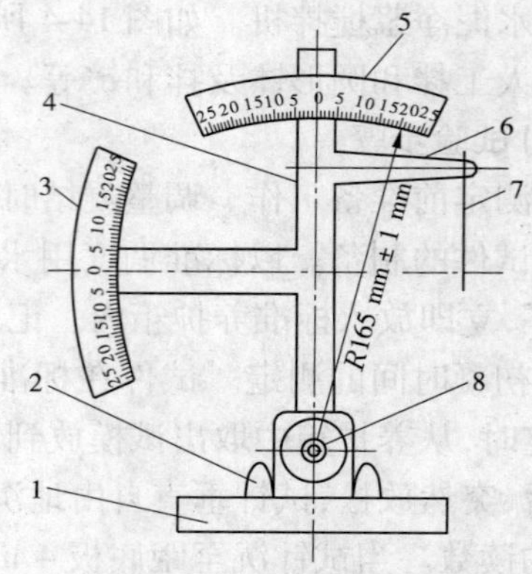

图 14-7　雷氏夹膨胀值测量仪

1—底座;2—模子座;3—测弹性标尺;4—立柱;
5—测膨胀值标尺;6—悬臂;7—悬丝;8—弹簧顶扭

雷氏夹试件的制备是将预先准备好的雷氏夹放在已稍擦油的玻璃板上,并立刻将已制好的标准稠度净浆装满试模,装模时一只手轻轻扶持试模,另一只手用宽约 10 mm 的小刀插捣 15 次左右,然后抹平,盖上稍涂油的玻璃板,接着立刻将试模移至湿汽养护箱内养护 24 h ±2 h。

(2)脱去玻璃板取下试件。当采用试饼法时,先检查其是否完整,在试件无缺陷的情况下将试饼放在沸煮箱的水中箅板上,然后在 30 min ±5 min 内加热至沸,并恒沸 3 h ±5 min。当用雷氏夹法时,先测量试件指针尖端间的距离 A,精确到 0.5 mm,接着将试件放入水中箅板上,指针朝上,试件之间互不交叉,然后在 30 min ±5 min 内加热至沸,并恒沸 3 h ±5 min。

(3)沸煮结束,即放掉箱中的热水,待冷却至室温,取出试件目测试饼,若未发现裂缝,再用直尺检查,也没有弯曲时,为安定性合格,反之为不合格。当两个试饼判别结果有矛盾时,该水泥的安定性为不合格。若为雷氏夹法,测量试件指针尖端间的距离 C,记录至小数点后 1 位,当两个试件煮后增加距离 $C-A$ 的平均值不大于 5.0 mm 时,为安定性合格,当两个试件的 $C-A$ 值相差超过 4 mm 时,应用同一样品立即重做一次试验。再如此,则认为该水泥安定性不合格。

六、水泥胶砂强度检验

(一)试验目的

根据《水泥胶砂强度检验方法》(GB/T 17671—1999)的规定方法(ISO 法)来检验并确定水泥的强度等级。

(二)主要仪器设备

(1)行星式水泥胶砂搅拌机(应符合《水泥胶砂强度检验方法》(GB/T 17671—1999)的要求)如图 14-8 所示。工作时搅拌叶片既绕自身轴线又沿搅拌锅周边公转,运动轨道似行星式。

主要技术参数：

搅拌叶宽度　135 mm

搅拌锅容量　5 L

搅拌叶转速　低速档：140 ±5 r/min（自转）；62 ±5 r/min（公转）

高速档：285 ±10 r/min（自转）；125 ±10 r/min（公转）

净重　70 kg

（2）水泥胶砂试体成型振实台（应符合《水泥胶砂强度检测方法》（GB/T 17671—1999）要求）如图 14-9 所示。

主要技术参数：

振动部分总重量（不含制品）　20 kg

振实台振幅　15 mm

振动频率　60 次/60 s

台盘中心至臂杆轴中心距离　800 mm

净重　50 kg

（3）试模如图 14-10 所示。

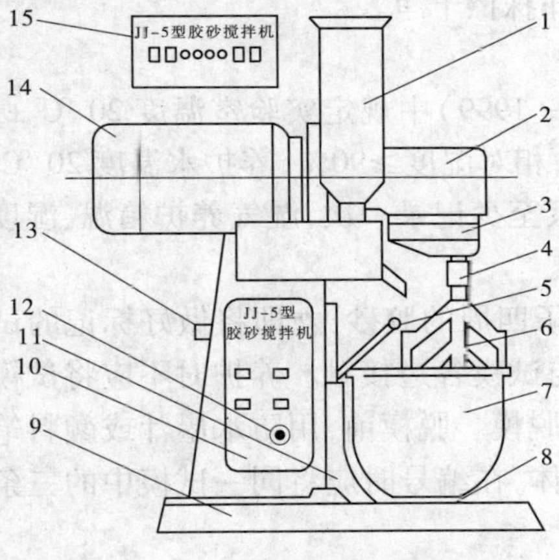

图 14-8　胶砂搅拌机结构示意图

1—砂斗；2—减速箱；3—行星机构及叶片标志；4—叶片紧固螺母；5—升降柄；6—叶片；7—锅；8—锅底；9—机座；10—立柱；11—升降机构；12—面板自动手动切换开关；13—接口；14—立式双速电机；15—程控器

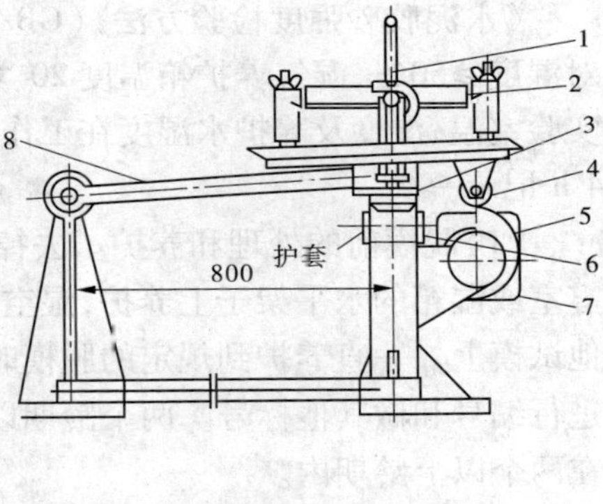

图 14-9　胶砂振实台　（单位：mm）

1—卡具；2—模套；3—突头；4—随动轮；5—凸轮；6—止动器；7—同步电机；8—臂杆

（三）试件成型

（1）将试模（图 14-10）擦净，四周模板及底座的接触面上应涂黄油，紧密装配，防止漏浆，内壁均匀刷一层机油。

（2）水泥胶砂强度用砂应使用中国 ISO 标准砂。ISO 标准砂由 1 ~2 mm 粗砂、0.5 ~1.0 mm 中砂、0.08 ~0.5 mm 细砂组成，各级砂质量均为 450 g（即各占 1/3），通常以 1 350 g ±5 g 混合小包装供应。灰砂比为 1∶3，水灰比为 1∶2。

(3)每成型三条试件材料用量为水泥 450 g ± 2 g，ISO 标准砂 1 350 g ±5 g，水 225 g ±1 g。其适用于普通硅酸盐水泥、矿渣硅酸盐水泥、火山灰质硅酸盐水泥、粉煤灰硅酸盐水泥、复合硅酸盐水泥。

(4)用搅拌机搅拌砂浆的拌和程序为：低速 30 s→加砂 30 s→高速 30 s→停 90 s→高速 60 s，搅拌时间共计 2.5 min。停机后，将粘在叶片上的胶砂刮下，取下搅拌锅。

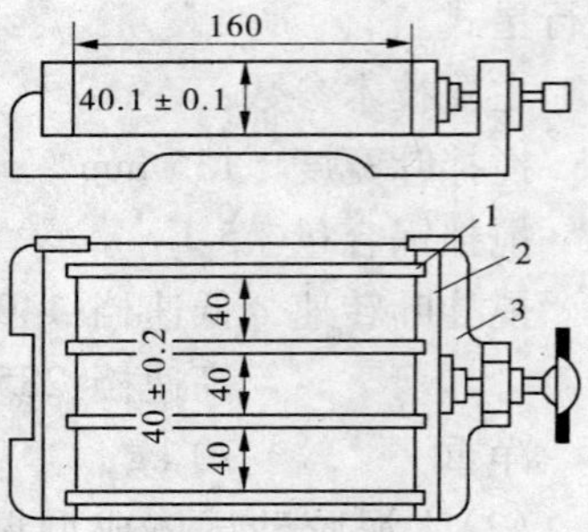

图 14-10　试模　(单位：mm)

1—隔板；2—端板；3—底座

(5)胶砂制备后立即进行成型。将空试模和模套固定在振实台上，用一个适当勺子直接从搅拌锅里将胶砂分二层装入试模，装第一层时，每个槽里约放 200 g 胶砂，用大播料器垂直架在模套顶部沿每个模槽来回一次，将料层播平，接着振实 60 下。再装入第二层胶砂，用小播料器播平，再振实 60 下。移走模套，从振实台上取下试模，用一金属直尺以近似 90°的角度架在试模模顶的一端，然后沿试模长度方向以横向锯割动作慢慢向另一端移动，一次将超过试模部分的胶砂刮去，并用同一直尺以近乎水平方式将试件表面抹平，接着在试模上作标记或用字条标好试体编号。

(6)试验前应将搅拌锅、叶片、模套用湿布抹擦干净。

(四)养护

《水泥胶砂强度检验方法》(GB/T 17671—1999)中规定实验室温度 20 ℃ ±2 ℃，相对湿度≥50%，湿气养护箱温度 20 ℃ ±1 ℃，相对湿度≥90%，养护水温度 20 ℃ ±1 ℃，实验室温、湿度及养护水湿度在工作期间每天至少记录一次，湿气养护箱温、湿度至少每 4 h 记录一次。

(1)脱模前的处理和养护。去掉留在模子四周的胶砂，立即将做好标记的试模放入雾室或湿箱的水平架子上养护，湿空气应能与试模各边接触。养护时不应将试模放在其他试模上。一直养护到规定的脱模时间取出脱模。脱模前，用防水墨汁或颜料笔对试体进行编号和做其他标号。两个龄期以上的试体，在编号时应将同一试模中的三条试体分在两个以上龄期内。

(2)对于 24 h 以内龄期的，应在破型试验前 20 min 内脱模。对于 24 h 以上龄期的，应在成型后 20 ~24 h 间脱模。

(3)将做好标号的试件立即水平或竖直放在湿气养护箱内或放在 20 ℃ ±1 ℃水中养护，水平放置时刮平面应朝上。

(4)到龄期的试体应在试验前 15 min 取出试件，并用湿布覆盖至试验为止。

(五)强度测定

1. 抗折强度测定

(1)各龄期必须在规定的时间 3 d ±2 h、28 d ±3 h 内取出三条试件先做抗折强度测定。测定前须擦去试件表面的水分和砂粒，清除夹具上圆柱表面黏着的杂物。试件放入抗折夹具内，应使试件侧面与圆柱接触。

(2)采用杠杆式抗折试验机时(见图 14-11)，在试件放入之前，应先将游动砝码移至零刻度线，调整平衡砣使杠件处于平衡状态。试件放入后，调整夹具，使杠杆有一仰角，从而在试件折断时尽可能地接近平衡位置。然后，启动电机，丝杆转动带动游动砝码给试件加荷；试件折断后从杠杆上可直接读出破坏荷载和抗折强度。

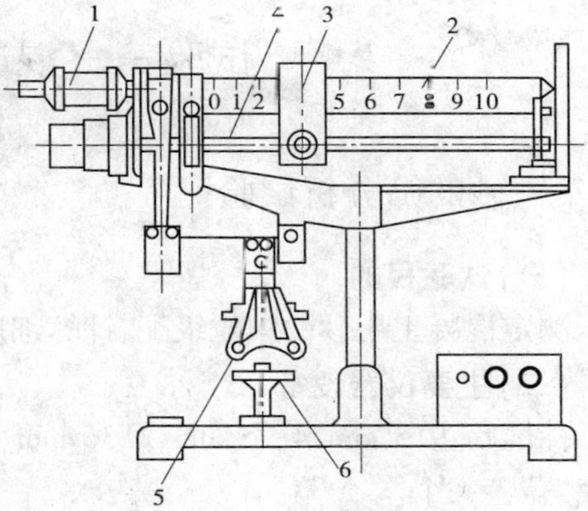

图 14-11　水泥抗折试验机

1—平衡砣；2—大杠杆；3—游动砝码；4—丝杆；5—抗折夹具；6—手轮

(3)抗折强度测定时的加荷速度为 50 N/s ±5 N/s。

(4)抗折强度按式(14-19)计算，精确到 0.01 MPa。

$$f_v = \frac{3FL}{2bh^2} \tag{14-19}$$

式中　f_v——抗折强度，MPa，计算精确至 0.1 MPa；

F——破坏荷载，N；

L——支撑圆柱中心距，100 mm；

b、h——试件面的宽与高，均为 40 mm。

(5)抗折强度测定结果取三块试件平均值并取整数，当三个强度值中有一个超过平均值的 ±10%，应予剔除，以其余两个数值平均作为抗折强度试验结果，如有两个试件的测定结果超过平均值的 ±10% 时，应重做试验。

2. 抗压强度测定

(1)抗折试验后的两个断块应立即进行抗压试验。抗压试验须用抗压夹具进行。试件受压面为 40 mm×40 mm。试验前应清除试件的受压面与加压板间的砂粒或杂物，试验时以试件的侧面作为受压面，并使夹具对准压力机压板中心。

抗压强度试验在整个加荷过程中以 2 400 N/s ±200 N/s 的速率均匀地加荷直至破坏。

(2)抗压强度按式(14-20)计算，计算精确至 0.1 MPa。

$$f_c = \frac{F}{A} \tag{14-20}$$

式中　f_c——抗压强度，MPa；

F——破坏荷载，N；

A——受压面积 40 mm×40 mm = 1 600 mm^2。

抗压强度以一组三个棱柱体上得到的六个抗压强度测定值的算术平均值为试验结果。如果六个测定值中有一个超出平均值的 ±10%，应剔除这个结果，剩下五个测定值的平均数为结果。如果五个测定值中再有超过它们平均数 ±10% 的，则此组结果作废。

试验三　混凝土用砂、石试验

一、砂的筛分析试验

(一)试验目的

测定混凝土用砂的颗粒级配,计算细度模数,评定砂的粗细程度。

(二)主要仪器设备

标准筛:9.5 mm、4.75 mm、2.36 mm、1.18 mm、0.6 mm、0.3 mm、0.15 mm 方孔筛及筛底、盖各一个。

天平(称量 1 000 g,感量 1 g)、烘箱、摇筛机、大小搪瓷盘、毛刷等。

(三)试验步骤

试验前,砂样应通过 9.5 mm 筛,并在 105 ℃ ±5 ℃的温度下烘干至恒重,冷却至室温后使用(如砂样含泥量超过 5% 则应先用水洗)。

(1)准确称取试样 500 g,置于按筛孔大小顺序排列的套筛的最上一只筛(4.75 mm)上,将套筛装入摇筛机,摇筛 10 min,然后取出套筛,按筛孔大小顺序,再逐个进行手筛,直至每分的筛出量不超过试样总量的 0.1% 时为止。通过的颗粒并入下一号筛,顺序过筛,直到筛完为止。

(2)试样的各号筛上的筛余量均不得超过按式(14-21)和式(14-22)计算的量:

质量仲裁时
$$m_r = \frac{A\sqrt{d}}{300} \tag{14-21}$$

生产控制检验时
$$m_r = \frac{A\sqrt{d}}{200} \tag{14-22}$$

式中　m_r——筛余量,g;

d——筛孔尺寸,mm;

A——筛面积,mm^2。

否则应将该筛余试样分成两份,再次进行筛分,并以其两份筛余量之和作为该号筛的筛余量。

(3)分别称量各筛筛余试样,精确至 1 g,所有各筛的分计筛余量和最后一个筛的通过量的总和与筛分前试样总量相比,相差不得超过试样总量的 1%。

(四)试验结果

(1)计算分计筛余百分率。各号筛上的筛余量除以试样总量的百分率,精确至 0.1%。

(2)计算累计筛余百分率。该号筛上的分计筛余百分率与大于该号的各筛分计筛余百分率之总和,精确至 0.1%。

(3)根据各筛的累计筛余百分率,评定该试样的颗粒级配。

(4)计算细度模数 M_x

$$M_x = \frac{A_2 + A_3 + A_4 + A_5 + A_6 - 5A_1}{100 - A_1} \tag{14-23}$$

式中　A_1、A_2、A_3、A_4、A_5、A_6——4.75 mm、2.36 mm、1.18 mm、0.6 mm、0.3 mm、0.15 mm 方孔筛上的累计筛余百分率，计算精确到0.1%。

按细度模数确定砂的粗细程度。

(5)筛分试验应采用两个试样进行，取两次算术平均值作为测定结果。两次所得细度模数之差大于0.2时，应重新进行试验。

二、砂的表观密度试验

(一)试验目的

测定砂的表观密度，砂颗粒本身单位体积(包括内部封闭孔隙)的质量，作为评定砂的质量和混凝土配合比设计的依据。

(二)仪器设备

托盘天平(称量1 000 g，感量1 g)、容量瓶(500 mL)、烘箱、干燥器、漏斗、滴管、搪瓷盘、铝制粒勺、温度计等。

(三)试验步骤

试验前，将660 g试样在105 ℃ ±5 ℃的温度下烘干至恒重，在干燥器内冷却至室温后，分为大致相等的两份备用。

(1)称取烘干试样300 g(m_1)，精确至1 g，通过漏斗，装入盛有半瓶冷开水的容量瓶中，塞紧瓶塞。

(2)静置24 h后，摇动容量瓶，使试样在水中充分搅动以排除气泡。然后用滴管添水，使水面与瓶颈刻度线平齐，加上瓶塞，擦干瓶外水分，称量m_2(g)，精确至1 g。

(3)倒出瓶中的水和试样，内外清洗干净，再注入与上项水温相差不超过1 ℃的饮用水至与瓶颈刻度线平齐，塞紧瓶塞，擦干瓶外水分，称量m_3(g)，精确至1 g。

(四)试验结果

计算试样的表观密度ρ_0：

$$\rho_0 = \frac{m_1}{m_1 + m_3 - m_2} \cdot \rho_{H_2O} \tag{14-24}$$

式中　ρ_0——表观密度，kg/m^3；

m_1——干砂质量，kg；

m_2——试样、水和容量瓶的质量，kg；

m_3——水和容量瓶的质量，kg。

以两次试验结果的算术平均值作为测定结果，精确至10 kg/m^3；如两次试验结果的误差大于20 kg/m^{3}时，应重新取样进行试验。

三、砂的堆积密度试验

(一)试验目的

测定砂的松堆积密度、紧堆积密度和空隙率，作为混凝土配合比设计的依据。

(二)仪器设备

台秤(称量 5 000 g,感量 5 g)、容量筒(1 L)、漏斗(见图 14-12)、垫棒(直径 10 mm,长 500 mm 的圆钢)、直尺、料勺、搪瓷盘等。

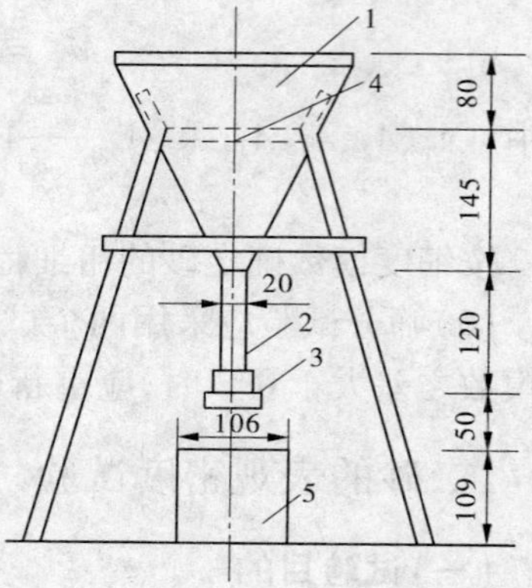

图 14-12　砂堆积密度漏斗

(单位:mm)

1—漏斗;2—ϕ20 管子;3—活动门;4—筛;5—容量筒

(三)试验方法

试验前将试样在 105 ℃ ±5 ℃温度下烘干至恒重,冷却至室温后使用。

(1)松堆积密度。称容量筒质量 m_1,将烘干试样装入漏斗,开放漏斗管下的活门,砂样徐徐流入容量筒,当容量筒试样上部呈锥状,且容量筒四周溢满时,即停止加料。用直尺在容量筒中心向两个相反方向将试样刮平,称量筒和试样总质量 m_2。

(2)紧堆积密度。试样分两层装入容量筒,先装一层,筒底垫放一根直径 10 mm 的钢筋,将筒按住;左右各摇振 25 次。再装第二层,钢筋在筒底水平方向转 90°,用同样方法摇振 25 次,将试样加满筒,用与测松堆积密度时相同的方法刮平,然后称质量 m_2。

(四)试验结果

(1)计算松堆积密度(或紧堆积密度)ρ_0':

$$\rho'_0 = \frac{m_1 - m_2}{V'_0} \tag{14-25}$$

式中　ρ_0'——砂的松堆积密度或紧堆积密度,kg/L;

m_1——容量筒的质量,kg;

m_2——容量筒和砂的总质量,kg;

V_0'——容量筒的容积,L。

以两次试验结果的算术平均值作为测定值,精确至 10 kg/m³。

(2)计算砂的空隙率:

$$P' = 1 - \frac{\rho'_0}{\rho_0} \times 100 \tag{14-26}$$

式中　P'——砂的空隙率(%);

ρ_0'——砂在干燥状态下的堆积密度,kg/L;

ρ_0——砂的表观密度,kg/m³。

四、石子筛分析试验

(一)试验目的

测定碎石或卵石的颗粒级配及粒级规格,为混凝土配合比设计提供依据。

(二)仪器设备

试验筛:孔径为 90 mm、75 mm、63 mm、53 mm、37.5 mm、31.5 mm、26.5 mm、19 mm、16 mm、9.5 mm、4.75 mm、2.36 mm 的方孔筛及筛底、盖各一个。

台秤(称量 10 kg,感量 1 g)、烘箱、摇筛机、搪瓷盘等。

(三)试验方法

(1)根据试样最大粒径按表 14-1 规定的质量称取烘干或风干试样备用。

表 14-1　石子筛分试验所需试样的最小质量

最大粒径(mm)	9.5	16.0	19	26.5	31.5	37.5	63.0	75.0
最少试样质量(kg)	1.9	3.2	3.8	5.0	6.3	7.5	12.6	16.0

(2)将试样倒入按孔径大小从上到下组合的套筛(附筛底)上,然后进行筛分。

(3)将套筛装入摇筛机,摇筛 10 min,然后取出套筛,按筛孔大小顺序,再逐个进行手筛,直至每分钟的筛出量不超过试样总量的 0.1% 时为止。通过的颗粒并入下一号筛,顺序过筛,直到筛完为止。

(4)称出各号筛的筛余量,精确至 1 g。

(四)试验结果

(1)计算分计筛余百分率。各号筛上的筛余量除以试样总质量的百分率,精确至 0.1%。

(2)计算累计筛余百分率。该号筛上的分计筛余百分率与大于该号的各号筛分计筛余百分率之总和,精确到 1%。

(3)根据各筛的累计筛余百分率,评定试样的颗粒级配。

五、石子表观密度试验

(一)试验目的

测定石子的表观密度,即石子单位体积(包括内部封闭孔隙)的质量,作为评定石子质量和混凝土配合比设计的依据。本方法不宜用于测定最大粒径大于 37.5 mm 的碎石或卵石的表观密度。

(二)仪器设备

托盘天平(称量 2 kg,感量 1 g)、广口瓶(1 000 mL,磨口、带玻璃片)、烘箱、方孔筛(孔径为 4.75 mm 的筛一只)、搪瓷盘、刷子等。

(三)试验方法

试验前,按规定取样,并缩分至略大于表 14-2 规定的数量,风干后,应筛去试样中 4.75 mm以下的颗粒,洗刷干净后,分成大致相等的两份备用。

表 14-2　表观密度试验所需试样量

最大粒径(mm)	26.5	31.5	37.5	63.0	75.0
最少试样质量(kg)	2.0	3.0	4.0	6.0	6.0

(1)取试样一份浸水饱和后,置于装饮用水的广口瓶中并排除气泡。

(2)向广口瓶中添满饮用水,用玻璃片沿瓶口滑行,使其紧贴瓶口水面,玻璃片与水面之间不得带有气泡,擦干瓶外水分,称取试样、水、广口瓶和玻璃片的总质量 m_1,精确至 1 g。

(3)将瓶中试样小心倒出,盛在浅盘中,放在105 ℃ ±5 ℃的烘箱中,烘干至恒重,取出放在带盖的容器中冷却至室温,然后称试样的质量 m,精确至1 g。

(4)将瓶洗净,重新注入饮用水,用玻璃片紧贴瓶口水面,擦干瓶外水分后称量 m_2,精确至1 g。

(四)试验结果

计算试样的表观密度 ρ_0:

$$\rho_0 = \frac{m}{m + m_2 - m_1} \cdot \rho_{H_2O} \tag{14-27}$$

式中 ρ_0——砂的表观密度,kg/m^3;

m——试样烘干后质量,g;

m_1——试样、水、瓶和玻璃片的总质量,g;

m_2——水、瓶和玻璃片的总质量,g。

以两次试验结果的算术平均值作为测定值,如两次结果之差大于20 kg/m^3,应重新取样试验。

六、石子堆积密度试验

(一)试验目的

测定石子的松堆积密度、紧堆积密度和空隙率,作为混凝土配合比设计和一般使用的依据。

(二)仪器设备

磅秤(称量50 kg、100 kg,感量50 g各1台)、容量筒(规格见表14-3)、垫棒(直径16 mm,长600 mm的圆钢)、直尺、小铲、烘箱等。

(三)试验方法

试验用烘干或风干试样。

容量筒容积按石子最大粒径选用,见表14-3。

表14-3　容量筒的规格要求

最大粒径(mm)	容量筒容积(L)	容量筒规格		
		内径(mm)	净高(mm)	壁厚(mm)
9.5,16.0,19.0,26.5	10	208	294	2
31.5,37.5	20	294	294	3
53.0,63.0,75.0	30	360	294	4

(1)松堆积密度。用小铲将试样从筒口上方5 cm高处自由落入容量筒内,当容量筒试样上部呈锥状,且容量筒四周溢满时,即停止加料。除去凸出筒口表面的颗粒,并以合适的颗粒填入凹陷空隙,使表面稍凸起部分与凹陷部分的体积大致相等,称取试样和容量筒总质量 m_2。

(2)紧堆积密度。试样分三层装入容量筒,筒底垫放一根直径16 mm的钢筋,每装一层,按住筒身,左右交替摇振25次,振第二层时,筒底钢筋在筒底水平方向转90°,振第三层后,加料至满出筒口,用钢筋沿口边缘滚转,刮下高于筒口的颗粒,用合适的颗粒填平,称取试样和容量筒的总质量 m_2。

(四)试验结果

计算松堆积密度(或紧堆积密度)ρ_0':

$$\rho'_0 = \frac{m_2 - m_1}{V'_0} \tag{14-28}$$

式中 ρ_0'——松堆积密度;

m_1——容量筒质量,kg;

m_2——容量筒和试样总质量,kg;

V_0'——容量筒容积,L。

以两次试验结果的算术平均值为测定值,精确至10 kg/m^3。

(五)计算空隙率 P'

$$P' = 1 - \frac{\rho'_0}{\rho_0} \times 100 \tag{14-29}$$

式中 P'——空隙率;

ρ_0'——石子的松堆积密度,kg/m^3;

ρ_0——石子的表观密度,kg/m^3。

七、石子的强度试验

石料单轴抗压强度是石料标准试件吸水饱和后,在单向受压状态下破坏时的抗压强度。火成岩应不小于80 MPa,变质岩应不小于60 MPa,水成岩应不小于30 MPa。

(一)主要仪器设备

压力试验机(量程为1 000 kN)、锯石机或钻石机、磨平机、游标卡尺等。

(二)试验方法及步骤

(1)用锯石机(或钻石机)从岩石试样(或岩芯)中制取边长50 mm的正立方体或直径与高均为50 mm的圆柱形试件,每6个试件作为一组。

对有显著层理的岩石,应取两组试件(即12个),分别测定其垂直和平行于层理的抗压强度值。

(2)用游标卡尺测定试件尺寸(精确到0.1 mm),对于立方体试件在顶面和底面上各量取其边长,以各个面上相互平行的两个边长的算术平均值计算面积;对于圆柱体试件在顶面和底面上各量取相互正交的两个直径,以其算术平均值计算面积。取顶面和底面面积的算术平均值作为计算抗压强度所用的截面积。

(3)将试件泡水48 h,水的深度高出试件20 mm以上。

(4)试件取出,擦干表面,放在压力机上进行试验,加载速度为0.5~1 MPa/s。

(5)试件的抗压强度按式(14-30)计算(精确至0.1 MPa):

$$R = \frac{P}{A} \tag{14-30}$$

式中　R——抗压强度,MPa;

P——极限破坏荷载,N;

A——试件的截面积,mm^2。

(三)结果的评定

抗压强度取6个试件试验结果的算术平均值,并给出最小值,精确至1 MPa。

八、石子的压碎指标值试验

石子的压碎指标值用于相对地衡量石子在逐渐增加的荷载下抵抗压碎的能力。工程施工单位可采用压碎指标值进行质量控制。

(一)主要仪器设备

压力试验机(量程300 kN)、压碎值测定仪(见图14-13)、垫棒(直径10 mm,长500 mm)、天平(称量1 kg,感量1 g)、方孔筛(孔径分别为2.36 mm、9.50 mm和19.0 mm)。

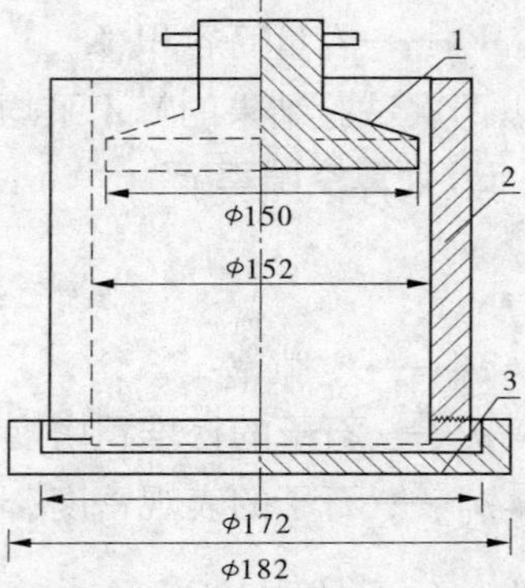

图14-13　压碎值测定仪　(单位:mm)

1—加压头;2—原模;3—底盘

(二)试验方法及步骤

(1)将石料试样风干。筛除大于19.0 mm及小于9.50 mm的颗粒,并除去针片状颗粒。

(2)称取三份试样,每份3 000 g(m_1),精确至1 g。

(3)将试样分两层装入圆模,每装完一层试样后,在底盘下垫直径10 mm垫棒,将筒按住,左右交替颠击地面各25次,平整模内试样表面,盖上压头。

(4)将压碎值测定仪放在压力机上,按1 kN/s速度均匀地施加荷载至200 kN,稳定5 s后卸载。

(5)取出试样,用2.36 mm的筛筛除被压碎的细粒,称出筛余质量(m_2),精确至1 g。

(6)压碎指标值按下式计算,精确至0.1%。

$$Q_e = \frac{m_1 - m_2}{m_2} \tag{14-31}$$

式中　Q_e——压碎指标值,%;

m_1——试样的质量,g;

m_2——压碎试验后筛余的质量,g。

以3次平行试验结果的算术平均值作为压碎指标值的测定值,精确至1%。

九、石子的磨耗试验

石料抵抗摩擦、撞击和边缘剪切等联合作用的性能称为石料抗磨耗性。

磨耗试验是采用规定粗度和数量的碎石在标准的磨耗机中,经旋转一定次数以后,以其质量损失百分率表示。常用的磨耗试验机有洛杉矶式(或称搁板式)磨耗机和狄法尔式(或称双筒式)磨耗机两种。《公路工程集料试验规程》(JTJ 058—2000)规定,采用洛杉机式磨耗机试验法作为评定石料等级的标准,在缺乏洛杉矶式磨耗机设备时,亦可采用狄法尔式磨耗机代替。

(一)洛杉矶式磨耗机试验法

(1)主要仪器设备:小型碎石机或手锤、洛杉矶式磨耗机(见图 14-14)、标准筛(2 mm、10 mm、20 mm、31.5 mm、40 mm 的圆孔筛)、台秤(称量 10 kg,感量 5 g)、烘箱(能使温度控制在 105 ℃ ±5 ℃)。

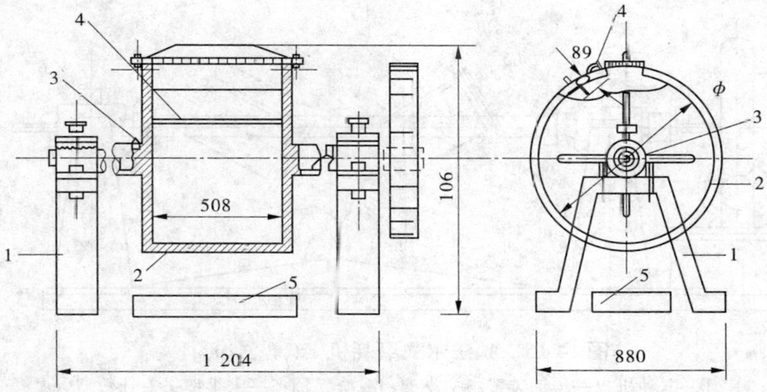

图 14-14　洛杉矶式磨耗机　(单位:mm)

1—支架;2—圆桶;3—筒轴;4—搁板;5—盛器

(2)试验方法及步骤。

①将块石用碎石机轧碎(或人工敲碎)并用水洗净,置于温度为 105 ℃ ±5 ℃的烘箱中,烘干至恒重。可按表 14-4 规定选取碎石试样,并准确称出试样总质量 m_1,准确至5 g,以后各称量准确同此(若实际材料与表中不一致时,可根据规范选择适当的试样级配)。

表 14-4　洛杉矶磨耗试验试样级配

试样粒径(mm)	40 ~ 31.5	31.5 ~ 20	20 ~ 10	共计
试样质量(g)	2 500 ±25	1 250 ±12.5	1 250 ±12.5	5 000 ±50

②开启磨耗机转筒的筒盖,清理转筒,将选好的碎石试样置于筒内,并加直径为 46.8 mm 的钢球 12 个,每个质量为 390 ~ 445 g,总质量为 5 000 g ±50 g,盖好筒盖,调整计数器至零。开动电动机,使圆筒以 30 ~ 33 r/min 的速度旋转。

③待圆筒旋转至 500 转,关闭电动机停止转动,取出试样置于 2 mm 的圆孔筛(或边长为 1.7 mm 的方孔筛)上,筛去石粉和石屑,然后将筛移至自来水龙头上,用水冲洗干净,将存留在筛上的试样在 105 ℃ ±5 ℃的烘箱中烘至恒重,并准确称出磨耗后试样质量 m_2。

④石料磨耗损失按式(14-32)计算,精确至 0.1%。

$$Q_{磨} = \frac{m_1 - m_2}{m_1} \times 100\% \tag{14-32}$$

式中　$Q_{磨}$——石料磨耗损失,%;

m_1——装入筒中的烘干石料试样质量,g;

m_2——试验后洗净烘干的石料试样质量,g。

⑤石料的磨耗损失取两次平行试验结果的算术平均值作为测定值。两次试验误差应不大于 2% ,否则须重做试验。

(二) 狄法尔式磨耗机试验法

(1) 主要仪器设备:标准筛(2 mm、50 mm、75 mm 的圆孔筛)、狄法尔式磨耗试验机(见图 14-15)、小型碎石机、台秤和烘箱等。

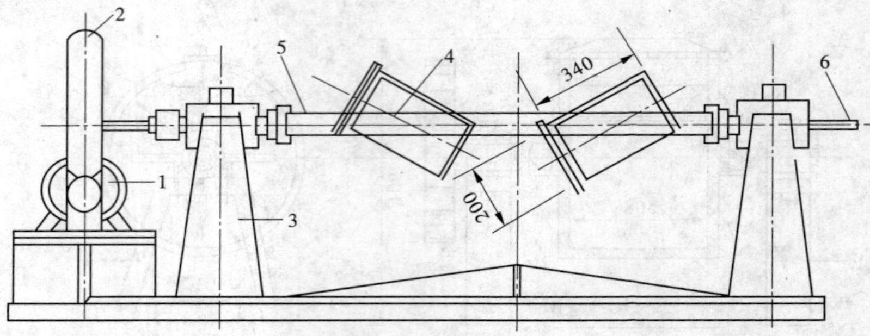

图 14-15 狄法尔式磨耗机 (单位:mm)

1—电动机;2—传动装置;3—支架;4—金属桶;5—水平架;6—计数器

(2) 试验方法及步骤。

①将块石用碎石机轧碎(或人工敲碎),或者是从轧石厂碎石料堆取样得到碎石。将碎石用 75 mm 和 50 mm 的筛子进行筛分,选取两份通过 75 mm 筛子而存留于 50 mm 筛子的碎石各 50 块(每块质量约 100 g),每份总质量约为 5 000 g。

注:粒径、块数及总质量不能符合上述要求时,可控制粒径,其他可略作调整,并于试验结果中注明实际情况。

②将两份碎石试样分别用水冲洗干净,然后置于 105 ℃ ±5 ℃的烘箱中,烘至恒重,分别准确称出每份碎石试样的质量 m_1(准确至 5 g,以后各称量准确度同此)。

③旋开磨耗机圆筒盖子的螺栓,将圆筒揩抹清洁,两份石料试样分别置于两个圆筒中,旋紧筒盖螺栓,调整磨耗机上计数器至零,开动电动机,圆筒即以 30 ~ 33 r/min 的速度旋转。

④待圆筒旋转至 10 000 转,关闭电源,将石料样品取出置于 2 mm 的圆孔筛上,筛去石粉和石屑,用自来水冲洗存留在筛上的碎石,然后置于 105 ℃ ±5 ℃的烘箱中烘至恒重,并准确称出磨耗后石料样品的质量 m_2。

⑤狄法尔法磨耗损失计算与洛杉矶法相同。

试验四 普通混凝土性能试验

一、混凝土拌和物取样及试样制备

(一) 一般规定

混凝土工程施工中取样进行混凝土试验时,其取样方法和原则应按现行《混凝土结构工程施工质量验收规范》(GB 50204—2002)及《普通混凝土力学性能试验方法标准》

(GB/T 50081—2002)有关规定进行。拌制混凝土的原材料应符合技术要求,并与施工实际用料相同。在拌和前,材料的温度应与室温(应保持20 ℃ ±5 ℃)相同。水泥如有结块现象,应用64 孔/cm^2 筛过筛,筛余团块不得使用。

拌制混凝土的材料用量以质量计。称量的精确度:骨粒为 ±1%,水、水泥及混合材料为 ±0.5%。

(二)仪器设备

搅拌机(容量 75 ~ 100 L,转速 18 ~ 22 r/min)、磅秤(称量 50 kg,感量 50 g)、天平(称量 5 kg,感量 1 g)、量筒(200 mL、100 mL)、拌板(1.5 m×2 m 左右)、拌铲、盛器、抹布等。

(三)拌和方法

1. 人工拌和

(1)按所定配合比备料,以全干状态为准。

(2)将拌板和拌铲用湿布润湿后,将砂倒在拌板上,然后加入水泥,用铲自拌板一端翻拌至另一端,然后再翻拌回来,如此重复,直到颜色混合均匀,再加上石子,翻拌至混合均匀为止。

(3)将干混合料堆成堆,在中间作一凹槽,将已称量好的水,倒入一半左右的凹槽中(勿使水流出);然后仔细翻拌,并徐徐加入剩余的水,继续翻拌,每翻拌一次,用铲在混合料上铲切一次,直到拌和均匀为止。

(4)拌和时力求动作敏捷,拌和时间从加水时算起,应大致符合下列规定:

拌和物体积为 30 L 以下的,4 ~ 5 min;拌和物体积为 30 ~ 50 L 时,5 ~ 9 min;拌和物体积为 51 ~ 75 L 时,9 ~ 12 min。

(5)拌好后,根据试验要求,立即做坍落度测定或试件成型。从开始加水时算起,全部操作须在 30 min 内完成。

2. 机械搅拌

(1)按所定配合比备料,以全干状态为准。

(2)预拌一次,即用按配合比的水泥、砂和水组成的砂浆及少量石子,在搅拌机中进行涮膛。然后倒出并刮去多余的砂浆,其目的是使水泥砂浆先黏附满搅拌机的筒壁,以免正式拌和时影响拌和物的配合比。

(3)开动搅拌机,向搅拌机内依次加入石子、砂和水泥,干拌均匀,再将水徐徐加入,全部加料时间不超过 2 min,水全部加入后,继续拌和 2 min。

(4)将拌和物自搅拌机卸出,倾倒在拌板上,再经人工拌和 1 ~ 2 min,即可做坍落度测定或试件成型。从开始加水时算起,全部操作必须在 30 min 内完成。

二、普通混凝土拌和物和易性测定

(一)新拌混凝土拌和物坍落度试验

本方法适用于坍落度值不小于 10 mm,骨料最大料径不大于 40 mm 的混凝土拌和物。测定时需拌制拌和物约 15 L。

1. 主要仪器设备

标准坍落度筒：坍落度筒（见图 14-16）为金属制截头圆锥形，上下截面必须平行并与锥体轴心垂直，筒外两侧焊把手两只，近下端两侧焊脚踏板，圆锥筒内表面必须十分光滑，圆锥筒尺寸为：

底部内径，200 mm ± 2 mm；顶部内径，100 mm ± 2 mm；高度，300 mm ± 2 mm。

其他用具：弹头形捣棒（直径 16 mm、长 650 mm 的钢棒，端部为弹头形）、小铁铲、装料漏斗、直尺（宽 40 mm、厚 3 ~ 4 mm、长约 300 mm）、钢尺、拌板、镘刀和取样小铲等。

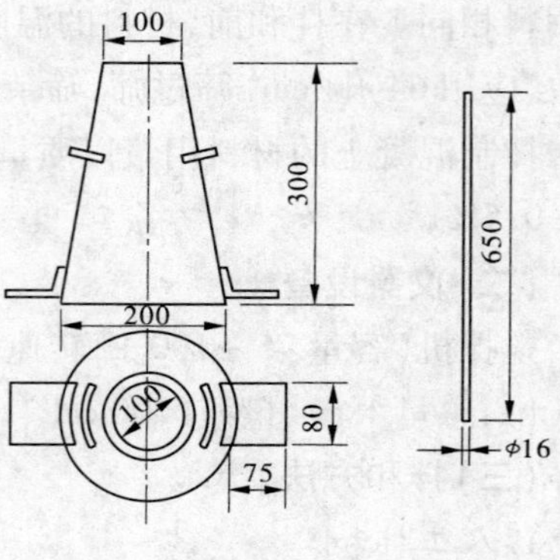

图 14-16　标准坍落度筒　（单位：mm）

2. 测定步骤

（1）每次测定前，用湿布将拌板及坍落度筒内外擦净、润湿，并将筒顶部加上漏斗，放在拌板上，用双脚踩紧踏板，使其位置固定。

（2）用小铲将拌好的拌和物分三层均匀装入筒内，每层装入高度在插捣后大致应为筒高的 1/3。顶层装料时，应使拌和物高出筒顶。插捣过程中，如试样沉落到低于筒口，则应随时添加，以便自始至终保持高于筒顶。每装一层则用捣棒插捣 25 次，插捣应在全部面积上进行，沿螺旋线由边缘渐向中心。插捣筒边混凝土时，捣棒应稍有倾斜，然后垂直插捣中心部分。底层插捣应穿透整个深度，插捣其他两层时，应垂直插捣至下层表面为止。

（3）插捣完毕即卸下漏斗，将多余的拌和物刮去，使与筒顶面齐平，筒周围拌板上的拌和物必须刮净、清除。

（4）将坍落度筒小心平稳地垂直向上提起，不得歪斜，提高过程 5 ~ 10 s，将筒放在拌和物试体一旁，量出坍落后拌和物试体最高点与筒高的距离（以 mm 为单位计，读数精确至 5 mm），即为拌和物的坍落度。

（5）从开始装料到提起坍落度筒的整个过程应连续进行，并在 150 s 内完成。

（6）坍落度筒提离后，如试件发生崩坍或一边剪坏现象，则应重新取样进行测定。如第二次仍出现这种现象，则表示该拌和物和易性不好，应予记录备查。

（7）测定坍落度后，观察拌和物的下述性质，并记录。

黏聚性。用捣棒在已坍落的拌和物锥体侧面轻轻击打，如果锥体逐渐下沉，表示黏聚性良好；如果突然倒塌，部分崩裂或石子离析，即为黏聚性不好的表现。

保水性。提起坍落度筒后如有较多的稀浆从底部析出，锥体部分的拌和物也因失浆而骨料外露，则表明保水性不好。若无这种现象，则表明保水性良好。

3. 坍落度的调整

（1）在按初步计算备好试拌材料的同时，另外还须备好两份为调整坍落度用的水泥与水，备用的水泥与水的比例应符合原定的水灰比，其用量可为原来计算用量的 5% 和 10%。

（2）当测得拌和物的坍落度过大时，可酌情增加砂和石子（保持砂率不变），尽快拌和均匀,重做坍落度测定。

(二)维勃稠度试验

本方法适用于骨料最大粒径不超过 40 mm,维勃稠度在 5 ~ 30 s 的混凝土拌和物稠度测定。测定时需配制拌和物约 15 L。

1. 仪器设备

(1)维勃稠度仪(图 14-17)。其组成如下。

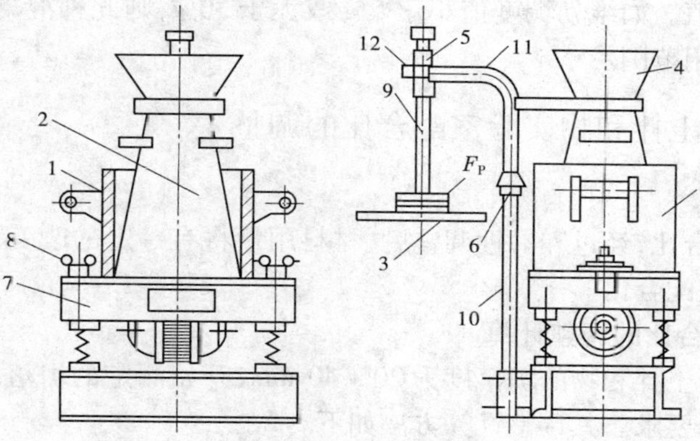

图 14-17　维勃稠度仪

1—容器;2—坍落度筒;3—圆盘;4—喂料斗;5—套筒;6—螺丝 1;7—振动台;
8—测杆;9—支柱;10—旋转架;11—螺丝 2;F_P—荷载

振动台,台面长 380 mm,宽 260 mm,支承在四个减震器上。振动频率 50 Hz ± 3 Hz;空容器时,台面的振幅为 0.5 mm ± 0.1 mm,容器用钢板制成,内径为 240 mm ± 3 mm,高为 20 mm ± 2 mm,筒壁厚 3 mm,筒底厚 7.5 mm。坍落度筒尺寸同标准圆锥坍落度筒,但应去掉两侧的脚踏板。

(2)旋转架,连续测杆及喂料斗。测杆下端安装透明而水平的圆盘,并有螺丝把测杆固定在套筒中,坍落度筒在容器中心安放好后,把喂料斗的底部套在坍落度筒口上,旋转架安装在支柱上,通过十字凹槽来定方向,并用螺丝扒来固定其位置。就位后,测杆或漏斗的轴线应和容器的轴线重合。透明圆盘直径为 230 mm ± 2 mm,厚度为 10 mm ± 2 mm,荷载直接作用在圆盘上。由测杆、圆盘及荷重组成的滑动部分之质量调至 2 750 g ± 50 g。测杆上应有刻度以读出混凝土的坍落度值。

(3)捣棒、小铲、秒表(精度 0.5 s)。

2. 试验步骤

(1)把维勃稠度仪放置在坚实的水平基面上,用湿布把容器、坍落度筒、喂料斗内壁及其他用具擦湿。

(2)将喂料斗提到坍落度筒的上方扣紧,校正容器位置,使其中心与喂料斗中心重合,然后拧紧螺丝。

(3)把混凝土拌和物经喂料分层装入坍落度筒。装料及插捣的方法同坍落度测定中的规定。

(4)把圆盘、喂料斗都转离坍落度筒,小心并垂直地提起坍落度筒,此时应注意不使混凝土试体产生横向的扭动。

(5)把透明圆盘转到混凝土锥体顶面,放松螺丝2,使圆盘轻轻落到混凝土顶面,此时应防止坍落的混凝土倒下与容器内壁相碰。如有需要可记录坍落度值。

(6)拧紧螺丝1,并检查螺丝2是否已经放松,同时开启振动台和秒表,在透明盘的底面被水泥浆所布满的瞬间停下秒表,并关闭振动台。

(7)记录秒表上的时间,读数精确到1 s,由秒表读出的时间秒数表示所试验混凝土拌和物的维勃稠度值。如维勃稠度值小于5 g或大于30 g,则此种混凝土所具有的稠度已超出本仪器的适用范围。

三、普通混凝土拌和物实验室配合比的调整

(一)调整目的

初步计算的配合比,经过和易性调整后,材料用量将有一定的改变,故须进行调整计算,最后得出实验室配合比。

(二)试验室配合比的调整计算

例如,要求混凝土拌和物的坍落度为20~40 mm,开始测定的坍落度为零,经调整后达到30 mm,能满足要求。其调整计算方法如下。

(1)试拌调整。

(2)混凝土拌和物表观密度测定。

①试验目的:测定混凝土拌和物的表观密度,计算1 m^3 混凝土的实际材料用量。

②仪器设备:磅秤(称量100 kg;感量50 g)、容量筒(金属制成的圆筒,对骨料粒径不大于40 mm的混合料,采用容积为5 L的容量筒,其内径与高均为186 mm ±2 mm,筒壁厚为3 mm;骨料粒径大于40 mm时,容量筒的内径及高均应大于骨料最大粒径的4倍)、捣棒(同坍落度测定用捣棒)、振动台(频率50 Hz ±3 Hz,负载振幅为0.35 mm)、小铲、抹刀、金属直尺等。

③试验步骤。

试验前用湿布将容量筒内外擦干净,称出容量筒质量,精确至50 g。拌和物的装料及捣实方法应视混凝土的稠度和施工方法而定。一般来说,坍落度不大于70 mm的混凝土用振动台振实,大于70 mm的,采用捣棒人工捣实。又如施工时用机械振捣,则采用振动法捣实混凝土拌和物,如施工时用人工插捣,则同样采用人工插捣。

采用振动法捣实时,混凝土拌和物应一次装入容量筒,装料时可稍加插捣,并应装满至高出筒口,然后把筒移至振动台上振实,如在振捣过程中混凝土高度沉落到低于筒口,则应随时添加混凝土并振动,直到拌和物表面出现水泥浆为止。如在实际生产的振动时尚须进行加压,则试验时也应在相应压力下予以振实。

采用捣棒捣实时,应根据容量筒的大小决定分层与插捣次数,对5 L的容量筒,混凝土拌和物分两层装入,每层的插捣次数为25次。大于5 L的容量筒。每层混凝土的高度不大于100 mm,每层插捣次数按100 mm^2 不少于12次计算。各次插捣应均衡地分布在每层截面上,插捣底层时捣棒应贯穿整个深度,插捣顶层时捣棒应插透本层,并使之刚刚插入下面一层。每一层捣完后可把捣棒垫在筒底,将筒按住,左右交替地颠击地面各15

下。插捣后如有棒坑留下，可用捣棒轻轻填平。

用金属直尺沿筒口将捣实后多余的混凝土拌和物刮去，仔细擦净容量筒外壁，然后称出质量，精确至 50 g。

④试验结果。用式(14-33)计算混凝土拌和物的表观密度，计算精确至 10 kg/m^3。

$$\rho_b = \frac{m - m_1}{V} \tag{14-33}$$

式中　ρ_b——混凝土拌和物的表观密度，kg/m^3；

m——容量筒和混凝土拌和物总质量，kg；

m_1——空容量筒的质量，kg；

V——空容量筒的容积，m^3。

(3)求调整后 1 m^3 混凝土实际所需材料用量。

四、普通混凝土抗压强度试验

(一)试验目的

测定混凝土立方体抗压强度，作为混凝土质量的主要依据。

(二)试验设备

(1)试验机。压力试验机或万能试验机，其精度应不低于 ±2%，其量程应能使试件的预期破坏荷载值不小于全量程的 20%，也不大于全量程的 80%。试验机应按计量仪表使用规定进行定期检查，以确保试验结果的准确性。

(2)振动台。振动频率为 50 Hz ±3 Hz，空载振幅约为 0.5 mm。

(3)试模。试模由铸铁或钢制成，应具有足够的刚度并拆装方便。试模内表面应保证足够的平滑度，或经机械加工，其不平度应不超过 0.05%，组装后相邻面的不垂直度应不超过 ±0.5%。

(4)捣棒、小铁铲、金属直尺、镘刀等。

(三)试件的成型和养护

(1)混凝土抗压强度试验一般以三个试件为一组。每一组试件所用的拌和物应从同一盘或同一车运送的混凝土中取出，或在实验室用机械或人工单独拌制。可以检验现浇混凝土工程或预制构件质量的试件分组及取样原则；应按《混凝土结构工程施工质量验收规范》(GB 50204—2002)及其他有关标准的规定执行。

(2)制作前，应将试模擦拭干净，并在试模内表面涂一薄层矿物油脂。

所有试件应在取样后立即制作。试件成型方法应视混凝土的稠度而定。一般坍落度小于 70 mm 的混凝土用振动台振实，大于 70 mm 的用捣棒人工捣实。

①振动台振实成型。将拌和物一次装入试模，并稍有富裕，然后将试模放在振动台上并加以固定。开启振动台，振至拌和物表面呈现水泥浆时为止。记录振动时间。振动结束后，用镘刀沿试模边缘将多余的拌和物刮去，并将表面抹平。

②人工捣实成型。拌和物分两层装入试模，每层厚度大致相等。插捣按螺旋方向从边缘向中心均匀进行。插捣底层时，捣棒应达到试模底面；插捣上层时，捣棒应穿入下层深度 20 ~ 30 mm。插捣时，捣棒应保持垂直，并用镘刀沿试模内壁插入数次。每层插捣次

数见表 14-5，一般 100 cm^2 面积应不少于 12 次，然后根据骨料的最大颗粒直径选择。制作试块所需的混凝土大致数量见表 14-5。

表 14-5　试件尺寸及强度的换算系数

试件边长（mm × mm × mm）	允许骨料最大粒径（mm）	每层插捣次数	每组需混凝土量（kg）	换算系数
100 × 100 × 100	30	12	9	0.95
150 × 150 × 150	40	25	30	1.00
200 × 200 × 200	60	50	65	1.05

（3）试件成型后应覆盖，以防止水分蒸发，并在室温为 20 ℃ ±5 ℃情况下至少静置 1 d（不得超过 2 d），然后编号拆模。

拆模后的试件应立即放在温度为 20 ℃ ±2 ℃、相对湿度 95% 以上的标准养护室中养护。在标准养护室内试件应放在架上，彼此间隔均为 10 ~ 20 mm，并应避免用水直接冲淋试件。无标准养护室时，混凝土试件可放在温度为 20 ℃ ±2 ℃的不流动的 $Ca(OH)_2$ 饱和溶液中养护。试件成型后需与构件同条件养护时，应覆盖其表面。试件拆模时间可与实际构件的拆模时间相同。拆模后的试件仍应保持与构件相同的养护条件。

（四）抗压试验步骤

（1）试件从养护地点取出后应及时进行试验，以免试件内部的温、湿度发生显著变化。

（2）试件在试压前应先擦干净，测量尺寸，并检查其外观，试件尺寸测量精确至1 mm，并据此计算试件的承压面积 A。试件不得有明显缺损，其承压面的不平度要求不超过 0.05%，承压面与相邻面的不垂直偏差不超过 ±0.5°。

（3）把试件安放在试验机下压板中心，试件的承压面与成型时的顶面垂直。开动试验机，当上压板与试件接近时，调整球座，使接触均衡。

（4）加压时，应持续而均匀地加荷。加荷速度为：混凝土强度等级小于 C30 时，取 0.3 ~ 0.5 MPa/s；当混凝土强度等级等于或大于 C30 时，取 0.5 ~ 0.8 MPa/s。当试件接近破坏而开始迅速变形时，应停止调整试验机油门，直至试件破坏，然后记录破坏荷载 P。

（五）试验结果

（1）混凝土立方体试件抗压强度按式（14-34）计算：

$$f_c = \frac{P}{A} \tag{14-34}$$

式中 f_c——混凝土立方体试件抗压强度，MPa；

P——破坏荷载，N；

A——试件承压面积，mm^2。

混凝土立方体试件抗压强度的计算应精确至 0.1 MPa。

（2）以三个试件算术平均值作为该组试件的抗压强度值。三个试件中的最大值或最小值，如有一个与中间值的差异超过中间值的 15%，则把最大值及最小值一并舍去，取中间值作为该组试件的抗压强度值。如最大值、最小值与中间值的差均超过中间值的 15%，则该组试件的试验结果无效。

(3)取 150 mm×150 mm×150 mm 试件抗压强度为标准值,用其他尺寸试件测得的强度值均乘以尺寸换算系数(见表 14-5)。

试验五　混凝土外加剂试验

一、混凝土外加剂匀质性试验

本试验适用于普通减水剂、高效减水剂、缓凝高效减水剂、早强减水剂、缓凝减水剂、引气减水剂、早强剂、缓凝剂、引气剂、泵送剂、防水剂、膨胀剂和速凝剂等共 13 种混凝土外加剂,共有固体含量、密度、细度、pH 值、表面张力、氯离子含量、硫酸钠含量、还原糖含量、水泥净浆流动度和水泥砂浆工作性等 10 项试验。本节仅介绍固体含量、密度、细度和 pH 值 4 项试验。

(一)相关标准

《混凝土外加剂匀质性试验方法》(GB/T 8077—2000)。

(二)编号与取样

1. 编号

生产厂家应根据产量和生产设备条件将产品分批编号,掺量大于 1%(含 1%)同品种的外加剂每一编号为 100 t,掺量小于 1% 同品种的外加剂每一编号为 50 t,不足 100 t 或 50 t 的也可按一个批量计,同一编号的产品必须混合均匀。

2. 取样

每一编号为一取样单位,每一编号取样量不少于 0.2 t 水泥所需的外加剂量。

每一编号取得的试样应充分混匀,分为两等份,一份按表 14-6 中规定部分项目进行试验。另一份要密封保存半年,以备有疑问时提交国家指定的检验机构进行复验或仲裁。

表 14-6　试验项目及所需数量

<table>
<tr><th rowspan="2">试验项目</th><th rowspan="2">外加剂类别</th><th rowspan="2">试验类别</th><th colspan="4">试验所需数量</th></tr>
<tr><th>混凝土拌和批数</th><th>每批取样数目</th><th>掺外加剂混凝土总取样数目</th><th>基准混凝土总取样数目</th></tr>
<tr><td>减水率</td><td>除早强剂、缓凝剂外各种外加剂</td><td rowspan="4">混凝拌和物</td><td>3</td><td>1 次</td><td>3 次</td><td>3 次</td></tr>
<tr><td>泌水率比</td><td rowspan="3">各种外加剂</td><td>3</td><td>1 个</td><td>3 个</td><td>3 个</td></tr>
<tr><td>含气量</td><td>3</td><td>1 个</td><td>3 个</td><td>3 个</td></tr>
<tr><td>凝结时间差</td><td>3</td><td>1 个</td><td>3 个</td><td>3 个</td></tr>
<tr><td>抗压强度比</td><td rowspan="2">各种外加剂</td><td rowspan="2">硬化混凝土</td><td>3</td><td>9 或 12 块</td><td>27 或 36 块</td><td>27 或 36 块</td></tr>
<tr><td>收缩比率</td><td>3</td><td>1 块</td><td>3 块</td><td>3 块</td></tr>
<tr><td>相对耐久性指标</td><td>引气剂,引气减水剂</td><td>硬化混凝土</td><td>3</td><td>1 块</td><td>3 块</td><td>3 块</td></tr>
<tr><td>钢筋锈蚀</td><td>各种外加剂</td><td>新拌或硬化砂浆</td><td>3</td><td>1 块</td><td>3 块</td><td>3 块</td></tr>
</table>

注:试验时,检验一种外加剂的三批混凝土要在同一天内完成。

（三）试验基本规定

1. 试验次数与要求

每项测定的试验次数规定为两次，用两次试验平均值表示测试结果。

所用的水为蒸馏水或同等纯度的水（水泥净浆流动度、水泥砂浆工作性除外）。

所用的化学试剂除特别注明外，均为纯化学试剂。

2. 允许差

允许差为绝对偏差。

室内允许差：同一分析实验室同一分析人员（或两个分析人员），采用本标准方法分析同一试样时，两个分析结果应符合允许差规定。如超出允许范围，应在短时间内进行第三次测定（或第三者的测定），测定结果与前两次或任一次分析结果之差值符合允许差规定时，则取其平均值，否则，应查找原因，重新按上述规定进行分析。

室间允许差：两个实验室采用本标准方法对同一试样各自进行分析时，所得分析结果的平均值之差应符合允许差规定。如有争议应商定另一单位按本标准进行仲裁分析。以仲裁单位报出的结果为准，与原分析结果比较，若两个分析结果差值符合允许差规定，则认为原分析结果无误。

（四）固体含量试验

1. 试验原理

在已恒量的称量瓶内放入被测试样于一定温度下烘至恒量。

2. 主要仪器设备

（1）天平：不应低于四级，精确至 0.001 g；

（2）鼓风电热恒温干燥箱：温度范围 0～200 ℃；

（3）带盖称量瓶：25 mL 或 65 mL；

（4）干燥器：内盛变色硅胶。

3. 试验步骤

（1）将洁净带盖称量瓶放入烘箱内，于 100～105 ℃烘 30 min，取出置于干燥器内，冷却 30 min 后称量，重复上述步骤直至恒量，其质量为 m_0。

（2）试样称量：固体产品 1.000～2.000 g，液体产品 3.000～5.000 g。将被测试样装入已经恒量的称量瓶内，盖上盖称出试样及称量瓶的总质量为 m_1。

（3）将盛有试样的称量瓶放入烘箱内，开启瓶盖，升温至 100～105 ℃（特殊品种除外）烘干，盖上盖置于干燥器内冷却 30 min 后称量，重复上述步骤直至恒量，其质量为 m_2。

4. 结果计算

固体含量 $X_{固}$ 按式（14-35）计算：

$$X_{固} = \frac{m_2 - m_1}{m_1 - m_0} \times 100\% \tag{14-35}$$

式中　$X_{固}$——固体含量，%；

m_0——称量瓶的质量，g；

m_1——称量瓶加试样的质量，g；

m_2——称量瓶加烘干后试样的质量,g。

(五)密度试验

密度试验有比重瓶法、液体比重天平法和精密密度计法3种,本书仅介绍精密密度计法。

1. 试验原理

先以波美比重计测出溶液的密度,再参考波美比重计所测的数据,以精密密度计准确测出试样的密度值ρ。

2. 测试条件

(1)液体样品直接测试;

(2)固体样品溶液的浓度为10 g/L;

(3)被测溶液的温度为(20±1)℃;

(4)被测溶液必须清澈,如有沉淀应滤去。

3. 主要仪器设备

(1)波美比重计;

(2)精密密度计;

(3)超级恒温器或同等条件的恒温设备。

4. 试验步骤

(1)将已恒温的外加剂倒入500 mL玻璃量筒内,以波美比重计插入溶液中测出该溶液的密度。

(2)参考波美比重计所测溶液的数据,选择这一刻度范围的精密密度计插入溶液中,精确读出溶液凹液面与精密密度计相齐的刻度即为该溶液的密度ρ。

5. 结果计算

测得的数据即为20 ℃时外加剂溶液的密度。

试验结果室内允许差为0.001 g/mL,室间允许差为0.002 g/mL。

(六)细度试验

1. 试验原理

采用孔径为0.315 mm的试验筛,称取烘干试样m_0倒入筛内,用人工筛样,称量筛余物质量m_1,按式(14-36)计算出筛余物的百分含量。

2. 主要仪器设备

(1)药物天平:称量100 g,分度值0.1 g;

(2)试验筛:采用孔径为0.315 mm的铜丝网筛布。筛框有效直径150 mm、高50 mm。筛布应紧绷在筛框上,接缝必须严密,并附有筛盖。

3. 试验步骤

外加剂试样应充分拌匀并经100~105 ℃(特殊品种除外)烘干,称取烘干试样10 g倒入筛内,用人工筛样,将近筛完时,必须一手执筛往复摇动,一手拍打,摇动速度约为120次/min。其间,筛子应向一定方向旋转数次,使试样分散在筛布上,直至每分钟通过质量不超过0.05 g时为止。

称量筛余物,称准至0.1 g。

4. 结果计算

细度用筛余 F 表示，按式(14-36)计算：

$$f = \frac{m_1}{m_0} \times 100\% \tag{14-36}$$

式中 f——筛余，%；

m_1——筛余物质量，g；

m_0——试样质量，g。

筛余结果室内允许差为 0.40%；室间允许差为 0.60%。

(七) pH 值试验

1. 试验原理

根据能斯特(Nernst)方程 $E = E_0 + 0.05915\ \lg[\mathrm{H}^+]$，利用一对电极在不同 pH 值溶液中能产生不同电位差，这一对电极由测试电极(玻璃电极)和参比电极(饱和甘汞电极)组成，在 25 ℃时每相差一个单位 pH 值时产生 59.15 mV 的电位差，pH 值可在仪器的刻度表上直接读出。

2. 测试条件

(1) 液体样品直接测试；

(2) 固体样品溶液的浓度为 10 g/L；

(3) 被测溶液的温度为(20 ± 3)℃。

3. 主要仪器设备

(1) 酸度计；

(2) 甘汞电极；

(3) 玻璃电极；

(4) 复合电极。

4. 主要仪器设备操作

(1) 校正。按仪器的出厂说明书校正仪器。

(2) 测量。当仪器校正好后，先用水，再用测试溶液冲洗电极，然后再将电极浸入被测溶液中轻轻摇动试杯，使溶液均匀。待酸度计的读数稳定 1 min 后，记录读数。测量结束后，用水冲洗电极，以待下次测量。

5. 结果计算

酸度计测出的结果即为溶液的 pH 值。

试验结果室内允许差为 0.2，室间允许差为 0.5。

二、混凝土外加剂对水泥的适应性试验

本方法适用于检测各类混凝土减水剂及减水剂复合的各种外加剂对水泥的适应性，也可用于检测其对矿物掺合料的适应性。

(一) 相关标准

《混凝土外加剂应用技术规范》(GB 50119—2003)。

(二)主要仪器设备

(1)水泥净浆搅拌机;

(2)截锥形圆模:上口内径 36 mm,下口内径 60 mm,高度 60 mm,内壁光滑无接缝的金属制品;

(3)玻璃板:400 mm×400 mm×5 mm;

(4)钢直尺:300 mm;

(5)刮刀;

(6)秒表、时钟;

(7)电子天平:称量 100 g、精度 1 g 和称量 50 g、精度 0.05 g 的天平各 1 台。

(三)试验步骤

(1)将玻璃板放置在水平位置,用湿布将玻璃板、截锥圆模、搅拌器及搅拌锅均匀擦过,使其表面湿而不带水滴。

(2)将截锥圆模放在玻璃板中央,并用湿布覆盖待用。

(3)称取水泥 600 g,倒入搅拌锅内。

(4)对某种水泥需选择外加剂时,每种外加剂应分别加入不同掺量;对某种外加剂选择水泥时,每种水泥加入不同掺量的外加剂。对不同品种外加剂和不同掺量应分别进行试验。

(5)加入 174 g 或 210 g 水(外加剂为水剂时,应扣除其含水量),搅拌 4 min。

(6)将拌好的净浆迅速注入截锥圆模内,用刮刀刮平,将截锥圆模按垂直方向提起,同时,开启秒表计时,至 30 s 时用直尺量取流淌水泥净浆互相垂直的两个方向的最大直径,取平均值作为水泥净浆初始流动度。

(7)已测定过流动度的水泥浆应弃去,不再装入搅拌锅中。水泥净浆停放时,应用湿布覆盖搅拌锅。

(8)留剩在搅拌锅内的水泥净浆,加水后 30 min 即开启搅拌机,搅拌 4 min,按(6)的方法分别测定相应时间的水泥净浆流动度。

(四)结果分析

(1)绘制以掺量为横坐标,流动度为纵坐标的曲线。其中饱和点(外加剂掺量与水泥净浆流动度变化曲线的拐点)外加剂掺量低、流动度大、流动度损失小的外加剂对水泥的适应性好。

(2)需注明所用外加剂和水泥的品种、等级、生产厂家,实验室温度、相对湿度等。如果水灰比(水胶比)与规定不符,也需注明。

三、掺外加剂混凝土性能试验

本试验适用于普通减水剂、高效减水剂、缓凝高效减水剂、早强减水剂、缓凝减水剂、引气减水剂、早强剂、缓凝剂和引气剂共 9 种混凝土外加剂,共包含混凝土减水率、泌水率比、含气量、凝结时间差、抗压强度比、收缩率比、相对耐久性指标和对钢筋锈蚀作用等 8 项试验。本节仅介绍减水率、泌水率比、含气量、凝结时间差和抗压强度比等 5 项试验。

(一)相关标准

《混凝土外加剂》(GB 8076—1997)。

(二)试验用原材料及混凝土配合比

1. 试验用原材料

(1)水泥采用标准规定的基准水泥。在因故得不到基准水泥时,允许采用 C_3A 含量 6% ~8%,总碱量($Na_2O+0.658\ K_2O$)不大于1%的熟料和二水石膏、矿渣共同磨制的强度等级大于(含)42.5 的普通硅酸盐水泥。但仲裁仍需用基准水泥。

(2)砂采用符合《建筑用砂》(GB/T 14684—2001)要求的细度模数为2.6~2.9的中砂。

(3)石子采用符合《建筑用卵石、碎石》(GB/T 14685—2001)要求的粒径为5~20 mm的石子,其中5~10 mm占40%,10~20 mm占60%。如有争议,以卵石试验结果为准。

(4)水采用符合《混凝土用水标准》(JGJ 63—2006)要求的水。

(5)外加剂采用需要检测的外加剂。

2. 混凝土配合比

基准混凝土配合比按《普通混凝土配合比设计规程》(JGJ 55—2002)进行设计。掺非引气型外加剂混凝土和基准混凝土的水泥、砂、石的比例不变。配合比设计应符合以下几个规定。

(1)水泥用量:采用卵石时,(310±5)kg/m^3;采用碎石时,(330±5)kg/m^3。

(2)砂率:基准混凝土和掺外加剂混凝土的砂率均为36%~40%,但掺引气减水剂和引气剂的混凝土砂率应比基准混凝土低1%~3%。

(3)外加剂掺量:按科研单位或生产厂家推荐的掺量。

(4)用水量:应使混凝土坍落度达(80±10)mm。

(三)混凝土搅拌与试件制作

1. 混凝土搅拌

(1)采用60 L混凝土搅拌机搅拌,全部材料及外加剂一次投入,拌和量应不少于15 L,不大于45 L,搅拌3 min,出料后在铁板上用人工翻拌2~3次再进行试验。

(2)各种混凝土材料及试验环境温度均应保持在(20±3)℃。

2. 混凝土试件制作

混凝土试件制作及养护按《普通混凝土拌合物性能试验方法标准》(GB/T 50080—2002)进行,但混凝土预养温度为(20±3)℃。

(四)混凝土拌和物减水率比试验

减水率与坍落度基本相同时,为基准混凝土和掺外加剂混凝土单位用水量之差与基准混凝土单位用水量之比。

减水率按式(14-37)计算:

$$W_R = \frac{W_0 - W_1}{W_0} \times 100\% \tag{14-37}$$

式中 W_R——减水率,%;

W_0——基准混凝土单位用水量,kg/m^3;

W_1——掺外加剂混凝土单位用水量,kg/m^3。

W_R 以三批试验的算术平均值计算,精确到小数点后一位。若三批试验的最大值或最小值中有一个与中间值之差超过中间值的15%时,则把最大值与最小值一并舍去,取中间值作为该组试验的减水率。若有两个测值与中间值之差均超过15%时,则该批试验结果无效,应该重做。

(五)混凝土拌和物泌水率比试验

泌水率的测试方法如下:先用湿布润湿容积为5 L的带盖筒(内径为185 mm,高为200 mm),将混凝土拌和物一次装入,在振动台上振动20 s,然后用抹刀轻轻抹平,加盖以防止水分蒸发。试样表面应比筒口边低约20 mm。自抹面开始计算时间,在前60 min,每隔10 min用吸液管吸出泌水一次,以后每隔20 min吸水一次,直至连续三次无泌水为止。每次吸水前5 min,应将筒底一侧垫高约20 mm,使筒倾斜,以便于吸水。吸水后,将筒轻轻放平盖好,将每次吸出的水都注入带塞的量筒,最后计算出总的泌水量,精确至1 g,并按式(14-38)、式(14-39)计算泌水率。

$$B = \frac{M_W}{(m_2/m)m_w} \times 100\% \tag{14-38}$$

$$m_w = m_1 - m_0 \tag{14-39}$$

式中　B——泌水率,%;

M_W——泌水总质量,g;

m_2——混凝土拌和物的用水量,g;

m——混凝土拌和物的总质量,g;

m_w——试样质量,g;

m_1——筒及试样质量,g;

m_0——筒质量,g。

试验时,每批混凝土拌和物取3个试样,泌水率取3个试样的算术平均值。若三个试样的最大值或最小值中有一个与中间值之差大于中间值的15%,则把最大值与最小值一并舍去,取中间值作为该组试验的泌水率,如果最大与最小值与中间值之差均大于中间值的15%时,则应重做试验。

泌水率比按式(14-40)计算,精确到小数点后一位数。

$$B_R = \frac{B_t}{B_c} \times 100\% \tag{14-40}$$

式中　B_R——泌水率比,%;

B_t——掺外加剂混凝土泌水率,%;

B_c——基准混凝土泌水率,%。

(六)混凝土拌和物含气量试验

混凝土拌和物一次装满并稍高于容器,用振动台振实15~20 s,用高频插入式振捣器(φ25 mm,1 400次/min)在模型中心垂直振捣10 s。

试验时,每批混凝土拌和物取一个试样,含气量以三个试样测量值的算术平均值来表示。若三个试样中的最大值或最小值中有一个与中间值之差超过0.5%,将最大值与最小值一并舍去,取中间值作为该批的试验结果,如果最大值与最小值均超过0.5%,则应重做试验。

(七)混凝土拌和物凝结时间差试验

一般基准混凝土在成型后3~4 h,掺早强剂的在成型后1~2 h,掺缓凝剂的在成型后4~6 h开始测定,以后每0.5 h或1 h测定一次,但在临近初、终凝时,可以缩短测定间隔时间。测定初凝时间用截面积为 100 mm^2 的试针，测定终凝时间用截面积为 200 mm^2 的试针。

试验时，每批混凝土拌和物取一个试样，凝结时间取三个试样的平均值。若三批试验的最大值或最小值之中有一个与中间值之差超过 30 min 时，则把最大值与最小值一并舍去，取中间值作为该组试验的凝结时间。若最大值和最小值与中间值之差均超过 30 min 时，则该组试验结果无效，应重做试验。

凝结时间差按式(14-41)计算：

$$\Delta T = T_t - T_c \tag{14-41}$$

式中　ΔT——凝结时间之差，min；

T_t——掺外加剂混凝土的初凝或终凝时间，min；

T_c——基准混凝土的初凝或终凝时间，min。

(八)混凝土抗压强度比试验

试件用振动台振动 15 ~ 20 s，用插入式高频振捣器(ϕ25 mm，1 400 次/min)振捣，时间为 8 ~ 12 s。试件预养温度为(20 ± 3)℃。

试验结果以三批试验测量值的平均值表示，若三批试验中的最大值或最小值与中间值的差值超过中间值的 15%，则把最大值及最小值一并舍去，取中间值作为该批的试验结果；如最大值和最小值与中间值的差均超过中间值的 15%，则试验结果无效，应该重新试验。

抗压强度比以掺外加剂混凝土与基准混凝土同龄期抗压强度之比表示，按式(14-42)计算：

$$R_s = \frac{S_t}{S_c} \times 100\% \tag{14-42}$$

式中　R_s——抗压强度比，%；

S_t——掺外加剂混凝土的抗压强度，MPa；

S_c——基准混凝土的抗压强度，MPa。

四、技术要求

混凝土外加剂匀质性指标应符合表 14-7 的要求。

表 14-7　混凝土外加剂匀质性指标

试验项目	指标
固含量或含水率	对液体外加剂，应在生产厂家控制值的相对量的 3% 之内 对固体外加剂，应在生产厂家控制值的相对量的 5% 之内
密度	对液体外加剂，应在生产厂家控制值的 ±0.02 g/cm^3 之内
水泥净浆流动度	应不小于生产厂家控制值的 95%
细度	0.315 mm 筛筛余应小于 15%
pH 值	应在生产厂家控制值的 ±1% 之内
表面张力、砂浆减水率	应在生产厂家控制值的 ±1.5% 之内
还原糖	应在生产厂家控制值的相对量的 3% 之内
总碱量(Na_2O + 0.658 K_2O)、硫酸钠、氯离子含量、泡沫性能	应在生产厂家控制值的相对量的 5% 之内

掺外加剂混凝土性能指标应符合表 14-8 的要求。

表 14-8 掺外加剂混凝土性能指标

试验项目		外加剂品种																	
		普通减水剂		高效减水剂		早强减水剂		缓凝高效减水剂		缓凝减水剂		引气减水剂		早强剂		缓凝剂		引气剂	
		一等品	合格品	一等品	合格品	一等品	合格品	一等品	合格品	一等品	合格品	一等品	合格品	一等品	合格品	一等品	合格品	一等品	合格品
减水率(%),不小于		8	5	12	10	8	5	12	10	8	5	10	10	—	—	—	—	6	6
泌水比率(%),不大于		95	100	90	95	95	100	100		100		70	80	100		100	110	70	80
含气量(%)		≤3.0	≤4.0	≤3.0	≤4.0	≤3.0	≤4.0	<4.5		<5.5		>3.0		—		—		>3.0	
凝结时间之差(min)	初凝	-90 ~ +120		-90 ~ +120		-90 ~ +90		> +90		> +90		-90 ~ +120		-90 ~ +90		> +90		-90 ~ +120	
	终凝							—		—						—			
抗压强度比(%),不小于	1 d	—		140	130	140	130	—		—		—		135	125	—		—	
	3 d	115	110	130	120	130	120	125	120	100		115	110	130	120	100	90	95	80
	7 d	115	110	125	115	115	110	125	115	110		110		110	105	100	90	95	80
	28 d	110	105	120	110	105	100	120	110	110	105	100		100	95	100	90	90	90
收缩率比(%),不大于	28 d	135		135		135		135		135		135		135		135		135	
相对耐久性指标(%),200 次,不小于		—		—		—		—		—		80	60	—		—		80	60
对钢筋腐蚀作用		应说明对钢筋无锈蚀危害																	

注:1. 除含气量外,表中所列数据为掺外加剂混凝土与基准混凝土的差值与比值。

2. 凝结时指标,“-”号表示提前,“+”号表示延缓。

3. 相对耐久性指标一栏中,“200 次≥80 和 60”表示将 28 d 龄期的掺外加剂混凝土试件冻融循环 200 次后,动弹性模量保留值≥80%或≥60%。

4. 对于可以用高频振捣排除的,由外加剂所引入的气泡的产品,允许用高频振捣,达到某类型性能要求的外加剂,可按本表进行命名和分类,但须在产品说明书和包装上注明“用于高频振捣的××剂”。

五、检验项目

(1)混凝土外加剂出厂检验项目为表 14-9 中所列项目。

表 14-9　外加剂测定项目

测定项目	外加剂品种									
	普通减水剂	高效减水剂	早强减水剂	缓凝高效减水剂	缓凝减水剂	引气减水剂	早强剂	缓凝剂	引气剂	备注
固体含量	√	√	√	√	√	√	√	√	√	
密度										液体外加剂必测
细度										粉状外加剂必测
pH 值	√	√	√	√	√	√				
表面张力		√		√		√			√	
泡沫性能						√			√	
氯离子含量	√	√	√	√	√	√	√	√	√	
硫酸钠含量										含有硫酸钠的早强减水剂或早强剂必测
总碱量	√	√	√	√	√	√	√	√	√	每年至少一次
还原糖分	√			√	√			√		木钙减水剂必测
水泥净浆流动度	√	√	√	√	√	√				两种任选一种
水泥砂浆流动度	√	√	√	√	√	√	√	√		

(2)进场检验项目包括表 14-7 和表 14-8 中所有性能指标。按批次检验时通常检测减水率、泌水率、凝结时间差、抗压强度比和对钢筋的锈蚀作用等 5 项。

六、判定规则

产品经检验,匀质性符合表 14-7 的要求,各种类型减水剂的减水率、缓凝型外加剂的凝结时间差、引气型外加剂的含气量及硬化混凝土的各项性能符合表 14-8 要求,则判定该编号外加剂为相应等级的产品,如不符合上述要求时,则该编号外加剂不合格。其余项目作为参考指标。

七、复验

复验以封存样进行。如使用单位要求现场取样,应事先在供货合同中规定,并在生产和使用单位人员在场的情况下于现场取平均样,复验按照检验项目检验。

试验六　混凝土掺合料试验

一、粉煤灰试验

本试验方法适用于拌制混凝土和砂浆时作为掺合料的粉煤灰。本节介绍细度、需水量比和烧失量 3 项试验。

(一) 相关标准

《用于水泥和混凝土中的粉煤灰》(GB/T 1596—2005)。

(二) 编号与取样

1. 编号

以连续供应的 200 t 相同等级、相同种类的粉煤灰为一个编号。不足 200 t 按一个编号论，粉煤灰质量按干灰(含水量小于 1%)的质量计算。

2. 取样

每一编号为一取样单位，当散装粉煤灰运输工具的容量超过该厂规定出厂编号吨数时，允许该编号的数量超过取样规定吨数。

取样方法按《水泥取样方法》(GB 12573—1990)进行。取样应有代表性，可连续取，也可从 10 个以上不同部位取等量样品，总量至少 3 kg。

必要时，买方可对粉煤灰的技术要求进行随机抽样检验。

(三) 细度试验

1. 目的与要求

细度是评价粉煤灰品质的重要指标之一，粉煤灰细度用负压筛法测定。

2. 试验原理

利用气流作为筛分的动力和介质，通过旋转的喷嘴喷出的气流作用使筛网里的待测粉状物料呈流态化，并在整个系统负压的作用下，将细颗粒通过筛网抽走，从而达到筛分的目的。

3. 主要仪器

(1) 负压筛析仪：负压筛析仪主要由 45 μm 方孔筛、筛座、真空筛和收尘器等组成，其中 45 μm 方孔筛内径为 150 mm，高度为 25 mm。

(2) 天平：量程不小于 50 g，精度 0.01 g。

4. 试样预处理

将测试用粉煤灰样品置于温度为 105 ~ 110 ℃烘箱内烘至恒重，取出放在干燥器中冷却至室温。

5. 试样预处理

(1) 称取试样约 10 g，精确至 0.01 g，倒入 45 μm 方孔筛筛网上，将筛子置于筛座上，盖上筛盖。

(2) 接通电源，将定时开关固定在 3 min，开始筛析。

(3) 开始工作后，观察负压表，使负压稳定在 4 000 ~ 6 000 Pa。若负压小于 4 000 Pa，应停机，清理收尘器中的积灰后再进行筛析。

(4)在筛析过程中，可用轻质木棒或硬橡胶棒轻轻敲打筛盖，以防吸附。

(5)3 min 后筛析自动停止，停机后观察筛余物，如出现颗粒成球、粘筛或有细颗粒沉积在筛框边缘，用毛刷将细颗粒轻轻刷开，将定时开关固定在手动位置，再筛析 1 ~ 3 min 直至筛分彻底为止。将筛网内的筛余物收集并称量，精确至 0.01 g。

6. 结果计算

45 μm 方孔筛筛余按式(14-43)计算，精确至 0.1%。

$$F = (m_1 / m) \times 100\% \tag{14-43}$$

式中　F——45 μm 方孔筛筛余，%；

m_1——筛余物的质量，g；

m——称取试验的质量，g。

7. 结果计算

筛析 150 个样品后进行筛网的校正。筛网的校正采用粉煤灰标准样品或其他同等级标准样品，按细度试验步骤测定标准样品的细度，并计算筛网校正系数。筛网校正系数为标准样品筛余标准值与标准样品筛余实测值的比值，范围为 0.8 ~ 1.2。

(四)需水量比试验

1. 目的与要求

需水量比是评价粉煤灰品质的重要指标之一，粉煤灰需水量比采用水泥胶砂测定。

2. 试验原理

测定试验胶砂与对比胶砂的流动度，以两者流动度达到 130 ~ 140 mm 时的加水量之比确定粉煤灰的需水量比。

3. 材料

(1)水泥：GSB 14—1510 强度检验用水泥标准样品。

(2)标准砂：符合《水泥胶砂强度检验方法(ISO 法)》(GB/T 17671—1999)规定的 0.5 ~ 1.0 mm 的中级砂。

(3)水：清洁的饮用水。

4. 主要仪器设备

(1)天平：量程不小于 1 000 g，精确 1 g；

(2)搅拌机：符合《水泥胶砂强度检验方法(ISO 法)》(GB/T 17671—1999)规定的行星式水泥胶砂搅拌机；

(3)跳桌：符合《水泥胶砂流动度测定方法》(GB/T 2419—2005)规定的跳桌。

5. 试验步骤

(1)胶砂配合比见表 14-10。

表 14-10　水泥胶砂配合比

胶砂种类	水泥(g)	粉煤灰(g)	标准砂(g)	水(mL)
对比胶砂	250	—	750	125
试验胶砂	175	75	750	按流动度达到 130 ~ 140 mm 调整

(2)试验胶砂按《水泥胶砂强度检验方法(ISO 法)》(GB/T 17671—1999)规定进行搅拌。

(3)搅拌后的胶砂按《水泥胶砂流动度测定方法》(GB/T 2419—2005)规定流动度,当流动度在 130 ~ 140 mm 范围内,记录此时的加水量;当流动度小于 130 mm 或大于 140 mm 时,重新调整加水量,直至流动度达到 130 ~ 140 mm 为止。

6. 结果计算

需水量比按式(14-44)计算,精确至 1%。

$$X = (V/125) \times 100\% \tag{14-44}$$

式中　X——需水量比,%;

V——试验胶砂流动度达到 130 ~ 140 mm 时的加水量,mL。

(五)烧失量试验

1. 目的与要求

烧失量是评价粉煤灰品质的重要指标之一,粉煤灰烧失量按《水泥化学分析方法》(GB/T 176—2008)进行。

2. 试验原理

试样在 950 ~ 1 000 ℃的马弗炉中灼烧,驱除水分和二氧化碳。

3. 主要仪器设备

(1)天平:不应低于四级,精确到 0.000 1 g;

(2)瓷坩埚:带盖,容量 15 ~ 30 mL;

(3)马弗炉:隔焰加热炉,在炉膛外围进行电阻加热。

4. 试验步骤

(1)称取 1 g 试样,精确到 0.000 1 g,置于已灼烧至恒重的瓷坩埚中,将盖斜置于坩埚上,放在马弗炉内。

(2)从低温开始逐渐升高温度,在 950 ~ 1 000 ℃下灼烧 15 ~ 20 min,取出坩埚置于干燥器中冷却至室温,称重。反复灼烧,直至恒重。

注:恒重指经第一次灼烧、冷却、称重后,通过连续对每次 15 min 的灼烧,然后冷却、称量的方法检查恒定质量,当连续两次称量之差小于 0.000 5 g 时,即达到恒重。

5. 结果计算

烧失量按式(14-45)计算,精确至 0.01%。

$$X_{LOI} = (m - m_1) \times 100\% \tag{14-45}$$

式中　X_{LOI}——烧失量,%;

m——试样的质量,g;

m_1——灼烧后试样的质量,g。

(六)技术要求

粉煤灰按煤种分为 F 类和 C 类。其中 F 类粉煤灰是由无烟煤或烟煤煅烧收集的粉煤灰;C 类粉煤灰是由褐煤或次烟煤煅烧收集的粉煤灰,其氧化钙含量一般大于 10%。

拌制混凝土和砂浆用粉煤灰分为 3 个等级:Ⅰ级、Ⅱ级、Ⅲ级,其技术要求见表 14-11。

表 14-11 拌制混凝土和砂浆用粉煤灰技术要求

项目	粉煤灰种类	技术要求		
		Ⅰ级	Ⅱ级	Ⅲ级
细度(%),不大于	F类和C类粉煤灰	12.0	25.0	45.0
需水量比(%),不大于	F类和C类粉煤灰	95	105	115
烧失量(%),不大于	F类和C类粉煤灰	5.0	8.0	15.0
含水量(%),不大于	F类和C类粉煤灰	1.0		
三氧化硫(%),不大于	F类和C类粉煤灰	3.0		
游离氧化钙(%),不大于	F类粉煤灰	1.0		
	C类粉煤灰	4.0		
安定性 雷氏夹煮沸后增加距离(mm),不大于	C类粉煤灰	5.0		

(七)检验项目

拌制混凝土和砂浆用粉煤灰,出厂检验项目和进场检验项目为表 14-11 中全部技术要求。

(八)判定规则

拌制混凝土和砂浆用粉煤灰,试验结果符合表 14-11 技术要求时为等级品。若其中任何一项不符合要求,允许在同一编号中重新加倍取样进行全部项目的复检,以复检结果评定,复检不合格可降级处理。

凡低于表 14-11 最低级别要求的为不合格品。

(九)仲裁

当买卖双方对产品质量有争议时,买卖双方应将双方认可的样品签封,送省级或省级以上国家认可的质量监督检验机构进行仲裁检验。

二、粒化高炉矿渣粉试验

本试验方法适用于作混凝土掺合料的粒化高炉矿渣粉。本节仅介绍密度、比表面积和活性指数及流动度比等三项试验,对活性指数及流动度比试验进行较为详细的介绍。

(一)相关标准

《用于水泥和混凝土中的粒化高炉矿渣粉》(GB/T 18046—2000)。

(二)编号与取样

1. 编号

矿渣粉出厂编号按矿渣粉生产厂家年生产能力规定。年产 60 万 t 以上,不超过 1 000 t为一编号;30 万 ~60 万 t,不超过600 t 为一编号;10 万 ~30 万 t,不超过 400 t 为一编号;10 万 t 以下的,不超过 200 t 为一编号。

2. 取样

每一编号为一取样单位。

取样方法按《水泥取样方法》(GB 12573—2008)进行。取样应有代表性，可连续取，也可以在20个以上不同部位取等量样品，总量至少20 kg。试样应混合均匀，按四分法缩取出比试验所需量大一倍的试样。

(三)密度试验

按《水泥密度测定方法》(GB/T 208—94)进行。

(四)比表面积试验

按《水泥比表面积测定方法(勃氏法)》(GB/T 8074—2008)进行。

(五)活性指数及流动度比试验

1. 目的与要求

活性指数和流动度比是评价粒化矿渣粉级别的指标，用水泥胶砂测定。

2. 试验原理

分别测定试验样品和对比样品的抗压强度，两种样品同龄期的抗压强度之比即为活性指数。

分别测定试验样品和对比样品的流动度，两者之比即为流动度比。

3. 材料

(1)水泥：符合《通用硅酸盐水泥》(GB 175—2007)规定的强度等级为42.5的硅酸盐水泥，当有争议时应用符合《通用硅酸盐水泥》(GB 175—2007)规定的P·I型强度等级为42.5R的硅酸盐水泥进行。

(2)ISO标准砂。

(3)水：清洁的饮用水。

4. 主要仪器设备

(1)天平：量程不小于1 000 g，精度1 g；

(2)行星式水泥胶砂搅拌机；

(3)水泥胶砂振动台；

(4)水泥胶砂试模；

(5)水泥抗压强度试验机；

(6)跳桌：符合《水泥胶砂流动度测定方法》(GB/T 2419—2005)规定的跳桌。

5. 试验步骤

(1)胶砂配合比见表14-12。

表14-12　水泥胶砂配合比

胶砂种类	水泥(g)	矿渣粉(g)	标准砂(g)	水(mL)
对比胶砂	450	—	1 350	225
试验胶砂	225	225	1 350	225

(2)胶砂搅拌按《水泥胶砂强度检验方法(ISO法)》(GB/T 17671—1999)规定进行。

(3)按《水泥胶砂强度检验方法(ISO法)》(GB/T 17671—1999)规定进行抗压强度试验，分别测定试验胶砂7 d和28 d抗压强度 p_7 和 p_{28}、对比胶砂7 d和28 d抗压强度 p_{07}

和 p_{028}。

(4)胶砂流动度按《水泥胶砂流动度试验方法》(GB/T 2419—2005)进行试验，分别测定试验胶砂和对比胶砂的流动度 L 和 L_0。

6. 结果计算

矿渣粉各龄期的活性指数按式(14-46)和式(14-47)计算，计算结果取整数。

$$A_7 = (p_7/p_{07}) \times 100\% \tag{14-46}$$

$$A_{28} = (R_{28}/R_{028}) \times 100\% \tag{14-47}$$

式中　A_7——7 d 活性指数，%；

p_7——试验胶砂 7 d 抗压强度，MPa；

p_{07}——对比胶砂 7 d 抗压强度，MPa；

A_{28}——28 d 活性指数，%；

R_{28}——试验胶砂 28 d 抗压强度，MPa；

R_{028}——对比胶砂 28 d 抗压强度，MPa。

流动度比按式(14-48)计算，计算结果取整数。

$$F = (L/L_0) \times 100\% \tag{14-48}$$

式中　F——流动度比，%；

L——试验胶砂流动度，mm；

L_0——对比胶砂流动度，mm。

(六)技术要求

拌制混凝土用矿渣粉分为三个等级：S105 级、S95 级、S75 级，其技术要求见表 14-13。

表 14-13　拌制混凝土用矿渣粉技术要求

项目		技术要求		
		S105	S95	S75
密度(g/cm^3)，不小于		2.8		
比表面积(m^2/kg)，不小于		350		
活性指数(%)，不小于	7 d	95	75	55
	28 d	105	95	75
流动度比(%)，不小于		85	90	95
含水量(%)，不大于		1.0		
三氧化硫(%)，不大于		4.0		

(七)检验项目

拌制混凝土用矿渣粉出厂检验项目和进场检验项目为表 14-13 中全部技术要求。

(八)判定规则

拌制混凝土用矿渣粉，试验结果符合表 14-13 技术要求时为合格品。若其中任何一项不符合要求，应重新加倍取样，对不合格项目进行复检，以复检结果评定。

凡不符合表 14-13 要求的矿渣粉为不合格品。

试验七 建筑砂浆试验

一、试验目的及试样制备

(一)试验目的

确定砂浆性能特征值、强度等级,检验或控制现场拌制砂浆的质量。

(二)主要仪器设备

砂浆搅拌机、拌和铁板(约1.5 m×2 m,厚约3 mm)、磅秤(称量50 kg,感量50 g)、台秤(称量10 kg,感量5 g)、拌铲、抹刀、量筒、盛器等。

(三)试样制备

1. 一般规定

(1)拌制砂浆所用的原材料,应符合质量标准,并要求提前运入实验室内,拌和时实验室的温度应保持在20 ℃ ±5 ℃。

(2)水泥如有结块应充分混合均匀,以0.9 mm筛过筛,砂也应以5 mm筛过筛。

(3)拌制砂浆时,材料称量计量的精度:水泥、外加剂等为±0.5%;砂、石灰膏、黏土膏等为±1%。

(4)拌制前应将搅拌机、拌和铁板、拌铲、抹刀等工具表面用水润湿,注意拌和铁板上不得有积水。

2. 人工拌和

按设计配合比(质量比),称取各项材料用量,先把水泥和砂放入拌板干拌均匀,然后将混合物堆成堆,在中间作一凹坑;将称好的石灰膏(或黏土膏)倒入凹坑中,再倒入一部分水,将石灰膏或黏土膏稀释,然后充分拌和,并逐渐加水,直至混合料色泽一致、观察和易性符合要求为止,一般需拌和5 min。可用量筒盛定量水,拌好以后,减去筒中剩余水量,即为用水量。

3. 机械拌和

(1)先拌适量砂浆(应与正式拌和的砂浆配合比相同),使搅拌机内壁黏附一薄层砂浆,使正式拌和时的砂浆配合比成分准确。

(2)先称出各材料用量,再将砂、水泥装入搅拌机内。

(3)开动搅拌机,将水徐徐加入(混合砂浆须将石灰膏或黏土膏用水稀释至浆状),搅拌约3 min(搅拌的用量不宜少于搅拌容量的20%,搅拌时间不宜少于2 min)。

(4)将砂浆拌和物倒至拌和铁板上,用拌铲翻拌两次,使之均匀,拌好的砂浆,应立即进行有关的试验。

二、砂浆的稠度试验

(一)试验目的

通过稠度试验,可以测得达到设计稠度时的加水量,或在现场对要求的稠度进行控制,以保证施工质量。

(二)主要仪器

砂浆稠度仪(见图14-18)、捣棒(直径10 mm,长350 mm,一端呈半球形钢棒)、台秤、拌锅、拌板、量筒、秒表等。

(三)试验步骤

(1)将拌好的砂浆一次装入砂浆筒内,装至距筒口约10 mm为止,用捣棒插捣25次,并将筒体振动5~6次,使表面平坦,然后移置于稠度仪底座上。

(2)放松圆锥体滑杆的制动螺丝,使圆锥尖端与砂浆表面接触,拧紧制动螺丝,使齿条测杆下端刚好接触滑杆上端,并将指针对准零点。

(3)拧开制动螺丝,使圆锥体自动沉入砂浆中,同时计时间,到10 s立即固定螺丝。从刻度盘上读出下沉深度(精确至1 mm)。

(4)圆锥筒内的砂浆,只允许测定一次稠度,重复测定时,应重新取样测定。

(四)结果评定

以两次测定结果的平均值作为砂浆稠度测定结果,如两次测定值之差大于20 mm,应重新配料测定。

三、建筑砂浆分层度试验

(一)试验目的

测定建筑砂浆在运输及停放时的保水能力及砂浆内部各组分之间的相对稳定性,以评定其和易性。

(二)主要仪器

分层度测定仪(见图14-19),其他同砂浆稠度试验仪器。

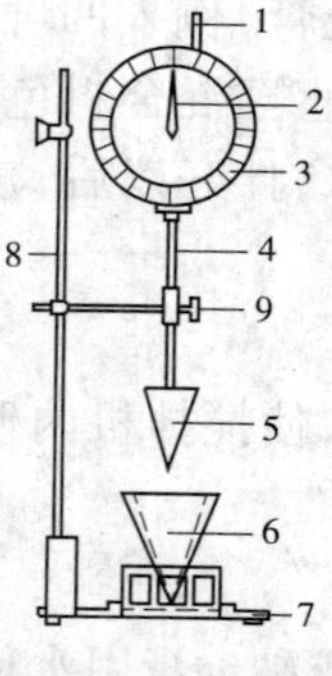

图14-18　砂浆稠度仪

1—齿条测杆;2—指针;3—刻度盘;4—滑杆;5—圆锥体;6—圆锥筒;7—底座;8—支架;9—制动螺丝

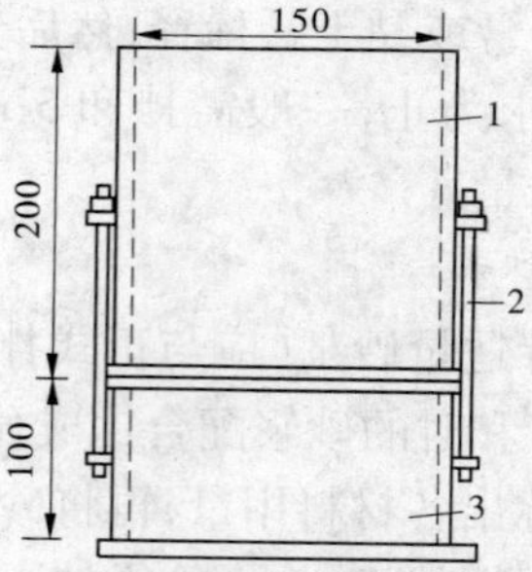

图14-19　分层度测定仪　(单位:mm)

1—无底圆筒;2—连续螺丝;3—有底圆筒

(三)试验步骤

(1)将拌和好的砂浆,经稠度试验后重新拌和均匀,一次注满分层度仪内。用木锤在容器周围距离大致相等的四个不同地方轻敲1~2次,并随时添加,然后用抹刀抹平。

(2)静置30 min,去掉上层200 mm砂浆,然后取出底层100 mm砂浆重新拌和均匀,再测定砂浆稠度。

(3)取两次砂浆稠度的差值,即为砂浆的分层度(mm)。

（四）结果评定

（1）应取两次试验结果的算术平均值作为该砂浆的分层度值。

（2）两次分层度试验值之差大于 20 mm 时应重做试验。

四、建筑砂浆抗压强度试验

（一）试验目的

检验砂浆配合比及强度等级能否满足设计和施工要求。

（二）主要仪器设备

压力试验机、试模（70.7 mm×70.7 mm ×70.7 mm，分无底试模与有底试模两种）、捣棒（直径 10 mm，长 350 mm，一端呈半圆形）、垫板等。

（三）试件制作及养护

（1）当制作用于多孔吸水基面的砂浆试件时，将无底试模放在预先铺上吸水性较好的湿纸的普通黏土砖上，砖的吸水率不小于 10%，含水率小于 2%。试模内壁应事先涂以机油，将拌好的砂浆一次倒满试模，并用捣棒均匀由外向内按螺旋方向插捣 25 次，使砂浆略高于试模口，待砂浆表面出现麻斑后（15～30 min），用刮刀齐模口刮平抹光。

（2）当制作用于密实（不吸水）基底的砂浆试件时，用有底试模，涂油后，将拌好的砂浆分两层装，每层用捣棒插捣 12 次，然后用刮刀沿试模壁插捣数次，静停 15～30 min，刮去多余部分，抹光。

（3）装模成型后，在 20 ℃ ±5 ℃环境下经 24 h ±2 h 即可脱模，气温较低时，可适当延长时间，但不得超过 2 d，然后按下列规定进行养护。

①自然养护。放在室内空气中养护，混合砂浆在相对湿度 60% ～80%、常温条件下养护；水泥砂浆在常温并保持试件表面湿润的状态下（如湿砂堆中）养护。

②标准养护。混合砂浆应在 20 ℃ ±3 ℃，相对湿度为 60% ～80% 条件下养护，水泥砂浆应在温度 20 ℃ ±3 ℃，相对湿度为 90% 以上的潮湿条件养护。试件间隔不小于 10 mm。

（四）抗压强度测定步骤

（1）经 28 d 养护后的试件从养护地点取出后，应尽快进行试验，以免试件内部的温、湿度发生显著变化。先将试件擦干净，测量尺寸，并检查其外观。试件尺寸测量精确至 1 mm，并据此计算试件的承压面积。若实测尺寸与公称尺寸之差不超过 1 mm，可按公称尺寸进行计算。

（2）将试件置于压力机的下压板上，试件的承压面应与成型时的顶面垂直，试件中心应与下压板中心对准。

（3）开动压力机，当上压板与试件接近时，调整球座，使接触面均衡受压。加荷应均匀而连续，加荷速度应为 0.5～1.5 kN/s（砂浆强度不大于 5 MPa 时，取下限为宜；大于 5 MPa 时，取上限为宜），当试件接近破坏而开始迅速变形时，停止调整压力机油门，直至试件破坏，记录破坏荷载（F）。

（五）试验结果

单个试件的抗压强度按式（14-49）计算（精确至 0.1 MPa）：

$$f_m = \frac{F}{A} \tag{14-49}$$

式中　f_m——砂浆立方体抗压强度，MPa；

F——立方体破坏荷载，N；

A——试件承压面积，mm^2。

每组试件为六个，取六个试件测值的算术平均值作为该组试件的抗压强度值，平均值计算精确至 0.1 MPa。

当六个试件的最大值或最小值与平均值的差超过 20% 时，以中间四个试件的平均值作为该组试件的抗压强度值。

试验八　砌墙砖及砌块性能试验

一、抽样方法及相关规定

各种砌墙砖的检验抽样，除在各自的标准中有不同的具体规定之外，都必须符合《砌墙砖检验规则》(JC 466—1992)的要求。该规则规定，砌墙砖检验批的批量，宜在 3.5 万 ~ 15 万块范围内，但不得超过一条生产线的日产量。抽样数量由检验项目确定，必要时可增加适当的备用砖样。有两个以上的检验项目时，非破损检验项目(如外观质量、尺寸偏差、体积密度、空隙率)的砖样，允许在检验后继续用做他项，此时抽样数量可不包括重复使用的样品数。

对检验批中可抽样的砖垛、砖垛中的砖层、砖层中的砖块位置，应各依一定顺序编号。编号不需标志在实体上，只做到明确起点位置和顺序即可。凡需从检验后的样品中继续抽样供他项试验者，在抽样过程中，要按顺序在砖样上写号，作为继续抽样的位置顺序。根据砖样批中可抽样砖垛数与抽样数，由表 14-14 决定抽样砖垛数和抽样的砖样数量。从检验过的样品中抽样，按所需的抽样数量先从表 14-15 中查出抽样的起点范围及间隔，然后从其规定的范围内确定一个随机数码，即得到抽样起点的位置和抽样间隔并由此实施抽样。抽样数量按表 14-16 执行。

表 14-14　从砖垛中抽样的规则

抽样数量(块)	可抽样砖垛数(垛)	抽样砖垛数(垛)	垛中抽样数(块)
50	≥250	50	1
	125 ~ 250	25	2
	< 125	10	5
20	≥100	20	1
	< 100	10	2
10 或 5	任意	10 或 5	1

表 14-15　从砖样中抽样的规则

检验过的砖样数(块)	抽样数量(块)	抽样起点范围	抽样间隔(块)
50	20	1～10	1
	10	1～5	4
	5	1～10	9
20	10	1～2	1
	5	1～4	3

表 14-16　抽样数量表

序号	检验项目	抽样数量(块)	序号	检验项目	抽样数量(块)
1	外观质量	50($n_1=n_2=50$)	5	石灰爆裂	5
2	尺寸偏差	20	6	吸水率和饱和系数	5
3	强度等级	10	7	冻融	5
4	泛霜	5			

抽样过程中不论抽样位置上砖样的质量如何,不允许以任何理由以其他砖样代替。抽取样品后在样品上标志表示检验内容的编号,检验时不允许变更检验内容。

二、尺寸测量

(一)主要仪器设备

砖用卡尺(分度值为 0.5 mm)。

(二)测量方法

砖样的长度和宽度应在砖的两个大面的中间处分别测量两个尺寸,高度应在砖的两个条面的中间处分别测量两个尺寸(见图 14-20),当被测处缺损或凸出时,可在其旁边测量,但应选择不利的一侧进行测量。

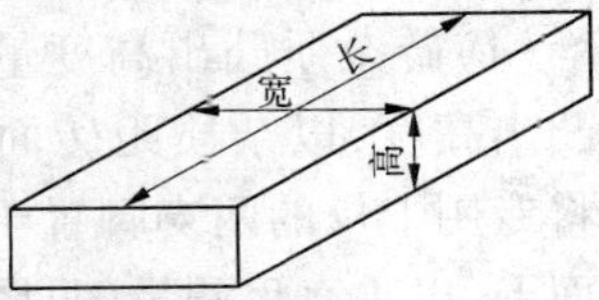

图 14-20　砖的尺寸量法

(三)结果评定

结果分别以长度、宽度和高度的最大偏差值表示,不足 1 mm 者按 1 mm 计。

三、外观质量检查

(一)主要仪器设备

砖用卡尺(分度值为 0.5 mm),钢直尺(分度值为 1 mm)。

(二)方法及步骤

(1)缺损。缺棱掉角在砖上造成的破损程度,以破损部分对长、宽、高三个棱边的投影尺寸来度量,称为破坏尺寸。

如图 14-21 所示，l_1、l_2、l_3 为长度方向投影量；b_1、b_2、b_3 为宽度方向的投影量；h_1、h_2、h_3 为高度方向的投影量。空心砖内壁残缺及肋残缺尺寸，以长度方向的投影尺寸来度量。

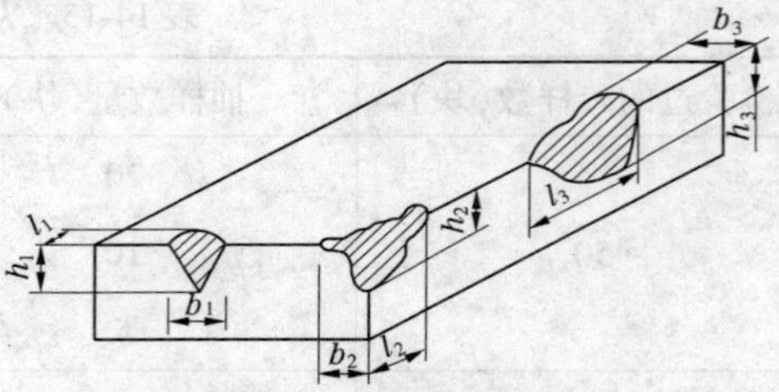

图 14-21　缺棱掉角砖的破坏尺寸量法

（2）裂纹。其分为长度方向、宽度方向和高度方向三种，以被测方向上的投影长度表示。如果裂纹从一个面延伸至其他面上时，则累计其延伸的投影长度（见图 14-22）。

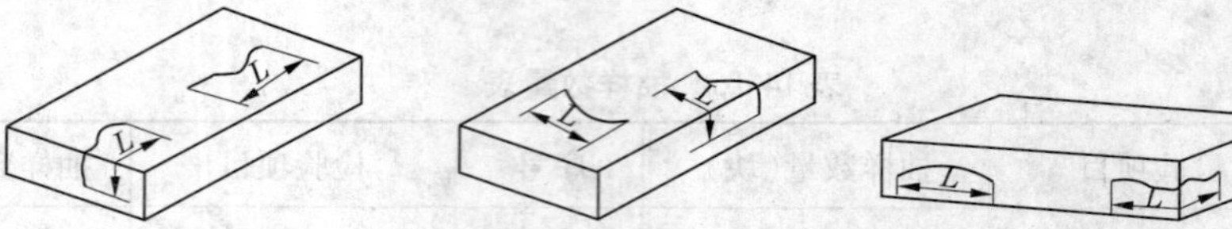

(a)长度方向延伸　(b)宽度方向延伸　(c)高度方向延伸

图 14-22　砖裂纹长度量法

多孔砖的孔洞与裂纹相通时，则将孔洞包括在裂纹内一并测量，见图 14-23。裂纹长度以在三个方向上分别测得的最长裂纹作为测量结果。

（3）弯曲。分别在大面和条面上测量，测量时将砖用卡尺的两支脚沿棱边两端放置，在弯曲最大处将垂直尺推至砖面，见图 14-24。但不应将因杂质或碰伤造成的凹陷计算在内。以弯曲测量中测得的较大值作为测量结果。

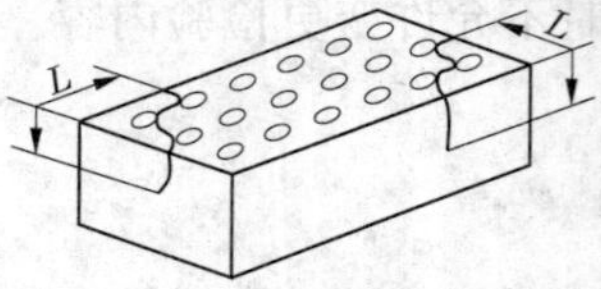

图 14-23　多孔砖裂纹通过孔洞时的尺寸量法

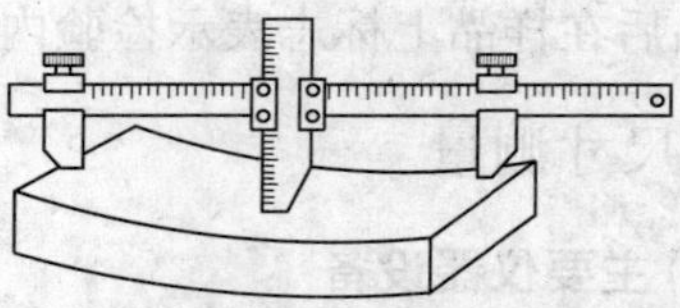
图 14-24　砖的弯曲量法

（4）砖杂质凸出高度量法。杂质在砖面上造成的凸出高度，以杂质距砖面的最大距离表示。测量时将专用卡尺的两支脚置于杂质凸出部分两侧的砖平面上，以垂直尺测量（见图 14-25）。

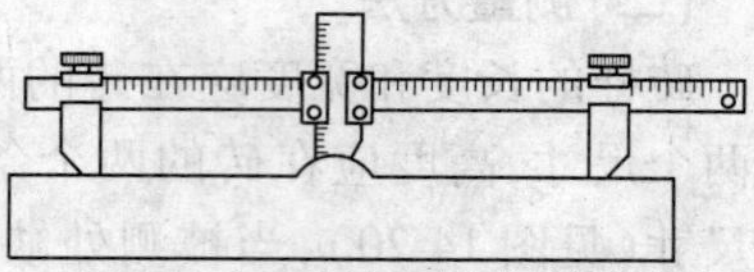
图 14-25　砖的杂质凸出量法

（三）结果评定

外观测量以 mm 为单位，不足 1 mm 者均按 1 mm 计。

四、抗折强度测试

（一）主要仪器设备

（1）压力试验机（300 ~ 500 kN）。

（2）砖瓦抗折试验机。抗折试验的加荷形式为三点加荷，其上下压辊的曲率半径为 15 mm，下支辊应有一个为铰支固定。

（3）抗压试件制备平台。其表面必须平整水平，可用金属或其他材料制作。

(4)锯砖机、水平尺(规格为250～350 mm)、钢直尺(分度值为1 mm)、抹刀。

(二)方法及步骤

(1)试样数量及处理:烧结砖和蒸压灰砂砖为5块,其他砖为10块。蒸压灰砂砖应放在温度为20 ℃ ±5 ℃的水中浸泡24 h后取出,用湿布拭去其表面水分进行抗折强度试验。粉煤灰砖和炉渣砖在养护结束后24～36 h内进行试验,烧结砖不需浸水及其他处理,直接进行试验。

(2)按尺寸测量的规定,测量试样的宽度和高度尺寸各2个,分别取其算术平均值(精确至1 mm)。

(3)调整抗折夹具下支辊的跨距为砖规格长度减去40 mm,但规格长度为190 mm的砖样其跨距为160 mm。

(4)将试样大面放在下支辊上,试样两端面与下支辊的距离应相同。当试样有裂纹或凹陷时,应使有裂纹或凹陷的大面朝下放置,以50～150 N/s的速度均匀加荷,直至试样断裂,记录最大破坏荷载P。

(三)试验结果

每块多孔砖试样的抗折荷重以最大破坏荷载乘以换算系数计算(精确到0.1 kN)。其他品种每块砖样的抗折强度f_c,按式(14-50)计算(精确至0.1 MPa):

$$f_c = \frac{3Pl}{2bh^2} \tag{14-50}$$

式中　f_c——砖样试块的抗折强度,MPa;

P——最大破坏荷载,N;

L——跨距,mm;

b——试样高度,mm;

h——试样宽度,mm。

测试结果以试样抗折强度的算术平均值和单块最小值表示(精确至0.1 MPa)。

五、抗压强度测试

(一)主要仪器设备

与抗折强度测试所用仪器设备相同。

(二)试样数量及试件制备

试样数量:烧结普通砖、烧结多孔砖和蒸压灰砂砖为5块,其他砖为10块(空心砖大面和条面抗压各5块)。非烧结砖也可用抗折强度测试后的试样作为抗压强度试样。

(1)烧结普通砖、非烧结砖的试件制备:将试样切断或锯成两个半截砖,断开后的半截砖长不得小于100 mm,如图14-26所示。在试样制备平台上将已断开的半截砖放入室温的净水中浸10～20 min后取出,并使断口以相反方向叠放,两者中间抹以厚度不超过5 mm的水泥净浆黏结,上下两面用厚度不超过3 mm的同种水泥浆抹平。水泥浆用32.5级普通硅酸盐水泥调制,稠度要适宜。制成的试件上、下两面须相互平行,并垂直于侧面,如图14-27所示。

(2)多孔砖、空心砖的试件制备:多孔砖以单块整砖沿竖孔方向加压。空心砖以单块整砖沿大面和条面方向分别加压。试件制作采用坐浆法操作。即用玻璃板置于试件制备平台上，其上铺一张湿的垫纸，纸上铺一层厚度不超过 5 mm、用 32.5 级普通硅酸盐水泥制成的稠度适宜的水泥净浆，再将经水中浸泡 10 ~ 20 min 的试样的受压面平稳地坐放在水泥浆上，在另一受压面上稍加压力，使整个水泥层与砖的受压面相互黏结，砖的侧面应垂直于玻璃板。待水泥浆适当凝固后，连同玻璃板翻放在另一铺纸放浆的玻璃板上，再进行坐浆，其间用水平尺校正玻璃板使之水平。

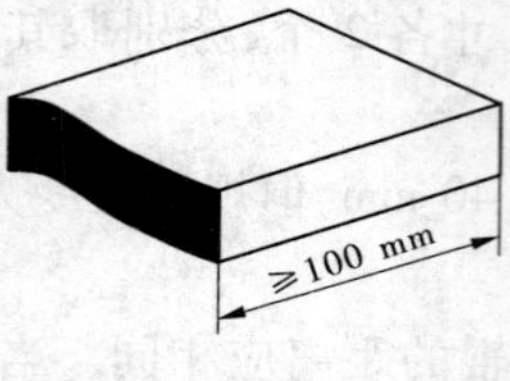

图 14-26　断开的半截砖

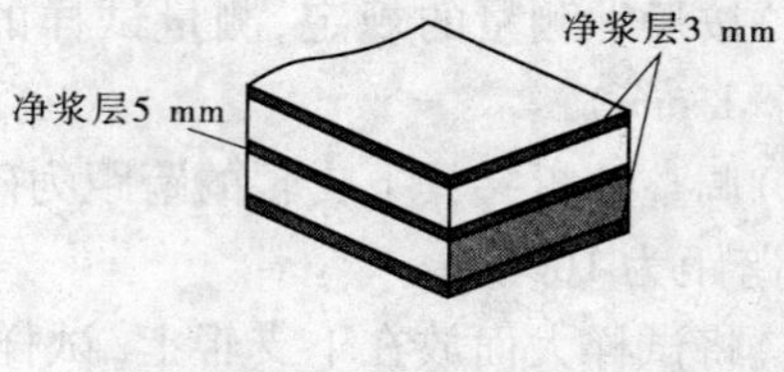

图 14-27　砖的抗压试件

（三）试件养护

制成的抹面试件应置于温度不低于 10 ℃的不通风室内养护 3 d，再进行强度测试。非烧结砖不需要养护，可直接进行测试。

（四）施力测定

测量每个试件连接面或受压面的长、宽尺寸各 2 个，分别取其平均值（精确至1 mm）。将试件平放在加压板的中央，垂直于受压面加荷，加荷过程应均匀平稳，不得发生冲击或振动，加荷速度以 4 ~6 kN/s 为宜，直至试件破坏为止，记录最大破坏荷载 P。

（五）试验结果

每块试样的抗压强度 f_p 按式（14-51）计算（精确至 0.1 MPa）：

$$f_p = \frac{P}{lb} \tag{14-51}$$

式中　f_p——砖样试件的抗压强度，MPa；

P——最大破坏荷载，N；

l——试件受压面（连接面）的长度，mm；

b——试件受压面（连接面）的宽度，mm。

（六）结果评定

（1）试验后按式（14-52）和式（14-53）分别计算出强度变异系数 δ、标准差 S：

$$\delta = \frac{S}{f} \tag{14-52}$$

$$S = \sqrt{\frac{1}{9}\sum_{i=1}^{n}(f_i - \bar{f})^2} \tag{14-53}$$

式中　δ——砖强度变异系数；

S——10 块试样的抗压强度标准差，MPa；

$\bar{f}$——10 块试样的抗压强度平均值，MPa；

f_i——单块试样抗压强度测定值，MPa。

(2)当变异系数 $\delta \leqslant 0.21$ 时,按抗压强度平均值 $\bar{f}$、强度标准值 f_k 指标评定砖的强度等级。样本量 $n=10$ 时的强度标准值按式(14-54)计算

$$f_k = \bar{f} - 1.8S \tag{14-54}$$

(3)当变异系数 $\delta > 0.21$ 时,按抗压强度平均值 $\bar{f}$、单块最小抗压强度值 f_{min} 指标评定砖的强度等级。

试验九　钢筋试验

一、一般规定

(1)同一截面尺寸和同一炉罐号组成的钢筋分批验收时,每批质量不大于 60 t。

(2)钢筋应有出厂证明书或试验报告单。验收时应抽样做机械性能试验,包括拉力试验和冷弯试验两个项目。两个项目中如有一个项目不合格,该批钢筋即为不合格品。

(3)钢筋在使用中如有脆断、焊接性能不良或机械性能显著不正常时,尚应进行化学成分分析,或其他专项试验。

(4)取样方法和结果评定规定,每批钢筋任意抽取两根,于每根距端部 50 mm 处各取一套试样(两根试件),在每套试样中取一根做拉力试验,另一根做冷弯试验。在拉力试验的两根试件中,如其中一根试件的屈服点、抗拉强度和伸长率三个指标中有一个指标达不到标准中规定的数值,应再抽取双倍(4 根)钢筋,制取双倍(4 根)试件重做试验,如仍有一根试件的一个指标达不到标准要求,则不论这个指标在第一次试件中是否达到标准要求,拉力试验项目即作为不合格。在冷弯试验中,如有一根试件不符合标准要求,应同样抽取双倍钢筋,制成双倍试件重做试验,如仍有一根试件不符合标准要求,冷弯试验项目即为不合格。

(5)试验应在 20 ℃ ±10 ℃下进行,如试验温度超出这一范围,应在试验记录和报告中注明。

二、拉伸试验

(一)试验目的

测定低碳钢的屈服强度、抗拉强度与延伸率。注意观察拉力与变形之间的变化。确定应力与应变之间的关系曲线,评定钢筋的强度等级。

(二)主要仪器设备

(1)万能材料试验机。为保证机器安全和试验准确,其吨位选择最好是使试件达到最大荷载时,指针位于第三象限内(即 180°~270°)。试验机的测力示值误差不大于 1%。

(2)游标卡尺。精确度为 0.1 mm。

(三)试件制作和准备

抗拉试验用钢筋试件不得进行车削加工,可以用两个或一系列等分小冲点或细划线标出。

原始标距（标记不应影响试样断裂），测量标距长度 L_0（精确至0.1 mm），如图14-28所示。计算钢筋强度所用横截面面积采用表14-17所列公称横截面面积。

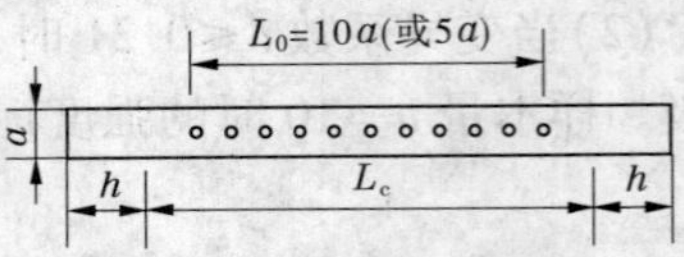

图14-28　钢筋拉伸试件

a—试件原始直径；L_0—标距长度；h—夹头长度；L_c—试样平行长度

（四）屈服强度和抗拉强度的测定

（1）调整试验机测力度盘的指针，使其对准零点，并拨动副指针，使之与主指针重叠。

（2）将试件固定在试验机夹头内。开动试验机进行拉伸，拉伸速度为：屈服前，应力增加速率按表14-18规定，并保持试验机控制器固定于这一速率位置上，直至该性能测出为止；屈服后或只需测定抗拉强度时，试验机活动夹头在荷载下的移动速度不大于0.5 L_c/min。

表14-17　钢筋的公称横截面积

公称直径（mm）	公称横截面面积（mm^2）	公称直径（mm）	公称横截面面积（mm^2）
8	50.27	22	380.1
10	78.54	25	490.9
12	113.1	28	615.8
14	153.9	32	804.2
16	201.1	36	1 018
18	254.5	40	1 257
20	314.2	50	1 964

表14-18　屈服前的加荷速率

金属材料的弹性模量（MPa）	应力速率（N/（mm^2·s））	
	最小	最大
<150 000	1	10
≥150 000	3	30

（3）拉伸中，测力度盘的指针停止转动时的恒定荷载，或第一次回转时的最小荷载，即为所求的屈服点荷载 F_s（N）。按式（14-55）计算试件的屈服点：

$$\sigma_s = \frac{F_s}{A} \tag{14-55}$$

式中　σ_s——屈服点，MPa；

F_s——屈服点荷载，N；

A——试件的公称横截面积，mm^2。

当 σ_s >1 000 MPa 时，应计算至10 MPa；当 σ_s 为200～1 000 MPa 时，计算至5 MPa；

当 $\sigma_s \leqslant 200$ MPa 时,计算至 1 MPa。小数点数字按“四舍六入五单双法”处理。

(4)向试件连续施荷直至拉断,由测力度盘读出最大荷载 F_b(N)。按式(14-56)计算试件的抗拉强度:

$$\sigma_b = \frac{F_b}{A} \tag{14-56}$$

式中　σ_b——抗拉强度,MPa;

F_b——最大荷载,N;

A——试件的公称横截面积,mm^2。

σ_b 计算精度的要求同 σ_s。

(五)伸长率测定

(1)将已拉断试件的两端在断裂处对齐,尽量使其轴线位于一条直线上。如拉断处由于各种原因形成缝隙,则此缝隙应计入试件拉断后的标距部分长度内。

(2)如拉断处到邻近的标距点的距离大于 $1/3L_0$,可用卡尺直接量出已被拉长的标距长度 L_1(mm)。

(3)如拉断处到邻近的标距端点的距离小于或等于 $1/3L_0$,可按下述移位法确定 L_1。

在长段上,从拉断处 O 取基本等于短段格数,得 B 点,接着取等于长段所余格数(偶数,图 14-29(a))之半,得 C 点;或者取所余格数(奇数,图 14-29(b))减 1 与加 1 之半,得 C 与 C_1 点。移位后的 L_1 分别为 $AO + OB + 2BC$ 或者 $AO + OB + BC + BC_1$。

如果直接量测所求得的伸长率能达到技术条件的规定值,则可不采用移位法。

(4)伸长率按式(14-57)计算(精确至 1%):

$$\sigma_{10}(或\ \sigma_5) = \frac{L_1 - L_0}{L_1} \times 100\% \tag{14-57}$$

式中　σ_{10}、σ_5——分别表示 $L_0 = 10a$ 或 $L_0 = 5a$ 时的伸长率,%;

L_0——原标距长度 $10a(5a)$,mm;

L_1——试件拉断后直接量出或按移位法确定的标距部分长度,mm(测量精确至 0.1 mm)。

(5)如试件在标距端点上或标距处断裂,则试验结果无效,应重做试验。

三、冷弯试验

(一)试验目的

检验钢筋承受规定弯曲程度的弯曲变形性能,并显示其缺陷。

(二)主要仪器设备

压力机或万能试验机、具有不同直径的弯心。

(三)试验步骤

(1)钢筋冷弯试件不得进行车削加工,试样长度通常按式(14-58)确定:

$$L \approx a + 150 \tag{14-58}$$

式中　L——试样长度,mm;

a——试件原始直径,mm。

(2)半导向弯曲:试样一端固定,绕弯心直径进行弯曲,如图 14-30(a)所示。试样弯曲到规定的弯曲角度或出现裂纹、裂缝或断裂为止。

(3)导向弯曲。

①试样旋转于两个支点上,将一定直径的弯心在试样两个支点中间施加压力,使试样弯曲到规定的角度(见图 14-30(b))或出现裂纹、裂缝、断裂为止。

②试样在两个支点上按一定弯心直径弯曲至两臂平行时,可一次完成试验,亦可先弯曲到图 14-30(b)所示的状态,然后放置在试验机平板之间继续施加压力,压至试样两臂平行。此时可以加与弯心直径相同尺寸的衬垫进行试验(图 14-30(c))。

当试样需要弯曲至两臂接触时,首先将试样弯曲到图 14-30(b)所示的状态,然后放置在两平板间继续施加压力,直至两臂接触(图 14-30(d))。

③试验应在平稳压力作用下,缓慢施加试验压力。两支辊间距离为$(d+2.5a)\pm 0.52$,并且在试验过程中不允许有变化。

④试验应在 10 ~35 ℃或控制条件下 23 ℃ ±5 ℃进行。

四、结果评定

弯曲后,按有关标准规定检查试样弯曲外表面,进行结果评定。若无裂纹、裂缝或裂断,则评定试样合格。

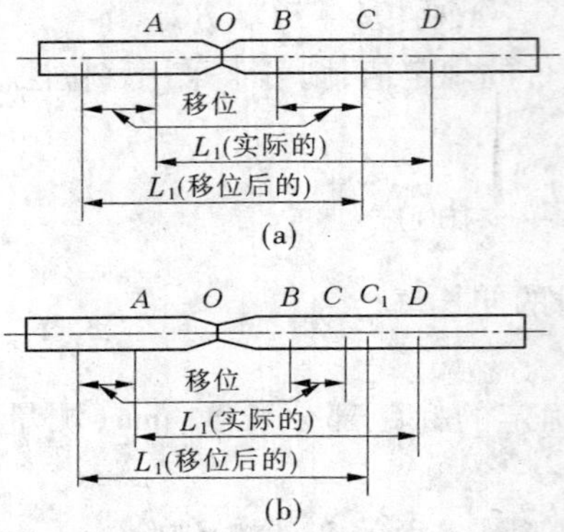

图 14-29　用移位法计算标距

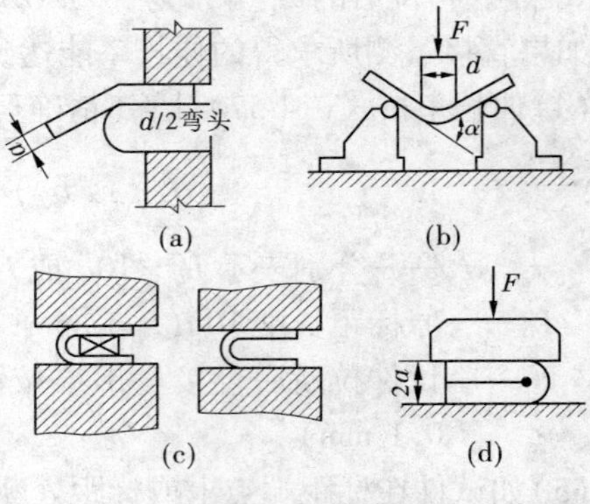

图 14-30　弯曲试验示意图

试验十　石油沥青试验

一、沥青针入度试验

(一)试验目的及一般规定

针入度是石油沥青稠度的主要指标,是划分沥青牌号的主要依据之一。

本方法适用于测定针入度小于 350 的固体和半固体石油沥青。石油沥青的针入度以标准针在一定的荷重、时间及温度条件下垂直穿入沥青试样的深度来表示,单位为 0.1 mm。如未另行规定,标准针、针连杆与附加砝码的合计质量为 100 g ± 0.05 g,温度为

25 ℃ ±0.1 ℃,时间为 5 s。特定试验条件参照表 14-19 的规定,报告中应注明试验条件。

表 14-19　针入度特定试验条件规定

温度(℃)	荷重(g)	时间(s)
0	200	60
4	200	60
46	50	5

(二)主要仪器设备

(1)针入度仪。其构造如图 14-31 所示。其中支柱上有两个悬臂,上臂装有分度为 360 的刻度盘及活动齿杆,上下运动的同时,使指针转动;下臂装有可滑动的针连杆(其下端安装标准针),总质量为 50 g ±0.05 g,并设有控制针接杆运动的制动按钮,基座上设有旋转玻璃皿的可旋转的平台及观察镜。

(2)标准针。应由硬化回火的不锈钢制成,其尺寸应符合《沥青针入度测定法》(GB/T 4509—1998)的规定。

(3)试样皿。金属圆柱形平底容器。针入度小于 200 时,试样皿内径 55 mm,内部深度 35 mm;针入度为 200 ~350 时,试样皿内径 55 mm,内部深度为 70 mm;针入度为 350 ~500 时,试样皿内径 50 mm,内部深度为 60 mm。

(4)恒温水浴。容量不小于 10 L,能保持温度在试验温度的 ±0.1 ℃范围内。

(5)其他。平底玻璃皿、秒表、温度计、金属皿或瓷柄皿、孔径为 0.3 ~0.5 mm 的筛子,砂浴或可控制温度的密闭电炉等。

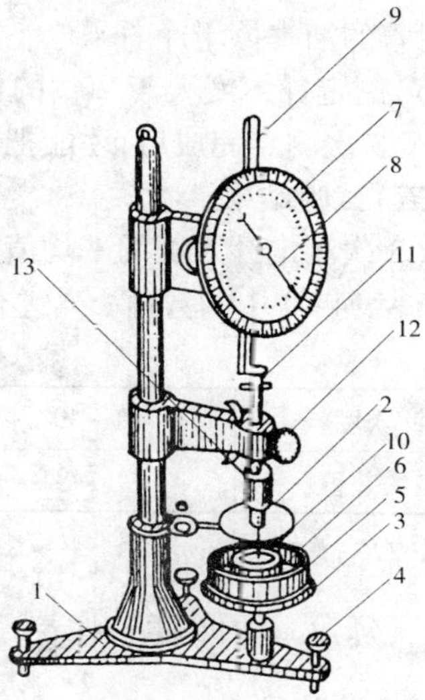

图 14-31　针入度仪

1—底座;2—小镜;3—圆形平台;4—调平螺丝;5—保温皿;6—试样;7—刻度盘;8—指针;9—活杆;10—标准针;11—连杆;12—按钮;13—砝码

(三)试样制备

(1)将预先除去水分的试样在砂浴或密闭电炉上加热,并搅拌。加热温度不得超过估计软化点 100 ℃,加热时间不得超过 30 min。用筛子过滤除去杂质。

(2)将试样倒入预先选好的试样皿中,试样深度应大于预计穿入深度 10 mm。

(3)试样皿在 15 ~30 ℃的空气中冷却 1 ~1.5 h(小试样皿)或 1.5 ~2 h(大试样皿),防止灰尘落入试样皿。然后试样皿移入保持规定试验温度的恒温水浴中。小试样皿恒温 1 ~1.5 h,大试样皿恒温 1.5 ~2 h。

(四)试验步骤

(1)调整针入度仪基座螺丝使其水平。将恒温 1 h 的盛样皿自槽中取出,置于水温严格控制为 25 ℃的平底保温皿中;沥青试样表面水层高度不小于 10 mm,再将保温皿置于针入度仪的旋转圆形平台上。

(2)调节标准针使针尖与试样表面恰好接触,不得刺入试样。移动活动齿杆使之与标准针连杆顶端接触,并将刻度盘指针调整至“0”。

(3)用手紧压按钮,同时开动秒表,使标准针自由地针入沥青试样,到规定时间放开按钮,使针停止针入。

(4)再拉下活动齿杆使与标准针连杆顶端相接触。这时,指针也随之转动,刻度盘指针读数即为试样的针入度。在试样的不同点(各测点间及测点与金属皿边缘的距离不小于 10 mm)重复试验三次,每次试验后,将针取下,用浸有溶剂(煤油、苯或汽油)的棉花将针端附着的沥青擦干净。

(5)测定针入度大于 200 的沥青试样时,至少用 3 根针,每次测定后将针留在试样中,直至 3 次测定完成后,才能把针从试样中取出。

(五)试验结果

取 3 次测定针入度的平均值,取至整数,作为试验结果,3 次测定的针入度值相差不应大于表 14-20 中的数值。若差值超过表中数值,试验应重做。

表 14-20　针入度测定允许最大差值

针入度	0 ~ 49	50 ~ 149	150 ~ 249	250 ~ 350
最大差值	2	4	6	8

二、延度(延伸度)测定

(一)试验目的

延度是反映沥青塑性的指标,通过延度测定可以了解石油沥青抵抗变形的能力并作为确定沥青牌号的依据之一。石油沥青的延度是用规定的试件在设定温度下以一定速度拉伸至断裂时的长度表示。

(二)主要仪器设备

延度仪及试样模具(见图 14-32)、瓷皿或金属皿、孔径 0.6 ~ 0.8 mm 筛、温度计(0 ~ 50 ℃,精度 0.5 ℃)、刀、金属板、砂浴。

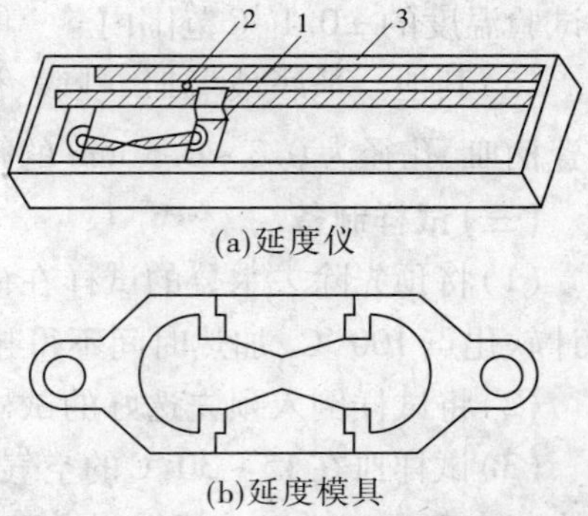

(a)延度仪

(b)延度模具

图 14-32　沥青延度仪及模具

1—滑板;2—指针;3—标尺

(三)试验步骤

(1)用甘油滑石粉隔离剂涂于磨光的金属板上及侧模的内表面。

(2)将预先除去水分的沥青试样放入金属皿,在砂浴上加热熔化、搅拌。加热温度不得比试样软化点高 100 ℃,用筛过滤,并充分搅拌至气泡完全消除。

(3)将熔化的沥青试样缓缓注入模中(自模的一端至另一端往返多次),并略高出模具。试件在15~30 ℃的空气中冷却30 min后，放入25 ℃ ±0.1 ℃的水浴中，保持30 min后取出，用热刀将高出模具的沥青刮去，使沥青面与模面齐平。沥青的刮法应自模的中间刮向两边，表面应刮得十分光滑，将试件连同金属板再浸入25 ℃ ±0.1 ℃的水浴中保持1~1.5 h。

(4)检查延度仪滑板的移动速度是否符合要求，然后移动滑板使指针正对标尺的零点。

(5)试件移至延度仪水槽中，将模具两端的孔分别套在滑板及槽端的金属柱上，水面距试件表面应不小于25 mm，然后去掉侧模。

(6)测得水槽中水温为25 ℃ ±0.5 ℃时，开动延度仪观察沥青的拉伸情况。在测定时，如发现沥青细丝浮于水面或沉于槽底时，则应在水面加入乙醇或食盐水，调整水的密度至与试样的密度相近后，再进行测定。

(7)试件拉断时指针所指标尺上的读数，即为试样的延度，以cm表示。在正常情况下，试件应拉伸成锥尖状，在断裂时实际横断面为零。如不能得到上述结果，则应报告在此条件下无测定结果。

(四)试验结果

取3个平行测定值的平均值作为测定结果。若3次测定值不在其平均值的5%以内，但其中两个较高值在平均值的5%之内，则弃去最低测定值，取两个较高值的平均值作为测定结果。

三、沥青软化点试验

(一)试验目的

软化点是反映沥青耐热性及温度稳定性的指标，是确定沥青牌号的依据之一，石油沥青的软化点是以规定质量的钢球放在规定尺寸金属环的试样盘上，以恒定的加热速度加热，当试样软到足以使沉入的沥青中的钢球下落达25.4 mm时的温度，以℃表示。

(二)主要仪器设备

软化点试验仪(见图14-33)、电炉或其他加热设备、金属板或玻璃板、刀、孔径0.6~0.8 mm的筛、温度计、瓷皿或金属皿(熔化沥青用)、砂浴。

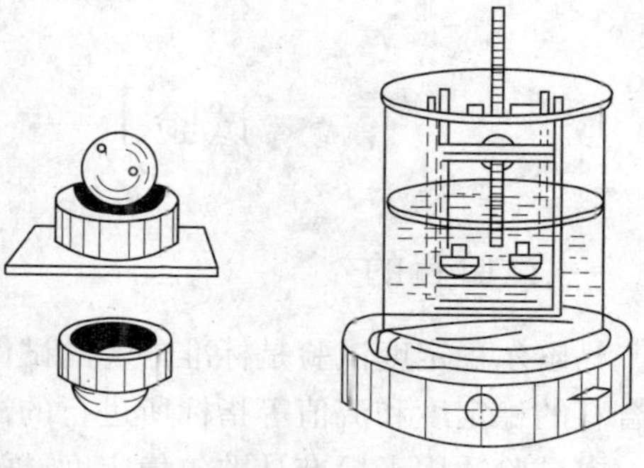

图14-33　软化点测定仪

(三)试验步骤

(1)将黄铜环置于涂上甘油滑石粉隔离剂的金属板或玻璃板上，将预先脱水的试样加热熔化，加热温度不得比试样估计软化点高100 ℃，搅拌并过筛后注入黄铜环内至略高出环面为止，如估计软化点在120 ℃以上时，应将铜环与金属板预热至80~100 ℃。试样在室温(15~30 ℃)中冷却30 min后，用热刀刮去高出环面上的试样，使与环面齐平。

(2)将盛有试样的黄铜环及板置于盛满水(估计软化点不高于80 ℃的试样)或甘油

(估计软化点高于 80 ℃的试样)的保温槽内,或将盛试样的环水平地安放在环架圆孔内,然后放在烧杯中,恒温 15 min,水温保持在 5 ℃ ±0.5 ℃;甘油温度保持在 32 ℃ ±1 ℃。同时钢球也置于恒温的水或甘油中。

(3)烧杯内注入新煮沸并冷却至约 5 ℃的蒸馏水(估计软化点不高于 80 ℃的试样)或注入预加热至约 32 ℃的甘油(估计软化点高于 80 ℃的试样),使水面或甘油液面略低于连接杆的深度标记。

(4)从水或甘油保温槽中取出盛有试样的黄铜环放置在环架中承板的圆孔中,并套上钢球定位器把整个环架放入烧杯内,调整水面或甘油液面至深度标记,环架上任何部分均不得有气泡。将温度计由上承板中心孔垂直插入,使水银球底部与铜环下面齐平。

(5)将烧杯移放至有石棉网的三脚架上或电炉上,然后将钢球放在试样上(须使各环的平面在全部加热时间内完全处于水平状态)立即加热,使烧杯内水或甘油温度在 3 min 后保持每分上升 5 ℃ ±0.5 ℃,在整个测定中如温度的上升速度超出此范围时,则试验应重做。

(6)试样受热软化下附至与下承板面接触时的温度即为试样的软化点。

(四)试验结果

取平行测定两个结果的算术平均值作为测定结果。两个结果间的差数不得大于表 14-21 的规定。

表 14-21　软化点测定允许差数

软化点(℃)	允许差数(℃)
<80	1
80 ~ 100	2
>100 ~ 140	3

试验十一　沥青混合料试验

一、试验目的

马歇尔稳定度试验是标准击实的试件在规定的温度和速度等条件下受压,测定沥青混合料的稳定度和流值等指标所进行的试验。

本试验适用于标准马歇尔稳定度试验和浸水马歇尔稳定度试验,标准马歇尔稳定度试验主要用于沥青路面施工质量检验。浸水马歇尔试验主要检验沥青混合料受水损害时抵抗剥落的能力,通过测试其水稳定性检验配合比设计的可行性。

本方法适用的试件为标准试件,尺寸为直径 101.6 mm ±0.25 mm,高 63.5 mm ±1.3 mm 圆柱体。

二、主要仪器设备

(1)沥青混合料马歇尔稳定度试验仪(见图 14-34):加荷装置量程 0 ~ 30 kN,位移值量程 0 ~ 10 mm(自动型马歇尔试验仪),加荷装置上升速度 50 mm/min ±5 mm/min,试验夹内径 101.6 mm。

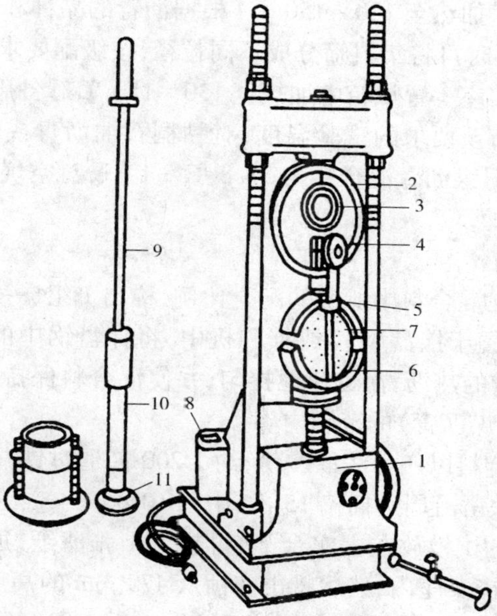

图 14-34　马歇尔稳定度试验仪

1—底座;2—应力环;3—百分表;4—流值计;5—上压头;6—下压头;7—试件;8—电源开关;9—导杆;10—击实锤;11—试模

(2)恒温水浴:深度≥150 mm,能保持试验温度 ±1 ℃。

(3)试模。

(4)击实仪。

(5)击实台。

(5)脱模机。

(7)拌和设备。人工拌和时采用拌盘或拌和锅和铁铲等;有条件时可采用带有保温设备的实验室专用小型搅拌机。

(8)真空饱水容器。

(9)烘箱。

(10)天平,感量 0.1 g。

(11)温度计,200 ℃,分度值 1 ℃。

(12)卡尺及试件高度测定器。

(13)其他:加热设备(电炉或煤气炉)、沥青熔化炉、棉纱、黄油、扁凿、滤纸、手套、水桶和铁漏斗等。

三、试验方法和步骤——标准马歇尔试验

(一)准备工作

(1)将石料及砂和石粉分别过筛洗净并分别装于浅盘中,置于 105 ~ 110 ℃的烘箱中烘干至恒重,并测定各种矿质集料和沥青材料的相对密度以及矿料的组成。

(2)将沥青材料脱水加热至 120 ~ 150 ℃(根据沥青的品种和标号确定),各种矿料置烘箱中加热后备用,需要时可将集料筛分成不同粒径,按级配要求配料。

(3)将全套试模击实座等置烘箱中加热至 130 ~ 150 ℃后备用。

(4)将恒温水浴调节至要求的试验温度,对黏稠石油沥青或烘箱养生过的乳化沥青混合料为 60 ℃ ±1 ℃,对煤沥青混合料为 37.8 ℃ ±1 ℃,对空气养生的乳化沥青或液体沥青混合料为 25 ℃ ±1 ℃。

(二)试件制备

(1)按照各种矿料在混合料中所占的配合比例,称出 1 组(一般制备 3 ~ 6 个试件)或一个试件所需要的材料置于拌盘(锅)或拌和机中,将拌盘锅中的各种矿料加热并拌匀、摊开,然后加入需要数量的热沥青,迅速地拌匀,并使混合料保持在温度 130 ~ 140 ℃(石油沥青)或 90 ~ 110 ℃(煤沥青)的范围内。

(2)称取拌好的混合料以四分法取一份,约 1 200 g,通过铁漏斗装入垫有 1 张滤纸的热试模中,并用烘热的铁凿沿周边插捣 15 次,中间 10 次。

(3)将装好混合料的试模放在击实台上,再垫上 1 张滤纸,加盖预热击实座,再把装有击实锤的导向杆插入击实座内,然后将击实锤从 475 mm 的高度自由落下,如此击实到规定的次数(50 次或 75 次),混合料的温度不得低于 110 ℃(石油沥青)或 70 ℃(煤沥青)。在击实过程中必须使导向杆垂直于模型的底板,达到次数后将模型倒置,再以同样的次数击实另一面。

(4)卸去套模和底板,将装有试件的试模放到冷水中 3 ~ 5 min 后,置脱模器上脱出试件。

(5)用卡尺测量试件中部的直径,用长尺及马歇尔试件高度测定器在十字对称器的四个方向测量试件边缘 10 mm 处高度,准确到 0.1 mm,压实后试件的高度应为 63.5 mm ± 1.30 mm,如不符合要求或量测高差大于 2 mm 时,试件应作废。可按式(14-59)调整沥青混合料的用量。

$$q = 6.35\frac{q_0}{h_0} \tag{14-59}$$

式中 q——调整后沥青混合料用量,g;

q_0——制备试件的沥青混合料实际用量,g;

h_0——制备试件的实际高度,cm。

(6)将试件仔细地放在平滑的台面上,在室温下静置过夜,测量其高度和密度。

(三)测定和计算试件物理指标

(1)测量试件的高度值准确至 0.01 cm。

(2)测定试件的视密度。先在天平上称量试件在空气中的质量 m_0,然后称其在水中

的质量 m_1（如试件空隙率较大时应用蜡封法），准确至 0.1 g。试件密度按式（14-60）或式（14-61）计算：

$$\rho_0 = \frac{m_0}{m_0 - m_1}\rho_w \tag{14-60}$$

$$\rho_0 = \frac{m_0}{m_2 - m_3 - \dfrac{m_2 - m_0}{\gamma_p}}\rho_w \tag{14-61}$$

式中　ρ_0——试件密度，g/cm³；

m_0——试件在空气中的质量，g；

m_1——试件在水中的质量，g；

m_2——蜡封后的试件在空气中的质量，g；

m_3——蜡封后的试件在水中的质量，g；

γ_p——蜡的相对密度；

ρ_w——水的密度（取 1 g/cm³）。

（3）计算试件理论密度。按式（14-62）计算：

$$\rho_t = \frac{100 + q_a}{\dfrac{q_1}{\gamma_1} + \dfrac{q_2}{\gamma_2} + \cdots + \dfrac{q_n}{\gamma_n} + \dfrac{q_a}{\gamma_a}}\rho_w \tag{14-62}$$

式中　ρ_t——试件理论密度，g/cm³；

$q_1, q_2, \cdots, q_n$——各种矿质集料的用量，%；

$\gamma_1, \gamma_2, \cdots, \gamma_n$——各种矿质集料的相对密度；

q_a——沥青的用量（%）；

γ_a——沥青的相对密度。

（4）计算试件中沥青的体积。按式（14-63）计算：

$$V_a = \frac{q_a \rho_0}{\gamma_a \rho_w} \times 100\% \tag{14-63}$$

式中　V_a——试件中沥青的体积，%。

（5）试件空隙率按式（14-64）计算：

$$V_v = \left(1 - \frac{\rho_0}{\rho_t}\right) \times 100\% \tag{14-64}$$

式中　V_v——试件空隙率，%。

（四）测定试件的稳定度和流值

（1）将试件置于已达规定温度的恒温水槽中保温 30～40 min。试件应垫起，离容器底部不小于 5 cm。

（2）将马歇尔试验仪的上下压头放入水槽或烘箱中，达到同样温度。将上下压头从水槽或烘箱中取出并把内面擦拭干净，为使上下压头滑动自如，可在下压头的导棒上涂少量黄油。再将试件取出置于下压头上，盖上上压头，然后装在加载设备上。

（3）将流值测定装置安装在导棒上，使导向套管轻轻地压住上压头，同时将流值计读数调零。

(4)在上下压头的球座上放妥钢球,并对准荷载测定装置(应力环或传感器)的压头,然后调整应力环中百分表对准零,或将荷载传感器的读数复位为零。

(5)启动加载设备使试件承受荷载加载速度为 50 mm/min ±5 mm/min,当试验荷载达到最大值的瞬间,取下流值计,同时读取应力环中百分表或荷载传感器的读数及流值计的读数。

(6)从恒温水槽中取出试件至测出最大荷载值的时间不应超过 30 s。

四、浸水马歇尔试验

试件在规定温度的恒温水浴中保温时间为 48 h,其余与标准马歇尔试验方法相同。

五、试验结果

1. 试件的稳定度与流值

试验测得最大荷载(以 kN 计)即为试件稳定度,应力环与百分表测定时,应用应力环表定曲线将百分表读数换算成荷载值即为稳定度(MS),以 kN 计。电流计值或位移传感器测定装置读取的试件垂直变形,即为试件流值(FL),以 0.1 mm 计。

2. 试件马歇尔模数 T

$$T = \frac{MS}{FL} \tag{14-65}$$

式中　T——马歇尔模数,kN/mm;

MS——稳定度,kN;

FL——流值,mm。

3. 试件的浸水残留稳定度 MS_0

$$MS_0 = \frac{MS_1}{MS} \times 100\% \tag{14-66}$$

式中　MS_0——试件浸水残留稳定度,%;

MS_1——试件浸水 48 h 后的稳定度,kN。

4. 精度与误差

当一组测定值某个数据与平均值之差大于标准差的 k 倍时,该测定值应舍弃,以其余测定值的平均值作为试验结果。当试验数目 n 为 3、4、5、6 个时,k 值分别为 1.15、1.46、1.67、1.82。

5. 试验结果用于配合比设计或施工质量检验

应报告马歇尔稳定度、流值、马歇尔模数以及试件尺寸、试件密度、空隙率、沥青用量、沥青体积百分率、沥青饱和度、矿料间隙率等各项物理指标,并根据这些指标,参照《公路沥青路面施工技术规范》(JTG F 40—2004)的方法进行曲线绘制,确定最佳沥青用量。沥青混合料试验各项指标应符合《公路沥青路面施工技术规范》(JTG F 40—2004)沥青混合料技术指标的要求。

试验十二　绝热材料稳态热性能试验

一、试验目的

测定绝热材料稳态热阻、导热系数，了解材料的绝热性质。

二、采用标准

《绝热材料稳态热阻及有关特性的测定　防护热板法》(GB/T 10294—2008)。

三、概述

(一)使用范围

本方法只适用于测定干燥的匀质材料，试件的热阻应大于 $0.1\ m^2 \cdot K/W$。

本方法的测定结果为在给定平均温度和温差下试件的热阻。

如试件为热匀质体且在任何平均温度下试件的热阻与温度无关，则测定结果可表达为给定平均温度下试件的可测导热系数。

试件除满足上述条件外，还必须能代表整体材料。试件的厚度大于可确定材料导热系数的试件临界厚度(最小厚度)时，测定结果可表达为被测材料的导热系数。当材料厚度大于临界厚度时，测量得到的热阻与厚度呈线性关系。

(二)测定原理

在稳态条件下，防护热板装置的中心计量区域内，在具有平行表面的均匀板状试件中，建立类似于以两个平行匀温平板为界的无限大平板中存在的一维恒定热流。

为保证中心计量单元建立一维热流和准确测量热流密度，加热单元应分为在中心的计量单元和由隔缝分开上网环绕计量单元的防护单元；并且需有足够的边缘绝热或(和)外防护套，特别是在远高于或远低于室温下运行的装置，必须设置外防护套。

通过测定稳定状态下流过计量单元的一维恒定流量 ϕ、计量单元的面积 A 和试件冷、热表面的温度差 ΔT，可计算出试件的热阻。

四、测量装置

根据测定原理可建造两种形式的防护热板装置——双试件式和单试件式。双试件式装置中，在两个几乎相同的试件中夹一个加热单元，试件的外侧各设置一个冷却单元。热流由加热单元分别经两侧试件传给两侧的冷却单元(见图 14-35)。单试件式装置中，加热单元的一侧用绝热材料和背防护单元代替试件和冷却单元。绝热材料的两表面应控制温差为零，无热流通过。

为便于实验室之间比较，推荐装置的标准尺寸系列如下：①直径(或边长)为 0.3 m；②直径(或边长)为 0.5 m；③直径(或边长)为 0.2 m(仅用于测匀质材料)；④直径(或边长)为 1.0 m(用于测定厚试件)。

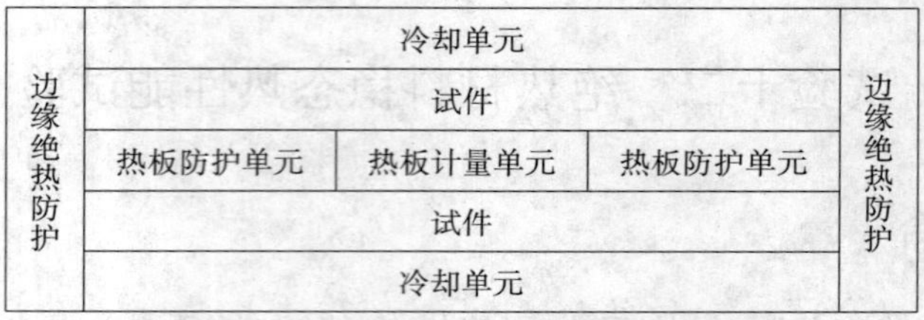

图 14-35　双试件防护热板法装置示意图

五、试件

(一)选择和尺寸

根据装置的形式从每个样品中选取一或二个试件。当需要两块试件时,它们应该尽可能地一样,厚度差别应小于 2%。试件的尺寸应该完全覆盖加热单元的表面。试件的厚度应是实际使用的厚度或大于能给出被测材料热性质的最小厚度。

(二)制备

试件的表面应用适当方法加工平整,使试件与面板能紧密接触。

(三)状态调节

测定试件质量后,必须把试件放在干燥器或通风烘箱里,以对材料在适宜的温度(或材料产品标准中规定的温度)下将试件调节到恒定的质量。

六、测量

(一)测定质量

测定试件质量准确到 ±0.5%,称量后,立即将试件放入装置中测定。

(二)测定厚度

试件在测定状态的厚度由加热单元和冷却单元位置确定或在测定时测得试件厚度。

(三)温差选择

传热过程与试件的温差有关,应按照测定目的选择温差:

(1)按照材料产品标准要求选择温差;

(2)按被测定试件或样品的使用条件选择温差;

(3)确定温度与热性质之间的关系时,温差尽可能小(5~10 K);

(4)当要求试件内的传质减小到最小时,按测定温差所需的准确度选择最低的温差。

(四)环境条件

在空气中测定,调节环绕防护热板组件的空气相对湿度,使其露点温度至少比冷却单元温度低 5 K。当把试件封入气密性封袋内避免试件吸湿时,封袋与试件冷面接触的部分不应出现凝结水。

(五)热流量的测定

测定施加于计量面积的平均电功率,精确到 ±0.2%。

(六)冷面控制

当使用双试件装置时,调节冷却面板温度使两个试件的温差相同(差异小于

±0.2%)。

(七)温差检测

测量加热面板和冷却面板的温度或试件表面温度以及计量与防护部分的温度不平衡程度。

(八)过渡时间和测量间隔

为得到热性质的准确值,装置和试件必须有充分的热平衡时间。热平衡时间与装置的构造、控制方式、几何尺寸以及试件的热性质和厚度有关。热平衡时间延续到连续四组读数给出的热阻值的差别不超过±1%,并且不是单调地朝一个方向改变时结束。当试件内部有传质现象时,测定至少持续24 h。

(九)最终质量和厚度测量

所述的测读完成以后,测量试件的最终质量和厚度。

七、结果计算

(一)密度

计算测定时试件的密度:

$$\rho_d = \frac{m_2}{V} \tag{14-67}$$

$$\rho_s = \frac{m_3}{V} \tag{14-68}$$

式中　ρ_d——测定时干试件的密度,kg/m^3;

ρ_s——经过更复杂的调节过程后的试件的密度,kg/m^3;

m_2——干燥后试件的质量,kg;

m_3——更复杂调节过程后的试件质量,kg;

V——干燥或调节后试件所占体积,m^3。

(二)质量变化

计算材料因干燥所致的相对质量变化 m_r,或因更复杂的调节后的相对质量变化 m_c:

$$m_r = \frac{m_1 - m_2}{m_2} \tag{14-69}$$

$$m_c = \frac{m_1 - m_3}{m_3} \tag{14-70}$$

式中　m_1——原状态的材料质量,kg。

(三)热阻、导热率

$$R = \frac{A(T_1 - T_2)}{Q} \tag{14-71}$$

$$C_1 = \frac{1}{R} \tag{14-72}$$

式中　R——热阻,$m^2 \cdot K/W$;

C_1——热导率,$W/(m^2 \cdot K)$;

Q——加热单元计量部分的平均热流量，其值等于平均发热功率，W；

T_1——试件热面温度平均值，K；

T_2——试件冷面温度平均值，K；

A——试件的计量面积（双试件装置需乘以 2），m^2。

（四）热导率、热阻系数

材料的热导率或热阻系数可用式（14-73）和式（14-74）计算：

$$\lambda = \frac{Qd}{A(T_1 - T_2)} \tag{14-73}$$

$$r = \frac{1}{\lambda} = \frac{A(T_1 - T_2)}{Qd} \tag{14-74}$$

式中　λ——热导率，W/（m · K）；

r——热阻系数，m · K/W；

d——试件平均厚度，m。

试验十三　建筑吸声产品吸声系数测量试验

一、试验目的

测定建筑吸声产品的吸声系数或吸声量，评定其吸声性能。

二、采用标准

《混响室法吸声系数测量规范》（GBJ 47—1983）。

《建筑吸声产品的吸声性能分级》（GB/T 16731—1997）。

三、术语

（一）混响时间

稳态声源停止后声压级衰变 60 dB 所需要的时间。

（二）混响室吸声量

假设混响室内不存在任何吸声界面且物体也不考虑衍射效应，将一全吸声的平板状材料放入室中，其混响时间与混响室内实际存在着各界面或其他物体的吸声时测得的值相同，此全吸声面的总吸声量即为混响室的吸声量。

（三）试件的吸声量

混响室内放入试件与未放入试件的吸声量的差值。

（四）试件的吸声系数

试件的吸声量除以试件面积。

（五）单个物体的吸声量

试件的吸声量除以被测单个物体的个数或组数。

四、测量装置

(1)混响室,体积应大于 200 m^3。

(2)声源设备。

(3)接受设备。

五、试件

(1)平面试件应为一整体,试件面积应为 10~12 m^2。

(2)平面试件形状为矩形时,其长宽比值应为 0.6~1.0。

(3)平面试件应贴实刚性壁安装,边缘采用反射性框架封闭。框架与其他任一界面的距离不应小于 1 m。

(4)被测单个物体(如空间吸声体等)宜按使用条件布置。

(5)以单个物体为试件时,测得的吸声量的改变量应为 1~12 m^2。

(6)被测单个物体的边缘(单个的或组合的)宜按使用条件来处理。

六、混响时间的测量

(1)混响时间的测量应对以下中心频率的 1/3 倍频程序列进行测量:

100　125　160　200　250　315　400　500　630

800　1 000　1 250　1 600　2 000　2 500　3 150　4 000　5 000

(2)混响时间的测量应至少有三个传声器的测点,每个测点之间的距离应大于所测频段最低中心频率的波长(λ')的 1/2。每个传声器测点都应远离声源、被测试件和边界面(包括扩散板),这些距离的最小值应分别为 2 m、1 m、1 m。

(3)用于计算混响时间的衰变曲线应在稳态声级以下 5~25 dB 范围内成直线。混响时间应为该段之平均斜率。所取线段的底端应比背景噪声至少高 15 dB,并应注意不要过分延伸 20 dB 的直线性范围至非线性部分。

(4)按直线性的衰变曲线来处理的折线形衰变曲线时,应满足以下条件:每一段不应小于 10 dB;将每段延长后,各自的斜率的差不应大于 10%。不符合要求的衰变曲线应从计算中排除。

(5)每一个 1/3 倍频程的混响时间应由每一个传声器或扬声器位置的每一次激发的所得结果求得算术平均值。空室的混响时间(T_{60-1})和放入材料后的混响时间(T_{60-2})都应计算到小数点后两位。

每一个 1/3 倍频程所测的衰变曲线数不应少于表 14-22 的规定。

若被测试件在低频段的吸声系数较大时,应适当增加测量的曲线,也可采用符合上述要求数目的曲线条数自动重叠读出平均值。

(6)在测量空室混响时间和放入材料的混响时间期间,室内的温度和相对湿度的变化应满足表 14-23 的要求。

表 14-22　衰变曲线允许值

测量频率(Hz)	衰变曲线数(条)	每传声器或扬声器点的衰变曲线条数(条)
100 ~ 250	18	3
315 ~ 800	9	3
1 000 ~ 5 000	6	2

表 14-23　测量期间的温度、湿度变化差值

相对湿度	相对湿度差值	温度差值(℃)	最低温度(℃)
40% ~ 60%	3%	3	10
60% 以上	5%	5	10

七、吸声系数和吸声量的计算

(一)计算平面材料的吸声系数 α_s

$$\alpha_s = \frac{A_2 - A_1}{S} = \frac{55.3V}{CS}\left(\frac{1}{T_{60-2}} - \frac{1}{T_{60-1}}\right) \tag{14-75}$$

式中　α_s——混响室吸声系数；

A_1——混响室空室吸声量，m^2；

A_2——放入试件后混响室的吸声量，m^2；

V——混响室体积，m^3；

T_{60-1}——未放入试件前的混响时间，s；

T_{60-2}——放入试件后的混响时间，s；

C——空气中声速，m/s，$C = 331.5 + 0.5^t$（t 是空气温度，℃）；

S——试件面积，m^2。

(二)计算实用吸声系数 α_{pi}

由 1/3 倍频带吸声系数分别计算 250 Hz、500 Hz、1 000 Hz、2 000 Hz 四个备频带的实用吸声系数 α_{p1}，α_{p2}，α_{p3}，α_{p4}。计算方法是求该倍频带内 3 个 1/3 倍频带吸声系数 α_{i1}，α_{i2} 和 α_{i3} 的算数平均值。

$$\alpha_{pi} = \frac{\alpha_{i1} + \alpha_{i2} + \alpha_{i3}}{3} \tag{14-76}$$

式中，$i = 1, 2, 3, 4$。

例如，250 Hz 倍频带的实用吸声系数 α_{pi} 是 200 Hz、250 Hz、315 Hz 三个 1/3 倍频带吸声系数 α_{i1}，α_{i2} 和 α_{i3} 的算数平均值。α_{pi} 的最大值为 1.00，当 $\alpha_{pi} > 1.00$ 时，以 1.00 计算。

(三)降噪系数(*NRC*)计算

计算 250 Hz、500 Hz、1 000 Hz、2 000 Hz 四个倍频带实用吸声系数的算术平均值为降噪系数(*NRC*)。*NRC* 以 0.05 为最小倍数。

(四)计算单个物体的吸声量

$$A = \frac{55.3V}{Cn}\left(\frac{1}{T_{60-2}} - \frac{1}{T_{60-1}}\right) \tag{14-77}$$

式中　A——单个物体的吸声量,m^2;

n——试件单元数。

八、结果表达

(1)测量的混响室吸声系数或单个物体的吸声量可采用图形或表格的形式来表达。表格中应给出100~5 000 Hz的1/3倍频程序列中各频率的结果。对平面试件,应给出其吸声系数;对单个物体,应给出其吸声量(m^2/个);对于特定组合的单个物本,应给出整个组合的吸声量(m^2/组)。

(2)吸声系数应四舍五入到0.05;吸声量应四舍五入到0.1 m^2。

(3)图形中各点应采用直线连接。横坐标为以对数尺度表达的频率,纵坐标上由$\alpha_s=0$至$\alpha_s=1$或A由0~10 m^2的距离,与横坐标上五个倍频程间隔的距离之比应为2∶3。

测点结果中若出现了突出的峰或谷而又不能用试件的性能来说明时,应注明这些疑点。

参 考 文 献

[1] 王立久. 建筑材料学[M]. 3 版. 北京:中国电力出版社,2008.
[2] 王春阳,裴锐. 土木工程材料[M]. 北京:北京大学出版社,2009.
[3] 沈荣熹,崔琪,李清海. 新型纤维增强水泥基复合材料[M]. 北京:中国建材工业出版社,2004.
[4] 赵国藩,彭少民,黄承逵,等. 钢纤维混凝土结构[M]. 北京:中国建筑工业出版社,1999.
[5] 陈志源,李启令. 土木工程材料[M]. 2 版. 武汉:武汉理工大学出版社,2003.
[6] 高琼英. 建筑材料[M]. 3 版. 武汉:武汉理工大学出版社,2006.
[7] 刘富玲,赵华伟. 建筑材料与检测[M]. 郑州:郑州大学出版社,2006.
[8] 邢振贤. 土木工程材料[M]. 郑州:郑州大学出版社,2006.
[9] 刘正武. 土木工程材料[M]. 上海:同济大学出版社,2005.
[10] 符芳. 土木工程材料[M]. 南京:东南大学出版社,2006.
[11] 王福川. 土木工程材料[M]. 北京:中国建材工业出版社,2001.
[12] 魏鸿汉. 建筑材料[M]. 北京:中国建筑工业出版社,2007.
[13] 杨胜敏. 建筑材料及应用[M]. 北京:中国农业科学技术出版社,2007.
[14] 张俊才,董梦臣,高均昭. 土木工程材料[M]. 北京:中国矿业大学出版社,2009.
[15] 柯国军. 土木工程材料[M]. 北京:北京大学出版社,2005.
[16] 杨医博. 土木工程材料[M]. 广州:华南理工大学出版社,2007.
[17] 田文玉. 建筑材料试验指导书[M]. 北京:人民交通出版社,2005.
[18] 王富耻. 材料现代分析测试方法[M]. 北京:北京理工大学出版社,2006.
[19] 施惠生. 土木工程材料性能、应用与生态环境[M]. 北京:中国电力出版社,2008.
[20] 贺福,王茂章. 碳纤维及其复合材料[M]. 北京: 科学出版社,1995.
[21] 贺福. 碳纤维及其应用技术[M]. 北京:化学工业出版社,2005.
[22] 中国材料工程大典编委会. 中国材料工程大典[M]. 北京:化学工业出版社,2006.
[23] 王燕谋. 中国玻璃纤维增强水泥[M]. 北京:中国建材工业出版社,2000.
[24] White I. Practical Aspects of Premix GRC: Machinery, Material and Applications[J]. In: Clarke N, Ferry R. eds, Proceeding of the 13th Congress of International GRCA, 2003.
[25] Cook D J. Natural Fibre Reinforced Cement and Concrete – Recent Development[J]. In: Proceeding of symposium on Advancement in Cement – Matrix Composites. Boston, 1980.
[26] Balaguru P N, Shah S P. Fibre-Reinforced Cement Composites[M]. New York: McGraw – Hill Inc, 1992.
[27] 邓宗才. 高性能合成纤维混凝土[M]. 北京:科学出版社,2003.
[28] 徐至钧. 纤维混凝土技术及应用[M]. 北京:中国建筑工业出版社,2003.
[29] 王璋水. 合成纤维在交通工程中的研究应用与前景[C]//第十届全国纤维水泥与纤维混凝土学术会议论文集. 上海:同济大学出版社,2004.
[30] 李国新,王文仲. 建筑材料[M]. 北京:机械工业出版社,2008.
[31] 吴科如,张雄. 建筑材料[M]. 上海: 同济大学出版社,2008.
[32] 霍曼琳. 建筑材料学[M]. 重庆: 重庆大学出版社,2009.
[33] 宓永宁,娄宗科. 土木工程材料[M]. 北京:中国农业大学出版社,2005.
[34] 宋少民,孔凌. 土木工程材料[M]. 武汉:武汉大学出版社,2001.
[35] 阎西康. 土木工程材料[M]. 天津:天津大学出版社,2004.